3 건축 구조

최근 출제경향을 완벽하게 분석한 건축기사·산업기사 필기

유강 · 진성덕

예문사

건축기술은 신공법·신자재 등의 등장으로 기계화 시공과 정밀·고급화에 따른 건설 생산의 증대로 이루어지고 있다. 이런 발전과 더불어 기본 구조지식과 역학이론의 이해를 통해 새로운 기술과 공법에 접근할 수 있도록 응용능력을 기르는 것은 매우 중요하다. 이에 본서는 건축구조의 새로운 요구를 적극 수용하여 중요 내용과 새로운 변화를 이해하는 데 중점을 두어 건축기사·산업기사 등 각종 국가자격시험의 준비에 효율적인 수험대비서가 되도록 다음과 같이 기획하였다.

■ 본서의 특징

1. 개정된 내용에 의거하여 출제빈도가 높은 내용을 단원별로 체계적으로 정리하여 단기간 내에 알 수 있도록 하였다.
2. 핵심내용은 별도의 난을 두어 입체적으로 구성하여 이해 및 정리가 되도록 하였다.
3. 각 단원마다 최근 기출문제에 대한 철저한 경향분석과 해설을 통해 중요 내용의 이해와 실전능력을 기르도록 하였다.

본서는 수험생분들의 질문에 최선을 다하여 답변할 예정이오니 많이 이용해 주시기 바란다. 아울러 내용을 더 수정·보완하여 보다 나은 서적이 되도록 노력할 것이다. 끝으로 본서가 출간될 수 있도록 도움을 주신 KAIS 건축학원 및 도서출판 예문사 가족 여러분들께 감사를 드린다.

저 자

건축구조 CBT 온라인 모의고사 이용 안내

- 인터넷에서 [예문사]를 검색하여 홈페이지에 접속합니다.
- PC, 휴대폰, 태블릿 등을 이용해 사용이 가능합니다.

STEP 1   회원가입 하기

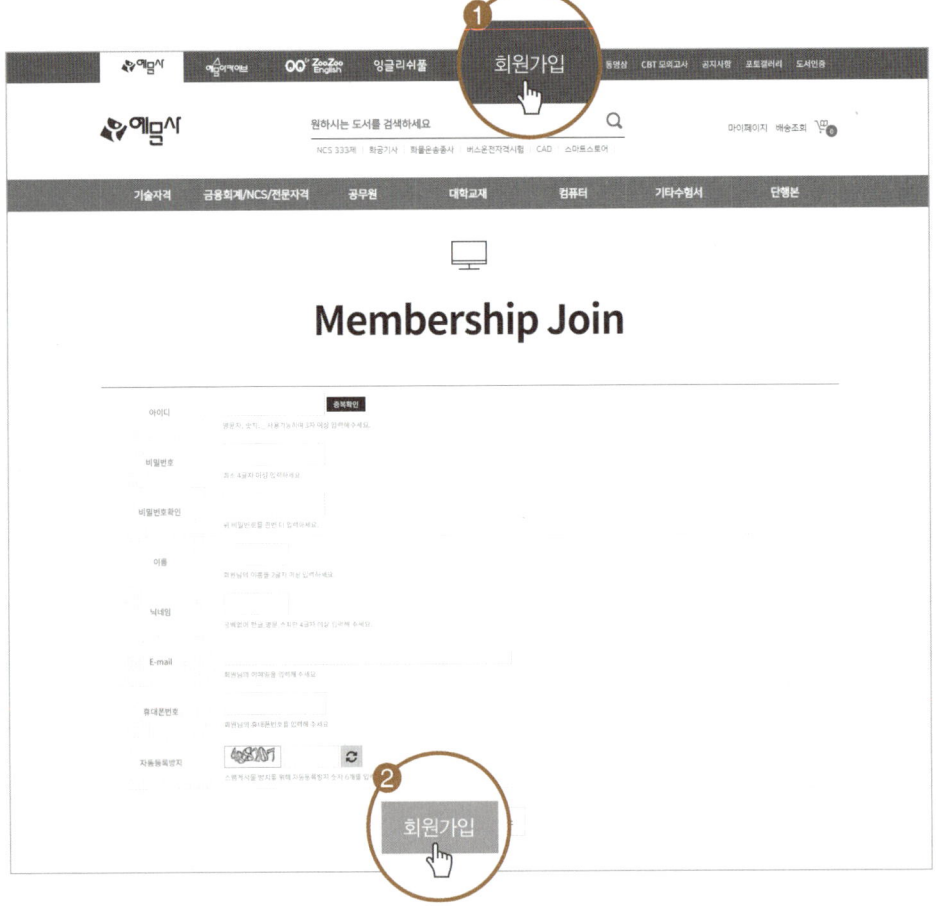

1. 메인 화면 상단의 [회원가입] 버튼을 누르면 가입 화면으로 이동합니다.
2. 입력을 완료하고 아래의 [회원가입] 버튼을 누르면 **인증절차 없이 바로 가입**이 됩니다.

건 축 기 사 산 업 기 사

STEP 2 시리얼 번호 확인 및 등록

1. 로그인 후 메인 화면 상단의 **[CBT 모의고사]**를 누른 다음 **수강할 강좌를 선택**합니다.
2. 시리얼 등록 안내 팝업창이 뜨면 **[확인]**을 누른 뒤 **시리얼 번호를 입력**합니다.

STEP 3 등록 후 사용하기

1. 시리얼 번호 입력 후 **[마이페이지]**를 클릭합니다.
2. 등록된 CBT 모의고사는 **[모의고사]**에서 확인할 수 있습니다.

건축구조 수험정보

>>> 시험정보

시행처	한국산업인력공단
관련학과	대학이나 전문대학의 건축, 건축공학, 건축설비, 실내건축 관련학과
시험과목	• 필기 : 1. 건축계획 2. 건축시공 3. 건축구조 4. 건축설비 5. 건축관계법규 • 실기 : 건축시공 실무
검정방법	• 필기 : 객관식 4지 택일형, 과목당 20문항(과목당 30분) • 실기 : 필답형(3시간)
합격기준	• 필기 : 100점을 만점으로 하여 과목당 40점 이상, 전과목 평균 60점 이상 • 실기 : 100점을 만점으로 하여 60점 이상

>>> 건축기사 출제분석표(5개년)

구분	2018			2019			2020			2021			2022			합계	평균
	1회	2회	4회	1회	2회	4회	1·2회	3회	4회	1회	2회	4회	1회	2회	4회		
1. 구조역학	9	9	9	8	8	8	7	8	8	9	8	8	8	7		114	40.7%
2. 철근콘크리트구조	6	4	5	6	8	7	9	6	5	7	10	6	5	6		90	32.1%
3. 철골구조	3	5	4	4	4	4	4	4	4	3	2	4	4	5		54	19.3%
4. 일반구조	2	2	2	2	0	1	0	2	3	1	0	2	3	2		22	7.9%
Total 문제	20	20	20	20	20	20	20	20	20	20	20	20	20	20	0	280	100%

>>> 건축산업기사 출제분석표(4개년)

구분	2017			2018			2019			2020			합계	평균
	1회	2회	4회	1회	2회	4회	1회	2회	4회	1·2회	3회	4회		
1. 구조역학	8	10	11	10	11	10	11	10	9	9	9		108	49.1%
2. 철근콘크리트구조	9	9	7	6	8	6	5	5	6	6	7		74	33.6%
3. 철골구조	1	0	1	2	0	4	3	5	4	4	3		27	12.3%
4. 일반구조	2	1	1	2	1	0	1	0	1	1	1		11	5.0%
Total 문제	20	20	20	20	20	20	20	20	20	20	20	0	220	100%

※ 건축기사는 2022년 3회, 건축산업기사는 2020년 4회 시험부터 CBT(Computer-Based Test)로 전면 시행되었습니다.

건 축 기 사 산 업 기 사

》》 건축기사 필기 출제기준

직무 분야	건설	중직무 분야	건축	자격 종목	건축기사	적용 기간	2020.1.1.~2024.12.31.
○ 직무내용 : 건축시공 및 구조에 관한 공학적 기술이론을 활용하여, 건축물 공사의 공정, 품질, 안전, 환경, 공무관리 등을 통해 건축 프로젝트를 전체적으로 관리하고 공종별 공사를 진행하며 시공에 필요한 기술적 지원을 하는 등의 업무 수행							
필기검정방법		객관식		문제수	100	시험시간	2시간 30분

필기과목명	문제수	주요항목	세부항목	세세항목
건축구조	20	1. 건축구조의 일반사항	1. 건축구조의 개념	1. 건축구조의 개념 2. 건축구조의 분류
			2. 건축물 기초설계	1. 토질 2. 기초
			3. 내진·내풍설계	1. 내진·내풍설계의 개념 2. 내진·내풍설계의 원리
			4. 사용성 설계	1. 처짐·진동에 관한 구조제한 2. 소음에 관한 구조제한
		2. 구조역학	1. 구조역학의 일반사항	1. 힘과 모멘트 2. 구조물의 특성 3. 구조물의 판별
			2. 정정 구조물의 해석	1. 보의 해석 2. 라멘의 해석 3. 트러스의 해석 4. 아치의 해석
			3. 탄성체의 성질	1. 응력도와 변형도 2. 단면의 성질
			4. 부재의 설계	1. 단면의 응력도 2. 부재단면의 설계
			5. 구조물의 변형	1. 구조물의 변형
			6. 부정정 구조물의 해석	1. 부정정 구조물의 개요 2. 변위일치법 3. 처짐각법 4. 모멘트분배법

건축구조 수험정보

필기과목명	문제수	주요항목	세부항목	세세항목
		3. 철근콘크리트 구조	1. 철근콘크리트 구조의 일반사항	1. 철근콘크리트 구조의 개요 2. 철근콘크리트 구조 설계방법
			2. 철근콘크리트 구조설계	1. 구조계획 2. 각부 구조의 설계 및 계산 3. 각부 구조설계기준 및 구조제한
			3. 철근의 이음·정착	1. 철근의 부착 2. 정착길이 3. 갈고리에 의한 정착 4. 철근의 이음
			4. 철근콘크리트 구조의 사용성	1. 철근콘크리트 구조의 처짐 2. 철근콘크리트 구조의 내구성 3. 철근콘크리트 구조의 균열
		4. 철골구조	1. 철골구조의 일반사항	1. 철골구조의 개요 2. 철골구조의 구조설계방법
			2. 철골구조설계	1. 철골구조계획 2. 각부 구조의 구조설계 및 계산 3. 각부 구조설계기준 및 구조제한
			3. 접합부설계	1. 접합의 종류 및 특징 2. 각부 접합부의 설계와 계산
			4. 제작 및 품질	1. 공장제작 정밀도 및 검사 2. 현장설치 정밀도 및 검사

>>> 건축산업기사 필기 출제기준

직무분야	건설	중직무분야	건축	자격종목	건축산업기사	적용기간	2020.1.1. ~ 2024.12.31.
○ 직무내용 : 건축시공에 관한 공학적 기술이론을 활용하여, 건축물 공사의 공정, 품질, 안전, 환경, 공무관리 등을 통해 건축 프로젝트를 전체적으로 관리하고 공종별 공사를 진행하며 시공에 필요한 기술적 지원을 하는 등의 업무 수행							
필기검정방법	객관식		문제수	100		시험시간	2시간 30분

필기과목명	문제수	주요항목	세부항목	세세항목
건축구조	20	1. 건축구조의 일반사항	1. 건축구조의 개념	1. 건축구조의 개념 2. 건축구조의 분류
			2. 건축물 기초설계	1. 토질 2. 기초
		2. 구조역학	1. 구조역학의 일반사항	1. 힘과 모멘트 2. 구조물의 특성 3. 구조물의 판별
			2. 정정 구조물의 해석	1. 보의 해석 2. 라멘의 해석 3. 트러스의 해석 4. 아치의 해석
			3. 탄성체의 성질	1. 응력도와 변형도 2. 단면의 성질
			4. 부재의 설계	1. 단면의 응력도 2. 부재단면의 설계
			5. 구조물의 변형	1. 구조물의 변형
			6. 부정정 구조물의 해석	1. 부정정 구조물의 개요 2. 변위일치법 3. 처짐각법 4. 모멘트분배법

건축구조 수험정보

필기과목명	문제수	주요항목	세부항목	세세항목
		3. 철근콘크리트 구조	1. 철근콘크리트 구조의 일반사항	1. 철근콘크리트 구조의 개요 2. 철근콘크리트 구조 설계방법
			2. 철근콘크리트 구조설계	1. 구조계획 2. 각부 구조의 설계 및 계산 3. 각부 구조설계기준 및 구조제한
			3. 철근의 이음 · 정착	1. 철근의 부착 2. 정착길이 3. 갈고리에 의한 정착 4. 철근의 이음
			4. 철근콘크리트 구조의 사용성	1. 철근콘크리트 구조의 처짐 2. 철근콘크리트 구조의 내구성 3. 철근콘크리트 구조의 균열
		4. 철골구조	1. 철골구조의 일반사항	1. 철골구조의 개요 2. 철골구조의 구조설계방법
			2. 철골구조설계	1. 철골구조계획 2. 각부 구조설계기준 및 구조제한
			3. 접합부설계	1. 접합의 종류 및 특징 2. 각부 접합부의 설계일반
			4. 제작 및 품질	1. 공장제작 정도 2. 현장설치 정도

건축구조 차례

제1편 구조역학

CHAPTER. 01 힘과 모멘트

01 힘과 모멘트 ··· 4
02 힘의 합성과 분해 ·· 6
03 힘의 평형 ·· 11
■ 출제예상문제 ·· 12

CHAPTER. 02 구조물의 개론

01 구조물의 개요 ··· 16
02 구조물의 판별 ··· 18
03 하중 ··· 20
■ 출제예상문제 ·· 22

CHAPTER. 03 정정보

01 반력과 부재력 ··· 26
02 정정보의 해석 ··· 31
■ 출제예상문제 ·· 43

CHAPTER. 04 정정라멘 및 아치

01 정정라멘 ··· 58
02 정정아치 ··· 62
■ 출제예상문제 ·· 63

CHAPTER. 05 정정트러스

01 개요 ··· 68
02 트러스의 해석 ··· 69
■ 출제예상문제 ·· 74

건축구조 차례

CHAPTER. 06 단면의 성질

01 단면 1차모멘트와 도심 · 80
02 단면 2차모멘트(I) · 82
03 단면계수(S) · 83
04 단면 2차반경(i) · 84
05 단면 극2차모멘트(I_p) · 85
06 단면 상승모멘트(I_{xy}) · 86
07 단면의 주축 · 단면 주2차모멘트 · 최소 2차반경 · 87
08 각종 단면의 제계수 · 89
- 출제예상문제 · 90

CHAPTER. 07 재료의 성질

01 응력도(Stress) · 102
02 변형도(Strain) · 103
03 응력도와 변형도의 관계 · 105
- 출제예상문제 · 107

CHAPTER. 08 보의 응력

01 휨응력도 · 112
02 전단응력도 · 113
03 보의 단면설계 · 116
- 출제예상문제 · 117

CHAPTER. 09 기둥 및 기초

01 단주 · 124
02 장주 · 126
03 기초 · 127
- 출제예상문제 · 129

CHAPTER. 10 구조물의 변형

01 보의 처짐 및 처짐각 ·· 138
02 보의 처짐과 처짐각 해법 ·· 139
■ 출제예상문제 ·· 149

CHAPTER. 11 부정정 구조물

01 부정정 구조물의 개요 ·· 154
02 부정정 구조 ··· 156
■ 출제예상문제 ·· 168

제2편 철근콘크리트 구조

CHAPTER. 01 재료의 성질

01 개요 ·· 176
02 재료의 성질 ··· 177
■ 출제예상문제 ·· 185

CHAPTER. 02 구조설계의 일반사항

01 구조설계의 개요 ·· 188
02 허용응력 설계법 ·· 189
03 한계상태 설계법 ·· 190
04 극한강도 설계법 ·· 191
■ 출제예상문제 ·· 194

건축구조 **차례**

CHAPTER. 03 보의 휨해석

01 일반사항 ··· 196
02 단근 장방형 보의 해석 ··· 196
03 복근 장방형 보 ··· 204
04 T형보 ·· 205
05 보의 설계 ·· 206
■ 출제예상문제 ··· 209

CHAPTER. 04 보의 전단

01 주응력 ·· 216
02 규준에 의한 보의 전단설계 ···································· 217
■ 출제예상문제 ··· 221

CHAPTER. 05 보의 처짐과 균열

01 개요 ·· 226
02 보의 처짐 ·· 226
03 균열 ·· 229
■ 출제예상문제 ··· 231

CHAPTER. 06 정착 및 이음

01 철근의 정착 ·· 234
02 철근의 이음 ·· 238
■ 출제예상문제 ··· 240

CHAPTER. 07 슬래브 설계

01 슬래브의 종류 ·· 244
02 1방향 슬래브 ··· 245
03 2방향 슬래브 ··· 246

04 특수 슬래브 ·· 248
■ 출제예상문제 ·· 251

CHAPTER. 08 기둥 설계

01 일반사항 ·· 254
02 단주의 설계강도 ·· 255
■ 출제예상문제 ·· 256

CHAPTER. 09 기초 설계

01 일반사항 ·· 260
02 독립기초의 설계 ·· 261
■ 출제예상문제 ·· 264

CHAPTER. 10 기타 구조

01 벽체 ·· 268
02 옹벽 ·· 269
03 이음 및 줄눈 ·· 269
■ 출제예상문제 ·· 271

제3편 철골구조

CHAPTER. 01 강재

01 일반사항 ·· 276
02 강재 ·· 276
■ 출제예상문제 ·· 283

CHAPTER. 02 설계개념

- 01 한계상태설계법 ········· 286
- 02 하중조합 ············· 287
- ■ 출제예상문제 ·········· 288

CHAPTER. 03 접합

- 01 볼트 접합 ············ 290
- 02 고력볼트 접합 ········· 291
- 03 용접접합 ············· 297
- ■ 출제예상문제 ·········· 302

CHAPTER. 04 인장재

- 01 순단면적 ············· 308
- 02 유효 순단면적 ········· 309
- 03 블록전단파단 ·········· 310
- 04 인장재의 설계 ········· 311
- ■ 출제예상문제 ·········· 312

CHAPTER. 05 압축재

- 01 부재의 좌굴 ··········· 314
- 02 강재 단면의 분류 ······· 315
- 03 유효 좌굴길이와 세장비 ·· 317
- 04 압축재의 설계 ········· 318
- ■ 출제예상문제 ·········· 320

CHAPTER. 06 보의 설계

01 보의 종류와 구조 ·· 324
02 보의 응력 ·· 327
03 보의 설계 ·· 329
■ 출제예상문제 ·· 331

CHAPTER. 07 기타 구조

01 접합부 ·· 336
02 용어해설 및 기타 ··· 337
■ 출제예상문제 ·· 339

제4편 일반구조

CHAPTER. 01 총론

01 건축구조의 분류 ·· 344

CHAPTER. 02 설계하중

01 고정하중(Dead Loads) ·· 348
02 활하중(Live Loads) ·· 348
03 풍하중(Wind Loads) ··· 350
04 지진하중(Earthquake Loads) ·· 356

건축구조 차례

CHAPTER. 03 기초구조

01 기초의 정의 및 종류 ·· 372
02 지반조사 ·· 373
03 기초구조의 선정 ·· 375
▪ 출제예상문제 ·· 377

CHAPTER. 04 조적구조

01 벽돌구조 ·· 380
02 블록구조 ·· 385
03 돌구조 ·· 386
▪ 출제예상문제 ·· 388

CHAPTER. 05 나무구조

01 목재 ·· 392
02 목재의 접합 ·· 393
03 뼈대구조 ·· 394
04 마루 ·· 395
05 지붕틀 ·· 396
▪ 출제예상문제 ·· 398

CHAPTER. 06 기타 구조

▪ 출제예상문제 ·· 400

건 축 기 사 산 업 기 사

과년도 출제문제 및 해설

01 2017년 건축기사/건축산업기사 ················· 406
02 2018년 건축기사/건축산업기사 ················· 436
03 2019년 건축기사/건축산업기사 ················· 464
04 2020년 건축기사/건축산업기사 ················· 492
05 2021년 건축기사 ································· 516
06 2022년 건축기사 ································· 532

제1편
구조역학

Engineer Architecture

CHAPTER 01

힘과 모멘트

01 힘과 모멘트
02 힘의 합성과 분해
03 힘의 평형

CHAPTER 01 힘과 모멘트

SECTION 01 힘과 모멘트

1. 힘

(1) 힘의 정의

정지하고 있는 물체를 움직이거나, 움직이고 있는 물체의 방향이나 속도를 변화시키려고 하는 원인이 되는 것을 힘이라 한다.

(2) 힘의 3요소와 표시

① 크기 : 선분의 길이로 표시
② 방향 : 각도로 표시
③ 작용점 : 좌표로 표시
④ 힘의 이동성 : 힘이 강체에 작용할 때 힘을 그 작용선 위에서 이동하여도 그 효과는 같다.

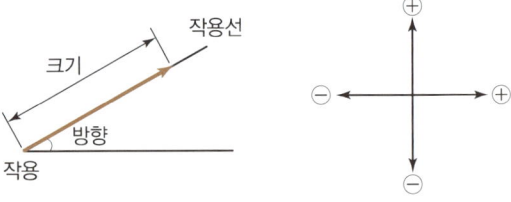

〈그림 1-1〉 힘의 3요소의 직각 좌표계

(3) 힘의 단위

① 국제단위(SI)
  ㉠ N, kN
  ㉡ 1N=1kg의 물체에 작용해서 1m/sec²의 가속도를 일으키는 힘
② 중력단위
  ㉠ kgf, tf
  ㉡ 1kgf=1kg의 물체에 작용해서 9.8m/sec²의 가속도를 일으키는 힘
③ 단위 변환
  ㉠ 1kgf=9.8N≒10N
  ㉡ 1tf=9.8kN≒10kN

>>> **Moment**

물체를 회전시키려는 힘의 크기

>>> **Bending Moment**

부재를 휘게 하려는 힘의 크기

>>> **압력의 단위**

$1Pa = 1N/m^2$

2. 모멘트

(1) 정의

힘의 모멘트란 어떤 점을 중심으로 돌리려고 하는 회전능력으로, 모멘트의 크기는 그 힘으로부터 모멘트를 구하고자 하는 점까지의 수직거리를 곱하여 구한다.

$$M = P \times l$$

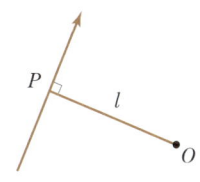

〈그림 1-2〉 힘의 모멘트

(2) 단위

N·m, kN·m

(3) 부호

① 시계 방향으로 회전(우회전) : 정(+)
② 반시계 방향으로 회전(좌회전) : 부(−)

3. 우력 모멘트(Couple Moment)

(1) 정의

크기가 같고 방향이 서로 반대인 한 쌍의 나란한 힘을 우력이라 하며, 이 우력에 의한 모멘트를 우력모멘트라 한다.

(2) 크기

우력모멘트 = 하나의 힘 × 두 힘 간의 수직거리

(3) 특징

① 우력의 합력은 0이다.
② 같은 평면 내에 있는 어떠한 점에 대해서도 우력 모멘트 값은 일정하다.

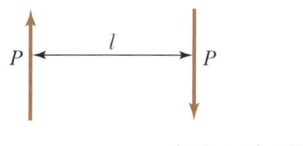 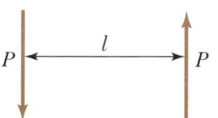

〈그림 1-3〉 우력 모멘트

핵심문제 ●●○

그림과 같은 힘의 O점에 대한 모멘트 값은?

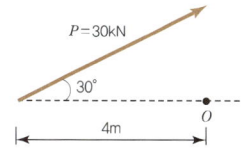

❶ +60kN·m
② −60kN·m
③ +120kN·m
④ −120kN·m

핵심문제 ●●●

그림에서 a, b, c, d 점에 대한 모멘트의 크기를 비교한 것 중 옳은 것은?

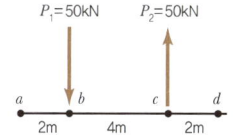

① $M_a > M_b > M_c > M_d$
② $M_a = M_d < M_b = M_c$
❸ $M_a = M_b = M_c = M_d$
④ $M_a = M_d > M_b = M_c$

SECTION 02 힘의 합성과 분해

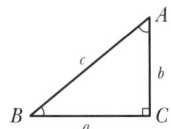

$\sin B = \dfrac{b}{c}$

$\cos B = \dfrac{a}{c}$

$\tan B = \dfrac{b}{a}$

$c = \sqrt{a^2 + b^2}$

$\sin^2\theta + \cos^2\theta = 1$

1. 힘의 합성

물체에 작용하는 많은 힘들을, 이 많은 힘들과 같은 효과를 갖는 하나의 힘으로 통합하는 것을 힘의 합성(Composition)이라 하며 통합된 힘을 합력(Resultant)이라 한다.

(1) 한 점에 작용하는 두 힘의 합성

① 도식해법 : 힘의 평행사변형법, 힘의 삼각형법

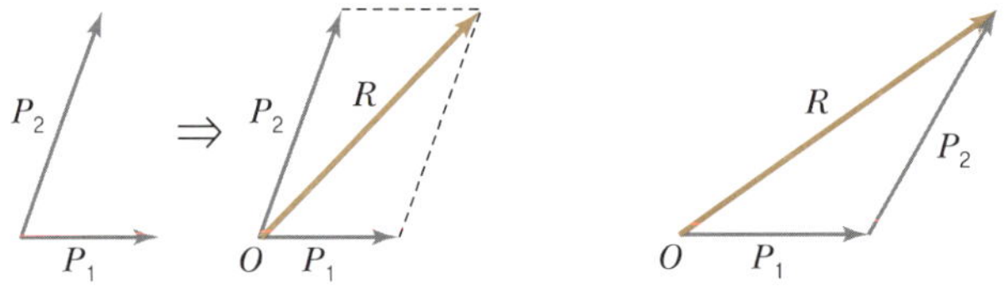

(a) 평행사변형법 (b) 삼각형법

〈그림 1-4〉 도식해법에 의한 두 힘의 합성

② 수식해법

㉠ 두 힘이 직교하는 경우($\alpha = 90°$일 때)

- 합력 : $R = \sqrt{P_1{}^2 + P_2{}^2}$

- 방향 : $\tan\theta = \dfrac{P_2}{P_1}$

㉡ 두 힘이 직교하지 않는 경우

- 합력 : $R = \sqrt{P_1{}^2 + P_2{}^2 + 2P_1 \cdot P_2 \cdot \cos\alpha}$

$$R^2 = (P_1 + P_2\cos\alpha)^2 + (P_2\sin\alpha)^2$$
$$= P_1^2 + P_2^2\cos^2\alpha + 2P_1P_2\cos\alpha + P_2^2\sin^2\alpha$$
$$= P_1^2 + P_2^2(\cos^2\alpha + \sin^2\alpha) + 2P_1P_2\cos\alpha$$
$$= P_1^2 + P_2^2 + 2P_1P_2\cos\alpha$$

- 방향 : $\tan\theta = \dfrac{P_2 \cdot \sin\alpha}{P_1 + P_2 \cdot \cos\alpha}$

핵심문제

각각 100N의 두 힘이 120°의 각도를 이루고 1점에 작용할 때 합력의 크기는?

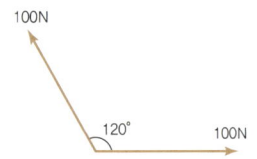

❶ 100N
② $100\sqrt{3}$ N
③ 50N
④ 150N

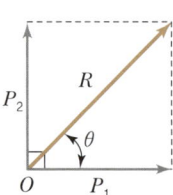 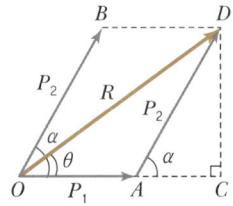

〈그림 1-5〉 수식해법에 의한 두 힘의 합성

6 | 제1편 구조역학

(2) 한 점에 작용하는 여러 힘의 합성

① **도식해법** : 힘의 다각형법(시력도 이용)

여러 힘을 순서대로 평행 이동시켜 다각형을 만들어 처음 시작점과 끝점을 연결하면 합력이 된다.(마지막 끝점과 시작점이 일치하면 합력은 0이다.)

① 시력도 = 크기와 방향
② 연력도 = 작용점의 위치
③ 시력도의 폐합($R=0$)
④ 연력도의 폐합($M=0$)

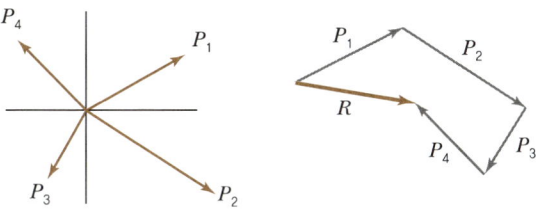

〈그림 1-6〉 도식해법에 의한 한 점에 작용하는 여러 힘의 합성

② **수식해법** : 여러 힘을 수직분력과 수평분력으로 분해하여 계산한다.

㉠ $\Sigma H = \Sigma P \cdot \cos\theta = H_1 + H_2 + H_3 + H_4$

㉡ $\Sigma V = \Sigma P \cdot \sin\theta = V_1 + V_2 + V_3 + V_4$

㉢ 합력 $R = \sqrt{(\Sigma H)^2 + (\Sigma V)^2}$

㉣ 방향 $\tan\theta = \dfrac{\Sigma V}{\Sigma H}$

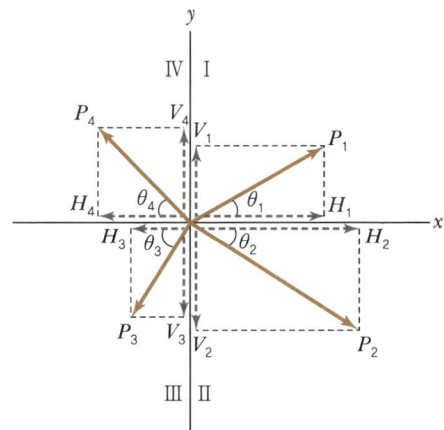

〈그림 1-7〉 수식해법에 의한 한 점에 작용하는 여러 힘의 합성

(3) 한 점에 작용하지 않는 여러 힘의 합성

① 도식해법

㉠ 힘의 다각형법(시력도 이용) : 힘의 크기와 방향을 구한다.

㉡ 연력도 이용 : 힘의 작용점을 구한다.

② 수식해법 : 여러 힘을 수직분력과 수평분력으로 분해하여 계산한다.

㉠ $\Sigma H = \Sigma P \cdot \cos\theta = H_1 + H_2 + H_3 + H_4$

㉡ $\Sigma V = \Sigma P \cdot \sin\theta = V_1 + V_2 + V_3 + V_4$

㉢ 합력 $R = \sqrt{(\Sigma H)^2 + (\Sigma V)^2}$

㉣ 방향 $\tan\theta = \dfrac{\Sigma V}{\Sigma H}$

㉤ 작용점의 위치

$x = \Sigma x = x_1 + x_2 + x_3 + x_4$

$y = \Sigma y = y_1 + y_2 + y_3 + y_4$

$(x,\ y) = (\Sigma x,\ \Sigma y)$

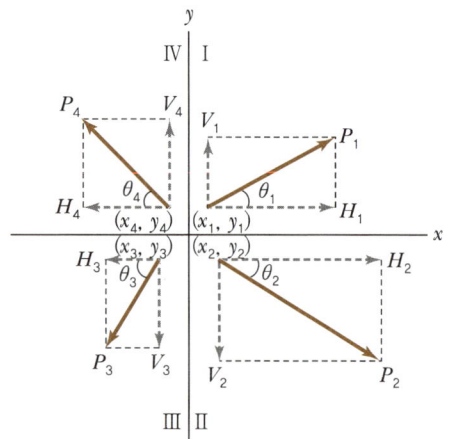

〈그림 1-8〉 수식해법에 의한 한 점에 작용하지 않는 여러 힘의 합성

2. 바리뇽(Varignon)의 정리

(1) 정의

여러 힘의 임의의 점에 대한 모멘트의 합은 그 점에 대한 합력의 모멘트와 같다. 즉, O점에서의 모멘트, $M_o = P_1 \cdot x_1 + P_2 \cdot x_2 = R \cdot x$

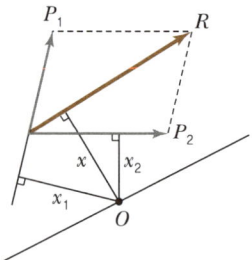

〈그림 1-9〉 바리뇽의 정리

(2) 응용 – 평행한 여러 힘의 합성

① 합력 $R = P_1 + P_2 + P_3$

② 합력의 위치 : 바리뇽의 정리를 이용하여 구한다.

$$R \cdot x = P_1 \cdot x_1 + P_2 \cdot x_2 + P_3 \cdot x_3$$

$$\therefore x = \frac{P_1 \cdot x_1 + P_2 \cdot x_2 + P_3 \cdot x_3}{R}$$

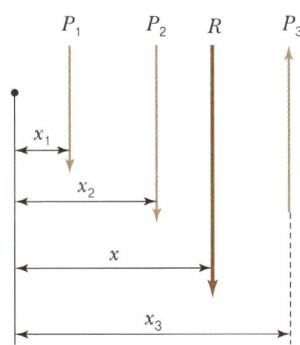

〈그림 1-10〉 바리뇽의 정리의 응용

3. 힘의 분해

(1) 한 점에 작용하는 두 힘으로 분해

① 도해법 : 힘의 합성의 작도법을 반대로 한다.

② 수식해법

　㉠ 직교하는 두 힘으로 분해

　　• X축상의 분력 $P_x = P\cos\theta$

　　• Y축상의 분력 $P_y = P\sin\theta$

　㉡ 임의의 방향의 두 힘으로 분해(Sine법칙 이용)

$$\frac{P_x}{\sin(\alpha-\theta)} = \frac{P_y}{\sin\theta} = \frac{R}{\sin(180°-\alpha)} = \frac{R}{\sin\alpha}$$

여기서, $\sin(180°-\alpha) = \sin\alpha$ 이므로,

　• X축상의 분력 $P_x = \dfrac{P \cdot \sin(\alpha-\theta)}{\sin\alpha}$

　• Y축상의 분력 $P_y = \dfrac{P \cdot \sin\theta}{\sin\alpha}$

핵심문제

그림과 같은 4개의 힘이 작용할 때 O점에서부터 그 합력의 작용선 위치는?

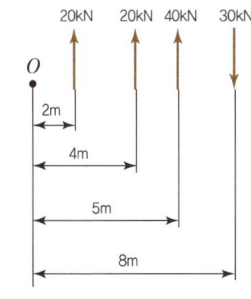

❶ 1.6m　　② 3.6m
③ 4.67m　　④ 6.42m

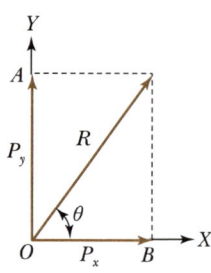
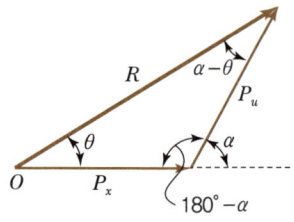

(a) 직교하는 두 힘으로 분해   (b) 임의의 방향의 두 힘으로 분해

〈그림 1-11〉 힘의 분해

4. Sin법칙과 라미의 정리

(1) Sin법칙

삼각형 ABC의 세 각의 크기 A, B, C와 세 변의 길이 a, b, c는 다음과 같은 관계가 성립한다.

$$\frac{a}{\sin A} = \frac{b}{\sin B} = \frac{c}{\sin C}$$

(2) 라미(Ramy)의 정리

한 점에 작용하는 3개의 힘이 평형을 이루고 있을 때 이 3개의 힘이 같은 평면에 있으면 각각의 힘은 다른 2개의 힘 사이의 각의 $\sin\theta$에 정비례한다.

$$\frac{P_1}{\sin\theta_1} = \frac{P_2}{\sin\theta_2} = \frac{P_3}{\sin\theta_3}$$

핵심문제

무게 1,000N을 C점에 매달 때 줄 AC에 작용하는 장력은?

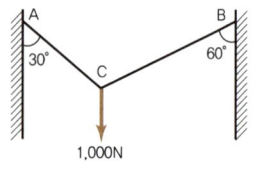

① 540N ② 670N
③ 972N ❹ 866N

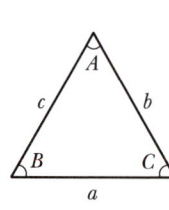
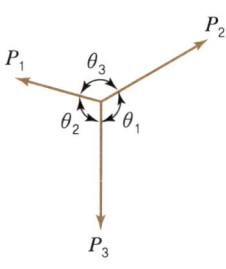

(a) Sin의 법칙   (b) 라미의 정리

〈그림 1-12〉 Sin법칙 및 라미의 정리

SECTION 03 힘의 평형

1. 정의

물체나 구조물에 2개 이상의 힘이 작용할 때 이동하거나 회전하지 않는 상태를 평형이라 한다.

▼ 〈표 1-1〉 힘의 평형 조건식

정지조건(평형조건)	역학적 표현
• 상하(수직방향)로 이동하지 않는다.	• $\Sigma V = 0$
• 좌우(수평방향)로 이동하지 않는다.	• $\Sigma H = 0$
• 회전하지 않는다.	• $\Sigma M = 0$

2. 한 점에 작용하는 여러 힘의 평형

(1) 도해법

시력도가 폐합되어야 한다.(이때, 합력 $R = 0$)

(2) 수식해법

① $\Sigma H = 0$
② $\Sigma V = 0$

3. 한 점에 작용하지 않는 여러 힘의 평형

(1) 도해법

① 시력도가 폐합되어야 한다.(합력 $R = 0$)
② 연력도가 폐합되어야 한다.(우력이 0, 즉 $M = 0$)

(2) 수식해법

① $\Sigma H = 0$ ⎫
② $\Sigma V = 0$ ⎬→ 힘의 평형 3조건식
③ $\Sigma M = 0$ ⎭

>>> 힘의 평형 조건식

작용점	도해법	해석법
같을 때	시력도 폐합 ($R = 0$)	$\Sigma H = 0$ $\Sigma V = 0$
다를 때	시력도 폐합 ($R = 0$) 연력도 폐합 ($M = 0$)	$\Sigma H = 0$ $\Sigma V = 0$ $\Sigma M = 0$

CHAPTER 01 출제예상문제

01 그림과 같은 힘의 O점에 대한 모멘트 값은?

① $+60\text{kN}\cdot\text{m}$
② $-60\text{kN}\cdot\text{m}$
③ $+120\text{kN}\cdot\text{m}$
④ $-120\text{kN}\cdot\text{m}$

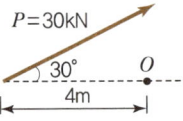

해설

모멘트 $M_o = P\times l$에서 수직거리 l은
$l = 4\text{m}\times\sin 30° = 2\text{m}$
$M = P\times l = 30\text{kN}\times 2\text{m} = +60\text{kN}\cdot\text{m}$
(시계 방향)

02 그림에서 a, b, c, d 점에 대한 모멘트의 크기를 비교한 것 중 옳은 것은?

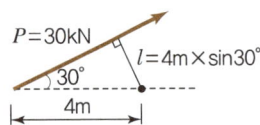

① $M_a > M_b > M_c > M_d$
② $M_a = M_d < M_b = M_c$
③ $M_a = M_b = M_c = M_d$
④ $M_a = M_d > M_b = M_c$

해설

평면 내의 어떠한 점에서도 모멘트의 크기는 일정하다. 즉 우력모멘트는
$M = P\times l =$ 하나의 힘 × 두 힘 간의 수직거리
$M_a = M_b = M_c = M_d$
$P\times l = 50\text{kN}\times 4\text{m} = -200\text{kN}\cdot\text{m}$
(반시계 방향)

03 그림과 같은 힘들의 합력의 크기와 위치가 옳은 것은?

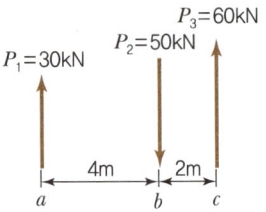

① $R = +40\text{kN}$, $x = a$점 2m 지점
② $R = +40\text{kN}$, $x = a$점 4m 지점
③ $R = -40\text{kN}$, $x = a$점 2m 지점
④ $R = -40\text{kN}$, $x = a$점 4m 지점

해설

합력 $R = 30 - 50 + 60 = +40\text{kN}$ (상향)
거리 x를 구하기 위해, a점에 대하여 바리뇽의 정리를 적용하면,
$-40\times x = 50\times 4 - 60\times 6$
∴ 합력의 위치는 a점의 우측 4m 지점이 된다.

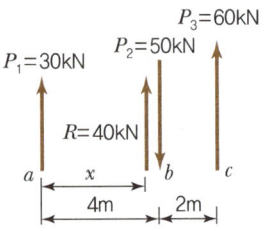

04 그림과 같은 4개의 힘이 작용할 때 O점에서부터 그 합력의 작용선 위치는?

① 1.6m
② 3.6m
③ 4.67m
④ 6.42m

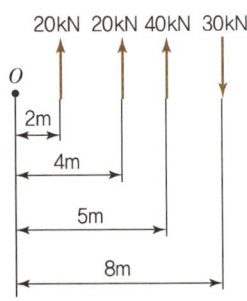

정답 01 ① 02 ③ 03 ② 04 ①

해설

합력 $R = 20+20+40-30 = 50$kN (↑)
O점에 대한 바리뇽의 정리를 취하면
$-50 \times x = -20 \times 2 - 20 \times 4 - 40 \times 5 + 30 \times 8$
$x = \dfrac{40+80+200-240}{50} = 1.6$m

05 각각 100N의 두 힘이 120°의 각도를 이루고 1점에 작용할 때 합력의 크기는?

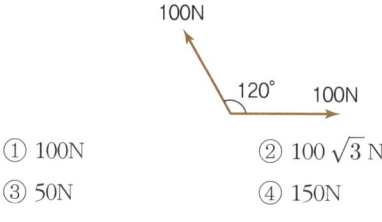

① 100N
② $100\sqrt{3}$ N
③ 50N
④ 150N

해설

합력 $R = \sqrt{P_1^2 + P_2^2 + 2P_1 \cdot P_2 \cos\theta}$
$= \sqrt{100^2 + 100^2 + 2 \times 100 \times 100 \times \cos 120°}$
$= 100$N

06 다음 그림에서 A~D점에 작용하는 6개의 힘에 대한 E점의 모멘트 합은?(단, 부호의 규약은 ⊕로 한다.)

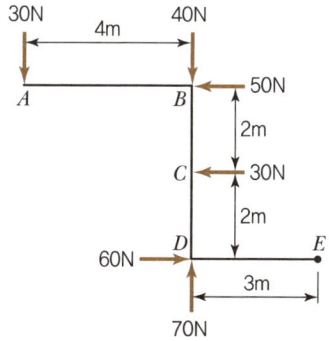

① -260N·m
② -380N·m
③ $+260$N·m
④ $+360$N·m

해설

$M_E = -30 \times 7 - 40 \times 3 + 70 \times 3 - 30 \times 2 - 50 \times 4$
$= -380$N·m

07 무게 1,000N을 C점에 매달 때 줄 AC에 작용하는 장력은?

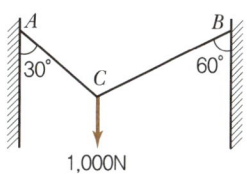

① 540N
② 670N
③ 972N
④ 866N

해설

$\dfrac{AC}{\sin 120°} = \dfrac{1,000}{\sin 90°} = \dfrac{BC}{\sin 150°}$
$AC = 500\sqrt{3} = 866$N
$BC = 500$N

08 그림과 같은 로프에 생기는 힘 P의 값은 얼마인가?(단, 하중 100N은 로프의 한가운데 매달려 있으며 2개의 로프가 이루는 각은 120°이다.)

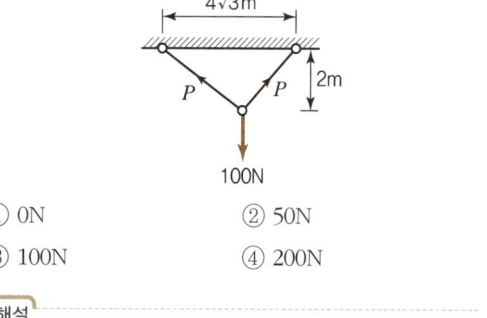

① 0N
② 50N
③ 100N
④ 200N

해설

세 각의 크기가 똑같이 120°씩이므로 힘의 크기도 서로 같다.

정답 05 ① 06 ② 07 ④ 08 ③

09 그림에서 R은 평행한 두 힘 P_1, P_2의 합력이다. 합력 R이 작용하는 점을 P_1으로부터 x라 할 때 x값으로 맞는 것은?

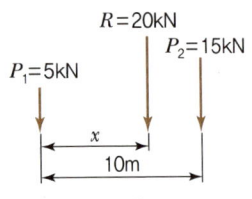

① 7.3m ② 7.5m
③ 7.8m ④ 8.1m

해설

바리뇽의 정리
- $\Sigma M = R \cdot x = P_1 \cdot x_1 + P_2 \cdot x_2 \cdots$
- $20\text{kN} \times x = 15\text{kN} \times 10\text{m}$
- $x = \dfrac{15 \times 10}{20} = 7.5\text{m}$

10 다음과 같은 하중 P가 AC 및 BC 로프(Rope)의 C점에 작용할 때 AC 부재가 받는 인장력으로서 맞는 것은?

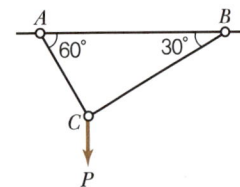

① $\dfrac{P}{2}$ ② P
③ $\dfrac{\sqrt{3}}{2}P$ ④ $2P$

해설

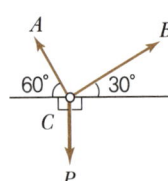

$\dfrac{P}{\sin 90°} = \dfrac{\text{AC}}{\sin 120°}$

$\text{AC} = P \times \sin 120° = P \times \dfrac{\sqrt{3}}{2}$

정답 09 ② 10 ③

CHAPTER 02

구조물의 개론

Engineer Architecture

01 구조물의 개요
02 구조물의 판별
03 하중

구조물의 개론

SECTION 01 구조물의 개요

1. 지점·반력·절점

(1) 지점(Supporting Point)

구조물 전체가 지지, 연결된 지대 또는 지반을 말한다. 지점 구조는 구조역학적으로 회전지점, 이동지점, 고정지점의 3가지로 대별된다.

(2) 반력(Reaction)

물체가 외력을 받았을 때 평형을 이루기 위하여 수동적으로 생기는 힘을 말하며, 지점에서 생기는 반력을 지점반력이라 하며, 외력과 크기는 같고 방향은 반대이다. 종류로는 수직반력(V), 수평반력(H), 모멘트반력(M)이 있다.

▼ 〈표 2-1〉 구조물의 지점형태와 반력

지점	지점의 형태	표시법	반력의 형태	반력수
이동지점	핀, 롤러		수직반력 • 상하 이동 불가 • 좌우 이동, 회전은 가능	1개
회전지점	핀		수평반력 수직반력 • 상하, 좌우 이동 불가 • 회전은 가능	2개
고정지점			수평반력 모멘트반력 수직반력 • 부재가 고정 • 상하, 좌우 이동 및 회전 불가	3개

(3) 절점(Panel Point)

구조물을 구성하고 있는 부재와 부재가 연결된 곳을 절점이라 하며 강절과 활절로 대별된다.

▼ 〈표 2-2〉 구조물의 절점

절점	절점의 상태	표시법	형상상의 특징	부재력의 종류
회전절점 (활절점)			하중이 작용하면 두 개의 부재는 자유롭게 회전한다.	• 축방향력 • 전단력
고정절점 (강절점)			• 하중이 작용하더라도 두 개의 부재 사이의 부재각은 변하지 않는다. • 회전이 불가능한 절점	• 축방향력 • 전단력 • 휨모멘트

2. 구조물의 종류

구조물을 형태와 지지조건에 따라 역학적으로 분류하면 다음과 같다.

(1) 보(Beam)

부재축에 수직으로 작용하는 하중을 지지하는 구조물로 단면 내에는 휨모멘트와 전단력이 작용한다.

(2) 기둥(Column)

축방향력으로 주로 압축력을 받는 단일부재를 말한다.

(3) 라멘(Rahmen)

보와 기둥 즉, 수평재와 수직재가 강절점(Rigid Joint)으로 접합된 가구를 말한다.

(4) 트러스(Truss)

직선재를 삼각형으로 구성하되 절점은 마찰이 없는 회전절점으로 연결하여 만든 구조로 각 부재는 압축력과 인장력만을 받게 된다.

(5) 아치(Arch)

부재축이 곡선(원호, 포물선)으로 구성되어 있는 구조물로 주로 축선을 따라 압축응력이 일어나도록 설계된다.

>>> **라멘구조**
보+기둥 System

>>> **벽식구조**
벽체+슬래브 System

(6) 셸(Shell) 구조

얇은 막 구조의 형태로 주로 면내응력에 의하여 하중을 지지한다.

SECTION 02 구조물의 판별

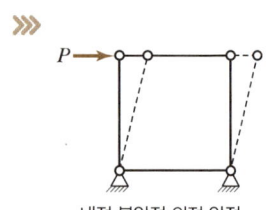
내적 불안정 외적 안정

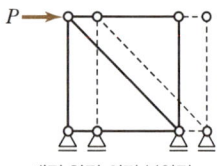
내적 안정 외적 불안정

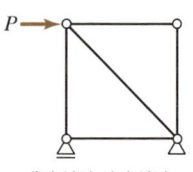
내적 안정 외적 안정

1. 구조물의 안정·불안정

(1) 안정 구조물

1) 지지의 안정(외적 안정)
   ① 구조물의 위치가 변하지 않는 것
   ② 지점의 반력수가 3 이상으로 힘의 평형 3조건을 만족할 때
      ㉠ 상하로 이동하지 아니함 ·················· $\Sigma V = 0$
      ㉡ 좌우로 이동하지 아니함 ·················· $\Sigma H = 0$
      ㉢ 어떤 방향으로도 회전하지 아니함 ·················· $\Sigma M = 0$

2) 형상의 안정(내적 안정)
   어떠한 외력이 작용하여도 그 형상이 변하지 않는 것

(2) 불안정 구조물

1) 지지의 불안정(외적 불안정)
   ① 구조물의 위치가 변하는 것
   ② 지점의 반력수가 2 이하인 경우와 3 이상이라도 힘의 평형조건을 만족하지 못할 때
      ㉠ 상하로 이동함
      ㉡ 좌우로 이동함
      ㉢ 어떤 방향으로 회전함

2) 형상의 불안정(내적 불안정)
   어떠한 외력이 작용하면 그 형상이 변하는 것

2. 구조물의 정정·부정정

힘의 평형조건만으로 구조물의 반력, 부재력(부재응력, 단면력)이 구해지면 그 구조물은 정정(Statically Determinate) 구조물이라 하고, 정정 구조물보다 과잉 구속된 구조물로서 힘의 평형조건뿐만 아니라 변형조건을 가하여야만 반력과 부재력을 구할 수 있는 구조물을 부정정(Statically Indeterminate) 구조물이라 한다.

(1) 정정 구조물

① 지지의 정정(외적 정정) : 외적으로 안정한 구조물에서 그 지점반력을 힘의 평형 조건식만으로 구할 수 있는 구조물
② 형상의 정정(내적 정정) : 내적으로 안정한 구조물에서 그 구조물을 구성하고 있는 모든 부재의 부재력(부재응력, 단면력)을 힘의 평형 조건식만으로 구할 수 있는 구조물

(2) 부정정 구조물

① 지지의 부정정(외적 부정정) : 외적으로 안정한 구조물에서 그 지점반력을 힘의 평형 조건식뿐만 아니라 골조 각부의 변형 조건을 가하여 구할 수 있는 구조물
② 형상의 부정정(내적 부정정) : 내적으로 안정한 구조물에서 그 구조물을 구성하고 있는 모든 부재의 응력(부재력)을 힘의 평형 조건식뿐만 아니라 골조 각부의 변형조건을 가하여 할 수 있는 구조물

(3) 구조물의 안정·불안정 판별

① 관찰로 형상(내적)의 안정을 대략 판단한 뒤에
② 힘의 평형조건식으로 지지의 안정을 검토한다.

(4) 판별식

① 모든 구조물의 전체 부정정 차수

$$n = r + m + \Sigma k - 2j$$

$$n = n_i + n_e$$
$$n_i = (3 + m + k) - 2j$$
$$n_e = r - 3$$

여기서, n : 부정정 차수
n_i : 내적 부정정 차수
n_e : 외적 부정정 차수
- $n < 0$일 때는 불안정 구조물
- $n = 0$일 때는 안정이며 정정 구조물
- $n > 0$일 때는 안정이며 부정정 구조물

r : 반력수(이동단은 1, 회전단은 2, 고정단은 3)
m : 부재수
k : 강절점수(모재에 강절로 접합된 부재수)
j : 절점수(지점과 자유단도 절점으로 본다)

※ 강절점수 : 어떤 부재(모재)에 강절로 접합된 부재수를 강절점수라 한다.(강절점수의 계산은 접합된 부재 중 하나를 제외한 나머지 부재수)

>>> **정정 구조물**

힘의 평형조건식 이용
($\Sigma V = \Sigma H = \Sigma M = 0$)
① 반력
② 부재력을 구한다.

핵심문제 ●●●

그림과 같은 구조물의 부정정 차수는?

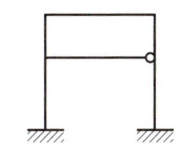

① 정정 구조물
② 3차 부정정
③ 4차 부정정
❹ 5차 부정정

>>> **부정정 차수의 별해**

1. 라멘구조
   Box수×3 − h
2. 트러스
   구조물의 특성상 외적 부정정 차수와 내적 부정정 차수를 각각 독립적으로 구함
   ① 외적 $n_e = r - 3$
   ② 내적 n_i : 트러스의 형상 각각의 단면형태로 파악하여 삼각형 형상이면 정정

(예)

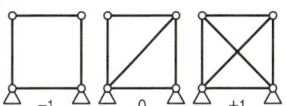

핵심문제 ●●○

그림과 같은 연속보는?

① 불안정　　　❷ 정정
③ 1차 부정정　④ 2차 부정정

핵심문제 ●●○

그림과 같은 트러스의 부정정 차수를 구하면?

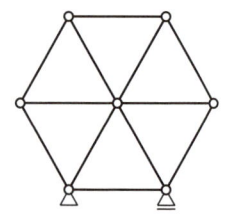

❶ 1차 부정정　② 2차 부정정
③ 3차 부정정　④ 4차 부정정

▼ 〈표 2-3〉 강절점수의 계산

부재					
절점수(j)	1	1	1	1	1
부재수(m)	2	2	3	3	4
강절점수(k)	0	1	1	2	3

② 단층 구조물의 부정정 차수

$$n = (r-3) - h$$

여기서, 3 : 힘의 평형 방정식의 수
　　　　h : 구조에 있는 힌지의 수(지점 Hinge는 제외)

③ 트러스의 부정정 차수 : 모든 절점은 힌지로 구성되어 강절점수는 0이다.

$$n = r + m - 2j$$

SECTION 03 하중

1. 설계에 따른 분류

(1) 고정하중(Dead Load)

골조를 이루는 보, 기둥 및 기초 등의 무게는 물론 위생이나 냉난방시설과 같이 건물에 영구히 부착되는 무게를 포함하며 그 크기가 시간에 따라 변하지 않는 하중이다.

(2) 활하중(Live Load)

각 실의 사용목적에 따라 적재되는 사람이나 가구 및 물품 등의 무게로 공장 등에 설치되는 기계하중 등을 포함한다.

(3) 적설하중(Snow Load)

구조물에 쌓이는 눈의 무게로 그 지역에 내린 최고 적설량의 통계에 의하여 정해진다.

(4) 풍하중(Wind Load)

그 지역의 최대풍속의 통계에 의하여 정해진다.

(5) 지진하중(Seismic Load)
지진력에 의해 구조물이 받는 수평하중을 말한다.

2. 작용상태에 의한 분류
집중하중, 등분포하중, 등변분포하중, 이동하중 등으로 구분된다.

3. 작용시간에 의한 분류
(1) 장기하중
고정하중, 적재하중 등과 같이 구조물에 끊임없이 장기간에 걸쳐서 작용하는 하중

(2) 단기하중
풍하중, 지진하중 등과 같이 구조물에 일시적으로 작용하는 하중

CHAPTER 02 출제예상문제

01 그림과 같은 구조물의 부정정 차수는?

① 정정 구조물
② 3차 부정정
③ 4차 부정정
④ 5차 부정정

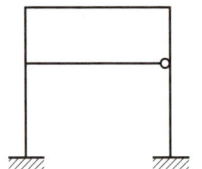

[해설]
$n = r + m + \Sigma k - 2j$에서,
반력수 $r = 6$, 부재수 $m = 6$,
강절점수 $\Sigma k = 5$, 절점수 $j = 6$이므로,
$n = 6 + 6 + 5 - 2 \times 6 = 5$

별해
$n = \text{Box수} \times 3 - h = 2 \times 3 - 1 = 5$

02 그림과 같은 구조물의 부정정 차수는?

① 3차
② 4차
③ 5차
④ 6차

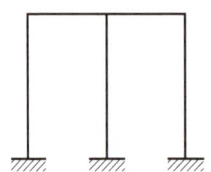

[해설]
$n = r + m + \Sigma k - 2j$에서,
반력수 $r = 9$, 부재수 $m = 5$,
강절점수 $\Sigma k = 4$, 절점수 $j = 6$이므로,
$n = 9 + 5 + 4 - 2 \times 6 = 6$

별해
$n = \text{Box수} \times 3 - h = 2 \times 3 - 0 = 6$

03 그림과 같은 구조물의 부정정 차수는?

① 2차
② 3차
③ 4차
④ 5차

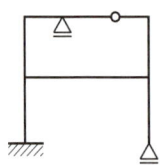

[해설]
$n = r + m + \Sigma k - 2j$에서,
반력수 $r = 6$, 부재수 $m = 8$,
강절점수 $\Sigma k = 7$, 절점수 $j = 8$이므로,
$n = 6 + 8 + 7 - 2 \times 8 = 5$

04 그림과 같은 연속보는?

① 불안정
② 정정
③ 1차 부정정
④ 2차 부정정

[해설]
단층 구조물의 부정정 차수
$n = r - 3 - h = 4 - 3 - 1 = 0$

05 그림과 같은 구조물은 몇 차 부정정인가?

① 1차
② 2차
③ 3차
④ 4차

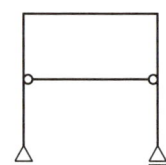

[해설]
$n = r + m + \Sigma k - 2j$에서,
반력수 $r = 3$, 부재수 $m = 6$,
강절점수 $\Sigma k = 4$, 절점수 $j = 6$이므로,
$n = 3 + 6 + 4 - 2 \times 6 = 1$

06 다음 구조물을 판별하면?

① 정정
② 1차 부정정
③ 불안정
④ 3차 부정정

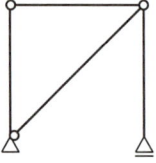

정답 01 ④ 02 ④ 03 ④ 04 ② 05 ① 06 ③

> **해설**

$n = r+m+\Sigma k-2j$에서,
반력수 $r=3$, 부재수 $m=4$,
강절점수 $\Sigma k=0$, 절점수 $j=4$이므로,
$n=3+4+0-2\times 4=-1$

07 그림과 같은 구조물의 부정정 차수는?

① 1차
② 2차
③ 3차
④ 4차

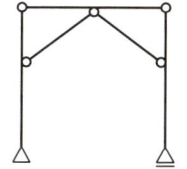

> **해설**

$n = r+m+\Sigma k-2j$에서,
반력수 $r=4$, 부재수 $m=8$,
강절점수 $\Sigma k=3$, 절점수 $j=7$이므로,
$n=4+8+3-2\times 7=1$

08 그림과 같은 트러스의 부정정 차수를 구하면?

① 1차 부정정
② 2차 부정정
③ 3차 부정정
④ 4차 부정정

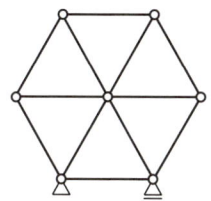

> **해설**

트러스의 부정정 차수
$n = r+m-2j$에서,
반력수 $r=3$, 부재수 $m=12$, 절점수 $j=7$
$n=3+12-2\times 7=1$

09 그림과 같은 트러스는?

① 불안정
② 정정
③ 1차 부정정
④ 2차 부정정

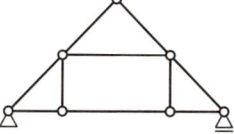

> **해설**

트러스의 부정정 차수
$n = r+m-2j$에서,
반력수 $r=3$, 부재수 $m=10$, 절점수 $j=7$
$n=3+10-2\times 7=-1$

10 다음과 같은 트러스의 부정정 차수는?

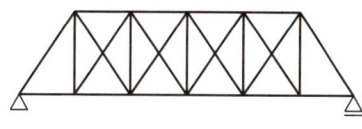

① 1차　　② 3차
③ 4차　　④ 정정

> **해설**

$n = r+m-2j$에서
반력수 $r=3$, 부재수 $m=25$, 절점수 $j=12$
$n=3+25+-2\times 12=4$

별해
$n = n_e + n_i = (3-3)+4 = 4$

11 다음과 같은 트러스의 부정정 차수는?

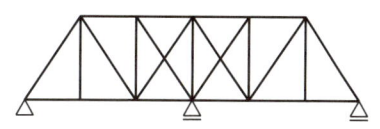

① 1차　　② 3차
③ 4차　　④ 정정

> **해설**

$n = r+m-2j$에서
반력수 $r=4$, 부재수 $m=23$, 절점수 $j=12$
$n=4+23-2\times 12=3$

별해
$n = n_e + n_i = (4-3)+2 = 3$

12 다음 구조물의 정정, 부정정을 판별하면?

① 정정 구조물
② 1차 부정정
③ 2차 부정정
④ 3차 부정정

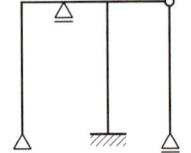

> **해설**

$n = r+m+\Sigma k-2j$ 에서,
반력수 $r=7$, 부재수 $m=6$,
강절점수 $\Sigma k=4$, 절점수 $j=7$이므로,
$n = 7+6+4-2\times 7 = 3$

13 다음 구조물의 부정정 차수는?

① 3차 부정정
② 4차 부정정
③ 5차 부정정
④ 6차 부정정

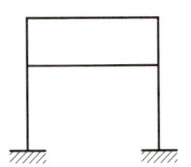

> **해설**

$n = r+m+\Sigma k-2j$ 에서,
반력수 $r=6$, 부재수 $m=6$,
강절점수 $\Sigma k=6$, 절점수 $j=6$이므로,
$n = 6+6+6-2\times 6 = 6$

14 다음 보(Beam) 중에서 정정구조물이 아닌 것은?

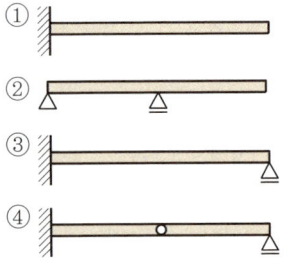

> **해설**

정정구조물
① 외적 정정 : 지점반력을 힘의 평형조건식으로 구할 수 있다.
② 내적 정정 : 부재력을 힘의 평형조건식으로 구할 수 있다.
③ $n = r-3-h = 4-3-0 = 1$차 부정정

15 그림과 같은 구조물의 판정 결과는?

① 정정
② 1차 부정정
③ 2차 부정정
④ 3차 부정정

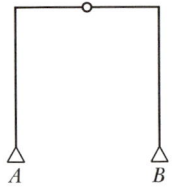

> **해설**

$n = r+m+\Sigma k-2j$ 에서,
반력수 $r=4$, 부재수 $m=4$,
강절점수 $\Sigma k=2$, 절점수 $j=5$이므로,
$n = 4+4+2-2\times 5 = 0$

정답 12 ④ 13 ④ 14 ③ 15 ①

Engineer Architecture

CHAPTER
03

정정보

01 반력과 부재력
02 정정보의 해석

CHAPTER 03 정정보

SECTION 01 반력과 부재력

>>> **부호의 약속**

H	→ (+), ← (−)
V	↑ (+), ↓ (−)
M	⤴ (+), ⤵ (−)

1. 반력 산정

반력이란 구조물에 작용하는 하중과 평형을 이루기 위해 지점에 생기는 수동적인 힘을 말한다. 반력을 계산하는 순서는 다음과 같다.

① 지점의 종류에 따른 반력의 형태와 방향을 가정하고 기호를 붙인다. (H_A, V_A, M_A 등)

② 하중과 반력에 대하여 힘의 평형조건식($\Sigma V=0$, $\Sigma H=0$, $\Sigma M=0$)을 적용시켜 미지의 반력을 구한다.

③ 반력을 계산한 결과의 부호가 (−)이면 가정한 반력의 방향과 반대임을 의미한다.

핵심문제

그림과 같은 단순보에서 A점의 수직 반력의 크기는?

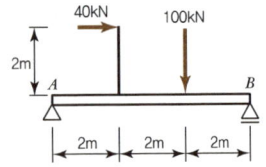

① −10kN(↓)
② −20kN(↓)
③ +10kN(↑)
❹ +20kN(↑)

>>>
① 힘의 평형조건식 이용
 ($\Sigma V=0$, $\Sigma H=0$, $\Sigma M=0$)
② 지점에 대한 모멘트의 합은 0이다.

(1) 단순보에 집중하중 P가 작용할 때

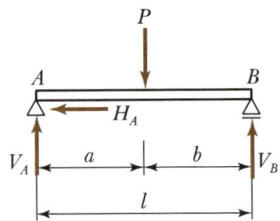

〈그림 3-1〉 단순보에 집중하중 P가 작용할 때

① $\Sigma H = 0$ $H_A = 0$
② $\Sigma V = 0$ $P = V_A + V_B$
③ $\Sigma M_B = 0$ $V_A \times l - P \times b = 0$

$$V_A = \frac{Pb}{l}(\uparrow)$$

$$V_B = P - V_A = \frac{Pa}{l}(\uparrow)$$

(2) 단순보에 하중 P가 보의 축과 경사지게 작용할 때

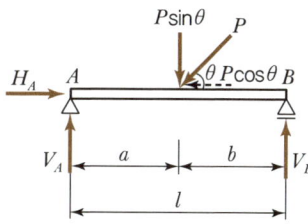

〈그림 3-2〉 단순보에 하중 P가 보의 축과 경사지게 작용할 때

① 하중 P를 수직분력과 수평분력으로 분해
$$V = P\sin\theta(\downarrow),\ H = P\cos\theta(\leftarrow)$$

② $\Sigma H = 0$
$$H_A - P\cos\theta = 0,\ H_A = P\cos\theta(\rightarrow)$$

③ $\Sigma V = 0$
$$P\sin\theta = V_A + V_B$$

④ $\Sigma M_B = 0$
$$V_A \times l - P\sin\theta \times b = 0,\ V_A = \frac{P\sin\theta \cdot b}{l}(\uparrow)$$
$$V_B = P\sin\theta - V_A = \frac{P\sin\theta \cdot a}{l}(\uparrow)$$

(3) 단순보에 모멘트가 작용할 때

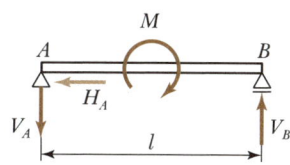

〈그림 3-3〉 단순보에 모멘트가 작용할 때

① $\Sigma H = 0 \qquad H_A = 0$

② $\Sigma V = 0 \qquad V_A + V_B = 0$
$$V_B = -V_A$$

③ $\Sigma M_B = 0 \qquad V_A \times l + M = 0$
$$V_A = -\frac{M}{l}(\downarrow)$$

④ $V_B = -V_A = \dfrac{M}{l}(\uparrow)$

핵심문제

그림과 같은 단순보에서 지점 A의 수직반력 값은?

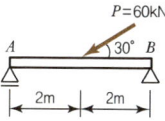

① 10kN ❷ 15kN
③ 20kN ④ 25kN

▶▶ 하중 P를 수평분력과 수직분력으로 나누어 생각한다.

▶▶ 단순보에 모멘트 하중만 작용하면 수직반력은 크기는 같고 방향은 반대이다.

⟫ 등분포하중의 반력 산정 시 도심을 지나는 집중하중으로 계산한다.

핵심문제

그림과 같은 단순보에서 A점의 수직 반력의 크기는?

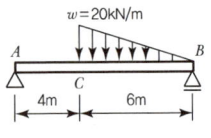

① +12kN(↑)
❷ +24kN(↑)
③ +36kN(↑)
④ +48kN(↑)

⟫

외력	⇔	내력
하중과 반력		부재력(단면력)

(4) 등분포하중이 작용할 때

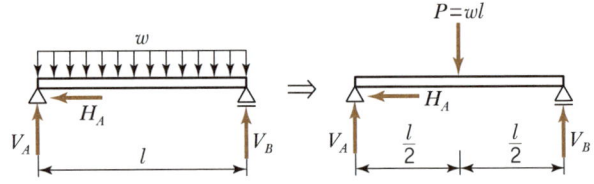

〈그림 3-4〉 단순보에 등분포하중이 작용할 때

① $\Sigma H = 0$ $H_A = 0$
② $\Sigma V = 0$ $wl = V_A + V_B$
③ $\Sigma M_B = 0$ $V_A \times l - wl \times \dfrac{l}{2} = 0$ $V_A = \dfrac{wl}{2}(\uparrow)$
④ $V_B = wl - V_A = \dfrac{wl}{2}(\uparrow)$

2. 부재력(단면력)

구조물에 하중이 가해지면 지점에는 반력이 생기고 이들 외력(하중과 반력)으로 인하여 구조물 내부에 생기는 힘을 부재력 또는 단면력이라 한다. 이러한 부재력은 크게 축방향력, 전단력, 휨모멘트로 대별되며 부재의 길이를 변화시키거나 모양을 일그러지게 하거나 또는 부재를 휘게 한다.

(1) 부재력의 종류

1) 축방향력(Axial Force)

외력(하중과 반력)이 부재의 길이 방향으로 작용하여 부재의 길이를 변화시키는 힘을 말한다.

① 기호 : P, N
② 단위 : N, kN
③ 부호 : 인장(+), 압축(−)

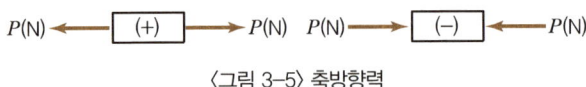

〈그림 3-5〉 축방향력

2) 전단력(Shear Force)

외력(하중과 반력)이 부재축과 직각으로 작용하여 부재를 수직방향으로 절단하려고 하는 힘으로서 부재를 일그러지게 한다.

① 기호 : V, Q
② 단위 : N, kN
③ 부호 : ↑(+)↓ , ↓(−)↑

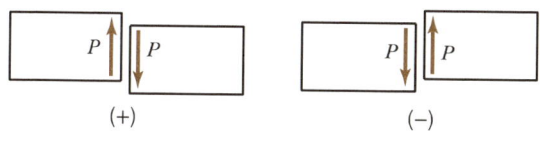

〈그림 3-6〉 전단력

3) 휨모멘트(Bending Moment)

전단력에 의해서 발생하며 부재를 구부리려고 하는 힘을 말한다.

① 기호 : M

② 단위 : N·m, kN·m

③ 부호 : 하부인장(+), 하부압축(−)

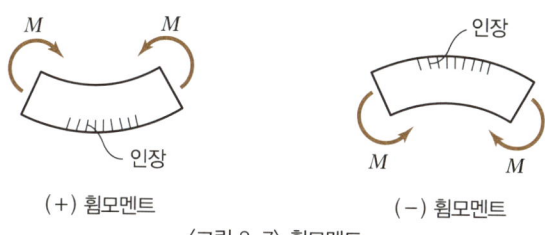

〈그림 3-7〉 휨모멘트

(2) 부재력의 산정법

임의 단면의 부재력을 계산하려면 먼저 지점의 반력을 구한 다음 구하고자 하는 단면을 중심으로 가상적으로 부재를 절단하여 구조물의 한편(주로 왼쪽)만을 생각하여 아래와 같이 산정한다.

1) 축방향력(Axial Force)

단면의 축방향력은 부재의 길이 방향으로 작용하는 하중과 반력의 대수적인 합으로서 크기를 구하고, 이때 부호는 단면의 왼쪽, 오른쪽에 관계없이 다음과 같이 계산한다.

① 정(+) ········ 부재가 인장력을 받을 때
② 부(−) ········ 부재가 압축력을 받을 때

2) 전단력(Shear Force)

단면의 전단력은 부재축과 직각으로 작용하는 하중과 반력의 대수적인 합으로서 크기를 구하고, 이때 부호는 다음과 같이 정하여 계산한다.

▼ 〈표 3-1〉 전단력의 산정부호

부호	단면의 왼쪽에서 구할 때	단면의 오른쪽에서 구할 때
정(+)	외력 중 상향의 힘	외력 중 하향의 힘
부(−)	외력 중 하향의 힘	외력 중 상향의 힘

>>> **부재력 산정 순서**

1. 반력산정
2. 가상적으로 절단
3. 절단된 구조물의 좌측만을 생각하여 산정한다.
   ① 축력 : 인장(+), 압축(−)
   ② 전단력 : 상향(+), 하향(−)
   ③ 휨모멘트 : 시계 방향(+), 반시계 방향(−)

3) 휨모멘트(Bending Moment)

단면의 모멘트는 수직하중에 의한 모멘트(하중 또는 반력×수직거리)와 모멘트 하중의 대수적인 합으로서 크기를 구하고, 이때 부호는 다음과 같이 정하여 계산한다.

▼ 〈표 3-2〉 휨모멘트의 산정부호

부호	단면의 왼쪽에서 구할 때	단면의 오른쪽에서 구할 때
정(+)	시계 방향 모멘트	반시계 방향 모멘트
부(−)	반시계 방향 모멘트	시계 방향 모멘트

(3) 부재력의 도시법

① 부재력도란 각 단면에 생기는 축방향력, 전단력, 휨모멘트의 크기를 일목요연하게 그림으로 나타낸 것으로 부재의 아래 또는 위에 그 단면에서 발생하는 부재력의 크기만큼 비례하여 작도한다.

② 일반적으로 보에서 전단력도(S.F.D)는 (+)전단력을 부재의 위에, (−)전단력을 부재의 아래에 작도하고, 축방향력도(A.F.D)와 휨모멘트도(B.M.D)는 (+)값을 부재의 아래에, (−)값을 부재의 위에 작도한다.

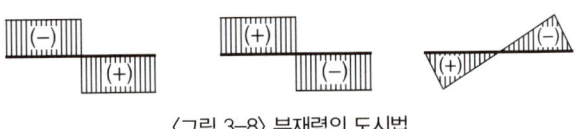

〈그림 3-8〉 부재력의 도시법

>>> 부재력 도시법

축방향력	보 : 상부(−), 하부(+) 라멘 : 외측(−), 내측(+)
전단력	보 : 상부(+), 하부(−) 라멘 : 외측(+), 내측(−)
휨모멘트	보 : 상부(−), 하부(+) 라멘 : 외측(−), 내측(+)

(예)

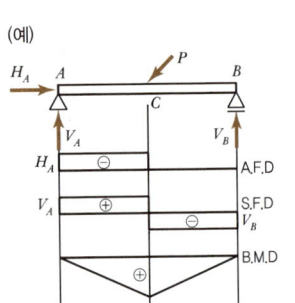

3. 하중 · 전단력 · 휨모멘트의 관계

① 임의 단면의 휨모멘트(M)를 거리(x)에 대하여 미분한 값은 그 단면에서의 전단력(V)과 같다.

$$\frac{dM}{dx} = V$$

② 임의 단면의 휨모멘트(M)의 크기는 그 단면까지의 전단력(V)도의 면적의 합계와 같다.

$$M = \int V dx$$

③ 임의 단면의 전단력(V)을 거리(x)에 대하여 미분한 값은 그 단면에서의 하중의 절댓값과 같다.

$$\frac{dV}{dx} = -w \qquad V = -\int w dx$$

>>> 하중 ⇌ 전단력 ⇌ 휨모멘트
(적분/미분)

④ 따라서 하중(w), 전단력(V), 휨모멘트(M) 사이에는 다음과 같은 관계가 성립한다.

$$M = \int V dx = -\iint w dx dx$$

▼ 〈표 3-3〉 구조물의 지점형태와 반력

하중상태	전단력도	휨모멘트도
하중이 작용하지 않는 부분	부재축에 평행한 일정한 값	경사진 1차 직선변화
집중하중이 작용하는 부분	계단형으로 변화 (부호 상반)	좌우로 절곡된 1차 직선변화
등분포하중이 작용하는 부분	경사진 1차 직선변화	2차 곡선
등변분포하중이 작용하는 부분	2차 곡선	3차 곡선
모멘트 하중이 작용하는 부분	부재축에 평행한 일정한 값	좌우로 절곡된 1차 직선변화

핵심문제

그림과 같은 단순보의 부재력에 관한 설명 중 틀린 것은?

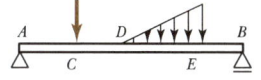

① AC 구간의 전단력도는 상수이다.
② CD 구간의 휨모멘트도는 1차식이다.
❸ DE 구간의 휨모멘트도는 2차식이다.
④ EB 구간의 전단력도는 상수이다.

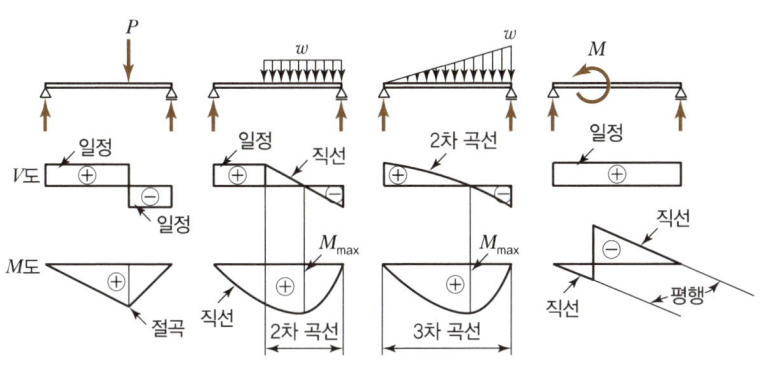

〈그림 3-9〉 하중, 전단력, 휨모멘트의 관계

SECTION 02 정정보의 해석

1. 단순보

한 지점은 회전지점이고 다른 한 지점은 이동지점으로 지지된 보를 말한다.

(1) 집중하중이 작용하는 경우

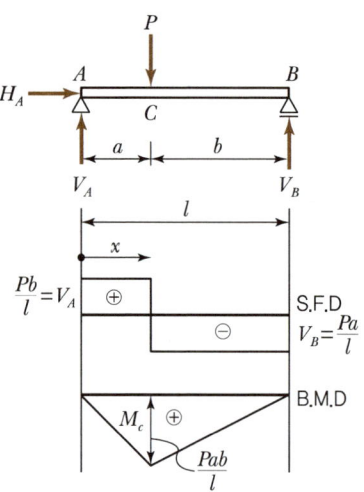

〈그림 3-10〉 집중하중을 받는 단순보

① 반력 산정

㉠ $\Sigma H = 0$ $\quad H_A = 0$

㉡ $\Sigma V = 0$ $\quad P = V_A + V_B$

㉢ $\Sigma M_B = 0$ $\quad V_A \times l - P \cdot b = 0 \quad V_A = \dfrac{Pb}{l}(\uparrow)$

$\quad\quad\quad\quad\quad\quad V_B = P - V_A = \dfrac{Pa}{l}(\uparrow)$

② 부재력 산정

㉠ 전단력
- A~C 구간 $\quad V_x = V_A = \dfrac{Pb}{l}$
- C~B 구간 $\quad V_x = V_A - P = -V_B = -\dfrac{Pa}{l}$

㉡ 휨모멘트
- A~C 구간 $\quad M_x = V_A \times x = \dfrac{Pbx}{l}$
- C~B 구간 $\quad M_x = V_A \times x - P(x-a) = V_B(l-x) = \dfrac{Pa}{l}(l-x)$

㉢ 최대 휨모멘트
- $M_{\max} = V_A \cdot a = V_B \cdot b = \dfrac{Pab}{l}$
- $a = b = \dfrac{l}{2}$ 인 경우 $\quad M_{\max} = \dfrac{Pl}{4}$

---

① 반력을 하중의 반대방향으로 가정한다.
② 모멘트 계산 시 회전방향에 따른 부호에 주의한다.
③ 전단력, 휨모멘트 계산 시 좌에서 우로 구하는 단면까지만 계산한다.
④ 전단력이 (+)에서 (−)로 바뀌는 위치가 최대 휨모멘트이다.
⑤ 전단력이 가장 큰 곳이 지점이다.

핵심문제

그림과 같은 단순보에서 중앙부 C점의 전단력의 크기는?

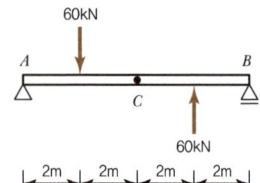

① 0kN ② −10kN
❸ −30kN ④ −60kN

(2) 등분포하중이 작용하는 경우

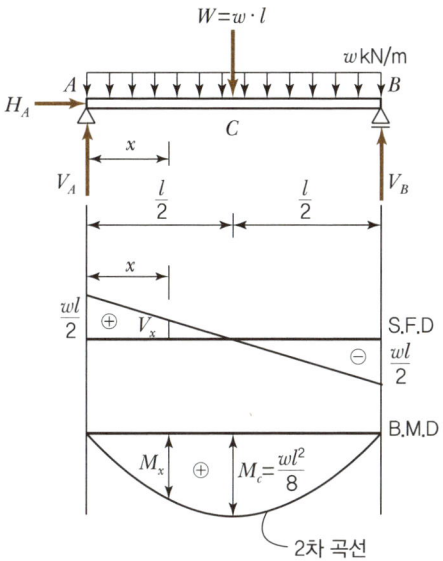

〈그림 3-11〉 등분포하중을 받는 단순보

① 반력 산정

㉠ $\Sigma H = 0$ $\quad H_A = 0$

㉡ $\Sigma V = 0$ $\quad wl = V_A + V_B$

㉢ $\Sigma M_B = 0$ $\quad V_A \times l - wl \times \dfrac{l}{2} = 0$ $\quad V_A = \dfrac{wl}{2}(\uparrow)$

$\quad\quad\quad\quad\quad\quad V_B = wl - V_A = \dfrac{wl}{2}(\uparrow)$

② 부재력 산정

㉠ 전단력

- $V_x = V_A - w_x = \dfrac{wl}{2} - wx = \dfrac{w}{2}(l - 2x)$

- 전단력이 0이라면 $x = \dfrac{l}{2}$

㉡ 휨모멘트

- $M_x = V_A \cdot x - wx \cdot \dfrac{x}{2} = \dfrac{wl}{2}x - \dfrac{w}{2}x^2 = \dfrac{w}{2}(lx - x^2)$

- $x = 0$이면 $M_A = 0$이고, $x = l$이면 $M_B = 0$

㉢ 최대 휨모멘트

- $M_{\max} = M_{\left(x = \frac{l}{2}\right)} = \dfrac{wl^2}{8}$

핵심문제 ●●●

그림과 같은 단순보에서 C점의 전단력과 휨모멘트의 크기는?

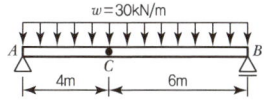

① $V_c = 30\text{kN}$, $M_c = 120\text{kN}\cdot\text{m}$
❷ $V_c = 30\text{kN}$, $M_c = 360\text{kN}\cdot\text{m}$
③ $V_c = 60\text{kN}$, $M_c = 120\text{kN}\cdot\text{m}$
④ $V_c = 60\text{kN}$, $M_c = 360\text{kN}\cdot\text{m}$

(3) 선형분포하중이 작용하는 경우

▶▶
① 반력 산정 시 도심점의 집중하중으로 보고 계산한다.

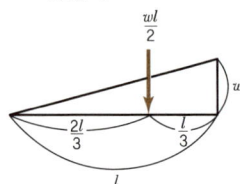

②

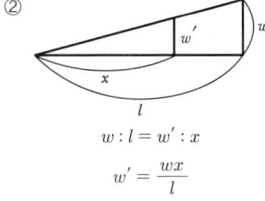

$w : l = w' : x$
$w' = \dfrac{wx}{l}$

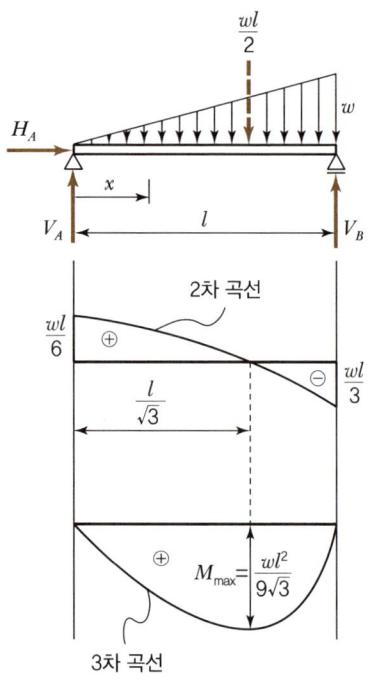

〈그림 3-12〉 선형분포하중을 받는 단순보

① 반력 산정

㉠ $\Sigma H = 0$ $\qquad H_A = 0$

㉡ $\Sigma V = 0$ $\qquad \dfrac{wl}{2} = V_A + V_B$

㉢ $\Sigma M_B = 0$ $\qquad V_A \times l - \left(\dfrac{wl}{2}\right) \times \dfrac{l}{3} = 0 \qquad V_A = \dfrac{wl}{6}(\uparrow)$

$\qquad\qquad\qquad\qquad V_B = \dfrac{wl}{2} - \dfrac{wl}{6} = \dfrac{wl}{3}(\uparrow)$

② 부재력 산정(x 만큼 떨어진 하중 w')

㉠ 전단력

- $V_x = V_A - \dfrac{w'x}{2} = \dfrac{wl}{6} - \dfrac{x}{2}\left(\dfrac{wx}{l}\right) = \dfrac{w}{6l}(l^2 - 3x^2)$

- $x = 0$ 이면 $\dfrac{wl}{6}$ 이고, $x = l$ 이면 $-\dfrac{wl}{3}$

- $V_x = 0 = \dfrac{w}{6l}(l^2 - 3x^2) \qquad \therefore x = \dfrac{l}{\sqrt{3}}$

㉡ 휨모멘트

- $M_x = V_A \times x - \left(\dfrac{w'x}{2}\right) \times \dfrac{x}{3} = \dfrac{wl}{6}x - \dfrac{wx^2}{2l} \times \dfrac{x}{3} = \dfrac{w}{6l}(l^2x - x^3)$

- $x = 0$ 이면 $M_A = 0$ 이고, $x = l$ 이면 $M_B = 0$ 이다.

ⓒ 최대 휨모멘트 ($x = \dfrac{l}{\sqrt{3}}$)

- $M_{\max}(x = \dfrac{l}{\sqrt{3}}) = \dfrac{w}{6l}(l^2 x - x^3)$

  $= \dfrac{w}{6l}\left(l^2 \times \dfrac{l}{\sqrt{3}} - (\dfrac{l}{\sqrt{3}})^3\right) = \dfrac{wl^2}{9\sqrt{3}}$

(4) 모멘트 하중이 작용하는 경우

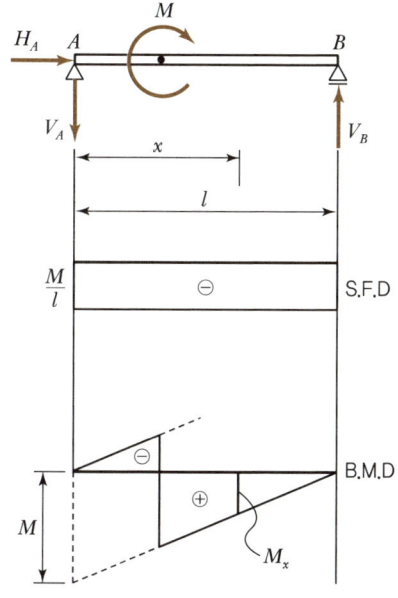

〈그림 3-13〉 모멘트 하중을 받는 단순보

핵심문제

그림과 같은 단순보에 모멘트가 작용할 경우 휨모멘트는?

①  ②

❸  ④

① 반력 산정

ⓐ $\Sigma H = 0$ \qquad $H_A = 0$

ⓑ $\Sigma V = 0$ \qquad $0 = V_A + V_B$

ⓒ $\Sigma M_B = 0$ \qquad $V_A \times l + M = 0$ \quad $V_A = -\dfrac{M}{l}(\downarrow)$

\qquad\qquad\qquad $V_B = -V_A = -\left(-\dfrac{M}{l}\right) = \dfrac{M}{l}(\uparrow)$

② 부재력 산정

ⓐ 전단력

- $V_x = V_A = -\dfrac{M}{l}$ (일정)

ⓑ 휨모멘트

- A~C 구간 \quad $M_x = V_A \cdot x = -\dfrac{M}{l}x$

- C~B 구간 \quad $M_x = V_A \cdot x + M = -\dfrac{M}{l}x + M$

(5) 단순보에 모멘트가 작용할 때의 모멘트도 작도법

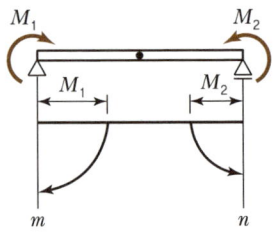

① 기준선 A, B를 그린다.
② 그림과 같이 수직선 m, n을 그린다.
③ 기준선 A, B에 모멘트 크기를 잡는다.
④ 기준선 내에서 모멘트와 같은 방향으로 90°회전시켜 수직선과 만나는 곳을 작도한다.(기준선에서 출발한다.)

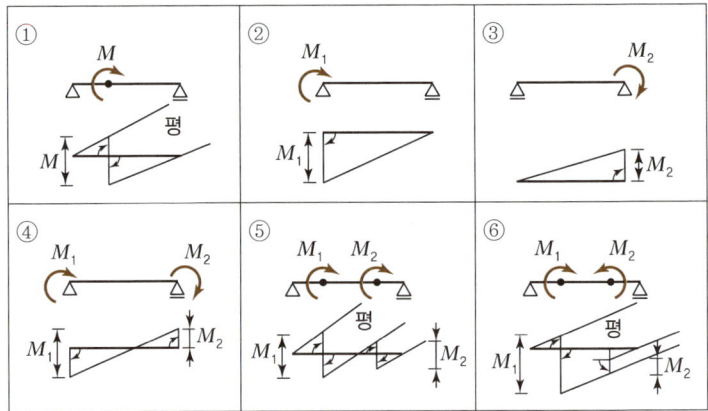

〈그림 3-14〉 모멘트 하중을 받는 단순보의 모멘트도 작도법

(6) 부재력의 특징

① 양 지점의 전단력의 크기는 각 지점반력의 크기와 같다.
② 최대전단력은 양 지점 중에서 최대 반력이 일어나는 지점에서 발생하고 그 크기는 최대 지점 반력과 같다.
③ 모멘트 하중을 받는 경우를 제외하고는 (+)전단력의 면적과 (−)전단력의 면적은 서로 같다.
④ 지점에 모멘트 하중을 받는 경우를 제외하고는 양 지점의 휨모멘트는 0이다.
⑤ 최대 휨모멘트는 집중하중을 받는 경우에는 전단력의 부호가 바뀌는 지점에서, 분포하중을 받는 경우에는 전단력이 0인 지점에서 발생한다.

(7) 단순보의 정리

구분				
반력	$V_A = \dfrac{Pb}{l}(\uparrow)$ $V_B = \dfrac{Pa}{l}(\uparrow)$	$V_A = V_B$ $= \dfrac{wl}{2}(\uparrow)$	$V_A = \dfrac{wl}{6}(\uparrow)$ $V_B = \dfrac{wl}{3}(\uparrow)$	$V_A = \dfrac{-M}{l}(\downarrow)$ $V_B = \dfrac{M}{l}(\uparrow)$
$M_{\max}$	전단력 부호가 (+)에서 (−)로 바뀌는 위치			
	$M_{\max} = \dfrac{Pab}{l}$ $a = b = \dfrac{l}{2}$ $M_{\max} = \dfrac{Pl}{4}$	$M_{\max} = \dfrac{wl^2}{8}$	$x = \dfrac{l}{\sqrt{3}}$ 지점 $M_{\max} = \dfrac{wl^2}{9\sqrt{3}}$	$M_{\max} = \dfrac{M}{2}$

〈그림 3-15〉 단순보의 정리

핵심문제 ●●○

그림과 같은 단순보에서 전단력이 0이 되는 지점 x_1과 최대 휨모멘트가 발생하는 지점 x_2의 위치는 각각 A점으로부터 어느 곳에 있는가?

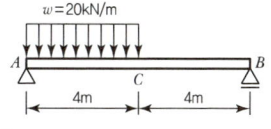

① $x_1 = 2.0\text{m}$, $x_2 = 2.0\text{m}$
② $x_1 = 2.0\text{m}$, $x_2 = 3.0\text{m}$
③ $x_1 = 3.0\text{m}$, $x_2 = 2.0\text{m}$
❹ $x_1 = 3.0\text{m}$, $x_2 = 3.0\text{m}$

2. 캔틸레버보

보의 한쪽 지점은 자유단이고 다른 한쪽 지점은 고정단으로 된 보를 말한다.

(1) 집중하중이 작용하는 경우

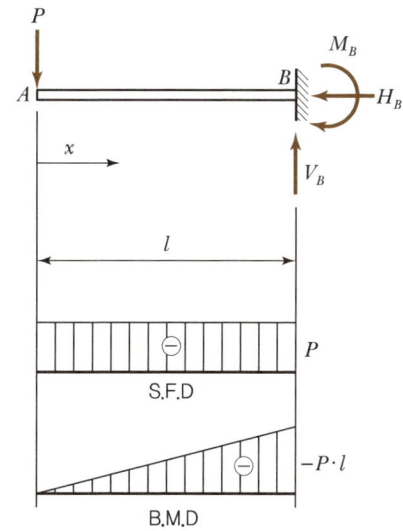

〈그림 3-16〉 집중하중을 받는 캔틸레버보

⟫ 캔틸레버보

① 단순보와 달리 모멘트 반력이 생긴다.
② 반력을 구하지 않고 전단력, 휨모멘트를 구한다.
③ 같은 하중에 의한 전단력 부호는 고정단 위치에 따라 변한다. 우측(−), 좌측(+)

① 반력 산정
  ㉠ $\Sigma H = 0$ $H_B = 0$
  ㉡ $\Sigma V = 0$ $P = V_B(\uparrow)$
  ㉢ $\Sigma M_B = 0$ $-P \times l + M_B = 0$ $\therefore M_B = P \cdot l$

② 부재력 산정
  ㉠ 전단력
   • $V_x = -P$ (일정)
  ㉡ 휨모멘트
   • $M_x = -P \cdot x$
   • $x=0$ 이면 $M=0$ 이고, $x=l$ 이면 $M=-Pl$

(2) 등분포하중이 작용하는 경우

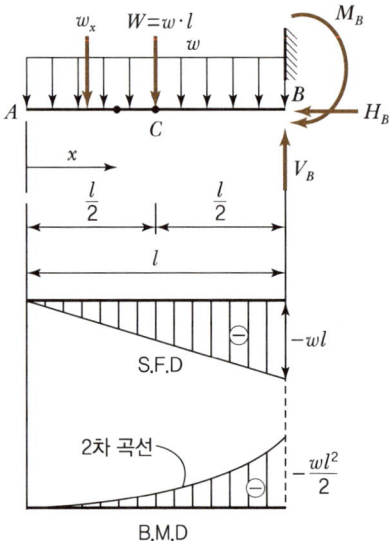

〈그림 3-17〉 등분포하중을 받는 캔틸레버보

① 반력 산정
  ㉠ $\Sigma H = 0$ $H_B = 0$
  ㉡ $\Sigma V = 0$ $wl = V_B(\uparrow)$
  ㉢ $\Sigma M_B = 0$ $-w \cdot l \times \dfrac{l}{2} + M_B = 0$ $\therefore M_B = \dfrac{wl^2}{2}$

② 부재력 산정
  ㉠ 전단력
   • $V_x = -wx$
   • $x=0$ 이면 $V=0$ 이고, $x=l$ 이면 $V=-wl$

핵심문제 ●●○

그림과 같은 캔틸레버의 A지점의 반력은?

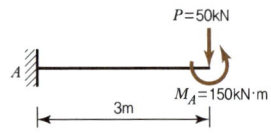

❶ $V_A = 50\text{kN}$, $M_A = 0$
② $V_A = 50\text{kN}$, $M_A = 150\text{kN}\cdot\text{m}$
③ $V_A = 100\text{kN}$, $M_A = 150\text{kN}\cdot\text{m}$
④ $V_A = 100\text{kN}$, $M_A = 300\text{kN}\cdot\text{m}$

ⓛ 휨모멘트

- $M_x = -w \cdot x \times \dfrac{x}{2} = -\dfrac{wx^2}{2}$

- $x=0$이면 $M=0$이고, $x=l$이면 $M=-\dfrac{wl^2}{2}$

(3) 선형분포하중이 작용하는 경우

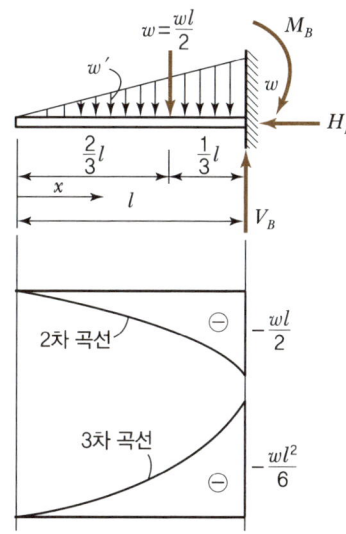

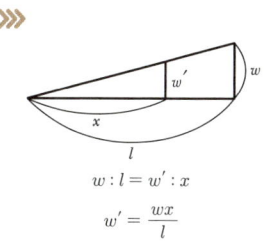

$w : l = w' : x$

$w' = \dfrac{wx}{l}$

〈그림 3-18〉 선형분포하중을 받는 캔틸레버보

① 반력 산정

ⓛ $\Sigma H = 0$ $H_B = 0$

ⓛ $\Sigma V = 0$ $\dfrac{wl}{2} = V_B(\uparrow)$

ⓛ $\Sigma M_B = 0$ $-\dfrac{wl}{2} \times \dfrac{l}{3} + M_B = 0$ $\therefore M_B = \dfrac{wl^2}{6}$

② 부재력 산정

ⓛ 전단력

- $V_x = -\dfrac{w'x}{2} = -\dfrac{wx^2}{2l}$

- $x=0$이면 $V=0$이고, $x=l$이면 $V=-\dfrac{wl}{2}$

ⓛ 휨모멘트

- $M_x = -\dfrac{w'x}{2} \times \dfrac{x}{3} = -\dfrac{wx^3}{6l}$

- $x=0$이면 $M=0$이고, $x=l$이면 $M=-\dfrac{wl^2}{6}$

핵심문제 ●●○

그림과 같은 캔틸레버의 B지점의 반력은?

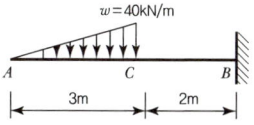

❶ $V_B = 60\text{kN}$, $M_B = 180\text{kN} \cdot \text{m}$
② $V_B = 60\text{kN}$, $M_B = 360\text{kN} \cdot \text{m}$
③ $V_B = 120\text{kN}$, $M_B = 180\text{kN} \cdot \text{m}$
④ $V_B = 120\text{kN}$, $M_B = 360\text{kN} \cdot \text{m}$

(4) 모멘트 하중이 작용하는 경우

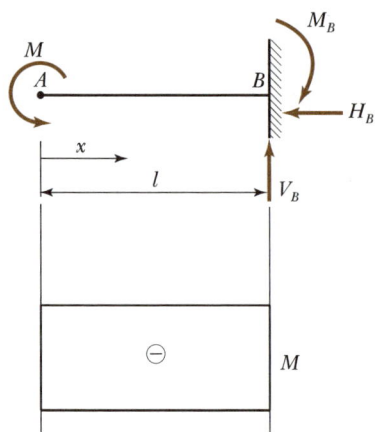

〈그림 3-19〉 모멘트 하중을 받는 캔틸레버보

① 반력 산정
  ㉠ $\Sigma H = 0$ $H_B = 0$
  ㉡ $\Sigma V = 0$ $V_B = 0$
  ㉢ $\Sigma M_B = 0$ $-M + M_B = 0$ $\therefore M_B = M$

② 부재력 산정
  ㉠ 전단력
   • $V_x = 0$ (수직하중이 없다.)
  ㉡ 휨모멘트
   • $M_x = -M$ (변화가 없다.)

(5) 부재력의 특징

① 반력은 고정단에서만 생긴다.
② 모멘트 하중만이 작용하면 모멘트 반력만이 발생하고 전단력은 0이다.
③ 전단력은 자유단측에 있는 하중의 합이다.
④ 휨모멘트는 자유단측에 있는 모멘트의 합이다.
⑤ 휨모멘트의 부호는 하중이 하향일 때 항상 (−)이다.
⑥ 휨모멘트는 연직하중일 때 고정단에서 최대이다.
⑦ 반력을 구하지 않고서도 자유단에서부터 부재력을 구할 수 있다.

3. 내민보

단순보의 한쪽 또는 양쪽을 돌출시켜 연장한 보로 단순보와 캔틸레버보의 합성구조로 앞에서 설명한 단순보 및 캔틸레버보와 같이 해석한다.

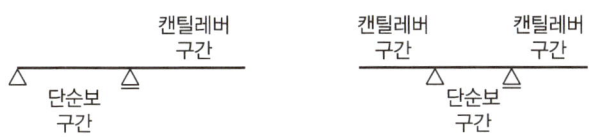

〈그림 3-20〉 내민보

(1) 부재력의 특징

① 한 지점의 내민보에 하중이 작용할 때 반대 지점에서 (−)반력이 생긴다.
② 내민보의 전단력은 캔틸레버보와 같이 지점 좌측에서는 (−), 지점 우측에서는 (+)이다.
③ 전단력의 부호가 바뀌는 지점이 최대 휨모멘트지점이다.
④ 단순보 구간에 하중이 작용할 때는 단순보와 같이 (+)휨모멘트가 발생하고 내민보 구간에 하중이 작용할 때는 (−)휨모멘트가 생긴다.
⑤ 내민보 양 지점 사이의 해법은 내민보의 휨모멘트를 구하고 그 휨모멘트를 지점에 작용하여 모멘트 하중을 받는 단순보의 해법과 같다.

4. 겔버보

부정정보에 부정정차수만큼의 힌지를 넣어 정정보로 만든 것으로 형태는 내민보 및 캔틸레버보와 단순보를 합성한 것이다.

(a) 내민보 + 단순보   (b) 캔틸레버보 + 단순보

〈그림 3-21〉 겔버보

(1) 부재력의 특징

① 힌지에서는 축방향력과 전단력이 발생해도 휨모멘트는 생기지 않는다.
② 전단력의 부호가 바뀌는 지점에서 최대 휨모멘트가 발생하고 그 값은 절댓값이 최대인 것을 취한다.
③ 힌지에서 휨모멘트는 0, 힌지 외에도 변곡점이 생긴다.

(2) 해법

① 활절(Hinge)을 중심으로 내민보 및 캔틸레버보와 단순보로 구분한다.
② 단순보의 반력을 구한다.

핵심문제

그림과 같은 내민보에서 C점의 반력은?

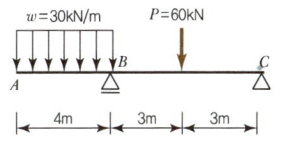

① 0 ② +10kN
❸ −10kN ④ +20kN

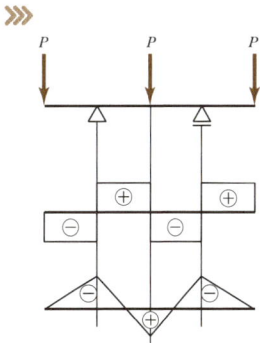

핵심문제

그림과 같은 겔버보에서 B점의 휨모멘트는?

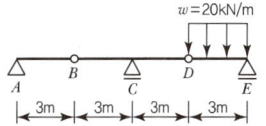

① $M_B = 0$
② $M_B = +30\text{kN} \cdot \text{m}$
③ $M_B = +45\text{kN} \cdot \text{m}$
❹ $M_B = -45\text{kN} \cdot \text{m}$

핵심문제

그림과 같은 겔버보에서 A점의 휨모멘트는?

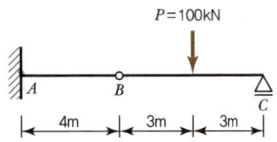

① $M_A = 0$
② $M_A = 100\text{kN} \cdot \text{m}$
❸ $M_A = 200\text{kN} \cdot \text{m}$
④ $M_A = 400\text{kN} \cdot \text{m}$

③ 단순보에서 구한 반력(↑)을 내민보 및 캔틸레버보의 자유단에 반대방향의 하중으로 작용시켜 내민보의 반력을 구한다.

④ 부재력은 내민보와 캔틸레버보와 단순보로 나누어 구하고 이를 연속시켜 부재력을 구한다.

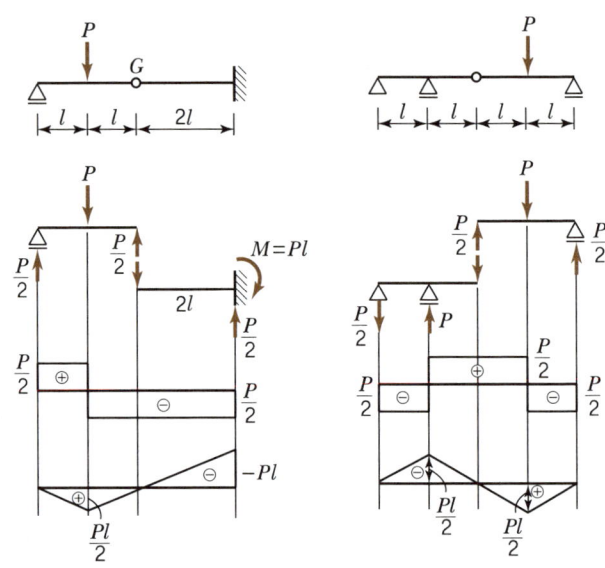

〈그림 3-22〉 겔버보의 해석

CHAPTER 03 출제예상문제

01 그림과 같은 단순보에서 A점의 수직반력의 크기는?

① $-10\text{kN}(\downarrow)$ ② $-20\text{kN}(\downarrow)$
③ $+10\text{kN}(\uparrow)$ ④ $+20\text{kN}(\uparrow)$

해설

$\Sigma M_B = 0$에서,
$V_A \times 6\text{m} + 40\text{kN} \times 2\text{m} - 100\text{kN} \times 2\text{m} = 0$
$\therefore V_A = 20\text{kN}$ (상향)

02 그림과 같은 단순보에서 A점의 수직반력의 크기는?

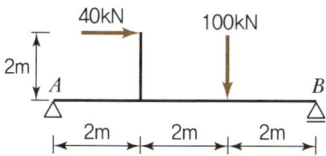

① $+12\text{kN}(\uparrow)$ ② $+24\text{kN}(\uparrow)$
③ $+36\text{kN}(\uparrow)$ ④ $+48\text{kN}(\uparrow)$

해설

등분포하중을 집중하중으로 치환하여
$\Sigma M_B = 0$을 적용하면,
$V_A \times 10\text{m} - 60\text{kN} \times 4\text{m} = 0$
$\therefore V_A = 24\text{kN}$ (상향)

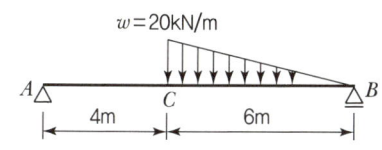

03 그림과 같은 단순보에서 지점 A의 수직반력 값은?

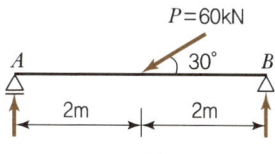

① 10kN ② 15kN
③ 20kN ④ 25kN

해설

$\Sigma M_B = 0$
$V_A \times 4 - P_V \times 2 = 0$
$\therefore V_A = 15\text{kN}$

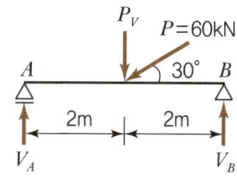

04 그림과 같은 단순지지 보의 반력은?

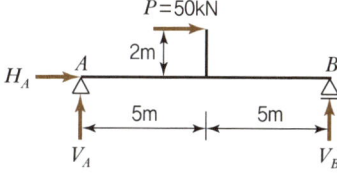

① $H_A = +50\text{kN}, V_A = +10\text{kN}, V_B = +10\text{kN}$
② $H_A = -50\text{kN}, V_A = -10\text{kN}, V_B = +10\text{kN}$
③ $H_A = +50\text{kN}, V_A = +10\text{kN}, V_B = -10\text{kN}$
④ $H_A = -50\text{kN}, V_A = +90\text{kN}, V_B = +10\text{kN}$

해설

- $\Sigma H = 0, H_A + 50 = 0$
 $\therefore H_A = -50\text{kN}$
- $\Sigma M_B = 0, V_A \times 10 + 50 \times 2 = 0$
 $\therefore V_A = -10\text{kN}$

정답 01 ④ 02 ② 03 ② 04 ②

- $\Sigma V=0,\ -V_A+V_B=0$
  $\therefore V_B=10\text{kN}$

05 그림과 같은 단순보에서 중앙부 C점의 전단력의 크기는?

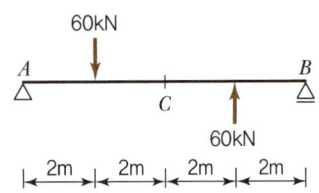

① 0kN
② −10kN
③ −30kN
④ −60kN

A지점의 반력 V_A를 상향이라 가정하고,
$\Sigma M_B=0$ 을 적용하면
$V_A\times 8\text{m}-60\text{kN}\times 6\text{m}+60\text{kN}\times 2\text{m}=0$
$\therefore V_A=30\text{kN}(\text{상향})$
C점의 전단력 V_c는 C점의 좌측에 작용하는 외력의 합이므로,
$\therefore V_C=30\text{kN}-60\text{kN}=-30\text{kN}$

06 다음 C점의 전단력 크기는?

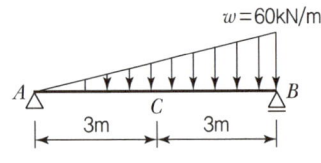

① 15kN
② 20kN
③ 25kN
④ 30kN

등변분포하중을 집중하중으로 치환하여 A지점의 반력을 산정하면,
$\Sigma M_B=0$ 에서, $V_A\times 6-180\times 2=0$
$\therefore V_A=60\text{kN}(\text{상향})$
그림과 같이 C점을 절단하여 좌측 구조물에서 C점의 전단력을 구한다.
C점의 하중강도 $q=30\text{kN/m}$ 이므로,

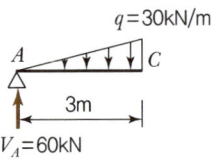

$\therefore V_C=60-30\times 3\times\dfrac{1}{2}=15\text{kN}$

07 그림과 같은 단순보에서 C점의 전단력과 휨모멘트의 크기는?

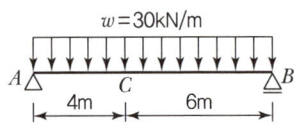

① $V_C=30\text{kN}$, $M_C=120\text{kN}\cdot\text{m}$
② $V_C=30\text{kN}$, $M_C=360\text{kN}\cdot\text{m}$
③ $V_C=60\text{kN}$, $M_C=120\text{kN}\cdot\text{m}$
④ $V_C=60\text{kN}$, $M_C=360\text{kN}\cdot\text{m}$

반력 $V_A=V_B=\dfrac{wl}{2}=\dfrac{30\times 10}{2}=150\text{kN}$

그림과 같이 C점을 절단하여 좌측 구조물에서 C점의 전단력과 휨모멘트를 구한다.
$\therefore V_C=150-30\times 4=30\text{kN}$
$\therefore M_C=150\times 4-(30\times 4)\times 2=360\text{kN}$

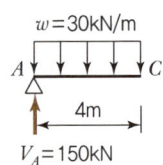

08 단순보에서 전단력에 관한 기술 중 틀린 것은?

① 등분포하중이 작용할 때, 전단력선은 경사직선이다.
② 모멘트 하중이 작용하는 곳에서 전단력은 부재축에 평행한 일정한 값이 된다.
③ 하중이 작용하지 않는 부분에서의 전단력은 0 이다.
④ 전단력의 부호는 일반적으로 좌측에서 상향을 (+), 하향을 (−)로 정한다.

정답 05 ③ 06 ① 07 ② 08 ③

> **해설**
> 하중이 작용하지 않는 부분에서의 전단력은 부재축에 평행한 일정한 값이 된다.

09 그림과 같은 단순보의 중앙부의 휨모멘트는?

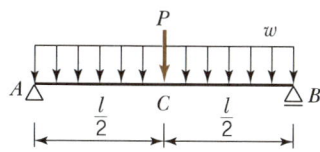

① $M_C = \dfrac{wl^2}{12} + \dfrac{Pl}{8}$ ② $M_C = \dfrac{wl^2}{8} + \dfrac{Pl}{8}$

③ $M_C = \dfrac{wl^2}{12} + \dfrac{Pl}{4}$ ④ $M_C = \dfrac{wl^2}{8} + \dfrac{Pl}{4}$

> **해설**
> 등분포하중 w의 경우, $M_C = \dfrac{wl^2}{8}$
> 집중하중 P의 경우, $M_C = \dfrac{Pl}{4}$
> 동시에 작용한 경우, $M_C = \dfrac{wl^2}{8} + \dfrac{Pl}{4}$

10 그림과 같은 단순보에서 전단력이 0이 되는 지점 x_1과 최대 휨모멘트가 발생하는 지점 x_2의 위치는 각각 A점으로부터 어느 곳에 있는가?

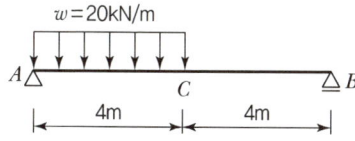

① $x_1 = 2.0\text{m}$, $x_2 = 2.0\text{m}$

② $x_1 = 2.0\text{m}$, $x_2 = 3.0\text{m}$

③ $x_1 = 3.0\text{m}$, $x_2 = 2.0\text{m}$

④ $x_1 = 3.0\text{m}$, $x_2 = 3.0\text{m}$

> **해설**
> A점의 반력을 구하면 $\Sigma M_B = 0$에서,
> $V_A \times 8 - (20 \times 4) \times 6 = 0$
> $\therefore V_A = 60\text{kN}$(상향)
> A~C 구간의 임의점에 대한 전단력 V_x

$V_x = 60 - 20 \times x$
전단력이 0이 되는 지점에서 최대 휨모멘트가 발생한다.
$\therefore V_x = 60 - 20 \times x = 0$에서
$\therefore x_1 = x_2 = 3.0\text{m}$

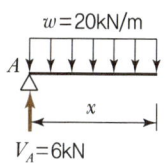

11 다음과 같은 단순보의 부재력에 관한 설명 중 틀린 것은?

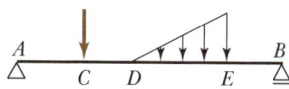

① AC 구간의 전단력도는 상수이다.
② CD 구간의 휨모멘트도는 1차식이다.
③ DE 구간의 휨모멘트도는 2차식이다.
④ EB 구간의 전단력도는 상수이다.

> **해설**
> 등변분포하중이 작용하는 구간에서 전단력도는 2차 곡선이며, 휨모멘트도는 3차 곡선이다.

12 그림에서 반력 R_c가 0이 되려면 B점의 집중하중 P는 몇 kN인가?

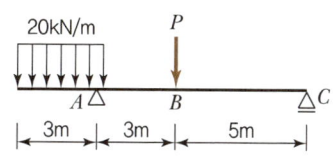

① 30kN ② 60kN
③ 90kN ④ 120kN

> **해설**
> $R_c = 0$이면 A점 좌우의 모멘트가 같아진다.
> $20 \times 3 \times 1.5 = P \times 3$
> $\therefore P = 30\text{kN}$
>
>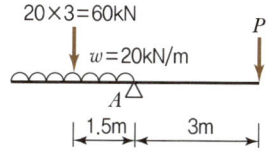

정답 09 ④ 10 ④ 11 ③ 12 ①

13 그림과 같은 단순보에서 하중 P의 값으로 옳은 것은?

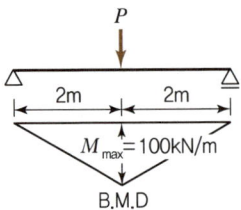

① 50kN ② 100kN
③ 150kN ④ 200kN

[해설]

$$M_{\max} = \frac{Pl}{4}$$

$$100 = \frac{P \times 4}{4}$$

$$\therefore P = 100\text{kN}$$

14 그림과 보에서 지점 A로부터 최대 휨모멘트가 생기는 위치는?

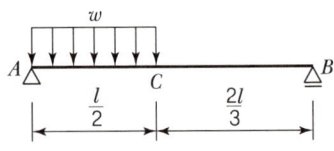

① $\frac{2}{9}l$ ② $\frac{1}{9}l$
③ $\frac{3}{18}l$ ④ $\frac{5}{18}l$

[해설]

A점의 반력을 구하면 $\Sigma M_B = 0$에서,

$$V_A \times l - \left(w \times \frac{l}{3}\right) \times \left(\frac{2l}{3} + \frac{l}{6}\right) = 0$$

$$\therefore V_A = \frac{5wl}{18}$$

A~C 구간의 임의점에 대한 전단력 V_x

$$V_x = \frac{5wl}{18} - w \times x$$

전단력이 0이 되는 지점에서 최대 휨모멘트 발생

$$\therefore V_x = \frac{5wl}{18} - w \times x = 0 \text{에서}$$

$$\therefore x = \frac{5l}{18}$$

15 등분포하중 w와 B지점에 모멘트하중 wl^2이 작용하는 그림과 같은 단순보에서 중앙점의 휨모멘트의 크기를 구한 값은?

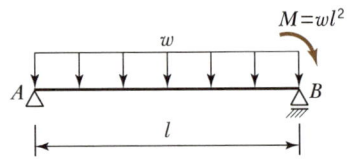

① $\frac{1}{8}wl^2$ ② $\frac{3}{8}wl^2$
③ $\frac{5}{8}wl^2$ ④ $\frac{5}{16}wl^2$

[해설]

$\Sigma M_B = 0$에서

$$V_A \times l - wl \times \frac{l}{2} + wl^2 = 0$$

$$\therefore V_A = -\frac{wl}{2}(\downarrow)$$

$$M_C = -\frac{wl}{2} \times \frac{l}{2} - \frac{wl}{2} \times \frac{l}{4} = -\frac{3}{8}wl^2$$

16 단순보의 전단력도가 그림과 같을 때 보의 최대 휨모멘트는?

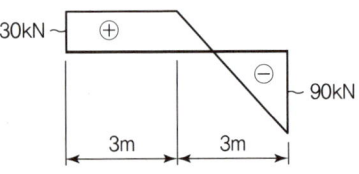

① 101kN·m ② 85kN·m
③ 94kN·m ④ 118kN·m

[해설]

- 전단력이 0인 곳에서 최대 휨모멘트가 생긴다. 따라서 B점에서 전단력이 0인 곳까지의 거리를 x라 하면

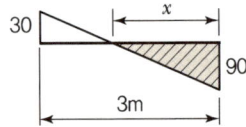

삼각형의 닮은꼴 법칙에서
$30 : (3-x) = 90 : x$ $\therefore x = 2.25\text{m}$

• 임의 점에서의 휨모멘트 값은 그 점 좌측 또는 우측의 전단력도 넓이와 같다. 따라서, 빗금친 부분의 면적을 계산하면 최대 휨모멘트 값이 된다.

$\therefore M_{\max} = \frac{1}{2} \times 90 \times 2.25 = 101.25 \text{kN} \cdot \text{m}$

17 그림과 같은 단순보에 모멘트가 작용할 경우 휨모멘트도는?

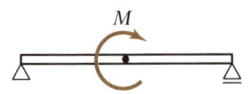

① ② ③ ④

18 그림과 같은 캔틸레버의 B지점의 반력은?

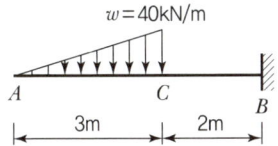

① $V_B = 60\text{kN}, M_B = 180\text{kN} \cdot \text{m}$
② $V_B = 60\text{kN}, M_B = 360\text{kN} \cdot \text{m}$
③ $V_B = 120\text{kN}, M_B = 180\text{kN} \cdot \text{m}$
④ $V_B = 120\text{kN}, M_B = 360\text{kN} \cdot \text{m}$

해설

$\Sigma V = 0$에서, $V_B - \left(40 \times 3 \times \frac{1}{2}\right) = 0$

$\therefore \Sigma V_B = 60\text{kN}$

$\Sigma M_B = 0$에서, $M_B - \left(40 \times 3 \times \frac{1}{2}\right) \times 3 = 0$

$\therefore M_B = 180\text{kN} \cdot \text{m}$

19 그림과 같은 캔틸레버의 A지점의 반력은?

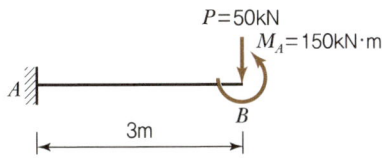

① $V_A = 50\text{kN}, M_A = 0$
② $V_A = 50\text{kN}, M_A = 150\text{kN} \cdot \text{m}$
③ $V_A = 100\text{kN}, M_A = 150\text{kN} \cdot \text{m}$
④ $V_A = 100\text{kN}, M_A = 300\text{kN} \cdot \text{m}$

해설

$\Sigma V = 0$에서, $V_A - 50 = 0$

$\therefore V_A = 50\text{kN}$

$\Sigma M_A = 0$에서, $M_A - 150 + 50 \times 3 = 0$

$\therefore M_A = 0$

20 그림과 같은 하중을 받는 보에서 B점의 반력값으로 옳은 것은?

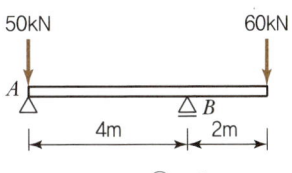

① 60kN ② 75kN
③ 90kN ④ 100kN

해설

$\Sigma M_A = 0$에서, $60 \times 6 - V_B \times 4 = 0$

$\therefore V_B = 90\text{kN}$

21 그림과 같은 내민보의 A점의 수직반력은?

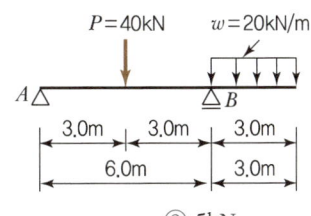

① 0kN ② 5kN
③ 10kN ④ 20kN

해설

$\Sigma M_B = 0$에서, $V_A \times 6 - 40 \times 3 + (20 \times 3) \times 1.5 = 0$

$\therefore V_A = 5\text{kN}$

정답 17 ③ 18 ① 19 ① 20 ③ 21 ②

22 그림과 같은 내민보에서 C점의 반력은?

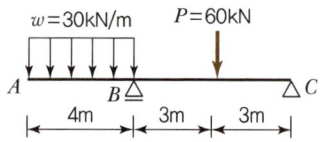

① 0
② +10kN(↑)
③ −10kN(↓)
④ +20kN(↑)

> 해설
> $\Sigma M_B = 0$에서, $-(30 \times 4) \times 2 + 60 \times 3 - V_C \times 6 = 0$
> ∴ $V_C = -10$kN(하향)

23 그림에서 A점을 기준으로 전단력이 0인 점까지의 거리는?

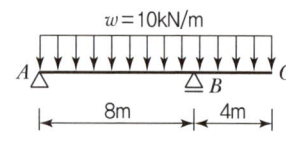

① 1m
② 2m
③ 3m
④ 4m

> 해설
> A점의 반력을 구하면, $\Sigma M_B = 0$에서,
> $V_A \times 8 - (10 \times 8) \times 4 + (10 \times 4) \times 2 = 0$
> ∴ $V_A = 30$kN
> A−B 구간의 임의점에 대한 전단력 V_x
> $V_x = 30 - 10x$
> 전단력이 0이 되는 지점은
> $V_x = 30 - 10x = 0$에서,
> ∴ $x = 3$m

24 그림과 같은 내민보에서 최대 정(+), 부(−) 휨모멘트의 크기가 같아지도록 하려면 중앙부 l은 내민부 a의 몇 배로 하면 되는가? 근사값을 고르시오.

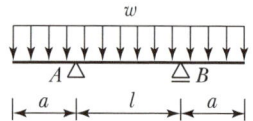

① 1.0배
② 2.0배
③ 2.8배
④ 3.6배

> 해설
> 내민부의 최대 부(−) 모멘트 $M_A = -\dfrac{wa^2}{2}$
> 중앙부의 최대 정(+) 모멘트 $M_C = \dfrac{wl^2}{8} - \dfrac{wa^2}{2}$
> 최대 정(+), 부(−) 모멘트의 절댓값을 같게 놓고 정리하면,
> $\dfrac{wl^2}{8} - \dfrac{wa^2}{2} = \dfrac{wa^2}{2}$
> $\dfrac{wl^2}{8} = wa^2$, $l^2 = 8a^2$
> ∴ $l = \sqrt{8}\,a \fallingdotseq 2.8a$

25 그림과 같은 보에서 A점의 수직반력으로 맞는 것은?

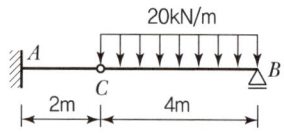

① 20kN
② 40kN
③ 80kN
④ 120kN

> 해설
>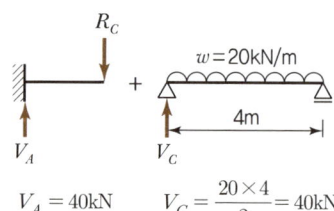
> $V_A = 40$kN $V_C = \dfrac{20 \times 4}{2} = 40$kN

26 그림과 같은 겔버보의 최대 전단력은?

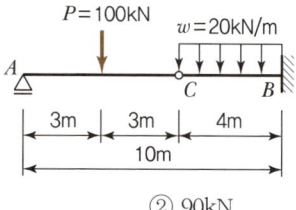

① 80kN
② 90kN
③ 130kN
④ 180kN

정답 22 ③ 23 ③ 24 ③ 25 ② 26 ③

> 해설

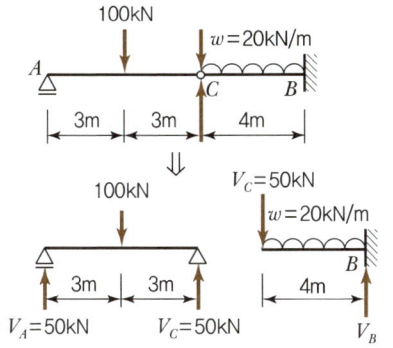

$\therefore V_{max} = V_A, V_B, V_C$ 중 최대 반력 $= 130$kN

27 그림과 같은 겔버보에서 B점의 휨모멘트는?

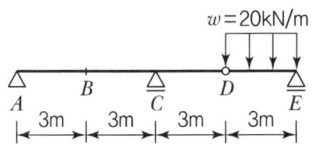

① $M_B = 0$
② $M_B = +30$kN·m
③ $M_B = +45$kN·m
④ $M_B = -45$kN·m

> 해설

단순보 DE와 내민보 ABCD로 나눈 후, 단순보 DE의 반력 V_D를 구하면,

$V_D = \dfrac{wl}{2} = \dfrac{20 \times 3}{2} = 30$kN

단순보의 반력 V_D를 내민보의 D점에 방향을 바꾸어 하중으로 작용시켜 내민보의 반력 V_A를 구한다.
$\Sigma M_C = 0$에서, $30 \times 3 + V_A \times 6 = 0$
$\therefore V_A = -15$kN(하향)
$\therefore M_B = -15 \times 3 = -45$kN·m

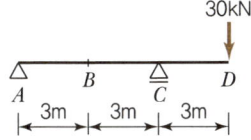

28 그림과 같은 겔버보에서 A점의 휨모멘트는?

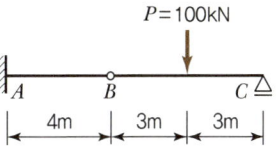

① $M_A = 0$
② $M_A = 100$kN·m
③ $M_A = 200$kN·m
④ $M_A = 400$kN·m

> 해설

단순보 BC와 캔틸레버보 AB로 나눈 후,
단순보 BC의 반력 V_B를 구하면,

$V_B = \dfrac{P}{2} = \dfrac{100}{2} = 50$kN

단순보의 반력 V_B를 캔틸레버보의 B점에 방향을 바꾸어 하중으로 작용시켜 캔틸레버의 M_A를 구한다.
$\therefore M_A = -50 \times 4 = -200$kN·m

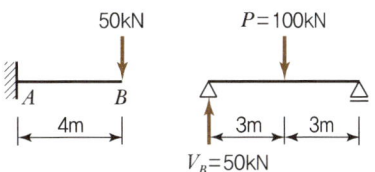

29 그림과 같은 겔버보에서 B점의 휨모멘트는?

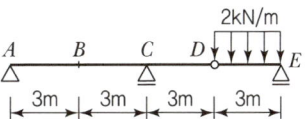

① -2.25kN·m
② -4.5kN·m
③ -9kN·m
④ 0kN·m

> 해설

내민보와 단순보 구간으로 나눈 후 V_D를 구하여 내민보의 D점에 V_D를 반력 하중으로 재하

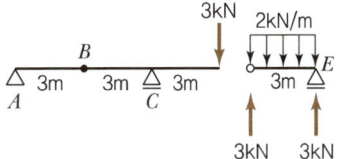

정답   27 ④   28 ③   29 ②

제3장 정정보 | **49**

$\Sigma M_C = 0$
$3 \times 3 + V_A \times 6 = 0$
$V_A = -1.5\text{kN}(\text{하향})$
$\therefore M_B = -1.5 \times 3 = -4.5\text{kN} \cdot \text{m}$

30 그림과 같은 단순보에서 A점에 휨모멘트 18kN·m가 작용하는 경우 C점의 휨모멘트 M_C 값으로 옳은 것은?

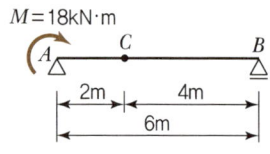

① 12kN·m ② 14kN·m
③ 16kN·m ④ 18kN·m

해설

$\Sigma V = 0$
$V_A + V_B = 0$
$\Sigma M_B = 0$
$V_A \times 6 + 18 = 0$
$V_A = -\dfrac{18}{6} = -3\text{kN}(\downarrow)$
$M_C = -3 \times 2 + 18 = 12\text{kN} \cdot \text{m}$

31 그림과 같은 캔틸레버보의 휨모멘트도로 옳은 것은?

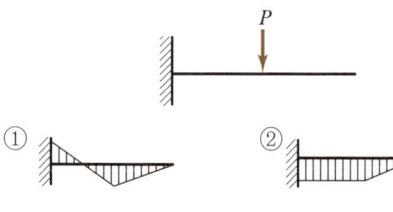

해설

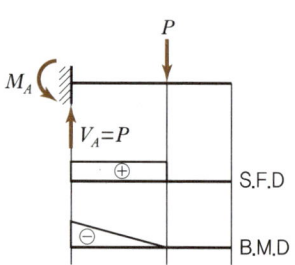

32 그림과 같은 단순지지 보의 반력은?

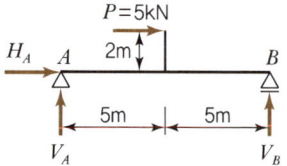

① $H_A = +5\text{kN}$, $V_A = +1\text{kN}$, $V_B = +1\text{kN}$
② $H_A = -5\text{kN}$, $V_A = -1\text{kN}$, $V_B = +1\text{kN}$
③ $H_A = +5\text{kN}$, $V_A = +1\text{kN}$, $V_B = -1\text{kN}$
④ $H_A = -5\text{kN}$, $V_A = +1\text{kN}$, $V_B = +1\text{kN}$

해설

- $\Sigma H = 0$
  $H_A + 5 = 0$ $\therefore H_A = -5\text{kN}(\leftarrow)$
- $\Sigma M_B = 0$
  $V_A \times 10 + 5 \times 2 = 0$ $\therefore V_A = -1\text{kN}(\downarrow)$
- $\Sigma V = 0$
  $V_A + V_B = 0$ $\therefore V_B = 1\text{kN}(\uparrow)$

33 그림과 같은 하중을 받는 단순보에서 스팬의 중앙인 E점의 전단력 값으로 옳은 것은?

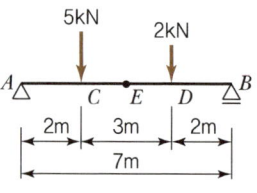

① 0 ② -0.5kN
③ -0.86kN ④ $+2.5\text{kN}$

[해설]

$\Sigma M_B = 0$
$V_A \times 7 - 5 \times 5 - 2 \times 2 = 0$
$V_A = 4.14 \text{kN}$
$V_E = 4.14 - 5 = -0.86 \text{kN}$

34 그림과 같은 하중을 받는 보에서 B점의 반력 값으로 옳은 것은?

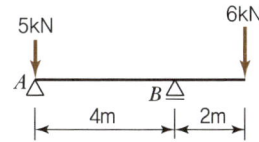

① 6kN ② 7.5kN
③ 9kN ④ 11kN

[해설]

$\Sigma M_A = 0$
$6 \times 6 - V_B \times 4 = 0$ ∴ $V_B = 9\text{kN}(\uparrow)$

35 그림과 같은 보에서 점 A의 반력 모멘트는 얼마인가?

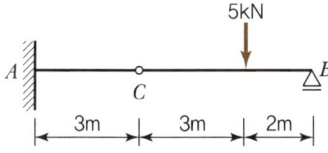

① $-6\text{kN} \cdot \text{m}$ ② $-9\text{kN} \cdot \text{m}$
③ $-15\text{kN} \cdot \text{m}$ ④ $-30\text{kN} \cdot \text{m}$

[해설]

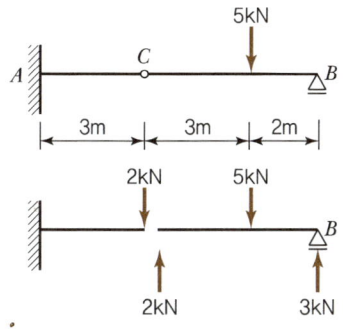

• 단순보구간
$\Sigma M_B = 0$
$V_C \times 5 - 5 \times 2 = 0$
$V_C = \dfrac{10}{5} = 2\text{kN}(\uparrow)$
$V_B = 5 - 2 = 3\text{kN}$

• 캔틸레버구간 V_C 하중으로 작용
$\Sigma M_A = 0$
$M_A + 2 \times 3 = 0$
$M_A = -2 \times 3 = -6\text{kN} \cdot \text{m}$

36 그림과 같은 단순보의 C점에서의 휨모멘트 값은?

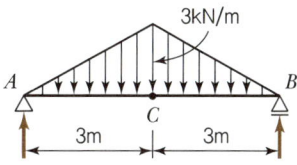

① $3\text{kN} \cdot \text{m}$ ② $6\text{kN} \cdot \text{m}$
③ $9\text{kN} \cdot \text{m}$ ④ $12\text{kN} \cdot \text{m}$

[해설]

$\Sigma M_B = 0$
$V_A \times 6 - \dfrac{1}{2} \times 3 \times 3 \times (3 + \dfrac{3}{3}) - \dfrac{1}{2} \times 3 \times 3 \times (3 \times \dfrac{2}{3}) = 0$
$V_A = \dfrac{18 + 9}{6} = 4.5\text{kN}(\uparrow)$
$M_C = 4.5 \times 3 - \dfrac{1}{2} \times 3 \times 3 \times \dfrac{3}{3}$
$= 13.5 - 4.5 = 9\text{kN} \cdot \text{m}$

37 다음과 같은 단순보에서 C점의 휨모멘트 값은?

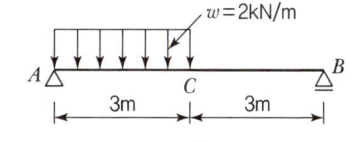

① $5.0\text{kN} \cdot \text{m}$ ② $4.5\text{kN} \cdot \text{m}$
③ $4.0\text{kN} \cdot \text{m}$ ④ $3.5\text{kN} \cdot \text{m}$

정답 34 ③ 35 ① 36 ③ 37 ②

해설

$\Sigma M_B = 0$

$V_A \times 6 - 2 \times 3 \times (\frac{3}{2} + 3) = 0$

$V_A = \frac{27}{6} = 4.5\text{kN}(\uparrow)$

$M_C = 4.5 \times 3 - 2 \times 3 \times \frac{3}{2} = 4.5\text{kN} \cdot \text{m}$

38 그림의 단순보에 관한 기술 중 옳지 않은 것은?

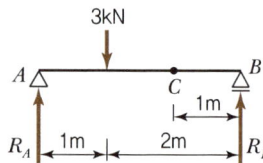

① R_A의 값은 2kN이다.
② R_B의 값은 1kN이다.
③ C점의 전단력 값은 2kN이다.
④ C점의 휨모멘트 값은 1kN · m이다.

해설

- $\Sigma M_B = 0$

  $R_A \times 3 - 3 \times 2 = 0$ ∴ $R_A = \frac{6}{3} = 2\text{kN}$

- $\Sigma V = 0$

  $3 = R_A + R_B$ $R_B = 3 - 2 = 1\text{kN}$

  $V_C = R_A - 3 = 2 - 3 = -1\text{kN}$

39 다음 그림과 같은 구조물에서 $R_A = 1.5\text{kN}$ 일 때 R_C, M_C의 값은?

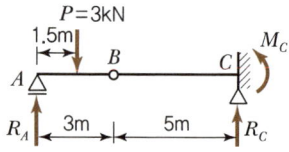

① $R_C = 0\text{kN}$, $M_C = 0\text{kN} \cdot \text{m}$
② $R_C = 1.5\text{kN}$, $M_C = -7.5\text{kN} \cdot \text{m}$
③ $R_C = 0\text{kN}$, $M_C = 7.5\text{kN} \cdot \text{m}$
④ $R_C = 0\text{kN}$, $M_C = -7.5\text{kN} \cdot \text{m}$

해설

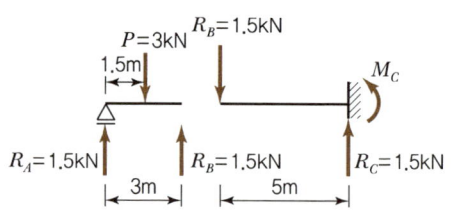

- 단순보구간

  $\Sigma M_A = 0$

  $-R_B \times 3 + 3 \times 1.5 = 0$

  ∴ $R_B = 1.5\text{kN}(\uparrow)$

- 캔틸레버구간

  $\Sigma V = 0$

  $R_C = R_B = 1.5\text{kN}(\uparrow)$

  $M_C = -1.5 \times 5 = -7.5\text{kN} \cdot \text{m}$

40 다음 구조물에서 A지점의 휨모멘트 값은?

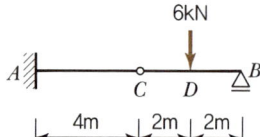

① $8\text{kN} \cdot \text{m}$ ② $-8\text{kN} \cdot \text{m}$
③ $12\text{kN} \cdot \text{m}$ ④ $-12\text{kN} \cdot \text{m}$

해설

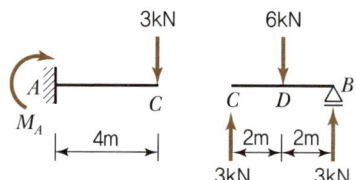

- 단순보구간

  $\Sigma M_B = 0$

  $V_C \times 4 - 6 \times 2 = 0$

  $V_C = \frac{12}{4} = 3\text{kN}(\uparrow)$

  $V_B = 3\text{kN}$

- 캔틸레버구간 V_C 하중으로 작용

  $\Sigma M_A = 0$

  $3 \times 4 + M_A = 0$

  $M_A = -12\text{kN} \cdot \text{m}$

정답 38 ③ 39 ② 40 ④

41 그림과 같은 겔버보에서 최대 휨모멘트의 값은?

① 3kN·m
② 4kN·m
③ 5kN·m
④ 6kN·m

해설

단순보 AB구간에만 등분포하중이 작용하였으므로

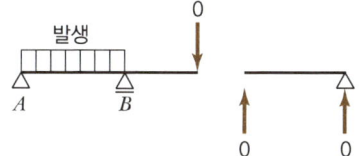

단순보 AB의 중간
$$M_{\max} = \frac{wl^2}{8} = \frac{2 \times 4^2}{8} = 4\text{kN}\cdot\text{m}$$

42 그림과 같은 단순보에서 B점의 반력은?

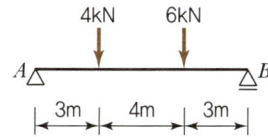

① 5.0kN
② 5.4kN
③ 6.0kN
④ 6.4kN

해설

$\Sigma M_A = 0$
$4 \times 3 + 6 \times 7 - V_B \times 10 = 0$
$\therefore V_B = 5.4\text{kN}$

43 그림에서 반력 R_C가 0이 되려면 B점이 집중하중 P는 몇 kN인가?

① 3kN
② 6kN
③ 9kN
④ 12kN

해설

$\Sigma M_A = 0$
$-2 \times 3 \times \frac{3}{2} + P \times 3 - V_C \times 8 = 0$
$V_C = 0$ 이므로
$\therefore P = \frac{9}{3} = 3\text{kN}$

44 지점 A의 반력의 크기와 방향이 옳은 것은?

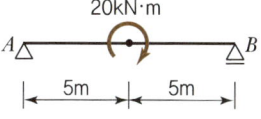

① 1.0kN(↑)
② 1.0kN(↓)
③ 2.0kN(↑)
④ 2.0kN(↓)

해설

$\Sigma M_B = 0$
$V_A \times 10 + 20 = 0$
$V_A = -\frac{20}{10} = -2\text{kN}(\downarrow)$

45 다음 구조물에서 A단의 수평반력의 값으로 맞는 것은?

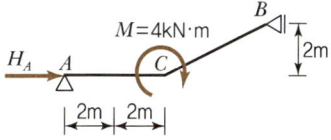

① 0kN
② 1kN
③ 2kN
④ 3kN

해설

- $\Sigma H = 0$
  $\therefore H_A + H_B = 0$
- $\Sigma M_A = 0$
  $H_B \times 2 + 4 = 0$
  $\therefore H_B = -2\text{kN}(\leftarrow)$
  $H_A = -H_B = 2\text{kN}(\rightarrow)$

정답   41 ②   42 ②   43 ①   44 ④   45 ③

46 그림과 같이 캔틸레버에 하중이 작용할 때 A점으로부터 휨모멘트가 0이 되는 위치까지의 거리는?

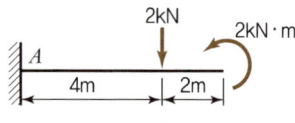

① 1.5m　② 2m
③ 2.5m　④ 3m

해설

$\Sigma V = 0$　　　$V_A = 2\text{kN}(\uparrow)$
$\Sigma M_A = 0$
$2 \times 4 - 2 + M_A = 0$　　$M_A = -6\text{kN} \cdot \text{m}$
$M_x = 0$
$-6 + 2 \cdot x = 0$
$\therefore x = 3\text{m}$

47 그림과 같은 단순보에서 B점의 반력은?

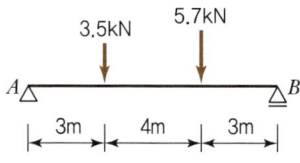

① 5.04kN　② 5.73kN
③ 6.0kN　④ 6.53kN

해설

$\Sigma M_A = 0$
$3.5 \times 3 + 5.7 \times 7 - V_B \times 10 = 0$
$V_B = \dfrac{50.4}{10} = 5.04\text{kN}(\uparrow)$

48 그림과 같은 단순보에서 C점의 휨모멘트 값은?

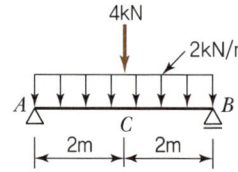

① 8kN · m　② 10kN · m
③ 12kN · m　④ 14kN · m

해설

등분포하중 + 집중하중으로 풀이

$M_C = \dfrac{wl^2}{8} + \dfrac{Pl}{4}$
$= \dfrac{2 \times 4^2}{8} + \dfrac{4 \times 4}{4} = 4 + 4 = 8\text{kN} \cdot \text{m}$

49 그림과 같은 캔틸레버보에서 A단의 휨모멘트는?

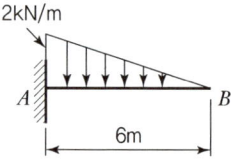

① $-6\text{kN} \cdot \text{m}$　② $-8\text{kN} \cdot \text{m}$
③ $-10\text{kN} \cdot \text{m}$　④ $-12\text{kN} \cdot \text{m}$

해설

$\Sigma M_A = 0$에서,
$\dfrac{1}{2} \times 2 \times 6 \times \left(\dfrac{6}{3}\right) + M_A = 0$
$M_A = -12\text{kN} \cdot \text{m}$

50 그림과 같은 단순보에서 A단의 수직반력은?

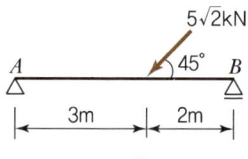

① 2kN　② 3kN
③ 4kN　④ 5kN

해설

$V = 5\sqrt{2} \sin 45° = 5\text{kN}(\uparrow)$
$H = 5\sqrt{2} \cos 45° = 5\text{kN}(\leftarrow)$
$\Sigma M_B = 0$
$V_A \times 5 - 5 \times 2 = 0$
$V_A = \dfrac{10}{5} = 2\text{kN}(\uparrow)$

정답　46 ④　47 ①　48 ①　49 ④　50 ①

51 다음 구조물에서 A지점의 휨모멘트 값은?

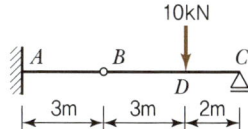

① $-6\text{kN}\cdot\text{m}$ ② $-8\text{kN}\cdot\text{m}$
③ $-10\text{kN}\cdot\text{m}$ ④ $-12\text{kN}\cdot\text{m}$

해설

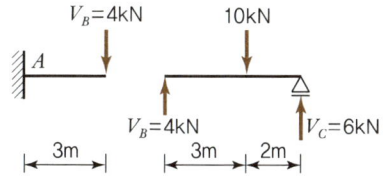

단순보구간 반력 V_B
$\Sigma M_C = 0$
$V_B \times 5 - 10 \times 2 = 0$
$V_B = \dfrac{20}{5} = 4\text{kN}$
$\Sigma V = 0$
$-V_C = 10 - V_B = 10 - 4 = 6\text{kN}$
단순보 반력 V_B를 캔틸레버구간에 하중으로 작용
$\Sigma M_A = 0$
$4 \times 3 + M_A = 0$
$\therefore M_A = -12\text{kN}\cdot\text{m}$

CHAPTER

04

정정라멘 및 아치

01 정정라멘
02 정정아치

CHAPTER 04 정정라멘 및 아치

SECTION 01 정정라멘

1. 개요

각 부재가 강절점(Rigid Joint)으로 연결되어 있으므로 구조물에 외력이 작용하여도 부재각이 변하지 않는 구조물을 라멘(Rahmen)이라 하며, 이러한 라멘 중에서 힘의 평형조건만으로 반력과 부재력을 구할 수 있는 라멘을 정정라멘이라 한다.

(1) 정정라멘의 종류

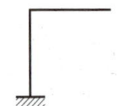  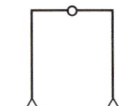 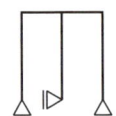

캔틸레버형 라멘　　단순보형 라멘　　3힌지형 라멘　　3롤러형 라멘
(1단 고정, 타단자유)　(1단 회전, 타단이동)　(2개 회전지점, 중간회전)　(3개 지점 이동단)

〈그림 4-1〉 라멘의 종류

>>> 해석순서

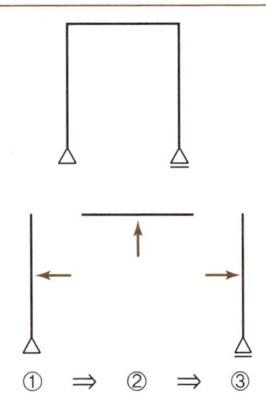

① ⇒ ② ⇒ ③

(2) 정정라멘의 해법

① 힘의 평형 조건식을 이용하여 지점반력을 구한다.
② 3힌지형 라멘의 경우에는 중간 힌지점의 모멘트가 0인 것을 이용한다.(수평외력이 없어도 수평반력이 생길 수 있다.)
③ 라멘 구조물은 안쪽에서 바깥쪽을 보고 해석하는 것을 원칙으로 한다.
　㉠ 캔틸레버형 라멘은 자유단부터 해석한다.
　㉡ 한 부재씩 왼쪽에서 오른쪽으로 해석한다.
④ 일반적으로 보의 축방향력 ↔ 기둥의 전단력, 보의 전단력 ↔ 기둥의 축방향력으로 상호 전달된다.

(3) 부재력의 부호 및 도시

1) 축방향력

① 부재가 인장력을 받을 때를 정(+), 압축력을 받을 때를 부(−)로 한다.
② 일반적으로 인장(+)을 부재의 안쪽 또는 내측에, 압축(−)을 바깥쪽 또는 외측에 도시한다.

2) 전단력

① 구조물의 안쪽에서 부재 단면의 좌측 부분만을 고려할 때 외력이 부재를 ↑↓ 방향으로 회전하면서 절단하려고 하는 힘이 정(+), 반대 방향인 경우를 부(−)로 한다.

② 일반적으로 정(+) 전단력을 부재의 바깥쪽 또는 외측에 도시하고, 부(−) 전단력을 안쪽 또는 내측에 도시한다.

3) 휨모멘트

① 구조물의 안쪽에서 부재 단면의 좌측 부분만을 고려할 때 시계 방향의 모멘트를 정(+), 반시계 방향의 모멘트를 부(−)로 한다.

② 정(+) 모멘트를 부재의 안쪽 또는 내측에 도시하고, 부(−) 모멘트를 바깥쪽 또는 외측에 도시한다.

(Axial Force Diagram) 축방향력도(AFD)   (Shear Force Diagram) 전단력도(SFD)   (Bending Moment Diagram) 휨모멘트도(BMD)

〈그림 4-2〉 부재력의 도시

2. 정정라멘의 해석

(1) 캔틸레버형 라멘

① 반력 산정

㉠ $\Sigma H = 0$ $H_c = 0$

㉡ $\Sigma V = 0$ $P = V_c$

㉢ $\Sigma M_c = 0$

$-P \times l + M_c = 0$

$\therefore M_c = P \cdot l \,(\curvearrowleft)$

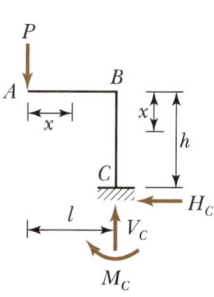

② 부재력 산정

㉠ 축방향력
- $N_{A-B} = 0$
- $N_{B-C} = -P$

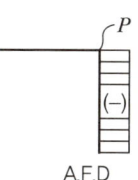

A.F.D

㉡ 전단력
- $V_{A-B} = -P$
- $V_{B-C} = 0$

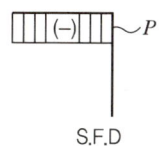

S.F.D

핵심문제

그림과 같은 외력이 작용할 때 휨모멘트도는?

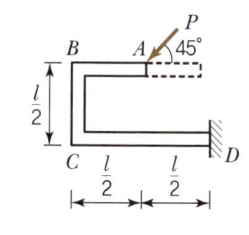

① 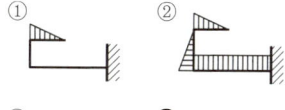 ②

③  ❹

ⓒ 휨모멘트
- $M_{A-B} = -P \cdot x$
- $M_{B-C} = -P \cdot l$ (일정)

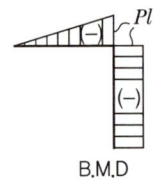

〈그림 4-3〉 캔틸레버형 라멘

핵심문제 ●●●

그림과 같은 정정라멘에서 C점의 휨모멘트의 크기는?

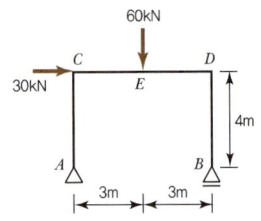

① 0
② 60kN·m
❸ 120kN·m
④ 180kN·m

(2) 단순보형 라멘

① 반력 산정

ⓐ $\Sigma H = 0 \qquad P = H_A (\leftarrow)$

ⓑ $\Sigma V = 0 \qquad 0 = V_A + V_D$

ⓒ $\Sigma M_D = 0$

$P \times h - V_A \times l = 0$

$V_A = \dfrac{Ph}{l} (\downarrow)$

∴ $V_D = \dfrac{Ph}{l} (\uparrow)$

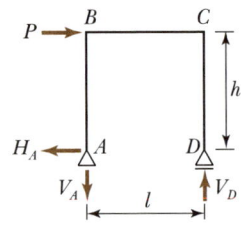

② 부재력 산정

ⓐ 축방향력
- $N_{A-B} = V_A = \dfrac{Ph}{l}$ (인장)
- $N_{B-C} = 0$
- $N_{C-D} = -V_D = -\dfrac{Ph}{C}$ (압축)

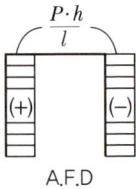

A.F.D

ⓑ 전단력
- $V_{A-B} = H_A = P$
- $V_{B-C} = -V_A = -\dfrac{Ph}{l}$
- $V_{C-D} = 0$

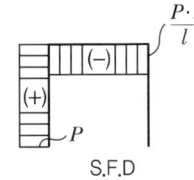

S.F.D

ⓒ 휨모멘트
- $M_{A-B} = H_A \cdot x = P \cdot x$
  ($x = 0 \ M_A = 0, \ x = h \ M_B = Ph$)
- $M_{B-C} = H_A \cdot h - V_A \cdot x$
  $= P \cdot h - \dfrac{Ph}{l} \cdot x$
  ($x = 0 \ M_B = Ph, \ x = l \ M_C = 0$)
- $M_{C-D} = -V_A \cdot l + P \cdot x + H_A(h - x)$
  $= -Ph + Px + Ph - Px = 0$

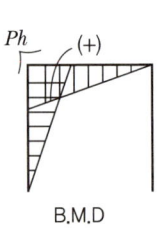

B.M.D

〈그림 4-4〉 단순보형 라멘

(3) 3힌지형 라멘

① 반력 산정

㉠ $\Sigma H = 0$ 　　$H_A + H_F = 0$

㉡ $\Sigma V = 0$　　　$P = V_A + V_F$

㉢ $\Sigma M_F = 0$

$V_A \times 4l - P \times 3l = 0$

$\therefore V_A = \dfrac{3}{4} P(\uparrow),\ V_F = \dfrac{1}{4} P(\uparrow)$

$\Sigma M_D = 0$

$V_A \times 2l - H_A \times h - P \times l$

$= \dfrac{3}{2} Pl - H_A h - Pl = 0$

$\therefore H_A = \dfrac{Pl}{2h}(\rightarrow),\ H_F = \dfrac{Pl}{2h}(\leftarrow)$

② 부재력 산정

㉠ 축방향력

- $N_{A-B} = -V_A = -\dfrac{3}{4} P$ (압축)

- $N_{B-E} = -H_A = -\dfrac{Pl}{2h}$ (압축)

- $N_{E-F} = V_A - P = \dfrac{3}{4} P - P$

　$= -\dfrac{1}{4} P$ (압축)

㉡ 전단력

- $V_{A-B} = -H_A = -\dfrac{Pl}{2h}$

- $V_{B-C} = V_A = \dfrac{3}{4} P$

- $V_{C-E} = V_A - P = \dfrac{3}{4} P - P = -\dfrac{1}{4} P$

- $V_{E-F} = H_A = \dfrac{Pl}{2h}$

㉢ 휨모멘트

- $M_{A-B} = -H_A \cdot x = -\dfrac{Pl}{2h} \cdot x$

　($x = 0$이면 $M_A = 0$,

　$x = h$이면 $M_B = -\dfrac{Pl}{2}$)

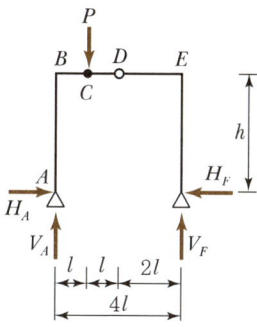

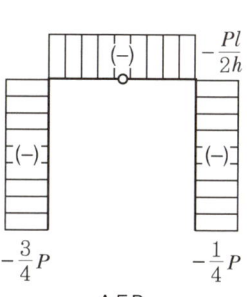

A.F.D

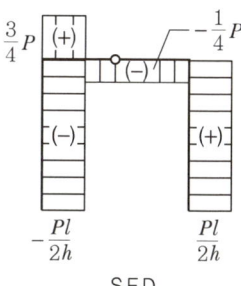

S.F.D

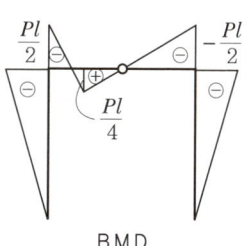

B.M.D

〈그림 4-5〉 3힌지형 라멘

>>
① 수평하중이 없어도 수평반력이 생길 수 있다.
② 중간힌지 절점의 모멘트가 0인 것을 이용한다.
③ $\Sigma M = 0$인 곳 4곳

핵심문제 ●●●

그림과 같은 라멘에서 A점의 수평반력과 수직반력은?

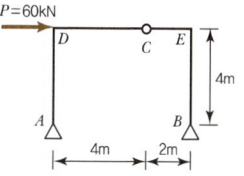

① $H_A = 30$kN , $V_A = 0$
② $H_A = 40$kN , $V_A = +30$kN
③ $H_A = 30$kN , $V_A = -40$kN
❹ $H_A = 40$kN , $V_A = -40$kN

- $M_{B-C} = V_A \cdot x - H_A \cdot h = \frac{3}{4}Px - \frac{Pl}{2}$

  ($x=0$이면 $M_B = -\frac{Pl}{2}$, $x=l$이면 $M_C = \frac{Pl}{4}$)

- $M_{C-E} = V_A \times (l+x) - H_A \times h - P \cdot x = \frac{3}{4}P(l+x) - \frac{Pl}{2} - Px$

  ($x=0$이면 $M_C = \frac{Pl}{4}$ 이고, $x=l$이면 $M_D = 0$)

  ($x=3l$이면 $M_E = -\frac{Pl}{2}$)

- $M_{E-F} = V_A \cdot 4l - H_A \cdot (h-x) - P \cdot 3l = -\frac{Pl}{2h}(h-x)$

  ($x=0$이면 $M_E = -\frac{Pl}{2}$ 이고, $x=h$이면 $M_F = 0$)

- $M_{F-E} = -H_F \cdot x$

  ($x=0$이면 $M_F = 0$이고, $x=h$이면 $M_E = -\frac{Pl}{2}$)

SECTION 02 정정아치

1. 개요

아치는 일반적으로 곡선부재로 구성되며 아치 축선에 따라 직압력을 받게 되므로 축방향력에 의한 영향이 크고 전단력이나 휨모멘트의 영향은 비교적 적은 편이다.

2. 종류

아치의 부재 종류에는 곡선재의 곡선의 형태에 따라서 원형 아치와 포물선 아치로 구분되며 지점의 지지 상태에 따라 다음과 같이 분류된다.

① 캔틸레버형 아치　　② 단순보형 아치　　③ 3회전단 아치

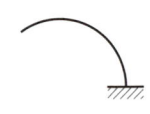　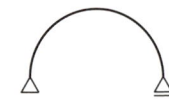　

(a) 캔틸레버형 아치　　(b) 단순보형 아치　　(c) 3회전단 아치

〈그림 4-6〉 정정아치의 종류

3. 정정아치의 해석

반력 및 부재력의 산정은 정정라멘의 경우와 같이 계산한다.

핵심문제

그림과 같은 3힌지의 원호형 아치의 정점에 4kN의 집중하중이 작용했을 때 A점의 수평반력은?

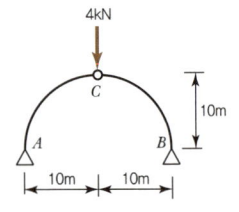

❶ 2kN　② 3kN
③ 4kN　④ 5kN

CHAPTER 04 출제예상문제

01 그림과 같은 구조물의 반력은?

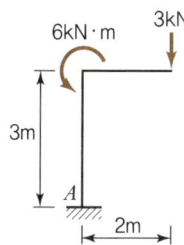

① $H_A = 3\text{kN}, V_A = 0, M_A = 6\text{kN} \cdot \text{m}$
② $H_A = 0, V_A = 3\text{kN}, M_A = 6\text{kN} \cdot \text{m}$
③ $H_A = 3\text{kN}, V_A = 0, M_A = 0$
④ $H_A = 0, V_A = 3\text{kN}, M_A = 0$

해설

$\Sigma H = 0 \qquad H_A = 0$
$\Sigma V = 0 \qquad V_A = 3\text{kN}$
$\Sigma M_A = 0$
$M_A + 3 \times 2 - 6 = 0 \qquad \therefore M_A = 0$

02 그림에서 D지점의 반력의 크기는?

① $0.6P$
② $0.8P$
③ $1.2P$
④ $1.8P$

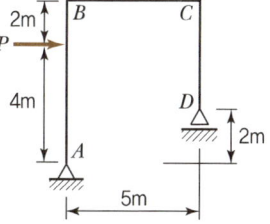

해설

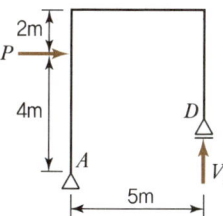

$\Sigma M_A = 0, \; P \times 4 - V_D \times 5 = 0$
$\therefore V_D = \dfrac{4}{5}P = 0.8P$

03 그림과 같은 정정라멘에서 C점의 휨모멘트의 크기는?

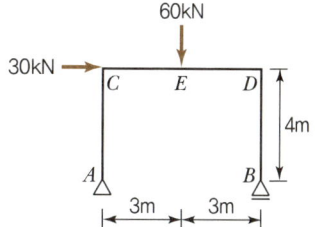

① 0
② $60\text{kN} \cdot \text{m}$
③ $120\text{kN} \cdot \text{m}$
④ $180\text{kN} \cdot \text{m}$

해설

$\Sigma H = 0$에서, $30 - H_A = 0 \qquad \therefore H_A = 30\text{kN}$
$\Sigma M_B = 0$에서,
$V_A \times 6 + 30 \times 4 - 60 \times 3 = 0$
$\therefore V_A = -10\text{kN}(\text{하향})$
AC부재만 가상적으로 절단하여 C점에서 모멘트를 취하면,
$\therefore M_C = 30 \times 4 = 120\text{kN} \cdot \text{m}$

04 그림과 같은 정정라멘에서 C점의 휨모멘트의 크기는?

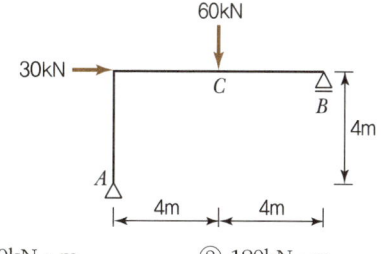

① $120\text{kN} \cdot \text{m}$
② $180\text{kN} \cdot \text{m}$
③ $240\text{kN} \cdot \text{m}$
④ $360\text{kN} \cdot \text{m}$

해설

$\Sigma M_A = 0$에서,
$-V_B \times 8 + 60 \times 4 + 30 \times 4 = 0$
$\therefore V_B = 45\text{kN}(\text{상향})$

정답 01 ④ 02 ② 03 ③ 04 ②

BC부재만 가상적으로 절단하여 C점에서 모멘트를 취하면,
∴ $M_C = -(-45 \times 4) = 180 \text{kN} \cdot \text{m}$

05 그림과 같은 라멘에서 A점의 수평반력과 수직반력은?

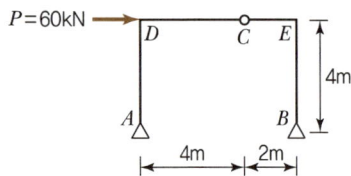

① $H_A = 30\text{kN},\ V_A = 0$
② $H_A = 30\text{kN},\ V_A = +30\text{kN}$
③ $H_A = 30\text{kN}, V_A = -40\text{kN}$
④ $H_A = 40\text{kN},\ V_A = -40\text{kN}$

해설

$\Sigma H = 0$에서, $60 - H_A - H_B = 0$
∴ $H_A + H_B = 60\text{kN}$(좌향)
$\Sigma M_B = 0$에서, $V_A \times 6 + 60 \times 4 = 0$
∴ $V_A = -40\text{kN}$(하향)
C점을 중심으로 좌측 구조물에 대하여
$\Sigma M_C = 0$에서, $H_A \times 4 - 40 \times 4 = 0$
∴ $H_A = 40\text{kN}$(좌향)

06 그림과 같은 라멘에서 A점의 수평반력은?

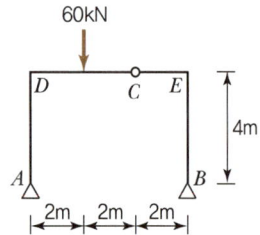

① $H_A = 0$
② $H_A = 10\text{kN}$
③ $H_A = 20\text{kN}$
④ $H_A = 30\text{kN}$

해설

$\Sigma H = 0$에서, $H_A - H_B = 0$
∴ $H_A = H_B$

$\Sigma M_B = 0$에서, $V_A \times 6 - 60 \times 4 = 0$
∴ $V_A = 40\text{kN}$
C점을 중심으로 좌측 구조물에 대하여
$\Sigma M_C = 0$에서,
$-H_A \times 4 - 60 \times 2 + 40 \times 4 = 0$
∴ $H_A = 10\text{kN}$(우향)

07 그림에서 고정지점 A의 휨모멘트가 영(0)이 되려면 힘 P의 크기는?

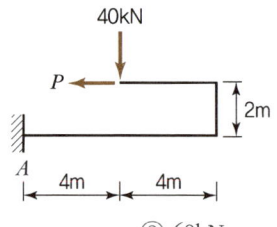

① 50kN ② 60kN
③ 70kN ④ 80kN

해설

$\Sigma M_A = 0$에서, $40 \times 4 - P \times 2 = 0$
∴ $P = 80\text{kN}$

08 그림과 같이 외력이 작용할 때 휨모멘트도는?

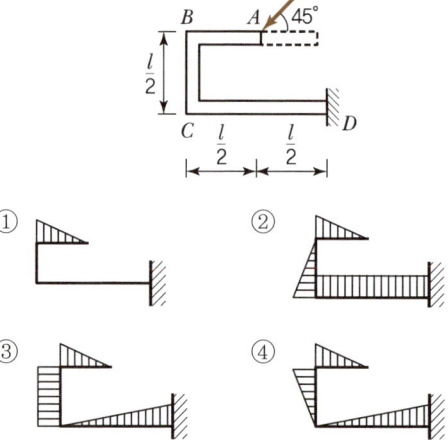

해설

경사하중 P를 수직과 수평으로 나눈다.

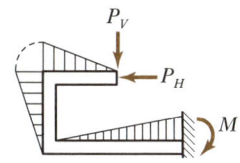

09 그림과 같은 구조물의 휨모멘트가 0인 지점의 개수는?

① 1개
② 2개
③ 3개
④ 4개

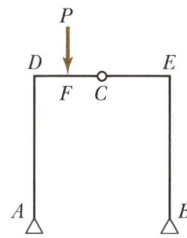

해설

휨모멘트도

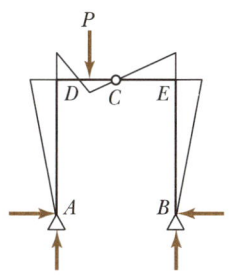

10 그림과 같은 3활절 아치에서 D점에 연직하중 20kN이 작용할 때 A점에 작용하는 수평반력 H_A는?

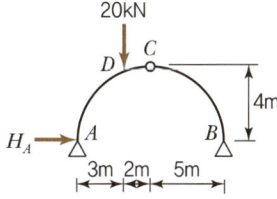

① 5.5kN　　② 6.5kN
③ 7.5kN　　④ 8.5kN

해설

$\Sigma H = 0$에서, $H_A - H_B = 0$
$\therefore H_A = H_B$
$\Sigma M_B = 0$에서,
$V_A \times 10 - 20 \times 7 = 0$
$V_A = \dfrac{140}{10} = 14\text{kN}(상향)$

C점을 중심으로 좌측 구조물에 대하여
$\Sigma M_C = 0$에서,
$-H_A \times 4 + 14 \times 5 - 20 \times 2 = 0$
$\therefore H_A = \dfrac{30}{4} = 7.5\text{kN}(우향)$

11 그림과 같은 정정라멘의 A점의 수평반력은?

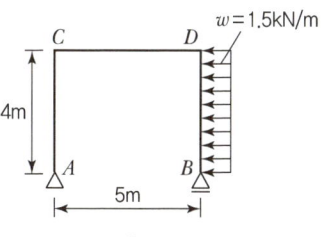

① 0kN　　② 1.5kN
③ 3.0kN　　④ 6.0kN

해설

$\Sigma H = 0$에서, $H_A - 6 = 0$
$\therefore H_A = 6\text{kN}(우향)$

12 그림에서 E점의 휨모멘트 값으로 가장 적당한 것은?

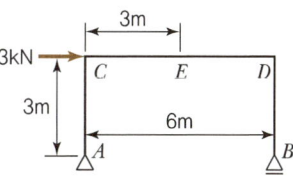

① 4kN·m　　② 4.5kN·m
③ 5kN·m　　④ 5.5kN·m

> 해설

$\Sigma H = 0$
$H_A = 3\text{kN}(\leftarrow)$
$\Sigma M_B = 0$
$V_A \times 6 + 3 \times 3 = 0$
$\therefore V_A = -1.5\text{kN}(\downarrow)$
$M_E = -1.5 \times 3 + 3 \times 3 = -4.5\text{kN} \cdot \text{m}$

> 해설

A점이 이동지점이므로 하중(P)이 작용하는 점까지 수평력이 존재하지 않으므로 그 구간의 휨모멘트는 0이다.

13 그림과 같은 구조물에서 휨모멘트가 0이 되는 점(변곡점)은 몇 개 있는가?

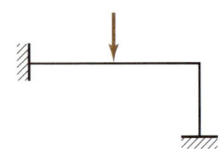

① 1개   ② 2개
③ 3개   ④ 4개

> 해설

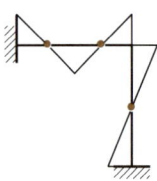

∴ 변곡점의 수 3곳

14 그림과 같은 구조물의 휨모멘트도로 맞는 것은?

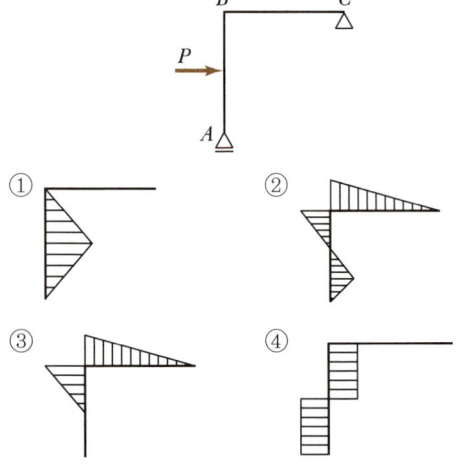

정답 13 ③ 14 ③

Engineer Architecture

CHAPTER 05

정정트러스

01 개요
02 트러스의 해석

CHAPTER 05 정정트러스

SECTION 01 개요

1. 정의

트러스(Truss)란 2개 이상의 직선부재를 마찰이 없는 Pin으로 연결한 구조물로서 각 부재는 인장 또는 압축력만을 받도록 설계된 구조물이다.

2. 트러스의 구성

(1) 현재(Chord Member)

트러스의 외부를 구성하는 부재로 상현재와 하현재가 있다.

(2) 복재(Web Member)

상현재와 하현재를 연결하는 부재로 수직재와 사재가 있다.

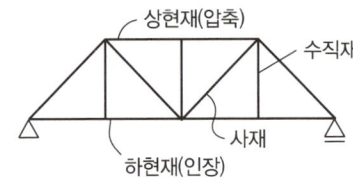

〈그림 5-1〉 트러스의 구성

① 상현재는 모두 압축(−)
② 하현재는 모두 인장(+)
③ 복부재는 부재력을 구하는 부재와 가까이에 있는 지점 사이에 하중이 없을 시 0부재를 제외하고 단주에서 중앙부재쪽으로 좌우 대칭이 되게 생긴다.

3. 트러스의 종류

(1) 캔틸레버계 트러스

(2) 단순보계 트러스

(3) 와렌(Warren) 트러스

수직재가 없는 트러스로 사재의 방향이 좌·우로 교대 배치된다.

(4) 프래트(Pratt) 트러스

사재의 경사방향을 중앙부를 향해 하향 배치함으로써 사재가 인장재가 되도록 설계된 트러스

(5) 하우(Howe) 트러스

사재의 경사방향을 중앙부를 향해 상향 배치함으로써 사재가 압축재가 되도록 설계된 트러스

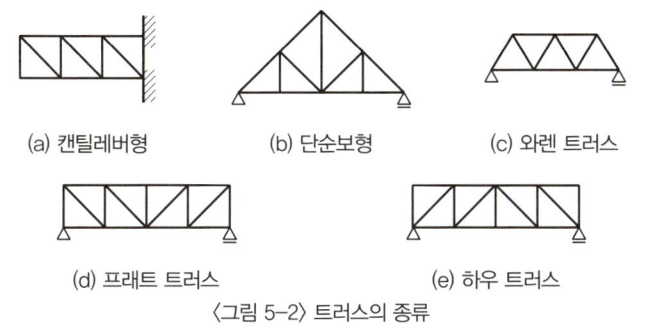

(a) 캔틸레버형   (b) 단순보형   (c) 와렌 트러스

(d) 프래트 트러스   (e) 하우 트러스

〈그림 5-2〉 트러스의 종류

SECTION 02 트러스의 해석

1. 해석상의 가정

① 트러스의 모든 절점은 힌지(Hinge)로 본다.
② 각 부재는 직선재로 그 중심축은 절점을 연결한 직선과 일치한다.
③ 각 부재는 축방향력만 받으며, 전단력, 휨모멘트는 일어나지 않는다.
④ 외력은 모두 절점에만 작용한다.
⑤ 부재응력은 그 부재의 탄성 한도 내에 있다.
⑥ 하중이 작용한 경우에도 절점의 위치는 변하지 않는다.
⑦ 각 부재의 변형은 미소하여 그 부재력으로 인한 2차응력은 무시한다.
⑧ 인장응력은 ⊕로, 압축응력은 ⊖로 표시한다.
  ㉠ 인장력 ⊕ : ←———●———→
  ㉡ 압축력 ⊖ : ———▶●◀———

2. 부재력에 관한 성질

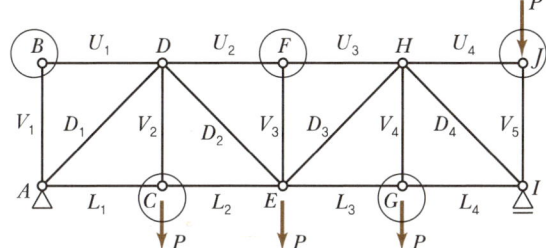

〈그림 5-3〉 트러스의 부재력에 관한 성질

>>> **트러스의 0부재**

1. 트러스에서 변형이 발생하나 가정상 변형은 미소하여 무시한다. 이때 계산상 부재응력 0이 되는 부재
2. 목적
   ① 구조상 안정하기 위해
   ② 변형과 처짐이 적게 발생

핵심문제

그림과 같은 트러스에서 부재력이 0인 부재는 몇 개인가?

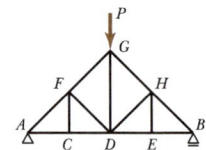

① 2개 ② 3개
③ 4개 ❹ 5개

해설
구조물 전체 0부재 판별 : 하중을 부재축을 통해 지점에 연결하여 가장 간단한 삼각형을 작도한 후 나머지 부재

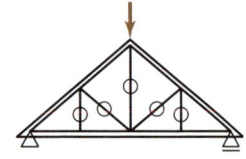

핵심문제

그림에서 ab 부재의 응력은?

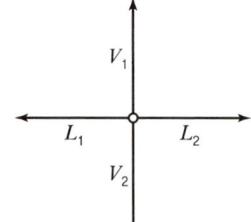

① -50kN
② -500kN
③ $-1,000\text{kN}$
❹ 0kN

---

(1) 하나의 절점에 2개의 부재가 모이는 경우

① B점

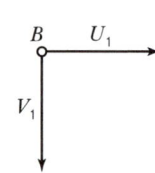

② J점

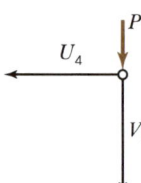

$\Sigma x = 0 \quad \therefore U_1 = 0$
$\Sigma y = 0 \quad \therefore V_1 = 0$

$\Sigma x = 0 \quad \therefore U_4 = 0$

(2) 하나의 절점에 3개의 부재가 모이는 경우

① F점

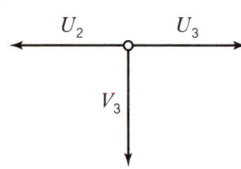

② C점

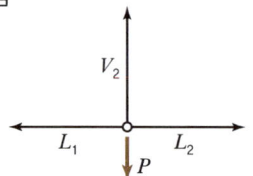

$\Sigma x = 0$
$-U_2 + U_3 = 0 \quad \therefore U_2 = U_3$
$\Sigma y = 0 \quad \therefore V_3 = 0$

$\Sigma x = 0$
$-L_1 + L_2 = 0 \quad \therefore L_1 = L_2$
$\Sigma y = 0$
$-P + V_2 = 0 \quad \therefore V_2 = P$

③ G점

$\Sigma x = 0$
$-L_3 + L_4 = 0 \quad \therefore L_3 = L_4$
$\Sigma y = 0$
$-P + V_4 = 0 \quad \therefore V_4 = P$

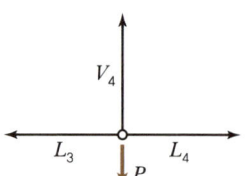

(3) 하나의 절점에 4개의 부재가 모이는 경우

$\Sigma x = 0$
$V_1 - V_2 = 0 \quad \therefore V_1 = V_2$
$\Sigma y = 0$
$-L_1 + L_2 = 0 \quad \therefore L_1 = L_2$

3. 절점법

(1) 개요
① 각 절점에 작용하는 외력(하중 및 반력)과 부재 내에 생기는 부재력 사이에는 평형을 이루고 있다는 개념으로 부재력을 계산한다.
② 모든 부재력 계산에 적용하며, 검산이 어려우며 처음 부재력 계산이 다른 부재력에 영향을 준다.

(2) 해석순서
① 트러스 전체를 하나의 보로 생각하고 지점 반력을 계산한다.
② 힘의 평형 조건식이 2개($\Sigma H = 0$, $\Sigma V = 0$)이므로, 미지의 부재력이 2개 이하인 절점부터 힘의 평형 조건식을 적용하여 미지의 부재력을 구한다.
③ 모든 부재는 초기에 인장력(+)으로 가정하고 계산하되, 계산된 부재력의 부호가 (−)이면 압축재이다.

(3) 해석
① 반력 산정

$\Sigma V = 0 \qquad P = V_A + V_B$
$\Sigma M_B = 0$
$V_A \times 2l - P \times l = 0$
$V_A = \dfrac{P}{2}(\uparrow) \qquad V_B = \dfrac{P}{2}(\uparrow)$

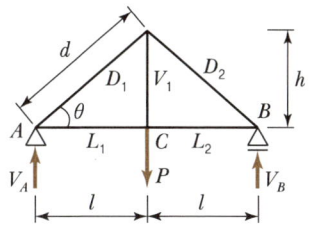

② 부재력 산정(부재각 $\sin\theta = \dfrac{h}{d}$, $\cos\theta = \dfrac{l}{d}$)

㉠ A점

$\Sigma V = 0$
$V_A + D_1 \sin\theta = 0 \qquad D_1 = -\dfrac{V_A}{\sin\theta}$
$\Sigma H = 0$
$L_1 + D_1 \cos\theta = 0 \qquad L_1 = -D_1 \cos\theta$

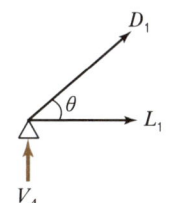

㉡ C점

$\Sigma V = 0$
$V_1 - P = 0 \qquad V_1 = P$
$\Sigma H = 0$
$L_1 - L_2 = 0 \qquad L_1 = L_2$

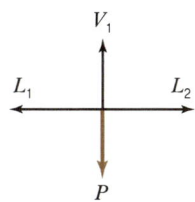

핵심문제 ●●○

그림과 같은 트러스에서 AD(T_1) 부재의 부재력은?

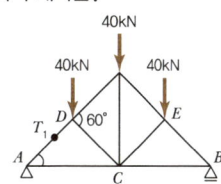

① −60kN(압축재)
② −80kN(압축재)
③ −100kN(압축재)
❹ −120kN(압축재)

4. 절단법

(1) 개요

임의 단면의 어느 한 개의 부재력을 구하는 데 편리한 방법으로 3개 이하의 미지 부재력을 갖는 단면을 절단하여 힘의 평형조건식($\Sigma H=0$, $\Sigma V=0$, $\Sigma M=0$)을 적용한다.

모멘트법	$\Sigma M = 0$	상·하현재의 부재력을 구하는 데 이용
전단력법	$\Sigma H=0, \Sigma V=0$	사재, 수직재의 부재력을 구하는 데 이용

(2) 해석순서

① 트러스 전체를 하나의 보로 생각하고 지점 반력을 계산한다.
② 부재력을 구하고자 하는 부재를 포함하여 미지의 부재력 수가 3개 이하가 되도록 가상적으로 단면을 절단한다.
③ 절단된 구조물의 어느 한쪽의 외력(하중과 반력)과 부재력에 대해서 힘의 평형 조건식을 적용하여 미지의 부재력을 구한다.
④ 모든 부재는 초기에 인장력(+)으로 가정하고 계산하되, 계산된 부재력의 부호가 (−)이면 압축재이다.

핵심문제 ●●●

그림과 같은 트러스에서 U_1의 부재의 부재력은?(단, '−'는 압축응력이다.)

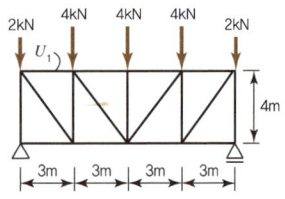

① 4.5kN   ❷ −4.5kN
③ 6kN   ④ −6kN

(3) 해석

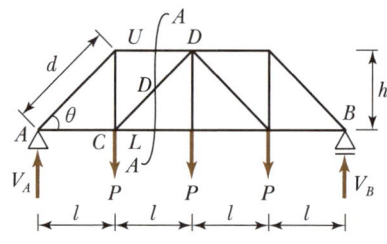

① 반력산정

$\Sigma V = 0 \qquad 3P = V_A + V_B$

$\Sigma M_B = 0$

$V_A \times 4l - P \times 3l - P \times 2l - P \times l = 0$

$V_A = 1.5P(\uparrow) \qquad V_B = 1.5P(\uparrow)$

② 부재력 산정(A−A단면, 부재각 $\sin\theta = \dfrac{h}{d}$, $\cos\theta = \dfrac{l}{d}$)

㉠ 전단력법

$\Sigma V = 0$

$V_A - P + D_1 \sin\theta = 0$

$D = \dfrac{-V_A + P}{\sin\theta}$

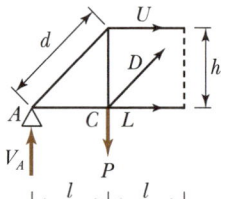

ⓛ 모멘트법

$\Sigma M_C = 0$

$V_A \times l + U \times h = 0$ $\qquad U = \dfrac{-V_A \cdot l}{h}$

$\Sigma M_D = 0$

$V_A \times 2l - P \times l - L \times h = 0$ $\qquad L = \dfrac{2V_A l - Pl}{h}$

CHAPTER 05 출제예상문제

01 그림과 같은 트러스에서 CE(V_2) 부재의 부재력은?

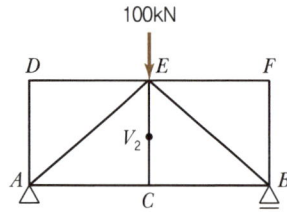

① 0
② −50kN(압축재)
③ −100kN(압축재)
④ +100kN(인장재)

[해설]
절점 C에 외력이 작용하지 않았으므로, $\Sigma V = 0$에서,
∴ $V_2 = 0$

02 그림과 같은 트러스에서 부재력이 0인 부재는 몇 개인가?

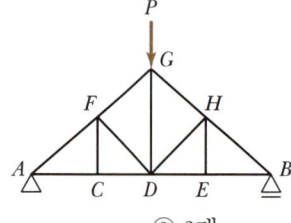

① 2개
② 3개
③ 4개
④ 5개

[해설]
- 절점 C 및 E에 외력이 작용하지 않았으므로, CF 및 EH 부재의 부재력은 0이다.
- 절점 F 및 H에 외력이 작용하지 않았으므로, DF 및 DH 부재의 부재력은 0이다.
- 절점 D에 외력이 작용하지 않았으므로, DG 부재의 부재력은 0이다.
∴ CF, EH, DF, DH, DG 부재의 부재력은 0이 된다.

03 그림에서 ab 부재의 응력은?

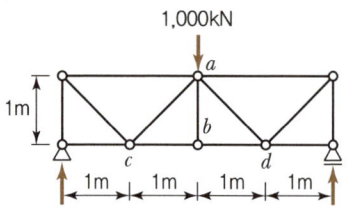

① −50kN
② −500kN
③ −1,000kN
④ 0kN

[해설]

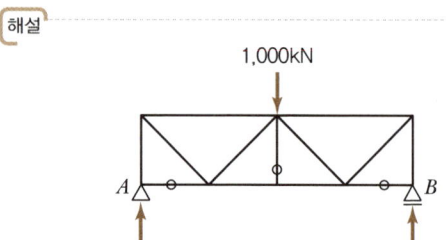

04 그림과 같은 트러스에서 AD(V_1) 및 DE(U_1) 부재의 부재력은?

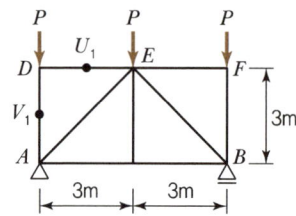

① AD = +P, DE = +P
② AD = −P, DE = −P
③ AD = +P, DE = 0
④ AD = −P, DE = 0

[해설]
절점 D를 중심으로 절단하면,
- $\Sigma V = 0$에서, $-P - V_1 = 0$
  ∴ $V_1 = -P$
- $\Sigma H = 0$에서
  ∴ $U_1 = 0$

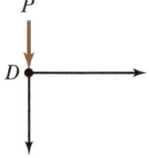

정답 01 ① 02 ④ 03 ④ 04 ④

05 그림과 같은 트러스에서 CD 부재의 부재력은?

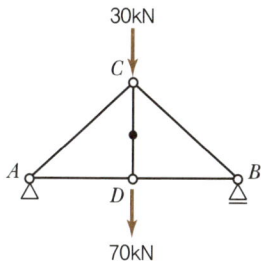

① −70kN(압축재) ② +70kN(인장재)
③ −100kN(압축재) ④ +100kN(인장재)

[해설]

절점 D를 중심으로 절단하면,
$\Sigma V = 0$에서, $\overline{CD} - 70 = 0$
∴ $\overline{CD} = 70$kN(인장재)

06 그림과 같은 트러스에서 AD(T_1) 부재의 부재력은?

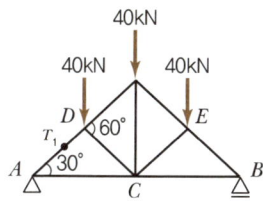

① −60kN(압축재) ② −80kN(압축재)
③ −100kN(압축재) ④ −120kN(압축재)

[해설]

절점 A를 중심으로 절단하면, T_1부재의 수직분력은 $T_1 \sin 30°$이고, 수평분력은 $T_1 \cos 30°$이 된다.
$\Sigma V = 0$에서, $T_1 \sin 30° + 60 = 0$
∴ $T_1 = -120$kN(압축재)

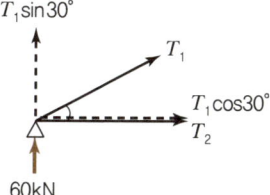

07 그림과 같은 트러스에서 GH(U_2) 부재의 부재력은?

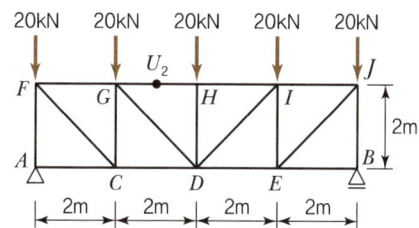

① −40kN(압축재) ② −60kN(압축재)
③ −80kN(압축재) ④ −100kN(압축재)

[해설]

그림과 같이 트러스를 가상적으로 절단하여 좌측 구조물에 대해 모멘트법을 적용하면,
$\Sigma M_D = 0$에서, $50 \times 4 - 20 \times 4 - 20 \times 2 + U_2 \times 2 = 0$
∴ $U_2 = -40$kN(압축재)

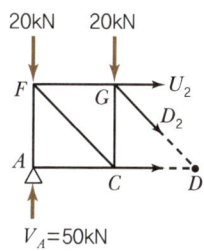

08 그림과 같은 트러스에서 CD(L_2) 부재의 부재력은?

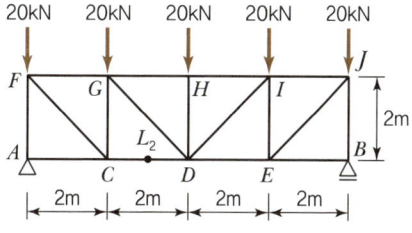

① +30kN(인장재) ② +40kN(인장재)
③ +50kN(인장재) ④ +60kN(인장재)

정답 05 ② 06 ④ 07 ① 08 ①

해설

그림과 같이 트러스를 가상적으로 절단하여 좌측 구조물에 대해 모멘트법을 적용하면,

$\Sigma M_G = 0$ 에서, $50 \times 2 - 20 \times 2 - L_2 \times 2 = 0$

$\therefore U_2 = +30\text{kN}$(인장재)

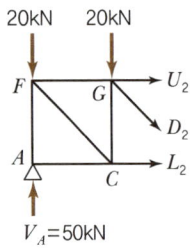

09 그림과 같은 트러스에서 CH(V_2) 부재의 부재력은?

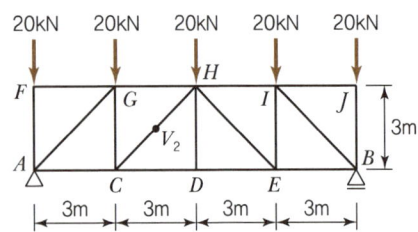

① $+10\sqrt{2}$ kN(인장재)
② $-10\sqrt{2}$ kN(압축재)
③ $+20\sqrt{2}$ kN(인장재)
④ $-20\sqrt{2}$ kN(압축재)

해설

그림과 같이 트러스를 가상적으로 절단하여 좌측 구조물에 대해 전단력법을 적용하면,

$\Sigma V = 0$ 에서, $50 - 20 - 20 + D_2 \sin 45° = 0$

$\therefore D_2 = -10\sqrt{2}$ kN(압축재)

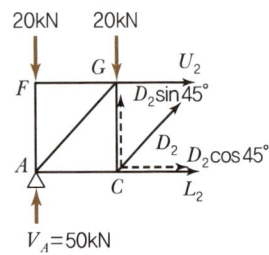

10 그림과 같은 트러스에서 부재력이 0인 부재는?

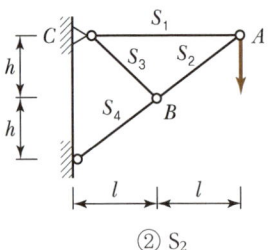

① S_1
② S_2
③ S_3
④ S_4

11 그림과 같은 트러스에서 압축재의 수는 몇 개인가?

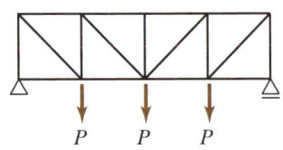

① 8개
② 9개
③ 7개
④ 10개

해설

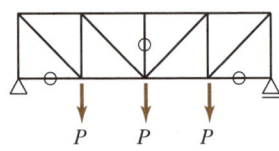

• 압축재(상현 4부재, 수직 5부재)
• 인장재(하현 4부재, 경사 4부재)

여기서, 중앙부의 수직재가 0부재이므로 압축부재는 8부재이다.

12 그림과 같은 하중이 작용하는 트러스의 T부재의 응력은?

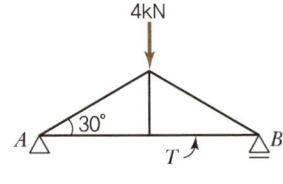

① $\sqrt{3}$ kN
② 2kN
③ $2\sqrt{3}$ kN
④ 4kN

정답 09 ② 10 ③ 11 ① 12 ③

[해설]

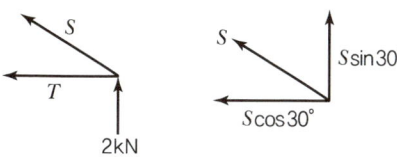

$\Sigma V = 0$
$S\sin 30° + 2 = 0$ $S = -4\text{kN}$ (압축)
$\Sigma H = 0$
$S\cos 30° + T = 0$ $-4\cos 30° + T = 0$
$\therefore T = 2\sqrt{3}\,\text{kN}$ (인장)

13 다음과 같은 트러스에서 부재력이 0이 되는 부재수는?

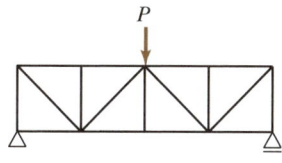

① 2개   ② 3개
③ 4개   ④ 5개

[해설]

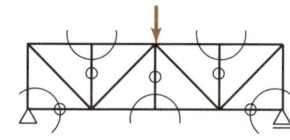

부재력 0인 부재수 $\therefore$ 5부재

14 그림과 같은 트러스에서 U_1의 부재력은?(단, '−'는 압축응력이다.)

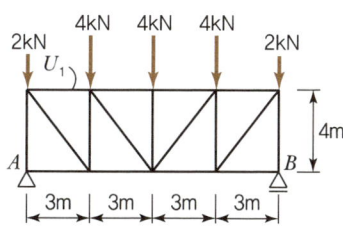

① 4.5kN   ② −4.5kN
③ 6kN   ④ −6kN

[해설]

$\Sigma V = 0$
$16\text{kN} = V_A + V_B$ 대칭이므로,
$V_A = V_B = 8\text{kN}$
$\Sigma M_O = 0$
$8 \times 3 - 2 \times 3 + U_1 \times 4 = 0$
$U_1 = \dfrac{-18}{4} = -4.5\text{kN}$

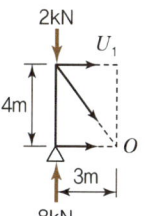

15 그림과 같은 트러스에서 이동지점 B에서의 반력은 얼마인가?

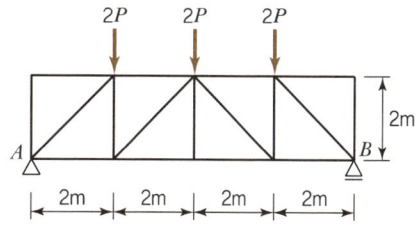

① 0   ② P
③ $2P$ ④ $3P$

[해설]

$\Sigma M_A = 0$
$2P \times 2 + 2P \times 4 + 2P \times 6 - R_B \times 8 = 0$
$\therefore R_B = \dfrac{24P}{8} = 3P(\uparrow)$

16 그림과 같은 트러스에서 T의 부재력은?

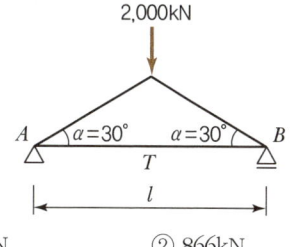

① 1,000kN   ② 866kN
③ 1,732kN   ④ 2,000kN

정답   13 ④   14 ②   15 ④   16 ③

[해설]

$\Sigma V = 0$

$1,000 + S \cdot \sin 30° = 0$

$\therefore S = -2,000 \text{kN}$

$\Sigma H = 0$

$T + S \cos 30° = 0$

$\therefore T = 2,000 \cdot \cos 30° = 1,732 \text{kN}$

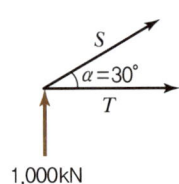

17 그림과 같은 트러스 부재의 보에 집중하중 P를 가하였을 때 각 부재에 생기는 응력에 관한 기술 중 틀린 것은?

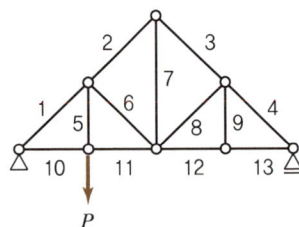

① 부재 1, 2, 3, 4는 모두 압축재이다.
② 부재 7은 인장재이다.
③ 부재 10, 11, 12, 13은 모두 인장재이다.
④ 부재 8은 인장재이고 9는 압축재이다.

[해설]

부재 8은 0이고 9는 0이다.

18 그림과 같은 왕대공 트러스에서 C점에 P가 작용할 때 응력이 생기지 않는 부재는 몇 개인가? (단, 트러스 자체의 무게는 무시함)

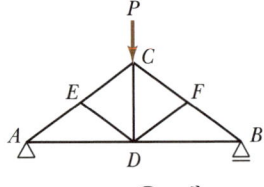

① 0
② 1개
③ 2개
④ 3개

[해설]

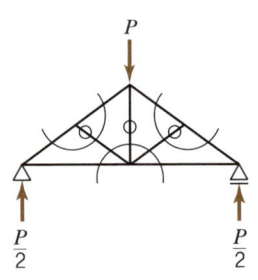

부재력 0인 곳 ∴ 3곳

19 그림과 같은 캔틸레버형 트러스에서 CE 부재의 응력의 값으로서 맞는 것은?(단, 트러스 자체의 무게는 무시함)

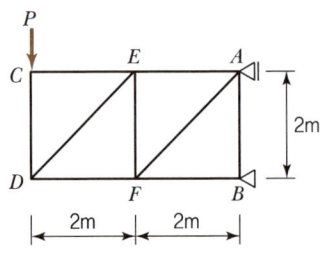

① 0
② $\frac{1}{2}P$
③ $\frac{1}{\sqrt{2}}P$
④ $\frac{\sqrt{3}}{2}P$

[해설]

$\Sigma H = 0$

$\therefore CE = 0$

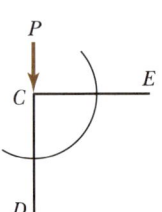

정답 17 ④ 18 ④ 19 ①

Engineer Architecture

CHAPTER 06

단면의 성질

01 단면 1차모멘트와 도심
02 단면 2차모멘트(I)
03 단면계수(S)
04 단면 2차반경(i)
05 단면 극2차모멘트(I_p)
06 단면 상승모멘트(I_{xy})
07 단면의 주축 · 단면 주2차모멘트 · 최소 2차반경
08 각종 단면의 제계수

CHAPTER 06 단면의 성질

SECTION 01 단면 1차모멘트와 도심

1. 단면 1차모멘트(Q)

(1) 정의

단면을 세분한 미소면적 dA에 축까지의 거리 x 또는 y를 전단면에 걸쳐 적분한 것을 축에 대한 단면 1차모멘트라 한다.

> **단면 1차모멘트**
> 도심을 지나는 단면 1차모멘트는 0이다.

(2) 공식

① $Q_x = \int y dA = \int (y_0 + Y) dA$
  $= \int y_0 dA + \int Y dA$
  $= A y_0 + Q_X (Q_X = 0)$

② $Q_y = \int x dA = \int (x_0 + X) dA$
  $= \int x_0 dA + \int X dA$
  $= A x_0 + Q_Y (Q_Y = 0)$

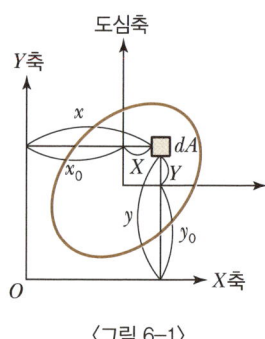

〈그림 6-1〉

(3) 복잡한 도형일 때(기본도형으로 나누어 계산)

① $Q_x = A_1 y_1 + A_2 y_2 + \cdots + A_n y_n$
  $= A y_0$

② $Q_y = A_1 x_1 + A_2 x_2 + \cdots + A_n x_n$
  $= A x_0$

여기서, y_0 : x축으로부터 도심까지의 거리
x_0 : y축으로부터 도심까지의 거리

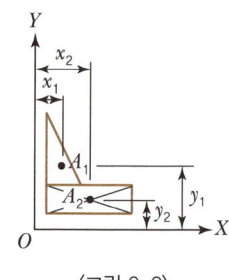

〈그림 6-2〉

> **핵심문제** ●●●
> 그림과 같은 단면에서 X축에 대한 단면 1차모멘트의 값은?
>
>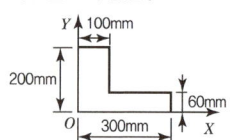
>
> ① 2,160,000mm³
> ② 2,260,000mm³
> ❸ 2,360,000mm³
> ④ 2,400,000mm³

(4) 중공형 도형의 경우

① $Q_x = A_1 \dfrac{y_1}{2} - A_2 \dfrac{y_2}{2} = A_0 y_0$

② $Q_y = A_1 \dfrac{x_1}{2} - A_1 \dfrac{x_2}{2} = A_0 x_0$

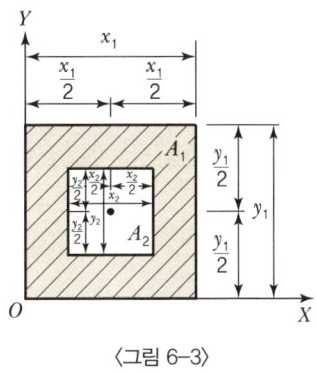

〈그림 6-3〉

(5) 기호와 단위

① 기호 : Q ② 단위 : mm^3, cm^3, m^3

(6) 용도

도심위치 계산, 구조물의 안정도 계산, 보의 전단응력 계산

(7) 특성

① 도심을 지나는 축에 대한 단면 1차모멘트는 0이다.
② 좌표축에 따라 부호는 (+), (−)이다.

2. 도심

(1) 정의

어느 도형의 한 점을 지나는 직교 좌표축에 대해 단면 1차모멘트가 0이 되는 점을 도심이라 하며, 이것은 평면도형의 중심으로 도형의 두께나 무게와는 관계가 없다.

(2) 기본 도형일 때

① $y_0 = \dfrac{Q_x}{A}$ ② $x_0 = \dfrac{Q_y}{A}$

(3) 기본 도형에 대한 면적과 도심

도형	(사각형)	직선	2차 곡선	3차 곡선
면적	bh	$\dfrac{1}{2}bh$	$\dfrac{1}{3}bh$	$\dfrac{1}{4}bh$
도심(x)	$\dfrac{1}{2}b$	$\dfrac{1}{3}b$	$\dfrac{1}{4}b$	$\dfrac{1}{5}b$

핵심문제

그림과 같은 사다리꼴의 도심 거리 y는?

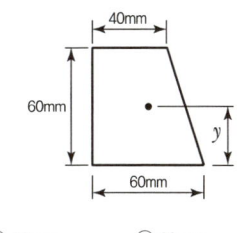

① 30mm ② 29mm
❸ 28mm ④ 27mm

(4) 복잡한 도형일 때

① $y_0 = \dfrac{Q_x}{A} = \dfrac{A_1 y_1 + A_2 y_2 + \cdots + A_n y_n}{A_1 + A_2 + \cdots + A_n}$

② $x_0 = \dfrac{Q_y}{A} = \dfrac{A_1 x_1 + A_2 x_2 + \cdots + A_n x_n}{A_1 + A_2 + \cdots + A_n}$

SECTION 02 단면 2차모멘트(I)

1. 정의

임의의 직교 좌표축에 대하여 단면 각 부분의 미소면적 dA에 어떤 축까지의 거리 제곱(x^2 또는 y^2)을 걸쳐 적분한 값을 단면 2차모멘트라 한다.

핵심문제 ●●●

그림과 같은 장방형 도형에서 X축에 대한 단면 2차모멘트는 어느 것인가?

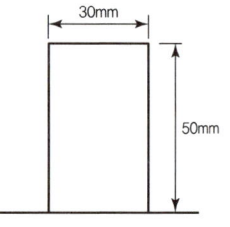

❶ 1,250,000mm⁴
② 1,500,000mm⁴
③ 1,750,000mm⁴
④ 2,000,000mm⁴

2. 공식

① $I_x = \int y^2 dA = \int (Y + y_0)^2 dA$
$= \int (Y^2 + 2Yy_0 + y_0^2) dA$
$= I_X + 2y_0 Q_X + y_0^2 A$
$= I_X + A y_0^2 \; (S_X = 0)$

② $I_y = \int x^2 dA = \int (X + x_0)^2 dA$
$= \int (X^2 + 2Xx_0 + x_0^2) dA$
$= I_Y + 2y_0 Q_Y + x_0^2 A$
$= I_Y + A x_0^2 \; (S_Y = 0)$

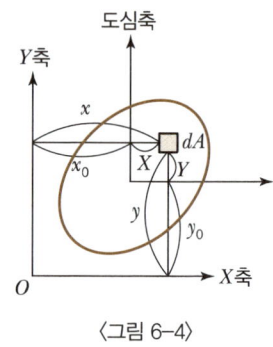

〈그림 6-4〉

핵심문제 ●●●

그림과 같은 빗금친 단면의 $a-a$축에 대한 단면 2차모멘트 값에 가까운 것은?(단위 : mm)

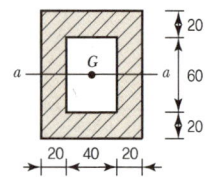

① 2,000,000mm⁴
② 4,000,000mm⁴
❸ 6,000,000mm⁴
④ 8,000,000mm⁴

(1) 기호와 단위

① 기호 : I_x, I_y

② 단위 : mm^4, cm^4, m^4

(2) 용도

단면계수, 단면 2차반경, 휨 및 전단응력도, 처짐, 강도(K), 좌굴하중 계산 등에 이용

(3) 특성

① I 최솟값은 도심을 지날 때이며 0은 아니다.

② 좌표축에 상관없이 부호는 항상 (+)이다.
③ I가 크면 휨강성(EI)이 크고, 구조가 안전하다.
④ I를 크게 하려면 b보다 h를 크게 해야 한다.
⑤ 정삼각형, 정사각형, 정다각형은 회전축에 관계없이 일정하다.

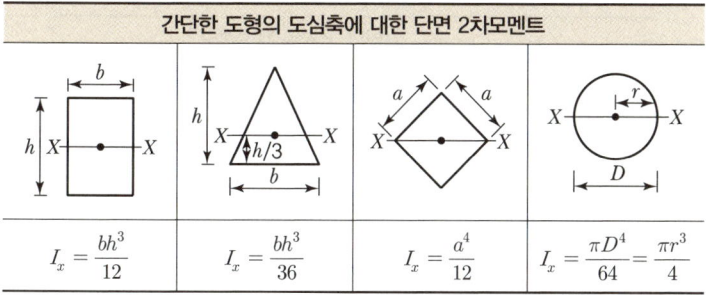

간단한 도형의 도심축에 대한 단면 2차모멘트

| $I_x = \dfrac{bh^3}{12}$ | $I_x = \dfrac{bh^3}{36}$ | $I_x = \dfrac{a^4}{12}$ | $I_x = \dfrac{\pi D^4}{64} = \dfrac{\pi r^3}{4}$ |

SECTION 03 단면계수(S)

1. 정의

도심을 지나는 축에 대한 단면 2차모멘트를 단면의 상·하단까지의 거리로 나눈값을 그 축에 대한 단면계수라 한다.

2. 공식

① 상단에 대하여 $S_1 = \dfrac{I_X}{y_1}$

② 하단에 대하여 $S_2 = \dfrac{I_X}{y_2}$

③ 단면의 축이 대칭이면

$y_1 = y_2 = y$ 이므로, $S = \dfrac{I_X}{y}$ 이다.

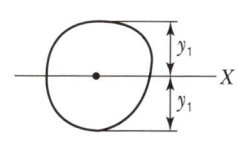

〈그림 6-5〉

3. 단위와 용도

(1) 단위

mm³, cm³, m³

(2) 용도

① 보와 같은 휨부재의 최대 휨응력도 계산에 사용된다.
② 휨에 대한 저항성을 나타내는 계수

핵심문제

그림과 같은 장방형 단면의 X축에 관한 단면계수의 값은?

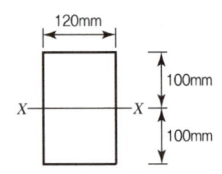

❶ 800,000mm³
② 1,000,000mm³
③ 2,000,000mm³
④ 2,500,000mm³

4. 특성

① 단면계수(Z)도 I와 같은 성질이다.
② 단면계수(Z)가 큰 단면이 휨에 대한 저항이 크다.
③ 항상(+)의 값을 갖는다.

간단한 도형의 단면계수		
$S = \dfrac{\dfrac{bh^3}{12}}{\dfrac{h}{2}} = \dfrac{bh^2}{6}$	$S_{x1} = \dfrac{\dfrac{bh^3}{36}}{\dfrac{2}{3}h} = \dfrac{bh^2}{24}$, $S_{x2} = \dfrac{\dfrac{bh^3}{36}}{\dfrac{h}{3}} = \dfrac{bh^2}{12}$	$S = \dfrac{\dfrac{\pi D^4}{64}}{\dfrac{D}{2}} = \dfrac{\pi D^3}{32}$

SECTION 04 단면 2차반경(i)

1. 정의

도심축에 대한 단면 2차모멘트를 단면적으로 나눈 값의 제곱근을 말한다.

2. 공식

① x_0축에 대하여 $r_{x_0} = \sqrt{\dfrac{I_{X_0}}{A}}$

② y_0축에 대하여 $r_{y_0} = \sqrt{\dfrac{I_{Y_0}}{A}}$

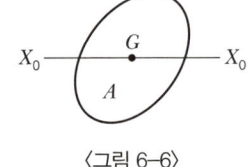

〈그림 6-6〉

3. 단위 및 용도

(1) 단위

mm, cm, m

(2) 용도

장주의 세장비 계산에 사용된다.

핵심문제

그림과 같은 단면에서 $X-X$축에 대한 단면 2차반경 값으로 맞는 것은?

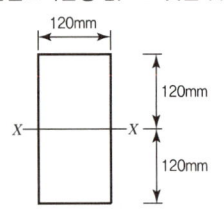

① 55mm   ❷ 69mm
③ 77mm   ④ 81mm

4. 특성

① 단면 2차반경이 클수록 좌굴에 대하여 강하다.
② 설계 시 최소회전반경 사용(주축의 최소 2차모멘트에 대한 것 사용)
③ 부호는 항상(+)이다.

SECTION 05 단면 극2차모멘트(I_p)

1. 정의

단면 내의 미소면적 dA에 어떤 좌표의 원점까지의 거리 r의 제곱을 전 단면에 걸쳐 적분한 값

$$I_x = \int r^2 \cdot dA$$

2. 단면 2차모멘트와 관계식

$r^2 = x^2 + y^2$ 이므로
$$I_p = \int x^2 \cdot dA + \int y^2 \cdot dA$$
$$= I_x + I_y$$

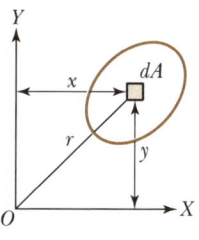

〈그림 6-7〉

3. 단위 및 용도

(1) 단위

mm^4, cm^4, m^4

(2) 용도

보의 비틀림 응력도 계산에 사용된다.

4. 특성

① I_p가 클수록 비틀림에 대한 저항이 크다.
② I_p는 좌표의 회전에 관계없이 항상 일정하다.
③ 좌표에 관계없이 항상 (+)값이다.

SECTION 06 단면 상승모멘트(I_{xy})

1. 정의

단면 내의 미소면적 dA에 어떤 축까지의 거리 x, y를 각각 곱하여 전단면에 걸쳐 적분한 값

2. 공식

$$I_{xy} = \int x \cdot y \, dA$$
$$= \int (X + x_0)(Y + y_0) dA$$
$$= \int (XY + xy_0 + Yx_0 + x_0 y_0) dA$$
$$= \int XY dA + y_0 \int X dA + x_0 \int Y dA + \int x_0 y_0 dA$$
$$= I_{XY} + y_0 Q_Y + x_0 Q_X + x_0 y_0 A \; (I_{XY} 대칭일 \; 때 = 0, \; S_Y = 0, \; S_X = 0)$$

▶ 단면 상승모멘트(I_{xy})

① 비대칭
 $I_{xy} = I_{XY} + x_0 y_0 A$
② 대칭
 $I_{xy} = x_0 y_0 A \, (I_{XY} = 0)$
③ 대칭이며 한 축 이상이 도심을 지날 때
 $I_{xy} = 0$
 ($I_{XY} = 0$ 이며, $x = 0$ 또는 $y_0 = 0$)

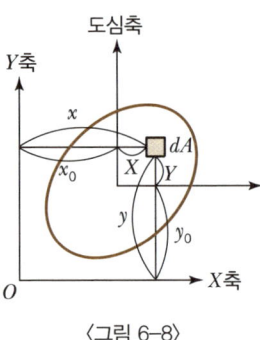

〈그림 6-8〉

3. 단위 및 용도

(1) 단위

 mm^4, cm^4, m^4

(2) 용도

 단면의 주축, 단면 주2차모멘트 계산에 이용

4. 특성

① 부호는 (+)(−)의 값이다.
② 단면이 대칭이면 $I_{XY} = 0$ 이다.
③ 단면이 대칭이고 한 축 이상이 도심을 지나는 경우는 $I_{XY} = 0$ 이며, x_0 또는 y_0 가 0이므로 $I_{xy} = 0$ 이다.

핵심문제

다음 도형에서 단면 상승모멘트를 구한 값은?

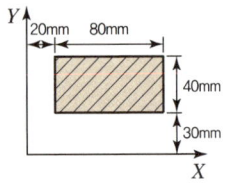

❶ $9,600,000 mm^4$
② $8,600,000 mm^4$
③ $7,600,000 mm^4$
④ $6,600,000 mm^4$

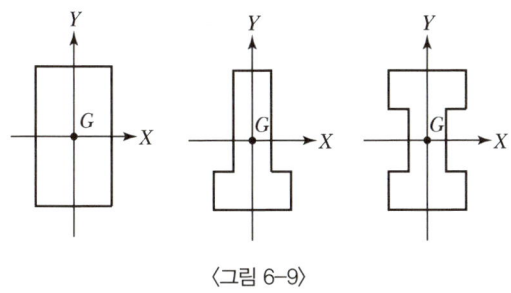

〈그림 6-9〉

SECTION 07 단면의 주축 · 단면 주2차모멘트 · 최소 2차반경

1. 단면의 주축

(1) 정의

단면 내의 도심축에 대한 각 방향의 단면 2차모멘트 중에서 서로 직교한 어떤 두 축에 대한 단면 2차모멘트 값이 최대 및 최소가 되는 한 쌍의 직교축을 주축(Principal Axis)이라 한다.

(2) 특성

① 주축에 대한 단면 상승모멘트는 0이다.
② 주축에 대한 단면 2차모멘트는 그 점을 지나는 다른 어떤 축에 대한 것보다 최대 또는 최소가 된다.
③ 단면이 대칭인 경우에는 그의 대칭축에 대한 단면 상승모멘트는 0이므로 대칭축은 그 단면의 주축의 하나이다.
④ 정다각형이나 원형단면은 대칭축이 여러 개 존재하므로 여러 개의 주축을 갖는다.

> **핵심문제** ●●○
>
> 단면의 주축(Principal Axis)에 대한 설명 중 옳지 않은 것은?
> ① 도심축에 대한 단면 2차모멘트가 최대, 최소인 축을 주축이라 한다.
> ❷ 주축에 대한 단면 상승모멘트는 최대이다.
> ③ 정다각형이나 원형단면은 주축이 여러 개 있다.
> ④ 단면이 대칭일 때 그 대칭축은 그 단면의 주축이 된다.

(3) 각종 단면의 주축

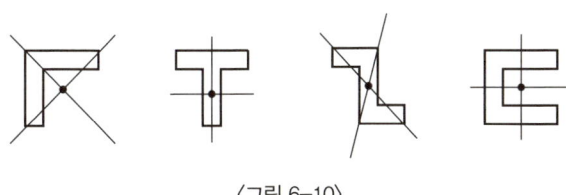

〈그림 6-10〉

2. 단면 주2차모멘트

(1) 정의

주축에 대한 단면 2차모멘트를 단면 주2차모멘트라 한다.

(2) 공식

① $I_{\max,\ \min} = \dfrac{I_x + I_y}{2} \pm \sqrt{\left(\dfrac{I_x - I_y}{2}\right)^2 + I_{xy}^{\ 2}}$

② $\tan 2\theta = -\dfrac{2I_{xy}}{I_x - I_y}$

※ (+)θ 값이면 X축에 대하여 반시계 방향이다.

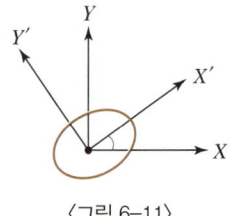

〈그림 6-11〉

(3) 단위 및 용도

① mm^4, cm^4, m^4
② 단면의 최소 2차반경 계산에 이용

(4) 특성

항상 (+)값을 갖는다.

3. 최소 2차반경

(1) 정의

단면 주2차모멘트 값 중에서 최솟값을 단면적으로 나눈 값의 제곱근이다.

(2) 공식

$$r_{\min} = \sqrt{\dfrac{I_{\min}}{A}}$$

(3) 용도

기둥과 같은 압축재에서 좌굴축은 단면 2차반경이 최소인 축이 되며, 좌굴방향은 단면 2차반경이 최대인 축방향으로 발생한다. 따라서 이 최소축에 대하여 안전하게 설계하면 모든 축에 대하여 안전한 설계가 된다.

(4) 각종 단면의 좌굴축 및 좌굴방향

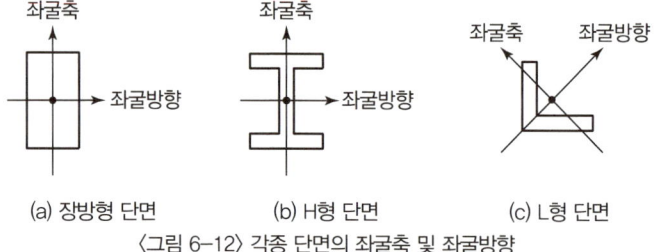

(a) 장방형 단면   (b) H형 단면   (c) L형 단면

〈그림 6-12〉 각종 단면의 좌굴축 및 좌굴방향

SECTION 08 각종 단면의 제계수

구분	단면의 형상	단면적	도심의 위치	도심축에 대한 단면 2차모멘트	단면계수
장방형	(직사각형, 폭 b, 높이 h)	bh	$\dfrac{h}{2}$	$\dfrac{bh^3}{12}$	$\dfrac{bh^2}{6}$
정방형	(정사각형, 변 h)	h^2	$\dfrac{h}{2}$	$\dfrac{h^4}{12}$	$\dfrac{h^3}{6}$
정방형	(마름모, 대각선 h)	h^2	$\dfrac{\sqrt{2}}{2}h$	$\dfrac{h^4}{12}$	$\dfrac{\sqrt{2}}{12}h^3$ $=0.1179h^3$
중공정방형	(외변 H, 내변 h)	H^2-h^2	$\dfrac{H}{2}$	$\dfrac{H^4-h^4}{12}$	$\dfrac{1}{6H}(H^4-h^4)$
삼각형	(밑변 b, 높이 h)	$\dfrac{bh}{2}$	$y_1=\dfrac{2h}{3}$ $y_2=\dfrac{h}{3}$	$\dfrac{bh^3}{36}$	$S_1=\dfrac{bh^2}{24}$ $S_2=\dfrac{bh^2}{12}$
원형	(지름 D, 반지름 r)	$\dfrac{\pi D^2}{4}=\pi r^2$	$\dfrac{D}{2}=r$	$\dfrac{\pi D^4}{64}=\dfrac{\pi r^4}{4}$ $=0.0491D^4$ $=0.7854r^4$	$\dfrac{\pi D^3}{32}=\dfrac{\pi r^3}{4}$ $=0.0982D^3$ $=0.7854r^3$

》》 제계수 요약

$Q_x=\int ydA=Ay_0$ $Q_y=\int xdA=Ax_0$	cm³ m³ (+)(−)
$x_0=\dfrac{Q_y}{A}$ $y_0=\dfrac{Q_x}{A}$	cm m (+)(−)
$I_x=\int y^2dA$ $\quad=I_{Y_0}+Ay_0^2$ $I_y=\int x^2dA$ $\quad=I_{X_0}+Ax_0^2$	cm⁴ m⁴ (+)
$S_c=\dfrac{I_X}{y_1}$, $S_t=\dfrac{I_Y}{y_2}$	cm³ m³ (+)
$r_x=\sqrt{\dfrac{I_X}{A}}$ $r_y=\sqrt{\dfrac{I_Y}{A}}$	cm m (+)
$I_{xy}=\int xydA$ $\quad=Ax_0y_0$ (대칭 시)	cm⁴ m⁴ (+)(−)
$I_p=\int r^2dA$ $\quad=I_x+I_y$	cm⁴ m⁴ (+)

CHAPTER 06 출제예상문제

01 그림과 같은 단면에서 X축에 대한 단면 1차모멘트의 값은?

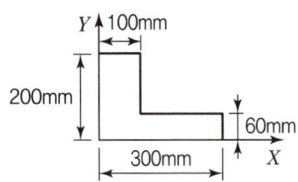

① 2,160,000mm³ ② 2,260,000mm³
③ 2,360,000mm³ ④ 2,400,000mm³

해설

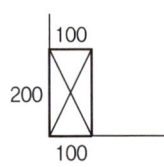   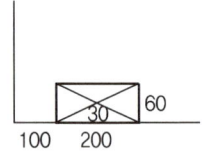

$y_1 = 100$ $A_1 = 200 \times 100$ $y_1 = 30$ $A_1 = 200 \times 60$

$Q_x = A_1 y_1 + A_2 y_2$
$= \{(200 \times 100) \times 100\} + \{(200 \times 60) \times 30\}$
$= 2,360,000 \text{mm}^3$

02 그림과 같은 사다리꼴의 도심 거리 y는?

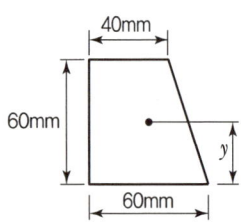

① 30mm ② 29mm
③ 28mm ④ 27mm

해설

$y_1 = \dfrac{60}{2} = 30$

$y_2 = \dfrac{h}{3} = \dfrac{60}{3} = 20$

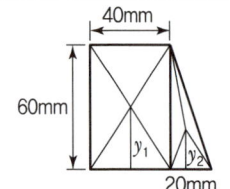

03 그림과 같은 L형 단면의 도심 위치 y_0는?

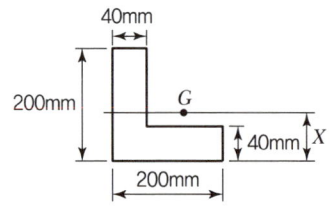

① 55mm ② 65mm
③ 75mm ④ 85mm

해설

A_1, A_2 두 개의 도형으로 나누어서 생각한다.

$y_0 = \dfrac{A_1 y_1 + A_2 y_2}{A_1 + A_2}$

$= \dfrac{(200 \times 40) \times 100 + (160 \times 40) \times 20}{(200 \times 40) + (160 \times 40)} \fallingdotseq 65 \text{mm}$

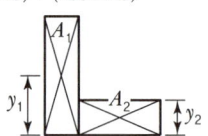

04 그림에서 X축에 대한 단면 1차모멘트(Q_x) 값은?

① 200,000mm³
② 1,000,000mm³
③ 1,500,000mm³
④ 2,000,000mm³

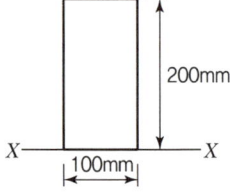

정답 01 ③ 02 ③ 03 ② 04 ④

해설

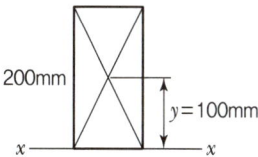

$Q_x = A \times e$
$= 100 \times 200 \times 100 = 2,000,000 \text{mm}^3$

05 그림과 같은 장방형 도형에서 X축에 대한 단면 2차모멘트는 어느 것인가?

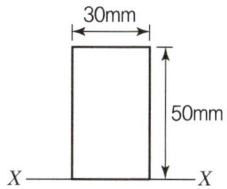

① $1,250,000 \text{mm}^4$ ② $1,500,000 \text{mm}^4$
③ $1,750,000 \text{mm}^4$ ④ $2,000,000 \text{mm}^4$

해설

$I_x = I_{x0} + Ay_0^2 = \dfrac{30 \times 50^3}{12} + (30 \times 50) \times 25^2$
$= 1,250,000 \text{mm}^4$

06 그림과 같은 빗금친 단면의 a-a 축에 대한 단면 2차모멘트 값에 가까운 것은?

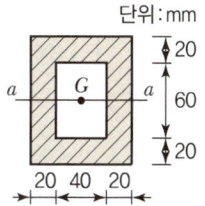

① $2,000,000 \text{mm}^4$ ② $4,000,000 \text{mm}^4$
③ $6,000,000 \text{mm}^4$ ④ $8,000,000 \text{mm}^4$

해설

$I_x = \dfrac{BH^3}{12} - \dfrac{bh^3}{12} = \dfrac{80 \times 100^3}{12} - \dfrac{40 \times 60^3}{12}$
$= 5,947,000 \text{mm}^4$

07 그림과 같은 도형의 X-X 축에 대한 단면 2차모멘트 값은?

① $1,500,000 \text{mm}^4$
② $1,600,000 \text{mm}^4$
③ $1,700,000 \text{mm}^4$
④ $1,800,000 \text{mm}^4$

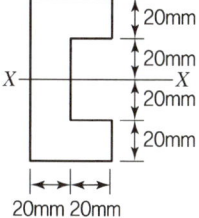

해설

$I_x = \dfrac{BH^3}{12} - \dfrac{bh^3}{12} = \dfrac{40 \times 80^3}{12} - \dfrac{20 \times 40^3}{12}$
$= 1,600,000 \text{mm}^4$

08 그림과 같은 정방형 단면의 대칭축에 대한 단면 2차모멘트 I_x는?

① $66,660,000 \text{mm}^4$
② $94,300,000 \text{mm}^4$
③ $133,333,333 \text{mm}^4$
④ $266,666,666 \text{mm}^4$

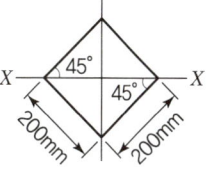

해설

$I_x = \dfrac{a^4}{12} = \dfrac{200^4}{12} = 133,333,333 \text{mm}^4$

09 그림과 같이 빗금친 부분의 단면에서 X-X 축에 대한 단면 2차모멘트로 맞는 것은?

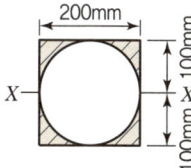

① $211,830,000 \text{mm}^4$ ② $133,333,000 \text{mm}^4$
③ $78,500,000 \text{mm}^4$ ④ $54,833,000 \text{mm}^4$

정답   05 ①   06 ③   07 ②   08 ③   09 ④

해설

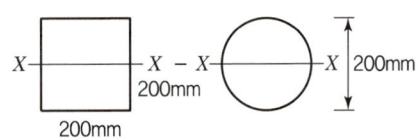

$I_x = \dfrac{200 \times 200^3}{12} - \dfrac{\pi(200)^4}{64}$

$= 133,333,333 - 78,500,000 = 54,833,000 \text{mm}^4$

10 그림과 같이 빗금친 부분의 단면에서 X-X 축에 대한 단면 2차모멘트 I_x 는?

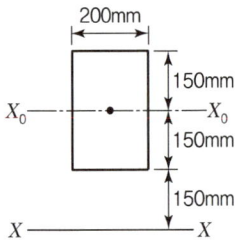

① $450,000,000\text{mm}^4$
② $630,000,000\text{mm}^4$
③ $3,860,000,000\text{mm}^4$
④ $5,850,000,000\text{mm}^4$

해설

$I_x = I_X + A \cdot e^2 = \dfrac{bh^3}{12} + A \cdot e^2$

$= \dfrac{200 \times 300^2}{12} + (200 \times 300) \times 300^2$

$= 5,850,000,000 \text{mm}^4$

11 그림과 같은 단면의 X-X 축에 관한 단면 2차모멘트의 값으로 옳은 것은?

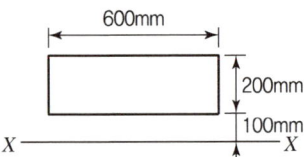

① $3,600,000,000\text{mm}^4$
② $4,200,000,000\text{mm}^4$
③ $4,800,000,000\text{mm}^4$
④ $5,200,000,000\text{mm}^4$

해설

$I_x = I_{X0} + A \cdot e^2$

$= \dfrac{600 \times 200^3}{12} + (600 \times 200) \times (\dfrac{200}{2} + 100)^2$

$= 5,200,000,000 \text{mm}^4$

12 그림과 같은 장방형 단면의 X축에 관한 단면계수의 값은?

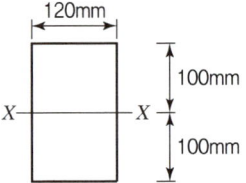

① $800,000\text{mm}^3$
② $1,000,000\text{mm}^3$
③ $2,000,000\text{mm}^3$
④ $2,500,000\text{mm}^3$

해설

$S = \dfrac{bh^2}{6} = \dfrac{120 \times (200)^2}{6} = 800,000 \text{cm}^3$

13 그림과 같은 도형의 X-X 축에 대한 단면계수 값은?

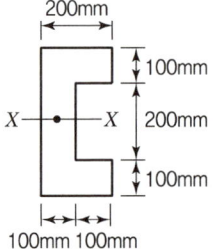

① $4,000,000\text{mm}^3$
② $4,667,000\text{mm}^3$
③ $5,000,000\text{mm}^3$
④ $5,667,000\text{mm}^3$

해설

$I_x = \dfrac{BH^3}{12} - \dfrac{bh^3}{12} = \dfrac{200 \times 400^3}{12} - \dfrac{100 \times 200^3}{12}$

$= 1,000,000,000 \text{mm}^4$

$S = \dfrac{I_x}{y_0} = \dfrac{1,000,000,000 \text{mm}^4}{200} = 5,000,000 \text{mm}^3$

정답 10 ④ 11 ④ 12 ① 13 ③

14 원형단면의 지름을 D라고 하면 단면계수 S는?

① $\dfrac{\pi D^3}{16}$ ② $\dfrac{\pi D^3}{32}$

③ $\dfrac{\pi D^2}{64}$ ④ $\dfrac{\pi D^3}{64}$

해설

단면계수$(S) = \dfrac{\text{도심축 단면 2차모멘트}}{\text{도심에서 끝단까지의 거리}}$

$= \dfrac{I_x}{y} = \dfrac{\frac{\pi D^4}{64}}{\frac{D}{2}} = \dfrac{\pi D^3}{32}$

15 그림과 같은 단면의 단면계수는 약 얼마인가?

① 2,333,000mm³
② 2,555,000mm³
③ 3,000,000mm³
④ 4,200,000mm³

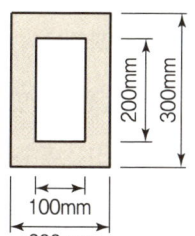

해설

- 단면 2차모멘트(I_x)

$I_x = \dfrac{200 \times 300^3}{12} - \dfrac{100 \times 200^3}{12}$

$= 450,000,000 - 66,667,000 = 383,333,000 \text{mm}^4$

- 단면계수(S_x)

$S_x = \dfrac{I_x}{y} = \dfrac{383,333,000}{\frac{H}{2}} = \dfrac{383,333,000}{150} = 2,555,553 \text{mm}^3$

16 다음 그림과 같은 단면의 X, Y 축에 대한 단면 상승모멘트 I_{xy}는 얼마인가?

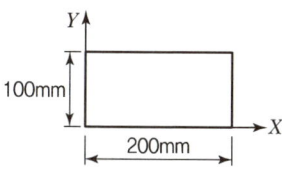

① 100,000,000mm⁴ ② 200,000,000mm⁴
③ 300,000,000mm⁴ ④ 400,000,000mm⁴

해설

$I_{xy} = A \cdot x \cdot y$
$= (100 \times 200) \times 100 \times 50 = 100,000,000 \text{mm}^4$

17 다음 도형에서 단면 상승모멘트를 구한 값은?

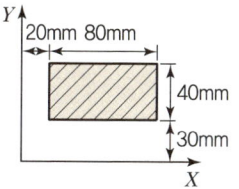

① 9,600,000mm⁴ ② 8,600,000mm⁴
③ 7,600,000mm⁴ ④ 6,600,000mm⁴

해설

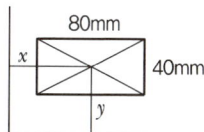

$A = 80 \times 40$

$x = \dfrac{80}{2} + 20 = 60,\ y = 30 + \dfrac{40}{2} = 50$

$I_{xy} = A \cdot xy = 9,600,000 \text{mm}^4$

18 그림과 같은 단면에서 X-X 축에 대한 단면 2차반경 값으로 맞는 것은?

① 55mm
② 69mm
③ 77mm
④ 81mm

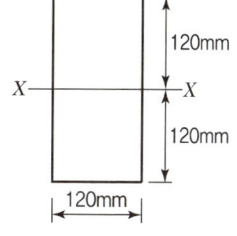

해설

$r_x = \sqrt{\dfrac{I_x}{A}} = \sqrt{\dfrac{\frac{bh^3}{12}}{bh}} = \dfrac{h}{\sqrt{12}} = \dfrac{h}{2\sqrt{3}}$

$\therefore r_x = \dfrac{240}{2\sqrt{3}} = 69 \text{mm}$

정답 14 ② 15 ② 16 ① 17 ① 18 ②

19 그림과 같은 장방형 단면의 X-X 축에 대한 단면 2차반경은?

① $\dfrac{200}{\sqrt{3}}$ mm

② $\dfrac{200}{2\sqrt{3}}$ mm

③ $\dfrac{4,000}{\sqrt{12}}$ mm

④ $\dfrac{20\sqrt{3}}{40}$ mm

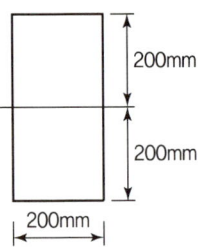

해설

$r_x = \dfrac{h}{2\sqrt{3}} = \dfrac{400}{2\sqrt{3}} = \dfrac{200}{\sqrt{3}}$ mm

20 단면의 여러 계수와 관계가 깊은 내용이 아닌 것은?

① 단면계수 – 휨응력도
② 단면 2차반경 – 좌굴응력
③ 단면 상승모멘트 – 주축
④ 단면 1차모멘트 – 주응력도

해설

단면 1차모멘트 – 도심

21 단면의 여러 계수들의 성질에 관한 설명 중 옳지 않은 것은?

① 단면의 도심을 지나는 축에 대한 단면 1차모멘트는 0이다.
② 단면의 나란한 축에 대한 단면 2차모멘트 중에서는 도심축에 대한 단면 2차모멘트가 최소가 된다.
③ 단면 극2차모멘트의 값은 좌표축의 회전에 관계없이 일정한 값이다.
④ 단면 2차반경의 값이 최소인 축이 좌굴에 대하여 가장 강한 축이다.

해설

단면 2차반경의 값이 최소인 축이 좌굴에 대하여 가장 약한 축이다.

22 단면의 주축(Principal Axis)에 대한 설명 중 옳지 않은 것은?

① 도심축에 대한 단면 2차모멘트가 최대, 최소인 축을 주축이라 한다.
② 주축에 대한 단면 상승모멘트는 최대이다.
③ 정다각형이나 원형단면은 주축이 여러 개 있다.
④ 단면이 대칭일 때 그 대칭축은 그 단면의 주축이 된다.

해설

주축에 대한 단면상승모멘트는 0이다.

23 단면의 성질에 관한 다음 기술 중 틀린 것은?

① 도심을 지나는 두 직교축에 대한 단면 2차모멘트의 합은 방향에 따라 다르다.
② 단면 상승모멘트의 단위는 mm^4, m^4이다.
③ 직경 D인 원형단면의 단면계수 $\dfrac{\pi D^3}{32}$ 이다.
④ 단면의 도심을 통과하는 축에 대한 단면 1차모멘트는 0이다.

해설

도심을 지나는 두 직교축에 대한 단면 2차모멘트의 합은 단면 극2차모멘트를 말하며, 단면 극2차모멘트(I_p)는 좌표축의 회전에 관계없이 항상 일정하다.

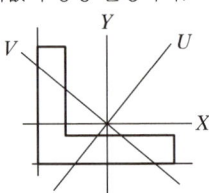

단면 극2차모멘트 $I_p = I_x + I_y$ 또는 $I_u + I_v$
∴ $I_x + I_y = I_u + I_v$

24 그림과 같은 단면의 단면계수는 약 얼마인가?

① 2,333cm³
② 2,556cm³
③ 3,000cm³
④ 42,000cm³

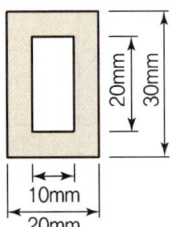

정답 19 ① 20 ④ 21 ④ 22 ② 23 ① 24 ②

해설

- $I_x = \dfrac{20 \times 30^3}{12} - \dfrac{10 \times 20^3}{12}$
  $= 45,000 - 6,666.67 = 38,333.33 \text{cm}^4$
- $S = \dfrac{I_x}{y} = \dfrac{38,333.33}{15} = 2,555.55 ≒ 2,556 \text{cm}^3$

25 반원의 도심축에 대한 단면 2차모멘트 I_{x_o} 는 얼마인가?(단, $I_x = \dfrac{\pi R^4}{8}$, $y_0 = \dfrac{4R}{3\pi}$)

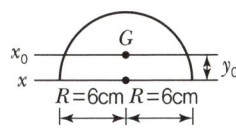

① 142.2cm⁴ ② 218.5cm⁴
③ 360.6cm⁴ ④ 508.9cm⁴

해설

$I_{x_0} = I_x - Ay^2 \;\; (I_x = I_{x_0} + Ay_o^2)$
$= \dfrac{\pi R^4}{8} - \dfrac{\pi R^2}{2} \times \left(\dfrac{4R}{3\pi}\right)^2$
$= \dfrac{\pi \times 6^4}{8} - \dfrac{\pi \times 6^2}{2} \times \left(\dfrac{4 \times 6}{3 \times \pi}\right)^2 = 142.2 \text{cm}^4$

26 그림과 같은 좌우대칭의 T형 단면의 도심(G)이 플랜지 하단과 일치하게 하려면 플랜지 폭 B의 크기는?(단위 : cm)

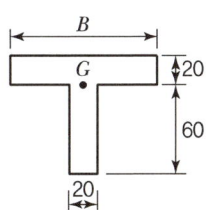

① 360cm ② 180cm
③ 120cm ④ 60cm

해설

$Q_X = A \cdot y_0 = A_1 y_{0_1} + A_2 y_{0_2}$
※ 단면 1차모멘트에서 도심은 0이다.

$0 = B \times 20 \times \dfrac{20}{2} + 20 \times 60 \times \left(-\dfrac{60}{2}\right)$
$\therefore B = 180 \text{cm}$

27 원형 단면의 지름을 D 라고 하면 단면계수 Z는?

① $\dfrac{\pi D^3}{16}$ ② $\dfrac{\pi D^3}{32}$
③ $\dfrac{\pi D^2}{64}$ ④ $\dfrac{\pi D^3}{64}$

해설

단면계수 $S = \dfrac{I_{X_0}}{y} = \dfrac{\dfrac{\pi D^4}{64}}{\dfrac{D}{2}} = \dfrac{\pi D^3}{32}$

28 그림과 같은 단면에서 X-Y 축에 대한 단면 2차반경 값으로 맞는 것은?

① 5.5cm
② 6.9cm
③ 7.7cm
④ 8.1cm

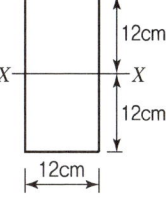

해설

$r_x = \sqrt{\dfrac{I_x}{A}} = \sqrt{\dfrac{\dfrac{bh^3}{12}}{bh}} = \sqrt{\dfrac{h^2}{12}} = \dfrac{h}{2\sqrt{3}} = 6.9 \text{cm}$

29 그림과 같은 단면의 X, Y 축으로부터 도심까지의 거리(x_0, y_0)는?(단, 단위는 cm이다.)

① (1.3, 3.1)
② (2.0, 4.2)
③ (1.2, 2.8)
④ (1.6, 3.4)

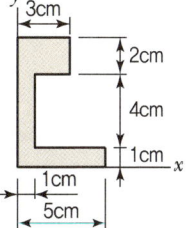

정답 25 ① 26 ② 27 ② 28 ② 29 ④

해설

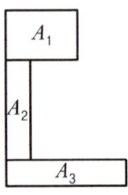

$Q_x = A \cdot y_0 = A_1 y_{0_1} + A_2 y_{0_2} + A_3 y_{0_3}$

$Q_y = A \cdot x_0 = A_1 x_{0_1} + A_2 x_{0_2} + A_3 x_{0_3}$

$A = A_1 + A_2 + A_3 = 3 \times 2 + 1 \times 4 + 5 \times 1 = 15 \text{cm}^2$

$Q_x = (3 \times 2) \cdot (1 + 4 + \frac{2}{2}) + (1 \times 4) \cdot (1 \times \frac{4}{2})$
$\quad + (5 \times 1) \cdot (\frac{1}{2}) = 50.5 \text{cm}^3$

$Q_y = (3 \times 2) \cdot (\frac{3}{2}) + (1 \times 4) \times (\frac{1}{2}) + (5 \times 1)(\frac{5}{2}) = 23.5 \text{cm}^3$

$y_0 = \frac{Q_x}{A} = \frac{50.5}{15} = 3.4 \text{cm}$

$x_0 = \frac{Q_y}{A} = \frac{23.5}{15} = 1.6 \text{cm}$

$\therefore G(x_0, y_0) = G(1.6, 3.4)$

30 단면의 성질에 관한 다음 기술 중 틀린 것은?

① 도심을 지나는 두 직교축에 대한 단면 2차모멘트의 합은 방향에 따라 다르다.
② 단면 상승모멘트의 단위는 cm^4, m^4이다.
③ 직경 D인 원형단면의 단면계수 $\frac{\pi D^3}{32}$이다.
④ 단면의 도심을 통과하는 축에 대한 단면 1차모멘트는 0이다.

해설

도심을 지나는 두 직교축에 대한 단면 2차모멘트의 합은 같다. (단면 극2차모멘트)

31 원형 단면의 지름을 D라고 하면 단면계수 Z는?

① $\frac{\pi D^3}{16}$ ② $\frac{\pi D^3}{32}$
③ $\frac{\pi D^2}{64}$ ④ $\frac{\pi D^3}{64}$

해설

$S = \frac{I_x}{y} = \frac{\frac{\pi D^4}{64}}{\frac{D}{2}} = \frac{\pi D^3}{32}$

32 그림에서 X축에 대한 단면 2차모멘트로 옳은 것은?

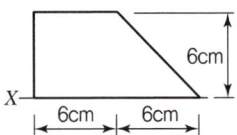

① 220cm^4 ② 244cm^4
③ 440cm^4 ④ 540cm^4

해설

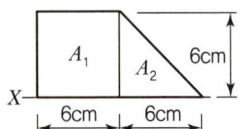

$I_x = I_{x_1} + I_{x_2}$
$= I_{x_{01}} + A_1 y_{01}^2 + I_{x_{02}} + A_2 y_{02}^2$
$= \frac{6 \times 6^3}{12} + 6 \times 6 \times 3^2 + \frac{6 \times 6^3}{36} + \frac{6 \times 6}{2} \times 2^2$
$= 108 + 324 + 36 + 72 = 540 \text{cm}^4$

33 지름 32cm의 원형 단면에서 도심축에 대한 단면계수 Z는?

① 50cm^3 ② 804cm^3
③ $1,608 \text{cm}^3$ ④ $3,217 \text{cm}^3$

해설

$S = \frac{I_{X_0}}{y} = \frac{\frac{\pi D^4}{64}}{\frac{D}{2}} = \frac{\pi D^3}{32} = \frac{\pi \times 32^3}{32}$
$= 3216.99 \text{cm}^3 \fallingdotseq 3217 \text{cm}^3$

정답 30 ① 31 ② 32 ④ 33 ④

34 그림과 같은 단면의 X-X 축에 대한 단면 2차 모멘트 값은?

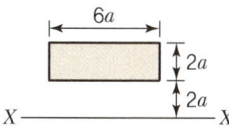

① $94a^4$ ② $104a^4$
③ $112a^4$ ④ $120a^4$

해설

$$I_x = I_{xo} + Ay_o^2$$
$$= \frac{(6a)\cdot(2a)^3}{12} + (6a\times 2a)\times(3a)^2 = 112a^4$$

35 그림과 같이 빗금친 부분의 단면에서 X-Y 축에 대한 단면 2차모멘트로 맞는 것은?

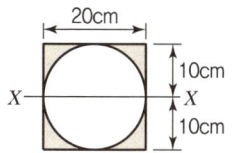

① $21,183\text{cm}^4$ ② $13,333\text{cm}^4$
③ $7,850\text{cm}^4$ ④ $5,480\text{cm}^4$

해설

전체 사각형의 단면 2차모멘트에서 원형 부분의 단면 2차모멘트를 빼서 구한다.

$$I_x = \frac{bh^3}{12} - \frac{\pi D^4}{64} = \frac{20\times 20^3}{12} - \frac{\pi\times 20^4}{64} = 5,479.35\text{cm}^4$$

36 그림과 같은 단면에서 도심축인 n-n축에 대한 단면 2차반경 값은?

① $\dfrac{h}{2\sqrt{3}}$

② $\dfrac{\sqrt{3}}{h}$

③ $\dfrac{h}{\sqrt{3}}$

④ $\dfrac{2\sqrt{3}}{h}$

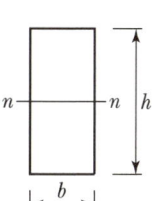

해설

$$r = \sqrt{\frac{I_{X_0}}{A}} = \sqrt{\frac{\frac{bh^3}{12}}{bh}} = \sqrt{\frac{h^2}{12}} = \frac{h}{2\sqrt{3}}$$

37 그림과 같은 단면의 X-X 축에 대한 단면계수 S_X 는?

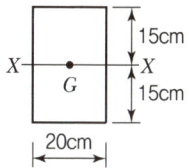

① 300cm^2 ② 300cm^3
③ $3,000\text{cm}^2$ ④ $3,000\text{cm}^3$

해설

$$S_X = \frac{I_{X_0}}{y} = \frac{\frac{bh^2}{12}}{\frac{h}{2}} = \frac{bh^2}{6} = \frac{20\times 30^2}{6} = 3,000\text{cm}^3$$

38 그림과 같은 직사각형 단면의 X축에 대한 단면 2차모멘트의 값은?

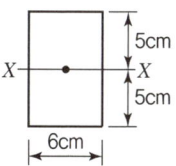

① 100cm^4 ② 125cm^4
③ 500cm^4 ④ $1,500\text{cm}^4$

해설

$$I_x = \frac{bh^3}{12} = \frac{6\times 10^3}{12} = 500\text{cm}^4$$

정답 34 ③ 35 ④ 36 ① 37 ④ 38 ③

39 그림과 같은 L형 단면의 도심의 위치 y는?

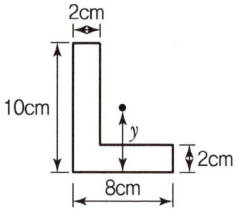

① 2.6cm ② 3.5cm
③ 4.2cm ④ 5.8cm

 해설

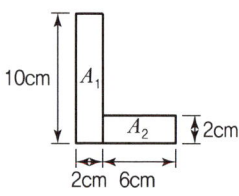

$Q_x = Ay_0 = A_1 \cdot y_{0_1} + A_2 y_{0_2}$
$= 2 \times 10 \times \dfrac{10}{2} + 6 \times 2 \times \dfrac{2}{2} = 112\text{cm}^2$

$A = A_1 + A_2 = 2 \times 10 + 6 \times 2 = 32\text{cm}^2$

$\therefore y_0 = \dfrac{Q_x}{A} = \dfrac{112}{32} = 3.5\text{cm}$

40 단면계수 및 단면 2차반지름에 관한 설명 중 잘못된 것은?

① 단면계수는 도심축에 대한 단면 2차모멘트를 단면적을 나눈 값의 제곱근이다.
② 단면계수가 큰 단면이 휨에 대해 크게 저항한다.
③ 단면계수의 단위는 cm³, m³이다. 부호는 항상 (+)이다.
④ 단면 2차반지름은 좌굴에 대한 저항값을 나타낸다.

해설

$S = \dfrac{I_{X_0}}{y}$

단면계수는 도심축에 대한 단면 2차모멘트를 도심축에서 구하고자 하는 곳까지의 거리로 나눈 값

41 직경 D인 원형단면의 도심축에 대한 단면계수의 값은?

① $\dfrac{\pi D^3}{6}$ ② $\dfrac{\pi D^3}{12}$
③ $\dfrac{\pi D^3}{32}$ ④ $\dfrac{\pi D^3}{64}$

해설

$S = \dfrac{I_{X_0}}{y} = \dfrac{\dfrac{\pi D^4}{64}}{\dfrac{D}{2}} = \dfrac{\pi D^3}{32}$

42 그림과 같은 단면의 도심 G를 지나고 밑변에 나란한 X축에 대한 단면 2차모멘트의 값은?

① 5,608cm⁴
② 6,608cm⁴
③ 5,628cm⁴
④ 6,628cm⁴

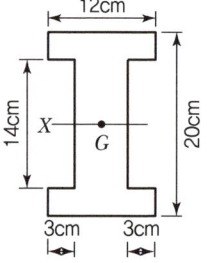

해설

$I_{X_0} = I_{X_{01}} - I_{X_{02}} = \dfrac{12 \times 20^3}{12} - \dfrac{6 \times 14^3}{12} = 6,628\text{cm}^4$

43 그림과 같이 빗금친 도형의 밑변을 지나는 X-X축에 대한 단면 1차모멘트의 값은?

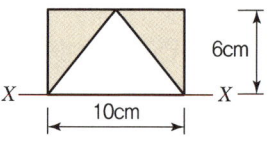

① 30cm³ ② 60cm³
③ 120cm³ ④ 180cm³

해설

$Q_x = Q_{x_1} - Q_{x_2} = A_1 y_{01} - A_2 y_{02}$
$= 10 \times 6 \times \dfrac{6}{2} - \dfrac{10 \times 6}{2} \times \dfrac{6}{3} = 120\text{cm}^3$

정답 39 ② 40 ① 41 ③ 42 ④ 43 ③

44 그림과 같은 도형의 단면계수는?

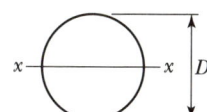

① $\dfrac{\pi D^3}{32}$ ② $\dfrac{\pi D^3}{64}$

③ $\dfrac{\pi D^3}{36}$ ④ $\dfrac{\pi D^3}{12}$

$S = \dfrac{I_x}{y} = \dfrac{\dfrac{\pi D^4}{64}}{\dfrac{D}{2}} = \dfrac{\pi D^3}{32}$

45 그림과 같은 직사각형 단면의 X축과 Y축에 대한 단면상승모멘트 값은?

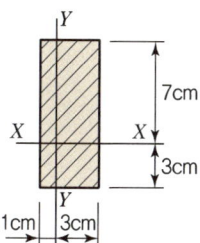

① 40cm⁴ ② 80cm⁴
③ 120cm⁴ ④ 160cm⁴

대칭도형일 때
$I_{XY} = A \cdot x_0 \cdot y_0 = 10 \times 4 \times 2 \times 1 = 80\text{cm}^4$

46 그림과 같은 직사각형 단면의 하단축인 X축에 대한 단면 2차모멘트 I_x는?

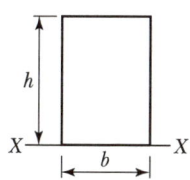

① $\dfrac{bh^3}{12}$ ② $\dfrac{bh^3}{6}$

③ $\dfrac{bh^3}{3}$ ④ $\dfrac{bh^3}{2}$

해설

$I_x = I_{X_0} + A y_0^2$

$= \dfrac{bh^3}{12} + bh\left(\dfrac{h}{2}\right)^2 = \dfrac{bh^3}{12} + \dfrac{bh^3}{4} = \dfrac{4bh^3}{12} = \dfrac{bh^3}{3}$

47 지름이 20cm인 원형단면의 단면계수는?

① 98.17cm³ ② 392.70cm³
③ 785.40cm³ ④ 1,333.33cm³

해설

$S = \dfrac{I_{X_0}}{y} = \dfrac{\dfrac{\pi D^4}{64}}{\dfrac{D}{2}} = \dfrac{\pi D^3}{32}$

$S = \dfrac{\pi D^3}{32} = \dfrac{\pi \times 20^3}{32} = 785.39\text{cm}^3 ≒ 785.4\text{cm}^3$

정답 44 ① 45 ② 46 ③ 47 ③

CHAPTER 07

재료의 성질

01 응력도(Stress)
02 변형도(Strain)
03 응력도와 변형도의 관계

재료의 성질

SECTION 01 응력도(Stress)

>>> **응력**

단위면적당 받는 힘의 크기

$$\sigma = \frac{힘(부재력)}{단면적}$$

1. 정의

① 구조물에 외력이 작용하면 부재에는 축방향력, 전단력, 휨모멘트와 같은 부재력이 발생한다.
② 이때 이러한 부재력을 부재의 단면적으로 나누어준 값을 응력(Stress)이라 한다.

2. 종류

(1) 수직응력도

축방향력에 의해 발생하는 응력을 수직응력이라 하고, 인장응력도와 압축응력도로 구분한다.

핵심문제 ● ● ○

직경 150mm, 높이 300mm인 콘크리트 원주 압축시험체에 400kN의 압축력이 작용했을 때 압축 응력도의 크기는?

① 13.25N/mm²
② 18.55N/mm²
❸ 22.65N/mm²
④ 35.35N/mm²

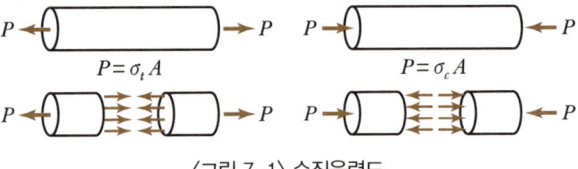

〈그림 7-1〉 수직응력도

① 인장응력도

$$\sigma_t = \frac{P}{A}$$

② 압축응력도

$$\sigma_c = -\frac{P}{A}$$

여기서, σ : 수직응력도(N/mm², kN/mm²)
P : 인장력 또는 압축력(N, kN)
A : 전단면적(mm²)

(2) 전단응력도

부재축에 직각으로 작용하는 전단력에 의해 발생하는 응력을 말한다.

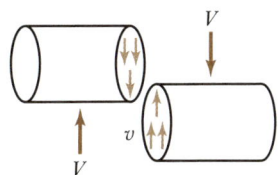

〈그림 7-2〉 전단응력도

$$v = \frac{V}{A}$$

여기서, v : 전단응력도(N/mm^2, kN/mm^2)
　　　　V : 전단력(N, kN)
　　　　A : 단면적(mm^2)

(3) 휨응력도

휨모멘트에 의해 부재가 휘어지면서 중립축을 중심으로 상부에는 압축응력이 발생하고, 하부에는 인장응력이 발생하게 되며 이와 같은 응력을 수직응력도와 구별하여 휨응력도라 한다.

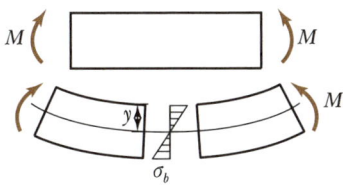

〈그림 7-3〉 휨응력도

$$\sigma_b = \frac{M}{I} \cdot y$$

여기서, σ_b : 휨응력도(N/mm^2, kN/mm^2)
　　　　M : 모멘트($N \cdot m$, $kN \cdot m$)
　　　　I : 단면 2차모멘트(mm^4)
　　　　y : 중립축으로부터 거리(mm)

SECTION 02 변형도(Strain)

1. 정의

① 구조물이 외력을 받을 때 부재에는 형상과 치수가 변하게 되며 이러한 현상을 변형이라 한다.
② 이때 변형 전의 양과 변형량과의 비를 변형도라 한다.

핵심문제 ●●○

직경 20mm, 길이 1m의 강봉에 50kN의 인장력을 작용 시켰더니 3mm 늘어났다. 길이 방향의 변형률은?

① 0.001   ② 0.002
❸ 0.003   ④ 0.004

2. 종류

(1) 세로변형도(길이 방향 변형도)

축방향력에 의한 변형도로서 힘이 작용한 방향에 대하여 원래의 길이에 대한 변형된 길이의 비율이며, 단위는 무명수이다.

$$\varepsilon = \frac{\Delta l}{l}$$

여기서, Δl : 변형된 길이
         l : 원래의 길이

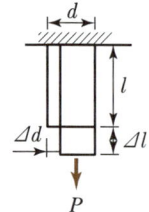

〈그림 7-4〉 세로변형도와 가로변형도

(2) 가로변형도(길이 방향 직각변형도)

$$\beta = \frac{\Delta d}{d}$$

여기서, Δl : 변형된 길이
         l : 원래의 길이

(3) 푸아송비(Poisson's Ratio)

수직응력에 의해 발생하는 세로변형도와 가로변형도와의 비를 말한다.

$$\nu = \frac{\text{가로변형도}(\beta)}{\text{세로변형도}(\varepsilon)} = -\frac{1}{m}$$

여기서, $\frac{1}{m}$: 푸아송비(앞에 ⊖를 붙인 것은 한 부재에서 세로변형도와 가로변형도의 성질이 반대이기 때문이다.)
         m : 푸아송수(강재 $m=3$, 콘크리트 $m=5\sim8$ 정도)

(4) 전단변형도

전단력에 의한 변형도로 사각형 단면에 전단응력이 작용하면 각도가 변화하는데 이 각도의 변화를 전단변형도(γ)라 하며 단위는 라디안(Radian)으로 표시한다.

$$\gamma = \frac{\Delta}{l} = \tan\phi$$

여기서, Δl : 전단 변형량
         l : 부재의 길이

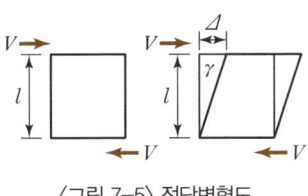

〈그림 7-5〉 전단변형도

SECTION 03 응력도와 변형도의 관계

1. 탄성과 소성

(1) 탄성

부재가 외력을 받아 변형된 후 그 외력을 제거하면, 본래의 모양으로 되돌아가는 성질을 말한다.

(2) 소성

부재가 외력을 받아 변형된 후 그 외력을 제거하여도 변형이 남게 되어 본래의 모양으로 되돌아가지 않는 것을 말하는데 이것을 영구변형 또는 잔류변형이라 하며, 부재에 탄성한도 이상을 외력을 가할 때 나타난다.

2. 훅크(Hooke)의 법칙과 탄성계수($E=0$ 계수)

① 탄성한도 내에서는 응력도와 변형도는 비례한다.

② 응력도(σ) = 탄성계수(E) × 변형도(ε)

③ 탄성계수(E) = $\dfrac{\text{응력도}(\sigma)}{\text{변형도}(\varepsilon)} = \dfrac{\dfrac{P}{A}}{\dfrac{\Delta l}{l}} = \dfrac{P \cdot l}{A \cdot \Delta l}$ (N/mm²)

> **핵심문제**
>
> 단면이 100mm×100mm, 길이가 2m인 부재에 500kN의 인장력을 가했더니 10mm가 늘어났다. 이 부재의 영계수는?
>
> ❶ 10,000N/mm²
> ② 20,000N/mm²
> ③ 100,000N/mm²
> ④ 200,000N/mm²

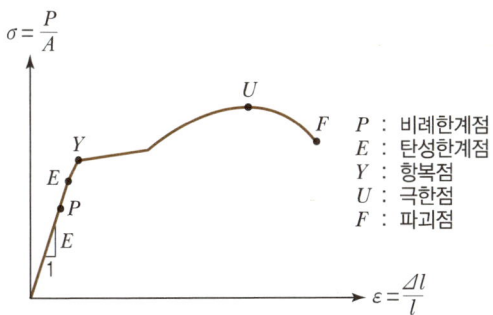

※ 비례한계점까지의 직선기울기(E)

〈그림 7-6〉 응력-변형도 곡선과 탄성계수

P : 비례한계점
E : 탄성한계점
Y : 항복점
U : 극한점
F : 파괴점

3. 전단 탄성계수(G)

① 탄성한도 내에서는 전단응력도와 전단변형도는 비례한다.
② 전단응력도(v) = 전단탄성계수(G) × 변형도(γ)

③ 전단탄성계수(G) = $\dfrac{\text{전단응력도}(v)}{\text{전단변형도}(\gamma)} = \dfrac{\dfrac{V}{A}}{\dfrac{\Delta}{l}}$

$= \dfrac{V \cdot l}{A \cdot \Delta}$ (N/mm²)

④ 재질이 균질하고 등방성인 탄성체인 경우 탄성계수(E)와 전단탄성계수(G) 사이에는 다음과 같은 관계가 성립한다.

$$G = \dfrac{E}{2(1+\nu)}$$

4. 강성과 연성

(1) 강성(Stiffness) : K
단위변위를 일으키는 데 필요한 힘($\Delta l = 1$)

(2) 연성(Flexibility) : f
단위하중에 의하여 발생되는 변위($P = 1$)

(3) 동일 부재 시 강성과 연성의 관계

$k \cdot f = 1$

구분	축방향	휨	전단
강성(k)	$\dfrac{EA}{l}$	$\dfrac{EI}{l}$	$\dfrac{GA}{l}$
연성(f)	$\dfrac{l}{EA}$	$\dfrac{l}{EI}$	$\dfrac{l}{GA}$

》》 용어

① 강성 : 변형에 저항하는 정도
② 강도 : 재료의 강한 정도
③ EI : 휨강성
④ EA : 축강성
⑤ GA : 전단강성
⑥ GJ : 비틀림강성

출제예상문제

01 직경 150mm, 높이 300mm인 콘크리트 원주 압축시험체에 400kN의 압축력이 작용했을 때 압축 응력도의 크기는?

① 13.25N/mm²　② 18.55N/mm²
③ 22.65N/mm²　④ 35.35N/mm²

해설
- $P = 400\text{kN} = 400,000\text{N}$
- $A = \dfrac{\pi d^2}{4} = \dfrac{3.14 \times (150)^2}{4} = 17,662.5\text{mm}^2$
- $\sigma_c = \dfrac{P}{A} = \dfrac{400,000\text{N}}{17,662.5\text{mm}^2} = 22.65\text{N/mm}^2$

02 직경 20mm, 길이 1m의 강봉에 50kN의 인장력을 작용시켰더니 3mm 늘어났다. 길이 방향의 변형률은?

① 0.001　② 0.002
③ 0.003　④ 0.004

해설
변형률$(\varepsilon) = \dfrac{\Delta l}{l} = \dfrac{3\text{mm}}{1\text{m}} = \dfrac{3}{1,000} = 0.003$

03 단면이 100mm×100mm, 길이가 2m인 부재에 50kN의 인장력을 가했더니 10mm가 늘어났다. 이 부재의 영계수는?

① 1,000N/mm²　② 10,000N/mm²
③ 20,000N/mm²　④ 200,000N/mm²

해설
$E = \dfrac{\sigma}{\varepsilon} = \dfrac{\frac{P}{A}}{\frac{\Delta l}{l}} = \dfrac{P \cdot l}{A \cdot \Delta l}$
$= \dfrac{(50 \times 1,000) \times 2,000}{(100 \times 100) \times 10} = 1,000\text{N/mm}^2$

04 직경 20mm이고, 길이가 3m인 강봉을 1,000kN의 인장력을 작용시켰을 때 얼마나 늘어나는가? (재료의 탄성계수 $E = 210,000\text{N/mm}^2$이다.)

① 45.5mm　② 55.5mm
③ 65.5mm　④ 85.5mm

해설
$A = \dfrac{\pi d^2}{4} = \dfrac{3.14 \times 20^2}{4} = 314\text{mm}^2$
$\Delta l = \dfrac{P \cdot l}{A \cdot E} = \dfrac{(1,000 \times 1,000) \times 3,000}{314 \times 210,000} = 45.5\text{mm}$

05 직경 24mm의 봉강에 6.5kN의 인장력이 작용할 때 인장응력의 크기는 약 얼마인가?

① 1,280N/cm²　② 1,360N/cm²
③ 1,440N/cm²　④ 1,500N/cm²

해설
$\sigma = \dfrac{P}{A} = \dfrac{P}{\frac{\pi D^2}{4}} = \dfrac{6,500}{\frac{\pi \times 2.4^2}{4}} = 1,436.82\text{N/cm}^2$

06 단면이 5cm²이고 길이가 3m인 강봉에 5,000N의 축방향 인장하중이 작용한다면 늘음량은? (단, 강봉의 탄성계수 $E = 2.0 \times 10^6 \text{N/cm}^2$임)

① 0.25cm　② 0.15cm
③ 0.05cm　④ 0.65cm

해설
$E = \dfrac{\sigma}{\varepsilon} = \dfrac{\frac{P}{A}}{\frac{\Delta l}{l}} = \dfrac{P \cdot l}{A \cdot \Delta l}$
$\therefore \Delta l = \dfrac{P \cdot l}{A \cdot E} = \dfrac{5,000 \times 300}{5 \times 2 \times 10^6} = 0.15\text{cm}$

정답　01 ③　02 ③　03 ①　04 ④　05 ③　06 ②

07 한 변이 5cm인 정방형 단면의 길이가 1m인 강재에서 50kN의 인장력이 작용할 때 늘어난 길이는?(단, 강재의 탄성계수값은 $2.1 \times 10^5 \text{N/cm}^2$임)

① 4.8mm ② 9.5mm
③ 48mm   ④ 95mm

해설

$$E = \frac{\sigma}{\varepsilon} = \frac{\frac{P}{A}}{\frac{\Delta l}{l}} = \frac{Pl}{A\Delta l}$$

$$\Delta l = \frac{Pl}{AE} = \frac{50,000 \times 100}{5 \times 5 \times 2.1 \times 10^5} = 0.95 \text{cm} \fallingdotseq 9.5 \text{mm}$$

08 철근의 단면이 2cm^2, 탄성계수가 $2.0 \times 10^6 \text{N/cm}^2$이고 길이가 10m, 외력으로 10kN의 인장력이 작용하면 늘어난 길이는?

① 2.50cm ② 3.83cm
③ 4.76cm ④ 7.14cm

해설

$$E = \frac{\sigma}{\varepsilon} = \frac{\frac{P}{A}}{\frac{\Delta l}{l}} = \frac{Pl}{A\Delta l}$$

$$\therefore \Delta l = \frac{Pl}{AE} = \frac{10,000 \times 1,000}{2 \times 2.0 \times 10^6} = 2.5 \text{cm}$$

09 지름이 2.1cm인 강봉에 3kN의 인장력을 작용시켰더니, 길이가 3m에서 3.006m로 늘어났다. 변형률은?

① 0.001 ② 0.002
③ 0.006 ④ 0.028

해설

$$\varepsilon = \frac{\Delta l}{l} = \frac{6}{3,000} = 0.002$$

10 탄성계수 $E = 2,100 \text{N/cm}^2$, 푸아송비 $\nu = 0.3$인 강체에 전단응력도 $V = 100 \text{N/cm}^2$가 가해졌을 때 전단변형도는?

① 0.168radian ② 0.143radian
③ 0.124radian ④ 0.048radian

해설

• 전탄성계수
$$G = \frac{E}{2(1+\nu)} = \frac{2,100}{2(1+0.3)} = 807.69$$

• 전단변형도
$$r = \frac{V}{G} = \frac{100}{807.7} = 0.124 \text{radian}$$

11 단면적이 10cm^2이고, 길이는 2m인 균질한 재료로 된 철근에 재축방향으로 10kN의 인장력을 작용시켰을 때 늘어난 길이는?(단, 탄성계수는 $2.0 \times 10^6 \text{N/cm}^2$)

① 1.0cm   ② 0.1cm
③ 0.01cm ④ 0.001cm

해설

$$E = \frac{\sigma}{\varepsilon} = \frac{\frac{P}{A}}{\frac{\Delta l}{l}} = \frac{Pl}{A\Delta l}$$

$$\Delta l = \frac{Pl}{AE} = \frac{10,000 \times 200}{10 \times 2.0 \times 10^6} = 0.1 \text{cm}$$

12 직경 22mm, 길이 1m의 강봉에 6kN의 인장력을 작용시켰더니 0.4mm 늘어났다. 길이 방향의 변형률은?

① 0.0001 ② 0.0002
③ 0.0003 ④ 0.0004

해설

$$\varepsilon = \frac{\Delta l}{l} = \frac{0.4}{1,000} = 0.0004$$

정답 07 ② 08 ① 09 ② 10 ③ 11 ② 12 ④

13 지름 10mm, 길이 15m의 강철봉에 무게 800N의 물체를 매어 달았을 때 강철봉이 늘어난 길이는?(단, $E_s = 2.1 \times 10^6 \text{N/cm}^2$이다.)

① 0.43cm   ② 0.53cm
③ 0.73cm   ④ 0.93cm

해설

$$E = \frac{\sigma}{\varepsilon} = \frac{\frac{P}{A}}{\frac{\Delta l}{l}} = \frac{Pl}{A \Delta l}$$

$$\Delta l = \frac{Pl}{AE} = \frac{800 \times 1,500}{\frac{\pi \times 1^2}{4} \times 2.1 \times 10^6} = 0.727\text{cm} \fallingdotseq 0.73\text{cm}$$

14 길이가 5m이고 단면적이 5cm²인 막대에 6kN의 축방향 인장력을 작용시켰을 때 늘어난 길이는?(단, 막대의 탄성계수 $E = 2,100 \text{kN/cm}^2$임)

① 0.19cm   ② 0.29cm
③ 3.5cm   ④ 5.04cm

해설

$$E = \frac{\sigma}{\varepsilon} = \frac{\frac{P}{A}}{\frac{\Delta l}{l}} = \frac{Pl}{A \Delta l}$$

$$\Delta l = \frac{Pl}{AE} = \frac{6,000 \times 500}{5 \times 2,100,000} = 0.285\text{cm} \fallingdotseq 0.29\text{cm}$$

15 어떤 재료의 선형탄성계수가 2,000,000N/cm²이고, 푸아송비가 0.3일 때 이 재료의 전단탄성계수는?

① 648,750N/cm²   ② 769,230N/cm²
③ 842,640N/cm²   ④ 925,750N/cm²

해설

$$G = \frac{E}{2(1+\nu)} = 769,230.77 \text{N/cm}^2$$

16 길이가 4m, 단면적이 10cm²인 어떤 재료를 20kN의 힘으로 당겼을 때 1cm가 늘어났다. 이 재료의 탄성계수는?

① 800,000N/cm²   ② 1,400,000N/cm²
③ 1,600,000N/cm² ④ 2,100,000N/cm²

해설

$$E = \frac{\sigma}{\varepsilon} = \frac{\frac{P}{A}}{\frac{\Delta l}{l}} = \frac{P \cdot l}{A \cdot \Delta l}$$

$$= \frac{20,000 \times 400}{10 \times 1} = 800,000 \text{N/cm}^2$$

정답 13 ③ 14 ② 15 ② 16 ①

Engineer Architecture

CHAPTER 08

보의 응력

01 휨응력도
02 전단응력도
03 보의 단면설계

CHAPTER 08 보의 응력

SECTION 01 휨응력도

▶▶▶ 휨응력-휨변형률

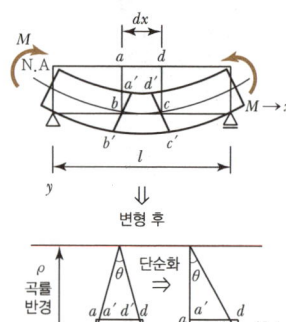

① 변형률

$$\frac{dx}{\rho} = \frac{-\Delta dx}{y}, \quad \frac{\Delta dx}{dx} = -\frac{y}{\rho}$$

$$\varepsilon = \frac{\Delta dx}{dx} = -\frac{y}{\rho}$$

② 휨응력(Hook의 법칙 사용)

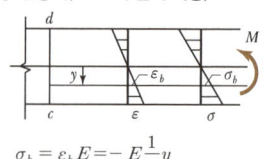

$$\sigma_b = \varepsilon_b E = -E\frac{1}{\rho}y$$

③ 휨모멘트와 곡률관계

$$M = \int \sigma_b y dA$$
$$= -\frac{E}{\rho}\int y^2 dA = -\frac{EI}{\rho}$$
$$\therefore \sigma_b = -\frac{M}{I}y$$

1. 정의

보에 휨모멘트가 작용하면 어떤 축(중립축)을 중심으로 상부에는 압축응력이 하부에는 인장응력이 일어난다. 이것은 휨모멘트에 의해서 일어나는 것이므로 이를 휨응력이라 한다.

2. 휨응력도 산정 시 기본가정

① 재질은 균질하며 등방성이다.
② 후크의 법칙을 따른다. 즉, 보는 그 재료의 탄성한도 내에 있는 동안 응력과 변형도는 비례한다.
③ 변형하기 전에 부재축에 직각인 평면은 변형 후에도 그 평면을 유지한다.

3. 공식

(1) 일반식

$$휨응력\ \sigma_b = \pm \frac{M}{I}y$$
$$(E \cdot \varepsilon = \pm E\frac{1}{\rho}y = \pm Ey\frac{M}{EI} = \pm \frac{M}{I}y)$$

여기서, σ_b : 휨응력도(N/mm², kN/mm²)
〈인장응력(+), 압축응력(−)〉
M : 휨응력을 구하고자 하는 지점의 휨모멘트
I : 휨응력을 구하고자 하는 지점의 중립축에 대한 단면 2차 모멘트
y : 중립축으로부터 휨응력을 구하고자 하는 지점까지의 거리

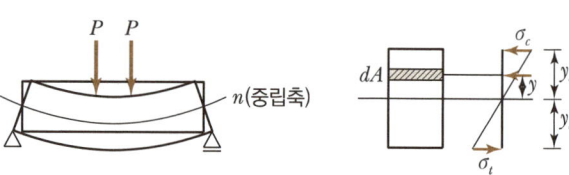

〈그림 8-1〉 보의 휨응력도

(2) 최대 휨응력도

① 최대 인장응력도

$$\sigma_t = +\frac{M}{I} \cdot y_t = +\frac{M}{S_t}$$

② 최대 압축응력도

$$\sigma_c = -\frac{M}{I} \cdot y_c = -\frac{M}{S_c}$$

여기서, y_t : 중립축에서 인장 측 끝까지의 거리
y_c : 중립축에서 압축 측 끝까지의 거리
S_t : 인장 측의 단면계수
S_c : 압축 측의 단면계수
I : 중립축에 대한 단면 2차모멘트

4. 특성

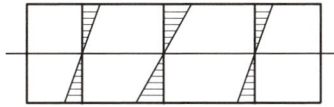

① 휨응력은 중립축에서 0이고, 상·하단에서 최대이다.
② 직선 변화를 한다.
③ 양측지점에서 0이다.
④ 휨응력은 중립축으로부터의 거리에 비례한다.

> **핵심문제**
>
> 그림과 같은 단순보에 등분포하중이 작용할 때 보 중앙 단면의 A점에 생기는 휨응력도는?
>
>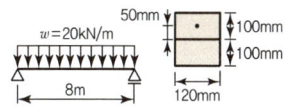
>
> ❶ 100N/mm² ② 200N/mm²
> ③ 1,000N/mm² ④ 2,000N/mm²

> **핵심문제**
>
> 그림과 같은 단순보의 최대 휨응력은?
>
>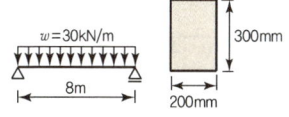
>
> ① 60N/mm² ❷ 80N/mm²
> ③ 120N/mm² ④ 150N/mm²

SECTION 02 전단응력도

1. 정의

① 전단력을 받는 보 부재는 보의 수평 및 수직인 면에 따라 미끄러짐이 일어나게 되고 각 요소들의 경계면에는 이러한 변형에 대응하는 전단응력(Shearing Stress)이 발생한다.
② 전단응력은 항상 재축과 나란한 방향과 직각방향으로 직교하여 발생하고 그 크기는 서로 같다.

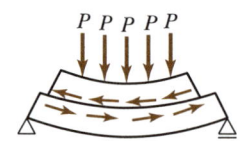
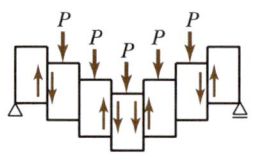

(a) 수평 전단응력   (b) 수직 전단응력

〈그림 8-2〉 수평 전단응력과 수직 전단응력

≫ 전단응력

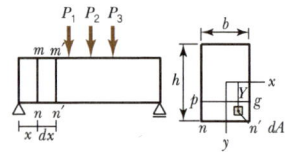

1. $mm'nn'$ 단면 수직/전단응력

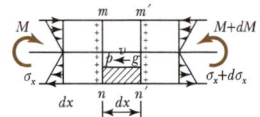

2. $pgnn'$ 에 힘의 평행조건 적용

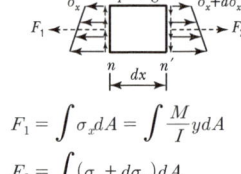

$$F_1 = \int \sigma_x dA = \int \frac{M}{I} y dA$$

$$F_2 = \int (\sigma_x + d\sigma_x) dA$$

$$= \int \left(\frac{M + dM}{I}\right) y dA$$

$$F_3 = vbdx$$

① $\Sigma F = 0 (\rightarrow \oplus)$

$F_3 = F_2 - F_1$

$= \int \left(\frac{M+dM}{I}\right) y dA$

$\quad - \int \frac{M}{I} y dA$

$vbdx = \frac{dM}{I} \int y dA$

$v = \frac{dM}{dx} \frac{1}{Ib} \int y dA = \frac{VQ}{Ib}$

② $\frac{dM}{dx} = V$

③ $Q = \int y dA$

2. 공식

$$v = \frac{VQ}{Ib}$$

여기서, v : 중립축으로부터 y만큼 떨어진 지점의 전단응력도
  (N/mm^2, kN/mm^2)
V : 전단응력을 구하고자 하는 지점의 전단력(N, kN)
Q : 전단응력을 구하고자 하는 지점의 외측 단면의 중립축에 대한 1차모멘트
I : 중립축에 대한 단면 2차모멘트
b : 보의 폭

3. 특성

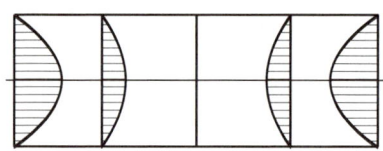

① 전단응력도는 중립축에서 최대, 상·하단에서 0이다.
② 지간에 중앙에서는 0이다.
③ 중간에 곡선변화를 한다.

4. 평균 전단응력과 최대 전단응력

① 실제 부재 설계에서 단면 내에 발생하는 전단응력의 크기는 일정한 것으로 가정한다.
② 평균 전단응력

$$v_{\text{mean}} = \frac{V}{A}$$

③ 최대 전단응력은 평균 전단응력에 단면형상에 따라 결정되는 형상계수(k)를 곱하여 구할 수 있다.

$$v_{\max} = k \cdot v_{\text{mean}} = k \cdot \frac{V}{A}$$

▼ 〈표 8-1〉 단면의 형상에 따른 전단응력 분포와 형상계수

단면의 형상과 전단응력 분포	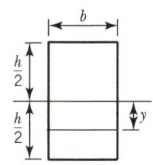			
평균 전단응력도 (v_{mean})	$\dfrac{V}{bh}$	$\dfrac{V}{\dfrac{\pi D^2}{4}}$	$\dfrac{V}{\dfrac{bh}{2}}$	$\dfrac{V}{\dfrac{bh}{2}}$
k	$\dfrac{3}{2}$	$\dfrac{4}{3}$	$\dfrac{3}{2}$	$\dfrac{9}{8}$

5. 전단중심(Shear Center)

① ㄷ형강과 같이 하중의 작용선에 대하여 대칭면을 가지지 않는 부재는 작용하중이 중심을 통과하는 경우에도 휨과 함께 비틀림 변형을 한다.

② 전단중심이란 하중의 작용선이 단면의 어느 특정한 지점을 지날 때에는 부재가 순수 휨 상태(Pure Bending)를 유지하며 비틀림을 일으키지 않는데 이 점을 전단중심(SC)이라 한다.

㉠ 2축대칭 단면의 전단중심(SC)은 도심(G)과 일치한다.

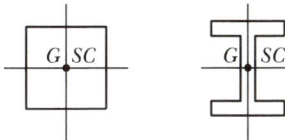

㉡ 1축대칭 단면의 전단중심(SC)은 그 대칭축 선상에 있다.

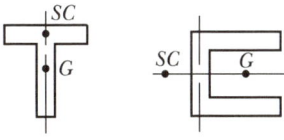

㉢ 각 도형의 중심선이 1점에서 교차하는 개단면은 그 교차점이 전단중심(SC)이다.

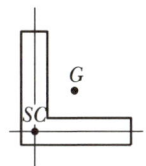

▶▶▶ 최대 전단응력

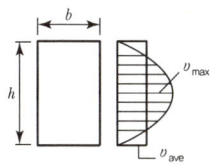

$Q = b\left(\dfrac{h}{2} - y\right)\left(y + \dfrac{\dfrac{h}{2} - y}{2}\right)$

$= b\left(\dfrac{h}{2} - y\right)\left(\dfrac{h}{4} + \dfrac{y}{2}\right)$

$= \dfrac{b}{2}\left(\dfrac{h^2}{4} - y^2\right)$

$v = \dfrac{VQ}{Ib} = \dfrac{V}{2I}\left(\dfrac{h^2}{4} - y^2\right)$

$v_{max} = v_{(y=0)}$

$= \dfrac{V}{2I} \cdot \dfrac{h^2}{4} = \dfrac{V}{\dfrac{2bh^3}{12}} \cdot \dfrac{h^2}{4}$

$= \dfrac{3}{2}\dfrac{V}{bh}$

핵심문제 ●●●

그림과 같은 단순보의 최대 전단응력은?

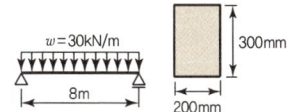

① 1N/mm^2 ② 2N/mm^2
❸ 3N/mm^2 ④ 4N/mm^2

SECTION 03 보의 단면설계

핵심문제 ●●●

그림과 같은 단면을 가진 목재보가 16kN·m의 휨모멘트를 받을 때 보의 춤(h)으로 가장 적당한 것은?(단, f_b = 8N/mm²이고, 횡좌굴은 발생하지 않음)

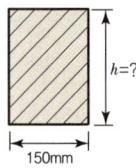

① 200mm   ❷ 300mm
③ 400mm   ④ 500mm

1. 개요

보와 같은 휨재의 단면설계는 외력에 의해 단면 내에 발생하는 휨응력도 및 전단응력도가 재료의 허용 응력도 이내가 되도록 단면의 크기를 결정한 다음 처짐 등과 같은 사용성에 대해 안전한가를 검토한다.

2. 휨응력에 대한 설계

$$\sigma_{\max} = \frac{M_{\max}}{S} \leq f_b$$

여기서, $\sigma_{\max}$: 최대 휨응력도(N/mm², kN/mm²)
$M_{\max}$: 최대 휨모멘트(N·m, kN·m)
S : 단면계수(mm³)
f_b : 재료의 허용 휨응력도(N/mm², kN/mm²)

3. 전단응력에 대한 설계

$$v_{\max} = k \cdot \frac{V_{\max}}{A} \leq f_s$$

여기서, $v_{\max}$: 최대 전단응력도(N/mm², kN/mm²)
$V_{\max}$: 최대 전단력(N, kN)
A : 단면적(mm²)
k : 단면형상으로 결정되는 계수
f_s : 재료의 허용 전단응력도(N/mm², kN/mm²)

4. 처짐에 대한 검토

① 건축구조물에서는 보의 처짐을 일정한 한도 이내로 제한하고 있다.

② 일반 보 $\delta_{\lim} = \dfrac{l}{300} \sim \dfrac{l}{360}$

③ 캔틸레버보 $\delta_{\lim} = \dfrac{l}{150} \sim \dfrac{l}{180}$

여기서, l : 부재의 스팬(Span)

CHAPTER 08 출제예상문제

01 그림과 같은 단순보에 등분포하중이 작용할 때 보 중앙 단면의 A점에 생기는 휨응력도는?

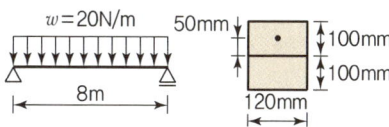

① 100N/mm²
② 200N/mm²
③ 1,000N/mm²
④ 2,000N/mm²

해설

- 보 중앙부 최대 휨모멘트
$$M_{max} = \frac{wl^2}{8} = \frac{20 \times 8^2}{8} = 160 \text{kN} \cdot \text{m}$$
$$= 160,000,000 \text{N} \cdot \text{mm}$$

- 중립축에 대한 단면 2차모멘트
$$I_0 = \frac{bh^3}{12} = \frac{120 \times 200^3}{12} = 80,000,000 \text{mm}^4$$

- 중립축으로부터 거리 $y = 50\text{mm}$ 이므로,
$$\sigma_A = \frac{M}{I} y = \frac{160,000,000}{80,000,000} \times 50 = 100 \text{N/mm}^2$$

02 그림과 같은 단순보의 최대 휨응력은?

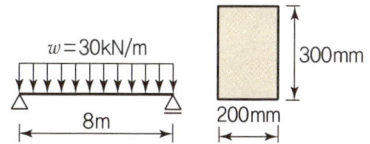

① 60N/mm²
② 80N/mm²
③ 120N/mm²
④ 150N/mm²

해설

- 보 중앙부 최대 휨모멘트
$$M_{max} = \frac{wl^2}{8} = \frac{30 \times 8^2}{8} = 240 \text{kN} \cdot \text{m}$$
$$= 240,000,000 \text{N} \cdot \text{mm}$$

- 단면계수
$$S = \frac{bh^2}{6} = \frac{200 \times 300^2}{6} = 3,000,000 \text{mm}^3$$

- 최대 휨응력
$$\sigma_{max} = \frac{M_{max}}{S} = \frac{240,000,000}{3,000,000} = 80 \text{N/mm}^2$$

03 구조역학에 관한 각종 계수 가운데 휨응력도에 가장 관계있는 것은?

① 좌굴계수
② 단면계수
③ 탄성계수
④ 팽창계수

해설

최대 휨응력 $\sigma_{max} = \frac{M_{max}}{S}$ 이므로, 단면계수(S)와 관계가 있다.

- 휨응력 $\sigma = \frac{M}{I} y$
- 최대 휨응력 $\sigma_{max} = \frac{M_{max}}{S}$

04 재질과 단면적이 같은 A, B, C 보의 허용모멘트의 비율로 맞는 것은?

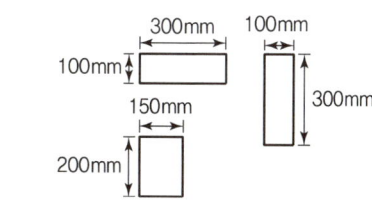

① 1 : 2 : 3
② 1 : 2 : 4
③ 1 : 3 : 4
④ 1 : 3 : 5

해설

$$S_A : S_B : S_C$$
$$= \frac{300 \times (100)^2}{6} : \frac{150 \times (200)^2}{6} : \frac{100 \times (300)^2}{6}$$
$$= 1 : 2 : 3$$

정답 01 ① 02 ② 03 ② 04 ①

05 단면적 A와 단면계수 Z가 다음과 같은 4개의 I 형강이 있다. 휨모멘트에 대한 효율이 가장 좋은 것은?

① $A = 3,900 \text{mm}^2, S = 254,000 \text{mm}^3$
② $A = 2,700 \text{mm}^2, S = 370,000 \text{mm}^3$
③ $A = 4,000 \text{mm}^2, S = 321,000 \text{mm}^3$
④ $A = 3,500 \text{mm}^2, S = 390,000 \text{mm}^3$

해설

휨모멘트의 효율은 단면적이 작으면서 단면계수가 커야 한다. 따라서, $\dfrac{단면계수}{단면적}$가 클수록 효율이 좋다.

- $\dfrac{S}{A} = \dfrac{254,000}{3,900} = 65.1$
- $\dfrac{S}{A} = \dfrac{370,000}{2,700} = 137.0$
- $\dfrac{S}{A} = \dfrac{321,000}{4,000} = 80.2$
- $\dfrac{S}{A} = \dfrac{390,000}{3,500} = 111.4$

06 그림과 같은 하중을 받는 단순보에 단면 200×300mm의 각재를 사용했을 때, 각재에 생기는 최대 휨응력도는?

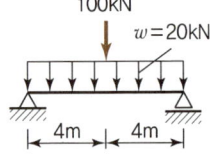 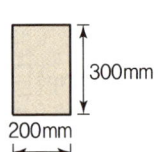

① 60N/mm^2
② 80N/mm^2
③ 120N/mm^2
④ 150N/mm^2

해설

- 보 중앙부 최대 휨모멘트
$M_{\max} = \dfrac{wl^2}{8} + \dfrac{Pl}{4} = \dfrac{20 \times 8^2}{8} + \dfrac{100 \times 8}{4}$
$= 360 \text{kN} \cdot \text{m} = 360,000,000 \text{N} \cdot \text{mm}$
- 단면계수
$S = \dfrac{bh^2}{6} = \dfrac{200 \times 300^2}{6} = 3,000,000 \text{mm}^3$
- 최대 휨응력
$\sigma_{\max} = \dfrac{M_{\max}}{S} = \dfrac{360,000,000}{3,000,000} = 120 \text{N/mm}^2$

07 그림과 같은 단면을 가진 목재보가 16kN·m의 휨모멘트를 받을 때 보의 춤(h)으로 가장 적당한 것은?(단, $f_b = 8\text{N/mm}^2$이고, 횡좌굴은 발생하지 않음)

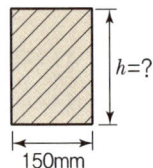

① 200mm
② 300mm
③ 400mm
④ 500mm

해설

- 하중에 의한 최대 휨모멘트
$M_{\max} = 16 \text{kN} \cdot \text{m}$
$= 16,000,000 \text{N} \cdot \text{mm}$
- 단면계수
$S = \dfrac{bh^2}{6} = \dfrac{150 \times h^2}{6} = 25h^2$
- 최대 저항모멘트
$M_{\max} = f_b \times S = 8 \times 25h^2 = 200h^2$
- 하중에 의한 최대 휨모멘트 ≤ 최대 저항모멘트
$16,000,000 \leq 200h^2$
∴ $h \geq 283 \text{mm}$

08 그림과 같은 단순보에 작용시킬 수 있는 최대 등분포하중은 얼마인가?(단, $f_b = 8\text{N/mm}^2$이고, 횡좌굴은 발생하지 않음)

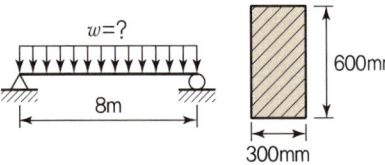

① 15kN/m
② 16kN/m
③ 17kN/m
④ 18kN/m

[해설]

- 하중에 의한 최대 휨모멘트
$$M_{\max} = \frac{wl^2}{8} = \frac{w \times 8^2}{8} = (8w)\text{kN} \cdot \text{m}$$

- 단면계수
$$S = \frac{bh^2}{6} = \frac{0.3 \times 0.6^2}{6} = 0.018\text{m}^3$$

- 허용 휨응력
$$f_b = 8\text{N/mm}^2 = 8{,}000\text{kN/m}^2$$

- 최대 저항모멘트
$$M_{\max} = f_b \times S = 8{,}000 \times 0.018 = 144\text{kN} \cdot \text{m}$$

- 하중에 의한 최대 휨모멘트 ≤ 최대 저항모멘트
$(8w)\text{kN} \cdot \text{m} \leq 144\text{kN} \cdot \text{m}$
$\therefore w \leq 18\text{kN/m}$

09 그림과 같은 목재 캔틸레버보의 허용 가능한 스팬 l은 얼마 이하로 하여야 하는가?(단, $f_b = 9\text{N/mm}^2$이다.)

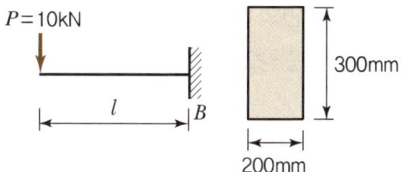

① 1.5m ② 2.0m
③ 2.4m ④ 2.7m

[해설]

- 하중에 의한 최대 휨모멘트
$$M_{\max} = P \cdot l = 10 \times l$$

- 단면계수
$$S = \frac{bh^2}{6} = \frac{0.2 \times 0.3^2}{6} = 0.003\text{m}^3$$

- 허용 휨응력
$$f_b = 9\text{N/mm}^2 = 9{,}000\text{kN/m}^2$$

- 최대 저항모멘트
$$M_{\max} = f_b \times S = 9{,}000 \times 0.003 = 27\text{kN} \cdot \text{m}$$

- 하중에 의한 최대 휨모멘트 ≤ 최대 저항모멘트
$10\text{kN} \times l \leq 27\text{kN} \cdot \text{m}$
$\therefore l \leq 2.7\text{m}$

10 그림과 같은 단순보의 최대 전단응력은?

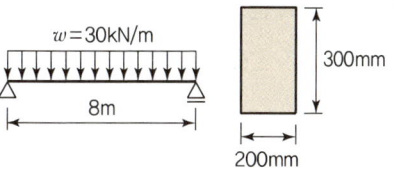

① 1N/mm^2 ② 2N/mm^2
③ 3N/mm^2 ④ 4N/mm^2

[해설]

- 보의 최대 전단력
$$V_{\max} = \frac{wl}{2} = \frac{30 \times 8}{2} = 120\text{kN} = 120{,}000\text{N}$$

- 단면적
$$A = bh = 200 \times 300 = 60{,}000\text{mm}^2$$

- 최대 전단응력
$$v_{\max} = k\frac{V_{\max}}{A} = \frac{3}{2} \times \frac{120{,}000}{60{,}000}$$
$$= 3\text{N/mm}^2$$

11 그림과 같은 하중을 받는 단순보에서 A–A 단면에 생기는 휨응력도 σ 및 전단응력도 v의 분포가 옳은 것은?

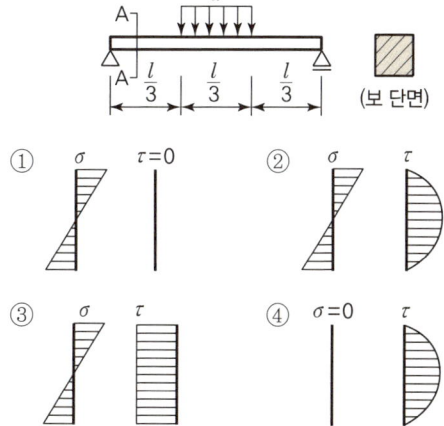

정답   09 ④   10 ③   11 ②

12 장방형 단면을 가진 보의 단면적이 A, 전단력이 V이면 이 보 단면의 최대 전단응력도는?

① $\dfrac{V}{A}$ ② $\dfrac{3V}{2A}$

③ $\dfrac{4V}{3A}$ ④ $\dfrac{3V}{4A}$

> 해설

$v_{\max} = \dfrac{3}{2} \times \dfrac{V}{A}$ $v_{\max} = \dfrac{4}{3} \times \dfrac{V}{A}$

13 탄성보의 휨응력 및 전단응력에 관한 설명에 대해 옳은 것은?

① 휨응력도는 상·하단에서 최소이며, 중간에는 직선변화한다.
② 휨응력도는 중립축에서 최대이다.
③ 전단응력도는 상·하 양단에서 최대이며, 곡선변화한다.
④ 보의 재축에 평행 및 수직되는 면에서 각각 수평 전단응력과 수직 전단응력의 크기는 같다.

> 해설

보의 휨응력 분포
• 직선분포
• 중립축에서 0
• 상·하단에서 최대

보의 전단응력 분포
• 곡선분포
• 중립축에서 최대
• 상·하단에서 0

14 그림과 같은 하중을 받는 단순보에 단면 15×30cm의 각재를 사용했을 때, 각재에 생기는 최대 휨응력도는?(단, 목재는 결함 없는 균질의 단면이다.)

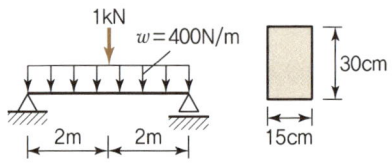

① 80N/cm²   ② 70N/cm²
③ 60N/cm²   ④ 50N/cm²

> 해설

• 최대 휨모멘트
$$M_{\max} = \dfrac{wl^2}{8} + \dfrac{Pl}{4} = \dfrac{400 \times 4^2}{8} + \dfrac{1000 \times 4}{4}$$
$$= 1,800\text{N} \cdot \text{m} = 1,800 \times 10^2 \text{N} \cdot \text{cm}$$

• 단면계수
$$S = \dfrac{bh^2}{6} = \dfrac{15 \times 30^2}{6} = 2,250\text{cm}^3$$

• 최대 휨응력
$$\sigma_{\max} = \dfrac{M_{\max}}{S} = \dfrac{1,800 \times 10^2}{2,250} = 80\text{N/cm}^2$$

15 장방형 단면의 폭 b가 일정하고 높이 h가 2배로 증가했을 때 휨강도는 몇 배가 되는가?(단, M은 일정)

① 같다.   ② 2배
③ 3배   ④ 4배

> 해설

$$\sigma = -\dfrac{M}{I}y = \dfrac{M}{\dfrac{bh^3}{12}}\left(\dfrac{h}{2}\right) = \dfrac{12Mh}{2bh^3} = \dfrac{6M}{bh^2}$$

∴ 높이가 2배 증가하면 작용하는 휨응력은 4배로 줄어들어 휨응력을 4배로 부담할 수 있다.

16 그림과 같은 단순보에서 최대 휨응력은?

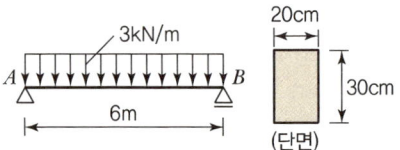

① 300N/cm²   ② 350N/cm²
③ 400N/cm²   ④ 450N/cm²

정답 12 ② 13 ④ 14 ① 15 ④ 16 ④

해설

$\sigma_{\max} = \dfrac{M_{\max}}{S}$

$M_{\max} = \dfrac{wl^2}{8} = \dfrac{3 \times 6^2}{8} = 13.5 \text{kN} \cdot \text{m}$

$S = \dfrac{bh^2}{6} = \dfrac{20 \times 30^2}{6} = 3{,}000 \text{cm}^3$

$\sigma_{\max} = \dfrac{1{,}350{,}000}{3{,}000} = 450 \text{N/cm}^2$

17 그림과 같은 단순보에서 최대 전단응력은 얼마인가?

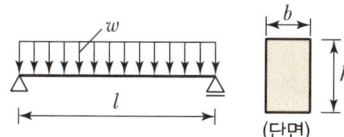

① $\dfrac{2}{3} \cdot \dfrac{wl}{bh}$ ② $\dfrac{3}{4} \cdot \dfrac{wl}{bh}$

③ $\dfrac{4}{3} \cdot \dfrac{wl}{bh}$ ④ $\dfrac{3}{2} \cdot \dfrac{wl}{bh}$

해설

$v_{\max} = \dfrac{3}{2} \cdot \dfrac{V_{\max}}{A} = \dfrac{3}{2} \cdot \dfrac{\frac{wl}{2}}{bh} = \dfrac{3}{4} \cdot \dfrac{wl}{bh}$

18 직사각형 철근콘크리트 단면의 보에 발생하는 최대 전단응력은?(단, 보의 단면적은 10cm², 전단력은 100N이다.)

① 10N/cm²   ② 15N/cm²
③ 100N/cm²   ④ 20N/cm²

해설

$v_{\max} = \dfrac{3}{2} \dfrac{V_{\max}}{A}$

$\quad = \dfrac{3}{2} \times \dfrac{100}{10} = 15 \text{N/cm}^2$

19 장방형 단면을 가진 보의 단면적이 A, 전단력이 V이면 이 보 단면의 최대 전단응력도는?

① $\dfrac{V}{A}$ ② $\dfrac{3V}{2A}$

③ $\dfrac{4V}{3A}$ ④ $\dfrac{3V}{4A}$

해설

단면일 때 최대 전단응력도

$v_{\max} = \dfrac{3}{2} \dfrac{V}{A}$

20 그림과 같은 하중을 받는 캔틸레버에서 최대 휨응력도의 값은?

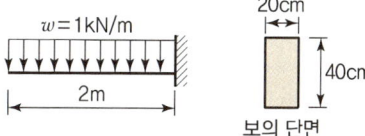

① 1,500N/cm²   ② 75N/cm²
③ 1,875N/cm²   ④ 37.5N/cm²

해설

- $M_{\max} = 1\text{tf/m} \times 2\text{m} \times \dfrac{2}{2}\text{m}$

- $S = \dfrac{bh^2}{6} = \dfrac{20 \times 40^2}{6} = 5{,}333.33 \text{cm}^3$

$\therefore \sigma = \dfrac{M_{\max}}{S} = \dfrac{200{,}000}{5{,}333.33} = 37.5 \text{N/cm}^2$

21 그림과 같은 보의 최대 전단응력도로 옳은 것은?

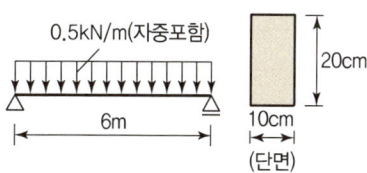

① 11.25N/cm²   ② 10.0N/cm²
③ 5.625N/cm²   ④ 5.0N/cm²

정답 17 ② 18 ② 19 ② 20 ④ 21 ①

> [해설]

최대전단력은 반력

$V_{\max} = V_A = \dfrac{wl}{2} = \dfrac{0.5 \times 6}{2} = 1.5\text{kN}$

$v_{\max} = \dfrac{3}{2} \cdot \dfrac{V_{\max}}{A}$

$\therefore v_{\max} = \dfrac{3}{2} \times \dfrac{1,500}{10 \times 20} = 11.25\text{N/cm}^2$

22 그림과 같은 조건일 때 최대 전단응력도는?

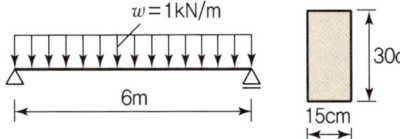

① 7.32N/cm^2 ② 6.67N/cm^2
③ 8.26N/cm^2 ④ 10.0N/cm^2

> [해설]

$V_{\max} = V_A = V_B$
$\Sigma M_B = 0$
$V_A \times 6 - 1 \times 6 \times 3 = 0$
$V_A = \dfrac{18}{6} = 3\text{kN}(\uparrow)$
$v_{\max} = \dfrac{3}{2} \cdot \dfrac{V_{\max}}{A} = \dfrac{3}{2} \times \dfrac{3,000}{15 \times 30} = 10\text{N/cm}^2$

23 그림의 보에서 중립축에 작용하는 최대 전단응력도는?

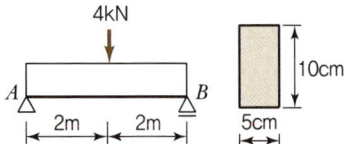

① 40N/cm^2 ② 50N/cm^2
③ 60N/cm^2 ④ 80N/cm^2

> [해설]

최대 전단력($v_{\max}$)은 반력($\dfrac{P}{2}$)과 같다.

$v_{\max} = \dfrac{3}{2} \cdot \dfrac{V_{\max}}{A} = \dfrac{3}{2} \cdot \dfrac{2,000}{5 \times 10} = 60\text{N/cm}^2$

CHAPTER

09

기둥 및 기초

01 단주
02 장주
03 기초

CHAPTER 09 기둥 및 기초

SECTION 01 단주

> ① 단주 ⇒ 좌굴영향 무시
> ② 장주 ⇒ 좌굴에 지배

1. 개요

기둥이란 일반적으로 축방향으로 압축력을 받는 부재를 말하며, 특히 길이에 비하여 단면이 큰 압축재로 주로 압축에 의해 지배되는 기둥을 단주라 한다.

2. 중심 축하중을 받는 단주

압축력이 단면의 도심에 작용하는 경우의 단면 내에 발생하는 압축응력도로 다음과 같다.

$$\sigma_c = -\frac{P}{A}$$

여기서, P : 축방향 압축력(N, kN)
A : 기둥의 단면적(mm²)

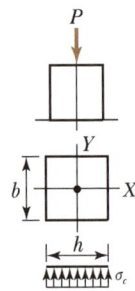

〈그림 9-1〉 중심하중을 받는 단주

3. 편심하중을 받는 단주

압축력이 도심에서부터 편심거리 e 만큼 떨어져서 작용하는 경우 단면 내에는 압축응력뿐 아니라 편심에 의한 휨모멘트($M = P \cdot e$)로 인해 휨응력이 발생하게 되며 다음 식으로 구한다.

(1) 압축 측의 최대 응력도

$$\sigma_{max} = -\frac{P}{A} - \frac{M}{S_c}$$

(2) 인장 측의 최소 응력도

$$\sigma_{max} = -\frac{P}{A} + \frac{M}{S_t}$$

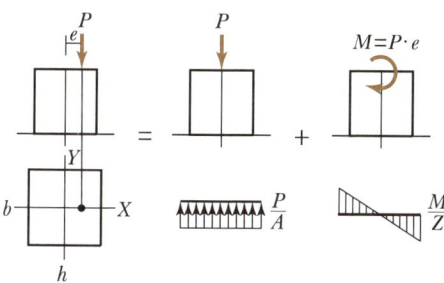

〈그림 9-2〉 편심하중을 받는 단주

4. 편심하중의 작용점과 응력도

편심하중을 받는 단주에서 하중의 작용점이 도심에서 멀어짐에 따라 단면 내에 발생하는 응력은 인장응력이 점점 증가하게 된다.

▼ 〈표 9-1〉 편심하중의 작용점과 단면 내의 응력도

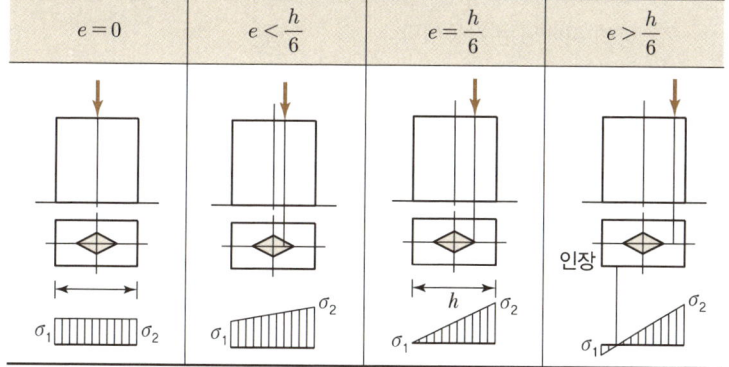

5. 단면의 핵

핵점(Core Point)이란 단면 내에 압축응력만이 일어나는 하중의 편심거리 한계점을 말하며, 핵점에 의하여 둘러싸인 부분을 핵(Core)이라 한다.

(1) 단면의 핵반경

$$e = \frac{S}{A}$$

여기서, S : 단면계수
A : 단면적

핵심문제 ●●○

휨모멘트와 압축력을 동시에 받는 기둥에서, 단면에 생기는 응력의 분포도가 옳지 않은 것은?

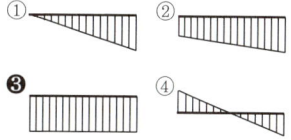

❸

핵심문제 ●●○

그림에서 ◇abcd는 직사각형 단면 ABCD의 핵을 나타낸 것이다. x, y가 옳은 것은?

① $x = \frac{h}{3}$, $y = \frac{b}{3}$
② $x = \frac{h}{3}$, $y = \frac{b}{6}$
❸ $x = \frac{h}{6}$, $y = \frac{b}{6}$
④ $x = \frac{h}{6}$, $y = \frac{b}{8}$

핵심문제 ●○○
그림과 같은 원통 단면의 핵반경은?

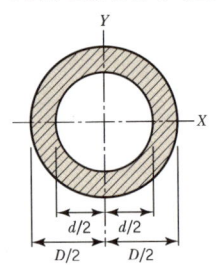

① $\dfrac{D+d}{6}$ ② $\dfrac{D}{8}$
③ $\dfrac{D+d}{8}$ ❹ $\dfrac{D^2+d^2}{8D}$

(2) 기본 단면의 핵반경

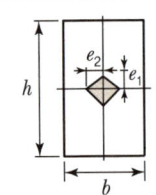	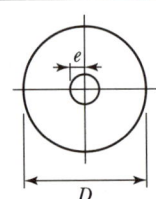	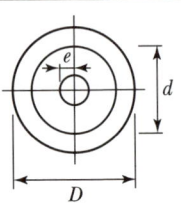
$e_1 = \dfrac{h}{6}$, $e_2 = \dfrac{b}{6}$	$e = \dfrac{D}{8}$	$e = \dfrac{D^2+d^2}{8D}$

SECTION 02 장주

1. 개요

① 부재의 가늘고 긴 정도를 나타내는 세장비(Slenderness Ratio)가 일정한 값 이상이 되는 기둥을 말하며 그 강도가 좌굴(Buckling)에 의하여 지배되는 기둥이다.
② 세장비(λ)란 기둥의 유효 좌굴길이(l_k)를 부재의 단면 2차반경(r)으로 나눈 값을 말한다.
③ 일반적으로 목재 기둥의 경우 세장비가 20, 강재 기둥의 경우 세장비가 30을 초과하는 기둥을 장주로 취급한다.

▶▶ 세장비

$\lambda = \dfrac{기둥의\ 유효좌굴길이}{최소\ 회전반경}$

$= \dfrac{l_k}{r_{\min}} = \dfrac{l_k}{\sqrt{\dfrac{I_{\min}}{A}}}$

2. 오일러(Euler)의 탄성좌굴

(1) 좌굴하중

$$P_{cr} = \dfrac{\pi^2 EI}{l_k^2}$$

여기서, π : 3.14
E : 탄성계수
I : 단면 2차모멘트
l_k : 유효좌굴길이

(2) 유효 좌굴길이

부재 단부의 지지조건에 따른 유효 좌굴길이(l_k)는 다음과 같다.

핵심문제 ●●○
그림과 같은 A, B, C 기둥의 좌굴길이로 옳은 것은?

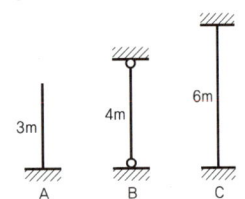

① A=3m, B=4m, C=6m
② A=3m, B=6m, C=6m
③ A=6m, B=6m, C=3m
❹ A=6m, B=4m, C=3m

단부의 지지상태	양단고정	일단고정 타단 Pin	양단 Pin	일단고정 타단자유
좌굴 형태				
l_k	$0.5l$	$0.7l$	$1.0l$	$2.0l$
저항비	4	2	1	0.25

(3) 좌굴응력도와 세장비

① 좌굴응력

$$\sigma_{cr} = \frac{P_{cr}}{A} = \frac{\frac{\pi^2 EI}{l_k^2}}{A} = \frac{\pi^2 EI}{l_k^2 A} = \frac{\pi^2 E r^2}{l_k^2} = \frac{\pi^2 E}{\left(\frac{l_k}{r}\right)^2} = \frac{\pi^2 E}{\lambda^2}$$

② 세장비

$$\lambda = \frac{l_k}{r_{min}} = \frac{l_k}{\sqrt{\frac{I_{min}}{A}}}$$

여기서, l_k : 유효좌굴길이
r_{min} : 최소 회전반경
I_{min} : 최소 단면 2차모멘트

㉠ 세장비의 값이 적을수록 압축재의 경우 큰 힘에 저항할 수 있다.
㉡ 장주의 좌굴방향은 세장비가 큰 축, 즉 단면 2차반경이 최소인 축을 기준으로 하여 단면 2차반경이 최대인 축과 같은 방향으로 밀어낸다.

> **핵심문제** ●●○
>
> 그림과 같은 A, B, C 기둥의 좌굴하중 비는?(다만, 각 부재는 동일 재료이며, 동일 단면이다.)
>
>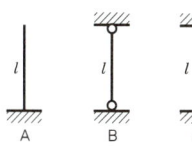
>
> ① $P_A : P_B : P_C = 1 : 2 : 4$
> ② $P_A : P_B : P_C = 1 : 2 : 8$
> ③ $P_A : P_B : P_C = 1 : 4 : 8$
> ❹ $P_A : P_B : P_C = 1 : 4 : 16$

>> **좌굴 방향**

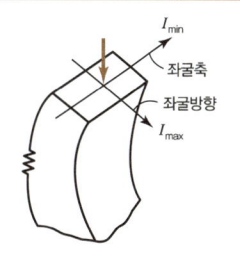

> **핵심문제** ●●○
>
> 그림과 같은 구조용 강재의 단면 2차 반경이 20mm일 때 세장비는?
>
>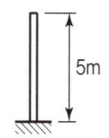
>
> ① 100   ② 200
> ③ 350   ❹ 500

SECTION 03 기초

1. 개요

기초란 상부하중을 지반에 전달할 목적으로 지중에 설치하는 구조물로 중심축하중과 모멘트하중이 동시에 작용하는 경우 기초판 저면에 인장응력이 발생하지 않는 상태에서 최대 압축응력이 허용 지내력 범위 이내에 들도록 설계한다.

핵심문제

그림과 같은 하중을 받는 기초에서 기초 지반면에 일어나는 최대 응력도는?

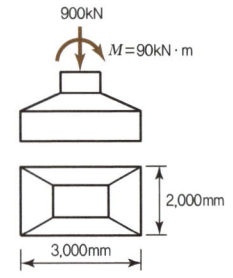

① 120kN/m² ② 150kN/m²
❸ 180kN/m² ④ 210kN/m²

2. 독립기초 저면(底面)의 응력도

(1) 응력도

$$\sigma_{\max, \min} = \frac{P}{A} \pm \frac{M}{S}$$

※ 정(+)을 압축응력도, 부(−)를 인장응력도로 하는데, 이것은 기초 저면의 응력도가 대부분 압축 응력이기 때문이다.

(2) 기초저면의 크기 결정

$$\sigma_{\max} = \frac{P}{A} + \frac{M}{S} \leq f_e$$

여기서, f_e : 허용 지내력(N/mm²)

CHAPTER 09 출제예상문제

01 그림과 같은 직사각형 단주에 중심하중 $P=900\text{kN}$, 휨모멘트 $100\text{kN}\cdot\text{m}$가 작용하는 경우 부재단면에 발생하는 최대 휨응력도는?

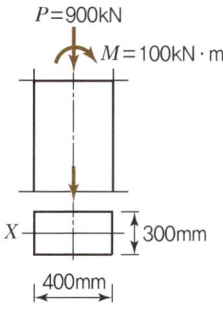

① 10N/mm^2 ② 20N/mm^2
③ 30N/mm^2 ④ 40N/mm^2

해설

$\sigma_{\max} = -\dfrac{P}{A} - \dfrac{M}{S}$ 에서,

$A = 300 \times 400 = 120,000\text{mm}^2$

$S = \dfrac{bh^2}{6} = \dfrac{300 \times 400^2}{6} = 8,000,000\text{mm}^3$

$\sigma_{\max} = -\dfrac{900 \times 10^3}{120,000} - \dfrac{100 \times 10^6}{8,000,000}$

$= -20\text{N/mm}^2$

02 그림과 같은 단주의 고정단에 생기는 최대 휨응력은?(다만, 기둥부재의 단면은 300mm×300mm이다.)

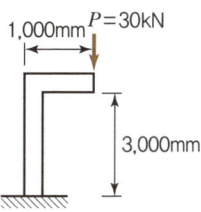

① 5N/mm^2 ② 6N/mm^2
③ 7N/mm^2 ④ 8N/mm^2

해설

$\sigma_{\max} = -\dfrac{P}{A} - \dfrac{M}{S}$ 에서,

$A = 300 \times 300 = 90,000\text{mm}^2$

$S = \dfrac{bh^2}{6} = \dfrac{300 \times 300^2}{6} = 4,500,000\text{mm}^3$

$M = P \cdot l = 30,000 \times 1,000$

$= 30,000,000\text{N}\cdot\text{mm}$

$\sigma_{\max} = -\dfrac{30,000}{90,000} - \dfrac{30,000,000}{4,500,000}$

$\fallingdotseq -7\text{N/mm}^2$

03 그림과 같은 직사각형 단주에 편심하중 $P=300\text{kN}$이 작용할 때 단주에 생기는 최대 응력도는?

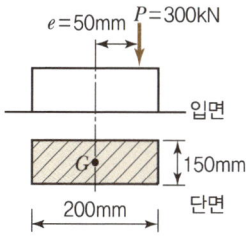

① 10N/mm^2 ② 15N/mm^2
③ 20N/mm^2 ④ 25N/mm^2

해설

$\sigma_{\max} = -\dfrac{P}{A} - \dfrac{M}{S}$ 에서,

$A = 150 \times 200 = 30,000\text{mm}^2$

$S = \dfrac{bh^2}{6} = \dfrac{150 \times 200^2}{6} = 1,000,000\text{mm}^3$

$M = P \cdot e = 30,000 \times 50$

$= 15,000,000\text{N}\cdot\text{mm}$

$\sigma_{\max} = -\dfrac{300,000}{30,000} - \dfrac{15,000,000}{1,000,000}$

$\fallingdotseq -25\text{N/mm}^2$

정답 01 ② 02 ③ 03 ④

04 그림과 같이 중심축하중과 휨모멘트를 받는 기둥 단면에서 A점과 B점에 일어나는 응력도는?

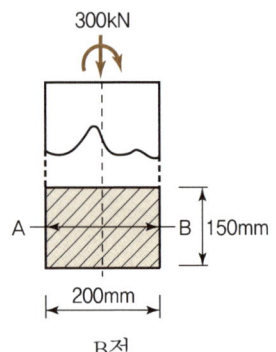

	A점	B점
①	$+20\text{N/mm}^2$	-40N/mm^2
②	0	-60N/mm^2
③	-10N/mm^2	-50N/mm^2
④	-20N/mm^2	-40N/mm^2

해설

$\sigma_{\max} = -\dfrac{P}{A} - \dfrac{M}{S}$ 에서,

$A = 150 \times 200 = 30{,}000\text{mm}^2$

$P = 300\text{kN} = 300{,}000\text{N}$

$S = \dfrac{bh^2}{6} = \dfrac{150 \times 200^2}{6} = 1{,}000{,}000\text{mm}^3$

$M = 30\text{kN} \cdot \text{m} = 30{,}000{,}000\text{N} \cdot \text{mm}$

$\sigma_A = \sigma_{\min} = -\dfrac{300{,}000}{30{,}000} + \dfrac{30{,}000{,}000}{1{,}000{,}000}$

$\quad \fallingdotseq +20\text{N/mm}^2$

$\sigma_B = \sigma_{\max} = -\dfrac{300{,}000}{30{,}000} - \dfrac{30{,}000{,}000}{1{,}000{,}000}$

$\quad \fallingdotseq -40\text{N/mm}^2$

05 그림에서 ◇abcd는 직사각형 단면 ABCD의 핵을 나타낸 것이다. x, y가 옳은 것은?

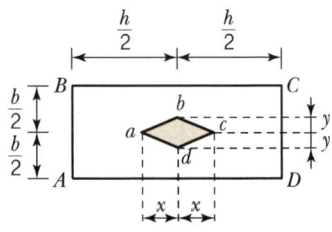

① $x = \dfrac{h}{3}$, $y = \dfrac{b}{3}$ ② $x = \dfrac{h}{3}$, $y = \dfrac{b}{6}$

③ $x = \dfrac{h}{6}$, $y = \dfrac{b}{6}$ ④ $x = \dfrac{h}{6}$, $y = \dfrac{b}{8}$

해설

- 단면 내에 인장응력이 일어나지 않게 하기 위한 하중의 편심거리 한계점을 핵반경이라 하며, 핵반경으로 둘러싸인 부분을 핵(Core)이라 한다.
- 단면이 $b \times h$인 직사각형 단면의 핵반경은 각각 $\dfrac{b}{6}$, $\dfrac{h}{6}$이고, 직경이 D인 원형단면의 핵반경은 $\dfrac{D}{8}$이다.

06 압축력 $P = 400\text{N}$, 휨모멘트 $M = 20\text{N} \cdot \text{m}$를 받는 원형기둥에 인장응력이 생기지 않는 최소 기둥 지름은?

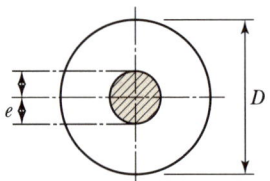

① 300mm   ② 400mm
③ 500mm   ④ 600mm

해설

원형단면의 핵반경은 $e = \dfrac{D}{8}$에서 $D = 8 \times e$이다.

그런데, $e = \dfrac{M}{P} = \dfrac{20}{400} = 0.05\text{m}$이므로,

$\therefore D = 8 \times 0.05 = 0.4\text{m} = 400\text{mm}$

07 그림과 같은 하중을 받는 기초에서 기초 지반면에 일어나는 최대 응력도는?

① 12kN/m^2
② 15kN/m^2
③ 18kN/m^2
④ 21kN/m^2

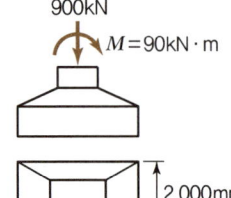
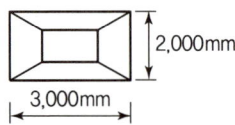

해설

$\sigma_{max} = \dfrac{P}{A} + \dfrac{M}{S}$ 에서,

$A = 2 \times 3 = 6\text{m}^2$

$S = \dfrac{bh^2}{6} = \dfrac{2 \times 3^2}{6} = 3\text{m}^2$

$\sigma_{max} = \dfrac{900}{6} + \dfrac{90}{3} = 180\text{kN/m}^2$

08 그림과 같은 독립기초에 $P = 300\text{kN}$, $M = 120\text{kN} \cdot \text{m}$가 작용할 때 기초 슬래브와 지반과의 사이에 접지압을 압축반력만 생기게 하기 위한 최소 기초 길이(l)는?

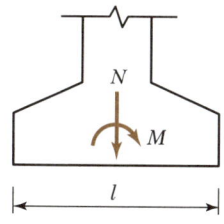

① 1.5m ② 1.8m
③ 2.0m ④ 2.4m

해설

압축력만 생기기 위해서는 하중의 작용점이 핵반경에 놓일 때이므로, $e = \dfrac{l}{6}$ 에서, $l = 6 \times e$ 이다.

그런데, $e = \dfrac{M}{P} = \dfrac{120}{300} = 0.4\text{m}$ 이므로,

∴ $l = 6 \times 0.4 = 2.4\text{m}$

09 휨모멘트와 압축력을 동시에 받는 기둥에서, 단면에 생기는 응력의 분포도가 옳지 않은 것은?

① 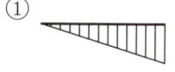 ②

③  ④

해설

단주에서 편심(e)과 핵반경($\dfrac{h}{6}$)의 관계

- $e = \dfrac{h}{6}$ 인 경우
- $e < \dfrac{h}{6}$ 인 경우
- $e = 0$ 인 경우
- $e > \dfrac{h}{6}$ 인 경우

∴ ③은 편심이 없는 중심축에 하중이 작용할 때이다.

10 그림과 같은 기초에서 지반 반력의 분포형태는?

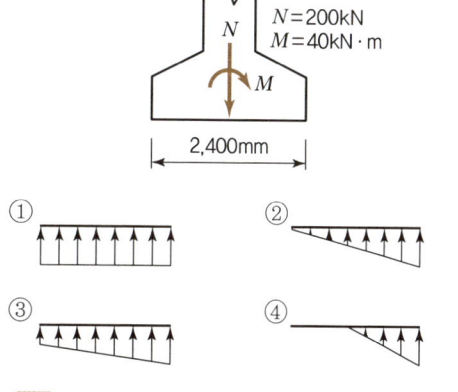

해설

핵반경 $e = \dfrac{l}{6} = \dfrac{2.4}{6} = 0.4\text{m}$

실제 편심거리 $e = \dfrac{M}{P} = \dfrac{40}{200} = 0.2\text{m}$

∴ $e < \dfrac{h}{6}$ 인 경우의 응력분포를 나타낸다.

11 그림과 같은 A, B, C 기둥의 좌굴길이로 옳은 것은?

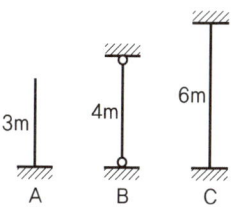

① A=3m, B=4m, C=6m
② A=3m, B=6m, C=6m
③ A=6m, B=6m, C=3m
④ A=6m, B=4m, C=3m

정답 08 ④ 09 ③ 10 ③ 11 ④

해설

- A 기둥 : $l_k = 2.0l \times = 2.0 \times 3 = 6m$
- B 기둥 : $l_k = 1.0l \times = 1.0 \times 4 = 4m$
- C 기둥 : $l_k = 0.5l \times = 0.5 \times 6 = 3m$

12 그림과 같은 A, B, C 기둥의 좌굴하중비는? (다만, 각 부재는 동일 재료이며, 동일 단면이다.)

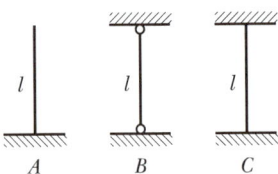

① $P_A : P_B : P_C = 1 : 2 : 4$
② $P_A : P_B : P_C = 1 : 2 : 8$
③ $P_A : P_B : P_C = 1 : 4 : 8$
④ $P_A : P_B : P_C = 1 : 4 : 16$

해설

좌굴하중 $P_{cr} = \dfrac{\pi^2 EI}{l_k^2}$ 에서, 동일 재료, 동일 단면이므로 EI는 같고, 또한 π^2은 상수이므로, 결국 좌굴하중은 유효좌굴길이의 역수 즉, $\dfrac{1}{l_k^2}$에 비례한다.

$$P_A : P_B : P_C = \frac{1}{(2.0l)^2} : \frac{1}{(1.0l)^2} : \frac{1}{(0.5l)^2}$$
$$= \frac{1}{4} : \frac{1}{1} : \frac{1}{0.25}$$

$\therefore P_A : P_B : P_C = 0.25 : 1 : 4 = 1 : 4 : 16$

13 그림과 같은 구조용 강재의 단면 2차반경이 20mm일 때 세장비는?

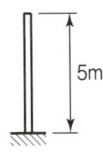

① 100
② 200
③ 350
④ 500

해설

세장비 $= \dfrac{l_k}{r_{min}} = \dfrac{2.0 \times l}{r_{min}} = \dfrac{2 \times 5,000}{20} = 500$

14 오일러(Euler)의 좌굴하중을 나타내는 식으로 맞는 것은?(단, $I =$단면 2차모멘트, $l =$좌굴길이이다.)

① $\dfrac{\pi^2 E^2 I}{l^2}$
② $\dfrac{\pi^2 EI^2}{l^2}$
③ $\dfrac{\pi EI}{l^2}$
④ $\dfrac{\pi^2 EI}{l^2}$

해설

- 좌굴하중 $P_{cr} = \dfrac{\pi^2 EI}{l_k^2}$
- 좌굴응력 $\sigma_{cr} = \dfrac{P_{cr}}{A} = \dfrac{\pi^2 E}{\left(\dfrac{l_k}{r_{min}}\right)^2}$

15 다음 중 장주의 좌굴방향에 대한 설명으로 옳은 것은?

① 최대 주축과 같은 방향
② 최소 주축과 같은 방향
③ 최대 주축과 직각 방향
④ 최대 주축과 최소 주축의 중간 방향

16 그림과 같은 단면을 가진 압축재에서 최소 단면 2차반경을 구하기 위한 좌굴축은?

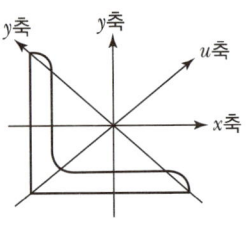

① v축
② u축
③ x축
④ y축

해설

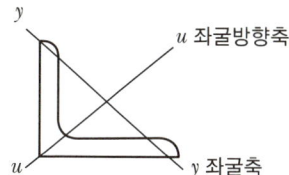

17 그림과 같은 기초의 정사각형 저면에 생기는 접지압 응력도의 분포도로 올바른 것은?(단, 편심 거리 $l = L/6$으로 한다.)

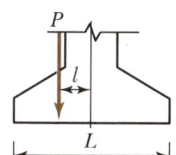

① 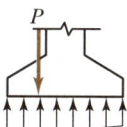 ②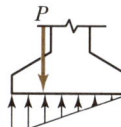

③ 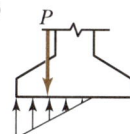 ④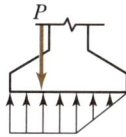

해설

$e=0$	$e<\dfrac{l}{6}$	$e=\dfrac{l}{6}$	$e>\dfrac{l}{6}$
↑↑↑↑↑	↑↑↑↑↑	↑↑↑↑↑	↑↑↑↑

18 1단은 고정, 1단은 자유인 길이 10m인 철골 기둥에서 오일러의 좌굴하중은?(단, 단면적 60cm², $I_x = 4,000$cm⁴, $I_y = 2,000$cm⁴, 탄성계수는 2,100kN/cm²이다.)

① 10kN ② 20kN
③ 40kN ④ 80kN

해설

1단고정 1단자유일 때 $l_k = 2.0l$

$$P = \frac{\pi^2 EI}{l_k^2} = \frac{\pi^2 \times 2,100 \times 2,000}{(2.0 \times 1,000)^2} = 10.36\text{kN} ≒ 10\text{kN}$$

19 그림과 같이 기초에 하중이 가해질 경우 기초 저면에 생기는 최대 압축응력은?(단, $N = 100$kN, $l = 2.5$m, $l' = 1.6$m, $e = 0.3$m)

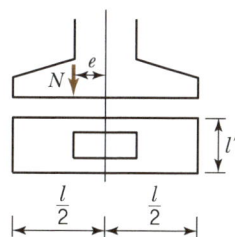

① 28kN/m² ② 33kN/m²
③ 38kN/m² ④ 43kN/m²

해설

$A = 2.5 \times 1.6 = 4\text{m}^2$
$M = N_e = 100 \times 0.3 = 30\text{kN} \cdot \text{m}$
$S = \dfrac{bh^2}{6} = \dfrac{1.6 \times 2.5^2}{6} = 1.67\text{m}^3$
$\sigma_{max} = \dfrac{N}{A} + \dfrac{M}{S} = \dfrac{100}{4} + \dfrac{30}{1.67} = 42.96\text{kN/m}^2 ≒ 43\text{kN/m}^2$

20 길이 5.0m인 기둥의 지점 조건에 따른 유효좌굴길이가 옳게 연결된 것은?

① 양단고정인 경우 4.0m
② 일단고정, 일단자유인 경우 7.5m
③ 양단힌지인 경우 5.0m
④ 일단고정 일단힌지인 경우 6.0m

해설

- 양단고정 : $l_k = 0.5 \times 5 = 2.5$m
- 일단고정, 일단자유 : $l_k = 2.0 \times 5 = 10$m
- 양단힌지 : $l_k = 1.0 \times 5 = 5$m
- 일단고정, 일단힌지 : $l_k = 0.7 \times 5 = 3.5$m

정답 17 ② 18 ① 19 ④ 20 ③

구분				
	l	l	l	l
l_k	$2.0l$	$1.0l$	$0.7l$	$0.5l$

21 독립기초(자중포함)가 축방향력 50kN, 휨모멘트 5kN·m를 받을 때 기초 저면의 편심거리는?

① 0.1m ② 0.2m
③ 0.3m ④ 0.4m

$M = P \cdot e$
$e = \dfrac{M}{P} = \dfrac{5}{50} = 0.1\text{m}$

22 단면이 40×40cm인 기둥의 축력 100kN이 편심거리 $e = 2$cm에 작용할 때 최대응력 크기는?

① 61N/cm² ② 71N/cm²
③ 81N/cm² ④ 91N/cm²

$\sigma = \dfrac{P}{A} + \dfrac{M}{S} = \dfrac{P}{A} + \dfrac{P \times e}{\dfrac{bh^2}{6}} = \dfrac{100,000}{40 \times 40} + \dfrac{6 \times 100,000 \times 2}{40 \times 40^2}$
$= 62.5 + 18.75 = 81.25\text{N/cm}^2$

23 독립기초에 $N = 20$kN, $M = 10$kN·m가 작용할 때 접지압이 압축력만 생기게 하기 위한 기초저면의 최소길이는?

① 2m ② 3m
③ 4m ④ 5m

압축력만 생기게 하기 위해서는 작용점이 핵반경 안에 놓일 때, $e = \dfrac{l}{6}$에서 $l = 6 \times e$이다.

$M = N \cdot e$이므로
$e = \dfrac{M}{N} = \dfrac{10}{20} = 0.5\text{m}$
$l = 6 \times e = 6 \times 0.5 = 3\text{m}$

24 그림과 같은 구조용 강재의 단면 2차반경이 2cm일 때 세장비(λ)는 얼마인가?

① 100cm ② 200cm
③ 350cm ④ 500cm

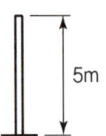

일단고정 타단자유일 때 $l_k = 2.0l$
$\lambda = \dfrac{l_k}{r} = \dfrac{2 \times 500}{2} = 500$

25 1단은 고정지점, 1단은 자유인 높이 4m의 H형강 기둥의 이론적 좌굴길이는?

① 2m ② 4m
③ 8m ④ 16m

1단고정, 1단자유 시 좌굴길이(l_k) = $2.0l$
$l_k = 2.0 \times 4 = 8\text{m}$

26 그림과 같은 단주에 편심하중 $P = 240$N이 작용할 때 단주에 생기는 최대 응력도의 값으로 맞는 것은?

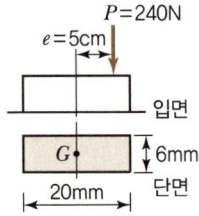

① 5N/cm² ② 10N/cm²
③ 15N/cm² ④ 20N/cm²

해설

$$\sigma_{max} = \frac{P}{A} + \frac{M}{S} = \frac{P}{A} + \frac{P \cdot e}{\frac{bh^2}{6}}$$

$$= \frac{240}{20 \times 6} + \frac{240 \times 5}{\frac{6 \times 20^2}{6}} = 5 \text{N/cm}^2$$

27 장기하중 60kN(자중포함)의 연직 하중을 받는 독립기초를 정방형으로 하려 할 때 가장 경제적인 것은?(단, 허용 지내력도는 15kN/m²이다.)

① 1.5m×1.5m   ② 2.0m×2.0m
③ 2.5m×2.5m   ④ 3.0m×3.0m

해설

$f_e \geq \sigma = \frac{P}{A}$

$\therefore A = \frac{60}{15} = 4\text{m}^2 = 2\text{m} \times 2\text{m}$

28 그림과 같은 독립기초에 생기는 최대, 최소 압축 응력도의 조합으로 적당한 것은?

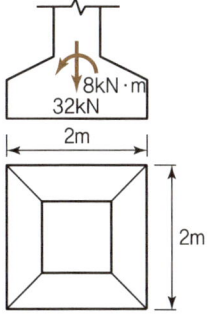

① 16kN/m², 1kN/m²   ② 14kN/m², 2kN/m²
③ 10kN/m², 4kN/m²   ④ 10kN/m², 6kN/m²

해설

$\sigma_{max, min} = \frac{P}{A} \pm \frac{M}{S}$

$= \frac{32}{2 \times 2} \pm \frac{8}{\frac{2 \times 2^2}{6}} = 8 \pm 6 \text{kN/m}^2$

$\sigma_{max} = 14\text{kN/m}^2, \sigma_{min} = 2\text{kN/m}^2$

29 그림과 같은 독립기초에 압축력 $N=30\text{kN}$, 모멘트 $M=15\text{kN}\cdot\text{m}$가 작용할 때 기초저면에 압축반력만 생기게 하는 최소 기초길이(L)는?(단, 흙의 자중 및 기초 자중은 무시)

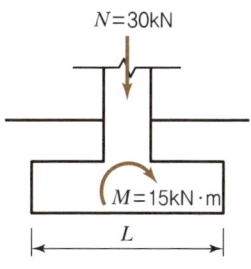

① 2.0m   ② 2.4m
③ 3.0m   ④ 3.6m

해설

압축력만이 생기는 경우는 하중의 작용점이 핵반경 안에 놓일 때, $e = \frac{l}{6}$에서 $l = 6 \cdot e$이다.

$M = N \cdot e$이므로

$e = \frac{M}{N} = \frac{15}{30} = 0.5\text{m}$

$l = 6 \cdot e = 6 \times 0.5 = 3\text{m}$

30 단면적과 좌굴길이가 일정한 장주의 좌굴방향은 어느 것인가?

① 단면 2차모멘트가 최소인 축의 방향
② 단면 2차모멘트가 최소인 축의 45°인 방향
③ 단면 2차모멘트가 최대인 축의 방향
④ 단면 2차모멘트가 최대인 축의 45°인 방향

해설

장주의 좌굴방향은 세장비가 큰 축, 즉 단면 2차반경이 최소인 축이 되며 좌굴방향은 단면 2차반경이 최대인 축의 방향

$\lambda = \frac{l_k}{r_{min}} = \frac{l_k}{\sqrt{\frac{I_{min}}{A}}}$

정답 27 ② 28 ② 29 ③ 30 ③

31 기둥의 축하중 100kN을 받는 독립기초의 기초판의 크기가 2m×2m일 때 요구되는 허용 지내력도는?(단, 기초의 자중 및 흙의 무게는 무시한다.)

① 25kN/m² ② 50kN/m²
③ 75kN/m² ④ 100kN/m²

해설

$$f_e \geq \sigma_{\max} = \frac{P}{A} + \frac{M}{S}$$
$$= \frac{100}{2 \times 2} + 0 = 25\text{kN/m}^2$$

32 기초판 크기가 3.5m×3.5m인 정방형 독립기초에서 기초저면에 인장력이 생기지 않으려면 편심거리(e)는 최대 얼마 이하로 되어야 하는가?

① 40cm ② 48.5cm
③ 53cm ④ 58.3cm

해설

인장력이 생기지 않으려면 핵반경 안에 하중이 작용

$$e \leq \frac{l}{6}$$
$$e \leq \frac{350}{6} = 58.33\text{cm}$$

정답 31 ① 32 ④

CHAPTER 10 구조물의 변형

01 보의 처짐 및 처짐각
02 보의 처짐과 처짐각 해법

CHAPTER 10 구조물의 변형

SECTION 01 보의 처짐 및 처짐각

>>> **처짐을 구하는 목적**

① 허용처짐량을 넘으면 구조물의 미관을 해치고 구조물에 부착된 다른 부분이 손상된다. ⇒ 솟음, 냉간(굽힘)으로 보정
② 부정정 구조물 해석 시 사용

>>> **처짐 발생의 원인**

휨모멘트, 축방향력, 전단력 같은 여러 종류의 내력에 의해 생긴다.

1. 정의

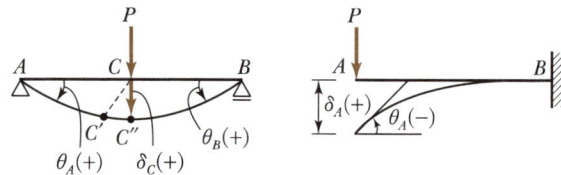

〈그림 10-1〉 보의 처짐 및 처짐각

① 탄성곡선 ⇒ 하중에 의해 변형된 곡선($A_c'B$) = 처짐곡선
② 변위 ⇒ 임의점 C의 이동량(C_c')
③ 처짐 ⇒ 변위의 수직성분(C_c'') ≒ 변위
④ 처짐각 ⇒ 처짐곡선 한 점에서 그은 접선 변형 전의 보의 축과 이루는 각

2. 부호와 단위

(1) 처짐

① 하향으로 처질 때 : 正(+)
② 상향으로 처질 때 : 負(-)
③ cm, mm 등 길이의 단위 사용

(2) 처짐각

① 접선이 본래의 부재축에 대하여 시계 방향일 때 정(+), 반시계 방향일 때 부(-)로 한다.
② 라디안(Radian)으로 표시한다. (1rad = 57°17′45″)

SECTION 02 보의 처짐과 처짐각 해법

1. 처짐 및 처짐각 해법

기하학적 방법	탄성곡선식(처짐곡선식법) ＝2중적분법, 미분방정식법	보, 기둥
	모멘트 면적법(Green의 정리)	보, 라멘
	탄성하중법(Mohr의 정리)	단순보, 라멘
	공액보법(Mohr의 제2정리)	모든 보, 라멘
	중첩법(겹침법)	
에너지 방법	실제일의 방법＝탄성변형, 에너지 불변정리	보, 트러스
	가상일의 방법(단위하중법)	모든 구조물
	Castigliano의 제2정리	모든 구조물
수치 해석법	유한 차분법	
	Rayieigh – Ritz법	

2. 탄성곡선 미분방정식

(1) 개요

보에 하중이 작용하여 휨 변형이 발생한 경우의 휜 정도를 나타내는 곡률(Curvature)은 미소변형 이론에 의해 다음과 같다.

$$\frac{1}{\rho} = \delta'' = \frac{d^2 y}{dx^2} = -\frac{M}{EI}$$

(2) 처짐각

$$\theta = \delta' = \frac{dy}{dx} = -\int \frac{M}{EI}dx + c_1$$

(3) 처짐

$$\delta = -\iint \frac{M}{EI}dxdx + c_1 x + c_2$$

>> 휨모멘트와 곡률과의 관계에서

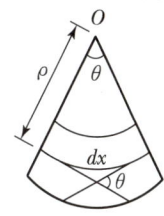

$$\frac{1}{\rho} = -\frac{M}{EI}$$

여기서, $\frac{1}{\rho}$ ＝ 곡률

ρ ＝ 곡률반경

> **모멘트 면적법**
>
> ① 계산된 처짐각은 탄성곡선상의 임의의 두 점에서 그은 접선이 이루는 점 간의 상대 처짐각이다.
> ② 수직처짐은 탄성곡선상의 임의의 한 점에서 다른 접선까지의 연직거리이므로 단순보에 대하여 모멘트 면적법을 사용한 경우 임의의 점의 처짐각 및 수직처짐을 한번의 계산으로 구할 수 없다.

3. 모멘트 면적법(Greene의 정리)

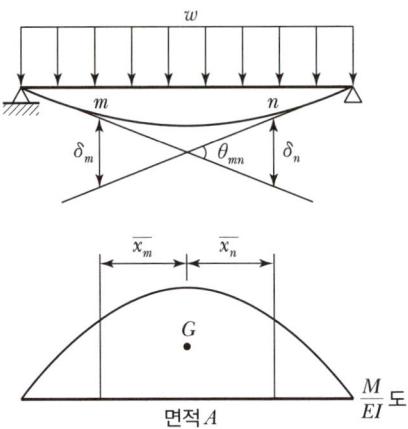

〈그림 10-2〉 모멘트 면적법의 원리

(1) 모멘트 면적법 제1정리

탄성곡선 위의 임의의 두 점 m 과 n 에서 그은 접선에서 이루는 각은 이 두 점 사이의 휨모멘트의 면적을 EI로 나눈 값과 같다.

$$\theta = -\int_m^n \frac{M}{EI}dx = -\frac{A}{EI}$$

(2) 모멘트 면적법 제2정리

탄성곡선 위의 임의의 m 점에서 그은 접선으로부터 탄성곡선 위의 다른 점 n점 까지의 연직거리는 그 두 점 사이의 휨모멘트도 면적의 n 점을 지나는 축에 대한 단면 1차모멘트를 EI로 나눈 값과 같다.

$$\delta_m = -\int_m^n \frac{M}{EI} \cdot x_m dx = -\frac{A}{EI} \cdot \overline{x_m}$$
$$\delta_n = -\int_m^n \frac{M}{EI} \cdot x_n dx = -\frac{A}{EI} \cdot \overline{x_n}$$

4. 탄성하중법

> **탄성하중법**
>
> 단순보에만 적용한다.

(1) 개요

단순보의 임의의 점의 처짐각과 처짐은 그 보의 휨모멘트도의 면적에 $\frac{1}{EI}$배 한 것, 즉 $\frac{M}{EI}$ 의 가상하중을 반대방향 하중으로 작용시켰을 때 처짐각 θ 는 그 점의 전단력과 같고 처짐 δ 는 휨모멘트와 같다.

(a) 단순보

(b) 휨모멘트도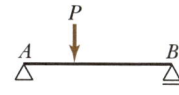

(c) $\frac{M}{EI}$ 모멘트도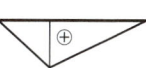

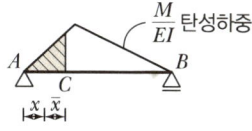

〈그림 10-3〉 탄성하중법의 원리

(2) 처짐각

$$\theta_C = V_C = V_A - A_{AC}$$

(3) 처짐

$$\delta_C = M_C = V_A \cdot x - A_{AC} \cdot \overline{x}$$

① $A_{AC}=$ AC 구간의 $\frac{M}{EI}$ 도의 면적(합력)

② $\overline{x}=$ AC 구간 내에 작용하는 탄성하중의 C점으로부터의 거리

(4) 기본적인 탄성하중의 도심과 면적

도형	b, h (직사각형)	x, b, h (삼각형)	2차곡선 x, b, h	2차곡선 x, b, h	3차곡선 x, b, h
도심 (x)	$\frac{1}{2}b$	$\frac{1}{3}b$	$\frac{1}{4}b$	$\frac{3}{8}b$	$\frac{1}{5}b$
면적 (A)	bh	$\frac{1}{2}bh$	$\frac{1}{3}bh$	$\frac{2}{3}bh$	$\frac{1}{4}bh$

5. 공액보법

(1) 개요

탄성하중법의 원리를 단순보 외의 다른 형태로 지지된 일반 보에도 적용하기 위해 실제 보를 공액보로 변화시킨 후 공액보에 탄성하중법의 원리를 적용시키는 방법이다.

>>> **공액보법**

실제 보의 기하학적 경계조건을 그에 대응하는 힘에 경계조건으로 변화시킨 가상 보를 말한다.

(2) 공액보의 적용

① 단부의 조건

> 고정단 ⇔ 자유단, 중간힌지(롤러)지점 ⇔ 중간힌지절점

② 단부조건도

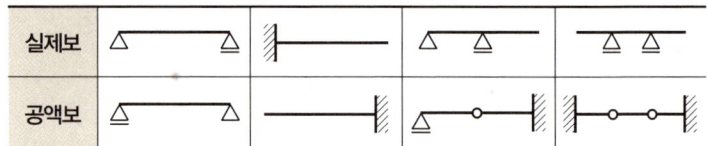

(3) 해석순서

① 주어진 하중에 대한 휨모멘트를 구하여 휨모멘트도를 그린다.
② 주어진 보의 공액보에 휨모멘트를 하중으로 재하한다.
③ 휨모멘트 하중에 의해 반력, 전단력, 휨모멘트를 구한다.
④ 구해진 전단력은 처짐각이 되고, 휨모멘트는 처짐이 된다.
⑤ 처짐각 값이 (+)이면 ↶ 이고, 처짐 값이 (+)이면 하향(↓)이다.

6. 가상일의 원리

(1) 개요

> 외력에 의한 가상일 = 내력에 의한 가상일

$$P_k \delta_{ik} = \int \frac{\overline{M}M}{EI}dx + \int \frac{\overline{P}P}{EI}dx + k\int \frac{\overline{V}V}{EI}dx$$

여기서, δ_{ik} : 구조물의 외력에 의한 임의의 위치에서 변위(처짐 또는 처짐각)
$\overline{M}$: 단위하중에 의한 부재단면의 휨모멘트
M : 작용하중에 의한 부재단면의 휨모멘트
$\overline{P}$: 단위하중에 의한 부재단면의 축방향력
P : 작용하중에 의한 부재단면의 축방향력
$\overline{V}$: 단위하중에 의한 부재단면의 전단력
V : 작용하중에 의한 부재단면의 전단력
k : 전단력에 대한 부재단면의 형상계수

(2) 일반식

상기 식에 하중 P 대신에 $\overline{P}=1$ 의 단위하중을 주면 다음과 같은 일반식을 얻을 수 있다.

$$\delta_{ik} = \int \frac{\overline{M}M}{EI}dx + \int \frac{\overline{P}P}{EI}dx + k\int \frac{\overline{V}V}{EI}dx$$

7. 카스틸리아노의 정리

(1) 개요

에너지 보존법칙에 의하면 구조물에 외력 P가 작용하여 δ만큼 변형되었을 때의 외력이 한 일량(W_e)은 이 외력에 의해 구조물 내부에 생기는 내력들(수직응력, 전단응력, 휨응력)이 한 일량(W_i)과 같다.

(2) 외력의 일

① 외력 P가 작용하여 δ만큼의 변위가 생겼다면 그때의 외력의 일은 다음과 같다.

$$W_e = \frac{1}{2}P\delta$$

② 모멘트 M이 작용하여 θ만큼의 회전각이 생겼다면 그때의 외력의 일은 다음과 같다.

$$W_e = \frac{1}{2}M\theta$$

(3) 내력의 일

① 축방향력에 의한 내력의 일

$$W_n = \int_0^l \frac{P^2}{2EA}dx$$

② 휨모멘트에 의한 내력의 일

$$W_n = \int_0^l \frac{M^2}{2EI}dx$$

③ 전단력에 의한 내력의 일

$$W_n = \int_0^l k\frac{V^2}{2GA}dx$$

④ 부재가 축방향력, 휨모멘트 및 전단력을 동시에 받는 경우 부재 내에 축적되는 변형에너지 W_i는 $W_i = W_n + W_m + W_s$ 이지만, 보와 같은 부재의 변형은 휨 변형이 지배적이므로 축방향력과 전단력을 무시하면 내력의 일은 다음과 같다.

$$W_i = W_m = \int_0^l \frac{M^2}{2EI}dx$$

>> **탄성미분방정식 해법**

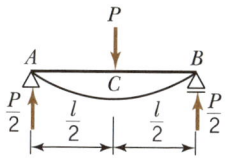

1. $(0 \leq x \leq \frac{l}{2})$ $\quad M_x = \frac{Px}{2}$

$$y_l' = -\int \frac{Mx}{EI}dx + C_1$$
$$= -\frac{1}{EI}\int \frac{Px}{2}dx + C_1$$
$$= -\frac{Px^2}{4EI} + C_1$$

$$y_l = -\iint \frac{Mx}{EI}dxdx + C_1x + C_2$$
$$= -\int \frac{Px^2}{4EI}dx + C_1x + C_2$$
$$= -\frac{Px^3}{12EI} + C_1x + C_2$$

2. $(\frac{l}{2} \leq x \leq l)$ $\quad M_x = \frac{P}{2}(l-x)$

$$\delta_R' = -\int \frac{Mx}{EI}dx + D_1$$
$$= -\int \frac{P}{2}(l-x)dx + D_1$$
$$= -\frac{1}{EI}\left(\frac{Plx}{2} - \frac{Px^2}{4}\right) + D_1$$
$$= -\frac{Plx}{2EI} + \frac{Px^2}{4EI} + D_1$$

$$\delta_R = -\iint \frac{Mx}{EI}dxdx + D_1x + D_2$$
$$= -\frac{1}{EI}\int \left(\frac{Plx}{2} - \frac{Px^2}{4}\right)dx + D_1x + D_2$$
$$= -\frac{Plx^2}{4EI} + \frac{Px^3}{12EI} + D_1x + D_2$$

※ 경계조건

$x = 0$ $\quad y_l = 0,$ $x = l$ $\quad y_R = 0$

$x = \frac{l}{2}$ $\quad y_l' = y_R',$ $x = \frac{l}{2}$ $\quad y_l = y_R$

··· 위 식에 조건 대입

① $x = 0$ $\quad y_l = 0$
$\therefore C_2 = 0$

② $x = l$ $\quad y_R = 0$
$$0 = -\frac{Pl^3}{4EI} + \frac{Pl^3}{12EI} + D_1l + D_2$$
$$= -\frac{Pl^3}{6EI} + D_1l + D_2$$

③ $x = \frac{l}{2}$ $\quad y_l' = y_R'$
$$-\frac{Pl^2}{16EI} + C_1 = -\frac{Pl^2}{4EI} + \frac{Pl^2}{16EI} + D_1$$
$$\therefore C_1 = -\frac{Pl^2}{8EI} + D_1$$

④ $x = \frac{l}{2}$ $\quad y_l = y_R$
$$-\frac{Pl^3}{96EI} + C_1 \cdot \frac{l}{2}$$
$$= -\frac{Pl^3}{16EI} + \frac{Pl^3}{96EI} + D_1\frac{l}{2} + D_2$$

탄성미분방정식 해법

$C_1 = -\dfrac{Pl^2}{8EI} + D_1$ 대입 후 정리

$\therefore D_2 = -\dfrac{Pl^3}{48EI}$

D_2를 ②식에 대입

$0 = -\dfrac{Pl^3}{6EI} + D_1 l - \dfrac{Pl^3}{48EI}$

$\therefore D_1 = -\dfrac{9Pl^2}{48EI}$

(4) Castigliano의 제2정리

처짐 δ는 내력의 일을 힘(P)으로 1차 편미분한 값과 같고, 처짐각 θ는 모멘트(M)로 1차 편미분한 값과 같다.

① 처짐

$$\delta = \dfrac{\partial W_i}{\partial P_n} = \int_0^l \dfrac{M}{EI} \cdot \dfrac{\partial M}{\partial P_n} dx$$

② 처짐각

$$\theta = \dfrac{\partial W_i}{\partial M_n} = \int_0^l \dfrac{M}{EI} \cdot \dfrac{\partial M}{\partial M} dx$$

8. 처짐 및 처짐각 해석

(1) 단순보

1) 집중하중이 작용하는 경우(Ⅰ)

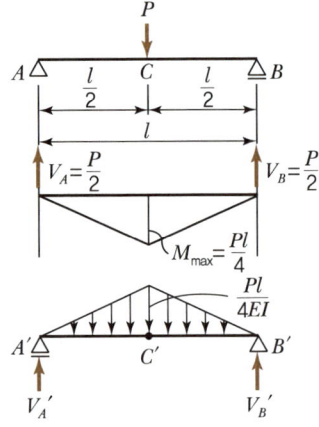

공액보법

① $V_A' = \dfrac{Pl}{4EI} \cdot \dfrac{l}{2} \cdot \dfrac{1}{2} = \dfrac{Pl^2}{16EI}$

$\theta = \dfrac{Pl^2}{16EI}$

② $M_c' = \dfrac{Pl^2}{16EI} \times \left(\dfrac{l}{2} - \dfrac{l}{6}\right) = \dfrac{Pl^3}{48EI}$

$\delta_c = \dfrac{Pl^3}{48EI}$

2) 집중하중이 작용하는 경우(Ⅱ)

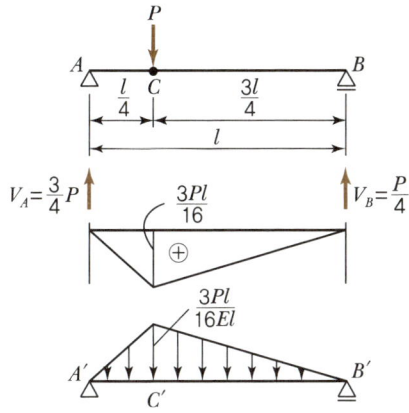

① $V_A' = \dfrac{Pl^2}{EI}\left(\dfrac{3}{16}\times\dfrac{1}{4}\times\dfrac{1}{2}\left(\dfrac{3}{4}+\dfrac{1}{12}\right)+\dfrac{3}{16}\times\dfrac{3}{4}\times\dfrac{1}{2}\times\dfrac{6}{12}\right)$

$= \dfrac{Pl^2}{128EI}\left(\dfrac{5}{2}+\dfrac{9}{2}\right) = \dfrac{7Pl^2}{128EI}$

$\theta_A = \dfrac{7Pl^2}{128EI}$

② $M_c' = \dfrac{Pl^3}{EI}\times\left(\dfrac{l}{2}-\dfrac{l}{6}\right) = \dfrac{Pl^3}{48EI}\left(\dfrac{7}{128}\times\dfrac{1}{4}-\dfrac{3}{128}\times\dfrac{1}{12}\right) = \dfrac{3Pl^3}{256EI}$

$\delta_c = \dfrac{3Pl^3}{256EI}$

3) 등분포하중이 작용하는 경우

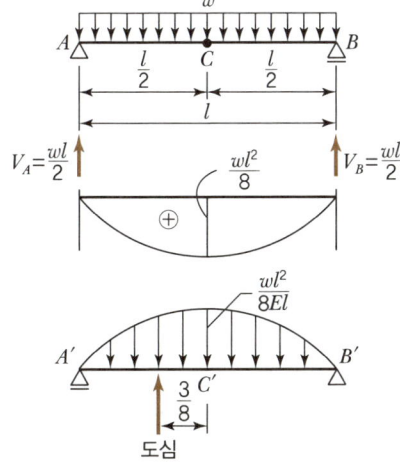

① $V_A' = \dfrac{wl}{8EI}\times\dfrac{l}{2}\times\dfrac{2}{3} = \dfrac{wl^3}{24EI}$

$\theta_A = \dfrac{wl^3}{24EI}$

구해진 C_1, D_1, D_2를 이용하여 처짐과 처짐각을 구한다.

$\theta_A = y_l'(x=0) = \dfrac{Pl^2}{16EI}$

$\theta_B = y_k'(x=0) = -\dfrac{Pl^2}{16EI}$

$y_c(x=\dfrac{l}{2}) = \dfrac{Pl^3}{48EI}$

핵심문제 ●●○

보의 길이와 작용하중이 같은 두 개의 단순보가 있다. 단면 모양이 각각 A 및 B와 같을 경우, 최대 처짐에 대한 설명으로 맞는 것은?

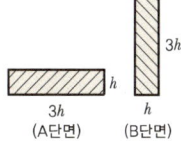

① 처짐량이 같다.
② A단면 보의 처짐량이 B단면 보의 처짐량의 3배이다.
❸ A단면 보의 처짐량이 B단면 보의 처짐량의 9배이다.
④ A단면 보의 처짐량이 B단면 보의 처짐량의 27배이다.

핵심문제 ●●●

단순보의 중앙점에 집중하중 P가 작용하는 경우 (A)와 등분포하중이 작용하는 경우 (B)의 최대 처짐의 비 (A) : (B)는?(단, $P=wl$이며 EI는 일정하다.)

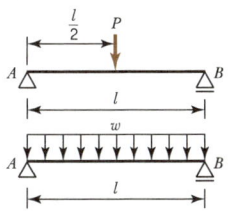

① 4 : 3
② 3 : 4
❸ 8 : 5
④ 5 : 8

② $M_c' = \left(\dfrac{wl^3}{24EI} \times \dfrac{l}{2} - \dfrac{wl^2}{8EI} \times \dfrac{l}{2} \times \dfrac{2}{3} \times \dfrac{3l}{16}\right) = \dfrac{5wl^4}{384EI}$

$\delta_A = \dfrac{5wl^4}{384EI}$

4) 모멘트 하중이 작용하는 경우

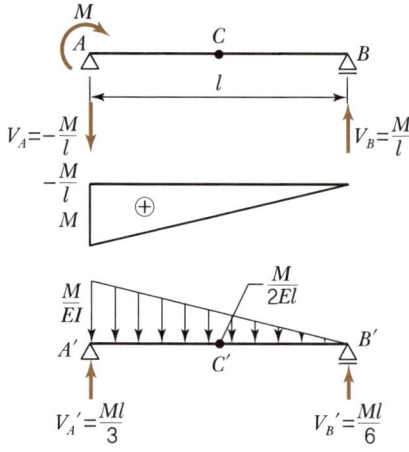

① $V_A' = \dfrac{Ml}{3EI}$ ∴ $\theta_A = \dfrac{wl^3}{24EI}$

② $V_B' = \dfrac{Ml}{6EI}$ ∴ $\theta_B = \dfrac{Ml^3}{6EI}$

③ $M_c' = \dfrac{Ml}{6EI} \times \dfrac{l}{2} - \dfrac{M}{2EI} \times \dfrac{l}{2} \times \dfrac{1}{2} \times \dfrac{l}{6} = \dfrac{Ml}{EI}\left(\dfrac{1}{12} - \dfrac{1}{48}\right) = \dfrac{Ml^2}{16EI}$

∴ $\delta_c = \dfrac{Ml^2}{16EI}$

핵심문제 ●●●

그림과 같은 단면이 일정한 단순보의 중앙점에 집중하중 P가 작용할 때 중앙점의 처짐은 다음 중 어느 것인가?

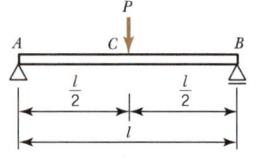

❶ $\dfrac{Pl^3}{48EI}$ ② $\dfrac{Pl^2}{16EI}$

③ $\dfrac{Pl^3}{24EI}$ ④ $\dfrac{Pl^3}{EI}$

(2) 캔틸레버보

1) 집중하중이 작용하는 경우(Ⅰ)

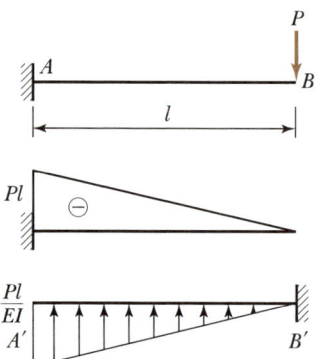

※ 주어진 보에서 휨모멘트가 (−)이므로 상향으로 재하

① $V_B' = \dfrac{Pl}{EI} \times l \times \dfrac{1}{2} = \dfrac{Pl^2}{2EI}$ $\quad\quad \therefore \theta_B = \dfrac{Pl^2}{2EI}$

② $M_c' = \dfrac{Pl}{EI} \times l \times \dfrac{1}{2} \times \dfrac{2}{3}l = \dfrac{Pl^3}{3EI}$ $\quad \therefore \delta_B = \dfrac{Pl^3}{3EI}$

2) 집중하중이 작용하는 경우(Ⅱ)

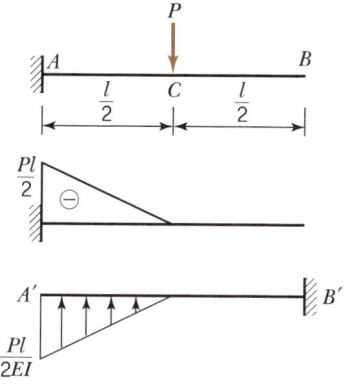

① $V_B' = \dfrac{Pl}{2EI} \times \dfrac{l}{2} \times \dfrac{1}{2} = \dfrac{Pl^2}{8EI}$

$\therefore \theta_B = \dfrac{Pl^2}{8EI} = \theta_c$

② $M_c' = \dfrac{Pl}{2EI} \times \dfrac{l}{2} \times \dfrac{1}{2} \times \dfrac{l}{2} \times \dfrac{2}{3} = \dfrac{Pl^3}{24EI}$

$\therefore \delta_c = \dfrac{Pl^3}{24EI}$

③ $M_B' = \dfrac{Pl}{2EI} \times \dfrac{l}{2} \times \dfrac{1}{2} \times \left(\dfrac{l}{3} + \dfrac{l}{2}\right) = \dfrac{5Pl^3}{48EI}$

$\therefore \delta_B = \dfrac{5Pl^3}{48EI}$

3) 등분포하중이 작용하는 경우

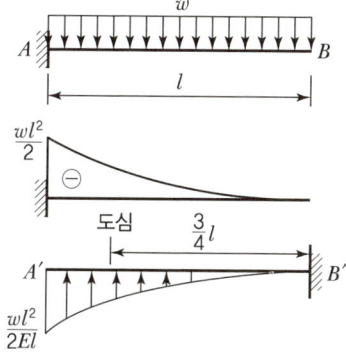

핵심문제

그림과 같은 캔틸레버보의 최대 처짐으로 가장 적당한 것은?

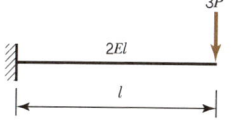

❶ $\dfrac{Pl^3}{2EI}$ ② $\dfrac{Pl^3}{3EI}$

③ $\dfrac{Pl^3}{4EI}$ ④ $\dfrac{Pl^3}{5EI}$

① $V_B' = \dfrac{1}{3} \times \dfrac{wl^2}{2EI} \times l = \dfrac{wl^3}{6EI}$

$\therefore \theta_B = \dfrac{wl^3}{6EI}$

② $M_B' = \dfrac{wl^2}{2EI} \times l \times \dfrac{1}{3} \times \dfrac{3}{4} l = \dfrac{wl^4}{8EI}$

$\therefore \delta_B = \dfrac{wl^4}{8EI}$

9. 간단한 보의 처짐각(θ)과 처짐(δ) 공식

하중상태	처짐각	최대처짐($\delta_{\max}$)
캔틸레버 끝단 집중하중 P	$\theta_A = -\dfrac{Pl^2}{2EI}$	$\delta_A = \dfrac{Pl^3}{3EI}$
캔틸레버 등분포하중 w	$\theta_A = -\dfrac{wl^3}{6EI}$	$\delta_A = \dfrac{wl^4}{8EI}$
캔틸레버 끝단 모멘트 M	$\theta_A = -\dfrac{Ml}{EI}$	$\delta_A = \dfrac{Ml^2}{2EI}$
단순보 중앙 집중하중 P	$\theta_A = -\theta_B = \dfrac{Pl^2}{16EI}$	$\delta_C = \dfrac{Pl^3}{48EI}$
단순보 등분포하중 w	$\theta_A = -\theta_B = \dfrac{wl^3}{24EI}$	$\delta_C = \dfrac{5wl^4}{384EI}$
단순보 한쪽 끝 모멘트 M	$\theta_A = \dfrac{Ml}{3EI}$ $\theta_B = \dfrac{Ml}{6EI}$	$\delta_{\max} = 0.064 \dfrac{Ml^2}{EI}$
양단고정보 중앙 집중하중 P		$\delta_{\max} = \dfrac{Pl^3}{192EI}$
양단고정보 등분포하중 w		$\delta_{\max} = \dfrac{wl^4}{384EI}$

CHAPTER 10 출제예상문제

01 길이가 l 이고 등분포하중 w를 캔틸레버보의 자유단의 최대 처짐은?

① $\dfrac{wl^4}{4EI}$ ② $\dfrac{wl^4}{8EI}$

③ $\dfrac{wl^4}{12EI}$ ④ $\dfrac{wl^4}{16EI}$

해설

$\delta = \dfrac{wl^4}{8EI}$

02 등분포하중을 받는 단순보의 처짐에 관한 설명 중 틀린 것은?

① 작용하는 하중에 비례한다.
② 탄성계수에 반비례한다.
③ 보 춤의 제곱에 반비례한다.
④ 보 길이의 4제곱에 비례한다.

해설

보의 처짐은 단면 2차모멘트에 반비례하게 되고, 단면 2차모멘트는 춤의 3제곱에 비례하므로, 결국 보의 처짐은 춤의 3제곱에 반비례한다.

03 보의 길이와 작용하중이 같은 두 개의 단순보가 있다. 단면 모양이 각각 A 및 B와 같을 경우, 최대 처짐에 대한 설명으로 맞는 것은?

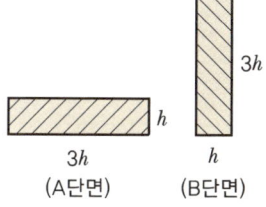

3h (A단면)   h (B단면)

① 처짐량이 같다.
② A단면 보의 처짐량이 B단면 보의 처짐량의 3배이다.
③ A단면 보의 처짐량이 B단면 보의 처짐량의 9배이다.
④ A단면 보의 처짐량이 B단면 보의 처짐량의 27배이다.

해설

보의 처짐량은 단면 2차모멘트에 반비례한다.

$I_A = \dfrac{3h \times h^3}{12} = \dfrac{3h^4}{12}$ $I_B = \dfrac{h \times (3h)^3}{12} = \dfrac{27h^4}{12}$

$\therefore \delta_A = 9\delta_B$

04 그림과 같은 단면이 일정한 단순보의 중앙점에 집중하중 P가 작용할 때 중앙점의 처짐은 다음 중 어느 것인가?

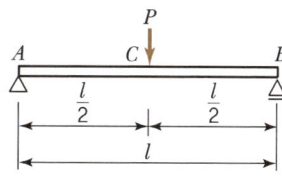

① $\dfrac{Pl^3}{48EI}$ ② $\dfrac{Pl^2}{16EI}$

③ $\dfrac{Pl^3}{24EI}$ ④ $\dfrac{Pl^3}{EI}$

해설

단순보의 중앙점에 집중하중이 작용한 경우 최대처짐

$\therefore y_c = \dfrac{Pl^3}{48EI}$

05 등분포하중을 받는 단순보의 최대 처짐은 같은 하중을 받는 양단 고정보의 최대 처짐에 비해 몇 배가 되는가?

① 2배   ② 3배
③ 4배   ④ 5배

정답   01 ②   02 ③   03 ③   04 ①   05 ④

해설

- 등분포하중을 받는 단순보의 최대 처짐

$$\delta_{max} = \frac{5wl^4}{384EI}$$

- 등분포하중을 받는 고정보의 최대 처짐

$$\delta_{max} = \frac{wl^4}{384EI}$$

∴ 처짐비 = 5 : 1

06 중앙 집중하중을 받는 단순보의 최대 처짐은 같은 하중을 받는 양단 고정보의 최대 처짐에 비해 몇 배가 되는가?

① 2배　　　　② 3배
③ 4배　　　　④ 5배

해설

- 중앙 집중하중을 받는 단순보의 최대 처짐

$$\delta_{max} = \frac{Pl^3}{48EI}$$

- 중앙 집중하중을 받는 고정보의 최대 처짐

$$\delta_{max} = \frac{Pl^3}{192EI}$$

∴ 처짐비 = 4 : 1

07 단순보의 중앙점에 집중하중 P가 작용하는 경우 (A)와 등분포하중이 작용하는 경우(B)의 최대 처짐의 비 (A) : (B)는?(단, $P = wl$이며 EI는 일정하다.)

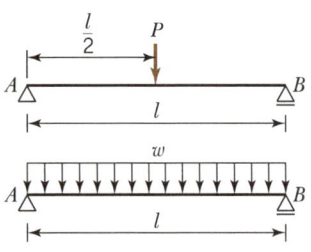

① 4 : 3　　　　② 3 : 4
③ 8 : 5　　　　④ 5 : 8

해설

$$\delta_A : \delta_B = \frac{(wl)l^3}{48EI} : \frac{5wl^4}{384EI} = \frac{1}{48} : \frac{5}{384} = 8 : 5$$

08 그림과 같은 단순보에서 중앙점의 처짐량이 4cm로 나타났다. 만일 보의 춤을 2배로 크게 하면 처짐량은 얼마나 되는가?

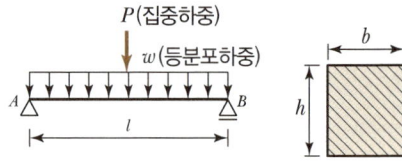

① 0.5cm　　　　② 1.0cm
③ 2.0cm　　　　④ 4.0cm

해설

$I = \frac{bh^3}{12}$ 에서 처짐 δ는 단면 2차모멘트(I)에 반비례하므로 높이(춤)의 3승에 반비례한다. 따라서, 높이를 2배로 하면 처짐은 $\frac{1}{2^3} = \frac{1}{8}$ 로 줄어든다.

∴ $\delta = 4\text{cm} \times \frac{1}{8} = 0.5\text{cm}$

09 그림과 같은 캔틸레버보의 최대처짐으로 가장 적당한 것은?

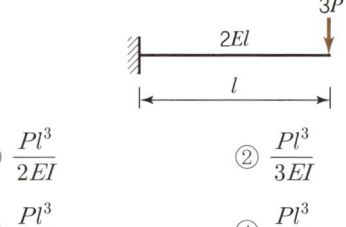

① $\dfrac{Pl^3}{2EI}$　　　　② $\dfrac{Pl^3}{3EI}$

③ $\dfrac{Pl^3}{4EI}$　　　　④ $\dfrac{Pl^3}{5EI}$

해설

$$\delta = \frac{(3P)l^3}{3(2EI)} = \frac{Pl^3}{2EI}$$

정답　06 ③　07 ③　08 ①　09 ①

10 그림과 같은 두 캔틸레버보에서 자유단의 처짐량이 동일할 때 P_2/P_1 의 값은 다음 중 어느 것인가?(단, 재질과 단면은 동일함)

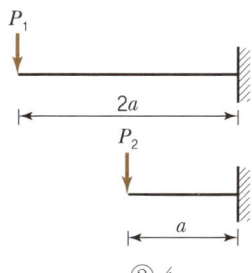

① 2　　　　　　② 4
③ 6　　　　　　④ 8

해설

$$\delta_1 = \frac{P_1(2a)^3}{3EI} = \frac{8a^3 P_1}{3EI}$$

$$\delta_2 = \frac{P_2 a^3}{3EI} = \frac{a^3 P_2}{3EI}$$

$\delta_1 = \delta_2$ 이므로, $8a^3 P_1 = a^3 P_2$

$$\therefore \frac{P_2}{P_1} = 8$$

11 그림과 같은 단순보에서 최대 처짐값은 어느 것인가?(여기서, 보의 단면($b \times h$)은 20cm×30cm이고, 탄성계수 $E = 2.1 \times 10^6$N/cm²이다.)

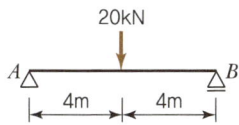

① 1.36cm　　　② 1.81cm
③ 2.26cm　　　④ 2.71cm

해설

$$\delta = \frac{Pl^3}{48EI}$$

$$= \frac{20,000 \times 800^3}{48 \times 2.1 \times 10^6 \times \frac{20 \times 30^3}{12}} = 2.26\text{cm}$$

12 그림과 같은 단순보를 I-200×100×7로 설계하였다면 최대처짐량은?(단, I-200×100×7의 단면 2차모멘트 $I_x = 2,180$cm⁴, 탄성계수 $E = 2.1 \times 10^6$N/cm²이다.)

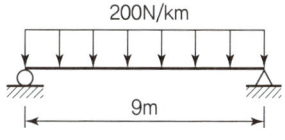

① 3.21cm　　　② 3.36cm
③ 3.45cm　　　④ 3.73cm

해설

$$\delta = \frac{5wl^4}{384EI} = \frac{5 \times 2 \times 900^4}{384 \times 2.1 \times 10^6 \times 2,180} = 3.73\text{cm}$$

13 그림과 같은 캔틸레버에서 B점의 처짐은?

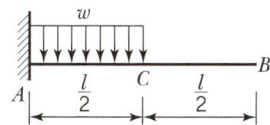

① $\dfrac{wl^4}{128EI}$　　　② $\dfrac{3wl^4}{384EI}$

③ $\dfrac{3wl^4}{128EI}$　　　④ $\dfrac{7wl^4}{384EI}$

해설

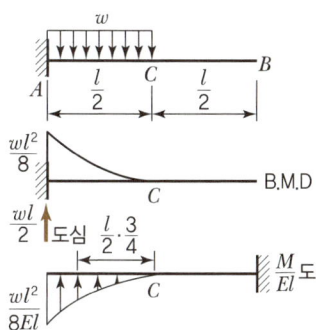

$$\delta_B = M_B{'} = \left(\frac{1}{3} \cdot \frac{wl^2}{8EI} \cdot \frac{l}{2} \left(\frac{l}{2} + \frac{l}{2} \cdot \frac{3}{4} \right) \right)$$

$$= \frac{7wl^4}{384EI}$$

정답　10 ④　11 ③　12 ④　13 ④

14 그림과 같은 등분포하중을 받는 단순보의 최대 처짐은?

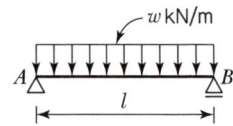

① $\dfrac{9wl^2}{128}$ ② $\dfrac{wl^4}{384EI}$

③ $\dfrac{5wl^4}{384EI}$ ④ $\dfrac{5wl^4}{128}$

해설

- 등분포하중의 $\theta_A = \dfrac{wl^3}{24EI}$
- 최대처짐 $\delta_{max} = \dfrac{5wl^4}{384EI}$

15 그림의 단순보에서 C점의 처짐은 얼마인가? (단, $E = 2.1 \times 10^5 \text{N/cm}^2$, $I = 2.1 \times 10^6 \text{cm}^4$)

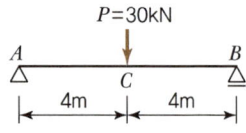

① 0.63cm   ② 0.85cm
③ 1.27cm   ④ 2.61cm

해설

$\delta_C = \dfrac{Pl^3}{48EI} = \dfrac{30,000 \times 800^3}{48 \times 2.1 \times 10^5 \times 1.2 \times 10^6}$

$= 1.269\text{cm} \fallingdotseq 1.27\text{cm}$

16 그림과 같은 단순보에서 C점의 최대 처짐량은?

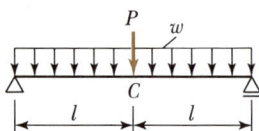

① $\dfrac{80wl^4}{384EI} + \dfrac{8Pl^3}{48EI}$ ② $\dfrac{16wl^4}{384EI} + \dfrac{8Pl^3}{48EI}$

③ $\dfrac{5wl^4}{384EI} + \dfrac{Pl^3}{48EI}$ ④ $\dfrac{16wl^4}{384EI} + \dfrac{Pl^3}{48EI}$

해설

등분포하중과 집중하중으로 나누어서 계산

$\delta = \delta_1 + \delta_2 = \dfrac{5w(2l)^4}{384EI} + \dfrac{P(2l)^3}{48EI}$

$= \dfrac{80wl^4}{384EI} + \dfrac{8Pl^3}{48EI}$

17 그림과 같은 정정라멘에서 A점을 발생하는 수직변위를 옳게 나타낸 것은?

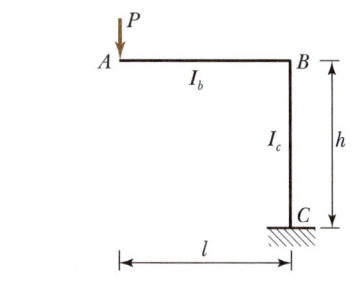

① $\dfrac{Pl^3}{3EI_b} + \dfrac{Ph^2l}{EI_c}$ ② $\dfrac{Pl^3}{3EI_b} + \dfrac{Ph^3}{EI_c}$

③ $\dfrac{Pl^2h}{3EI_b} + \dfrac{Pl^2h}{EI_c}$ ④ $\dfrac{Pl^3}{3EI_b} + \dfrac{Pl^2h}{EI_c}$

해설

가상일의 정리

$\delta_y = \int \dfrac{M\overline{M}}{EI}ds = \int_A^B \dfrac{M\overline{M}}{EI_b}dx + \int_B^C \dfrac{M\overline{M}}{EI_c}dy$

$= \dfrac{1}{EI_b}\int_0^l (-Px)(-x)dx + \dfrac{1}{EI_c}\int_0^h (-Pl)(-l)dy$

$= \dfrac{P}{EI_b}\left[\dfrac{x^3}{3}\right]_0^l + \dfrac{Pl^2}{EI_c}[y]_0^h = \dfrac{Pl^3}{3EI_b} + \dfrac{Pl^2h}{EI_c}$

별해

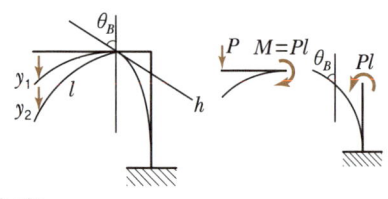

$\theta_B = \dfrac{(Pl)h}{EI_c}$

$y_1 = \theta_B \cdot l = \dfrac{(Pl)h}{EI_c} \cdot l = \dfrac{Pl^2h}{EI_c}$

$y_2 = \dfrac{Pl^3}{3EI_b}$

정답 14 ③   15 ③   16 ①   17 ④

CHAPTER

11 부정정 구조물

01 부정정 구조물의 개요
02 부정정 구조

CHAPTER 11 부정정 구조물

SECTION 01 부정정 구조물의 개요

1. 정의
힘의 평형 조건식만으로 구조물의 반력과 부재력을 구할 수 없는 구조물로 경계조건, 층방정식, 절점방정식 등을 추가로 이용해 부정정 여력을 구한 후 다시 정정구조로 해석해야 한다.

2. 특징

(1) 장점
① 부재 내에 발생하는 휨모멘트의 감소로 단면크기가 작아지므로 경제적이다.
② 단면 크기가 같고 하중의 크기가 같을 경우, 정정 구조물에 비해 처짐이 적게 발생하므로 부재 스팬(Span)을 길게 할 수 있다.
③ 응력의 재분배 효과가 있어 안정성이 증대된다.

(2) 단점
① 부재 해석과 설계가 복잡하다.
② 지반의 부동침하에 취약하며 온도변화 등으로 인하여 큰 응력이 발생하기 쉽다.

3. 부정정 구조

(1) 경계조건
① 이동지점이나 회전지점의 처짐은 0이다.
② 고정지점의 처짐 및 처짐각은 0이다.

(2) 절점방정식
n개의 절점을 갖는 라멘에서 n개의 절점각이 존재하게 되고 각 절점의 모멘트 평형조건에 의해 만들어지는 n개의 절점방정식을 얻게 된다.

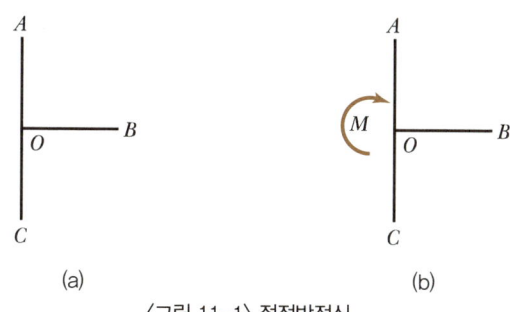

〈그림 11-1〉 절점방정식

① 절점에 외부로부터 모멘트가 가해지지 않을 때 절점에 모인 각 부재의 재단 모멘트의 총합은 0이다.

  〈그림 11-1〉 (a) $M_{OA} + M_{OB} + M_{OC} = \Sigma M = 0$

② 절점에 외부로부터 모멘트 M이 가해질 때 절점에 모인 각 부재의 재단 모멘트의 총합은 M이다.

  〈그림 11-1〉 (b) $M_{OA} + M_{OB} + M_{OC} = M$

(3) 층방정식

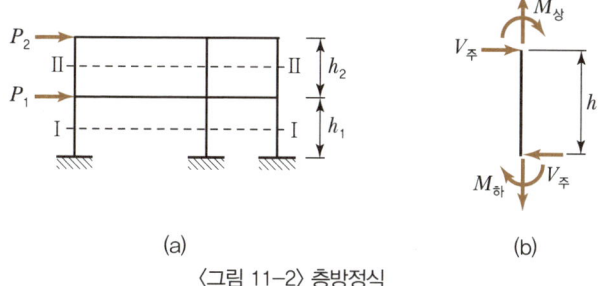

〈그림 11-2〉 층방정식

수평하중에 의해 절점이 이동하는 경우 절점각 이외에 부재각(R)이 미지수로 추가되고, 따라서 각 층수에 해당하는 층방정식이 필요하다.

① 층전단력
  - 각 층의 전단력을 V_{II}, V_{I} 이라 하면 각각 단면 II-II, I-I로부터 상부에 있는 수평력의 총합이다.

$$V_{II} = P_2 \quad V_{I} = P_1 + P_2$$

② 층모멘트
  - 각 층의 전단력(V)과 그 층의 높이(h)와의 곱을 층모멘트라 한다.

$$M_{II} = V_{II} \cdot h_2 \quad M_{I} = V_{I} \cdot h_1$$

③ 층방정식
  - 각 층의 전단력(V)은 그 층의 기둥에 분배되고, 각 기둥의 전단력($V_{주}$)의 합계는 그 층의 전단력(V)과 같다.

핵심문제 ●●○

그림과 같은 휨모멘트가 발생하려면 수평하중 P의 크기는?

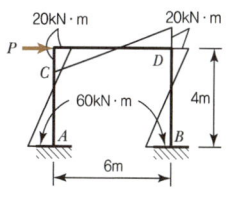

① 20kN ❷ 40kN
③ 60kN ④ 80kN

$$V_주 = V$$

- 그림 (b)에서 힘의 평형방정식에 의하여 $M_상 + M_하 + V_주 \cdot h = 0$

$$V_주 = -\left(\frac{M_상 + M_하}{h}\right)$$

SECTION 02 부정정 구조

1. 종류

>>> 응력법과 변위법의 비교

구분	미지수	조건식
응력법	힘(지점반력, 부재력)	변위에 대한 적합조건식
변위법	변위(처짐, 처짐각)	힘의 평형방정식

응력법(연성법)	변위법(강성법)
부정정력을 유발하는 반력, 부재력을 미지수로 두고 미지의 힘에 의해 발생하는 변위에 대한 적합조건을 적용하여 부정정력을 계산	변위를 미지수로 두고 각 힘에 대한 힘과 변위와의 관계식을 세운 후 힘의 평형방정식을 적용하여 미지의 변위를 계산하며 계산된 변위를 힘과 변위와의 관계에 대입하여 부정정력을 구한다.
• 변형일치법=1스팬 보, 2스팬 보, 연속보 • 3연모멘트법=연속보 • 최소일법=부정정 트러스 및 아치 (카스틸리아노 제2정리)	• 처짐각법=라멘 • 모멘트 분배법=연속보 • 에너지법(카스틸리아노 제2정리)

2. 변형일치법

부정정 구조물에서 부정정차수와 같은 수의 지점반력이나 단면력을 적당히 선정한 후 제거시켜서 정정 구조물로 만든다. 이것을 부정정 구조물의 정정기본계라 하고, 이와 같이 선정한 반력이나 단면력을 부정정력이라 하며, 만들어진 정정 구조물을 처짐이나 처짐각을 이용해 구조물을 해석하는 방법

(1) 개요

>>> 변형일치법

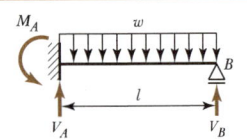

① 처짐 이용

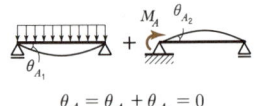

$\delta_B = \delta_{B_1} + \delta_{B_2} = 0$

② 처짐각 이용

$\theta_A = \theta_{A_1} + \theta_{A_2} = 0$

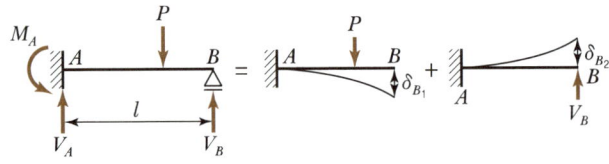

(a) 정정기본계   (b) 부정정력
〈그림 11-3〉 변형일치법

해석조건 $\delta_B = \delta_{B_1} + \delta_{B_2} = 0$ 이용 V_B 산정 ⋯

(2) 해법

① 정정기본계와 부정정력의 결정
② 실제구조물에서 변위를 알고 있는 점의 변위를 실제하중과 부정정력에 대해 각각 계산
③ 계산된 변위에 대한 적합조건식을 적용 부정정력을 구한다.
④ 실제구조물에 계산된 부정정력을 작용시킨 후 힘에 평형조건식을 사용하여 다른 반력 부재력을 구한다.

3. 처짐각법

직선부재에 작용하는 하중과 하중으로 인한 변형에 의해 절점에 생기는 절점각과 부재각을 함수로 표시한 기본식을 만든다. 이 기본식을 이용하여 절점방정식과 층방정식에 의하여 미지수인 절점각과 부재각을 구하고 이 값을 기본식에 대입하여 재단모멘트를 구한다.

(1) 기본사항

① 재단모멘트(M) : 취급되는 부재의 재단에 외부로부터 그 부재를 굽히려고 작용하는 모멘트를 말한다.
  ㉠ M_{AB} : 부재 A, B의 A단에서 B단을 향해서 가해지는 모멘트
  ㉡ M_{BA} : 부재 A, B의 B단에서 A단을 향해서 가해지는 모멘트
  ㉢ 부호는 시계 방향을 정(+), 반시계 방향을 부(−)로 한다.

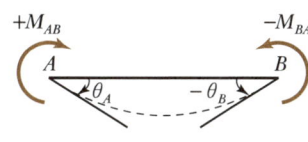

〈그림 11-4〉 처짐각법

② 절점각(θ) : 부재가 외력에 의해 변형하였을 때 변형 전의 부재축과 변형 후의 접선이 이루는 각을 말한다.
③ 부재각(R)
  ㉠ 부재가 외력에 의해 변형하였을 때 변형 전의 부재축과 변형 후의 부재축이 이루는 각을 말한다.
  ㉡ 그림에서 A, B단이 각각 δ_A, δ_B로 이동하였다면, 처짐 $\delta = \delta_B - \delta_A$이며 부재각($R$)은 다음과 같다.

$$R = \frac{\delta}{l}$$

>>> **절점각, 부재각, 접선각의 부호**

접선이 본래 이루는 축에 대해
① 시계 방향 ⊕
② 반시계 방향 ⊖

④ 접선각(τ) : 부재가 외력에 의해 변형하였을 때 변형 후의 접선과 변형 후의 부재축이 이루는 각을 말한다.

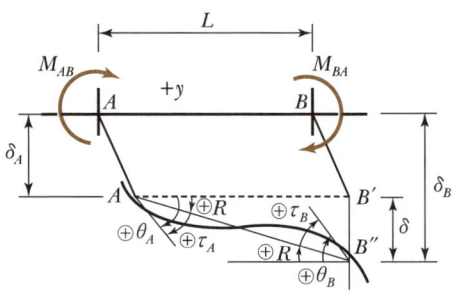

〈그림 11-5〉 절점각, 부재각, 접선각의 정의

⑤ 강도(K)

$$k = \frac{I}{l}$$

여기서, I : 단면 2차모멘트
l : 부재의 길이

① 외력에 저항하는 정도
② 단위는 cm^3, m^3

⑥ 표준강도(K_0) : 임의의 부재를 표준재로 취하였을 경우의 강도를 표준강도라 하고 강비를 구하는 데 사용된다.

⑦ 강비(k)

$$k = \frac{K}{K_0}$$

여기서, K : 강도
K_0 : 표준강도

※ 표준강도에 대한 자신의 강도를 말하며 단위는 무명수이다.

⑧ 하중항
㉠ 부재 중간에 수직으로 작용하는 하중에 의해 고정단에 발생하는 반력모멘트를 말하며, 시계 방향을 정(+), 반시계 방향을 부(−)로 한다.
㉡ 기호는 양단고정일 때(C), 일단고정 타단힌지일 때(H)

▼ 〈표 11-1〉 하중항

하중상태	휨모멘트도	하중항
P, l	C	$C = \dfrac{Pl}{8}$

핵심문제 ●●○

그림과 같은 구조물에서 기둥에 대한 보의 강비는 다음 중 어느 것인가?(다만, I_c는 기둥의 단면 2차모멘트임)

$4I_c$ / l / I_c / I_c / $2l$

① 1.0 ❷ 2.0
③ 3.0 ④ 4.0

≫ C와 H의 관계

$H = \dfrac{3}{2}C$

하중상태	휨모멘트도	하중항
(P, l, 단순-고정)	(모멘트도) H	$H = \dfrac{3Pl}{16}$
(w 등분포, 양단고정)	(모멘트도) C	$C = \dfrac{wl^2}{12}$
(w 등분포, 단순-고정)	(모멘트도) H	$H = \dfrac{wl^2}{8}$

(2) 처짐각법의 해법

① 해법상의 가정
  ㉠ 부재는 선재(線材)로 취급한다.
  ㉡ 절점에 모인 부재는 Pin(Hinge)인 경우를 제외하고는 모두 강접합으로 본다.
  ㉢ 부재는 축방향력 및 전단력에 의한 변형을 무시한다.
  ㉣ 휨모멘트에 의한 부재의 변형은 고려하나, 부재의 길이변화는 무시한다.

② 해법
  ㉠ 기본식

$$M_{AB} = 2EK_{AB}(2\theta_A + \theta_B - 3R) + C_{AB}$$
$$M_{BA} = 2EK_{BA}(2\theta_B + \theta_A - 3R) + C_{BA}$$
  $\left(K = \dfrac{I}{l}\right)$

  ㉡ 실용식 : 기본식에서 아래와 같이 정리하여 실용식을 이용한다.
  - $2EK_{AB}\theta_A = \phi_A$
  - $2EK_{BA}\theta_B = \phi_B$
  - $2EK_{AB}(-3R) = \phi$
  - $K_{AB} = K_0 k_{AB}$

$$M_{AB} = k_{AB}(2\phi_A + \phi_B - \phi) + C_{AB}$$
$$M_{BA} = k_{BA}(2\phi_B + \phi_A - \phi) + C_{BA}$$

(3) 모멘트 분배법

휨모멘트를 근사적으로 구하는 방법으로 처짐각법과 같이 연립방정식이 아니라 단순한 반복계산에 의하여 휨모멘트를 구하며 휨 변형만을 고려하므로 부정정 트러스에 적용하지 못한다.

① 강도(K) $K = \dfrac{I}{l}$

② 강비(k) $k = \dfrac{K}{K_0}$ (K_0 : 기준강도)

③ 유효강비(k_e)

강비는 부재의 양단이 고정일 때를 기준으로 하여 정한 것인데 부재의 타단이 Hinge나 대칭인 경우에는 위의 강비를 수정하여 양단이 고정인 경우와 통일하여 사용하게 되는데 이 수정된 강비를 유효강비 또는 등가강비라고 한다.

▼ 〈표 11-2〉 유효강비(k_e)와 도달률

단부 및 변형조건	휨모멘트 분포	유효강비(k_e)	도달률
B단이 고정인 경우	M ··· A ··· $\frac{1}{2}M$ ··· B	k	$\frac{1}{2}$
B단이 핀인 경우	M ··· A ··· B	$\frac{3}{4}k$	0
B단이 자유단인 경우	M ··· A	0	0
휨모멘트가 일정한 경우	M ··· A ··· $-M$ ··· B	$\frac{1}{2}k$	-1
반곡점이 중앙인 경우	M ··· A ··· M ··· B	$1.5k$	1

④ 고정단 모멘트(M_u)

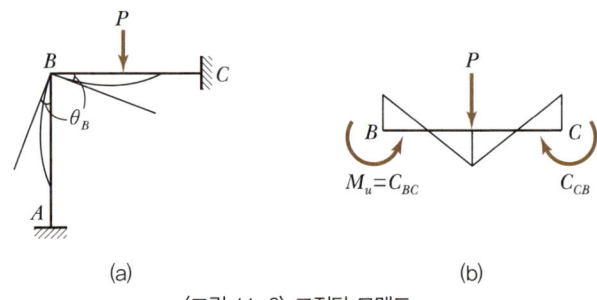

(a)   (b)

〈그림 11-6〉 고정단 모멘트

㉠ 부재중간에 하중 P가 작용하면 B절점은 회전할 것이지만 인위적으로 회전하지 못하도록 고정시키는 데 모멘트가 필요하다.
㉡ 절점을 고정시키기 위해 가해진 모멘트를 고정단 모멘트라 하며 처짐각법의 하중항(C, H)을 이용한다.

$$M_u = \Sigma C$$

※ 절점을 구속함으로 $\Sigma M = 0$ 을 만족시키지 못하고 남는 모멘트이므로 불균형 모멘트라고 부르기도 한다.

⑤ 해방 모멘트($\overline{M}$) : 고정상태로 구속된 절점을 원래의 상태로 해방시키기 위하여 고정단 모멘트와 크기가 같고, 방향이 반대인 모멘트를 해방 모멘트라 한다.

핵심문제 ●●●

그림과 같은 구조에서 A 방향으로의 모멘트 분배율은 다음 중 어느 것인가?

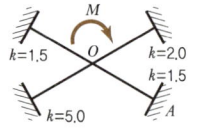

❶ 0.15   ② 0.2
③ 0.25   ④ 0.3

$$\overline{M} = -M_u = -\Sigma C$$

⑥ 분배율과 분배 모멘트

㉠ 분배율(μ) : 여러 부재가 강접합된 한 절점에 모멘트 M이 작용하면 M은 각 부재의 유효강비에 비례하여 각 부재에 분배되며, 이 모멘트 M이 분배되는 비율을 분배율이라 한다.

$$\mu = \frac{\text{자신의 유효강비}}{\text{그 절점에 접합된 모든 부재의 유효강비의 합}} = \frac{k_e}{\Sigma k_e}$$

㉡ 분배 모멘트 : 각 재단의 분배율에 의하여 분배된 모멘트

$$M' = \mu M = \frac{k}{\Sigma k_e} M$$

⑦ 전달률과 전달 모멘트

㉠ 전달률($\frac{1}{2}$)

- 타단이 고정인 부재의 고정단에는 분배 모멘트의 1/2이 전달된다.(항상 작용모멘트의 1/2이다.)
- 타단이 힌지이거나 자유단이면 모멘트는 전달되지 않는다.

㉡ 전달 모멘트

$$M'' = \frac{1}{2}M' = \frac{1}{2} \times \frac{k}{\Sigma k_e} M$$

⑧ 재단모멘트(M) : 각 재단에서의 고정단 모멘트(FEM)+분배 모멘트(DM)+도달 모멘트(CM)를 합계한 모멘트

$$M = C + M' + M''$$

핵심문제

그림과 같은 라멘에서 B점의 모멘트는?(다만, k는 강비임)

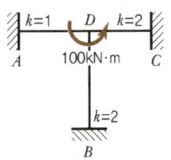

① 10kN·m ❷ 20kN·m
③ 30kN·m ④ 40kN·m

(4) 해법순서

① 강도($K = \frac{I}{l}$), 강비($k = \frac{K}{K_0}$) 계산

② 분배율(DF, μ)

$$\mu = \frac{k_e}{\Sigma k_e}$$

③ 고정단 모멘트(하중항 C)의 계산

$$M_u = \Sigma C$$

핵심문제

그림에서 C점의 휨모멘트는?

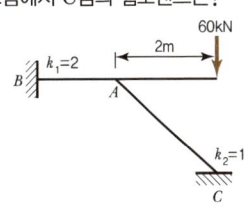

① 10kN·m ❷ 20kN·m
③ 30kN·m ④ 40kN·m

④ 해방 모멘트($\overline{M}$) 계산

$$\overline{M} = -\Sigma C$$

⑤ 분배 모멘트 계산(M')

$$M' = \mu M$$

⑥ 전달 모멘트 계산(M'')

$$M'' = \frac{1}{2}M'$$

⑦ 재단 모멘트의 계산

$$M = C + M' + M''$$

3. 부정정 구조물의 해석

(1) 이동 – 고정지점의 집중하중 작용 시

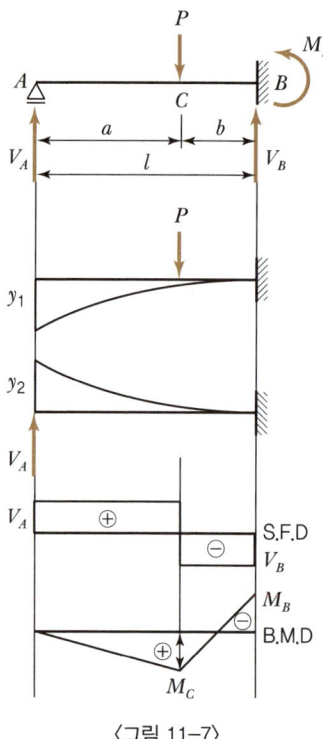

〈그림 11-7〉

① 지점반력

$$y_A = 0 \qquad y_1 + y_2 = 0$$

$$y_1 = \frac{Pb^2(3l-b)}{6EI}$$

$$y_2 = \frac{-V_A l^3}{3EI}$$

$$y_1 + y_2 = \frac{Pb^2(3l-b)}{6EI} - \frac{V_A l^3}{3EI} = 0$$

$$\therefore V_A = \frac{Pb^2(3l-b)}{2l^3}$$

② $\Sigma V = 0 \qquad V_A + V_B = P$

$$\therefore V_B = P - V_A = P - \frac{Pb^2(3l-b)}{2l^3} = \frac{P(2l^3 - 3lb^2 + b^3)}{2l^3}$$

③ $\Sigma M_B = 0$

$$-M_B + V_A l - Pb = 0$$

$$\therefore M_B = V_A l - Pb = \frac{-Pb(l+a)}{2l^2}$$

(2) 이동 – 고정지점의 등분포하중 작용 시

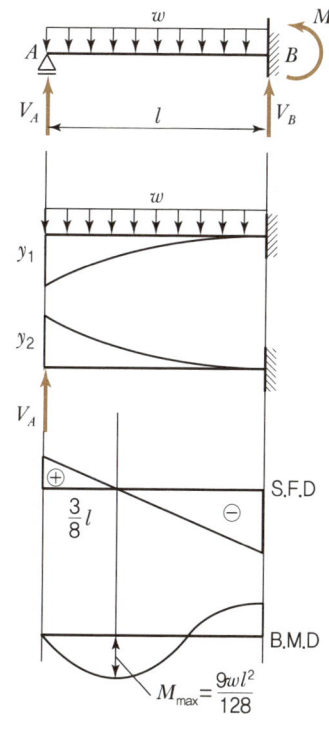

〈그림 11-8〉

① $y_A = 0 \qquad y_1 + y_2 = 0$

$$y_1 = \frac{wl^4}{8EI}$$

$$y_2 = -\frac{V_A l^3}{3EI}$$

$$y_1 + y_2 = \frac{wl^4}{8EI} - \frac{V_A l^3}{3EI} = 0$$

$$\therefore V_A = \frac{3wl}{8}$$

② $\Sigma V = 0 \qquad\qquad V_A + V_B = wl$

$$\therefore V_B = wl - \frac{3wl}{8} = \frac{5wl}{8}$$

③ $\Sigma M_B = 0$

$$-M_B + V_A l - \frac{wl^2}{2} = 0$$

$$M_B = \frac{3wl^2}{8} - \frac{wl^2}{2} = -\frac{wl^2}{8}$$

∴ 전단력이 0인 곳

$$V_x = 0$$

$$\frac{3wl}{8} - wx = 0$$

$$\therefore x = \frac{3}{8}l$$

(3) 양측고정에 집중하중이 작용 시

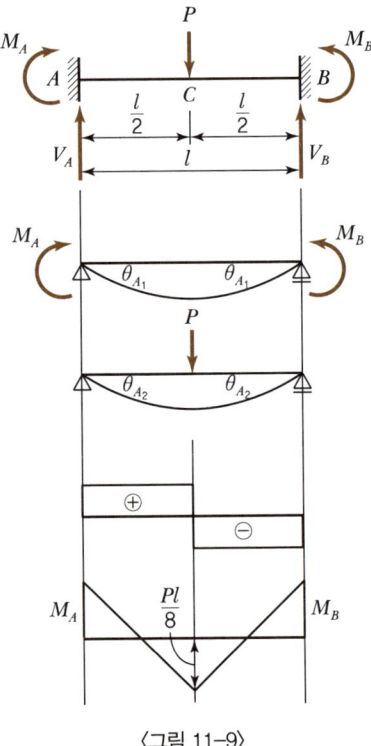

〈그림 11-9〉

① 고정단 처짐각 $\theta_A = 0$

$$\theta_{A_1} = \frac{l}{6EI}(2M_A + M_B) = \frac{Ml}{2EI}$$

$$M_A = M_B = M$$

$$\theta_{A_2} = \frac{Pl^2}{16EI}$$

$$\theta_A = 0$$

$$\theta_A = \theta_{A_1} + \theta_{A_2} = \frac{Ml}{2EI} + \frac{Pl^2}{16EI} = 0$$

$$M = M_A = M_B = -\frac{Pl}{8}$$

② 반력

$$\Sigma V = 0 \qquad V_A + V_B = P$$

$$\Sigma M_B = 0$$

$$\therefore V_A = \frac{P}{2} + \frac{M_B - M_A}{l} = \frac{P}{2}$$

$$V_B = \frac{P}{2} + \frac{M_A - M_B}{l} = \frac{P}{2}$$

③ 전단력

- $0 \leq x \leq \dfrac{l}{2}$

$$V_x = V_A - \frac{P}{2}$$

- $\dfrac{l}{2} \leq x \leq l$

$$V_x = V_A - P = -V_B = -\frac{P}{2}$$

④ 휨모멘트

- $0 \leq x \leq \dfrac{l}{2}$

$$M_x = V_a \times x + M_A = \frac{P}{2}x - \frac{Pl}{8}$$

$$M_A = M_{(x=0)} = -\frac{Pl}{8}$$

$$M_c = M(x = \frac{l}{2}) = \frac{P}{2} \times \frac{l}{2} - \frac{Pl}{8} = \frac{Pl}{8}$$

- $\dfrac{l}{2} \leq x \leq l$

$$M_x = V_A x - P(x - \frac{l}{2}) + M_A = \frac{P}{2}x - \frac{Pl}{8}$$

$$M_B = M_{(x=0)} = -\frac{Pl}{8}$$

(4) 양단 고정지점에 등분포하중이 작용 시

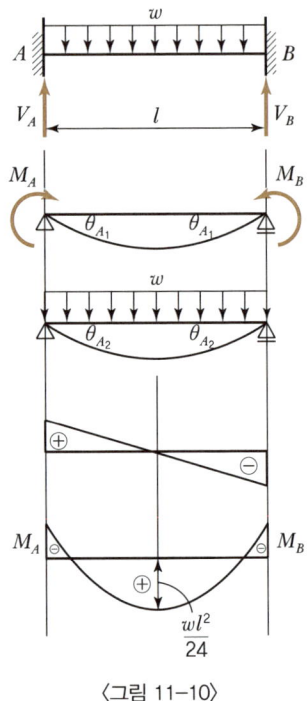

〈그림 11-10〉

① $M_A = M_B = M$

$\theta_A = 0$ $\qquad \theta_A = \theta_{A_1} + \theta_{A_2} = 0$

$\theta_A = \dfrac{Ml}{2EI} + \dfrac{wl^3}{24EI} = 0$

$\therefore M = M_A = M_B = -\dfrac{wl^2}{12}$

② 반력

$\Sigma V = 0 \qquad V_A + V_B = wl$

$\Sigma M_B = 0$

$V_A = \dfrac{wl}{2} + \dfrac{M_B - M_A}{l} = \dfrac{wl}{2} \qquad \therefore V_B = \dfrac{wl}{2}$

③ 전단력

$V_x = V_a - wx = \dfrac{wl}{2} - wx$

※ 전단력이 0인 지점 $\qquad V_x = 0 \quad x = \dfrac{l}{2}$

④ 휨모멘트

$M_x = V_A \cdot x + wx \cdot \dfrac{x}{2} + M_A = \dfrac{wl}{2}x - \dfrac{wx^2}{2} - \dfrac{wl^2}{12}$

$M_{\max(x=\frac{l}{2})} = \dfrac{wl}{2} \times \dfrac{l}{2} - \dfrac{w}{2}\left(\dfrac{l}{2}\right)^2 - \dfrac{wl^2}{12} = \dfrac{wl^2}{24}$

▼ 〈표 11-3〉 부정정보 공식

하중상태	휨모멘트도	휨모멘트 공식		
		M_A	M_C 또는 M_D	M_S
등분포하중, 양단고정, $A-C(l/2)-B$		$\dfrac{\omega l^2}{12}$	$+\dfrac{\omega l^2}{24}$	$-\dfrac{\omega l^2}{12}$
등분포하중, 일단힌지-일단고정, $A-D(3l/8)-B(5l/8)$		0	$+\dfrac{9\omega l^2}{128}$	$-\dfrac{\omega l^2}{8}$
집중하중 P, 양단고정, $A-C(l/2)-B$		$-\dfrac{Pl}{8}$	$+\dfrac{Pl}{8}$	$-\dfrac{Pl}{8}$
집중하중 P, 일단힌지-일단고정, $A-C(l/2)-B$		0	$+\dfrac{5Pl}{32}$	$-\dfrac{3Pl}{16}$
집중하중 P, 양단고정, $A-D(a)-B(b)$		$-\dfrac{Pab^2}{l^2}$	$+\dfrac{Pa^2b^2}{l^3}$	$-\dfrac{Pa^2b}{l^2}$
집중하중 P, 일단힌지-일단고정, $A-D(a)-B(b)$		0	$+\dfrac{Pab^2(3a+2b)}{2l^3}$	$-\dfrac{Pab(2a+b)}{2l^2}$
2 집중하중 P,P, 양단고정, $A-D-C-D-B$ ($l/3$ 등분)		$-\dfrac{2Pl}{9}$	$+\dfrac{Pl}{9}$	$-\dfrac{2Pl}{9}$

CHAPTER 11 출제예상문제

01 길이가 l 이고 등분포하중 w를 받는 양단 고정보의 중앙부와 단부의 휨모멘트비율 $M_C : M_A$는?

① 1 : 1 ② 1 : 2
③ 2 : 1 ④ 1 : 4

해설

중앙부정(+) 모멘트 $M_C = \dfrac{wl^2}{24}$

단부부(-) 모멘트 $M_A = \dfrac{wl^2}{12}$

∴ $M_C : M_A = \dfrac{wl^2}{24} : \dfrac{wl^2}{12} = 1 : 2$

02 길이가 l 이고 중앙 집중하중 P를 받는 양단 고정보의 중앙부와 단부의 휨모멘트 비율 $M_C : M_A$는?

① 1 : 1 ② 1 : 2
③ 2 : 1 ④ 1 : 4

해설

중앙부정(+) 모멘트 $M_C = \dfrac{Pl}{8}$

단부부(-) 모멘트 $M_A = \dfrac{Pl}{8}$

∴ $M_C : M_A = 1 : 1$

03 양단 고정에서 C점의 휨모멘트는?(단, 보의 휨강도 EI는 일정하다.)

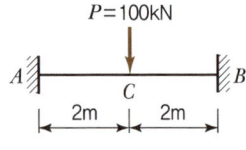

① 50kN·m ② 100kN·m
③ 200kN·m ④ 400kN·m

해설

$M_A = M_B = -\dfrac{Pl}{8}$

$M_C = \dfrac{Pl}{8} = \dfrac{100 \times 4}{8} = 50\text{kN} \cdot \text{m}$

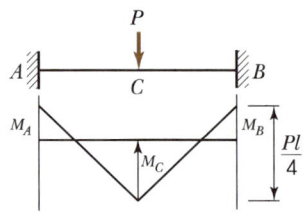

04 그림에서 C점의 휨모멘트 M_C는?

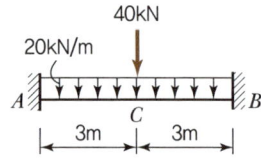

① 20kN·m ② 40kN·m
③ 60kN·m ④ 80kN·m

해설

$M_C = \dfrac{wl^2}{24} + \dfrac{Pl}{8} = \dfrac{20 \times 6^2}{24} + \dfrac{40 \times 6}{8} = 60\text{kN} \cdot \text{m}$

05 그림과 같은 휨모멘트가 발생하려면 수평하중 P의 크기는?

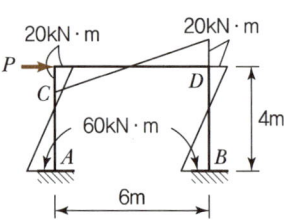

① 20kN ② 40kN
③ 60kN ④ 80kN

> 해설

층방정식을 적용하면

층전단력 $P = \dfrac{\text{재단 모멘트의 합}}{\text{층고}}$ 이므로,

$\therefore P = \dfrac{20+60+20+60}{4} = 40\text{kN}$

06 그림과 같은 대칭 라멘(Rahmen)의 휨모멘트도에서 기둥의 전단력 값으로 옳은 것은?

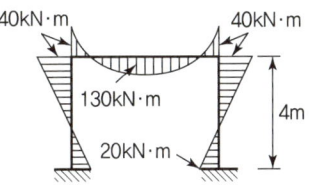

① 10kN ② 15kN
③ 20kN ④ 30kN

> 해설

기둥의 전단력

$S = \dfrac{M_\text{상} + M_\text{하}}{h} = \dfrac{(40+20)}{4} = 15\text{kN}$

07 그림과 같은 휨모멘트도에서 기둥부재의 전단력 값은?

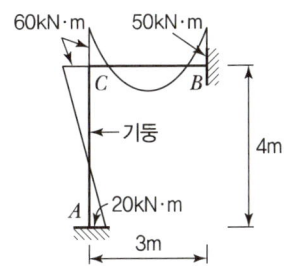

① 10kN ② 20kN
③ 30kN ④ 40kN

> 해설

기둥의 전단력

$V = \dfrac{M_{CA} + M_{AC}}{h} = \dfrac{60+20}{4} = 20\text{kN}$

08 그림과 같은 라멘의 AB 부재에 휨모멘트가 발생하지 않으려면 P의 크기는?

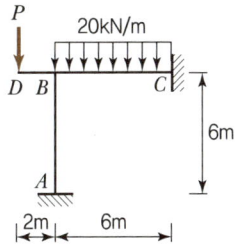

① 10kN ② 20kN
③ 30kN ④ 40kN

> 해설

B점의 재단모멘트 M_{BD}와 M_{BC}의 절댓값의 크기가 같으면 기둥 부재에는 휨모멘트가 발생하지 않는다.

$M_{BD} = P \times 2$

$M_{BC} = \dfrac{wl^2}{12} = \dfrac{20 \times 6^2}{12} = 60\text{kN} \cdot \text{m}$

$\therefore P = 30\text{kN}$

09 그림과 같은 구조물에서 기둥에 대한 보의 강비는 다음 중 어느 것인가?(단, I_C는 기둥의 단면 2차모멘트임)

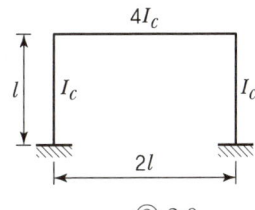

① 1.0 ② 2.0
③ 3.0 ④ 4.0

> 해설

- 기둥의 강도 $K_C = \dfrac{I_C}{l}$

- 보의 강도 $K_G = \dfrac{4I_C}{2l} = \dfrac{2I_C}{l}$

$\therefore$ 보의 강비 $k = \dfrac{K_G}{K_C} = \dfrac{\frac{2I_C}{l}}{\frac{I_C}{l}} = 2$

정답   06 ②   07 ②   08 ③   09 ②

10 그림과 같은 구조에서 A 방향으로의 모멘트 분배율은 다음 중 어느 것인가?

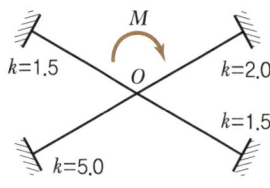

① 0.15
② 0.2
③ 0.25
④ 0.3

> 해설
>
> OA의 부재의 분배율
>
> $\mu_{OA} = \dfrac{k_{OA}}{\Sigma k} = \dfrac{1.5}{1.5+5.0+1.5+2.0} = \dfrac{1.5}{10} = 0.15$

11 그림과 같은 라멘에서 B점의 모멘트는?(다만, k는 강비임)

① 10kN · m
② 20kN · m
③ 30kN · m
④ 40kN · m

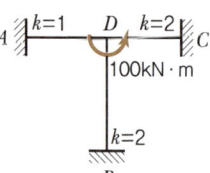

> 해설
>
> • DB 부재의 분배율
>
> $\mu_{DB} = \dfrac{k_{DB}}{\Sigma k} = \dfrac{2}{2+2+1} = \dfrac{2}{5} = 0.4$
>
> • 분배 모멘트
>
> $M_{DB} = \mu_{DB} \times M = 0.4 \times 100 = 40 \text{kN} \cdot \text{m}$
>
> • 도달 모멘트
>
> $M_{BD} = M_{DB} \times \dfrac{1}{2} = 4 \times \dfrac{1}{2} = 20 \text{kN} \cdot \text{m}$

12 그림에서 C점의 휨모멘트는?

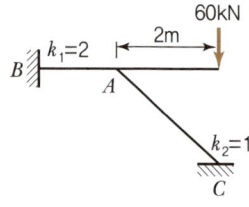

① 10kN · m
② 20kN · m
③ 30kN · m
④ 40kN · m

> 해설
>
> • $M = P \times l = 60 \times 2 = 120 \text{kN} \cdot \text{m}$
>
> • $M_{AC} = \dfrac{k_{AC}}{\Sigma k} \times M = \dfrac{1}{3} \times 120 = 40 \text{kN} \cdot \text{m}$
>
> • $M_{CA} = M_{AC} \times \dfrac{1}{2} = 40 \times \dfrac{1}{2} = 20 \text{kN} \cdot \text{m}$

13 그림과 같은 구조에서 기둥 부재에 휨모멘트가 생기지 않게 하려면 캔틸레버의 내민 길이 x의 값은?

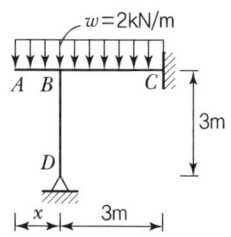

① 3.0m
② $\sqrt{3.0}$ m
③ 1.5m
④ $\sqrt{1.5}$ m

> 해설
>
> B지점의 재단모멘트 M_{BA} 와 M_{BC}의 절댓값의 크기가 같으면 휨모멘트가 발생하지 않는다.
>
> ∴ $M_{BA} = M_{BC}$
>
> $x^2 \text{kN} \cdot \text{m} = 1.5 \text{kN} \cdot \text{m}$
>
> $x = \sqrt{1.5}$ m

14 2경간 연속보에서 반력 R_C의 크기는?(단, EI는 일정함)

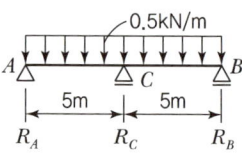

① 3.125kN
② 2.5kN
③ 1.875kN
④ 1.125kN

정답 10 ① 11 ② 12 ② 13 ④ 14 ①

해설

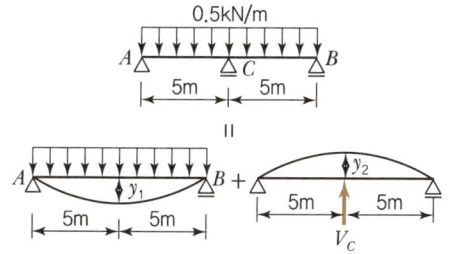

$y = y_1 + y_2 = 0$

$y_1 = \dfrac{5wl^4}{384EI}, \ y_2 = \dfrac{Pl^3}{48EI} = \dfrac{R_c l^3}{48EI}$

$y = \dfrac{5wl^4}{384EI} - \dfrac{R_c l^3}{48EI} = 0$

$R_c = \dfrac{5 \times 48 wl}{384} = \dfrac{5 \times 48 \times 0.5 \times 10}{384} = 3.125 \text{kN}$

15 양단고정보의 단부휨모멘트 값은?

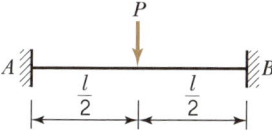

① $-\dfrac{3Pl}{16}$ ② $-\dfrac{Pl}{12}$
③ $-\dfrac{Pl}{4}$ ④ $-\dfrac{Pl}{8}$

해설

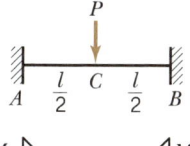

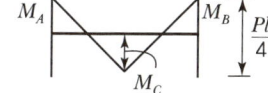

$M_A = M_B = -\dfrac{Pl}{8}$ (단부)

$\therefore M_C = \dfrac{Pl}{8}$ (중앙부)

16 그림과 같은 라멘에 있어서 A점의 모멘트는 얼마인가?(단, k는 강비이다.)

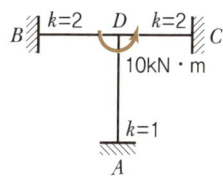

① 1kN·m ② 2kN·m
③ 3kN·m ④ 4kN·m

해설

- DA분배율
  $\mu_{DA} = \dfrac{k_{DB}}{\Sigma k} = \dfrac{1}{2+2+1} = \dfrac{1}{5} = 0.2$
- 분배모멘트
  $M_{DA} = \mu_{DA} \cdot M = 0.2 \times 10 = 2 \text{kN} \cdot \text{m}$
- 전달모멘트
  $M_{AD} = \dfrac{1}{2} M_{DA} = \dfrac{1}{2} \times 2 = 1 \text{kN} \cdot \text{m}$

17 그림과 같은 현관 출입구에서 지붕에 등분포 하중이 작용할 때, 기둥에 휨모멘트가 생기지 않게 하려면 L은 얼마이어야 하는가?

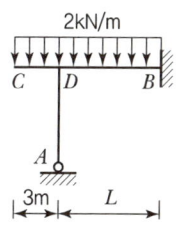

① 2.45m ② 4.90m
③ 6.12m ④ 7.35m

해설

D점의 재단모멘트 M_{DC}와 M_{DB}의 절댓값 크기가 같으면 기둥 부재는 휨모멘트가 발생하지 않는다.

$M_{DC} = 2 \times 3 \times \dfrac{3}{2} = 9 \text{kN} \cdot \text{m}$ $M_{DB} = \dfrac{wl^2}{12} = \dfrac{2 \cdot l^2}{12}$

$M_{DC} = M_{DB}$

$9 \text{kN} \cdot \text{m} = \dfrac{2 \cdot l^2}{12}$ $l^2 = \dfrac{9 \times 12}{2} = 54 \text{m}$

$l = \sqrt{54} = 7.35 \text{m}$

정답 15 ④ 16 ① 17 ④

18 그림과 같은 부정정보의 중앙부와 단부의 휨모멘트 비율 $M_C : M_A$는?

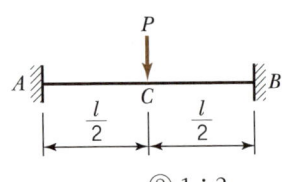

① 1 : 1
② 1 : 2
③ 1 : 3
④ 1 : 4

해설

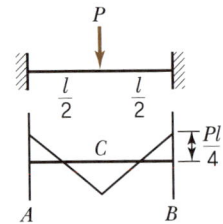

$M_A = M_B = -\dfrac{Pl}{8}$

$M_C = \dfrac{Pl}{4} - \dfrac{Pl}{8} = \dfrac{Pl}{8}$

$M_A = M_B = M_C$

19 그림에서 C점의 휨모멘트는?(단, A점은 3부재를 용접으로 접합한 고정절점이다. k_1는 부재 AB의 강비이고 k_2는 부재 AC의 강비이다.)

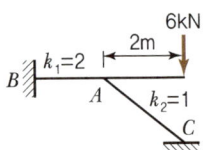

① 2kN · m
② 4kN · m
③ 6kN · m
④ 8kN · m

해설

$M = 6 \times 2 = 12\text{kN} \cdot \text{m}$

$\mu_{AC} = \dfrac{k}{\Sigma k} = \dfrac{1}{3}$

$M_{AC} = M_{AC} \times M = \dfrac{1}{3} \times 12 = 4\text{kN} \cdot \text{m}$

$M_{CA} = \dfrac{1}{2} M_{AC} = \dfrac{1}{2} \times 4 = 2\text{kN} \cdot \text{m}$

20 다음 구조물에서 절점 O는 이동하지 않으며 A, B, C는 고정 상태일 때 C점의 휨모멘트는?(단, ○ 안의 수는 강비임)

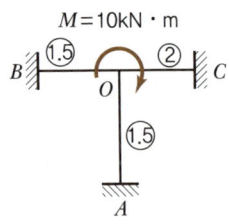

① 1.0kN · m
② 2.0kN · m
③ 4.0kN · m
④ 8.0kN · m

해설

• 분배율
$\mu_{OC} = \dfrac{k}{\Sigma k} = \dfrac{2}{5} = 0.4$

• 분배모멘트
$M_{OC} = \mu_{OC} \cdot M = 0.4 \times 10 = 4\text{kN} \cdot \text{m}$

• 전달모멘트
$M_{CO} = \dfrac{1}{2} M_{OC} = \dfrac{1}{2} \times 4 = 2\text{kN} \cdot \text{m}$

21 그림과 같은 양단고정 보에서 A점의 휨모멘트는 얼마인가?(단, EI는 일정)

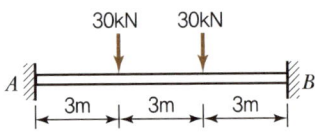

① $-40\text{kN} \cdot \text{m}$
② $-50\text{kN} \cdot \text{m}$
③ $-60\text{kN} \cdot \text{m}$
④ $-70\text{kN} \cdot \text{m}$

해설

변형일치법

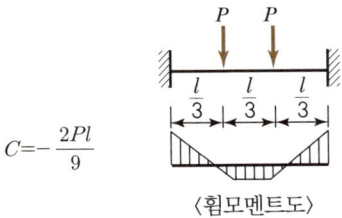

$C = -\dfrac{2Pl}{9}$

〈휨모멘트도〉

$M_{AB} = \dfrac{-2Pl}{9} = \dfrac{-2 \times 30 \times 9}{9} = -60\text{kN} \cdot \text{m}$

정답 18 ① 19 ① 20 ② 21 ③

22 다음 부정정 구조물의 A단의 휨모멘트 값은?

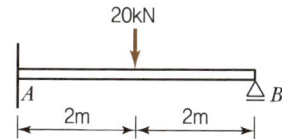

① $-15\text{kN}\cdot\text{m}$ ② $-20\text{kN}\cdot\text{m}$
③ $-30\text{kN}\cdot\text{m}$ ④ $-40\text{kN}\cdot\text{m}$

해설

- $M_A = -\dfrac{3Pl}{16}$
- $M_A = -\dfrac{3\times 20\times 4}{16} = -15\text{kN}\cdot\text{m}$

23 절점 B에 외력 $M=200\text{kN}\cdot\text{m}$가 작용하고 각 부재의 강비가 그림과 같을 경우 M_{AB}는?

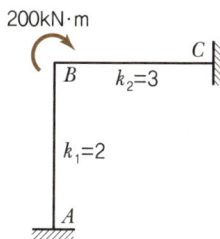

① $20\text{kN}\cdot\text{m}$ ② $40\text{kN}\cdot\text{m}$
③ $60\text{kN}\cdot\text{m}$ ④ $80\text{kN}\cdot\text{m}$

해설

모멘트 분배법
- 분배율
$$\mu_{BA} = \dfrac{K}{\Sigma K} = \dfrac{2}{5}$$
- 분배 모멘트
$$M_{BA} = \mu_{BA}\cdot M = \dfrac{2}{5}\times 200 = 80\text{kN}\cdot\text{m}$$
- 전달 모멘트
$$M_{AB} = \dfrac{1}{2}M_{BA} = \dfrac{1}{2}\times 80 = 40\text{kN}\cdot\text{m}$$

24 그림과 같은 양단 고정보에서 A 지점의 반력 모멘트 M_A는?(단, 보의 휨강도 EI는 일정하다.)

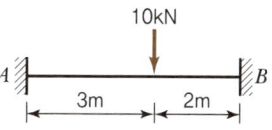

① $2.6\text{kN}\cdot\text{m}$ ② $3.2\text{kN}\cdot\text{m}$
③ $4.8\text{kN}\cdot\text{m}$ ④ $5.4\text{kN}\cdot\text{m}$

해설

부정정보

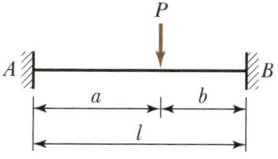

- $M_A = -\dfrac{Pab^2}{l^2},\ M_B = -\dfrac{Pa^2 b}{l^2}$
- $M_A = -\dfrac{10\times 3\times 2^2}{5^2} = -4.8\text{kN}\cdot\text{m}$

제2편
철근콘크리트 구조

Engineer Architecture

CHAPTER
01

재료의 성질

01 개요
02 재료의 성질

CHAPTER 01 재료의 성질

SECTION 01 개요

핵심문제

철근콘크리트 구조에 관한 기술 중 옳지 않은 것은?
① 화재 시 철근이 팽창하기 때문에 파괴되기 쉽다.
② 일체식 구조이고, 내구, 내화적으로 유리하다.
③ 콘크리트의 강도상 결함을 철근이 보완하고 있다.
④ 동기 공사는 일반적으로 곤란하다.

1. 철근콘크리트의 정의

철근콘크리트(Reinforced Concrete)란 철근을 배근하고 콘크리트를 부어 일체식으로 구성한 라멘(Rahmen) 구조로서 우수한 내진구조이다.

① 철근콘크리트 구조물에서 압축 측은 콘크리트가 응력을 부담하고, 인장 측은 철근이 부담토록 설계한다.
② 전단력에 의한 사인장 균열에 대한 보강으로 늑근을 설치하여 균열을 방지한다.
③ 철근과 콘크리트는 일체가 되어서 외력이 작용하더라도 철근과 콘크리트는 빠지지 않는 저항력인 부착력 또는 부착응력이 생긴다.

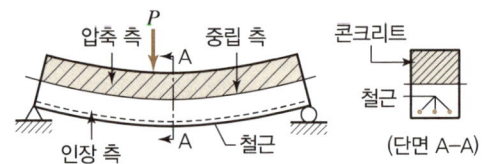

〈그림 1-1〉 철근콘크리트 구조의 원리

2. 철근콘크리트의 성립 이유

① 알칼리성인 콘크리트 속에 매립된 철근은 녹스는 일이 없어 내구성이 좋다.
② 철근과 콘크리트의 선팽창계수가 거의 같다.
  ($1 \times 10^{-5} = 1/100,000 = 0.00001/℃$)
③ 철근과 콘크리트의 부착강도가 커서, 일체로 외력에 작용한다.

3. 철근콘크리트의 장단점

(1) 장점

① 콘크리트 자체는 알칼리성이므로 철근이 녹스는 것을 방지한다.
② 콘크리트의 강력한 부착으로 철근의 좌굴을 방지한다.
③ 콘크리트는 내화, 내구적이므로 철근을 피복보호하여 내화, 내구성이 우수하다.

④ 설계, 의장이 자유롭다.
⑤ 재료구입이 용이하고 유지관리비가 적게 든다.

(2) 단점

① 자체중량이 크다.
   ㉠ 철근콘크리트 : $24kN/m^3$
   ㉡ 무근콘크리트 : $23kN/m^3$
   ㉢ 경량콘크리트 : $16 \sim 20kN/m^3$
② 습식구조이므로 시공기간이 길며 거푸집 비용이 많이 든다.
③ 파괴, 철거가 곤란하다.
④ 균열 발생이 쉽고 국부적으로 파손되기 쉽다.
⑤ 전음도가 크므로 옆방이나 아래층에 영향을 미친다.

SECTION 02 재료의 성질

1. 콘크리트

(1) 콘크리트용 재료

1) 시멘트

보통 포틀랜드 시멘트가 많이 쓰인다.

2) 골재의 입도

① 골재의 입면은 오목, 볼록 각이 적고 되도록 둥근 모양에 가까운 것을 사용한다.
② 표면은 부착력 확보를 위해 다소 거친 것이 좋다.

3) 골재의 크기

① 세골재(잔골재) : 5mm 체에 중량으로 85% 이상 통과하는 골재
② 조골재(굵은 골재) : 5mm 체에 중량으로 85% 이상 잔류하는 골재
③ 철근콘크리트용 골재 : 25mm 이하
④ 무근콘크리트용 골재 : 40mm 이하

4) 물

유해한 성분이 포함되어 있지 않아야 한다.
① 염분은 철근을 부식시키므로 KS F 4009에서 염화물의 한도를 0.04% 이하로 규정하고 있다.
② 당분은 경화지연으로 인한 콘크리트의 초기강도를 저하시킨다.

핵심문제 ●○○

지름 150mm, 높이 300mm인 재령 28일의 콘크리트 공시체의 압축강도 시험결과 371kN의 압축하중에서 파괴되었다. 이 공시체의 압축강도에 가까운 값은?

① 18MPa(N/mm²)
② 19MPa(N/mm²)
③ 20MPa(N/mm²)
❹ 21MPa(N/mm²)

핵심문제 ●●○

강도설계법에서 콘크리트의 변형률이 얼마에 도달하면 그 부재의 하중부담 한계로 간주하는가?(단, 콘크리트의 설계기준압축강도는 40MPa 이하이다.)

① 0.0011 ② 0.0022
❸ 0.0033 ④ 0.0044

(2) 설계기준강도(f_{ck})

① 우리나라를 비롯하여 미국, 일본에서는 높이가 지름의 2배인 $\phi 150 \times 300$mm인 원주형 공시체의 재령 28일 압축강도를 기준으로 한다.
② $\phi 100 \times 200$mm의 공시체를 사용할 경우에는 강도보정계수 0.97을 곱한다.
③ 콘크리트의 압축강도는 시멘트의 종류, 물·시멘트비, 골재, 양생조건 및 기간, 콘크리트의 재령 등에 영향을 받는다.

▼ 〈표 1-1〉 콘크리트의 설계기준강도(f_{ck})

f_{ck}(N/mm²)	15	18	21	24	27	30
f_{ck}(kgf/cm²)	150	180	210	240	270	300

(3) 응력-변형률($\sigma - \varepsilon$) 곡선

① 원주형 공시체를 사용하여 압축강도를 시험했을 때의 전형적인 응력-변형률 곡선은 〈그림 1-2〉와 같다.
② 저강도 콘크리트는 취성이 적으므로 고강도 콘크리트보다 더 큰 변형률에서 파괴되고 있다. 즉, 고강도 콘크리트일수록 취성이 강하다.
③ 압축강도에 대응하는 변형률은 대략 0.002 정도로 나타나고 있으며, 많은 시험에서 압축강도의 변형률은 0.002~0.0025의 범위에서 측정되고 있다.
④ 휨모멘트 또는 휨모멘트와 축력을 동시에 받는 부재의 콘크리트 압축연단의 극한변형률은 콘크리트의 설계기준압축강도가 40MPa 이하인 경우에는 0.0033으로 가정하며, 40MPa을 초과할 경우에는 매 10MPa의 강도 증가에 대하여 0.0001씩 감소시킨다. 콘크리트의 설계기준압축강도가 90MPa을 초과하는 경우에는 성능실험을 통한 조사연구에 의하여 콘크리트 압축연단의 극한변형률을 선정하고 근거를 명시하여야 한다.

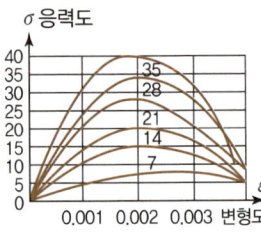
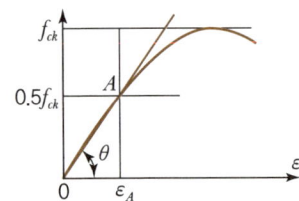

〈그림 1-2〉 콘크리트의 응력-변형률 곡선 및 탄성계수

(4) 탄성계수

① 탄성계수 E_c는 탄성범위 내에서 변형률의 변화에 대한 응력의 변화로 정의하고, 강성의 정도, 혹은 변형에 대한 재료의 저항의 정도를 나타낸다.

② 기준에서 콘크리트의 탄성계수(E_c)는 할선탄성계수를 사용하며, 콘크리트의 단위질량 m_c의 값이 1,450~2,500kg/m³인 콘크리트의 탄성계수는 다음과 같다.

$$E_c = 0.077 m_c^{1.5} \sqrt[3]{f_{cu}} \, (\text{MPa})$$

③ 단위질량 m_c = 2,300kg/m³인 보통골재를 사용한 콘크리트의 탄성계수는 다음과 같이 구할 수 있다.

$$E_c = 8,500 \sqrt[3]{f_{cu}} \, (\text{MPa})$$

여기서, $f_{cu} = f_{ck} + \Delta_f$
- $f_{ck} \leq 40\text{MPa}$: Δ_f = 4MPa
- $f_{ck} \geq 60\text{MPa}$: Δ_f = 6MPa
- $40 < f_{ck} < 60$: Δ_f =직선보간

f_{ck} : 콘크리트의 설계기준압축강도(MPa)
f_{cu} : 재령 28일에서 콘크리트의 평균압축강도(MPa)

핵심문제 ●●○

설계기준강도 f_{ck}= 30MPa인 콘크리트의 탄성계수 E_c의 값에 가장 가까운 값은?
① E_c = 28,576MPa
❷ E_c = 27,536MPa
③ E_c = 26,411MPa
④ E_c = 25,742MPa

(5) 쪼갬 인장강도(f_{sp})

① 콘크리트의 인장시험방법에는 직접인장시험과 간접인장시험 방법이 있다.

② 간접인장시험은 쪼갬시험이라고도 하며, 직접인장시험에 대신하여 많이 사용된다.

③ 쪼갬시험은 ϕ150×300mm인 원주형 공시체를 눕힌 상태에서 위, 아래에 압축력을 가하는 실험이다.

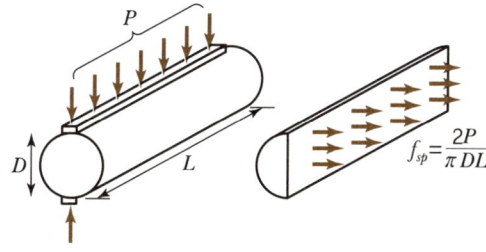

〈그림 1-3〉 콘크리트의 쪼갬 인장강도 실험

④ 이 시험에서의 쪼갬 인장강도 f_{sp}는 다음과 같다.

$$f_{sp} = \frac{2P}{\pi dl}$$

여기서, d : 공시체의 직경
l : 공시체의 길이

⑤ 보통 콘크리트의 실험결과로부터 규준에서는 쪼갬 인장강도를 다음과 같이 규정하고 있다.

$$f_{sp} = 0.57\sqrt{f_{ck}}$$

(6) 휨 인장강도(f_r)

① 휨 인장시험은 150×150×750mm 무근 콘크리트보를 공시체로 하여 단순지지상태에서 중심 재하 또는 3등분점 재하 등으로 보의 인장측에 균열이 발생하여 파괴될 때까지 횡하중을 가하면서 휨 인장강도를 측정하는 방법이다.

$$f_r = \frac{M}{Z} = \frac{6M}{bh^2}$$

여기서, M : 최대 모멘트
b : 공시체의 폭
h : 공시체의 높이

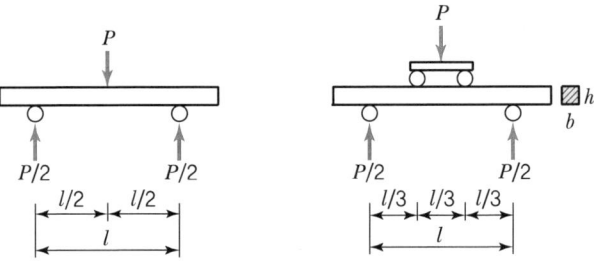

〈그림 1-4〉 콘크리트의 휨 인장강도 시험

② 보통 콘크리트의 시험결과 휨 인장강도의 분포는 넓게 분산되어 있지만 규준에서는 휨 인장강도를 다음과 같이 규정하고 있다.

$$f_r = 0.63\lambda\sqrt{f_{ck}}$$

여기서, λ : 경량콘크리트 계수

㉠ f_{sp}가 주어지는 경우

$$\lambda = \frac{f_{ck}}{0.56\sqrt{f_{ck}}} \leq 1.0$$

ⓒ f_{sp}가 주어지지 않는 경우
- 전경량 콘크리트 $\lambda = 0.75$
- 모래경량 콘크리트 $\lambda = 0.85$
- 보통중량 콘크리트 $\lambda = 1.0$

(7) 전단강도

① 단순지지 상태에서 중심재하 또는 3등분점 재하를 통하여 측정한다.
② 전단력과 휨모멘트가 작용하는 부재의 전단강도는 다음과 같다.

$$f_v = \frac{1}{6}\lambda\sqrt{f_{ck}}$$

여기서, λ : 경량콘크리트 계수

여기에 사용되는 $\sqrt{f_{ck}}$ 값은 8.4MPa를 초과하지 않도록 해야 한다.

(8) 부착강도

① 보통 인발 실험을 통하여 콘크리트의 부착강도를 측정하고 있다.
② 실험을 통하여 부착강도 u_a는 $\sqrt{f_{ck}}$에 비례하여 증가하는 것으로 나타났다.
③ 부착 및 정착에 사용되는 $\sqrt{f_{ck}}$ 값은 8.4MPa를 초과하지 않도록 해야 한다.

(9) 크리프(Creep)

1) 정의

   콘크리트에 일정한 하중을 계속 주면 하중이 증가하지 않아도 변형은 시간과 더불어 증가하는 현상을 크리프(Creep)라 한다.

2) 증가원인

   ① 재하 응력이 클수록
   ② 물시멘트비가 큰 콘크리트를 사용할수록
   ③ 재령이 적은 콘크리트에 재하시기가 빠를수록
   ④ 양생조건에 따라서는 온도가 높고 습도가 낮을수록
   ⑤ 부재의 경간 길이에 비해 높이가 작을수록
   ⑥ 양생(보양 : Curing)이 나쁠수록
   ⑦ 단위시멘트량이 많을수록
   ⑧ 체적이 작을수록
   ⑨ **하중지속시간** : 처음 28일 동안 전체 크리프량의 약 50%, 4개월 내에 약 80%, 2~5년 후는 거의 완료됨

(10) 건조수축(Shrinkage)

1) 정의

   콘크리트의 타설시 수화작용에 필요한 반응수량 이상의 물을 사용함으로 수화된 시멘트에 흡착되었던 수분이 증발하여 콘크리트에 생기는 체적변형을 건조수축이라 한다.

2) 증가원인

   ① 물·시멘트비가 클수록 증가
   ② 상대습도가 낮을수록 증가
   ③ 단위시멘트량이 많을수록 증가

2. 철근

(1) 철근의 종류

① 원형철근(Round Bar) : ϕ로 표시
② 이형철근(Deformed Bar) : D로 표시
  부착력 확보를 위해 표면에 리브와 마디를 설치한 것으로 원형철근보다 부착력이 40% 정도 크다.

(2) 이형철근의 단면적 및 주장

이형철근의 지름과 주장을 공칭지름, 공칭주장이라고 하는데, 이것은 중량이 같은 원형철근의 지름과 주장으로 환산한 값을 말한다.

▼ 〈표 1-2〉 이형철근의 종류와 치수

호칭	단위중량(kg/m)	공칭직경(mm)	공칭단면적(mm^2)	공칭주장(mm)
D10	0.560	9.53	71	30
D13	0.995	12.7	127	40
D16	1.56	15.9	199	50
D19	2.25	19.1	287	60
D22	3.04	22.2	387	70
D25	3.98	25.4	507	80
D29	5.04	28.6	642	90
D32	6.23	31.8	794	100

(3) 철근의 탄성계수(Modules of Elasticity)

1) 비례한계점 A

   응력과 변형은 비례하며 Hook의 법칙이 성립되는 구간이다.

2) 탄성한계점 B

   탄성이 유지되는 한계이며, 이 B점까지 하중을 가하다가 제거하면 이때까지 생긴 변형은 0으로 돌아간다.

3) 항복점 및 항복강도

① 일반적으로 항복점은 하위 항복점으로 C′점을 말하며 기호는 F_y로 표기한다.

② 고강도 철근에서는 항복점이 뚜렷하지 않고 인장강도에 이르기까지 완만하게 변하기 때문에 변형률이 0.2%인 점에서 초기접선에 평행하게 그은 선과 만나는 점의 응력을 항복강도 F_y로 취한다.

4) 탄성계수

철근의 탄성계수는 항복강도에 관계없이 $E_s = 200,000\text{N}/\text{mm}^2$을 사용한다.

핵심문제 ●○○

철근의 강도를 표시할 때 SD300은 무엇을 뜻하는가?

❶ 항복점강도 300N/mm²
② 인장강도 300N/mm²
③ 항복점강도 30kN/cm²
④ 인장강도 30kN/cm²

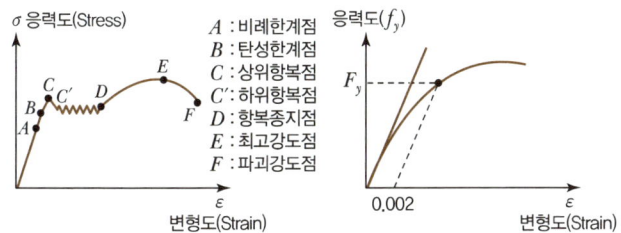

(a) 보통철근   (b) 고강도철근

〈그림 1-5〉 철근의 응력-변형도 곡선

A : 비례한계점
B : 탄성한계점
C : 상위항복점
C′: 하위항복점
D : 항복종지점
E : 최고강도점
F : 파괴강도점

▼〈표 1-3〉 철근의 종류 및 기계적 성질

종류	기호	용도	항복점강도(N/mm²)	인장강도(N/mm²)
이형철근	SD300	일반용	300 이상	440 이상
	SD350		350 이상	490 이상
	SD400		400 이상	560 이상
	SD500		500 이상	620 이상
	SD600		600 이상	710 이상
	SD700		690 이상	800 이상
	SD400W	용접용	400 이상	560 이상
	SD500W		500 이상	620 이상

(4) 탄성계수비(n)

철근의 탄성계수 E_s를 콘크리트의 탄성계수 E_c로 나눈 값을 탄성계수비라 하고, 일반적으로 n으로 나타낸다.

$$n = \frac{E_s}{E_c}$$

핵심문제

철근콘크리트 구조에서 주근의 충분한 피복두께를 유지해야 하는 이유 중 적합하지 않은 것은?
① 구조물의 내화성을 유지하기 위하여
② 철근과의 부착력을 확보하기 위하여
❸ 철근의 좌굴을 방지하기 위하여
④ 콘크리트의 중성화에 따른 철근의 부식을 방지하기 위하여

핵심문제

철근에 대한 콘크리트의 피복두께에 관한 기술 중 옳지 않은 것은?
① 화재 시 철근이 고온으로 되는 것을 방지한다.
❷ 기둥, 보의 주근과 콘크리트 표면과의 최단거리를 말한다.
③ 철근과의 부착력을 확보한다.
④ 철근의 부식을 방지한다.

(5) 철근의 피복

1) 피복두께의 정의

철근에 대한 콘크리트의 피복두께란 철근의 표면과 이것을 감싸는 콘크리트의 표면까지의 최단 거리를 말한다.

① 기둥과 보 : 보조근(띠근, 늑근)의 표면에서 측정
② 기초 : 밑창 콘크리트의 두께는 제외하고 표면에서 주근 표면까지의 거리
③ 슬래브 : 주근 표면까지의 거리

2) 피복을 하는 이유

① 내구성 확보
② 내화성 확보
③ 시공상 콘크리트 치기의 유동성 확보

▼ 〈표 1-4〉 현장치기 콘크리트의 최소피복두께

종류	표면 조건	부재 및 철근 직경		피복두께
프리스트레스하지 않는 부재의 현장치기콘크리트	수중에서 치는 콘크리트			100mm
	흙에 접하여 콘크리트를 친 후 영구히 흙에 묻혀 있는 콘크리트			75mm
	흙에 접하거나 옥외의 공기에 직접 노출되는 콘크리트	D19 이상		50mm
		D16 이하		40mm
	옥외의 공기나 흙에 직접 접하지 않는 콘크리트	슬래브/벽체/장선	D35 초과	40mm
			D35 이하	20mm
		보/기둥	$f_{ck} < 40MPa$	40mm
			$f_{ck} \geq 40MPa$	30mm
		셸/절판		20mm
프리스트레스하는 부재의 현장치기콘크리트	흙에 접하여 콘크리트를 친 후 영구히 흙에 묻혀 있는 콘크리트			75mm
	흙에 접하거나 옥외의 공기에 직접 노출되는 콘크리트	슬래브/벽체/장선		30mm
		기타		40mm
	옥외의 공기나 흙에 직접 접하지 않는 콘크리트	슬래브/벽체/장선		20mm
		보/기둥	주철근	40mm
			띠철근/스터럽/나선철근	30mm
		셸/절판	D19 이상	직경(d_b)
			D16 이하	10mm

출제예상문제

01 철근콘크리트 구조에 관한 기술 중 옳지 않은 것은?

① 화재 시 철근이 팽창하기 때문에 파괴되기 쉽다.
② 일체식 구조이고, 내구, 내화적으로 유리하다.
③ 콘크리트의 강도상 결함을 철근이 보완하고 있다.
④ 동기 공사는 일반적으로 곤란하다.

02 강도설계법에서 콘크리트의 변형률이 얼마에 도달하면 그 부재의 하중부담 한계로 간주하는가? (단, 콘크리트의 설계기준압축강도는 40MPa 이하이다.)

① 0.0011 ② 0.0022
③ 0.0033 ④ 0.0044

03 설계기준강도 f_{ck} = 30MPa인 콘크리트의 탄성계수 E_c의 값에 가장 가까운 값은?

① E_c = 28,576MPa ② E_c = 27,536MPa
③ E_c = 26,411MPa ④ E_c = 25,742MPa

[해설]
$E_c = 8,500\sqrt[3]{f_{cu}}$ 에서
$f_{cu} = f_{ck} + 8 = 30 + 4 = 34$
∴ $E_c = 8,500 \times \sqrt[3]{34} = 27,536$ MPa

04 콘크리트의 압축강도가 증가할수록 감소하는 것은?

① 전단능력 ② 휨 능력
③ 연성능력 ④ 부착능력

[해설]
압축강도가 증가할수록 전단능력, 휨 능력, 부착능력은 증가하나 연성능력은 감소한다.

05 철근의 강도를 표시할 때 SD300은 무엇을 뜻하는가?

① 항복점강도 300N/mm²
② 인장강도 300N/mm²
③ 항복점강도 30kN/cm²
④ 인장강도 30kN/cm²

[해설]
철근의 재질에 따른 분류에서 SD300은 항복점강도가 300N/mm²인 이형철근을 뜻한다.

06 지름 150mm, 높이 300mm인 재령 28일의 콘크리트 공시체의 압축강도 시험결과 371kN의 압축하중에서 파괴되었다. 이 공시체의 압축강도에 가까운 값은?

① 18MPa(N/mm²) ② 19MPa(N/mm²)
③ 20MPa(N/mm²) ④ 21MPa(N/mm²)

[해설]
$f_c = \dfrac{P}{A} = \dfrac{P}{\pi d^2/4} = \dfrac{371,000}{\pi \times 150^2/4} = 21\text{N/mm}^2$

07 철근콘크리트 구조에서 주근의 충분한 피복두께를 유지해야 하는 이유 중 적합하지 않은 것은?

① 구조물의 내화성을 유지하기 위하여
② 철근과의 부착력을 확보하기 위하여
③ 철근의 좌굴을 방지하기 위하여
④ 콘크리트의 중성화에 따른 철근의 부식을 방지하기 위하여

정답 01 ① 02 ③ 03 ② 04 ③ 05 ① 06 ④ 07 ③

08 철근에 대한 콘크리트의 피복두께에 관한 기술 중 옳지 않은 것은?

① 화재 시 철근이 고온으로 되는 것을 방지한다.
② 기둥, 보의 주근과 콘크리트 표면과의 최단거리를 말한다.
③ 철근과의 부착력을 확보한다.
④ 철근의 부식을 방지한다.

> 해설
> 콘크리트의 피복두께는 기둥의 띠근, 보의 늑근과 콘크리트 표면과의 최단 거리를 말한다.

정답 08 ②

CHAPTER 02
구조설계의 일반사항

01 구조설계의 개요
02 허용응력 설계법
03 한계상태 설계법
04 극한강도 설계법

CHAPTER 02 구조설계의 일반사항

SECTION 01 구조설계의 개요

1. 구조해석(Structural Analysis)

① 〈그림 2-1〉과 같은 보에 수직하중으로 등분포하중 $w(\text{kN/m})$와 수평하중 $P(\text{kN})$가 작용하는 경우를 생각해보자.

② 이때 지점에서는 가해진 하중과 평형조건을 만족하기 위하여 지점반력 $H_A = P$, $V_A = V_B = \dfrac{wl}{2}$ 이 발생한다.

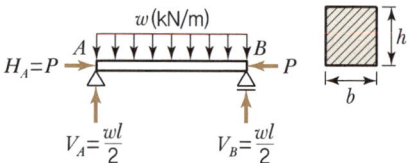

〈그림 2-1〉 수평하중과 수직하중을 받는 단순보

③ 이러한 하중과 반력을 합쳐서 외력(External Force)이라 하며, 이러한 외력으로 인해 부재 내부에는 부재 내력(또는 부재력, 단면력, Internal Force, Member Force)이 다음과 같이 발생한다.
  ㉠ 축방향력(Axial Force) : 부재의 길이 방향으로 작용하여 부재의 길이를 변화시키려는 힘으로 인장력과 압축력이 있다.
  ㉡ 전단력(Shear Force) : 부재의 길이 방향과 직각으로 작용하여 부재를 수직으로 절단하려고 하는 힘으로서 부재를 일그러지게 한다.
  ㉢ 휨모멘트(Bending Moment) : 전단력에 의해 발생되며 부재축에 직각으로 부재를 구부리려고 하는 모멘트의 크기이다.
  ㉣ 비틀림 모멘트(Torsional Moment) : 전단력에 의해 발생되며 부재를 비틀어지게 하려는 모멘트의 크기이다.

④ 이러한 부재 내력을 부재의 단면적으로 나누어 준 값을 응력도(Stress)라 하며, 응력도는 각각의 부재 내력에 해당하는 응력도가 존재한다.
  ㉠ 수직응력(Normal Stress)
  $$\sigma = \frac{\text{축방향력}}{\text{부재의 단면적}} = \frac{P}{A}(\text{N/mm}^2)$$

ⓒ 전단응력(Shear Stress)

$$v = \frac{전단력}{부재의\ 단면적} = \frac{V}{A}(N/mm^2)$$

ⓒ 휨응력(Bending Stress)

$$\sigma_b = \frac{M}{I} \cdot y (N/mm^2)$$

ⓔ 비틀림 응력(Torsional Stress)

$$\tau = \frac{T}{J} \cdot y (N/mm^2)$$

2. 구조 설계(Structural Design)

① 구조설계라 함은 하중에 의해서 단면 내에 발생하는 부재 내력 또는 응력보다 구조부재의 저항 내력 또는 저항 응력이 크도록 재료의 강도, 단면치수 등을 결정하는 것을 말한다.

② 부재 내력, 응력 및 저항 내력, 저항 응력의 산정방법에 따라 크게 다음과 같이 대별된다.

ⓐ 허용응력 설계법(Allowable Stress Design) : 하중에 의해 부재 단면에 발생하는 응력 ≤ 구조 재료의 허용응력

ⓑ 한계상태 설계법(Limited State Design), 극한강도 설계법(Ultimated Strength Design), 하중저항계수 설계법(Load & Resistance Factor Design) : 극한 하중에 의해 부재 단면에 요구되는 소요강도 ≤ 구조 재료의 설계강도

SECTION 02 허용응력 설계법

1. 기본 원리

외력에 의한 부재 응력(σ) ≤ 재료의 허용응력(f)

2. 장단점

(1) 장점

해석 및 설계가 간편하다.

(2) 단점
① 부재의 강도를 알기 어렵다.
② 파괴에 대한 두 재료의 안전도를 일정하게 하기가 어렵다.
③ 성질이 다른 여러 하중들의 영향을 설계에 반영할 수 없다.

SECTION 03 한계상태 설계법

구조체 전체 또는 부분적인 한계상태는 그 구조체가 규정된 구조기능을 발휘하지 못하는 상태를 의미하며, 다음과 같이 두 가지로 대별된다.

1. 극한한계상태(Ultimate Limit State)

구조체의 전체 또는 부분이 붕괴되어 하중지지 능력을 잃은 상태를 말한다.

2. 극한한계상태에 도달하게 하는 요인

① 수평하중에 의하여 전도
② 미끄러짐 등으로 인한 평형상태의 상실
③ 휨 인장파괴
④ 시공하중 등에 의한 연속파괴
⑤ 소성힌지의 과다발생으로 인한 소성기구의 형성
⑥ 구조체의 불안전성 등으로 붕괴

3. 사용한계상태(Serviceability Limit State)

구조체가 붕괴되지는 않았으나 구조기능의 저하로 사용에 매우 부적합하게 되는 상태를 사용한계상태라 한다.

4. 사용한계상태에 도달하게 하는 요인

- 과다한 처짐
- 과다한 균열
- 진동 등

한계상태설계법은 이러한 구조체의 한계상태에 대하여 안전성을 고려하는 설계방법으로 다음과 같은 과정을 거친다.
① 구조체의 전체 또는 부분에 대하여 발생할 수 있는 모든 한계상태의 명시
② 각 한계상태의 발생가능성에 대하여 적절한 안정성 확보

핵심문제　●○○

다음 중 강도설계법에서 규정하는 사용한계상태에 해당하지 않는 것은?
❶ 수평하중에 의한 전도
② 과다한 처짐
③ 과다한 균열
④ 진동

SECTION 04 극한강도 설계법

1. 개요

① 부재의 강도와 하중과의 관계에서 다음과 같은 식으로 표현된다.

$$\Sigma \alpha_i Q_i \leq \phi R_n, \; i = 1, 2, 3 \cdots$$

여기서, α_i : 하중계수($\alpha_i > 1.0$)
Q_i : 여러 가지 하중효과
ϕ : 강도감소계수($\phi < 1.0$)
R_n : 공칭강도(Nominal Strength)

② R_n 은 이상적인 상태에서 계산되는 구조체 또는 부재의 공칭강도(Nominal Strength)이며, Q_i 는 여러 가지 하중효과를 나타낸다.
③ 하중계수의 규정 목적 : 하중의 집중에 의한 과하중 상태를 고려
④ 강도감소계수의 규정 목적
  ㉠ 시공 솜씨
  ㉡ 재료의 불균질성
  ㉢ 치수의 부정확
  ㉣ 부재의 중요성
  ㉤ 파괴의 심각성

2. 설계규준에서의 안전규정

① 규준에는 구조안전성에 대하여 하중계수와 강도감소계수를 사용하여 $\Sigma \alpha_i Q_i \leq \phi R_n, \; i = 1, 2, 3 \cdots$ 의 형태로 규정한다.

$$소요강도 \leq 설계강도$$
$$U \leq \phi R_n$$

여기서, U : 소요강도
R_n : 공칭강도
ϕR_n : 설계강도

② 하중효과는 일반적으로 하중의 작용에 의하여 구조물에 생기는 모멘트, 전단력, 축력 등 내적인 효과를 의미하므로 위 식은 다음과 같이 나타낼 수 있다.

$M_u \leq \phi M_n$

$V_u \leq \phi V_u$

$P_u \leq \phi P_n$

$T_u \leq \phi T_n$

여기서, M_u, V_u, P_u 및 T_u : 하중계수를 적용한 상태에서 휨, 전단, 축력 및 비틀림에 의한 소요강도
M_n, V_n, P_n 및 T_n : 휨, 전단, 축력 및 비틀림의 각각에 대한 공칭강도

핵심문제

다음 중 강도설계법에서 강도감소계수를 사용하는 목적이 아닌 것은?
① 시공 솜씨
② 재료의 불균질성
③ 파괴의 심각성
❹ 하중의 집중에 의한 과하중

3. 하중계수

하중의 공칭 값과 실제 하중 사이의 불가피한 차이 및 하중을 작용 외력으로 변환시키는 해석상의 불확실성, 환경작용 등의 변동을 고려하기 위한 안전계수로서 다음과 같다.

▼ 〈표 2-1〉 하중조합 및 하중계수

- $U = 1.4(D + F + H_v)$
- $U = 1.2(D + F + T) + 1.6(L + \alpha_H H_v + H_h)$
  $+ 0.5(L_r \text{ 또는 } S \text{ 또는 } R)$
- $U = 1.2D + 1.6(L_r \text{ 또는 } S \text{ 또는 } R) + (1.0L \text{ 또는 } 0.65W)$
- $U = 1.2D + 1.3W + 1.0L + 0.5(L_r \text{ 또는 } S \text{ 또는 } R)$
- $U = 1.2D + 1.0E + 1.0L + 0.2S$
- $U = 1.2(D + F + T) + 1.6(L + \alpha_H H_v) + 0.8H_h$
  $+ 0.5(L_r \text{ 또는 } S \text{ 또는 } R)$
- $U = 0.9D + 1.3W + 1.6(\alpha_H H_v + H_h)$
- $U = 0.9D + 1.0E + 1.6(\alpha_H H_v + H_h)$

여기서, D : 고정하중
E : 지진하중
F : 유체의 중량 및 압력에 의한 하중
H_h : 수평방향 수압과 토압
H_v : 수직방향 수압과 토압
L : 활하중
L_r : 지붕활하중
R : 강우하중
S : 적설하중
T : 온도, 크리프, 건조수축 및 부동침하의 영향
W : 풍하중

핵심문제

극한강도 설계법(Ultimate Strength Design)에서 고정하중(D)과 활하중(L)에 대해 하중계수(Load Factor)로서 적합한 것은?

① $U = 1.4D + 1.7L$
② $U = 1.7D + 1.4L$
❸ $U = 1.2D + 1.6L$
④ $U = 0.75D(1.4D + 1.8L)$

---

4. 강도감소계수

재료의 공칭강도와 실제 강도와의 차이, 부재를 제작 또는 시공할 때 설계도와의 차이, 그리고 부재 강도의 추정과 해석에 관련된 불확실성을 고려하기 위한 안전계수로서 다음과 같다.

▼ 〈표 2-2〉 강도감소계수

부재, 부재 간의 연결부 부재 단면력의 종류			강도감소계수(ϕ)
휨모멘트나 축력을 받는 단면 또는 휨모멘트와 축력을 동시에 받는 단면	인장지배 단면		0.85
	변화구간 단면	나선근 보강 RC부재	0.70~0.85
		기타 RC부재	0.65~0.85
	압축지배 단면	나선근 보강 RC부재	0.70
		기타 RC부재	0.65
전단력과 비틀림모멘트			0.75
스트럿-타이 모델과 그 모델에서 스트럿, 타이, 절점부 및 지압부			0.75
콘크리트의 지압력(포스트텐션 정착부나 스트럿-타이 모델은 제외)			0.65
무근콘크리트의 휨모멘트, 압축력, 전단력, 지압력			0.55
긴장재 묻힘길이가 정착길이보다 작은 프리텐션 부재의 휨 단면	부재의 단부에서 전달길이 단부까지		0.75
포스트텐션 정착구역			0.85

CHAPTER 02 출제예상문제

01 다음 중 강도설계법에서 규정하는 사용한계상태에 해당하지 않는 것은?

① 수평하중에 의한 전도
② 과다한 처짐
③ 과다한 균열
④ 진동

해설
수평하중에 의한 전도는 강도한계상태에 해당된다.

02 다음 중 강도설계법에서 강도감소계수를 사용하는 목적이 아닌 것은?

① 시공솜씨
② 재료의 불균질성
③ 파괴의 심각성
④ 하중의 집중에 의한 과하중

해설
하중의 집중에 의한 과하중은 하중계수의 규정 목적이다.

03 구조설계에 있어서 하중계수 및 강도저감계수를 사용하는 이유로 가장 적절하지 않은 것은?

① 하중의 크기를 산정하는 데 포함된 불확실성
② 크기가 다른 부재로부터 발생하는 강도의 차이
③ 구조부재의 중요도 및 교체에 따른 비용감안
④ 재료강도의 가변성으로 인하여 실제 예상했던 값과의 차이

04 극한강도 설계법(Ultimatate Strength Design)에서 고정하중(D)과 적재하중(L)에 대해 하중계수(Load Factor)로서 적합한 것은?

① $U = 1.4D + 1.7L$
② $U = 1.7D + 1.4L$
③ $U = 1.2D + 1.6L$
④ $U = 0.75D(1.4D + 1.8L)$

05 다음 중 지진하중의 산정과 관계가 적은 것은?

① 구조물의 중량
② 지반조건
③ 구조물의 진동주기
④ 면적

해설
구조물의 면적은 풍하중과 밀접한 관계가 있다.

정답 01 ① 02 ④ 03 ② 04 ③ 05 ④

Engineer Architecture

CHAPTER 03

보의 휨해석

01 일반사항
02 단근 장방형 보의 해석
03 복근 장방형 보
04 T형보
05 보의 설계

CHAPTER 03 보의 휨해석

SECTION 01 일반사항

핵심문제 ●○○

다음 중 강도설계법에서 휨해석과 설계를 위한 가정과 관계없는 사항은?
❶ 철근과 콘크리트의 응력은 중립축으로부터의 거리에 비례한다.
② 철근과 콘크리트의 변형률은 중립축으로부터의 거리에 비례한다.
③ 철근에 생기는 변형률은 같은 위치의 콘크리트에 생기는 변형률과 같다.
④ 콘크리트는 인장응력을 지지할 수 없으며, 압축변형률에 도달하면 파괴된다.

1. 휨해석의 기본사항

(1) 해석을 위한 가정

철근콘크리트 휨재의 구조해석을 위하여 다음과 같은 가정이 적용되고 있다.
① 변형 전에 부재 축에 수직한 평면은 변형 후에도 부재 축에 수직하다.
② 철근에 생기는 변형률은 같은 위치의 콘크리트에 생기는 변형률과 같다.
③ 철근과 콘크리트 응력은 철근과 콘크리트의 응력-변형률로부터 계산할 수 있다.

(2) 설계를 위한 가정

① 콘크리트는 인장응력을 지지할 수 없다.
② 콘크리트의 압축변형률이 극한변형률(ε_{cu})에 도달했을 때 파괴된다.
③ 콘크리트의 압축응력도-변형률 관계는 시험결과에 따라 장방형, 사다리꼴 또는 포물선 등으로 가정할 수 있다.

SECTION 02 단근 장방형 보의 해석

1. 보의 저항모멘트

① 철근콘크리트보에 외력에 의한 모멘트가 작용하면 중립축을 중심으로 하여 축방향으로 인장응력과 압축응력이 발생한다.
② 인장응력의 합력 T와 압축응력의 합력 C 사이의 우력이 내부 저항모멘트가 되어 외부모멘트와 평형을 이룬다.
③ 외부에서 축하중이 작용하지 않는 경우 축방향 힘의 평형조건은 다음과 같다.

$$C = T$$

④ 내부 저항모멘트는 아래 그림에서 C와 T 간의 거리를 jd로 하면 다음과 같다.

$$M = C \cdot jd$$
$$M = T \cdot jd$$

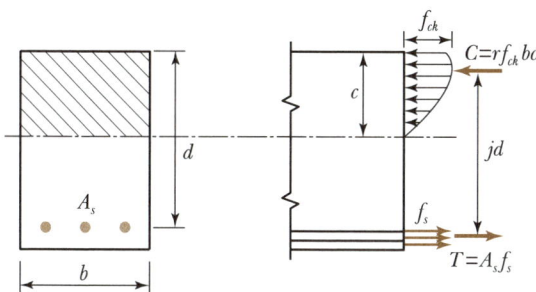

〈그림 3-1〉 보의 내력과 저항모멘트

2. 등가응력블록

(1) 설계모멘트를 계산하기 위하여 계산되어야 하는 값
① 인장응력의 합력 T의 계산
② 압축응력의 합력 C의 계산
③ 응력중심거리 jd가 계산

(2) 인장응력의 합력 T의 계산
① 콘크리트의 인장응력은 무시한다.
② 인장철근의 응력 f_s와 단면적 A_s의 곱

$$T = f_s A_s$$

(3) 압축응력의 합력 C의 계산
① 압축 측에서 콘크리트의 응력분포는 극한상태에서 비선형형태가 되어 압축응력의 합력을 구하는 일이 쉽지 않다.
② 규준에서는 콘크리트의 응력분포를 〈그림 3-2〉의 (d)와 같은 장방형 등가 응력블록으로 바꾸도록 규정하고 있다.

(4) 등가응력블록의 조건
① 실제 압축응력분포 면적과 장방형 응력블록의 면적은 같아야 한다.
② 실제 압축응력의 도심과 응력블록의 중심은 같은 위치에 있어야 한다.

(5) 등가응력블록의 깊이(a)

$$a = \beta_1 \cdot c$$

① 이 식에서 c는 압축연단으로부터 중립축까지의 거리이다.
② 계수 η와 β_1은 다음 표의 값을 적용한다. 여기서, η는 콘크리트의 압축응력 – 변형률 관계에서 상승 곡선부의 형상을 나타내는 지수이다.

▼ 등가직사각형 응력분포 변수 값

f_{ck}(MPa)	≤40	50	60	70	80	90
ε_{cu}	0.0033	0.0032	0.0031	0.003	0.0029	0.0028
η	1.00	0.97	0.95	0.91	0.87	0.84
β_1	0.80	0.80	0.76	0.74	0.72	0.70

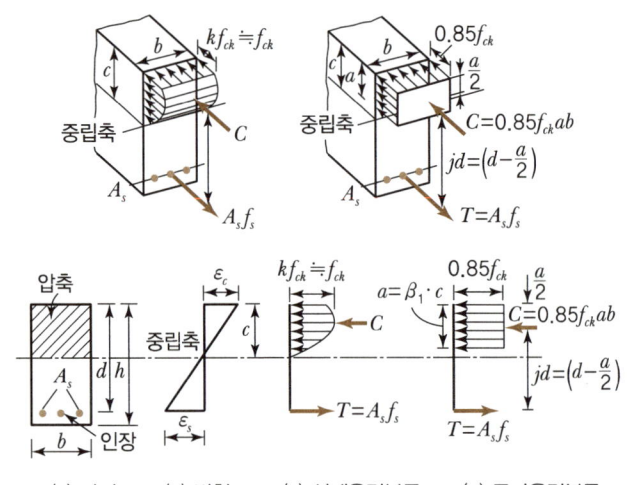

(a) 단면   (b) 변형도   (c) 실제응력블록   (d) 등가응력블록
〈그림 3–2〉 철근콘크리트 보의 응력–변형률 분포

3. 휨재의 변형률 한계

(1) 철근의 항복변형률

$$\varepsilon_y = \frac{f_y}{E_s}$$

(2) 균형변형률 상태

인장철근의 변형률이 항복변형률인 ε_y가 되고, 동시에 콘크리트의 압축 변형률이 극한변형률(ε_{cu})에 도달한 상태를 균형변형률 상태라 한다.

(3) 최외단 인장철근의 순인장변형률(ε_t)

공칭강도에서 최외단 인장철근 또는 최외단 긴장재의 순인장변형률에서 유효 프리스트레스, 크리프, 건조수축, 온도변화에 의한 변형률을 제외한 계수하중에 의한 인장변형률을 의미한다.

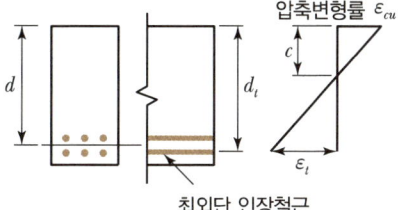

〈그림 3-3〉 최외단 인장철근의 순인장변형률

$$\varepsilon_t = \frac{(d_t - c)}{c} \times \varepsilon_{cu}$$

(4) 휨부재의 최소 허용변형률($\varepsilon_{a,\min}$)

프리스트레스를 가하지 않은 휨부재는 공칭강도 상태에서 순인장변형률 ε_t가 휨부재의 최소 허용변형률 이상이어야 한다. 휨부재의 최소 허용변형률은 철근의 항복강도가 400MPa 이하인 경우 0.004로 하며, 철근의 항복강도가 400MPa을 초과하는 경우 철근 항복변형률의 2배로 한다. 휨모멘트와 축력을 동시에 받는 철근콘크리트 부재로서 계수축력이 $0.10f_{ck}A_g$보다 작은 경우는 축력의 영향을 무시하고 휨부재로 취급하여 휨강도를 계산할 수 있다.

4. 지배단면의 분류

압축 콘크리트가 극한변형률(ε_{cu})에 도달할 때 최외단 인장철근의 순인장변형률(ε_t)의 값에 따라 다음과 같이 분류된다.

(1) 인장지배단면

순인장변형률(ε_t)이 0.005와 $2.5\varepsilon_y$ 중 큰 값 이상인 단면

(2) 압축지배단면

순인장변형률(ε_t)이 항복변형률(ε_y) 이하인 단면

(3) 변화구간단면

순인장변형률(ε_t)이 인장지배단면과 압축지배단면 사이의 변형률을 가진 단면

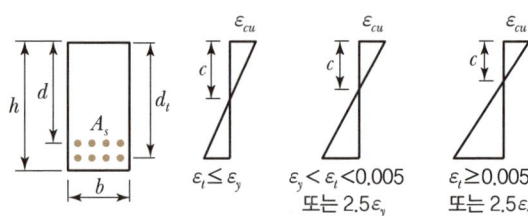

(a) 단면 (b) 압축지배단면 (c) 변화구간단면 (d) 인장지배단면
〈그림 3-4〉 지배단면의 분류

▼ 〈표 3-1〉 변형률 한계와 강도감소계수

구분	강재 종류	인장지배단면	변화구간단면	압축지배단면
RC	SD400 이하	$\varepsilon_t \geq 0.005$	$\varepsilon_y < \varepsilon_t < 0.005$	$\varepsilon_t \leq \varepsilon_y$
	SD400 초과	$\varepsilon_t \geq 2.5\varepsilon_y$	$\varepsilon_y < \varepsilon_t < 2.5\varepsilon_y$	$\varepsilon_t \leq \varepsilon_y$
PSC	PS강재	$\varepsilon_t \geq 0.005$	$0.002 < \varepsilon_t < 0.005$	$\varepsilon_y \leq 0.002$
강도감소계수(ϕ)		0.85	나선철근 0.70~0.85 기타 철근 0.65~0.85	나선철근 0.70 기타 철근 0.65

5. 균형보(Balanced Beam)

(1) 철근비

철근비는 철근 단면적에 대한 콘크리트 단면적의 비로 다음과 같다.

$$\rho = \frac{철근의\ 단면적}{콘크리트의\ 단면적} = \frac{A_s}{bd}$$

(2) 균형보

균형보는 압축 측 콘크리트의 변형률이 극한변형률(ε_{cu})에 이르는 것과 인장철근의 응력이 항복점에 도달하는 것이 동시에 일어나도록 설계된 보를 말하며 이때의 철근비를 균형철근비라 한다.

(3) 균형철근비

$$\rho_b = \frac{균형철근\ 단면적}{콘크리트\ 단면적} = \frac{A_{sb}}{b \cdot d}$$

실용적이지는 못하나, 균형철근비는 보의 최대 인장철근비를 정하는 기본이 된다.

핵심문제 ●●○

다음 중 강도설계법에서 균형보에 대한 설명 중 부적합한 것은?

① 균형보란 압축 측 콘크리트의 변형률이 극한변형률인 0.003의 값에 이르는 것과 동시에 인장철근의 응력이 항복상태에 도달한 보를 말한다.
② 인장철근비가 균형철근비를 초과하는 경우, 중립축은 균형보에 비해 아래로 내려온다.
❸ 균형보 상태에서는 콘크리트와 철근이 동시에 파괴되므로, 매우 경제적인 보이다.
④ 인장철근비가 균형철근비를 초과하는 경우, 콘크리트의 취성파괴가 일어난다.

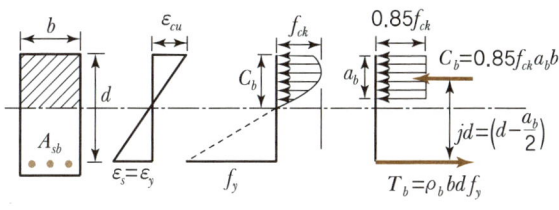

(a) 단면 (b) 변형도 (c) 응력 (d) 등가응력

〈그림 3-5〉 단근 직사각형 보의 균형상태

(4) 중립축의 위치

① 콘크리트의 최대 압축변형률은 ε_{cu}, 인장철근의 변형률은 $\varepsilon_y = f_y/E_s$ 가 되며, 중립축을 중심으로 선형분포되어 닮은꼴 삼각형을 이루므로

$$\frac{c_b}{d} = \frac{\varepsilon_{cu}}{\varepsilon_{cu} + \varepsilon_y}$$

$$c_b = \frac{\varepsilon_{cu}}{\varepsilon_{cu} + f_y/E_s} d$$

② 철근의 탄성계수는 강도와 관계없이 $E_s = 200,000 \text{N}/\text{mm}^2$ 값을 가지므로 $0.003 E_s$는 600이 된다.

$$c_b = \frac{600}{600 + f_y} d$$

(5) 등가응력블록의 길이(a_b)

$$a_b = \beta_1 \cdot c_b$$

(6) 콘크리트의 압축내력(c_b)

$$C_b = 0.85 f_{ck} \cdot a_b \cdot b$$

(7) 철근의 인장내력(T_b)

균형철근비를 $\rho_b = A_{sb}/b \cdot d$로 하면, $A_{sb} = \rho_b \cdot b \cdot d$이므로

$$T_b = A_{sb} \cdot f_y = \rho_b \cdot b \cdot d \cdot f_y$$

(8) 균형철근비(ρ_b)

축방향 힘의 평형조건은 $C_b = T_b$이므로 이 조건식에서 중립축의 위치 $c_b = a_b/\beta_1$를 대입하여 정리하면,

$$\rho_b = (0.85\beta_1)\frac{f_{ck}}{f_y} \cdot \frac{600}{600+f_y}$$

(9) 응력중심거리(jd)

$$jd = d - \frac{a_b}{2}$$

(10) 공칭모멘트(M_{nb})

$$M_{nb} = T_b \cdot \left(d - \frac{a_b}{2}\right) \qquad M_{nb} = C_b \cdot \left(d - \frac{a_b}{2}\right)$$

6. 최소 및 최대 철근비

(1) 철근비와 보의 파괴형태

▼ 〈표 3-2〉 보의 철근비 관계와 파괴형태

보의 형태	철근비 관계	파괴형태	비고
균형 철근보	$\rho = \rho_b$	동시파괴	
과대 철근보	$\rho > \rho_b$	콘크리트의 취성파괴	
과소 철근보	$\rho < \rho_b$	철근의 연성항복	가장 바람직하다.
최소 철근보	$\rho < \rho_{\min}$	콘크리트의 취성파괴	

(2) 최대철근비

① 인장철근이 과도하게 보강된 경우에는 보의 연성이 줄어들어 압축측 콘크리트의 취성파괴가 발생할 수 있으므로 극한상태에서 최외단 인장철근의 순인장변형률(ε_t)이 휨부재의 최소허용변형률($\varepsilon_{a,\min}$) 이상이 되도록 철근량을 제한할 필요가 있다.

② 따라서 보의 최대철근비는 최외단 인장철근의 순인장변형률(ε_t)이 휨부재의 최소허용변형률($\varepsilon_{a,\min}$)과 같아지는 경우이므로 $C = T$의 조건으로부터 다음과 같이 유도된다.

$$\rho_{\max} = (0.85\beta_1)\left(\frac{f_{ck}}{f_y}\right)\left(\frac{d_t}{d}\right)\left(\frac{\varepsilon_{cu}}{\varepsilon_{cu}+\varepsilon_{a,\min}}\right)$$

③ 보의 설계에서는 철근비를 작게 하고 단면을 크게 하는 것이 부재의 연성을 증가시키면서 처짐이 줄어들게 된다.

핵심문제

철근콘크리트 구조물에서 연성파괴가 일어나는 파괴형식은 무엇인가?
① 최소 철근 파괴
② 과대 철근 파괴
❸ 과소 철근 파괴
④ 최대 철근 파괴

핵심문제

강도설계법에서 휨부재 설계 시 최대철근비($\rho_{\max}$)와 최소철근비($\rho_{\min}$)를 규정한 이유는?
① 가장 경제적인 부재를 설계하기 위하여
② 부재의 사용성을 증가시키기 위하여
③ 시공을 편리성을 증가시키기 위하여
❹ 부재의 파괴에 대한 안전성을 확보하기 위하여

(3) 최소철근비

① 철근비를 너무 작게 하여 설계된 보에서는 균열단면의 휨강도가 보에 균열을 일으키는 모멘트(균열모멘트)보다 작을 수 있으며, 이러한 경우 보는 균열이 생기면 즉시 파괴된다.
② 이러한 형태의 파괴를 방지하기 위하여 균열모멘트 이상의 휨강도를 가지도록 철근을 보강할 필요가 있다.
③ 해석에 의하여 인장철근 보강이 요구되는 휨부재의 모든 단면에 대하여 일부 경우를 제외하고는 설계휨강도가 다음 식을 만족하도록 인장철근을 배치하여야 한다.

$$\phi M_n \geq 1.2 M_{cr}$$

여기서, M_{cr} : 휨부재의 균열휨모멘트

④ 부재의 모든 단면에서 해석에 의해 필요한 철근량보다 1/3 이상 인장철근이 더 배치되어 다음 식을 만족하는 경우는 상기 ③의 규정을 적용하지 않을 수 있다.

$$\phi M_n \geq \frac{4}{3} M_u$$

7. 단근 직사각형 보의 설계강도

① 공칭강도에 강도감소계수를 곱한 것이 설계강도이다.

설계강도=공칭강도×강도감소계수

② 단근보의 인장철근은 최대철근비와 최소철근비의 범위에서 설계되어야 한다.
③ 이러한 제한을 만족시키는 보의 휨파괴는 철근의 응력이 f_y에 도달했을 때 생기며, 이러한 상태에서는 변형률과 응력은 다음 그림 (b), (c)와 같다.

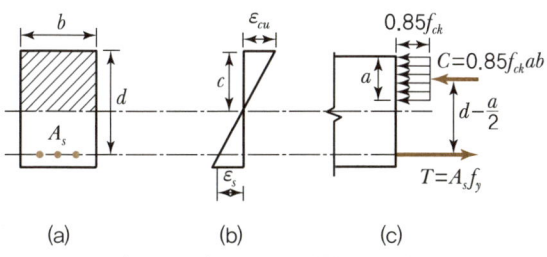

〈그림 3-6〉 단근 직사각형 보의 해석

④ 콘크리트의 압축응력의 합력(C)

$$C = 0.85 f_{ck} \cdot a \cdot b$$

핵심문제 ●●●

보의 폭 $b=300$mm, 유효춤 $d=450$mm인 철근콘크리트 보의 인장측에 3-D19 철근이 배근되어 있는 경우, 공칭모멘트 M_n의 값을 구하시오.(다만, 콘크리트의 $f_{ck}=21$N/mm²이고, 철근의 $f_y=400$N/mm²이며, 1-D19 = 287mm²이다.)

해설

• 등가응력 블록의 깊이 a

$$a = \frac{A_s f_y}{0.85 f_{ck} b} = \frac{287 \times 3 \times 400}{0.85 \times 21 \times 300}$$
$$= 64.3 \text{mm}$$

• 단면의 공칭모멘트 M_n

$$M_n = A_s \cdot f_y \cdot (d - \frac{a}{2})$$
$$= 287 \times 3 \times 400 \times (450 - \frac{64.3}{2})$$
$$= 143,907,540 \text{N} \cdot \text{mm}$$
$$= 143.9 \text{kN} \cdot \text{m}$$

⑤ 철근의 인장력(T)

$$T = A_s \cdot f_y$$

⑥ 이러한 합력들은 평형을 이루어야 하므로 $C = T$의 등식으로부터 등가응력블록의 깊이 a는 다음과 같다.

$$a = \frac{A_s \cdot f_y}{0.85 f_{ck} \cdot b}$$

⑦ 철근비가 균형철근비보다 작은 경우의 보의 설계강도는 다음과 같다.

$$\phi M_n = \phi A_s f_y (jd) = \phi A_s f_y \left(d - \frac{a}{2} \right)$$

여기서, 강도감소계수 $\phi = 0.85$

8. 연속 휨부재의 모멘트 재분배

① 연속보나 2경간 이상 연속된 1방향 슬래브의 경우, 소성힌지가 형성되는 부분에서 충분한 비탄성 변형이 생기는 경우에는 모멘트의 재분배가 가능하다.
② 모멘트 재분배는 인장철근비가 낮을수록 비탄성 변형을 할 수 있는 능력이 확보되므로 이러한 현상을 고려하여 설계기준에서는 다음과 같이 규정하고 있다.
  ㉠ 부모멘트의 재분배는 휨모멘트를 감소할 단면의 최외단 인장철근의 순인장변형률(ε_t)이 0.0075 이상인 경우에만 가능하다.
  ㉡ 연속 휨부재 받침부의 부모멘트는 $1,000 \cdot \varepsilon_t$(7.5%) 범위에서 20%만큼 증가 또는 감소시킬 수 있다.

SECTION 03 복근 장방형 보

1. 복 철근보의 장점

(1) 장기 처짐이 감소한다.

압축 철근비를 인장 철근비와 같게 한 경우, 단근보에 비해 50% 이하의 변형량을 보인 것으로 조사되었다.

(2) 보의 연성이 증진된다.

인장 철근량을 A_s, 압축 철근량을 A_s'이라고 하면, 등가응력블록의 깊이 $a = (A_s - A_s')f_y / 0.85 f_{ck} b$가 되므로, 등가응력블록의 깊이 a가 줄어들고 인장철근의 변형률이 증가하여 연성이 증진된다.

(3) 철근 조립이 편리하다.

압축철근을 배근하면, 전단보강 철근의 설치와 피복두께 유지에 편리하다.

SECTION 04 T형보

1. T형보의 개념

① 등분포하중을 받는 〈그림 3-5(a)〉와 같은 구조물을 고려해 보자.
② 단부(A-A)에서는 중립축을 기준으로 상부는 인장력, 하부는 압축력을 받게 된다. → 폭 b_w로 하는 장방형 보로 설계한다.
③ 중앙부(B-B)에서는 중립축을 기준으로 상부는 압축력, 하부는 인장력을 받게 된다. → 유효폭 b_e로 하는 T형보로 설계한다.

2. T형보의 유효폭(b)

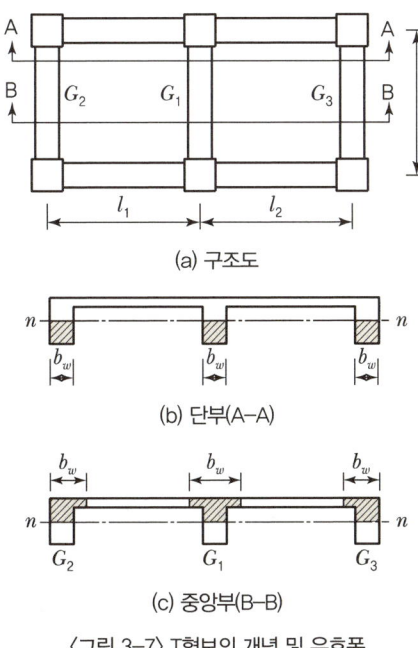

〈그림 3-7〉 T형보의 개념 및 유효폭

핵심문제

그림에서 T형보(G_1)의 유효폭(b)은 다음 중 어느 것인가?(단, 슬래브의 두께는 150mm, 보의 웨브폭(b_w)은 400mm임)

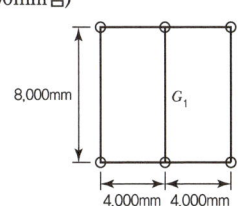

❶ 2,000mm
② 2,800mm
③ 3,000mm
④ 4,000mm

(1) 보의 양쪽에 슬래브가 있는 경우

① $b_e = 16h_f + b_w$

② $b_e =$ 양쪽 슬래브의 중심거리

③ $b_e = \dfrac{l}{4}$

(2) 보의 한쪽에만 슬래브가 있는 경우

① $b_e = 6h_f + b_w$

② $b_e =$ (인접보와의 내측거리 $\times 1/2$) $+ b_w$

③ $b_e = \dfrac{l}{12} + b_w$

여기서, b_e : T형보의 유효폭 $\quad h_f$: 슬래브의 두께
b_w : 보의 웨브폭 $\quad l$: 부재의 스팬

SECTION 05 보의 설계

1. 보의 설계 시 고려사항

(1) 철근의 피복
스터럽의 바깥표면에서 40mm 이상을 요구한다.

(2) 보의 단면형태
① 보의 유효춤을 크게 하면 저항모멘트가 커지고 처짐을 줄이는 데 유리하나 층 높이를 높게 하는 단점이 있다.
② 보의 폭은 철근 배근 시 적절한 철근간격과 피복두께를 유지할 수 있도록 산정되어야 한다.
③ 보의 폭이 좁고 춤이 클 때에는 횡좌굴에 의하여 안전성이 감소되는 점도 고려되어야 한다.

(3) 철근의 크기
① 지름이 작은 철근을 사용하면 부착력 확보와 균열방지 등에 유리하나 배근과 콘크리트 타설에 어려움이 있다.
② 지름이 큰 철근을 사용하면 철근 배근과 콘크리트 타설에 유리하나, 부착 면적이 감소하고 응력이 집중되는 단점이 있다.
③ **철근의 크기** : 보의 주근은 지름 12mm 이상 또는 D13 이상의 철근을 사용하도록 규정하고 있다.

핵심문제 ●○○

경제적인 철근콘크리트 보의 단면 결정에 관한 기술 중 가장 적당한 것은?
❶ 보의 춤을 크게 한다.
② 철근량을 줄인다.
③ 단면을 줄이고 주근을 많이 넣는다.
④ 보의 폭을 크게 한다.

(4) 철근 배근간격

① 1단 배근에서의 순간격(p)
  ㉠ 공칭지름 d_b 이상
  ㉡ 25mm 이상
  ㉢ 굵은 골재 최대 치수(G)의 4/3배 이상

② 2단 이상 배근
  ㉠ 단 사이의 순간격은 25mm 이상
  ㉡ 상단철근은 하단철근 바로 위에 배근

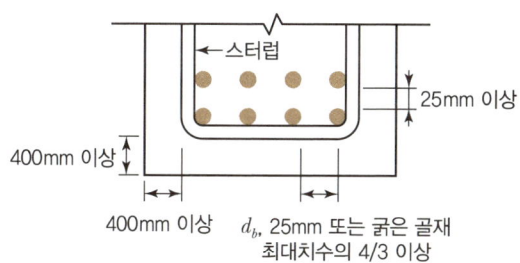

〈그림 3-8〉 보의 피복두께 및 철근간격

③ 주근 개수에 따른 철근 배근 폭(b)

$$b = 2a + nd_b + (n-1)p$$

여기서, a : 콘크리트 표면에서 주근 표면까지의 거리(피복두께+늑근직경)
  n : 주근 개수
  d_b : 주근 직경
  p : 주근의 순간격(d_b, 25mm, 4/3 G 이상)

(5) 보의 하중 계산

① 2방향 슬래브를 지지하는 보는 〈그림 3-7〉과 같이 사다리꼴 또는 3각형 부분의 하중을 받는 것으로 볼 수 있다.
② 작은 보와 큰 보가 받는 하중의 분포상태는 다음 그림과 같다.

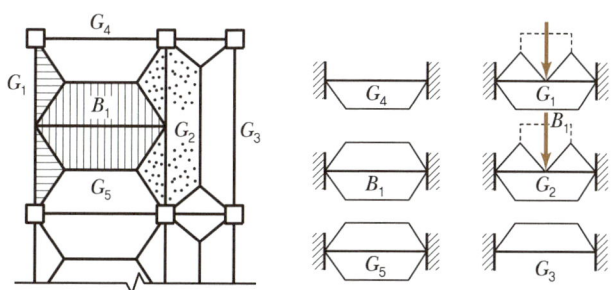

〈그림 3-9〉 보의 하중 계산

핵심문제 ●○○

그림과 같은 보에서 이음이 없을 경우 그 최소폭(b)은 다음 중 어느 것인가? (단, 빗금 부분은 압축부이며, 압축철근은 2-D22, 인장철근은 4-D22, 전단보강근은 D13이고, 골재최대치수는 25mm임)

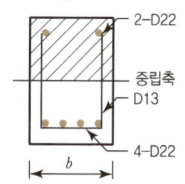

① 250mm
❷ 300mm
③ 350mm
④ 400mm

※ 하중 전달순서
  슬래브 – 작은 보 – 큰 보 – 기둥 – 기초

2. 각종 보의 철근 배근

철근은 인장력에 저항하므로 부재의 인장 측에 철근을 배근한다. 각종 보의 철근 배근 형태는 다음과 같다.

핵심문제 ●●○

그림과 같은 하중 상태에서 주근(主筋)의 배근 방법이 옳은 것은?

① ② ❸ ④

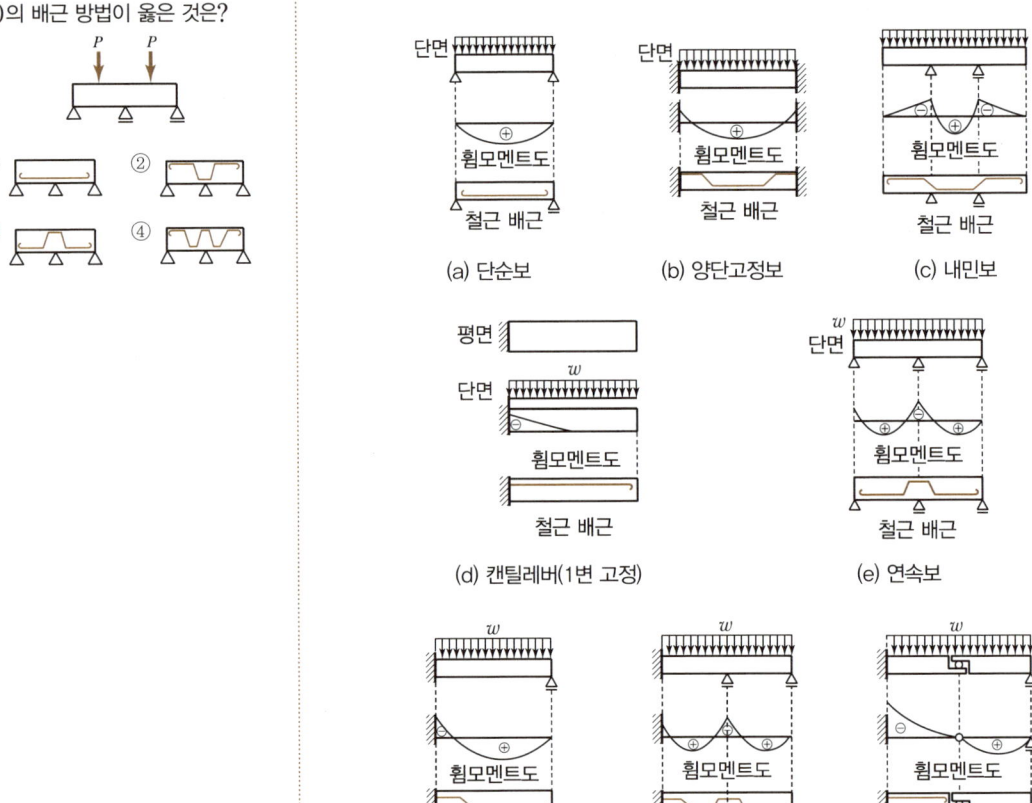

(a) 단순보   (b) 양단고정보   (c) 내민보

(d) 캔틸레버(1변 고정)   (e) 연속보

(f) 부정정보(Ⅰ)   (g) 부정정보(Ⅱ)   (h) 겔버보

CHAPTER 03 출제예상문제

01 다음 중 강도설계법에서 휨해석 및 설계를 위한 가정과 관계없는 사항은?

① 철근과 콘크리트의 응력은 중립축으로부터의 거리에 비례한다.
② 철근과 콘크리트의 변형률은 중립축으로부터의 거리에 비례한다.
③ 철근에 생기는 변형률은 같은 위치의 콘크리트에 생기는 변형률과 같다.
④ 콘크리트는 인장응력을 지지할 수 없으며, 압축변형률이 극한변형률(ε_{cu})에 도달하면 파괴된다.

[해설]
콘크리트의 응력은 극한상태에서 포물선 형태의 비선형 분포가 되며, 설계기준에서는 직사각형의 등가응력블록으로 바꾸도록 규정하고 있다.

02 다음 중 강도설계법에서 균형보에 대한 설명 중 부적합한 것은?

① 균형보란 압축 측 콘크리트의 변형률이 극한변형률(ε_{cu})에 이르는 것과 동시에 인장철근의 응력이 항복상태에 도달한 보를 말한다.
② 인장철근비가 균형철근비를 초과하는 경우, 중립축은 균형보에 비해 아래로 내려온다.
③ 균형보 상태에서는 콘크리트와 철근이 동시에 파괴되므로, 매우 경제적인 보이다.
④ 인장철근비가 균형철근비를 초과하는 경우, 콘크리트의 취성파괴가 일어난다.

[해설]
압축 측 콘크리트의 변형률이 극한변형률(ε_{cu})에 이르는 것과 인장철근의 응력이 항복점에 도달하는 것이 동시에 일어나도록 설계된 보를 말하며 이때의 철근비를 균형철근비라 한다. 실용적이지 못하나, 균형철근비는 보의 최대 인장철근비를 정하는 기준이 된다.

03 보의 고정하중이 10kN/m이고 활하중이 20kN/m인 등분포하중을 받는 스팬 10m인 단순지지 보의 극한설계모멘트는?

① 450kN·m
② 500kN·m
③ 550kN·m
④ 650kN·m

[해설]
$$M_u = \frac{w_u l^2}{8} = \frac{(1.2 w_d + 1.6 w_l) \times l^2}{8}$$
$$= \frac{(1.2 \times 10 + 1.6 \times 20) \times 10^2}{8} = 550 \text{kN} \cdot \text{m}$$

04 설계기준에서 정하는 휨부재의 최소허용변형률은 얼마인가?(다만, $f_y = 400\text{MPa}$, $f_{ck} = 24\text{MPa}$이다.)

① 0.003
② 0.0035
③ 0.004
④ 0.005

[해설]
휨부재의 최소 허용변형률은 0.004 또는 $2\varepsilon_y$ 중 큰 값이므로, $2\varepsilon_y = 2 \times 0.002 = 0.004$이다.

05 그림과 같은 보의 최외단 인장철근의 순인장변형률(ε_t)은 얼마인가?(단, $f_y = 400\text{MPa}$, $f_{ck} = 24\text{MPa}$ 3-D22, $A_s = 1,161\text{mm}^2$이다.)

① 0.005
② 0.0075
③ 0.0125
④ 0.0158

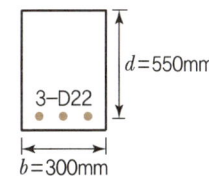

[해설]
$\varepsilon_t = \dfrac{(d_t - c)}{c} \times \varepsilon_{cu}$에서 $c = \dfrac{a}{\beta_1}$이므로

정답 01 ① 02 ③ 03 ③ 04 ③ 05 ④

- $a = \dfrac{A_s f_y}{0.85 f_{ck} b} = \dfrac{1{,}161 \times 400}{0.85 \times 24 \times 300} = 75.9\,\text{mm}$
- $c = \dfrac{a}{\beta_1} = \dfrac{75.9}{0.8} = 94.88\,\text{mm}$
- $\varepsilon_t = \dfrac{(550 - 94.88)}{94.88} \times 0.0033 = 0.0158$

06 철근콘크리트 구조물에서 연성파괴가 일어나는 파괴형식은 무엇인가?

① 최소 철근 파괴 ② 과대 철근 파괴
③ 과소 철근 파괴 ④ 최대 철근 파괴

07 강도설계법에서 휨부재 설계 시 최대철근비($\rho_{\max}$)와 최소철근비($\rho_{\min}$)를 규정한 이유는?

① 가장 경제적인 부재를 설계하기 위하여
② 부재의 사용성을 증가시키기 위하여
③ 시공을 편리성을 증가시키기 위하여
④ 부재의 파괴에 대한 안전성을 확보하기 위하여

[해설]
휨부재의 최대철근비와 최소철근비 제한의 가장 큰 목적은 콘크리트의 취성파괴를 방지하고 철근의 연성파괴를 유도하는 것이다.

08 인장철근량 $A_s = 1{,}500\,\text{mm}^2$인 단철근 장방형보에서 사각형 응력분포 깊이 a는 약 얼마인가? (단, $f_{ck} = 24\,\text{MPa}$, $f_y = 300\,\text{MPa}$, $b = 300\,\text{mm}$, $d = 500\,\text{mm}$이다.)

① 65mm   ② 74mm
③ 82mm   ④ 55mm

[해설]
$T = C$ 에서, $A_s f_y = 0.85 f_{ck} a b$ 이므로
$a = \dfrac{A_s f_y}{0.85 f_{ck} b} = \dfrac{1{,}500 \times 300}{0.85 \times 24 \times 300} = 73.5\,\text{mm}$

09 강도설계법에 의한 철근콘크리트 보의 설계에서 그림과 같은 보의 평형상태에서 중립축 위치 C_b 값에 가장 가까운 것은? (단, $f_y = 400\,\text{MPa}$이다.)

① 234mm
② 264mm
③ 324mm
④ 364mm

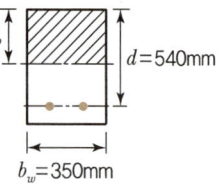

[해설]
$c_b = \dfrac{600}{600 + f_y} \cdot d = \dfrac{600}{600 + 400} \times 540 = 324\,\text{mm}$

10 강도설계법에 의한 철근콘크리트 보 설계에서 그림과 같은 보의 등가응력 블록의 깊이 a는 약 얼마인가? (단, $f_{ck} = 21\,\text{MPa}$, $f_y = 400\,\text{MPa}$, 철근 1개의 단면적은 $387\,\text{mm}^2$이며, 압축철근은 무시한다.)

① 85.6mm
② 95.6mm
③ 105.6mm
④ 115.6mm

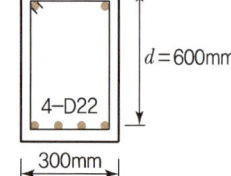

[해설]
$T = C$ 에서, $A_s f_y = 0.85 f_{ck} a b$ 이므로
$a = \dfrac{A_s f_y}{0.85 f_{ck} b} = \dfrac{(387 \times 4) \times 400}{0.85 \times 21 \times 300} = 115.6\,\text{mm}$

11 강도설계법에 의거할 때 단근 직사각형 보에서 인장 철근량으로 옳은 것은? (단, $b = 300\,\text{mm}$, $f_{ck} = 21\,\text{MPa}$, $f_y = 300\,\text{MPa}$, $a = 168\,\text{mm}$이다.)

① 2,000mm²   ② 2,500mm²
③ 3,000mm²   ④ 3,500mm²

[해설]
- $T = C$ 에서, $A_s f_y = 0.85 f_{ck} a b$ 이므로
- $A_s = \dfrac{0.85 f_{ck} a b}{f_y} = \dfrac{0.85 \times 21 \times 168 \times 300}{300} = 2{,}999\,\text{mm}^2$

12 그림의 단근 장방형보에서 설계강도 ϕM_n을 극한강도설계에 의해 구하면 얼마인가?(단, $f_{ck}=21$MPa, $f_y=400$MPa, D22($a_1=387$mm²)이고 $\phi=0.85$를 사용한다.)

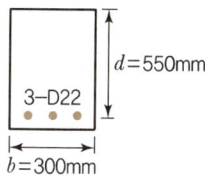

① 200kN ② 210kN
③ 220kN ④ 230kN

해설

$\phi M_n = \phi A_s f_y \left(d - \dfrac{a}{2}\right)$에서,

- $A_s = 3 \times 387 = 1,161$mm²
- $a = \dfrac{A_s \cdot f_y}{0.85 f_{ck} \cdot b} = \dfrac{1,161 \times 400}{0.85 \times 21 \times 300} = 86.7$mm
- $\phi M_n = \phi A_s f_y \left(d - \dfrac{a}{2}\right)$
  $= 0.85 \times 1,161 \times 400 \times \left(550 - \dfrac{86.7}{2}\right)$
  $= 199,995,021$N·mm ≒ 200kN·m

13 그림은 극한강도 설계법에서 단근 장방형보의 응력도를 표시한 것이다. 콘크리트의 압축력 C값으로 옳은 것은?(단, $f_{ck}=21$MPa, $f_y=300$MPa, $b=250$mm이다.)

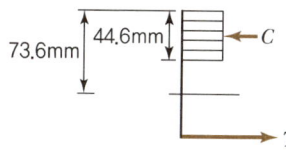

① 189kN ② 199kN
③ 209kN ④ 219kN

해설

$C = 0.85 f_{ck} \cdot a \cdot b = 0.85 \times 21 \times 44.6 \times 250$
$= 199,027$N $= 199$kN

14 그림과 같은 단근 직사각형 단면의 공칭 휨강도 M_n은?(단, 사용재료의 $f_{ck}=21$MPa, $f_y=400$MPa이며, 인장철근의 단면적 $A_s=1,200$mm²이다.)

① 182kN
② 202kN
③ 222kN
④ 242kN

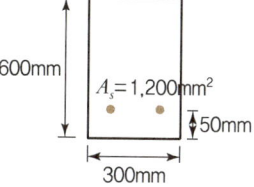

해설

$a = \dfrac{A_s \cdot f_y}{0.85 f_{ck} \cdot b} = \dfrac{1,200 \times 400}{0.85 \times 21 \times 300} = 89.6$mm

$M_n = A_s f_y \left(d - \dfrac{a}{2}\right)$
$= 1,200 \times 400 \times \left(550 - \dfrac{89.6}{2}\right) \times 10^{-6} = 242$kN

15 철근콘크리트 보에서 압축철근을 사용하는 목적과 가장 관계가 먼 것은?

① 연성의 증가
② 장기처짐의 감소
③ 전단저항 성능의 증가
④ 인장파괴로의 유도

16 복철근보에 대한 설명으로 옳지 못한 것은?

① 등가응력 블록의 깊이가 길어지면서, 콘크리트의 취성 파괴에 대한 위험이 있다.
② 시간에 따른 장기처짐이 단 철근 보에 비하여 감소한다.
③ 보의 철근 조립에서 전단 보강근의 설치와 피복두께 유지에 편리하다.
④ 압축철근은 극한상태에서 항복하지 않는 경우도 있다.

해설

인장철근비 A_s가 유효철근비 $(A_s - A_s')$로 감소하므로, 등가 응력블록의 깊이가 줄어들고, 인장철근의 변형률이 증가하여 보의 연성이 증가된다.

정답 12 ① 13 ② 14 ④ 15 ③ 16 ①

17 그림의 보에서 복근비는?

① 30%
② 40%
③ 50%
④ 60%

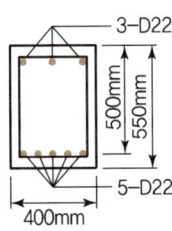

해설

문제에서 같은 직경의 철근을 사용하였으므로,

복근비 = $\dfrac{\text{압축철근비}}{\text{인장철근비}} = \dfrac{\text{압축철근량}}{\text{인장철근량}} = \dfrac{3}{5} = 0.6$

18 그림에서 T형보(G_1)의 유효폭(b_e)은 다음 중 어느 것인가?(단, 슬래브의 두께는 150mm, 보의 웨브폭(b_w)은 400mm임)

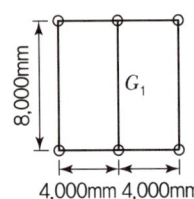

① 2,000mm
② 2,800mm
③ 3,000mm
④ 4,000mm

해설

- $b_e = 16t_f + b_w = 16 \times 150 + 400 = 2,800$mm
- $b_e =$ 양쪽 슬래브의 중심거리 $= 4,000$mm
- $b_e = \dfrac{l}{4} = \dfrac{8,000}{4} = 2,000$mm → 채택

19 그림과 같은 보의 설계 시 올바른 방법은? ($f_{ck} = 21$MPa, $f_y = 400$MPa이며, 1-D22 = 387 mm²이다.)

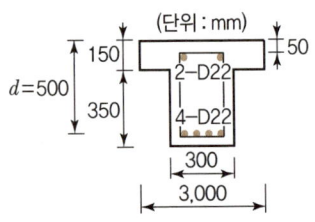

① T형보로 설계한다.
② $b_e \times d = 3,000 \times 500$mm의 직사각형 보로 설계한다.
③ $b_w \times d = 300 \times 500$mm의 직사각형 보로 설계한다.
④ 올바른 설계방법이 없다.

해설

유효폭 b인 직사각형 보로 간주하고 등가 응력블록의 깊이 a를 구한다.

- $a = \dfrac{A_s \cdot f_y}{0.85 f_{ck} \cdot b} = \dfrac{387 \times 4 \times 400}{0.85 \times 21 \times 3,000} = 11.6$mm
- $h_f \geq a$ 이므로, $b_e \times d = 3,000 \times 500$mm 의 직사각형 보로 설계한다.

20 경제적인 철근콘크리트 보의 단면결정에 관한 기술 중 가장 적당한 것은?

① 보의 춤을 크게 한다.
② 철근량을 줄인다.
③ 단면을 줄이고 주근을 많이 넣는다.
④ 보의 폭을 크게 한다.

해설

보의 유효춤을 크게 하면 응력중심거리 jd와 단면 2차모멘트가 증가하기 때문에 저항모멘트가 커지고 처짐을 줄이는 데 유리하다.

21 보의 주근의 양을 줄이기 위한 방법 중 합당치 않은 것은?

① 보의 춤을 크게 한다.
② 고강도의 철근을 사용한다.
③ 부착이 문제가 되는 경우 고강도의 콘크리트를 사용한다.
④ 늑근의 양을 증가시킨다.

정답 17 ④ 18 ① 19 ② 20 ① 21 ④

22 그림과 같은 하중 상태에서 주근(主筋)의 배근방법이 옳은 것은?

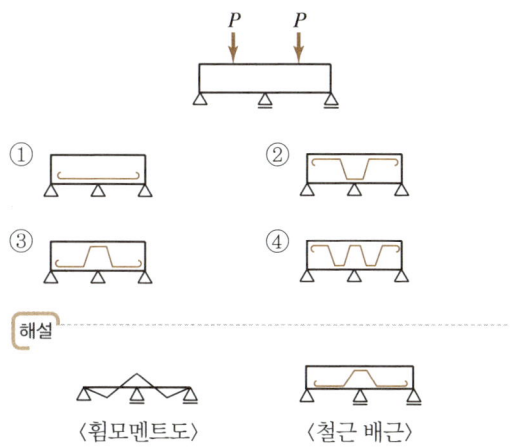

해설

〈휨모멘트도〉 〈철근 배근〉

23 철근콘크리트 보에 관한 기술 중 틀린 것은?

① 콘크리트 보의 보 폭을 크게 하면 압축 철근량을 줄일 수 있다.
② 콘크리트 보에서 단부에 헌치를 둠으로써 전단내력을 증가시킬 수 있다.
③ 과대 철근보가 될 경우 압축철근을 보강함이 합당하다.
④ 철근의 강도를 증가시킴으로써 보의 처짐을 크게 줄일 수 있다.

해설

보의 처짐은 단면 2차모멘트를 증가시킴으로써 줄일 수 있다.

24 그림과 같은 하중을 받는 내민보의 배근으로 옳은 것은?

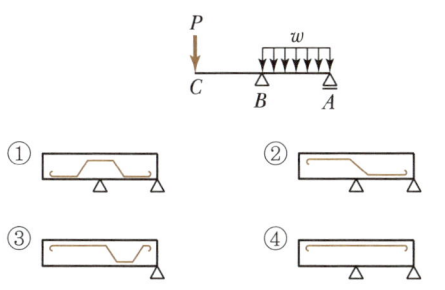

25 그림과 같은 균열이 철근콘크리트 단순보에 발생한 원인 중 옳은 것은?

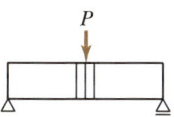

① 압축 철근량의 부족
② 인장 철근량의 부족
③ 스터럽 철근량의 부족
④ 보의 중앙부에 이어치기를 했을 때

해설

그림의 균열은 휨모멘트에 의한 휨균열로 인장철근의 부족에 의한 것이다.

26 그림과 같은 보에서 이음이 없을 경우 그 최소 폭(b)은 다음 중 어느 것인가?(단, 빗금 부분은 압축부이며, 압축철근은 2-D22, 인장철근은 4-D22, 전단보강근은 D13이고, 골재최대치수는 25mm임)

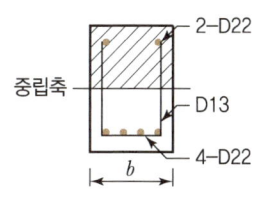

① 250mm   ② 300mm
③ 350mm   ④ 400mm

해설

철근 배근 간격
㉠ 1단 배근에서의 순간격(p)
  • 공칭지름 d_b 이상
  • 25mm 이상
  • 굵은 골재 최대 치수(G)의 4/3 이상

ⓛ 2단 이상 배근
- 단 사이의 순간격은 25 mm 이상
- 상단철근은 하단철근 바로 위에 배근

주근 개수에 따른 철근 배근 폭(b)

$b = 2a + nd_b + (n-1)p$

여기서, a : 콘크리트 표면에서 주근 표면까지의 거리
  (피복두께+늑근직경)
  n : 주근 개수
  d_b : 주근 직경
  p : 주근의 순간격(d_b, 25mm, 4/3G 이상)

∴ $b = 2a + nd_b + (n-1)p$
  $= 2 \times 53 + 4 \times 22 + (4-1) \times 33.33 = 293.99$

여기서, 순간격 $p = 4/3 \times 25 = 33.33$mm

27 연속보에서 부모멘트 재분배를 적용하고자 한다. 이때 최외단 인장철근의 순인장변형률(ε_t)이 얼마 이상 되어야 하는가?

① 0.005 ② 0.0075
③ 0.0085 ④ 0.0095

해설
부모멘트의 재분배는 휨모멘트를 감소할 단면의 최외단 인장철근의 순인장변형률(ε_t)이 0.0075 이상인 경우에만 가능하다.

정답 27 ②

CHAPTER 04

보의 전단

01 주응력
02 규준에 의한 보의 전단설계

보의 전단

SECTION 01 주응력

1. 휨응력

$$\sigma = \frac{M}{I} \cdot y$$

2. 전단응력

$$v = \frac{V \cdot \overline{A}}{Ib} \cdot \overline{y}$$

여기서, I : 중립축에 대한 단면 2차모멘트
y : 중립축으로부터 휨응력 계산 지점까지의 거리
$\overline{A}$: 전단응력이 계산되는 위치에서 바깥부분의 단면적
$\overline{y}$: 단면적 $\overline{A}$ 의 도심으로부터 중립축까지의 거리
b : 전단응력이 계산되는 지점의 단면폭

3. 최대 주응력

$$\sigma_1 = \frac{1}{2}\sigma + \sqrt{\frac{\sigma^2}{4} + v^2}$$

4. 최소 주응력

$$\sigma_2 = \frac{1}{2}\sigma - \sqrt{\frac{\sigma^2}{4} + v^2}$$

5. 주응력의 방향

$$\tan 2\theta = \frac{2v}{\sigma}$$

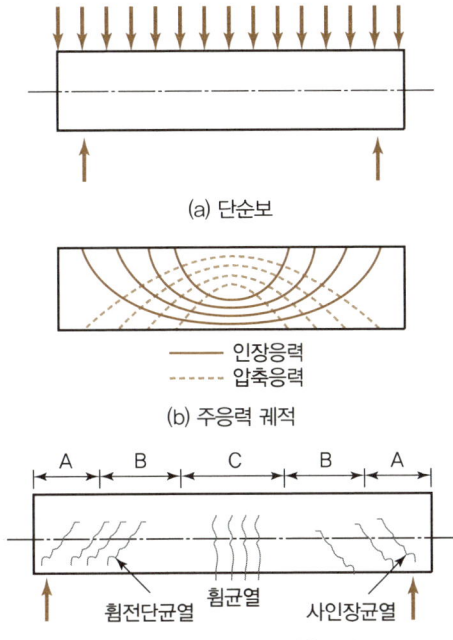

(a) 단순보

― 인장응력
--- 압축응력

(b) 주응력 궤적

A : 전단력은 크고 모멘트는 작은 부분
B : 전단력과 모멘트가 보통인 부분
C : 모멘트는 크고 전단력은 작은 부분
(c) 균열형태

〈그림 4-1〉 단순보의 응력궤적 및 균열형태

핵심문제 ●●○

보의 사인장 균열에 대한 설명 중 틀린 것은?
① 사인장 균열은 경사방향 주인장 응력도 σ_{max}에 직각방향으로 생긴다.
② 단순 지지보의 단부에서 사인장 균열은 재축방향과 45° 각을 이룬다.
③ 양단 고정보의 단부에서 사인장 균열은 재축방향과 45° 각을 이룬다.
❹ 보의 중앙부에서 사인장 균열은 재축방향과 직각을 이룬다.

SECTION 02 규준에 의한 보의 전단설계

1. 개요

① 최대 설계전단력은 지지면으로부터 보의 유효춤 d만큼 떨어진 단면에서의 전단력을 취한다.
② 보의 전단응력은 다음 식으로 산정한다.

여기서, b_w는 보의 복부 폭이고, d는 유효춤이다.

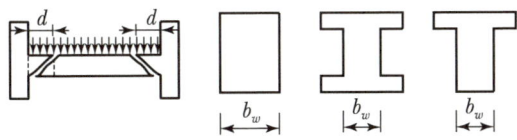

〈그림 4-2〉 전단력에 대한 위험위치 및 전단응력 산정 시 보의 복부 폭

핵심문제 ●○○

스팬 6m의 단순보에 $w_D = 15\,kN/m$, $w_L = 12kN/m$가 작용하는 경우, 보의 전단설계를 위한 최대 전단력 V_u는 얼마인가?(단, 보의 단면 $b_w \times d = 300mm \times 500mm$이다.)

① 41kN ② 82.8kN
❸ 103.5kN ④ 124.2kN

2. 기본설계 방정식

① 전단을 받는 단면의 설계는 다음 식을 기본으로 하여야 한다.

$$V_u \leq \phi V_n = \phi(V_c + V_s)$$

여기서, V_u : 계수하중에 의한 전단력
V_c : 콘크리트에 의한 전단강도
V_s : 전단 보강근에 의한 전단강도
V_n : 부재의 공칭 전단강도

② 여기서 사용되는 $\sqrt{f_{ck}}$ 값은 특별한 경우를 제외하고는 8.4N/mm²을 초과해서는 안 된다.

3. 콘크리트의 전단강도

(1) 전단력과 휨모멘트가 작용하는 부재

$$V_c = \left(\frac{1}{6}\lambda\sqrt{f_{ck}}\right)b_w d$$

여기서, λ : 경량콘크리트 계수

(2) 축방향 압축력도 함께 작용하는 부재

$$V_c = \frac{1}{6}\left(1 + \frac{N_u}{14 A_g}\right)\sqrt{f_{ck}}\, b_w d$$

4. 전단철근의 전단강도

전단철근의 전단강도 V_s 는 다음과 같이 구한다.

(1) 부재축에 직각인 전단철근을 사용하는 경우

① 전단철근의 전단강도

$$V_s = \frac{A_v f_{yt} d}{s}$$

여기서, A_v : s거리 내의 전단철근 1조의 단면적(mm²)
s : 전단철근의 간격(mm)

② 전단철근의 간격

$$s = \frac{A_v f_{yt} d}{V_s} = \frac{\phi A_v f_{yt} d}{V_u - \phi V_c}$$

여기서, f_{yt} : 전단보강철근의 항복강도

(2) 철근의 전단강도 V_s는 $0.2(1 - f_{ck}/250)f_{ck} b_w d$ 이하로 하여야 한다.

핵심문제 ●●○

폭이 300mm, 유효춤이 500mm인 직사각형 보에서 콘크리트가 부담할 수 있는 전단강도를 구하면?(단, 강도감소계수는 0.75이고, f_{ck} = 24MPa 이다.)

① 75.4kN 80.5kN
③ 85.4kN ❹ 91.8kN

핵심문제 ●●○

보의 폭 b = 300mm, 유효춤 d = 520mm, 전단철근은 D10@300으로 배근된 보에서 전단 보강근이 부담할 수 있는 전단강도를 강도설계법에 의해 구하면 얼마인가?(다만, f_{ck} = 24MPa, f_y = 400MPa이며, D10 철근 1개의 단면적은 71mm²이다.)

① 62.8kN 68.3kN
❸ 73.8kN ④ 85.7kN

5. 전단철근 상세

① 전단철근으로서 다음과 같은 철근이 사용될 수 있다.
  ㉠ 부재축에 직각인 스터럽이나 용접철망
  ㉡ 주인장 철근에 45° 이상의 각도로 설치되는 스터럽
  ㉢ 주인장 철근에 30° 이상의 각도로 구부린 굽힘철근
  ㉣ 스터럽과 굽힘철근의 조합
  ㉤ 나선철근
② 전단철근의 설계기준항복강도는 500N/mm²를 초과하여 취할 수 없다. 다만, 용접이형철망을 사용한 경우는 600N/mm²를 초과하여 취할 수 없다.

6. 전단철근의 간격제한

① 부재축에 직각으로 설치되는 스터럽의 간격은 철근콘크리트 부재의 경우 $0.5d$ 이하, 프리스트레스트 부재의 경우 $0.75h$ 이하, 또한 어느 경우이든 600mm 이하로 하여야 한다.
② 경사스터럽과 굽힘철근은 부재의 중간높이 $0.5d$ 에서 반력점 방향으로 주인장철근까지 연장된 45° 선과 한 번 이상 교차되도록 배치해야 한다.
③ V_s 가 $\frac{1}{3}\lambda\sqrt{f_{ck}}\,b_w d$ 를 초과하는 경우에는 위의 ①, ② 항에서 규정된 최대간격은 절반으로 감소시켜야 한다.

7. 최소 전단철근량

① 계수 전단력 V_u 가 콘크리트의 전단강도 ϕV_c 의 1/2을 초과하는 모든 철근콘크리트 휨재는 다음의 경우를 제외하고는 최소 단면적의 전단철근을 배근하여야 한다.
  ㉠ 슬래브와 기초판
  ㉡ 장선구조물
  ㉢ 보의 전체 춤이 250mm, 플랜지 두께의 2.5배 또는 웨브폭의 1/2 중 최댓값 이하인 보
② 전단철근의 없이도 계수 휨모멘트와 전단력에 저항할 수 있다는 것을 실험에 의해 확인할 수 있다면 최소 전단철근은 적용하지 않을 수 있다.
③ 최소 전단철근량

$$A_{v,\min} = 0.0625\lambda\sqrt{f_{ck}}\,\frac{b_w s}{f_{yt}} \geq 0.35\frac{b_w s}{f_{yt}}$$

여기서, b_w 와 s 의 단위는 mm이다.

핵심문제

철근콘크리트 보에서 전단 보강근으로 볼 수 없는 것은?
① 부재축에 수직한 스터럽
❷ 주인장 철근에 30° 각도를 가진 스터럽
③ 주인장 철근에 30° 각도로 구부러진 굽힘철근
④ 나선철근

8. 전단철근의 간격

(1) 계수 전단력 $V_u \leq \frac{1}{2}\phi V_c$인 경우

전단보강근 필요 없음

(2) $\frac{1}{2}\phi V_c < V_u \leq \phi V_c$인 경우

최소 전단보강근 사용

① $s = \dfrac{A_v\, f_{yt}}{0.35\, b_w}$

② $s = 0.5\, d$

③ $s = 600\text{mm}$ 중 가장 작은 값

(3) $\phi(V_c + \min V_s) < V_u \leq \phi(V_c + \frac{1}{3}\sqrt{f_{ck}}\, b_w\, d)$인 경우

① $s = \dfrac{A_v\, f_{yt}\, d}{V_s}$

② $s = 0.5\, d$

③ $s = 600\text{mm}$ 중 가장 작은 값

(4) $\phi(V_c + \frac{1}{3}\sqrt{f_{ck}}\, b_w\, d) < V_u \leq \phi(V_c + 0.2(1 - f_{ck}/250)f_{ck}\, b_w\, d)$인 경우

① $s = \dfrac{A_v\, f_{yt}\, d}{V_s}$

② $s = 0.25\, d$

③ $s = 300\text{mm}$ 중 가장 작은 값

(5) $V_u > \phi(V_c + 0.2(1 - f_{ck}/250)f_{ck}\, b_w\, d)$인 경우

보의 단면 변경

CHAPTER 04 출제예상문제

01 그림은 연직하중을 받는 철근콘크리트 보의 단부의 균열상태를 표시한 것이다. 전단력에 의해 나타나는 것은?

① 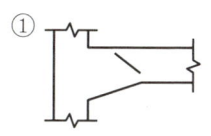   ②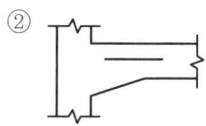

③ 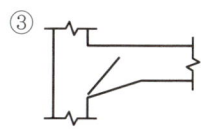   ④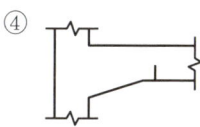

[해설]
전단에 의한 사인장 균열은 단부에서 45° 방향으로 경사지게 발생한다.

02 스팬 6m의 단순보에 $w_D = 15 \text{kN/m}$, $w_L = 12 \text{kN/m}$가 작용하는 경우, 보의 전단설계를 위한 최대 전단력 V_u는 얼마인가?(다만, 보의 단면 $b_w \times d = 300\text{mm} \times 500\text{mm}$이다.)

① 41.4kN   ② 82.8kN
③ 93.0kN   ④ 124.2kN

[해설]
- $w_u = 1.2 w_D + 1.6 w_L = 1.4 \times 15 + 1.7 \times 12 = 37.2 \text{kN}$
- $V_{\max} = \dfrac{w_u \cdot l}{2} = \dfrac{37.2 \times 6}{2} = 111.6 \text{kN}$
- $V_u = V_{\max} - w_u \cdot d = 111.6 - 37.2 \times 0.5 = 93.0 \text{kN}$

03 콘크리트의 공칭 전단강도(V_c)가 40kN, 전단 보강근에 의한 공칭 전단강도(V_s)가 20kN일 때 계수전단력(V_u)으로 옳은 것은?

① 60kN   ② 55kN
③ 50kN   ④ 45kN

[해설]
$V_u \le \phi V_n = \phi(V_c + V_s)$ 이므로,
$V_u = 0.75 \times (40 + 20) = 45 \text{kN}$

04 폭이 300mm, 유효춤이 500mm인 직사각형 보에서 콘크리트가 부담할 수 있는 전단강도를 구하면?(단, 강도감소계수는 0.75이고, $f_{ck} = 24\text{MPa}$이다.)

① 75.4kN   ② 80.5kN
③ 85.4kN   ④ 91.8kN

[해설]
$$\phi V_c = \phi \left(\dfrac{1}{6}\sqrt{f_{ck}}\right) b_w d$$
$$= 0.75 \times \left(\dfrac{1}{6}\sqrt{24}\right) \times 300 \times 500 \times 10^{-3} = 91.8 \text{kN}$$

05 보의 폭 $b = 300\text{mm}$, 유효춤 $d = 520\text{mm}$, 전단철근은 D10@300으로 배근된 보에서 전단 보강근이 부담할 수 있는 전단강도를 강도설계법에 의해 구하면 얼마인가?(단, $f_{ck} = 24\text{MPa}$, $f_y = 400\text{MPa}$이며, D10철근 1개의 단면적은 71mm² 이다.)

① 62.8kN   ② 68.3kN
③ 73.8kN   ④ 85.7kN

[해설]
$$\phi V_s = \dfrac{\phi A_v f_y d}{s}$$
$$= \dfrac{0.75 \times (71 \times 2) \times 400 \times 520}{300}$$
$$= 73,840 \text{N} = 73.8 \text{kN}$$

정답 01 ③ 02 ③ 03 ④ 04 ④ 05 ③

06 강도설계법에 의한 철근콘크리트 보의 전단 설계에서 그림과 같은 보가 지지할 수 있는 최대전단강도는 얼마인가?(단, $f_{ck}=24$MPa, $f_y=400$MPa, 1-D10 = 71mm²이다.)

① 260kN
② 280kN
③ 300kN
④ 320kN

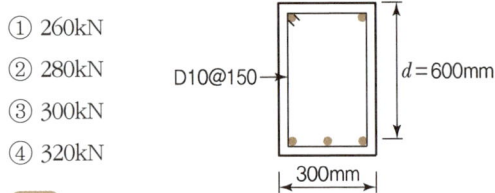

해설

$$\phi V_c = \phi (\frac{1}{6}\sqrt{f_{ck}})b_w d$$
$$= 0.75 \times (\frac{1}{6}\sqrt{24}) \times 300 \times 600 \times 10^{-3} = 110\text{kN}$$

$$\phi V_s = \frac{\phi A_v f_y d}{s}$$
$$= \frac{0.75 \times (71 \times 2) \times 400 \times 600}{150} \times 10^{-3} = 170\text{kN}$$

∴ $\phi V_n = \phi V_c + \phi V_s = 110 + 170 = 280$kN

07 다음 중 전단 보강근의 역할이 아닌 것은 어느 것인가?

① 전단력에 저항한다.
② 휨강도의 증가에 유효하다.
③ 균열의 진행을 억제하고 골재 맞물림 현상을 증가시킨다.
④ 주근의 위치 고정을 위해 시공상으로 필요하다.

08 철근콘크리트 보의 전단 응력을 보강하는 방법 중 틀린 것은?

① 콘크리트의 강도를 증가시킨다.
② 보의 재축방향에 수직한 철근(Stirrup)을 보강한다.
③ 보의 길이를 작게 한다.
④ 보의 폭을 증가시킨다.

해설

• 콘크리의 공칭 전단강도 : $V_c = (\frac{1}{6}\sqrt{f_{ck}})b_w d$에서, 보의 폭과 춤, 콘크리트의 강도를 증가시키면 콘크리트의 공칭 전단강도 V_c가 증가한다.

• 철근의 공칭 전단강도 $V_s = \frac{A_v f_y d}{s}$에서, 전단 철근량, 철근의 항복점 강도, 보의 춤을 증가시키거나 배근 간격을 줄이면 철근의 공칭 전단강도 V_s가 증가한다.

09 부재에 작용하는 소요 전단력이 부재의 설계 전단강도보다 클 경우, 취해야 할 방법 중 가장 효과가 적은 것은 어느 것인가?

① 전단보강근의 면적을 증가시킨다.
② 전단보강근의 간격을 줄인다.
③ 콘크리트의 압축강도를 증가시킨다.
④ 주근의 항복강도를 증가시킨다.

10 철근콘크리트 보에서 전단 보강근으로 볼 수 없는 것은?

① 부재축에 수직한 스터럽
② 주인장 철근에 30° 각도를 가진 스터럽
③ 주인장 철근에 30° 각도로 구부러진 굽힘철근
④ 나선철근

해설

전단보강 철근으로서 다음과 같은 철근이 사용될 수 있다.
• 부재축에 직각인 스터럽이나 용접철망
• 주인장 철근에 45° 이상의 각도로 설치되는 스터럽
• 주인장 철근에 30° 이상의 각도로 구부린 굽힘철근
• 스터럽과 굽힘철근의 조합
• 나선철근

11 보의 사인장 균열에 대한 설명 중 틀린 것은?

① 사인장 균열은 경사방향 주인장 응력도 σ_{max}에 직각방향으로 생긴다.
② 단순 지지보의 단부에서 사인장 균열은 재축방향과 45° 각을 이룬다.
③ 양단 고정보의 단부에서 사인장 균열은 재축방향과 45° 각을 이룬다.
④ 보의 중앙부에서 사인장 균열은 재축방향과 직각을 이룬다.

> **해설**
> 보의 중앙부에서는 휨모멘트가 크기 때문에 균열은 휨 인장응력에 의해 수직방향으로 일어난다.

12 철근콘크리트 보의 사인장 균열에 대한 설명으로 부적당한 것은?

① 전단력에 의해 발생한다.
② 보의 단부에서 주로 발생한다.
③ 보의 축과 약 45°각을 이룬다.
④ 인장철근의 후크(Hook)를 크게 하면 방지할 수 있다.

13 철근콘크리트 부재의 전단강도에 관한 설명이다. 틀린 것은?

① 부재의 전단강도는 콘크리트의 전단강도와 전단보강 철근에 의한 전단강도의 합이다.
② 전단력과 휨모멘트가 작용하는 부재의 경우 콘크리트의 전단강도는 약산적으로 $V_c = (\frac{1}{6}\sqrt{f_{ck}})b_w d$ 로 산정할 수 있다.
③ 압축력 또는 인장력이 작용하는 경우 콘크리트의 전단강도는 증가된다.
④ 부재축에 수직하게 배근된 스터럽의 전단강도는 $V_s = \frac{A_v f_y d}{s}$ 이고, 콘크리트 전단강도의 약 4배 이상 초과할 수 없다.

> **해설**
> - 보에 축압축력이 작용하는 경우에는 휨 인장 균열이 억제되고, 균열이 발생한 경우에도 보의 상부로 깊이 침투하지 못하기 때문에 콘크리트의 전단강도는 증가하나, 축인장력이 작용하는 경우에는 반대의 효과를 가진다.
> - 전단보강근의 전단강도 V_s는 $0.2(1-f_{ck}/250)f_{ck}b_w d$ 값을 초과할 수 없으며, 이를 초과하는 경우에는 단면을 변경하여야 한다.

14 철근콘크리트 보에서 늑근(Stirrup)의 사용 목적 중 틀린 것은?

① 전단력에 의한 균열방지
② 주근의 철근단면 보강
③ 주근의 고정
④ 철근조립 용이

15 비틀림 모멘트(Torsional Moment)에 대하여 주의해야 할 경우가 많은 부재는?

① 지중보
② 기둥
③ 작은 보가 걸치는 외벽 선상의 큰 보
④ 양교절 아치

정답 12 ④ 13 ③ 14 ② 15 ③

Engineer Architecture

CHAPTER 05

보의 처짐과 균열

01 개요
02 보의 처짐
03 균열

CHAPTER 05 보의 처짐과 균열

SECTION 01 개요

① 균열과 처짐은 강도설계법과 고강도 철근 및 콘크리트가 도입되면서 단면이 작아지고 강성이 저하되어 균열 폭, 처짐 등이 주요 설계 대상이 되고 있다.
② 사용성에 대한 검토의 경우, 하중은 사용하중으로 하며, 구조체는 탄성이론을 적용한다.

SECTION 02 보의 처짐

1. 즉시처짐(탄성처짐)

핵심문제 ●○○

등분포하중을 받는 철근콘크리트 단순보의 탄성 처짐에 관한 설명 중 부적합한 것은?
① 처짐량은 보 스팬의 4제곱에 비례하여 증가한다.
② 하중은 하중계수를 적용하지 않은 사용하중으로 한다.
③ 탄성계수 E는 콘크리트의 탄성계수 E_c를 사용한다.
❹ 단면 2차모멘트 I는 콘크리트의 전단면 2차모멘트 I_g를 사용한다.

(1) 보의 탄성처짐은 일반적으로 다음과 같이 표현된다.

$$\delta = \alpha \frac{wl^4}{EI}$$

여기서, α : 지점에서의 경계조건, 스팬에 따른 단면 2차모멘트의 변화와 하중의 분포에 따른 계수
EI : 보의 휨강성

(2) 등분포하중을 받는 단순지지일 경우의 중앙부 최대 처짐

$$\Delta = \frac{5wl^4}{384EI}$$

(3) 등분포하중을 받는 양단고정보의 중앙부 처짐

$$\Delta = \frac{wl^4}{384EI}$$

여기서, E : 콘크리트의 탄성계수 E_c를 사용한다.
I : 단면 2차모멘트로서 보의 휨 균열에 따라 가변적인 값을 가진다.

① 보에 발생되는 응력이 작아서 인장 측 콘크리트에 균열이 발생하지 않으면 전단면에 대한 단면 2차모멘트 I_g를 사용한다.

② 보에 작용하는 모멘트가 균열모멘트보다 커지면, 유효 단면 2차모멘트 I_e를 사용한다.

2. 균열모멘트(M_{cr})

① 보에 작용하는 휨모멘트가 일정한 크기 이상으로 증가하면 보의 인장 측에 균열을 일으키는데, 이때의 모멘트를 균열모멘트(Cracking Moment)라 한다.

② 보의 폭 b이고, 춤 h인 장방형보의 균열모멘트는 다음과 같이 계산된다.

$$M_{cr} = \frac{I_g \cdot f_r}{y_t} = S \times f_r$$

여기서, f_r : 휨 인장(파괴)강도($f_r = 0.63\lambda\sqrt{f_{ck}}$)
y_t : 도심에서 인장 측 외단까지의 거리
I_g : 철근을 무시하고 계산한 보의 전단면에 대한 단면 2차모멘트
Z : 탄성단면계수
S : 탄성단면계수

핵심문제

그림과 같은 단면의 보에서 인장 측에 균열을 일으키는 균열 모멘트(M_{cr})를 강도설계법에 의하여 구한 값 중 옳은 것은?(단, 콘크리트의 압축강도 f_{ck} = 24MPa이고, f_y = 400MPa이다.)

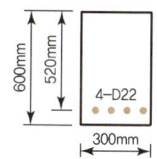

❶ 55.5kN·m
② 124.6kN·m
③ 152.7kN·m
④ 213.2kN·m

3. 장기처짐

휨재의 크리프와 건조수축에 의한 추가 장기처짐은 지속하중에 의해 생긴 즉시 처짐에 다음의 계수를 곱하여 구한다.

$$\Delta_t = \lambda_\Delta \Delta_i$$

여기서, Δ_t : 장기처짐
λ_Δ : 하중의 재하 기간에 좌우되는 계수
Δ_i : 탄성(즉시) 처짐

$$\lambda_\Delta = \frac{\zeta}{1+50\rho'}$$

여기서, ρ' : 압축철근비($\rho' = A_s'/bd$)
(단순 및 연속스팬에서는 보 중앙, 캔틸레버에서는 지점에서의 압축철근비이다.)

▼ 〈표 5-1〉 시간경과계수(ζ)

3개월	6개월	12개월	5년 이상
1.0	1.2	1.4	2.0

4. 처짐제한

① 처짐계산에 의하여 더 작은 두께를 사용하여도 유해하지 않다는 검토를 한 경우를 제외하고, 큰 처짐에 의하여 손상되기 쉬운 칸막이벽이나 기타 구조물을 지지하지 않는 1방향 구조물의 경우 〈표 5-2〉에 정한 최소 두께를 적용하여야 한다.

▼ 〈표 5-2〉 처짐을 계산하지 않는 경우의 보 또는 1방향 슬래브의 최소 두께

부재	최소두께(h)			
	캔틸레버	단순지지	1단 연속	양단 연속
	큰 처짐에 의해 손상되기 쉬운 칸막이벽이나 기타 구조물을 지지 또는 부착하지 않은 부재			
• 1방향 슬래브	$\dfrac{l}{10}$	$\dfrac{l}{20}$	$\dfrac{l}{24}$	$\dfrac{l}{28}$
• 보 • 리브가 있는 1방향 슬래브	$\dfrac{l}{8}$	$\dfrac{l}{16}$	$\dfrac{l}{18.5}$	$\dfrac{l}{21}$

② 〈표 5-2〉 값은 일반 콘크리트($w_c = 2{,}300\text{kg/m}^3$)와 설계기준항복강도 400N/mm^2 철근을 사용한 부재에 대한 값이며 다른 조건에 대해서는 그 값을 수정하여야 한다.

③ 유효 단면 2차모멘트 I_e 값과 장기처짐 효과를 고려하여 계산한 처짐량이 〈표 5-3〉에 제시된 최대 허용 처짐보다 작아야 한다.

▼ 〈표 5-3〉 최대 허용 처짐

부재의 형태	고려해야 할 처짐	처짐 한계
과도한 처짐에 의해 손상되기 쉬운 비구조 요소를 지지 또는 부착하지 않은 평지붕구조	활하중 L에 의한 순간처짐	$\dfrac{l}{180}$ ㉠
과도한 처짐에 의해 손상되기 쉬운 비구조 요소를 지지 또는 부착하지 않은 바닥구조	활하중 L에 의한 순간처짐	$\dfrac{l}{360}$
과도한 처짐에 의해 손상되기 쉬운 비구조 요소를 지지 또는 부착한 지붕 또는 바닥구조	전체 처짐 중에서 비구조 요소가 부착된 후에 발생하는 처짐부분 (모든 지속하중에 의한 장기처짐과 추가적인 활하중에 의한 순간처짐의 합) ㉢	$\dfrac{l}{480}$ ㉡
과도한 처짐에 의해 손상될 염려가 없는 비구조 요소를 지지 또는 부착한 지붕 또는 바닥구조		$\dfrac{l}{240}$ ㉣

㉠ 이 제한은 물고임에 대한 안정성을 고려하지 않았다. 물고임에 대한 적절한 처짐계산을 검토하되, 고인 물에 대한 추가처짐을 포함하여 모든 지속하중의 장기적 영향, 솟음, 시공 오차 및 배수설비의 신뢰성을 고려하여야 한다.

핵심문제 ●●●

스팬 9.6m의 단순지지 보가 처짐을 고려하지 않는 경우, 최소한의 전체 춤은 얼마 이상 되어야 하는가?

① 460mm　② 480mm
❸ 600mm　④ 960mm

ⓒ 지지 또는 부착된 비구조 요소의 피해를 방지할 수 있는 적절한 조치가 취해지는 경우에는 이 제한을 초과할 수 있다.
ⓒ 비구조 요소에 의한 허용오차 이하이어야 한다. 그러나, 전체 처짐에서 솟음을 뺀 값이 이 제한 값을 초과하지 않도록 하면 된다. 즉 솟음을 했을 경우에 이 제한을 초과할 수 있다.
ⓔ 규준에 의해 계산된 장기처짐에 따라 정해지나 비구조 요소의 부착 전에 생긴 처짐량을 감소시킬 수 있다. 이 감소량은 해당 부재와 유사한 부재의 시간-처짐 특성에 관한 적절한 기술 자료를 기초로 결정하여야 한다.

SECTION 03 균열

1. 개요

① 보와 축인장을 받는 부재의 균열폭에 대한 연구에서 균열폭은 철근의 응력과 지름에 비례하고 철근비에 반비례하는 것으로 확인되었다.
② 균열 억제의 최선의 방법은 철근을 콘크리트의 최대 인장 영역에 고르게 배근하는 것이다.
③ 휨모멘트 및 축력에 의한 콘크리트의 인장응력이 콘크리트의 설계기준 인장강도의 60%보다 작을 경우에는 휨 균열을 검토하지 않아도 된다.

2. 허용 균열폭

① 해석에 의해 균열폭을 검토할 때 다음 식을 만족해야 한다.

$$w_k \leq w_a$$

여기서, w_k : 지속하중이 작용할 때 계산된 균열폭
w_a : 내구성, 사용성(누수) 및 미관에 관련하여 허용되는 균열폭

② 철근콘크리트 구조물의 내구성 확보를 위한 허용균열폭 $w_a(\mathrm{mm})$

강재의 종류	강재의 부식에 대한 환경조건			
	건조 환경	습윤 환경	부식성 환경	고부식성 환경
철근	0.4mm와 0.006c_c 중 큰 값	0.3mm와 0.005c_c 중 큰 값	0.3mm와 0.004c_c 중 큰 값	0.3mm와 0.0035c_c 중 큰 값
프리스트레싱 긴장재	0.2mm와 0.005c_c 중 큰 값	0.2mm와 0.004c_c 중 큰 값	—	—

여기서, c_c : 최외단 주철근의 표면과 콘크리트 표면 사이의 콘크리트 최소 피복두께(mm)

핵심문제 ●○○

철근콘크리트 보의 균열에 관한 설명 중 틀린 것은?
① 철근의 응력이 커지면 균열 폭은 커진다.
② 철근량이 많으면 균열 제어에 효과적이다.
❸ 직경이 큰 철근을 사용하면 균열 제어에 효과적이다.
④ 철근을 콘크리트의 인장력에 고르게 배근하는 것이 균열 제어에 효과적이다.

▼ 〈표 5-4〉 강재의 부식에 대한 환경조건의 구분

건조 환경	일반 옥내 부재, 부식의 우려가 없을 정도로 보호한 경우의 보통 주거 및 사무실 건물 내부
습윤 환경	일반 옥외의 경우, 흙 속의 경우
부식성 환경	• 습윤 환경과 비교하여 건습의 반복 작용이 많은 경우, 특히 유해한 물질을 함유한 지하수위 이하의 흙 속에 있어서 강재의 부식에 해로운 영향을 주는 경우, 동결작용이 있는 경우, 동상방지제를 사용하는 경우 • 해양 콘크리트 구조물 중 해수 중에 있거나 극심하지 않은 해양 환경에 있는 경우(가스, 액체, 고체)
고부식성 환경	• 강재의 부식에 현저하게 해로운 영향을 주는 경우 • 해양 콘크리트 구조물 중 간만조위의 영향을 받거나 비말대에 있는 경우, 극심한 해풍의 영향을 받는 경우

③ 수처리 구조물의 내구성과 누수방지를 위한 허용균열폭 $w_a(\mathrm{mm})$

구분	휨 인장 균열	전단면 인장 균열
오염되지 않은 물[1]	0.25	0.20
오염된 액체[2]	0.20	0.15

주 1) 음용수(상수도) 시설물
 2) 오염이 매우 심한 경우 발주자와 협의하여 결정

3. 보 및 1방향 슬래브의 휨 철근 배치

① 콘크리트의 인장연단 가장 가까이에 배치되는 철근의 중심간격 s는 다음 중 작은 값 이하로 해야 한다.

$$s = 375\left(\frac{\kappa_{cr}}{f_s}\right) - 2.5c_c \qquad s = 300\left(\frac{\kappa_{cr}}{f_s}\right)$$

㉠ 건조환경 : $\kappa_{cr} = 280$
㉡ 기타환경 : $\kappa_{cr} = 210$

여기서, c_c : 인장철근이나 긴장재의 표면과 콘크리트 표면 사이의 최소 두께
 f_s : 사용하중 상태에서 최외단 인장철근의 응력(근사값 : f_y의 2/3)

② 철근이 하나만 배치된 경우에는 인장연단의 폭을 s로 한다.
③ 보나 장선의 깊이 h가 900mm를 초과하면, 종방향 표피철근을 인장연단으로부터 $h/2$ 지점까지 부재 양쪽 측면을 따라 균일하게 배치하여야 한다.

CHAPTER 05 출제예상문제

01 등분포하중을 받는 철근콘크리트 단순보의 탄성 처짐에 관한 설명 중 부적합한 것은?

① 처짐량은 보 스팬의 4제곱에 비례하여 증가한다.
② 하중은 하중계수를 적용하지 않은 사용 하중으로 한다.
③ 탄성계수 E는 콘크리트의 탄성계수 E_c를 사용한다.
④ 단면 2차모멘트 I는 콘크리트의 전단면 2차모멘트 I_g를 사용한다.

[해설]
단면 2차모멘트 I는 균열 발생 여부에 따라 가변적인 값을 사용한다. 즉, 균열이 발생하지 않은 경우에는 콘크리트의 전단면 2차모멘트 I_g를 사용하지만, 균열이 발생한 경우에는 유효 단면 2차모멘트 I_e를 사용한다.

02 강도설계법에 의한 철근콘크리트 부재 설계 시 처짐에 대한 검토는 어느 하중에 의하여 계산하는가?

① 고정하중 ② 극한하중
③ 계수하중 ④ 사용하중

[해설]
처짐, 균열, 진동 등과 같은 사용성에 대한 검토의 경우, 하중은 하중계수를 적용하지 않은 사용하중으로 하며, 사용 하중 상태에서 구조체는 탄성거동하는 것으로 가정하여 탄성이론을 적용한다.

03 철근콘크리트 구조설계와 처짐에 관한 다음 기술 중 부적당한 것은?

① 철근콘크리트 부재의 처짐은 즉각적인 처짐과 장기처짐으로 구분된다.
② 장기처짐은 초기에 많이 생기고, 시간이 지남에 따라 증가율은 감소한다.
③ 장기적인 처짐은 주로 콘크리트의 건조 수축과 크리프로 인하여 발생한다.
④ 극한강도설계법에서는 고강도의 철근과 콘크리트를 사용함으로써 처짐에 대한 우려가 적다.

[해설]
극한강도설계법에서는 고강도의 철근과 콘크리트를 사용할 경우 단면이 작아지고 강성이 저하되어 처짐이 발생할 우려가 많다.

04 그림과 같은 단면의 보에서 인장 측에 균열을 일으키는 균열 모멘트(M_{cr})를 강도설계법에 의하여 구한 값 중 옳은 것은?(단, 콘크리트의 압축강도 $f_{ck}=24\text{MPa}$이고, $f_y=400\text{MPa}$이다.)

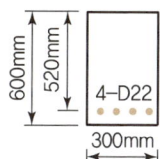

① 55.5kN·m ② 124.6kN·m
③ 152.7kN·m ④ 213.2kN·m

[해설]
$$M_{cr}=Z\times f_r=\frac{bh^2}{6}\times 0.63\sqrt{f_{ck}}$$
$$=\frac{300\times 600^2}{6}\times 0.63\times \sqrt{24}\times 10^{-6}=55.5\text{kN}\cdot\text{m}$$

05 스팬 9.6m의 단순지지 보가 처짐을 고려하지 않는 경우, 최소한의 전체 춤은 얼마 이상 되어야 하는가?

① 460mm ② 480mm
③ 600mm ④ 960mm

정답 01 ④ 02 ④ 03 ④ 04 ① 05 ③

> **해설**
>
> 단순지지 보의 경우 최소한의 전체 춤
> $h = \dfrac{l}{16} = \dfrac{9,600}{16} = 600\text{mm}$

06 그림은 보의 중앙부 단면이다. 콘크리트의 수축과 크리프에 의한 장기처짐 증가율이 가장 적은 보는?

① ② ③ ④

> **해설**
>
> • 압축철근량이 많을수록 장기 처짐이 감소한다.
> • 복근비가 클수록 장기 처짐이 감소한다.

07 철근콘크리트 보의 균열에 관한 설명 중 틀린 것은?

① 철근의 응력이 커지면 균열 폭은 커진다.
② 철근량이 많으면 균열 제어에 효과적이다.
③ 직경이 큰 철근을 사용하면 균열 제어에 효과적이다.
④ 철근을 콘크리트의 인장역에 고르게 배근하는 것이 균열 제어에 효과적이다.

> **해설**
>
> 철근콘크리트 보의 균열 폭은 철근의 응력과 직경에 비례하고, 철근비에 반비례한다. 따라서, 철근의 배근 간격이 허용하는 한 가는 철근을 많이 배근하는 것이 균열 제어에 효과적이다.

08 보의 인장철근 주변 콘크리트의 균열폭의 크기에 영향을 미치는 요소로서 가장 부적당한 것은 다음 중 어느 것인가?

① 인장철근 응력도
② 콘크리트 피복두께
③ 인장철근을 둘러싼 콘크리트 면적
④ 철근간격

정답   06 ②   07 ③   08 ④

CHAPTER

06

정착 및 이음

01 철근의 정착
02 철근의 이음

CHAPTER 06 정착 및 이음

SECTION 01 철근의 정착

1. 정착 일반

① 철근의 정착길이(Development Length)는 콘크리트에 묻혀 있는 철근이 힘을 받을 때 뽑히거나 변형이 생기는 일 없이 항복강도에 이르게 하는 최소한의 묻힘길이를 말하며 l_d로 표시한다.

② 〈그림 6-1〉에서와 같이 콘크리트에 묻혀 있는 철근의 기본정착길이(l_{db})를 구해보자.

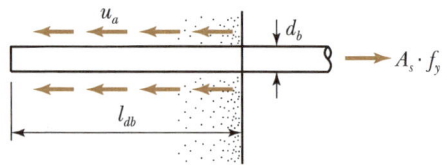

〈그림 6-1〉 철근의 정착

㉠ 이러한 극한상태에서 외력과 내력의 평형조건은 다음과 같다.

$$\pi \cdot d_b \cdot l_{db} \cdot u_a = \frac{\pi \cdot d_b^{\,2}}{4} \cdot f_y$$

㉡ 위 식으로부터 정착길이 l_{db}는 다음과 같이 계산된다.

$$l_{db} = \frac{d_b \cdot f_y}{4 \cdot u_a}$$

여기서, d_b : 철근의 직경
u_a : 부착응력의 평균값

㉢ 콘크리트의 부착강도는 압축강도의 제곱근에 비례하므로 위 식은 다음과 같이 나타낼 수 있다.

$$l_{db} = \alpha \cdot \frac{d_b \cdot f_y}{\sqrt{f_{ck}}}$$

여기서, α : 부착실험으로부터 얻어지는 상수

③ 위 식은 철근의 크기와 항복강도, 콘크리트의 압축강도 등 모든 철근콘크리트 부재가 공통으로 가지고 있는 요소들에 의하여 정하여지는 정착길이로서, 이러한 의미에서 기본정착길이라고 하며 l_{db}로 표시한다.

핵심문제 ●●○

강도설계법에서 인장철근의 기본 정착길이를 정하는 사항과 관계가 가장 적은 것은?

① 철근의 항복강도
② 철근의 공칭직경
❸ 철근의 간격
④ 콘크리트 압축강도

핵심문제 ●●○

철근콘크리트 부재에서 부착력을 증대시키기 위한 방법으로 부적합한 것은?

❶ 고강도 철근을 사용한다.
② 고강도 콘크리트를 사용한다.
③ 피복두께를 크게 한다.
④ 직경이 가는 철근을 사용한다.

④ 설계규준에서는 철근의 정착 및 이음에 사용되는 $\sqrt{f_{ck}}$ 값을 8.4N/mm^2 이하로 하도록 규정하고 있다.

⑤ 철근의 정착길이는 상기의 조건 이외에도 피복두께, 철근 간격, 철근의 위치, 횡방향 구속철근, 철근 표면의 에폭시 수지 도막 등 여러 가지 요인들에 의해 영향을 받으며, 이러한 부수적인 조건들은 부재마다 다르기 때문에 각 조건별로 보정계수를 정하여 이러한 조건들의 영향을 고려한다.

⑥ 철근의 정착길이는 기본정착길이에 보정계수를 곱한 값으로 산정한다.

$$l_d = 기본정착길이(l_{db}) \times 보정계수$$

2. 인장 이형철근 및 이형철선의 정착

① 인장 이형철근 및 이형철선의 정착길이 l_d는 아래 식의 기본정착길이 l_{db}에 보정계수를 곱하여 계산한 값 이상으로 하여야 한다. 그러나 이렇게 구한 정착길이 l_d는 항상 300mm 이상이어야 한다.

② 인장 이형철근 및 이형철선의 기본정착길이는 다음 식에 의해 구해야 한다.

$$l_{db} = \frac{0.6\, d_b f_y}{\lambda \sqrt{f_{ck}}}$$

③ 철근 배근 위치, 에폭시 도막 여부 및 콘크리트의 종류에 따른 보정계수는 다음과 같다.

▼ 〈표 6-1〉 인장 이형철근 및 이형철선의 보정계수

조건 \ 철근 직경	D19 이하의 철근과 이형철선	D22 이상의 철근
정착되거나 이어지는 철근의 순간격이 d_b 이상이고, 피복두께도 d_b 이상이면서 l_d 전 구간에 설계기준에서 규정된 최소 철근량 이상의 스터럽 또는 띠철근을 배근한 경우 또는 정착되거나 이어지는 철근의 순간격이 $2d_b$ 이상이고 피복두께가 d_b 이상인 경우	$0.8\alpha \cdot \beta$	$\alpha \cdot \beta$
기타	$1.2\alpha \cdot \beta$	$1.5\alpha \cdot \beta$

여기서, α, β, λ는 다음과 같다.

㉠ α = 철근 배근 위치계수
- 상부철근(정착길이 또는 이음부 아래 300mm를 초과되게 굳지 않는 콘크리트를 친 수평철근) ……………………… 1.3
- 기타 철근 …………………………………………………………… 1.0

핵심문제 ●●●

강도설계법에서 D25 인장철근의 기본 정착길이로 옳은 것은?(단, D25의 단면적은 507mm^2, $f_{ck} = 24\text{MPa}$이고, $f_y = 400\text{MPa}$이다.)

❶ 1,300mm ② 1,200mm
③ 1,100mm ④ 1,000mm

핵심문제 ●●●○

강도설계법에 의한 철근콘크리트 설계에서 정착에 대한 설명 중 틀린 것은?
① 콘크리트의 강도가 크면 정착에 유리하다.
② 피복두께가 두꺼울수록 정착에 유리하다.
③ 횡보강 철근 간격이 작으면 정착에 유리하다.
❹ 춤이 큰 보의 주근의 경우 상부철근이 하부철근보다 정착에 유리하다.

ⓒ β = 철근 도막계수
- 피복두께가 $3d_b$ 미만 또는 순간격이 $6d_b$ 미만인 에폭시 도막철근 또는 철선 ·· 1.5
- 기타 에폭시 도막철근 또는 철선 ························· 1.2
- 아연도금 철근 ·· 1.0
- 도막되지 않은 철근 ··· 1.0

ⓒ 에폭시 도막철근이 상부 철근인 경우에 상부 철근의 보정계수 α 와 에폭시 도막계수 β 의 곱 $\alpha\beta$ 가 1.7보다 클 필요는 없다.

3. 압축 이형철근 및 이형철선의 정착

① 압축 이형철근 및 이형철선의 정착길이 l_d 는 아래 식의 기본정착길이 l_{db} 에 적용 가능한 모든 보정계수를 곱하여 구하여야 한다. 이렇게 구한 정착길이 l_d 는 항상 200mm 이상이어야 한다.

② 압축 이형철근 및 이형철선의 기본정착길이는 다음 식에 의해 구해야 한다.

$$l_{db} = \frac{0.25\, d_b f_y}{\lambda \sqrt{f_{ck}}} \geq 0.043 d_b f_y$$

③ 압축에 대한 보정계수는 다음과 같다.

ⓐ 해석 결과 요구되는 철근량을 초과하여 배근한 경우 $\left(\dfrac{소요\, A_s}{배근\, A_s}\right)$

ⓑ 지름이 6mm 이상이고 나선간격이 100mm 이하인 나선철근 또는 중심간격 100mm 이하로 배근된 D13 띠철근으로 둘러싸인 압축 이형철근 ·· 0.75

4. 다발철근의 정착

인장 또는 압축을 받는 하나의 다발철근 내에 있는 개개 철근의 정착길이는 다발철근이 아닌 경우 각 철근의 정착길이에 3개의 철근으로 구성된 다발철근에 대해서는 20%, 4개의 철근으로 구성된 다발철근에 대해서는 33%를 증가시켜야 한다.

5. 표준갈고리 철근의 정착길이

(1) 표준갈고리 상세

① 주철근의 표준갈고리
ⓐ 180° 표준갈고리는 구부린 반원 끝에서 $4d_b$ 이상, 또한 60mm 이상 더 연장되어야 한다.

핵심문제 ●○○

강도설계법에서 인장을 받는 표준갈고리의 최소 정착길이는?(단, d_b 는 공칭지름이다.)

① $l_{dh} = 8\, d_b$ 또는 250mm 이상
❷ $l_{dh} = 8\, d_b$ 또는 150mm 이상
③ $l_{dh} = 6\, d_b$ 또는 200mm 이상
④ $l_{dh} = 6\, d_b$ 또는 250mm 이상

ⓛ 90° 표준갈고리는 구부린 끝에서 $12d_b$ 이상 더 연장되어야 한다.

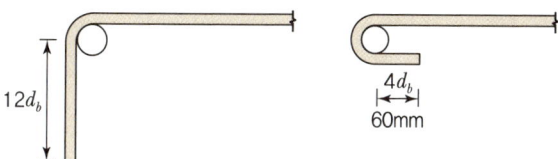

〈그림 6-2〉 주철근의 표준갈고리

② 스터럽과 띠철근의 표준갈고리
  ㉠ 90° 표준갈고리
   • D16 이하의 철근은 구부린 끝에서 $6d_b$ 이상 더 연장하여야 한다.
   • D19, D22 및 D25 철근은 구부린 끝에서 $12d_b$ 이상 더 연장하여야 한다.
  ㉡ 135° 표준갈고리 : D25 이하의 철근은 구부린 끝에서 $6d_b$ 이상 더 연장하여야 한다.

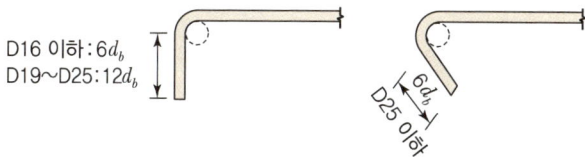

〈그림 6-3〉 스터럽과 띠철근의 표준갈고리

③ 구부림의 최소 내면 반지름 : 표준갈고리를 가지는 주근 및 스터럽과 띠철근의 구부림 최소 내면 반지름은 〈표 6-2〉의 값 이상으로 하여야 한다.

▼ 〈표 6-2〉 표준갈고리 구부림의 최소 내면 반지름

주근 직경	최소 내면 반지름	스터럽과 띠철근 직경	최소 내면 반지름
D10~D25	$3d_b$	D16 이하	$2d_b$
D29~D35	$4d_b$	D19 이상	$3d_b$
D38 이상	$5d_b$		

(2) 정착길이 상세

① 단부에 표준갈고리가 있는 인장 이형철근 정착길이 l_{dh}는 아래 식의 기본정착길이 l_{hb}에 적용 가능한 모든 보정계수를 곱하여 구하여야 한다. 그러나 이렇게 구한 정착길이 l_{dh}는 항상 $8d_b$ 이상 또한 150mm 이상이어야 한다.

② 기본정착길이 l_{hb}는 다음 식에 의해 구할 수 있다.

$$l_{hb} = \frac{0.24\beta d_b f_y}{\lambda \sqrt{f_{ck}}}$$

여기서, β : 철근 도막계수
λ : 경량 콘크리트계수

③ 표준갈고리를 갖는 인장철근의 정착길이에 대한 보정계수는 다음과 같다.
  ㉠ 콘크리트의 피복두께 : D35 이하 철근에서 갈고리 평면에 수직방향인 측면 피복두께가 70mm 이상이며, 90° 갈고리에 대해서는 갈고리를 넘어선 부분의 철근 피복두께가 50mm 이상인 경우 ·················· 0.7
  ㉡ 띠철근 또는 스터럽 : D35 이하의 철근에서 갈고리를 포함한 전체 정착길이 l_{dh} 구간에 $3d_b$ 이하 간격으로 띠철근 또는 스터럽이 둘러싼 경우 ·················· 0.8
  ㉢ 배근된 철근량이 소요 철근량을 초과하는 경우 : 전체 f_y를 발휘하도록 정착을 특별히 요구하지 않는 단면에서 휨 철근이 소요철근량 이상 배근된 경우 ·················· $\left(\dfrac{\text{소요}\, A_s}{\text{배근}\, A_s}\right)$

6. 정착 위치

① 기둥의 주근은 기초에 정착한다.
② 보의 주근은 기둥에, 작은 보는 큰 보에 정착한다.
③ 지중보(기초보)의 주근은 기초 또는 기둥에 정착한다.
④ 벽 철근은 기둥, 보 또는 슬래브에 정착한다.
⑤ 슬래브 철근은 보 또는 벽체에 정착한다.

SECTION 02 철근의 이음

1. 이음 일반

① D35를 초과하는 철근은 겹침이음할 수 없다. 다만, 압축겹침이음을 하는 경우에는 D35를 초과하는 철근의 겹침이음을 허용한다.
② 휨부재에서 서로 직접 접촉되지 않게 겹침이음된 철근은 횡방향으로 소요 겹침이음길이의 1/5 또는 150mm 중 작은 값 이상 떨어지지 않아야 한다.

③ 용접이음은 용접용 철근을 사용해야 하며 철근의 설계기준항복강도 f_y의 125% 이상을 발휘할 수 있는 완전용접이어야 한다.
④ 기계적 이음은 철근의 설계기준항복강도 f_y의 125% 이상을 발휘할 수 있는 완전 기계적 이음이어야 한다.

2. 인장 이형철근 및 이형철선의 이음

① 인장을 받는 이형철근 및 이형철선의 겹침이음길이는 A급, B급으로 분류하며 다음 값 이상으로 하여야 한다. 그러나 300mm 이상이어야 한다.
  ㉠ A급 이음 : l_d 이상
  ㉡ B급 이음 : $1.3l_d$ 이상
    여기서, l_d는 인장 이형철근의 정착길이이다.
② 겹침이음에서 A급 이음과 B급 이음은 다음과 같이 분류된다.
  ㉠ A급 이음 : 배근된 철근량이 이음부 전체 구간에서 해석결과 요구되는 소요철근량의 2배 이상이고 소요 겹침이음길이 내 겹침이음된 철근량이 전체 철근량의 1/2 이하인 경우
  ㉡ B급 이음 : ㉠에 해당되지 않는 경우

3. 압축 이형철근의 이음

① 압축철근의 겹침이음길이는 다음과 같이 구할 수 있다.

$$l_s = \left(\frac{1.4f_y}{\lambda\sqrt{f_{ck}}} - 52\right)d_b$$

여기서, 산정된 이음길이는 f_y가 400N/mm² 이하인 경우는 $0.072f_y d_b$보다 길 필요가 없고, f_y가 400N/mm²를 초과할 경우에는 $(0.13f_y - 24)d_b$보다 길 필요가 없다. 이때 겹침이음길이는 300mm 이상이어야 하며 콘크리트의 설계기준압축강도가 21MPa 미만인 경우는 겹침이음길이를 1/3 증가시켜야 한다. 압축철근의 겹침이음길이는 인장철근의 겹침이음길이보다 길 필요는 없다.

② 서로 다른 크기의 철근을 압축부에서 겹침이음하는 경우, 이음길이는 크기가 큰 철근의 정착길이와 크기가 작은 철근의 겹침이음길이 중 큰 값 이상이어야 한다. 이때 D41 철근과 D51 철근은 D35 이하의 철근과의 겹침이음이 허용된다.

핵심문제 ●●○

철근의 이음을 가장 안전하게 하기 위해서 가장 중요한 사항은?
① 철근의 인장응력도
② 콘크리트의 전단응력도
③ 콘크리트의 인장응력도
❹ 콘크리트의 부착응력도

출제예상문제

01 철근과 콘크리트의 부착력을 증가시키는 방법 중 틀린 것은?

① 콘크리트의 강도를 증가시킨다.
② 같은 단면적을 갖는 굵은 철근보다 가는 철근을 사용한다.
③ 보의 높이를 증가시킨다.
④ 보의 폭을 증가시킨다.

해설
철근의 부착력을 증가시키는 방법
- 인장 철근의 주장(Σ_0)을 증가시킨다.
- 같은 단면적일 때 굵은 철근보다 가는 철근을 사용한다.
- 보의 높이를 증가시킨다.
- 원형철근보다는 이형철근을 사용한다.
- 콘크리트의 강도를 증가시킨다.

02 철근과 콘크리트의 부착력에 관한 설명으로 가장 부적합한 것은?

① 압축강도가 큰 콘크리트일수록 부착력은 커진다.
② 콘크리트의 부착력은 철근의 길이에 반비례한다.
③ 철근의 표면상태와 단면모양에 따라 부착력이 증감한다.
④ 부착력은 정착길이를 크게 증가함에 따라서 비례 증가되지는 않는다.

해설
콘크리트의 부착력은 철근의 주장(Σ_0)에 비례하며, 길이와는 무관하다.

03 강도설계법에서 인장철근의 기본정착길이를 정하는 사항과 관계가 가장 적은 것은?

① 철근의 항복강도 ② 철근의 공칭직경
③ 철근의 간격   ④ 콘크리트 압축강도

해설
기본정착길이 $l_d = \alpha \cdot \dfrac{d_b \cdot f_y}{\sqrt{f_{ck}}}$ 에서, 철근의 직경 및 항복강도가 작을수록, 콘크리트의 압축강도는 클수록 정착에 유리하다.

04 철근콘크리트 부재에서 부착력을 증대시키기 위한 방법으로 부적합한 것은?

① 고강도 철근을 사용한다.
② 고강도 콘크리트를 사용한다.
③ 피복두께를 크게 한다.
④ 직경이 가는 철근을 사용한다.

해설
기본정착길이 $l_d = \alpha \cdot \dfrac{d_b \cdot f_y}{\sqrt{f_{ck}}}$ 에서, 철근의 항복강도가 클수록 부착력이 감소하여 정착길이를 길게 하여야 한다.

05 강도설계법에 의한 철근콘크리트 설계에서 정착에 대한 설명 중 틀린 것은?

① 콘크리트의 강도가 크면 정착에 유리하다.
② 피복두께가 두꺼울수록 정착에 유리하다.
③ 횡보강 철근 간격이 작으면 정착에 유리하다.
④ 춤이 큰 보의 주근의 경우 상부철근이 하부철근보다 정착에 유리하다.

해설
철근의 정착에 영향을 미치는 요소는 콘크리트의 인장강도, 피복두께, 철근의 간격, 전단철근의 존재 여부, 에폭시 피복 여부, 실제 배근된 철근량 등이다. 철근과 콘크리트의 부착력이 클수록 정착길이는 짧게 할 수 있으며 그 요소는 다음과 같다.
- 콘크리트의 압축강도가 높을수록 정착에 유리하다.
- 피복두께가 두꺼울수록 정착에 유리하다.
- 철근의 배근 간격이 클수록 정착에 유리하다.

정답 01 ④ 02 ② 03 ③ 04 ① 05 ④

- 전단철근의 항복강도, 단면적이 클수록, 배근간격은 좁을수록 정착에 유리하다.
- 에폭시 피복이 안 된 철근이 정착에 유리하다.
- 계산된 양보다 더 많은 철근이 배근된 경우 정착에 유리하다.
- 직경이 가는 철근을 사용하면 정착에 유리하다.
- 하부철근이 상부철근보다 정착에 유리하다.

06 강도설계법에서 D25 인장철근의 기본정착길이로 옳은 것은?(단, D25의 단면적은 507mm^2, f_{ck} =24MPa이고, f_y =400MPa이다.)

① 1,300mm ② 1,200mm
③ 1,100mm ④ 1,000mm

해설

$$l_{db} = \frac{0.6\, d_b f_y}{\sqrt{f_{ck}}} = \frac{0.6 \times 25 \times 400}{\sqrt{24}} = 1,225\text{mm}$$

07 강도설계법에서 D19 압축철근의 기본정착길이로 옳은 것은?(단, D19의 단면적은 507mm^2, f_{ck} =24MPa이고, f_y =400MPa이다.)

① 420mm ② 480mm
③ 570mm ④ 670mm

해설

압축 이형철근의 기본정착길이

$$l_{db} = \frac{0.25\, d_b f_y}{\sqrt{f_{ck}}} \text{ 또는 } l_{db} = 0.043\, d_b f_y \text{ 중 큰 값}$$

- $l_{db} = \dfrac{0.25\, d_b f_y}{\sqrt{f_{ck}}} = \dfrac{0.25 \times 19 \times 400}{\sqrt{21}} = 414.6\text{mm}$
- $l_{db} = 0.043\, d_b f_y = 0.043 \times 19 \times 400 = 326.8\text{mm}$

∴ 이 중에서 큰 값 : 414.6mm → 420mm

08 강도설계법에서 압축력을 받는 이형철근의 최소 정착길이는?

① 200mm ② 300mm
③ 400mm ④ 500mm

해설

인장을 받는 이형철근의 최소 정착길이가 300mm 이상, 압축의 경우 200mm 이상

09 강도설계법에서 인장을 받는 표준갈고리의 최소 정착길이는?(단, d_b는 공칭지름이다.)

① $l_{dh} = 8d_b$ 또는 250mm 이상
② $l_{dh} = 8d_b$ 또는 150mm 이상
③ $l_{dh} = 6d_b$ 또는 200mm 이상
④ $l_{dh} = 6d_b$ 또는 250mm 이상

10 이형철근이 인장력을 받을 경우 철근을 콘크리트 안에 적절히 정착시켜야 한다. 이때, 정착길이에 영향을 미치는 요소로 가장 거리가 먼 것은?

① 대상 철근의 위치
② 대상 철근의 에폭시 도막 유무
③ 대상 철근의 직경
④ 대상 철근의 비중

11 철근콘크리트 구조에서 부착력이 부족할 때 단면의 크기를 변경하지 않고 부착력을 증가시키는 가장 합당한 방법은?

① 철근량을 늘린다.
② 철근량은 같고 지름이 작은 철근을 여러 개 사용한다.
③ 콘크리트의 강도를 높인다.
④ 고강도 철근을 사용한다.

해설

동일 단면적의 철근인 경우, 직경이 가는 철근을 많이 사용하여 철근의 주장을 증가시킴으로써 콘크리트와의 부착면적이 증가하며 결국 콘크리트와의 부착력이 증대된다.

정답 06 ① 07 ① 08 ① 09 ② 10 ④ 11 ②

12 철근의 정착에 관한 설명으로 틀린 것은?

① 정착길이를 감소하기 위하여 후크(Hook)를 사용한다.
② 정착길이는 구조적 성능을 확보하기 위한 최소한의 묻힘길이이다.
③ 압축철근과 인장철근의 경우에는 요구되는 정착길이가 다르다.
④ 정착길이는 콘크리트 강도에 영향을 받는다.

> [해설]
> 후크(Hook)는 인장철근의 정착길이에는 유효하나, 압축철근의 정착길이에는 유효하지 못하다.

13 철근의 이음을 가장 안전하게 하기 위해서 가장 중요한 사항은?

① 철근의 인장응력도
② 콘크리트의 전단응력도
③ 콘크리트의 인장응력도
④ 콘크리트의 부착응력도

> [해설]
> 철근의 이음에서 가장 고려해야 할 사항은 철근과 콘크리트의 부착력이다.

Engineer Architecture

CHAPTER

07

슬래브 설계

01 슬래브의 종류
02 1방향 슬래브
03 2방향 슬래브
04 특수 슬래브

CHAPTER 07 슬래브 설계

SECTION 01 슬래브의 종류

1. 보 슬래브 구조

① 슬래브가 보에 지지되는 구조로서 지지상태 또는 각 변의 길이 비(β)에 따라 1방향 슬래브와 2방향 슬래브로 구분된다.

② 1방향 슬래브 $\left(\beta = \dfrac{\text{장변 순스팬}}{\text{단변 순스팬}} > 2\right)$

㉠ 슬래브 하중의 90% 이상이 단변 방향으로 전달되기 때문에 하중이 단변방향으로만 전달되는 것으로 본다.
㉡ 단변방향에 대하여 휨응력에 대한 주근을 배근한다.
㉢ 장변방향에 온도와 건조 수축에 의한 균열을 방지하고, 응력을 분포시키며, 주근의 간격을 유지하기 위하여 배력철근(온도철근)을 배근한다.

③ 2방향 슬래브 $\left(\beta = \dfrac{\text{장변 순스팬}}{\text{단변 순스팬}} \leq 2\right)$

㉠ 장변 방향으로도 단변에 대한 장변의 길이 비에 따라 어느 정도의 하중이 전달된다.
㉡ 단변 및 장변 각 방향에 대하여 휨응력에 대한 철근 배근을 고려하여야 한다.

2. 평 슬래브 구조

① 보가 사용되지 않고 슬래브가 직접 기둥에 지지되는 구조로 크게 플랫 슬래브(Flat Slab)와 플랫 플레이트(Flat Plate)가 있다.
② 슬래브의 하중이 기둥으로 전달되는 데에는 슬래브의 휨 강성과 더불어 비틀림 강성도 크게 영향을 미친다.

핵심문제

2방향 슬래브의 변장비 β의 최댓값은?
① 1.5 ❷ 2.0
③ 3.0 ④ 4.0

SECTION 02 1방향 슬래브

1. 구조 상세

1방향 슬래브의 두께는 〈표 7-2〉에 따라야 하며, 최소 100mm 이상으로 하여야 한다.

▼ 〈표 7-1〉 1방향 슬래브의 구조제한

슬래브 두께	100mm 이상	과다한 처짐을 방지
주근간격	• 최대 휨모멘트가 일어나는 단면 : 슬래브 두께의 2배 이하, 300mm 이하 • 기타 단면의 경우 : 슬래브 두께의 3배 이하, 450mm 이하	• 정철근 : (+)휨모멘트를 받는 인장철근 • 부철근 : (-)휨모멘트를 받는 인장철근
배력근	슬래브 두께의 5배 이하, 450mm 이하	배력근 철근비 참고
배력근 철근비 (온도철근 및 건조수축)	최소철근비 $\rho_{min} = 0.0014$ 이상 또한 다음 값 이상 • f_y가 400N/mm² 이하의 이형철근 또는 용접철망 사용 시 ⇒ 0.0020 • 0.0035(0.35%)의 항복변형률에서 측정한 철근의 항복강도 f_y가 400N/mm²을 초과한 경우 ⇒ $0.002 \times \dfrac{400}{f_y}$	

▼ 〈표 7-2〉 처짐을 계산하지 않는 경우의 보 또는 1방향 슬래브의 최소 두께

부재	최소두께 (h)			
	캔틸레버	단순지지	1단 연속	양단 연속
	큰 처짐에 의해 손상되기 쉬운 칸막이벽이나 기타 구조물을 지지 또는 부착하지 않은 부재			
• 1방향 슬래브	$\dfrac{l}{10}$	$\dfrac{l}{20}$	$\dfrac{l}{24}$	$\dfrac{l}{28}$
• 보 • 리브가 있는 1방향 슬래브	$\dfrac{l}{8}$	$\dfrac{l}{16}$	$\dfrac{l}{18.5}$	$\dfrac{l}{21}$

2. 1방향 슬래브의 설계 강도

① 슬래브의 해석은 단위 폭 1m를 가지는 장방형보로 해석한다.
② 철근비가 균형철근비보다 작은 경우의 슬래브의 설계강도는 다음과 같다.

$$\phi M_n = \phi A_s f_y (jd) = \phi A_s f_y \left(d - \dfrac{a}{2}\right)$$

여기서, A_s : 단위폭 1m에 배근되는 철근량(mm²)
d : 슬래브의 유효춤(슬래브 두께-피복두께-주근직경/2)(mm)

핵심문제 ●○○

강도설계법에 의한 1방향 슬래브에 관한 설명 중 틀린 것은?

① 정 철근 및 부 철근의 중심간격은 최대 휨모멘트가 일어나는 단면에서는 슬래브 두께의 2배 이하이어야 하고, 또한 300mm 이하로 하여야 한다.
② 정 철근 및 부 철근의 중심간격은 최대 휨모멘트가 일어나는 단면이 아닌 경우에는 슬래브 두께의 3배 이하이어야 하고, 또한 450mm 이하로 하여야 한다.
❸ 건조수축·온도 철근은 철근의 항복강도 f_y = 400MPa 이하인 경우, 최소 철근비는 0.0015이다.
④ 건조수축·온도 철근의 배근 간격은 슬래브 두께의 5배, 또한 450mm 이하로 한다.

③ 단위폭 1m에 배근된 철근량

$$A_s = na_1 = \frac{1,000}{s}a_1 = \frac{1,000\,a_1}{s}\,(\text{mm}^2)$$

여기서, n : 단위폭 1m에 배근된 철근 개수
a_1 : 철근 1개의 단면적(직경이 다른 철근을 혼용하는 경우 평균값 사용)(mm^2)
s : 단위폭 1m에 대한 배근간격(mm)

④ 등가응력 블록의 깊이

$$a = \frac{A_s \cdot f_y}{0.85 f_{ck} \cdot b}$$

SECTION 03 2방향 슬래브

1. 기본사항

(1) 주열대와 중간대

① 슬래브 설계에서는 슬래브의 모멘트가 기둥선에 집중되는 현상을 고려하기 위하여 주열대(Column Strip)와 주간대(Middle Strip)로 나누어 구조해석한다.
② 주열대(Column Strip)란 기둥 중심선에서 양측으로 $l_1/4$과 $l_2/4$ 중에서 작은 값을 폭으로 갖는 설계대로 정의되며, 만일 보가 있는 경우에는 그 보는 주열대에 포함된다.
③ 중간대(Middle Strip)는 2개의 주열대 사이에 구획된 설계대로 정의된다.

(2) 보와 슬래브의 강성비

① 보에 의해 지지되는 슬래브에서는 보와 슬래브의 강성비에 의하여 모멘트 분포와 처짐이 달라진다.
② 보와 슬래브의 강성비 α는 다음과 같이 정의된다.

$$\alpha = \frac{\text{보의 휨 강성}}{\text{슬래브의 휨 강성}} = \frac{E_{cb}I_b}{E_{cs}I_s}$$

여기서, E_{cb}, E_{cs} : 보와 슬래브의 콘크리트 탄성계수
I_b, I_s : 보와 슬래브의 단면 2차모멘트

2. 직접설계법

(1) 적용범위

직접설계법은 등가골조법에 비하여 계산하기 편리한 장점을 가지고 있으나 다음의 조건에 맞는 연속 슬래브에만 적용할 수 있으며, 이러한 조건에 맞지 않는 슬래브에는 등가골조법이 적용된다.

① 각 방향으로 3경간 이상 연속되어야 한다.
② 직사각형 슬래브로, 긴 변이 짧은 변의 2배 이하이어야 한다.
③ 각 방향으로 연속한 받침부 중심부 경간 길이의 차이는 긴 경간의 1/3 이하이어야 한다.
④ 기둥은 어떠한 축에서도 연속되는 기둥 중심선에서 경간길이의 10% 이상 벗어나서는 안 된다.
⑤ 모든 하중은 등분포된 연직하중으로 활하중은 고정하중의 2배 이하이어야 한다.
⑥ 보가 모든 변에서 슬래브 판을 지지할 경우, 직교하는 두 방향에서 보의 상대강성은 0.2 이상, 5.0 이하이어야 한다.

$$0.2 \leq \frac{\alpha_1 l_2^2}{\alpha_2 l_1^2} \leq 5.0$$

여기서, l_1 : 모멘트가 결정되는 방향으로 측정한 받침부 중심 사이의 경간
l_2 : l_1에 수직한 방향으로 측정한 받침부 중심 사이의 경간
α_1 : l_1 방향으로의 α
α_2 : l_2 방향으로의 α

(2) 설계 모멘트

① 전체 정적계수 모멘트

$$M_0 = \frac{w_u l_2 l_n^2}{8}$$

여기서, l_n : 순경간(기둥, 기둥머리, 브래킷 또는 벽체 내면 사이의 거리)
$l_n \geq 0.65 l_1$

② 정 및 부 모멘트 계수
㉠ 내부 경간에서는 전체 정적 계수 모멘트를 다음과 같이 분배한다.

부계수 모멘트 $M_u^- = 0.65 M_0$
정계수 모멘트 $M_u^+ = 0.35 M_0$

㉡ 단부 경간에서는 외단의 고정도에 따라 정 모멘트나 부 모멘트의 배분이 달라진다.

핵심문제 ●●○

강도설계법에 의한 철근콘크리트의 2방향 슬래브 설계에서 직접설계법을 사용하기 위한 조건 중 틀린 것은?
① 각 방향으로 3경간 이상 연속되어야 한다.
② 슬래브의 단변 경간에 대한 장변 경간의 비가 2 이하여야 한다.
③ 각 방향으로 연속한 받침부 중심 간 경간길이의 차이는 긴 경간의 1/3 이하여야 한다.
❹ 활하중은 고정하중의 3배 이하여야 한다.

핵심문제 ●●○

직접설계법을 적용한 슬래브 설계에서 계수모멘트 $M = 250 \text{kN} \cdot \text{m}$이다. 양단 연속된 슬래브에서 단부와 중앙부의 계수모멘트로 옳은 것은?
❶ 단부 $-162.5 \text{kN} \cdot \text{m}$
　중앙부 $+87.5 \text{kN} \cdot \text{m}$
② 단부 $-150.0 \text{kN} \cdot \text{m}$
　중앙부 $+100.0 \text{kN} \cdot \text{m}$
③ 단부 $-137.5 \text{kN} \cdot \text{m}$
　중앙부 $+122.0 \text{kN} \cdot \text{m}$
④ 단부 $-125.0 \text{kN} \cdot \text{m}$
　중앙부 $+125.0 \text{kN} \cdot \text{m}$

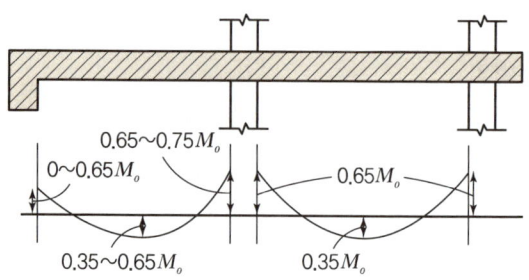

〈그림 7-1〉 경간에 따른 계수 모멘트의 분배

SECTION 04 특수 슬래브

1. 플랫 슬래브(무량판 구조)

(1) 정의

플랫 슬래브는 평 바닥판 구조 또는 무량판 구조라 하며 보 없이(외부보를 제외) 바닥판 만으로 구성하고 그 하중은 직접 기둥에 전달하는 구조이다.

(2) 장점 및 단점

▼ 〈표 7-3〉 플랫 슬래브의 장단점

장점	• 구조가 간단하여 철근 배근, 조립 및 콘크리트 공사가 용이하다. • 공사비(재료비, 인건비)가 저렴하다. • 실내(보가 없으므로)공간 이용률이 높다. • 층고를 낮출 수 있다. • 배관설비(방화용 스프링클러 등)의 설치가 용이하다.
단점	• 고정하중(바닥판이 두꺼워짐)이 증대한다. • 뼈대의 강성에 난점이 있다. • 구조계산이 다소 복잡하다. • 큰 집중하중을 받는 곳은 부적당하며 슬래브가 진동하기 쉽다. • 철근 및 콘크리트량이 보통 슬래브에 비해 많이 든다.

(3) 배근방식

철근 배근방식에 따라 2방향식, 3방향식, 4방향식, 원형식이 있으나 2방향식이 가장 많이 사용된다.

(4) 뚫림전단(Punching Shear) 또는 2방향전단(Two Way Shear)

① 플랫 슬래브와 같이 보 없이 기둥에 지지되는 구조나 기초판 같이 기둥을 지지하는 구조에서 집중하중의 작용에 의해 기둥 주위에 슬래브의 하부로부터 경사지게 균열이 발생하여 구멍이 뚫리는 형태의 전단파괴를 말한다.

② 기둥에 면한 슬래브 밑면에서 파괴면이 형성되어 위 방향으로 경사지게 발전하는 형태이며, 이때 파괴면의 수평에 대한 경사각 θ 는 콘크리트의 강도나 철근 보강에 따라 $20 \sim 45°$ 정도이다.
③ 2방향 전단의 위험단면은 기둥 주변으로부터 $d/2$ 만큼 떨어져 슬래브에 수직한 면이다.

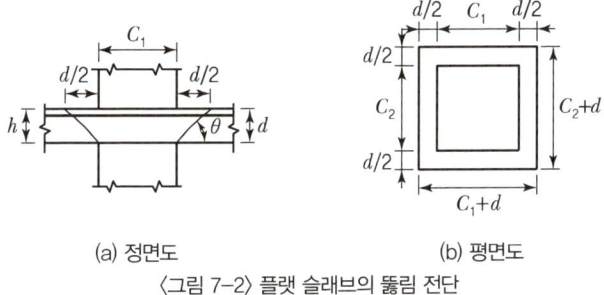

(a) 정면도　　(b) 평면도
〈그림 7-2〉 플랫 슬래브의 뚫림 전단

(5) 구조제한

① 슬래브 두께 t 는 180mm 이상으로 한다. 다만 지붕슬래브는 일반 슬래브의 구조제한에 따를 수 있다.
② 기둥의 단면 최소치수 D(원형 기둥에서는 직경)는 다음 중 큰 값으로 한다.
　㉠ 기둥 중심거리 l_x, l_y 의 1/20 이상　　㉡ 300mm 이상
　㉢ 층고 H 의 1/15 이상

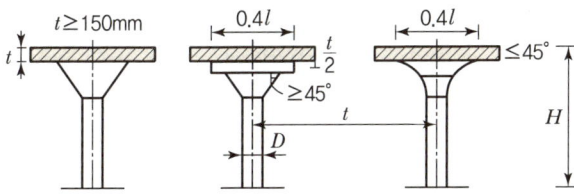

〈그림 7-3〉 플랫 슬래브의 각부 치수

③ 주두에는 보통 주두와 지판을 붙인다. 다만, 슬래브에 대한 경사가 45° 이하의 주두부분은 응력분담을 하지 않는 것으로 한다.
④ 특별한 응력해석이나 또는 실험에 의하여 확인된 슬래브의 경우에는 위의 구조제한을 따르지 않을 수 있다.

2. 장선 슬래브(Ribbed Slab, Joist Slab)

(1) 정의

등간격으로 분할된 장선(Joist)과 슬래브가 일체로 된 구조로 그 양단은 보에 또는 벽체에 지지된다. 슬래브는 장선에 지지되고 그 두께는 상당히 얇게 할 수 있다.

핵심문제　●●○

플랫 슬래브에 관한 기술 중 옳지 않은 것은?

① 슬래브의 두께는 180mm 이상으로 한다. 다만, 지붕슬래브는 이 제한에 따르지 않아도 된다.
❷ 기둥의 최소폭은 각 방향의 기둥 중심거리의 1/20 이상, 200mm 이상 및 층고의 1/20 이상이 충족되어야 한다.
③ 주두에는 보통 지판을 붙인다.
④ 특별한 응력해석이나 또는 실험에 의하여 확인된 플랫 슬래브는 상기제한에 따르지 않아도 된다.

(2) 구조제한

① 장선의 너비는 100mm 이상(최대 200mm), 춤은 너비의 3.5배 이내로 하고 배치 간격은 900mm 이내로 한다.
② 장선 슬래브의 두께는 장선 안목간격의 1/12 이상 또는 50mm 이상으로 한다.
③ 바닥판을 보강하는 인장철근은 지름 6mm 이상의 용접철망 또는 철근 $\phi 9$, 이형철근 D10 이상으로 한다.
④ 장선의 전단 응력도는 일반보의 전단응력보다 10% 큰 값으로 한다.

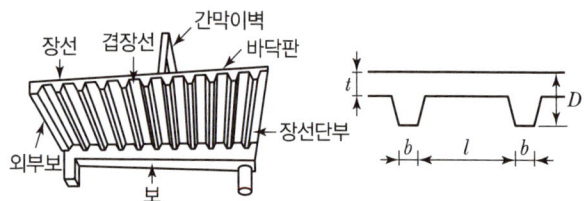

〈그림 7-4〉 장선 슬래브 구조

3. 워플 플랫 슬래브(Waffle Flat Slab)

워플 플랫 슬래브는 장선 슬래브의 장선을 직교하여 구성한 우물반자 형태로 된 2방향 장선 슬래브 구조이며, 보통 슬래브 구조보다 기둥의 스팬을 더 크게 할 수 있고 작은 돔형의 거푸집(워플 거푸집)이 사용된다.

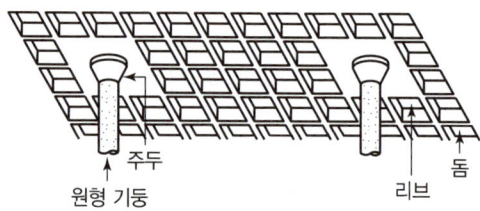

〈그림 7-5〉 워플 플랫 슬래브 구조

4. 중공 슬래브(Void Slab)

슬래브에 원통형의 구멍(中空部)을 뚫은 것으로 마치 I자형의 작은 보를 늘어놓은 것과 같은 것으로 설비배관에 유리한 일종의 장선슬래브 구조이다.

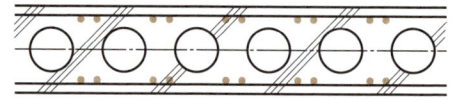

〈그림 7-6〉 중공 슬래브 구조

출제예상문제

01 2방향 슬래브의 변장비 β의 최댓값은?
① 1.5
② 2.0
③ 3.0
④ 4.0

02 4변 고정 슬래브에서 하중분담에 대한 사항 중 맞는 것은?
① 장변방향이 적고 단변방향이 많이 받게 된다.
② 단변방향이 적고 장변방향이 많이 받게 된다.
③ 양방향의 분담비는 같다.
④ 분담비는 철근량에 비례한다.

03 슬래브의 형식 중 2방향 슬래브로 간주되는 것은?
① 보이드 슬래브(Void Slab)
② 리브드 슬래브(Ribbed Slab)
③ 워플 슬래브(Waffle Slab)
④ 장선 슬래브(Joist Slab)

해설
• 1방향 슬래브 : $\beta > 2$인 슬래브, 중공(보이드) 슬래브, 장선(리브드) 슬래브
• 2방향 슬래브 : $\beta \leq 2$인 슬래브, 워플 슬래브, 플랫 슬래브

04 강도설계법에서 1방향 슬래브의 건조수축 및 온도철근비는 최소 얼마인가?
① 0.0014
② 0.0018
③ 0.0020
④ 0.0025

05 강도설계법에 의한 1방향 슬래브에 관한 설명 중 틀린 것은?
① 정 철근 및 부 철근의 중심간격은 최대 휨모멘트가 일어나는 단면에서는 슬래브 두께의 2배 이하이어야 하고, 또한 300mm 이하로 하여야 한다.
② 정 철근 및 부 철근의 중심 간격은 최대 휨모멘트가 일어나는 단면이 아닌 경우에는 슬래브 두께의 3배 이하이어야 하고, 또한 450mm 이하로 하여야 한다.
③ 건조수축·온도 철근은 철근의 항복강도 f_y = 400MPa 이하인 경우, 최소 철근비는 0.0015이다.
④ 건조수축·온도 철근의 배근 간격은 슬래브 두께의 5배, 또한 450mm 이하로 한다.

해설
건조수축·온도 철근은 철근의 항복강도 f_y = 400MPa 이하인 경우, 최소 철근비는 0.002이다.

06 배력근에 대한 기술 중 부적당한 것은?
① 주근의 위치를 확보해 준다.
② 전단력에 대한 보강근이다.
③ 건조수축에 의한 균열을 방지해 준다.
④ 하중을 고르게 분포시킨다.

07 철근콘크리트 구조에서 철근 배근에 대한 설명 중 옳지 않은 것은?
① 2방향 슬래브에서는 서로 직교하는 장, 단변 방향으로 주 철근을 배근한다.
② 1방향 슬래브는 단위폭 1m에 대한 장방형 보로 취급하여 설계한다.
③ 2방향 슬래브란 장변과 단변의 비가 2 이내인 슬래브를 말한다.
④ 1방향 슬래브에서는 장변방향에 주철근을 배근한다.

정답 01 ② 02 ① 03 ③ 04 ① 05 ③ 06 ② 07 ④

해설
1방향 슬래브에서는 단변 방향에 주철근을, 장변 방향에 배력철근을 배근한다.

08 단변 방향의 순경간 6m, 장변 방향 순경간 8m인 4변 고정 슬래브에서 굽힘철근 절곡위치는 단부에서 얼마의 거리인가?

① 단변방향 1,000mm, 장변방향 1,000mm
② 단변방향 1,000mm, 장변방향 1,500mm
③ 단변방향 1,500mm, 장변방향 1,500mm
④ 단변방향 1,500mm, 장변방향 2,000mm

해설
굽힘철근의 절곡위치는 단변, 장변 모두 단변 순경간의 $l_x/4$ 지점이다.

09 강도설계법에 의한 철근콘크리트의 2방향 슬래브 설계에서 직접설계법을 사용하기 위한 조건 중 틀린 것은?

① 각 방향으로 3경간 이상 연속되어야 한다.
② 슬래브의 단변 경간에 대한 장변 경간의 비가 2 이하여야 한다.
③ 각 방향으로 연속한 받침부 중심간 경간 길이의 차이는 긴 경간의 1/3 이하여야 한다.
④ 활하중은 고정하중의 3배 이하여야 한다.

해설
모든 하중은 등분포 연직하중으로 활하중은 고정하중의 2배 이하이어야 한다.

10 직접설계법을 적용한 슬래브 설계에서 계수모멘트 $M = 250$kN·m이다. 양단 연속된 슬래브에서 단부와 중앙부의 계수모멘트로 옳은 것은?

① 단부 -162.5kN·m, 중앙부 $+87.5$kN·m
② 단부 -150.0kN·m, 중앙부 $+100.0$kN·m
③ 단부 -137.5kN·m, 중앙부 $+122.0$kN·m
④ 단부 -125.0kN·m, 중앙부 $+125.0$kN·m

해설
전체 정적계수모멘트 $M_0 = \dfrac{w_u l_2 l_n^2}{8}$ 에서,

- 부계수 모멘트
  $M_u^- = -0.65 M_0 = -0.65 \times 250 = -162.5$ kN·m
- 정계수 모멘트
  $M_u^+ = 0.35 M_0 = 0.35 \times 250 = 87.5$ kN·m

11 2방향 슬래브의 처짐에 가장 영향을 주지 않는 것은?

① 슬래브의 지지상태
② 슬래브와 보의 상대강성
③ 슬래브의 스팬
④ 인장철근의 항복강도

12 플랫 슬래브에 관한 기술 중 옳지 않은 것은?

① 슬래브의 두께는 180mm 이상으로 한다. 다만, 지붕 슬래브는 이 제한에 따르지 않아도 된다.
② 기둥의 최소폭은 각 방향의 기둥중심 거리의 1/20 이상, 200mm 이상 및 층고의 1/20 이상이 충족되어야 한다.
③ 주두에는 보통 지판을 붙인다.
④ 특별한 응력해석이나 또는 실험에 의하여 확인된 플랫 슬래브는 상기제한에 따르지 않아도 된다.

해설
기둥 단면의 최소 폭은 다음 중 큰 값 이상
- 기둥 중심거리 l_x, l_y의 1/20 이상
- 300mm 이상
- 층고 H의 1/15 이상

정답 08 ③ 09 ④ 10 ① 11 ④ 12 ②

CHAPTER 08

기둥 설계

01 일반사항
02 단주의 설계강도

CHAPTER 08 기둥 설계

SECTION 01 일반사항

1. 구조제한

▼ 〈표 8-1〉 기둥의 구조제한

구분		띠(철근)기둥	나선(철근)기둥
주근	개수	• 직사각형, 원형 띠기둥은 4개 이상 • 삼각형 띠기둥은 3개 이상	6개 이상
	간격	• 40mm 이상, 150mm 이하 • 철근 지름의 1.5배 이상 • 굵은 골재 최대치수의 $\frac{4}{3}$배 이상	좌동
	철근 지름	주근지름 D16 이상	좌동
	철근비	• 최소 1% • 최대 8%	좌동
띠철근 (나선 철근)	철근 지름	• 주근 D32 이하 : D10 이상 • 주근 D35 이상 : D13 이상	9mm 이상 (기둥단부에서 1.5회 여분으로 감는다.)
	간격	• 주근 지름의 16배 이하 • 띠철근 지름의 48배 이하 • 기둥의 최소폭 이하 　 中 작은값	• 최소 25mm 이상 • 최대 75mm 이하

2. 띠철근 및 나선철근의 사용목적

① 주근의 좌굴방지
② 전단력에 저항
③ 주근의 위치 확보
④ 콘크리트의 구속효과로 기둥의 연성증진

3. 나선철근

① 콘크리트의 설계기준강도는 $f_{ck} = 21\text{N/mm}^2$ 이상
② 철근은 $f_y \leq 400\text{N/mm}^2$ 이하
③ 나선철근의 겹침이음
　㉠ 철근지름의 48배 이상
　㉡ 300mm 이상

핵심문제 ●●○

강도설계법에 의한 기둥의 구조제한에 관한 사항 중 틀린 것은?

① 축방향 주철근은 D16 이상을 사용한다.
② 축방향 주철근의 최소개수는 직사각형이나 원형 띠철근 기둥에서는 4개, 나선철근 기둥에서는 6개로 한다.
❸ 축방향 주철근의 단면적은 전체 단면적의 0.04배 이상, 0.08배 이하로 한다.
④ 축방향 철근의 순간격은 40mm 또는 철근 공칭직경의 1.5배 중 큰 값 이상으로 한다.

핵심문제 ●●●

그림과 같은 기둥에 대한 띠철근의 간격은?

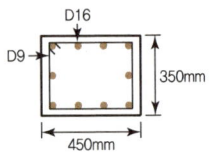

[해설]
기둥의 띠철근 간격
① 주근 지름의 16배 이하
　16×16mm=256mm
② 띠철근 지름의 48배 이하
　9mm×48=432mm
③ 기둥의 최소폭 이하
　350mm
∴ ①, ②, ③ 中 작은 값 = 256mm
➡ 250mm 정도로 하면 된다.
〈참고〉
슬래브, 기초상부의 첫 번째 위치하는 띠철근의 간격은 위 값의 1/2
➡ 128mm

SECTION 02 단주의 설계강도

1. 최대 축하중

① 세장비의 영향을 고려하지 않아도 되는 단주에 중심 축하중이 작용할 때 기둥이 지지할 수 있는 최대 축하중은 다음과 같다.

$$P_0 = 0.85 f_{ck} \cdot (A_g - A_{st}) + f_y \cdot A_{st}$$

여기서, A_g : 기둥의 전단면적(mm²)
A_{st} : 철근의 전단면적(mm²)

② 위 식에서 f_{ck}을 0.85배 저감하는 이유는 장기간 작용하는 하중에 대한 콘크리트의 압축강도는 1~2분 정도의 시간에 측정되는 표준 압축강도 f_{ck}의 85% 정도임을 의미한다.

2. 최대 설계 축하중

실제의 설계에 있어서 기둥열의 맞춤이나 철근 배근에서의 시공오차 등으로 편심이 불가피하게 되고, 이에 따른 모멘트는 기둥의 축하중 지지능력을 감소시키므로 규준에서는 최대 설계 축하중을 다음과 같이 제한하고 있다.

(1) 띠철근 기둥

$$\phi P_{n(\max)} = 0.80 \phi \left[0.85 f_{ck} \cdot (A_g - A_{st}) + f_y \cdot A_{st} \right]$$

여기서, $\phi = 0.65$

(2) 나선철근 기둥 또는 합성기둥

$$\phi P_{n(\max)} = 0.85 \phi \left[0.85 f_{ck} \cdot (A_g - A_{st}) + f_y \cdot A_{st} \right]$$

여기서, $\phi = 0.7$

핵심문제 ●●○

철근콘크리트 기둥의 띠철근의 사용목적에서 틀린 것은?
① 주근의 설계 위치를 유지한다.
❷ 크리프 양을 줄이는 데 주효하다.
③ 주근의 좌굴을 방지하는 데 효력이 있다.
④ 수평력에 대한 전단보강의 작용을 한다.

핵심문제 ●●●

그림과 같은 중심축 하중을 받는 단주의 최대 설계 축하중을 구하시오.

$f_{ck} = 24\text{N/mm}^2$
$f_y = 400\text{N/mm}^2$
12-D22의 $A_s = 4,644\text{N/mm}^2$

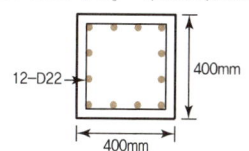

해설
(강도감소계수 $\phi = 0.65$)
ϕP_n
$= 0.8 \phi \left[0.85 f_{ck} (A_g - A_{st}) + f_y A_{st} \right]$
$= 0.8 \times 0.65 \times [0.85 \times 24 \times$
$\quad (160,000 - 4,644) + 400 \times 4,644]$
$= 2,613,968\text{N}$
$= 2,614\text{kN}$

CHAPTER 08 출제예상문제

01 강도설계법에 의한 기둥의 구조제한에 관한 사항 중 틀린 것은?

① 축방향 주철근은 D16 이상을 사용한다.
② 축방향 주철근의 최소개수는 직사각형이나 원형 띠철근 기둥에서는 4개, 나선철근기둥에서는 6개로 한다.
③ 축방향 주철근의 단면적은 전체 단면적의 0.04배 이상, 0.08배 이하로 한다.
④ 축방향 철근의 순간격은 40mm 또는 철근 공칭직경의 1.5배 중 큰 값 이상으로 한다.

> [해설]
> 축방향 주철근의 단면적은 전체 단면적의 0.01배 이상, 0.08배 이하로 한다.

02 강도설계법에 의한 나선철근에 대한 설명 중 틀린 것은?

① 나선철근의 순간격은 30mm 이상, 60mm 이하이어야 한다.
② 나선철근의 정착을 위하여 각 나선철근에서 1.5회전만큼 더 여분의 길이를 가지게 한다.
③ 나선철근의 이음은 철근지름의 48배 이상 또는 300mm 이상의 겹침이음으로 하거나 용접이음으로 한다.
④ 나선철근은 직경 9mm 이상의 철근을 사용한다.

> [해설]
> 나선철근의 순간격은 25mm 이상, 75mm 이하이어야 한다.

03 단면 350mm×450mm인 기둥에 6-D25 주근이 배근되어 있다. 이 기둥의 수평구조부재와 만나는 면으로부터 첫 번째 띠철근 간격을 강도설계법에 의해 구한 값은?(단, 띠철근은 D10을 사용한다.)

① 170mm   ② 200mm
③ 350mm   ④ 400mm

> [해설]
> 강도설계법에 의한 띠철근의 수직 간격은 다음 중 가장 작은 값 이하로 한다.
> ㉠ 중간부 : 주근의 16배 이하, 띠철근 지름의 48배 이하, 기둥단면의 최소치수
> ㉡ 상·하단의 첫 번째 띠철근 : 상기 값의 1/2 이하
> • 16×25=400mm
> • 48×10=480mm
> • 기둥단면의 최소치수 350mm
> ∴ $\frac{350}{2}=175mm \rightarrow 170mm$

04 그림과 같은 철근콘크리트조 기둥에서 띠철근의 간격으로 가장 적당한 것은 다음 중 어느 것인가?

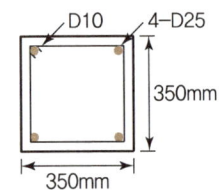

① 150mm   ② 300mm
③ 350mm   ④ 400mm

> [해설]
> 강도설계법에 의한 띠철근의 수직 간격은 다음 중 가장 작은 값 이하로 한다.
> ㉠ 중간부 : 주근의 16배 이하, 띠철근 지름의 48배 이하, 기둥단면의 최소치수
> ㉡ 띠철근
> • 16×25=400mm
> • 48×10=480mm
> • 기둥단면의 최소치수 350mm

정답 01 ③ 02 ① 03 ① 04 ③

05 철근콘크리트 기둥의 띠철근의 사용 목적에서 틀린 것은?

① 주근의 설계 위치를 유지한다.
② 크리프 양을 줄이는 데 주효하다.
③ 주근의 좌굴을 방지하는 데 효력이 있다.
④ 수평력에 대한 전단보강의 작용을 한다.

해설

띠철근의 사용목적
- 주근의 좌굴을 방지한다.
- 콘크리트를 구속하여 기둥의 연성능력을 증진한다.
- 수평력에 대한 전단보강의 작용을 한다.
- 주근의 설계 위치를 유지한다.

06 기둥에서 띠철근의 역할에 대한 설명으로 가장 부적당한 것은?

① 기둥의 콘크리트를 구속하여 연성을 증가시킨다.
② 주근의 좌굴을 억제하는 효과가 있다.
③ 피복 콘크리트의 탈락을 방지하여 기둥 거동을 향상시킨다.
④ 기둥의 내진 성능을 향상시킨다.

07 콘크리트 구속효과에 대한 설명 중 적합하지 않은 것은?

① 횡방향 철근에 의해서 효과가 발생한다.
② 띠철근이 나선철근보다 효과적이다.
③ 횡방향 철근의 간격이 좁을수록 구속효과가 증가한다.
④ 구속된 콘크리트의 연성능력이 증가된다.

해설

나선철근이 띠철근보다 구속효과가 우수하다.

08 그림과 같은 띠기둥의 설계 축하중 ϕP_n의 최댓값으로 옳은 것은?(단, f_y=400MPa, f_{ck}=21MPa, 강도저감계수 ϕ=0.65이며, 주근 : 8-D22(A_{st}=3,096mm²), 띠근 : D10@300, 보조 띠근 : D10@900이다.)

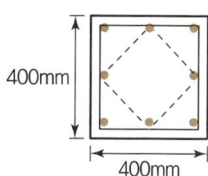

① 1,900kN ② 2,000kN
③ 2,100kN ④ 2,300kN

해설

$\phi P_{n(\max)} = 0.80\phi[0.85f_{ck}(A_g - A_{st}) + f_y A_{st}]$
$= 0.80 \times 0.65[0.85 \times 21 \times (400 \times 400 - 3,096)$
$+ 400 \times 3,096] \times 10^{-3}$
$= 2,100\text{kN}$

정답 05 ② 06 ③ 07 ② 08 ③

Engineer Architecture

CHAPTER

09

기초 설계

01 일반사항
02 독립기초의 설계

CHAPTER 09 기초 설계

SECTION 01 일반사항

핵심문제 ●●○

기초 설계 시 접지압(接地壓)은 보통 등분포로 가정하나 모래의 실제 접지압은 어느 것인가?

❶  기초

② 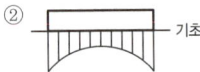 기초

③ 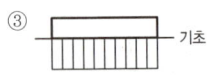 기초

④ 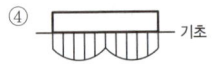 기초

1. 기초에 작용하는 토압

① 기초하부의 토압의 분포는 지반의 형태와 기초의 지반에 대한 상대 강성에 영향을 받는다.
② 점토질 지반은 주변에서 증가하는 형태이며, 사질토 지반의 경우에는 기초 중심에서 증가하는 형태이나, 실제 설계에서는 토압이 등분포로 작용한다고 가정하여 설계한다.

  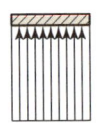

(a) 진흙　　　　(b) 모래　　　　(c) 가정압력

〈그림 9-1〉 기초에 작용하는 토압의 분포

2. 기초판의 크기

① 기초의 크기를 결정하는 기본 원리는 기초로부터 지반에 전달되는 하중의 면적당 크기가 허용지내력 이하로 유지되어야 한다는 것이다.
② 기초 설계에서 기초판의 크기 결정은 허용응력설계법에 의한다.
③ 다음 식으로 계산되는 값 중 큰 값으로 결정한다.

$$A = \frac{(D+D_b+D_s)+L}{q_a}$$

$$A = \frac{0.75[(D+D_b+D_s)+L+W]}{q_a}$$

여기서, D_b : 기초의 자중
　　　　D_s : 상재하중

④ 지진하중 E 가 풍하중 W 보다 큰 경우에는 W 대신 E 로 한다.

3. 설계용 토압

① 기초 설계용 토압 q_u 는 작용하중에 하중계수를 곱한 값들을 기초면적으로 나눈 다음 식 중 큰 값으로 한다.

$$q_u = \frac{1.2D+1.6L}{A}$$

$$q_u = \frac{1.2D+1.0L+1.3W}{A}$$

② 위 식에서 지진을 고려하는 경우에는 $1.3W$ 대신에 $1.0E$로 한다.

SECTION 02 독립기초의 설계

1. 개요

① 독립기초의 설계에서는 휨, 전단, 기둥과 닿는 면에서의 지압, 철근의 정착 등이 검토되어야 한다.
② 독립기초의 최소 두께는 하단 철근으로부터 150mm 이상(말뚝기초의 경우 300mm 이상)으로 한다.
③ 일반적으로 기초의 유효춤 d는 전단에 의해 결정된다.

2. 기초판의 휨모멘트에 대한 위험 단면

① 콘크리트 기둥, 받침대 또는 벽체를 지지하는 기둥에서는 기둥 및 받침대 또는 벽체의 외주면
② 조적조 벽체를 지지하는 기초에서는 벽체 중심과 벽체면과의 중간
③ 베이스 플레이트를 갖는 기둥을 지지하는 기초에서는 기둥면과 베이스 플레이트 단부와의 중앙

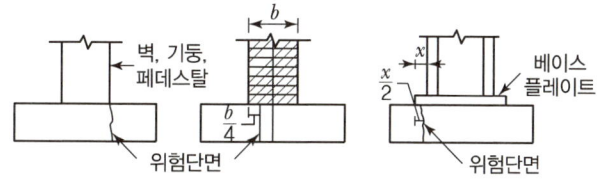

(a) 콘크리트 기둥　(b) 조적 벽체　(c) 철골 기둥
〈그림 9-2〉 기초판의 휨모멘트 산정위치

3. 독립기초의 철근 배근

(1) 1방향 배근 기초판

1방향으로 배근된 기초판에서 전 인장철근은 산정된 최대모멘트에 대하여 안전하도록 산출하여 그 기초면 전체에 균등하게 배근한다.

핵심문제 ●○○

기초판의 휨 및 전단에 대한 위험단면에 관한 설명 중 옳지 않은 것은?

❶ 벽체를 지지하는 기초판의 휨에 대한 위험단면은 벽체면과 기초판 단부와의 중간
② 조적조 벽체를 지지하는 기초판의 휨에 대한 위험단면은 벽체 중심과 벽체면과의 중간
③ 베이스 플레이트를 갖는 기둥을 지지하는 기초판의 휨에 대한 위험단면은 기둥면과 베이스 플레이트 단부와의 중앙
④ 기초판의 한방향 전단에 대한 위험단면은 기둥면에서 기초판의 유효춤 d만큼 떨어진 위치

(2) 2방향 배근 기초판

2방향으로 배근된 기초판에서 전 인장철근은 산정한 최대모멘트에 대하여 안전하도록 산출하며 이때의 각 방향 철근 배근은 다음에 따른다.

① 정방형 기초판에서는 각 방향에 대하여 기초 전폭에 균등히 배근한다.

② 장방형 기초판
  ㉠ 장변방향 철근은 그 기초폭(단변) 전장에 균등히 배근한다.
  ㉡ 단변방향 철근은 우선 아래 식에서 산출한 철근량을 유효 배근폭 (B) 내에 균등하게 배근하고 유효폭 이외의 부분은 나머지 철근량을 균등히 배근한다.

$$\text{유효 배근폭 내의 철근량}(a_t') = \frac{2 \times \text{단변 방향의 전체철근량}(a_t')}{\beta+1}$$

여기서, $\beta = \dfrac{\text{기초판의 장변 길이}}{\text{기초판의 단변 길이}}$

유효 배근폭은 기둥을 중심으로 하여 기초의 단변폭과 동일한 폭으로 한다.

> **핵심문제** ●●○
> 강도설계법에서 기초판의 크기가 2m×3m일 때 단변 방향으로의 소요 전체 철근량이 3,000mm²이다. 유효폭 내에 배근하여야 할 철근량으로 옳은 것은?
> ❶ 2,400mm²
> ② 2,600mm²
> ③ 2,800mm²
> ④ 3,000mm²

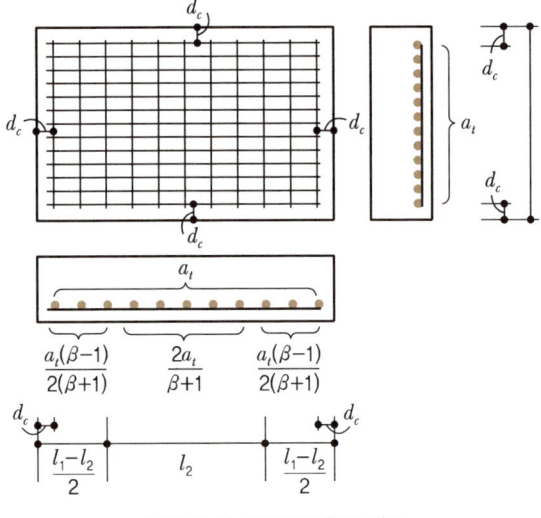

〈그림 9-3〉 기초판의 철근 배근

4. 기초판의 전단

(1) 1방향 전단

① 1방향 전단에 의한 파괴는 보나 1방향 슬래브의 경우와 유사하게 〈그림 9-4(a)〉에서와 같이 기둥면에서 기초판의 유효춤 d 만큼 떨어진 위치에서 발생한다.

② 독립기초의 1방향 전단에 대한 설계식은 $V_u \le \phi V_c$이 만족되어야 한다.

③ 계수 전단력 V_u는 다음 식으로 산정한다.

V_u = 설계용 토압 × 〈그림 9-4 (a)〉에서 빗금친 부분의 면적

$$= q_u \times \left\{ \frac{(l_1 - c_1)}{2} - d \right\} \times l_2$$

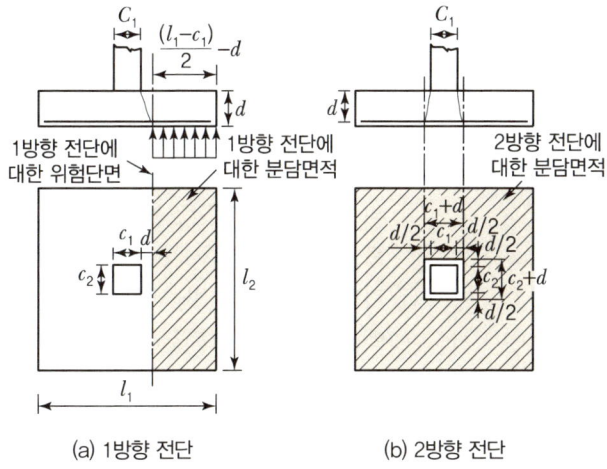

(a) 1방향 전단   (b) 2방향 전단

〈그림 9-4〉 기초판의 전단에 대한 부담면적과 위험단면

(2) 2방향 전단

① 2방향 전단에 의한 기초판의 파괴는 기둥의 4면 주위에 토압에 의한 뚫림 전단 거동에 의해 파괴될 수 있다.

② 이것은 플랫 슬래브의 뚫림 전단과 매우 유사하며, 기초판에서도 뚫린 전단의 위험단면은 〈그림 9-4(b)〉에서와 같이 각 기둥면에서 $d/2$ 만큼 떨어진 위치에서 발생한다.

③ 이때 위험단면의 둘레길이 b_0는 〈그림 9-4(b)〉에서와 같이 다음과 같다.

$$b_0 = 2(c_1 + d) + 2(c_2 + d)$$

④ 독립기초의 2방향 전단에 대한 설계식은 $V_u \le \phi V_c$이 만족되어야 한다.

⑤ 계수 전단력 V_u는 다음 식으로 산정한다.

V_u = 설계용 토압 × 〈그림 9-4(b)〉에서 빗금친 부분의 면적

$$= q_u \times \{(l_1 \times l_2) - (c_1 + d) \cdot (c_2 + d)\}$$

핵심문제 ●○○

그림과 같은 독립기초에서 뚫림전단(Punching Shear) 응력도를 계산할 때 검토하는 저항면적으로 합당한 것은?

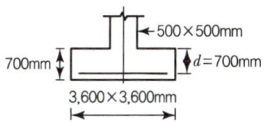

① 2,520,000mm²
② 2,160,000mm²
③ 1,400,000mm²
❹ 2,640,000mm²

CHAPTER 09 출제예상문제

01 기초 설계 시 접지압(接地壓)은 보통 등분포로 가정하나 모래의 실제 접지압은 어느 것인가?

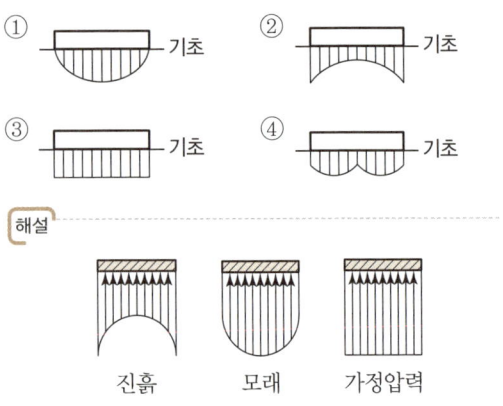

진흙   모래   가정압력

02 극한강도설계법에 의한 철근콘크리트조 기초 설계에 관한 설명으로 가장 부적당한 것은 다음 중 어느 것인가?

① 휨, 전단, 철근의 정착 및 기둥과 닿는 면에서의 지압 등이 검토되어야 한다.
② 기초판의 최소두께는 말뚝기초의 경우 300mm 이상으로 해야 한다.
③ 2방향 배근의 직사각형 기초판에서 장변방향의 철근은 전 기초폭에 균등하게 배근한다.
④ 독립기초판의 휨모멘트는 기초판에 지지되는 콘크리트 기둥의 중심에 대하여 산정한다.

[해설]
콘크리트 기둥, 받침대 또는 벽체를 지지하는 기둥에서 기초판의 휨모멘트는 기둥 및 받침대 또는 벽체의 외주면에서 산정한다.

03 기초판의 휨 및 전단에 대한 위험단면에 관한 설명 중 옳지 않은 것은?

① 벽체를 지지하는 기초판의 휨에 대한 위험단면은 벽체면과 기초판 단부와의 중간
② 조적조 벽체를 지지하는 기초판의 휨에 대한 위험단면은 벽체 중심과 벽체면과의 중간
③ 베이스 플레이트를 갖는 기둥을 지지하는 기초판의 휨에 대한 위험단면은 기둥면과 베이스 플레이트 단부와의 중앙
④ 기초판의 한방향 전단에 대한 위험단면은 기둥면에서 기초판의 유효춤 d 만큼 떨어진 위치

[해설]
콘크리트 기둥, 받침대 또는 벽체를 지지하는 기둥에서 기초판의 휨모멘트는 기둥 및 받침대 또는 벽체의 외주면에서 산정한다.

04 강도설계법에서 기초판의 크기가 2m × 3m 일 때 단변 방향으로의 소요 전체철근량이 3,000 mm²이다. 유효폭 내에 배근하여야 할 철근량으로 옳은 것은?

① 2,400mm²   ② 2,600mm²
③ 2,800mm²   ④ 3,000mm²

[해설]
• 유효 배근폭 내의 철근량
$$= \frac{2 \times 단변방향의\ 전체\ 철근량}{\beta+1} = \frac{2 \cdot a_t}{\beta+1} 에서,$$
$$\beta = \frac{기초판의\ 장변\ 길이}{기초판의\ 단변\ 길이} = \frac{3}{2} = 1.5$$
• 유효 배근폭 내의 철근량
$$= \frac{2 \times 3,000}{1.5+1} = 2,400 mm^2$$

정답 01 ① 02 ④ 03 ① 04 ①

05 기초판의 뚫림 전단(Punching Shear)을 검토하는 위치로서 적당한 것은?(단, d는 기초판의 유효 두께임)

① 기둥면 주변
② 기둥면에서 $\frac{d}{2}$ 떨어진 주변
③ 기둥면에서 $\frac{3}{4}d$ 떨어진 주변
④ 기둥면에서 d 떨어진 주변

> **해설**
> 뚫림 전단 또는 2방향 전단의 위험단면은 기둥 주변으로부터 $d/2$ 만큼 떨어져 기초판에 수직한 면이다.

06 그림과 같은 독립기초에서 뚫림 전단(Punching Shear) 응력도를 계산할 때 검토하는 저항면적으로 합당한 것은?

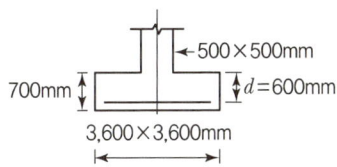

① 2,520,000mm²
② 2,160,000mm²
③ 1,400,000mm²
④ 2,640,000mm²

> **해설**
> • 위험 단면의 둘레길이
> $b_0 = 2(c_1+d) + 2(c_2+d)$
> $= 2\times(500+600) + 2\times(500+600) = 4,400\text{mm}$
> • 위험단면의 단면적
> $A = b_0 \times d = 4,400 \times 600 = 2,640,000\text{mm}^2$

07 정사각형 기초판에서 전단내력이 부족한 경우 가장 먼저 고려해야 할 보강방법은?

① 전단보강근을 산출하여 전단보강을 한다.
② 2방향 보작용을 하는 기초판으로 휨 보강을 한다.
③ 기초판의 두께를 증가시킨다.
④ 기초판의 주철근을 증가시킨다.

> **해설**
> 기초판의 두께는 일반적으로 전단에 의해 결정된다.

08 철근콘크리트에서 독립기초를 설계할 때 직압력만 받도록 하기 위한 방법에서 가장 적당한 것은?

① 기초판의 두께를 두껍게 한다.
② 기초위의 기둥단면을 크게 한다.
③ 기초판의 면적을 크게 한다.
④ 기초보를 크게 하여 기둥의 주각과 연결시킨다.

CHAPTER

10

기타 구조

01 벽체
02 옹벽
03 이음 및 줄눈

CHAPTER 10 기타 구조

SECTION 01 벽체

핵심문제 ●○○

다음 조건을 만족하는 철근콘크리트 벽체의 최소 수직철근량과 최소 수평철근량은 얼마인가?(단, 벽체길이 3,000mm, 벽체 높이 2,600mm, 벽체 두께 200mm, f_y = 400MPa, D16)

❶ 최소 수직철근량 : 720mm²
 최소 수평철근량 : 1,040mm²
② 최소 수직철근량 : 720mm²
 최소 수평철근량 : 1,000mm²
③ 최소 수직철근량 : 730mm²
 최소 수평철근량 : 1,400mm²
④ 최소 수직철근량 : 730mm²
 최소 수평철근량 : 1,200mm²

1. 최소 철근비

▼ 〈표 10-1〉 벽체의 최소 철근비

구분	수직 철근비	수평 철근비
f_y 가 400N/mm² 이상으로서 D16 이하의 이형철근	0.0012	$0.002 \times \dfrac{400}{f_y}$ 단, 여기서 f_y 는 500MPa 초과 불가
기타 이형철근	0.0015	0.0025
지름 16mm 이하의 용접 철망	0.0012	0.0020

2. 철근 배근

① 두께 250mm 이상의 벽체에 대해서는 다음의 각 항에 따라 철근의 배근을 수직 및 수평방향으로 벽면에 평행하게 양면으로 배근하여야 한다. 다만, 지하실 벽체에는 이 규정을 적용하지 않는다.
 ㉠ 벽체의 외측면 배근은 각 방향에 대하여 전체 소요철근량의 1/2 이상, 2/3 이하로 하며, 외측면으로부터 50mm 이상, 벽두께의 1/3 이내에 배근하여야 한다.
 ㉡ 벽체의 내측면 배근은 각 방향에 대한 소요철근량의 잔여분을 내측면으로부터 20mm 이상, 벽두께의 1/3 이내에 배근하여야 한다.
② 수직 및 수평철근의 간격은 벽두께의 3배 이하, 또한 450mm 이하로 하여야 한다.
③ 모든 창이나 출입구 등의 개구부 주위에는 2개의 D16 이상의 철근을 배치하여야 하며, 그 철근은 개구부의 모서리에서 600mm 이상을 연장하여 정착하여야 한다.

3. 벽체의 최소 두께

① 벽체의 최소 두께는 실용설계법으로 설계하는 경우 내력벽의 수직 또는 수평 지점 간 거리 중에서 작은 값의 1/25 이상, 또한 100mm 이상이어야 한다.
② 지하실 외벽 및 기초 벽체의 두께는 200mm 이상으로 하여야 한다.
③ 내력벽을 압축재 설계방법으로 설계하는 경우에는 벽체의 최소두께 적용을 받지 않는다.

④ 비내력벽의 최소 두께는 100mm 이상이어야 하고, 또한 이를 수평으로 지지하고 있는 부재 간 최소 거리의 1/30 이상 되어야 한다.

SECTION 02 옹벽

1. 토압

① 옹벽은 토압 등의 수평력에 견디도록 설계하여 활동, 전도, 침하 등에 안전하여야 한다.
② 토압의 종류
  ㉠ 주동토압 : 구조체가 흙으로부터 떨어지는 쪽으로 이동하는 경우의 토압
  ㉡ 정지토압 : 벽체 및 이에 접한 흙이 정지상태에 있을 때의 토압
  ㉢ 수동토압 : 구조체가 흙을 향하여 이동하는 경우의 토압
③ 토압의 크기는 구조체와 흙의 상태가 같은 조건일 때 다음과 같다.

> 수동토압 > 정지토압 > 주동토압

2. 안정조건

① 활동에 대한 저항력은 옹벽에 작용하는 수평력의 1.5배 이상이어야 한다.
② 전도에 대한 저항모멘트는 횡토압에 의한 전도모멘트의 2.0배 이상이어야 한다.
③ 지지 지반에 작용하는 최대 압력이 지반의 허용지지력을 초과하지 않아야 한다.

핵심문제 ●○○

그림과 같은 T형 옹벽의 배근도 중 가장 올바르게 배치된 것은?

①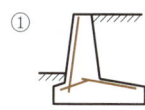

②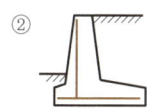

❸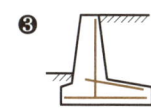

④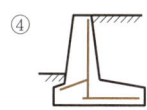

SECTION 03 이음 및 줄눈

1. 신축줄눈(Expansion Joint)

(1) 신축이음새가 필요한 이유

① 온도변화(화재 시 포함)
② 콘크리트의 수축
③ 부동침하
④ 적재하중의 변화 및 이동하중의 영향

> **핵심문제** ●●○
>
> 신축줄눈(Expansion Joint)의 설치 원인과 목적에 관한 설명 중 적당하지 않은 것은?
> ❶ 콘크리트를 이어치기할 때 구조적인 일체성 확보를 목적으로 한다.
> ② 콘크리트의 팽창, 수축에 대한 유해한 균열방지를 목적으로 한다.
> ③ 건축물을 평면적으로 증축하고자 할 때 설치한다.
> ④ 기초의 부동침하에 대비하여 이를 예방하고, 변위흡수를 목적으로 설치한다.

> **핵심문제** ●●○
>
> 철근콘크리트 건물에 신축줄눈을 설치하는 경우로 부적당한 것은?
> ① 기존 건물과 증축건물의 접합부
> ② 두 고층 사이에 있는 긴 저층건물
> ❸ 길이 30m를 넘는 건물
> ④ 저층의 건물과 고층건물과의 접합부

(2) 신축줄눈을 두는 위치

① 기존건물과 증축건물의 접합부
② 저층의 긴 건물과 고층건물과의 접속부
③ 건물의 한 끝에 달린 날개형 건물
④ 50~60m를 넘는 긴 건물
⑤ 두 고층 사이에 있는 긴 저층건물
⑥ 평면이 ㄴ·ㄷ·T형의 교차부분

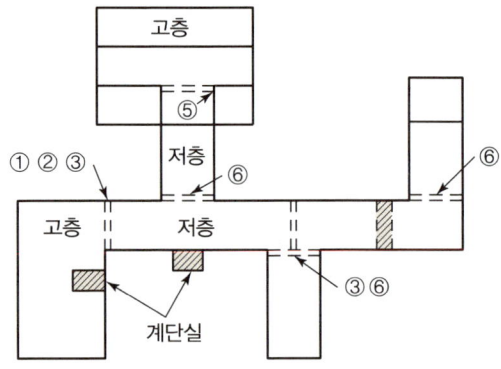

〈그림 10-1〉 신축 이음새의 위치

2. 시공줄눈(Construction Joint)

① 시공이음은 시공줄눈이라고도 하며, 벽과 바닥판 또는 큰 바닥판의 중간에서 콘크리트를 한 번에 계속하여 부어 나가지 못할 곳에는 이음을 둔다.
② 위치는 부재에 전단력이 가장 적게 생기는 곳에 부재축에 직각으로 가장 짧은 거리에 둔다.
  ㉠ 보 및 바닥판 – 부재의 중앙부
  ㉡ 기둥 – 각 층 바닥에 접하는 면
  ㉢ 작은 보가 접속되는 큰 보에 있어서는 응력이 크게 변하는 곳을 피하기 위하여 작은 보 폭의 2배 가량 떨어진 곳에 이음새를 두어 작은 보가 있는 곳보다 전단력을 적게 받도록 한다.

3. 조절줄눈(Control Joint)

① 조절줄눈이란 지반 위에 있는 콘크리트 바닥판이 수축에 의하여 표면에 균열이 생기는 것을 막기 위하여 설치하는 것이다.
② 조절줄눈은 수축줄눈이라고도 하며 시공줄눈을 겸하기도 한다.
③ 조절줄눈의 간격은 보통 4.5~7.5m 정도마다 설치한다.

CHAPTER 10 출제예상문제

01 철근콘크리트 벽체에 관한 기술로서 틀린 것은?

① 두께 200mm 이상의 벽체에 대해서는 수직 및 수평철근을 벽면에 평행하게 양면으로 배치하여야 한다.
② 수직 및 수평철근의 간격은 벽두께의 3배 이하, 또한 450mm 이하로 하여야 한다.
③ 벽체는 계수연직축력이 $0.4 A_g f_{ck}$ 이하이고 총 수직철근량이 단면적의 0.01배 이하인 부재를 가리킨다.
④ 지름 16mm 이하의 용접철망이 사용될 경우 벽체의 전체 단면적에 대한 최소 수평철근비는 0.002이다.

[해설]
두께 250mm 이상의 벽체에 대해서는 수직 및 수평철근을 벽면에 평행하게 양면으로 배치하여야 한다.

02 다음 조건을 만족하는 철근콘크리트 벽체의 최소 수직철근량과 최소 수평철근량은 얼마인가?(단, 벽체길이 : 3,000mm, 벽체높이 : 2,600mm, 벽체두께 : 200mm, f_y =400MPa, D16)

① 최소 수직철근량 : 720mm²
   최소 수평철근량 : 1,040mm²
② 최소 수직철근량 : 720mm²
   최소 수평철근량 : 1,000mm²
③ 최소 수직철근량 : 730mm²
   최소 수평철근량 : 1,400mm²
④ 최소 수직철근량 : 730mm²
   최소 수평철근량 : 1,200mm²

[해설]
- 수직 철근에 대한 단면적
  $A_g = 3,000 \times 200 = 600,000 \text{mm}^2$
- 수평 철근에 대한 단면적
  $A_g = 2,600 \times 200 = 520,000 \text{mm}^2$
- 최소 수직철근량
  $A_{v,min} = 600,000 \times 0.0012 = 720 \text{mm}^2$
- 최소 수평철근량
  $A_{h,min} = 520,000 \times 0.0020 = 1,040 \text{mm}^2$

03 그림과 같은 T형 옹벽의 배근도 중 가장 올바르게 배치된 것은?

①  ②

③ 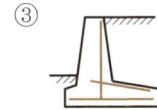 ④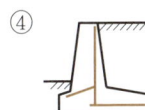

04 철근콘크리트 보에서 콘크리트를 이어붓기 할 때 그 이음의 위치로 가장 적당한 곳은?

① 휨모멘트의 최소 위치
② 전단력의 최소 위치
③ 휨모멘트의 반곡점 위치
④ 보 단부 위치

[해설]
시공이음은 시공줄눈이라고도 하며, 벽과 바닥판 또는 큰 바닥판의 중간에서 콘크리트를 한번에 계속하여 부어 나가지 못할 곳에는 이음을 두며, 위치는 부재에 전단력이 가장 적게 생기는 곳에 부재축에 직각으로 가장 짧은 거리에 둔다. 따라서, 보 및 바닥판에서는 부재의 중앙부에, 기둥에서는 시공성을 고려하여 각 층 바닥에 접하는 면에 둔다.

정답 01 ① 02 ① 03 ③ 04 ②

05 신축줄눈(Expansion Joint)의 설치원인과 목적에 관한 설명 중 적당하지 않은 것은?

① 콘크리트를 이어치기할 때 구조적인 일체성 확보를 목적으로 한다.
② 콘크리트의 팽창, 수축에 대한 유해한 균열방지를 목적으로 한다.
③ 건축물을 평면적으로 증축하고자 할 때 설치한다.
④ 기초의 부동침하에 대비하여 이를 예방하고, 변위 흡수를 목적으로 설치한다.

[해설]
콘크리트를 이어치기할 때 구조적인 일체성 확보를 목적으로 하는 줄눈은 시공줄눈이다.

06 철근콘크리트 건물에 신축줄눈을 설치하는 경우로 부적당한 것은?

① 기존 건물과 증축건물의 접합부
② 두 고층사이에 있는 긴 저층건물
③ 길이 30m를 넘는 건물
④ 저층의 건물과 고층건물과의 접합부

[해설]
평면길이 50~60m마다 신축이음을 한다.

07 건물의 내진(耐震) 성능에 불리한 경우로서 관계가 가장 적은 것은?

① 건물의 평면이 심하게 비대칭인 경우
② 인접한 층의 강성이 급격히 변하는 경우
③ 지하층이 설치된 경우
④ 지상 1층의 강성이 상부층보다 작은 경우

08 건물의 내진구조 계획에서 피해야 할 사항은 다음 중 어느 것인가?

① 형태가 단순한 건물
② 기둥보다 보의 모멘트 저항능력이 큰 건물
③ 평면과 입면이 대칭인 건물
④ 인접한 층의 강성과 질량이 비슷한 건물

[해설]
내진설계의 기본철학은 강기둥 약보 개념이다. 따라서, 극한상태에서 부득이한 조건으로 부재에 파괴가 생긴다면 기둥보다는 보에 파괴가 발생하도록 설계한다.

09 철근콘크리트 구조의 내진설계에 관한 다음 기술 중 부적당한 것은?

① 기둥보다 보가 먼저 파괴되는 메커니즘으로 한다.
② 부재보다 접합부가 먼저 파괴되는 형식이 되지 않게 한다.
③ 취성파괴보다 연성파괴가 발생하도록 한다.
④ 휨파괴보다 전단파괴가 먼저 발생하도록 한다.

[해설]
전단파괴보다 휨파괴가 먼저 발생하도록 한다.

10 철근콘크리트 구조에 관한 기술 중 옳지 않은 것은?

① 늑근(스터럽근)은 보에 생기는 전단력에 저항한다.
② 띠철근은 기둥에 띠 모양으로 들어가서 휨모멘트에 저항한다.
③ 보의 주근은 보에 생기는 휨모멘트에 저항한다.
④ 배력근(配力筋)은 1방향 슬래브의 장변 방향으로 배근한 철근이다.

11 일반 철근콘크리트조의 배근에 대한 기술 중 옳지 않은 것은?

① 보의 늑근은 중앙부보다 단부에 더 많이 넣는다.
② 보의 주근은 단부에서는 상부에 많이 넣는다.
③ 슬래브의 철근은 장변방향보다 단변방향에 더 많이 넣는다.
④ 띠철근은 기둥의 상하부보다 중앙부에 더 많이 넣는다.

> [해설]
> 띠철근은 기둥의 중앙부보다 상하부에 더 많이 넣는다.

12 철근콘크리트 구조에서 주근이라 하기에 적당하지 않은 것은?

① 내민보의 축방향 상단근
② 압축력을 받는 부재의 압축방향 철근
③ 양단고정보의 단부 상단 축방향 철근
④ 1방향 바닥판의 장변방향 철근

> [해설]
> 1방향 바닥판에서는 단변방향 철근이 주근이다.

13 철근콘크리트조의 배근에 관한 다음 기술에서 옳지 않은 것은?

① 보의 주근을 중앙부에서는 하부에 많이 넣는다.
② 보의 주근은 단부에서는 상부에 많이 넣는다.
③ 바닥판의 철근은 장변방향에 많이 넣는다.
④ 장방형 기둥의 주근은 4개 이상 넣는다.

> [해설]
> 바닥판은 단변방향이 하중을 많이 부담하므로 단변방향에 철근을 많이 배근한다.

정답 12 ④ 13 ③

제3편
철골구조

Engineer Architecture

CHAPTER 01

강재

01 일반사항
02 강재

CHAPTER 01 강재

SECTION 01 일반사항

핵심문제 ●○○

철골구조의 특징에 관한 설명 중 가장 적당하지 않은 것은?
❶ 재료가 불에 타지 않기 때문에 내화력이 크다.
② 재료가 고강도이기 때문에 고층건물이나 장스팬 구조에 적합하다.
③ 부재가 세장하므로 좌굴의 위험이 높다.
④ 소성변형 능력이 커서 안전성이 높다.

1. 철골구조의 정의

철골구조란 건물의 뼈대를 강재 및 각종 형강을 볼트, 고력볼트, 용접 등의 접합방법으로 조립하거나 또는 단일형강을 사용하여 구성하는 구조 또는 건축물을 말하며 강구조라고도 한다.

2. 장점 및 단점

▼ 〈표 1-1〉 철골구조의 장점 및 단점

장점	• 강도가 커서 구조체의 자중을 가볍게 할 수 있다. • 큰 스팬의 구조물이나 고층 구조물에 적합하다. • 인성이 커서 변형에 유리하고, 소성변형 능력이 우수하다. • 균질도가 높아 신뢰할 수 있다. • 정밀도가 높은 구조물을 얻을 수 있다. • 기존 구조물의 증축, 보수에 유리하다.
단점	• 열에 대하여 약하며 고온에서 강도 저하나 변형하기 쉽다. • 일반적 강재는 녹슬기 쉽다. • 압축력에 대하여 부재가 세장하므로 변형, 좌굴이 생기기 쉽다. • 접합점을 용접하는 외에는 일체화로 보기 어렵다.

SECTION 02 강재

1. 강재의 생산과정

(1) 제선
철광석으로부터 선철을 뽑아내는 과정을 제선이라 한다.

(2) 제강
선철의 성질을 변화시켜 강재를 만드는 과정을 제강이라 한다.

(3) 성형
강재를 일정한 형태와 단면성능을 가진 부재로 만드는 과정을 성형이라 한다.

① **열간압연** : 강재를 고온으로 가열하여 회전하는 롤러 사이를 반복 통과시켜 원하는 형태를 만드는 방법으로 대부분의 강재는 열간압연으로 제조한다.

② **냉간압연** : 얇은 두께의 강판을 상온에서 프레스로 찍어내는 성형방법으로 박판강, 경량형강은 냉간압연으로 제조한다.

2. 화학적 조성에 따른 강재의 분류

(1) 탄소강

① 가격이 저렴하고 성질이 비교적 우수해 가장 널리 사용되는 강재이다.
② 탄소량이 증가하면 강도는 증가하지만 인성은 감소한다.
③ 인성과 용접성에 나쁜 영향을 미치는 인과 황을 억제해야 한다.

(2) 합금강

① 탄소강의 단점을 보완하기 위해 합금원소를 첨가시킨 강재로 구조용 합금강과 공구용으로 구별된다.
② 합금원소로서 몰리브덴, 바나듐 등을 사용하여 탄소강에 비해 고강도를 얻으면서 인성의 감소를 억제시킨 강재이다.

(3) 열처리강

① 담금질(Quenchimg)과 뜨임(Tempering)의 열처리를 통하여 얻어진 고강도 강재를 말한다.
② 담금질은 강을 가열 후 급랭하여 강의 조직을 변화시켜 강재의 강도와 경도를 증가시키는 작업이다.
③ 뜨임은 담금질에 의해 생긴 강의 조직 변화를 안정화시키고, 잔류응력을 감소시킬 목적으로 적당한 온도로 가열 후 서서히 냉각시키는 작업이다.

(4) TMCP강(Thermo Mechanical Control Process Steels)

① 압연과정 중 열처리 공정을 동시에 수행함으로써 압연온도와 냉각조건을 제어하여 높은 강도와 인성을 갖는 저탄소당량의 제어 열처리강을 말한다.
② 용접성과 내진성이 뛰어난 극후판의 고강도, 고성능 강재로서 소성변형 능력이 우수하여 초고층 건물과 장대교량에 적용에 적합하다.
③ 판두께 40mm 이상의 후판인 경우라도 항복강도의 저하가 없고, 용접성이 우수하다.

3. 재료의 성질

(1) 응력(σ) – 변형도(ε) 곡선

① 응력(σ) = $\dfrac{\text{인장력}(P)}{\text{단면적}(A)}$

② 변형도(ε) = $\dfrac{\text{표점 간 변형거리}(\Delta l)}{\text{표점 간 거리}(l)} \times 100\%$

③ 비례한도(A점) : 변형도가 응력에 비례하는 구간으로 후크(Hook)의 법칙이 성립되는 구간이다.

④ 탄성한도(B점) : 외력을 제거하면 변형이 O점으로 복귀한다.

⑤ 항복점(C점, C'점) : 응력의 증가 없이 변형은 증가하는 구간이다.

⑥ 변형도 경화구간(D–E구간) : C'에서 D점까지 소성흐름을 일으키고 이 점부터 다시 인장에 대한 저항이 회복되어 응력도가 상승하는 구간을 말한다.

⑦ 인장강도(E점) : 인장응력이 최대가 되는 점을 말한다.

⑧ 탄성계수(Elastic Modulus) : 응력과 변형도의 곡선에서 OB의 기울기를 영계수(Young's Modulus)라 하고 보통 E로 표시하며, 재료의 성질에 따라 일정한 정수로 나타내며 그 강재의 성질을 판단하는 데 중요한 자료가 된다.

$$E = \frac{\text{응력도}}{\text{변형도}} = \frac{\sigma}{\varepsilon}$$

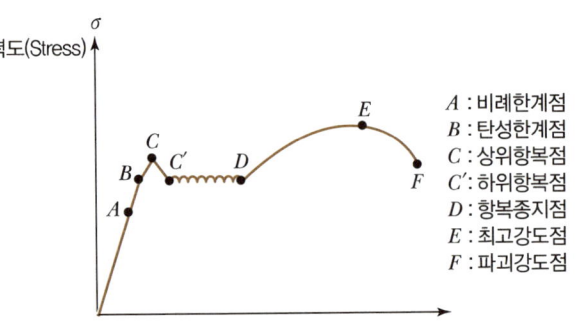

〈그림 1–2〉 강재의 응력도 – 변형도 곡선

A : 비례한계점
B : 탄성한계점
C : 상위항복점
C' : 하위항복점
D : 항복종지점
E : 최고강도점
F : 파괴강도점

⑨ 연성(Ductility) : 재료가 하중을 받아 항복 후 파괴에 이르기까지 소성 변형할 수 있는 능력을 말하며 연신율과 단면수축률로 판별한다.

㉠ 연신율 = $\dfrac{\text{시편의 파단 후 늘어난 길이}(\Delta l)}{\text{원래의 길이}(l)} \times 100$

㉡ 단면 수축률 = $\dfrac{\text{시편의 파단 후 줄어든 단면적}(\Delta A)}{\text{원래의 단면적}(A)} \times 100$

⑩ 인성(Toughuess) : 재료가 변형에너지를 흡수할 수 있는 능력을 말한다.

⑪ 피로(Fatigue) : 반복하중 작용 시 항복강도 이하의 범위에서 부재가 파괴되는 현상을 말한다.

(2) 구조용 강재의 정수

① 구조재료의 정수는 일반적으로 〈표 1-2〉에 따른다.

▼ 〈표 1-2〉 강재의 재료정수

재료\정수	탄성계수 E(MPa)	전단탄성계수 G(MPa)	푸아송비 ν	선팽창계수 α(1/℃)
강재	210,000	81,000	0.3	0.000012

② 전단탄성계수

$$G = \frac{\text{전단응력}}{\text{전단변형}}$$

(3) 구조용 강재의 명칭 및 재료 강도

① SS 강재(Steel for Structures, 일반구조용 압연강재)
② SM 강재(Steel for Marine, 용접구조용 압연강재)
  ㉠ SM 420A에서 마지막 A는 충격흡수에너지에 대한 강재의 품질을 의미한다.
  ㉡ A, B, C 순으로 A보다는 C가 충격특성이 향상되는 고품질의 강재임을 의미한다.
③ SN 강재(Steel for New Structures, 건축구조용 압연강재)
  ㉠ 건축물의 내진성능을 확보하기 위하여 항복점의 상한치 제한, 불순물의 엄격한 제한, 용접성 및 냉간가공성을 향상시키고, 공칭치수를 엄격히 제한하여 철저한 품질관리가 이루어지도록 한 강재이다.
  ㉡ A, B, C 재의 사용구분은 다음과 같다.
   • A : 소성변형 성능을 기대하지 않는 부위에 사용하는 강재
   • B : 광범위하게 일반 구조부위에 사용하는 강재
   • C : 용접 가공 시를 포함하여 판 두께 방향으로 큰 인장력을 받는 부재에 사용하는 강재

> **핵심문제** ●○○
>
> 철골구조용 강재의 성질에 관한 기술 중 부적당한 것은?
> ① 고장력강 일수록 항복비는 높아진다.
> ❷ 강재의 판두께가 두꺼워질수록 재질은 좋아진다.
> ③ 고장력강일수록 연신율은 떨어진다.
> ④ 강재의 원소 중에서 탄소량이 높을수록 용접성이 나빠진다.

▼ 〈표 1-3〉 주요 구조용 강재의 재료강도(MPa)

강도	강재기호 / 판 두께	SS 235	SS 275	SM275 SMA 275[1]	SS 315	SM355 SMA 355[1]	SS 410	SM 420	SS 450	SM460[2] SMA460[3]	SS 550
F_y	16mm 이하	235	275	275	315	355	410	420	450	460	550
	16mm 초과 40mm 이하	225	265	265	305	345	400	410	440	450	540

강도	강재기호 판 두께	SS 235	SS 275	SM275 SMA 275[1]	SS 315	SM355 SMA 355[1]	SS 410	SM 420	SS 450	SM460[2] SMA460[3]	SS 550
F_y	40mm 초과 75mm 이하	205	245	255	295	335	—	400	—	430	—
F_y	75mm 초과 100mm 이하	205	245	245	295	325	—	390	—	420	—
F_y	100mm 초과	195	235	235	275	305	—	380	—	—	—
F_u		330	410	410	490	490	540	520	590	570	690

주 1) SMA275CW, CP, SMA355CW, CP 적용두께는 100mm 이하
주 2) SM460B, C는 주문자 제조자 협정에 따라 150mm 이하 강판 제조 가능
주 3) SMA460W, P 적용두께는 100mm 이하

강도	강재기호 판 두께	HSB 380 HSM 500[1]	HSB 460	HSB 690[2]	HSA 650[2]	SM275 −TMC[3]	SM355 −TMC[3]	SM420 −TMC[3]	SM460 −TMC[3]
F_y	100mm 이하	380	460	690	650	275	355	420	460
F_u	100mm 이하	500	600	800	800	410	490	520	570

주 1) HSM500 적용두께는 22mm 이하
주 2) HSA650, HSB690 적용두께는 80mm 이하
주 3) 열가공제어(TMC)를 한 경우 두께에 따른 항복강도의 저감 없이 기준값(16mm 이하의 항복강도)을 적용한다. 건축 강구조에 적용되는 TMC강재의 적용두께는 80mm 이하

강도	강재기호 판 두께	SN275	SN355	SN460	SHN 275[2]	SHN 355[2]	SHN 420[2]	SHN 460[2]
F_y	6mm 초과 40mm 이하	275	355	460	275	355	420	460
F_y	40mm 초과 100mm 이하	255[1]	335	440	275	355	420	460
F_u	100mm 이하	410	490	570	410	490	520	570

주 1) SN275A의 항복강도는 265MPa
주 2) SHN강의 적용두께는 75mm 이내

(4) 바우싱거 효과(Bauschinger Effect)

재료의 탄성한도를 초과한 소성변형을 경험한 강재가 반대방향의 하중에 의해 비례한도가 감소하는 현상을 말한다.

(5) 라멜라 테어링(Lamellar Tearing)

① 두께가 얇은 판에 수직인 하중이 작용하면 변형의 집중현상과 적은 연성능력으로 인하여 발생하는 취성파괴를 말한다.
② 주요 원인 중의 하나는 용접 후에 부재에 일어나는 수축현상을 들 수 있으며, 이것은 용접 상세를 합리적으로 계획함으로써 줄일 수 있다.

4. 강재의 종류와 표기법

(1) 일반형강

① L형강(Angle) : 등변과 부등변으로 구별된다.
② I형강(I-Beam) : 단면형은 H형강과 비슷하나 Flange 두께가 지지부와 선단부가 다르며 Flange 선단부가 곡면으로 되어 있다.
③ H형강(Wide Flange Shape) : 좌굴과 휨에 대하여 유리한 단면으로 Flange 두께가 일정하며 단면성능도 우수하며 접합 등의 시공성이 우수하다.
④ ㄷ형강(Channel) : 휨재로 쓰일 때 비틀림현상에 주의해야 한다. 단면성능은 떨어지지만 접합 시공성이 우수하여 가새 등에 많이 사용된다.

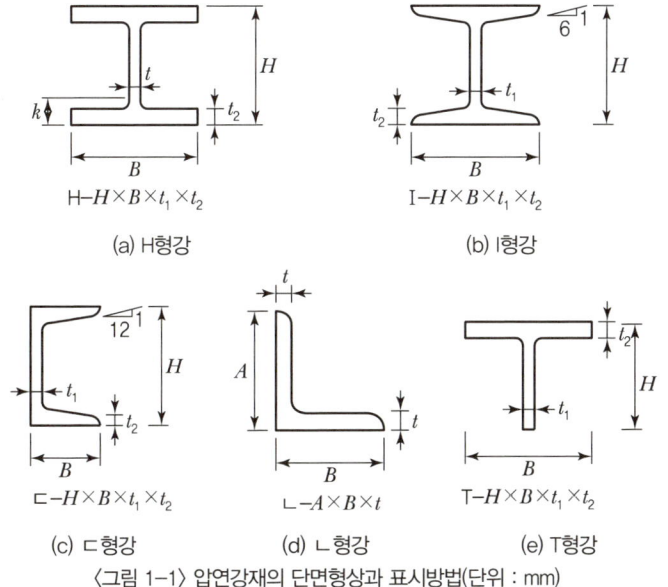

〈그림 1-1〉 압연강재의 단면형상과 표시방법(단위 : mm)

(2) 강판

너비 125mm 이상의 판으로서 두께 3mm 이하를 박판강, 두께 3~6mm를 중판강, 두께 6mm 이상을 후판강이라 한다.

(3) 평강(Flat Bar)

두께가 3mm 이상의 판으로서 폭이 125mm 미만의 것을 평강이라 하고 125mm 이상의 것을 강판(Plate)이라 한다.

(4) 봉강(Steel Bar)

압연에 의한 봉상의 강재로서 둥근강은 ϕ, 이형강은 D로 표시한다.

(5) 강관(Pipe) 및 각형강관

좌굴과 비틀림에 대하여 유리한 단면으로 폐쇄된 것은 부식에 대하여 강하다.

(6) 경량형강

판두께를 얇게(1.6mm, 2.3mm, 3.2mm)하여 단면성능을 좋게 한 것이며 비교적 하중이 작은 구조물에 사용하면 경제적이다.

출제예상문제

01 철골구조의 특징에 관한 설명 중 가장 적당하지 않은 것은?

① 재료가 불에 타지 않기 때문에 내화력이 크다.
② 재료가 고강도이기 때문에 고층건물이나 장스팬 구조에 적합하다.
③ 부재가 세장하므로 좌굴의 위험이 높다.
④ 소성변형 능력이 커서 안전성이 높다.

[해설]
철골구조는 철근콘크리트구조에 비하여 내화성, 내구성이 부족하다.

02 철골조의 소성설계와 관계없는 항목은?

① 소성힌지   ② 안전율
③ 붕괴기구   ④ 형상계수

[해설]
안전율은 허용응력 설계와 관계있다.

03 철골구조용 강재의 성질에 관한 기술 중 부적당한 것은?

① 고장력강일수록 항복비는 높아진다.
② 강재의 판두께가 두꺼워질수록 재질은 좋아진다.
③ 고장력강일수록 연신율은 떨어진다.
④ 강재의 원소 중에서 탄소량이 높을 수록 용접성이 나빠진다.

[해설]
강재의 판두께가 두꺼워질수록 재질은 떨어진다.

04 다음의 용어 설명 중에서 가장 부적당한 것은?

① 연신율은 시험편의 파단 후 표점 간 거리와 시험 전 표점 간 거리의 차를 시험 전 표점 간 거리로 나눈 값을 백분율로 나타낸 것이다.
② 항복비는 항복점과 인장강도의 비율로서 안전율을 정하는 기준이 된다.
③ 연성파괴는 연신과 단면수축이 없이 파단되는 것을 말한다.
④ 단면수축률은 파단 후의 최소단면적과 시험 전의 단면적의 차를 시험 전의 단면적으로 나눈 값을 백분율로 나타낸 것을 말한다.

[해설]
연성파괴는 큰 소성변형능력을 보이면서 서서히 파괴되는 것을 말하며, 취성파괴는 연신과 단면수축이 없이 파괴되는 것을 말한다.

정답 01 ① 02 ② 03 ② 04 ③

Engineer Architecture

CHAPTER 02

설계개념

01 한계상태설계법
02 하중조합

CHAPTER 02 설계개념

SECTION 01 한계상태설계법

1. 설계기본원칙

한계상태설계법(Limit State Design)은 구조물이 모든 계수하중 조합에 대하여 어떠한 작용 한계상태도 초과하지 않도록 구조물을 설계하는 방법으로 다음 두 가지가 있다.

(1) 강도 한계상태(Strength Limit State)

① 구조물의 예상 수명기간 내에 발생 가능한 최대하중에 대해서 구조적으로 안전성을 확보하도록 하는 상태를 말한다.
② 강도한계상태를 초과하게 되면 전체적으로 파괴되거나 부분적으로 파괴에 이르게 됨을 의미한다.
③ 골조의 불안정성, 기둥의 좌굴, 보의 횡좌굴, 접합부 파괴, 인장부재의 전단면 항복, 피로파괴, 취성파괴 등이 이에 해당된다.

(2) 사용성 한계상태(Serviceability Limit State)

① 사용하중상태에서 구조물의 성능과 관계되며, 구조물이 바로 파괴에 이르지는 않으나 구조물의 기능이나 성능이 저하되었음을 의미한다.
② 이 경우 모든 하중조합에 사용되는 하중계수는 1.0으로 한다. 단, 지진하중에 대한 하중계수는 0.7을 사용한다.
③ 부재의 과다한 탄성변형, 부재의 과다한 잔류변형, 바닥재의 진동, 장기변형 등이 이에 해당된다.

2. 강도한계상태

한계상태설계법의 강도한계상태에 대한 일반적인 관계식은 다음과 같다.

$$\phi R_n \geq \sum_{i=1} \gamma_i Q_i$$

설계강도 ≥ 소요강도

여기서, ϕ : 저항계수
R_n : 공칭강도
γ_i : 하중계수
Q_i : 하중효과

핵심문제 ●●○

다음 중 한계상태설계법의 강도 한계상태에 해당되지 않는 항목은?
① 보의 횡좌굴
② 접합부의 파괴
③ 인장재의 전단면 항복
❹ 바닥재의 진동

① 저항계수 ϕ는 1.0보다 작은 값으로, 저항능력 R의 불확실성을 반영한다.
② 하중계수 γ_i는 하중효과를 계산하는 데 발생할 수 있는 불확실성과 잠정적인 과다한 하중의 작용효과를 나타내고 있다.

SECTION 02 하중조합

구조물과 구조부재의 소요강도는 다음의 하중 조합 중에서 가장 불리한 경우에 따라 결정하여야 한다.

① $1.4(D+F)$
② $1.2(D+F+T)+1.6L+0.5(L_r 또는 S 또는 R)$
③ $1.2D+1.6(L_r 또는 S 또는 R)+(1.0L 또는 0.65W)$
④ $1.2D±1.3W+1.0L+0.5(L_r 또는 S 또는 R)$
⑤ $1.2D±1.0E+1.0L+0.2S$
⑥ $0.9D+1.3W$
⑦ $0.9D+1.0E$

여기서, D : 고정하중
L : 활하중
L_r : 지붕활하중
W : 풍하중
S : 적설하중
E : 지진하중
R : 강우하중
F : 유체압 및 용기내용물하중
T : 온도하중

출제예상문제

01 강구조물의 한계상태설계법은 신뢰성이론에 근거하여 하중과 강도의 불확실성을 고려한 안전율을 적용하고 있다. 안전율에 관한 설명으로 가장 부적당한 것은?

① 하중의 크기를 예측하는 데 내포된 불확실성을 고려하여 하중계수는 1.0 이하의 값을 사용한다.
② 저항계수는 사용되는 재료에 관한 부정확성을 내포한다.
③ 저항계수는 부재 치수의 시공오차에 관한 불확실성을 내포한다.
④ 저항계수는 1.0 이하의 값을 사용하며 구조부재의 종류 및 부재력의 종류에 따라 다른 값을 사용한다.

> **해설**
> 하중계수는 하중의 불확실성을 고려하는 계수로 1.0보다 큰 값을 사용한다.

02 다음 중 한계상태 설계법의 강도한계상태에 해당되지 않는 항목은?

① 보의 횡좌굴
② 접합부의 파괴
③ 인장재의 전단면 항복
④ 바닥재의 진동

> **해설**
> - 강도한계상태 : 골조의 불안정성, 기둥의 좌굴, 보의 횡좌굴, 접합부 파괴, 인장부재의 전단면 항복, 피로파괴, 취성파괴 등
> - 사용한계상태 : 부재의 과다한 탄성변형, 부재의 과다한 잔류변형, 바닥재의 진동, 장기변형 등

정답 01 ① 02 ④

Engineer Architecture

CHAPTER
03

접합

01 볼트 접합
02 고력볼트 접합
03 용접접합

CHAPTER 03 접합

SECTION 01 볼트 접합

1. 개요

① 볼트를 조이는 것만으로 접합이 가능하므로 시공이 간단하다.
② 진동, 충격 또는 반복하중을 받으면 접합부에 큰 변형이 생기게 되고 볼트가 느슨해져서 너트가 풀리는 원인이 된다.
③ 주요한 건물의 접합부에는 거의 사용하지 않는다.
④ 볼트 및 고력볼트 접합하는 경우에는 1개의 볼트만을 사용하지 않고 반드시 2개 이상의 볼트로 체결한다.
⑤ 모든 접합부는 존재응력과 상관없이 반드시 45kN 이상 지지하도록 설계해야 한다.

2. 접합 용어

(1) 게이지 라인
볼트의 중심선을 연결하는 선

(2) 게이지(Gauge)
게이지라인과 게이지라인의 거리

(3) 피치(Pitch)
볼트중심 사이의 간격으로 일반적으로 P는 $3 \sim 4d$이며 최소 피치는 $2.5d$로 한다.

(4) 연단거리
게이지라인상의 마지막 볼트의 중심에서 부재 끝까지의 응력방향의 거리
① 통상적으로 연단거리 e는 볼트직경 d의 2.0~2.5배로 하면 안전하다.
② 연단거리를 지나치게 크게 하면 휘어지기도 하므로 최대 연단거리는 판두께의 12배 또한 150mm 이하로 한다.

(5) 측단거리
게이지라인상의 마지막 볼트의 중심에서 부재의 끝까지의 응력직각방향의 거리

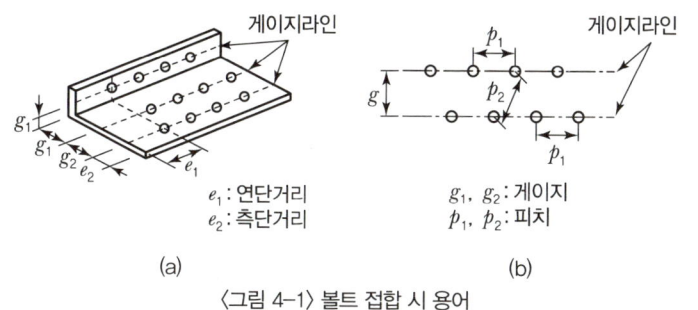

e_1 : 연단거리
e_2 : 측단거리
g_1, g_2 : 게이지
p_1, p_2 : 피치

〈그림 4-1〉 볼트 접합 시 용어

3. 접합형식과 파괴형식

(1) 접합형식

① 전단접합 : 볼트의 축단면에 전단력으로 저항하는 접합
② 인장접합 : 볼트가 인장력으로 저항하는 접합

(2) 파괴형식

① 전단접합 : 볼트의 전단파괴, 판의 지압파괴, 측단부파괴, 연단부파괴
② 인장접합 : 볼트의 인장파괴

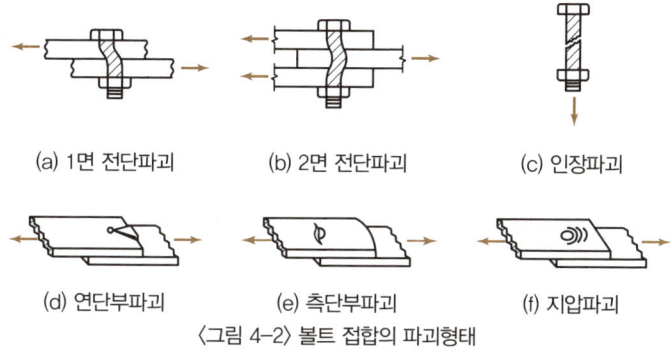

(a) 1면 전단파괴　(b) 2면 전단파괴　(c) 인장파괴
(d) 연단부파괴　(e) 측단부파괴　(f) 지압파괴

〈그림 4-2〉 볼트 접합의 파괴형태

핵심문제　●○○

보통 볼트 접합부에서 접합부의 파괴 형태가 아닌 것은?
❶ 긴결재의 비틀림 파괴
② 접합부 모재의 지압파괴
③ 긴결재의 전단파괴
④ 접합부 모재의 연단부 파괴

SECTION 02 고력볼트 접합

1. 구조적 이점

고력볼트 접합은 고력볼트를 강력히 조여 볼트에 도입되는 축력을 응력 전달에 이용함으로써 큰 힘을 전달할 수 있고 접합부의 강성이 높으며, 다음과 같은 구조적 이점이 있다.

핵심문제 ●●●○

고력볼트 마찰접합을 사용하는 접합부에 관한 다음 기술 중 가장 부적당한 것은?

❶ 접합판에는 지압응력이 발생한다.
② 접합부재 사이의 마찰에 의하여 힘이 전달되며 접합부의 변형이 거의 없다.
③ 반복하중에 매우 강하다.
④ 진동에 잘 견딜 수 있다.

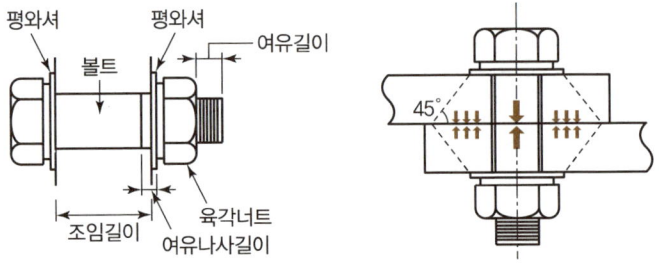

(a) 고력볼트세트 각부의 명칭　　(b) 응력전달기구

〈그림 4-3〉 고력볼트의 각부 명칭 및 응력전달

① 강한 조임력으로 너트의 풀림이 생기지 않는다.
② 응력방향이 바뀌더라도 혼란이 일어나지 않는다.
③ 응력집중이 적으므로 반복응력에 대해서 강하며 피로강도가 높다.
④ 유효단면적당 응력이 적게 전달된다.

2. 일반사항

① 피접합재의 조임두께를 그립(Grip)이라 하며, $5d$ 이하로 한다.
② 고력볼트의 게이지, 피치, 연단거리 등은 볼트 접합과 동일하게 한다.
③ 고력볼트의 기계적 성질은 〈표 4-1〉, 고력볼트의 구멍지름은 〈표 4-2〉와 같다.

▼ 〈표 4-1〉 고력볼트의 기계적 성질

기계적 성질에 의한 고력볼트의 등급	인장시험			
	항복내력 (N/mm²)	인장강도 (N/mm²)	연신율 (%)	단면수축률 (%)
F8T	640 이상	800~1,000	16 이상	45 이상
F10T	900 이상	1,000~1,200	14 이상	40 이상
F13T	1170 이상	1,300~1,500	12 이상	35 이상

▼ 〈표 4-2〉 고력볼트의 구멍직경(mm)

고력볼트의 직경	표준구멍의 직경	대형구멍의 직경	단슬롯구멍	장슬롯구멍
M16	18	20	18 × 22	18 × 40
M20	22	24	22 × 26	22 × 50
M22	24	28	24 × 30	24 × 55
M24	27	30	27 × 32	27 × 60
M27	30	35	30 × 37	30 × 67
M30	33	38	33 × 40	33 × 75

④ 고력볼트의 설계볼트장력(T_0)은 미끄럼강도를 구할 때 사용되며, 표준볼트장력은 설계볼트 장력에 10% 할증하여 현장에서 체결할 때 도입해야 할 볼트장력이다.

⑤〈표 4-3〉에는 고력볼트의 설계볼트 장력과 표준볼트 장력을 나타내고 있으며, 설계볼트장력(T_0)은 인장강도의 0.7배에 단면적의 0.75배를 곱하여 다음과 같이 산정한다.

$$T_0 = 0.7 F_u \times 0.75 A_b$$

여기서, $A_b = \dfrac{\pi d^2}{4}$, d = 볼트 직경

▼〈표 4-3〉 고력볼트의 설계볼트장력과 표준볼트 장력

볼트의 등급	볼트의 호칭	공칭단면적 (mm²)	설계볼트장력 T_0(kN)	표준볼트장력 1.1 T_0(kN)
F8T	M16	201	84	93
	M20	314	132	146
	M22	380	160	176
	M24	453	190	209
F10T	M16	201	106	117
	M20	314	165	182
	M22	380	200	220
	M24	453	237	261
F13T	M16	201	137	151
	M20	314	214	236
	M22	380	259	285
	M24	453	308	339

3. 접합형식

(1) 인장접합

① 고력볼트를 체결할 때의 부재 간 압축력을 이용하여 응력을 전달시킨다.
② 인장외력이 고력볼트의 조임력에 가까워지게 되면 접합된 부재가 분리(이간)되기 시작하면서 접합부의 강성이 저하된다.

(2) 마찰접합(전단접합)

① 고력볼트의 강력한 체결력에 의해 부재 간의 마찰력을 이용하는 접합형식이다.
② 응력이 부재 간의 마찰력을 초과하게 되면 미끄럼 현상이 일어나게 되는데 이때의 마찰계수를 미끄럼계수라고 한다.

(3) 지압접합(전단접합)

① 부재 간에 발생하는 마찰력과 볼트축의 전단력 및 부재의 지압력을 동시에 발생시켜 응력을 부담하는 접합방법이다.
② 종래의 마찰접합과 비교하여 볼트 자체의 고강도성을 유효하게 이용하고자 하는 접합이기 때문에 종국 내력이 볼트의 전단내력에 의해 결정되는 이음부의 접합으로 주로 이용된다.
③ 일반조임이란 임펙트렌치로 수회 또는 일반렌치로 최대로 조여서 접합판이 완전히 접착된 상태를 말한다.

(4) 용접과 볼트의 병용

① 볼트는 용접과 조합해서 하중을 부담시킬 수 없다. 이러한 경우 용접에 전체하중을 부담시키도록 한다.
② 다만, 전단접합 시에는 용접과 볼트의 병용이 허용된다. 전단접합 시 표준구멍 또는 하중방향에 수직인 단슬롯구멍이 사용된 경우 볼트와 하중방향에 평행한 필릿용접이 하중을 각각 분담할 수 있다. 이때 볼트의 설계강도는 지압접합 볼트설계강도의 50%를 넘지 않도록 한다.
③ 마찰볼트 접합으로 기 시공된 구조물을 개축할 경우 고장력볼트는 기 시공된 하중을 받는 것으로 가정하고 병용되는 용접은 추가된 소요강도를 받는 것으로 용접설계를 병용할 수 있다.

(5) 볼트와 용접접합의 제한

다음의 접합에 대해서는 용접접합, 마찰접합 또는 전인장 조임을 적용해야 한다. 여기서, 전인장 조임이란 마찰면 처리 없이 설계볼트장력을 도입한 프리텐션 조임(Fully-tensioned Joint)을 말한다.
① 높이가 38m 이상 되는 다층구조물의 기둥이음부
② 높이가 38m 이상 되는 구조물에서, 모든 보와 기둥의 접합부 그리고 기둥에 횡지지를 제공하는 기타의 모든 보의 접합부
③ 용량 50kN 이상의 크레인구조물 중 지붕트러스 이음, 기둥과 트러스 접합, 기둥이음, 기둥횡지지가새, 크레인지지부
④ 기계류 지지부 접합부 또는 충격이나 하중의 반전을 일으키는 활하중을 지지하는 접합부

4. 접합부의 내력산정

(1) 인장접합

일반 조임된 볼트의 설계인장강도는 다음과 같이 산정한다.

$$\phi R_n = \phi F_{nt} A_b$$

여기서, $\phi = 0.75$
$F_{nt} = 0.75 F_u$
$A_b = \dfrac{\pi d^2}{4}$

▼ 〈표 4-4〉 볼트의 공칭강도(MPa)

강도 \ 강종		F8T	F10T	F13T[1]	SS400 SM400
공칭인장강도, F_{nt}		600	750	975	300
지압접합의 공칭전단 강도, F_{nv}	나사부가 전단면에 포함될 경우	320	400	520	160
	나사부가 전단면에 포함되지 않을 경우	400	500	650	

주) 1)은 KS B 1010에 의하여 수소지연파괴민감도에 대하여 합격된 시험성적표가 첨부된 제품에 한하여 사용하여야 한다.

(2) 마찰접합

1) 설계 미끄럼강도

미끄럼 한계상태에 대한 마찰접합의 설계강도는 다음과 같이 산정한다.

$$\phi R_n = \phi \mu h_f T_o N_s$$

여기서, μ : 미끄럼계수(페인트 칠하지 않은 블라스트 청소된 마찰면) = 0.50
h_f : 필러계수로서 다음과 같다.
- $h_f = 1.0$: 필러를 사용하지 않는 경우와 필러 내 하중의 분산을 위하여 볼트를 추가한 경우 또는 필러 내 하중의 분산을 위해 볼트를 추가하지 않은 경우로서 접합되는 재료 사이에 한 개의 필러가 있는 경우
- $h_f = 0.85$: 필러 내 하중의 분산을 위해 볼트를 추가하지 않은 경우로서 접합되는 재료 사이에 2개 이상의 필러가 있는 경우

T_o : 설계볼트장력(kN)
N_s : 전단면의 수

저항계수 ϕ는 다음과 같다.
① 표준구멍 또는 하중방향에 수직인 단슬롯 구멍에 대하여, $\phi = 1.00$
② 대형구멍 또는 하중방향에 평행한 단슬롯 구멍에 대하여, $\phi = 0.85$
③ 장슬롯 구멍에 대하여, $\phi = 0.70$

2) 인장과 전단의 조합

마찰접합이 인장하중을 받아 장력이 감소할 경우 설계미끄럼강도에 다음 계수를 사용하여 감소한 후 산정한다.

$$k_s = 1 - \frac{T_u}{T_o N_b}$$

여기서, N_b : 인장력을 받는 볼트의 수
T_o : 설계볼트장력(kN)
T_u : 소요인장력(kN)

(3) 지압접합

1) 설계 전단강도

일반 조임된 볼트의 설계전단강도는 다음과 같이 산정한다.

$$\phi R_n = \phi F_{nv} A_b$$

여기서, $\phi = 0.75$
$F_{nv} = 0.5 F_u$ (나사부가 전단면에 포함되지 않을 경우)
$F_{nv} = 0.4 F_u$ (나사부가 전단면에 포함될 경우)
$A_b = \dfrac{\pi d^2}{4}$

2) 볼트 구멍의 지압강도

강도 한계상태에 대한 볼트구멍의 설계 지압강도는 다음과 같이 산정한다.
① 표준구멍, 대형구멍, 단슬롯 구멍의 모든 방향에 대한 지압력 또는 장슬롯 구멍의 방향에 평행하게 지압력을 받을 경우
  ㉠ 사용하중상태에서 볼트구멍의 변형이 설계에 고려될 경우
  $\phi R_n = \phi 1.2 L_c t F_u (\leq 2.4 dt F_u)$
  ㉡ 사용하중상태에서 볼트구멍의 변형이 설계에 고려되지 않을 경우
  $\phi R_n = \phi 1.5 L_c t F_u (\leq 3.0 dt F_u)$
② 장슬롯 구멍의 방향에 수직방향으로 지압력을 받을 경우

$$\phi R_n = \phi 1.0 L_c t F_u (\leq 2.0 dt F_u)$$

여기서, $\phi = 0.75$
L_c : 하중방향 순간격, 구멍의 끝과 피접합재의 끝 또는 인접 구멍의 끝까지의 거리(mm)
t : 피접합재의 두께(mm)
F_u : 피접합재의 공칭인장강도(N/mm^2)
d : 볼트 공칭직경(mm)

3) 인장력과 전단력의 조합

지압접합이 인장력과 전단력의 조합력을 받을 경우 볼트의 설계전단강도는 다음과 같이 산정한다.

$$\phi R_n = \phi F_{nt}' A_b$$

여기서, $\phi = 0.75$

$$F_{nt}' = 1.3 F_{nt} - \frac{F_{nt}}{\phi F_{nv}} f_v \leq F_{nt}$$

F_{nt}' : 전단응력의 효과를 고려한 공칭인장강도(N/mm²)
F_v : 소요전단응력(N/mm²)

SECTION 03 용접접합

1. 그루브 용접(Groove Welding)

(1) 개요

① 한쪽 또는 양쪽 부재의 끝을 용접이 양호하게 되도록 끝단면을 비스듬히 절단하여 용접하는 방법이다.
② 부재의 끝을 절단해낸 것을 홈 또는 개선(Groove)이라 하며, 〈그림 4-4(b)〉와 같은 홈의 형상이 있다.
③ 홈의 깊이에 따라 완전 용입용접과 부분 용입용접이 있다.

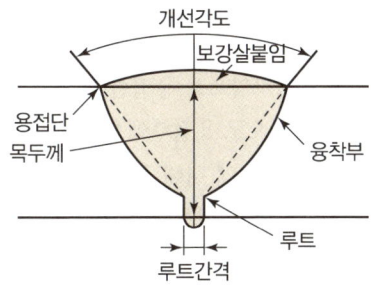

(a) 맞댐용접 각부 명칭

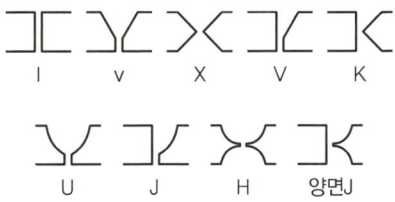

(b) 홈형상
〈그림 4-4〉 그루브 용접의 각부 명칭과 홈 단면 형식

(2) 유효단면적(A_w)

$$\text{유효단면적}(A_w) = \text{유효목두께}(a) \times \text{유효길이}(l_e)$$

① 유효목두께(a)는 접합판 중 얇은 쪽 판두께로 한다.
② 부분 용입용접의 유효목두께는 $2\sqrt{t}$ (mm) 이상으로 한다. 다만, t는 두꺼운 쪽 판두께이다.
③ 유효길이(l_e)는 접합되는 부분의 폭으로 한다.

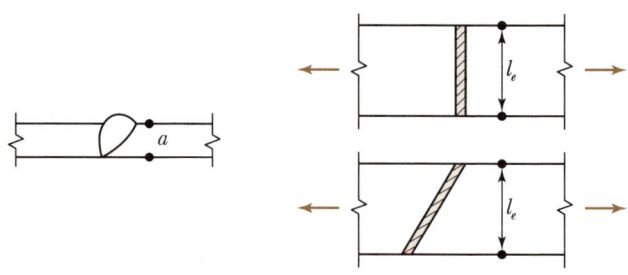

(a) 그루브 용접 유효목두께   (b) 그루브 용접 유효길이
〈그림 4-5〉 그루브 용접의 유효목두께와 유효길이

2. 필릿용접(Fillet Welding)

(1) 개요

① 모재에 홈(Groove) 등의 사전가공을 하지 않고 모재와 모재의 교선을 따라서 삼각형 모양으로 용접한다.
② 필릿용접은 종국적으로 용접부에 대해 전단에 의해 파단되므로 대부분이 용접 유효단면적에 대해 전단응력으로 설계된다.
③ 필릿용접은 구조물의 접합부에 상당히 많이 사용되는 방법으로서 비용도 상대적으로 저렴하다.

(2) 유효단면적(A_w)

$$\text{유효단면적}(A_w) = \text{유효목두께}(a) \times \text{유효길이}(l_e)$$

① 필릿용접의 유효목두께는 용접루트로부터 용접표면까지의 최단거리로 한다. 단, 이음면이 직각인 경우에는 필릿사이즈의 0.7배로 한다.
② 필릿용접의 유효길이는 필릿용접의 총길이에서 2배의 필릿사이즈를 공제한 값으로 하여야 한다.

(3) 제한사항

① 필릿용접의 최소 사이즈는 〈표 4-5〉에 따른다.

핵심문제 ●○○

현장용접에 유리하며 가공하기 쉽고 적응성과 경제성이 커 가장 널리 사용되는 용접방식은 어느 것인가?
① 그루브용접
❷ 필릿용접
③ 슬롯용접
④ 플러그 용접

핵심문제 ●●○

그림과 같은 필릿용접의 유효목두께는?

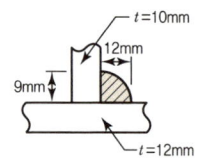

❶ 6.3mm   ② 9.0mm
③ 10.0mm   ④ 12.0mm

▼ 〈표 4-5〉 필릿용접의 최소 사이즈(mm)

접합부의 얇은 쪽 모재두께 t	필릿용접의 최소 사이즈
$t \leq 6$	3
$6 < t \leq 13$	5
$13 < t \leq 19$	6
$19 < t$	8

② 필릿용접의 최대사이즈는 다음과 같다.
  ㉠ $t < 6\text{mm}$ 일 때, $s = t$
  ㉡ $t \geq 6\text{mm}$ 일 때, $s = t - 2\text{mm}$
③ 응력을 전달하는 단속필릿용접 이음부의 길이는 필릿사이즈의 10배 이상 또한 30mm 이상을 원칙으로 한다.
④ 강도를 기반으로 하여 설계되는 필릿용접의 최소길이는 공칭용접사이즈의 4배 이상으로 해야 한다. 또는 유효용접사이즈는 그 용접길이의 1/4 이하가 되어야 한다.

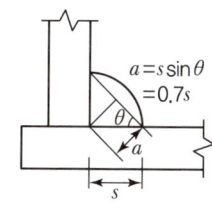

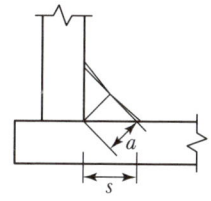

(a) 필릿용접 유효목두께   (b) 필릿용접 유효길이
〈그림 4-6〉 필릿용접의 유효목두께와 유효길이

3. 설계강도

용접부의 설계강도 ϕR_n은 모재의 인장파단, 전단파단 한계상태에 의한 강도와 용접재의 파단한계상태 강도 중 작은 값으로 한다.

(1) 모재 강도

$$R_n = F_{nBM} A_{BM}$$

여기서, F_{nBM} : 모재의 공칭인장강도(MPa)
       A_{BM} : 모재의 단면적(mm²)

(2) 용접재 강도

$$R_n = F_{nw} A_{we}$$

여기서, F_{nw} : 용접재의 공칭인장강도(MPa)
A_{we} : 용접재의 유효면적mm²)

여기서, ϕ, F_{nBM}, F_{nw} 값은 〈표 4-6〉에 따른다.

▼ 〈표 4-6〉 용접조인트 강도표

하중 유형 및 방향	적용 재료	ϕ	공칭강도 (F_{nBM}, F_{nw}) (MPa)	유효면적 (A_{BM}, A_{we}) (mm²)	용접재 소요강도
완전용입그루브 용접					
용접선에 직교인장			용접조인트 강도는 모재에 의해 제한된다.		매칭용접재가 사용되어야 한다. 뒷댐재가 남아 있는 T조인트와 모서리 조인트는 노치인성 용접재를 사용한다(섭씨 4도에서 27J 이상의 CVN 인성값 이상).
용접선에 직교압축			용접조인트 강도는 모재에 의해 제한된다.		매칭용접재 또는 이보다 한단계 낮은 강도의 용접재가 사용될 수 있다.
용접선에 평행한 인장, 압축			용접에 평행하게 접합된 요소들에 작용하는 인장 또는 압축은 그 요소들을 접합하는 용접부 설계에 고려할 필요가 없다.		매칭용접재 또는 이보다 한단계 낮은 강도의 용접재가 사용될 수 있다.
전단			용접조인트 강도는 모재에 의해 제한된다.		매칭용접재를 사용해야 한다.
부분용입그루브 용접(플레어V그루브 용접, 플레어베벨그루브 용접 포함)					
용접선에 직교인장	모재	$\phi = 0.75$	F_u		
	용접재	$\phi = 0.80$	$0.60F_{nw}$		
기준에 따라 설계된 기둥주각부와 기둥 이음부의 압축			해당 용접부 설계에서 압축응력은 고려하지 않아도 된다.		
기둥을 제외한 부재의 지압접합부의 압축	모재	$\phi = 0.90$	F_y		매칭용접재 또는 이보다 한 단계 낮은 강도의 용접재가 사용될 수 있다.
	용접재	$\phi = 0.80$	$0.60F_{nw}$		
지압응력을 전달할 수 있도록 마감되지 않은 접합부의 압축	모재	$\phi = 0.90$	F_y		
	용접재	$\phi = 0.80$	$0.90F_{nw}$		
용접선에 평행한 인장, 압축			용접에 평행하게 접합된 요소들에 작용하는 인장 또는 압축은 그 요소들을 접합하는 용접부 설계에 고려할 필요가 없다.		
전단	모재				
	용접재	$\phi = 0.75$	$0.60F_{nw}$		

하중 유형 및 방향	적용 재료	ϕ	공칭강도 (F_{nBM}, F_{nw}) (MPa)	유효면적 (A_{BM}, A_{we}) (mm²)	용접재 소요강도
필릿용접(구멍, 슬롯, 빗방향 T조인트 필릿 포함)					
전단	모재				매칭용접재 또는 이보다 한 단계 낮은 강도의 용접재가 사용될 수 있다.
	용접재	$\phi = 0.75$	$0.60 F_{nw}$		
용접선에 평행한 인장, 압축	용접에 평행하게 접합된 요소들에 작용하는 인장 또는 압축은 그 요소들을 접합하는 용접부 설계에 고려할 필요가 없다.				
플러그 및 슬롯 용접					
유효면적의 접합면에 평행한 전단	모재				매칭용접재 또는 이보다 한 단계 낮은 강도의 용접재가 사용될 수 있다.
	용접재	$\phi = 0.75$	$0.60 F_{nw}$		

CHAPTER 03 출제예상문제

01 보통 볼트 접합부에서 접합부의 파괴형태가 아닌 것은?

① 긴결재의 비틀림 파괴
② 접합부 모재의 지압파괴
③ 긴결재의 전단파괴
④ 접합부 모재의 연단부 파괴

[해설]
전단접합의 파괴형태
- 볼트의 전단파괴
- 판의 지압파괴(구멍측벽의 파괴)
- 판의 연단부파괴
- 판의 측단부파괴

02 철골 부재를 접합할 때 접합부재 상호 간의 마찰력에 의하여 응력을 전달시키는 접합방식은 어느 것인가?

① 리벳 접합
② 용접 접합
③ 보통 볼트 접합
④ 고장력 볼트 접합

03 고력볼트 마찰접합을 사용하는 접합부에 관한 다음 기술 중 가장 부적당한 것은?

① 접합판에는 지압응력이 발생한다.
② 접합부재 사이의 마찰에 의하여 힘이 전달되며 접합부의 변형이 거의 없다.
③ 반복하중에 매우 강하다.
④ 진동에 잘 견딜 수 있다.

[해설]
고력볼트 마찰접합은 고력볼트 전단 및 판에 지압응력이 생기지 않는다.

04 그림과 같은 접합부에서 마찰접합에 의한 설계 미끄럼강도는?(다만, $\phi=1.0$, 마찰계수 $\mu=0.5$, 표준구멍이며, 설계볼트장력 $T_0=165\text{kN}$이다.)

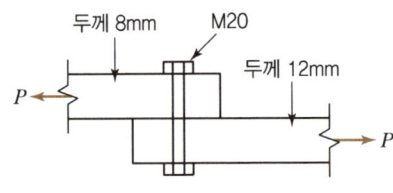

① 82.5kN
② 140.3kN
③ 165.0kN
④ 235.5kN

[해설]
$\phi R_n = \phi \mu h_{sc} T_0 N_s$
$= 1.0 \times 0.5 \times 1.0 \times 165 \times 1$
$= 82.5\text{kN}$

05 그림과 같은 접합부에서 마찰접합에 의한 설계 미끄럼강도는?(다만, $\phi=1.0$, 마찰계수 $\mu=0.5$, 표준구멍이며, 설계볼트장력 $T_0=165\text{kN}$이다.)

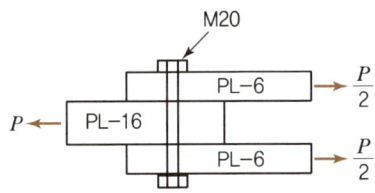

① 82.5kN
② 165.0kN
③ 247.5kN
④ 330.0kN

[해설]
$\phi R_n = \phi \mu h_{sc} T_0 N_s$
$= 1.0 \times 0.5 \times 1.0 \times 165 \times 2$
$= 165.0\text{kN}$

정답 01 ① 02 ④ 03 ① 04 ① 05 ②

06 그림과 같은 고력볼트 마찰접합부 인장력 N이 작용할 때 F10T, 4-M22 고력볼트의 내력에 가까운 값은?(다만, $\phi=1.0$, 마찰계수 $\mu=0.5$, 표준구멍이며, 설계볼트장력 $T_0=200$kN이다.)

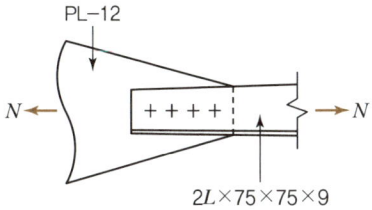

① 200kN
② 400kN
③ 800kN
④ 1,000kN

해설
- 고력볼트 1개의 미끄럼 내력
  $\phi R_n = \phi \mu h_{sc} T_0 N_s$
  $= 1.0 \times 0.5 \times 1.0 \times 200 \times 2 = 200.0$kN
- 고력볼트는 4개이므로
  $N = 200 \times 4 = 800$kN

07 현장용접에 유리하며 가공하기 쉽고 적응성과 경제성이 커 가장 널리 사용되는 용접방식은 어느 것인가?

① 홈용접
② 모살용접
③ 슬롯용접
④ 플러그 용접

08 용접치수 8mm, 용접길이 400mm인 양면 모살용접의 유효단면적으로 가장 가까운 것은?

① 2,100mm²
② 3,200mm²
③ 3,800mm²
④ 4,300mm²

해설
모살용접의 유효단면적(A_e)
$A_e = $ 유효목두께(a) × 유효길이(l_e)에서
- 유효목두께 $a = 0.7S = 0.7 \times 8 = 5.6$mm
- 유효길이 $l_e = l - 2S = 400 - 2 \times 8 = 384$mm
∴ $A_e = 5.6 \times 384 \times 2$(양면) ≒ 4,300mm²

09 그림과 같은 모살용접의 유효목두께는?

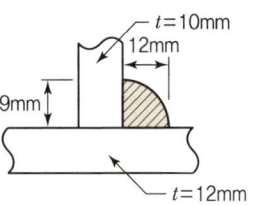

① 6.3mm
② 9.0mm
③ 10.0mm
④ 12.0mm

해설
- 모살용접의 모살치수(S)는 다리길이 중에서 작은 값을 취한다.
- 모살용접의 유효목두께
  $a = 0.7S = 0.7 \times 9 = 6.3$mm

10 그림과 같은 용접 접합에서 유효목두께로 가장 적당한 것은?

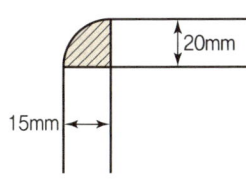

① 10.5mm
② 12.5mm
③ 14.0mm
④ 15.0mm

해설
- 모살용접의 모살치수(S)는 다리길이 중에서 작은 값을 취한다.
- 모살용접의 유효목두께
  $a = 0.7S = 0.7 \times 15 = 10.5$mm

11 용접치수 10mm로 400mm 길이가 일직선으로 모살용접되었을 때 모살용접의 유효단면적은 다음 중 어느 것인가?

① 2,500mm²
② 2,660mm²
③ 2,760mm²
④ 2,860mm²

정답   06 ③   07 ②   08 ④   09 ①   10 ①   11 ②

> 해설

모살용접의 유효단면적(A_e)
A_e = 유효목두께(a) × 유효길이(l_e)에서
- 유효목두께 $a = 0.7S = 0.7 \times 10 = 7.0\text{mm}$
- 유효길이 $l_e = l - 2S = 400 - 2 \times 10 = 380\text{mm}$
∴ $A_e = 7.0 \times 380 = 2,660\text{mm}^2$

12 주로 경량형강 및 철근과 같은 원형 홈 부분에 사용되는 모살용접은?

① 모살구멍 용접 ② 플러그 용접
③ 슬롯 용접 ④ 플레어 용접

> 해설

모살구멍 용접, 모살긴구멍 용접, 플러그 용접, 슬롯 용접 등은 모두 모살용접의 일종으로서 겹침 이음에서 겹친 두 판 사이의 전단응력을 전달시키거나 겹친 부분의 좌굴분리를 방지하기 위해 사용된다.

13 철골조의 접합에 관한 기술 중 옳지 않은 것은?

① 트러스 기준선과 각부재의 게이지 라인(Gage Line)은 가능한 한 일치시킨다.
② 리벳과 고력볼트를 병용할 때는 각기 허용내력에 의한 응력부담을 시킨다.
③ 리벳과 용접을 병용할 때는 각기 허용 내력에 의한 응력부담을 시킨다.
④ 볼트와 리벳을 병용할 때는 리벳이 모든 외력에 저항하도록 한다.

> 해설

리벳과 용접을 병용할 때는 용접에 허용내력을 부담시킨다.

14 철골구조에서 접합을 병용하는 경우의 설명 중 틀린 것은?

① 고력볼트 마찰접합을 먼저 하고 용접을 하게 되면 허용내력은 양쪽이 부담한다.
② 용접을 먼저 하고 고력볼트 마찰접합을 하게 되면 허용내력은 고력볼트가 부담한다.
③ 리벳과 용접을 병용하면 전 응력을 용접이 부담한다.
④ 고력볼트 마찰접합과 리벳을 병용하면 허용내력은 양쪽이 부담한다.

> 해설

용접을 먼저 하고 고력볼트 마찰접합을 하게 되면 허용내력은 용접이 부담한다.

15 주요 구조체 접합으로 적당하지 않은 방법은 다음 중 어느 것인가?

① 고력볼트 접합과 맞댐용접의 병용
② 볼트 접합
③ 고력볼트 접합
④ 모살용접

> 해설

볼트의 사용범위
① 진동·충격 또는 반복응력을 받는 접합부에는 볼트를 사용할 수 없다.
② 처마높이가 9m를 초과하고 스팬이 13m를 초과하는 강구조 건축물의 구조내력상 주요한 부분에는 볼트를 사용하지 않아야 한다.
③ 볼트구멍 지름은 볼트의 공칭 축지름 + 0.2mm 이하로 하였을 때에는 ②의 규정에도 불구하고 볼트를 사용할 수 있다.

16 그림과 같은 용접기호의 설명으로 가장 적당한 것은 다음 중 어느 것인가?

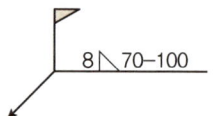

① 용접치수 8mm, 용접길이 70mm, 용접피치 100mm의 연속모살 현장용접
② 용접치수 8mm, 용접길이 100mm, 용접피치 70mm의 단속모살 공장용접
③ 용접치수 8mm, 용접길이 70mm, 용접피치 100mm인 화살표 반대쪽의 단속모살 현장용접
④ 용접치수 8mm, 용접길이 70mm, 용접피치 100mm인 화살표 반대쪽의 단속맞댐 공장용접

정답 12 ④ 13 ③ 14 ② 15 ② 16 ③

> **[해설]**

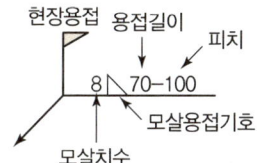

17 용접기호에 대한 설명 중 틀린 것은?

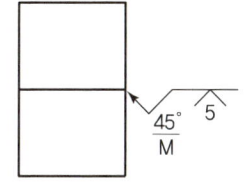

① V형 맞댐용접
② 루트간격 5mm
③ 홈각도 45°
④ 표면마감 : 볼록형태로 높이 5mm

> **[해설]**
> **용접부의 마무리 방법**
> • C(Chipping) : 치핑
> • G(Grinding) : 연삭
> • M(Milling) : 절삭

18 다음 중 용접결함이 아닌 것은?

① 블로 홀(Blow Hole)
② 언더 컷(Under Cut)
③ 오버랩(Over Lap)
④ 비드(Bead)

> **[해설]**
> **용접결함**
> • 슬랙 섞임(Slag Inclusion)
> • 언더 컷(Urder Cut)
> • 오버랩(Over Lap)
> • 블로 홀(Blow Hole 또는 Gas Pocket)
> • 피트(Pit)
> • 피시 아이(Fish Eye)
> • 크레이터(Crater)
> • 균열(Crack)
> • 용착부족(Incomplete Penetration)
> ※ 비드(Bead) : 용접의 진행방향으로 1회의 용접조작을 패스(Pass)라 하고, 그 결과 생기는 용착부를 비드(Bead) 라 한다.

Engineer Architecture

CHAPTER

04

인장재

01 순단면적
02 유효 순단면적
03 블록전단파단
04 인장재의 설계

CHAPTER 04 인장재

SECTION 01 순단면적

순단면적이란 인장재 접합부의 연결재 구멍에 의한 결손부분을 고려한 단면적으로서 구멍의 배열상태에 따라 파단이 일어나는 형태가 달라진다.

1. 정렬 배치인 경우

$$A_n = A_g - ndt$$

여기서, n : 인장력에 의한 파단선상에 있는 구멍의 수
d : 파스너 구멍의 직경(mm) + 여유구멍
t : 부재의 두께(mm)

2. 엇모 배치인 경우

$$A_n = A_g - ndt + \sum \frac{s^2}{4g} t$$

여기서, s : 인접한 2개 구멍의 응력방향 중심간격(mm)
g : 파스너 게이지선 사이의 응력 수직방향 중심간격(mm)

핵심문제 ●●○

그림과 같은 인장재의 순단면적은?
(다만, 사용 고력볼트는 M20이며 판두께는 6mm이다.)

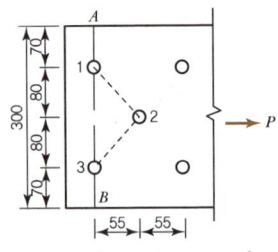

❶ 1,517mm² ② 1,536mm²
③ 1,636mm² ④ 1,800mm²

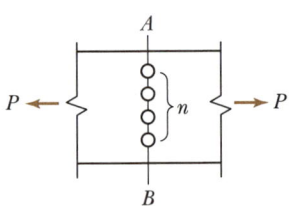

(a) 정렬 배치

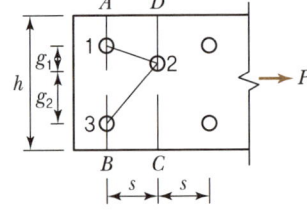

(b) 엇모 배치

〈그림 4-1〉 인장재의 파단선

〈그림 4-1(b)〉에서 파단선 A-1-3-B와 파단선 A-1-2-3-B의 경우 중에서 작은 값이 순단면적이 된다.

① 파단선 A-1-3-B : $A_n = (h - 2d)t$

② 파단선 A-1-2-3-B : $A_n = (h - 3d + \frac{s^2}{4g_1} + \frac{s^2}{4g_2})t$

3. 두 변에 구멍이 엇갈려 배치된 ㄱ형강

① 〈그림 4-2(a)〉와 같이 ㄱ형강의 두 변에 구멍이 엇갈려 배치되어 있는 경우의 순단면적은 〈그림 4-2(b)〉와 같이 두 변을 펴서 동일 평면상에 놓은 후 앞에서와 동일한 방법으로 구한다.

② 이때 구멍열 사이의 간격 g의 값은 〈그림 4-2(a)〉에서 중복되는 두께 t를 감한 값을 사용하며 이를 식으로 나타내면 다음과 같다.

$$g = g_a + g_b - t$$

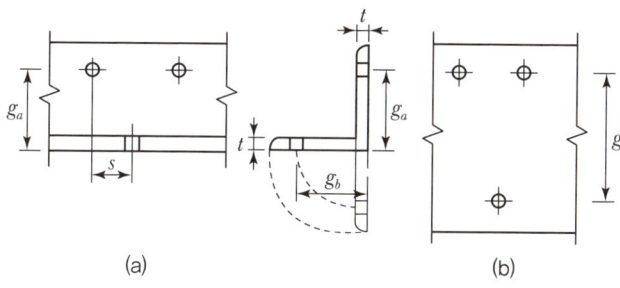

〈그림 4-2〉 ㄱ형강의 순단면적

SECTION 02 유효 순단면적

① 인장재의 한 변만이 접합에 사용된 경우에는 접합의 중심이 인장재의 중심과 일치하지 않게 되어 편심에 의한 영향이 발생하게 된다.

② 이러한 경우 응력의 흐름을 살펴보면 인장력은 먼저 접합에 사용된 면을 통해 전단응력의 형태로 점차 전체 단면으로 전달되게 된다.

③ 이때 접합에 사용된 면은 전체가 인장력을 받게 되나 접합에 사용되지 않은 면에는 인장력이 불균등하게 생기게 되는데 이러한 현상을 시어래그(Shear Lag)라 한다.

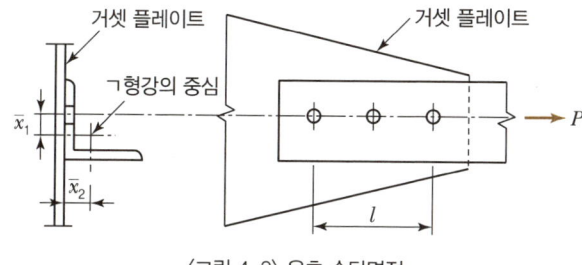

〈그림 4-3〉 유효 순단면적

④ 하중이 연결재로부터 I, H형강 또는 이러한 형강으로부터 절단된 구조용 T형강의 전체 단면이 아닌 일부 단면요소에 패스너나 용접에 의해 전달될 때에는 이러한 시어래그의 영향을 고려하기 위해 유효순단면적 A_e를 사용한다.

$$A_e = UA_n$$

여기서, U : 전단지연계수

U의 값은 다음의 식을 사용하여 구할 수 있다.

$$U = 1 - \frac{\overline{x}}{l}$$

여기서, $\overline{x}$는 $\overline{x_1}$과 $\overline{x_2}$ 중 큰 값($\overline{x_1}$, $\overline{x_2}$는 〈그림 4-3〉 참조)

SECTION 03 블록전단파단

① 블록전단파괴란 〈그림 4-4〉에서와 같이 a-b 부분의 전단파단과 b-c 부분의 인장파단에 의해 접합부의 일부분이 찢겨져 나가는 파괴형태를 말한다.
② 이러한 파단현상은 최근에 고력볼트의 사용이 증가함에 따라 보다 큰 직경의 적은 개수의 볼트를 사용하는 경향으로 인하여 발생하는 현상이다.
③ 블록전단파단은 다음과 같은 두 가지 식을 사용하여 블록전단파괴강도를 구한다.
　㉠ 전단항복 + 인장파단 : $F_u A_{nt} \geq 0.6 F_u A_{nv}$ 인 경우

$$\phi R_n = \phi [0.6 F_y A_{gv} + F_u A_{nt}]$$

　㉡ 전단파단 + 인장항복 : $F_u A_{nt} < 0.6 F_u A_{nv}$ 인 경우

$$\phi R_n = \phi [0.6 F_u A_{nv} + F_y A_{gt}]$$

　여기서, $\phi = 0.75$
　　　　　A_{gv} : 전단저항 총단면적(mm^2)
　　　　　A_{nt} : 인장저항 순단면적(mm^2)
　　　　　A_{nv} : 전단저항 순단면적(mm^2)
　　　　　A_{gt} : 인장저항 총단면적(mm^2)

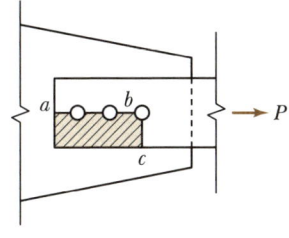

〈그림 4-4〉 블록전단파단

SECTION 04 인장재의 설계

1. 기본식

설계인장강도 ≥ 소요인장강도

$$\phi_t P_n \geq P_u$$

2. 설계인장강도 $\phi_t P_n$ 의 산정

인장재의 설계인장강도 $\phi_t P_n$ 는 다음과 같은 두 가지 한계상태에 관한 강도값 중 작은 값으로 결정된다.

(1) 총단면의 항복 한계상태

$$\phi_t P_n = \phi_t F_y A_g$$
$$\phi_t = 0.90$$

(2) 유효 순단면의 파단 한계상태

$$\phi_t P_n = \phi_t F_u A_e$$
$$\phi_t = 0.75$$

여기서, F_y : 항복강도(N/mm²)
F_u : 인장강도(N/mm²)
A_e : 유효 순단면(N/mm²)
A_g : 부재의 총단면적(N/mm²)
P_n : 공칭인장강도(N)

CHAPTER 04 출제예상문제

01 다음 설명 중 옳지 않은 것은?
① 트러스웨브재의 유효 좌굴길이는 절점 간 거리로 할 수 있다.
② 세장비란 압축재의 길이와 단면 2차반경의 비를 나타낸 것이다.
③ 모살용접의 유효길이는 전용접길이에서 모살치수의 2배를 뺀 값으로 한다.
④ 형강의 부재 설계 중 인장재는 형강의 전단면적을 사용하고 리벳이나 볼트면적을 제외하지 않는다.

[해설]
인장재의 설계에서는 접합에 수반되는 볼트 또는 리벳의 구멍은 하중을 지지하는 면적을 줄이고, 응력집중현상을 불러일으키므로 이러한 단면결손과 하중의 편심효과를 고려하여야 한다.

02 그림과 같은 인장재의 순단면적은?(다만, 사용 고력볼트는 M20이며 판두께는 6mm이다.)

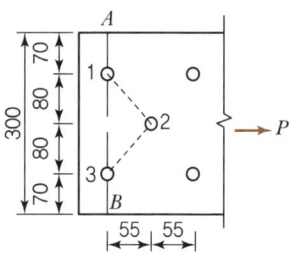

① 1,517mm²
② 1,536mm²
③ 1,636mm²
④ 1,800mm²

[해설]
- 파단선 A−1−3−B
  $A_n = (h-2d)t = (300-2\times 22)\times 6 = 1,536\text{mm}^2$
- 파단선 A−1−2−3−B
  $A_n = (h-3d+2\dfrac{s^2}{4g})t = (300-3\times 22+2\times \dfrac{55^2}{4\times 80})\times 6$
  $= 1,517\text{mm}^2$
  ∴ $A_n = 1,517\text{mm}^2$

03 그림과 같이 ㄱ형강의 한 변만이 접합에 사용된 인장재의 유효순단면적은?(다만, 고력볼트는 M20이며, L−100×100×7의 단면적은 1,362 mm²이다.)

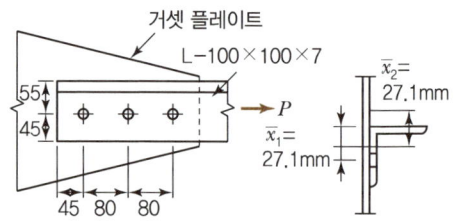

① 998mm²
② 1,136mm²
③ 1,208mm²
④ 1,284mm²

[해설]
- 순단면적
  $A_n = A_g - dt = 1,362 - 22\times 7 = 1,208\text{mm}^2$
- 접합부의 길이 $l = 160\text{mm}$
- $\overline{x_1} = 55 - 27.1 = 27.9\text{mm} \rightarrow$ 채택
- $\overline{x_2} = 27.1\text{mm}$
- 감소계수
  $U = 1 - \dfrac{\overline{x}}{l} = 1 - \dfrac{27.9}{160} = 0.826$
- $A_e = UA_n = 0.826 \times 1,208 = 998\text{mm}^2$

04 다음 중 인장재의 저항계수가 옳은 것은?
① 총단면 항복 0.75, 순단면 파단 0.75
② 총단면 항복 0.75, 순단면 파단 0.9
③ 총단면 항복 0.9, 순단면 파단 0.75
④ 총단면 항복 0.9, 순단면 파단 0.9

[해설]
총단면 항복과 같은 연성거동인 경우의 저항계수는 0.9를 사용하고, 순단면 파단과 같은 취성파단은 0.75의 저항계수를 사용한다.

정답 01 ④ 02 ① 03 ① 04 ③

Engineer Architecture

CHAPTER
05

압축재

01 부재의 좌굴
02 강재 단면의 분류
03 유효 좌굴길이와 세장비
04 압축재의 설계

CHAPTER 05 압축재

SECTION 01 부재의 좌굴

1. 압축재의 좌굴(Buckling)

① 단면이 작고 길이가 긴 세장한 압축재가 작용하는 압축력이 증가함에 따라 길이가 짧아지면서 갑자기 휘어지는 현상을 좌굴(Buckling)이라 하고, 이러한 변화를 일으키는 하중을 좌굴하중(Buckling Load)이라 한다.
② 좌굴현상은 압축재의 설계에서 가장 중요한 요소로서 이러한 좌굴현상은 부재의 내력을 감소시키므로, 다른 부재에 비하여 구조해석과 설계를 복잡하게 만든다.

2. 보의 횡좌굴(Lateral Buckling)

① 보에서 발생하는 좌굴현상으로, 보에 휨모멘트가 작용하면 단면 위쪽에는 압축력을 받게 되며, 압축 측의 플랜지는 강축 휨방향으로는 웨브에 구속되어 좌굴하지 않지만 약축 휨방향, 즉 보의 가로방향(횡방향)에 대해서 좌굴하는 현상을 횡좌굴이라 한다.
② 단면 아래쪽의 플랜지는 좌굴하지 않으므로 원위치에 머물려고 하게 되고, 따라서 보는 비틀림이 발생하게 되며 이러한 이유로 횡좌굴을 횡비틀림 좌굴이라고도 한다.
③ 이러한 횡좌굴을 방지하기 위해서는 압축플랜지가 가로방향으로 나오지 못하도록 보의 약축 방향으로 횡보강 가새를 써서 보강한다.

3. 판 요소의 국부좌굴(Local Buckling)

① 단일형강이나 조립재에 관계없이 거의 모든 압축재는 판요소로 이루어져 있으며, 이러한 판요소는 두께에 비하여 폭이 넓을 경우 부재 전체가 좌굴하기 전에 국부적으로 좌굴할 가능성을 내포하고 있다.
② 이와 같이 부재의 구성재의 일부가 먼저 좌굴하는 현상을 국부좌굴이라 한다.
③ 철골구조의 설계에서는 이러한 국부좌굴에 의한 부재내력 감소의 위험성을 배제하기 위하여 다음과 같은 방법을 쓰고 있다.
  ㉠ 대부분의 구조용 형강은 일정한 한도의 폭·두께비 이내에 있도록 제조하여 부재 전체가 좌굴하기 전에 국부좌굴이 발생하지 않도록 하고 있다.

핵심문제

철골조의 기술 중 옳지 않은 것은?
❶ 철골구조의 판폭 두께비는 인장력과 관계가 있다.
② 춤이 크고 폭이 작을수록 횡좌굴이 일어나기 쉽다.
③ 횡좌굴은 휨모멘트로 인한 압축응력과 관계가 있다.
④ 같은 단면이라도 사용방법에 따라 횡좌굴이 일어나기도 하고 일어나지 않기도 한다.

ⓒ 경량형강과 같은 부재에서 폭·두께비가 정해진 한도를 넘는 경우 그 부분의 단면을 무시하고 응력계산을 한다.

ⓒ 조립재에서 폭·두께비가 정해진 한도를 넘는 경우 국부좌굴에 대한 안전을 검토하고 스티프너(Stiffener) 등으로 보강한다.

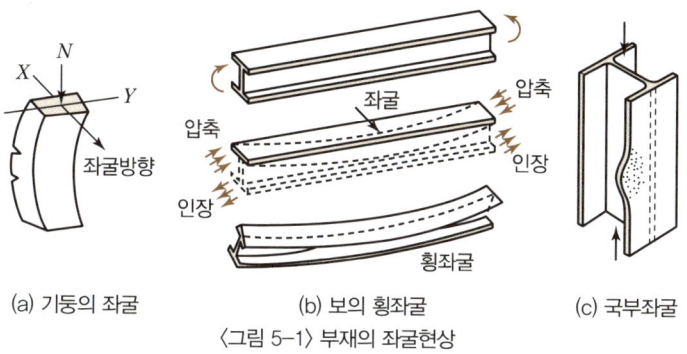

〈그림 5-1〉 부재의 좌굴현상

SECTION 02 강재 단면의 분류

1. 판요소의 폭 두께비

(1) 비구속 판요소의 판폭 두께비

① 압연 및 용접 H형강

$$\lambda = \frac{B/2}{t_f} = \frac{b}{t_f}$$

여기서, B : 플랜지의 폭(mm)
t_f : 플랜지의 두께(mm)

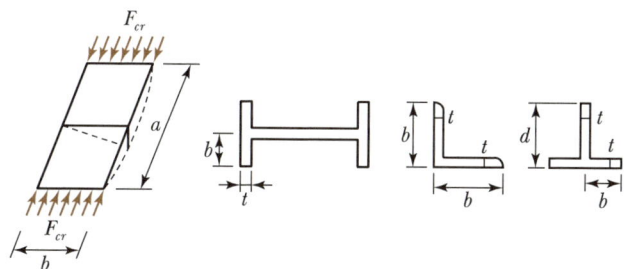

〈그림 5-2〉 비구속 판요소의 폭과 두께

(2) 구속 판요소의 판폭 두께비

① 압연 H형강

$$\lambda = \frac{H - 2(t_f + r)}{t_w} = \frac{h}{t_w}$$

② 용접 H형강

$$\lambda = \frac{H - 2t_f}{t_w} = \frac{h}{t_w}$$

여기서, H : 보의 전체 춤(mm)
t_w : 웨브의 두께(mm)
r : 웨브 필릿의 반지름(mm)

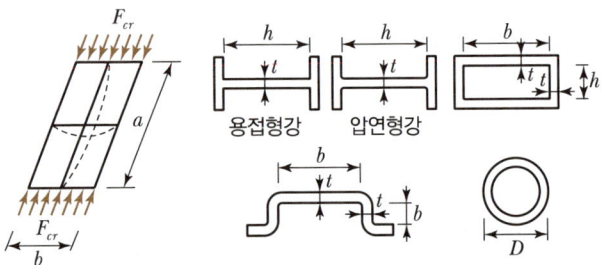

〈그림 5-3〉 구속 판요소의 폭과 두께

2. 강재 단면의 분류

① 압축재는 구성하는 판이 너무 얇아지면 부재좌굴 이외에 국부좌굴이 발생하여 부재의 압축내력을 저하시킨다.
② 따라서 압축재의 판폭 두께비에 따라 단면을 〈표 5-1〉과 같이 콤팩트 단면, 비콤팩트 단면, 세장판요소 단면으로 분류한다.

▼ 〈표 5-1〉 강재 단면의 분류

콤팩트 단면	단면의 플랜지들은 웨브에 연속적으로 연결되고, 그 단면의 압축요소의 판폭 두께비 λ 가 λ_p를 초과하지 않는 단면 ($\lambda \leq \lambda_p$)
비콤팩트 단면	한 개나 그 이상의 요소들의 판폭 두께비 λ 가 λ_p를 초과하고 λ_r을 초과하지 않는 단면($\lambda_p < \lambda \leq \lambda_r$)
세장판요소 단면	판폭 두께비 λ 가 λ_r 를 초과하는 단면($\lambda > \lambda_r$), 즉 국부좌굴이 발생하는 단면

주) λ_p : 콤팩트 단면의 한계판폭 두께비
λ_r : 비콤팩트 단면의 한계판폭 두께비

SECTION 03 유효 좌굴길이와 세장비

1. 지지조건에 따른 좌굴하중

① 양단 핀 $P_{cr} = \dfrac{\pi^2 EI}{(1.0l)^2}$

② 양단 고정 $P_{cr} = \dfrac{\pi^2 EI}{(0.5l)^2}$

③ 일단 핀, 타단 고정 $P_{cr} = \dfrac{\pi^2 EI}{(0.7l)^2}$

④ 일단 자유, 타단 고정 $P_{cr} = \dfrac{\pi^2 EI}{(2.0l)^2}$

2. 유효 좌굴길이

(1) 좌굴하중의 일반식

$$P_{cr} = \dfrac{\pi^2 EI}{(kl)^2}$$

(2) 유효 좌굴길이(kl)

① 상기 식에서 분모항의 kl을 유효 좌굴길이라 하며 k를 유효 좌굴길이 계수라 한다.
② 〈표 5-2〉에는 지지조건에 따른 유효 좌굴길이를 나타내고 있다.

▼ 〈표 5-2〉 지지조건에 따른 유효 좌굴길이

재단의 지지상태	양단 핀	양단 고정	1단 핀 타단 고정	1단 자유 타단 고정
좌굴형태				
유효 좌굴길이 (kl)	$1.0\,l$	$0.5\,l$	$0.7\,l$	$2.0\,l$
좌굴하중비	1	4	2	1/4

핵심문제 ●●○

그림과 같은 기둥에서 오일러(Euler) 좌굴하중(P_{cr})은 다음 중 어느 것인가?(단, P_{cr}의 단위는 kN, E는 탄성계수로 단위는 kN/cm²이다.)

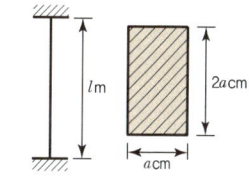

① $\dfrac{\pi^2 E\,a^4}{3l^2}$ ② $\dfrac{\pi^2 E\,a^4}{2l^2}$

❸ $\dfrac{2\pi^2 E\,a^4}{3l^2}$ ④ $\dfrac{\pi^2 E\,a^4}{l^2}$

(3) 탄성 좌굴응력

$$F_{cr} = \frac{P_{cr}}{A} = \frac{\pi^2 E}{(kl/r)^2}$$

여기서, kl/r : 세장비
kl : 압축재의 유효 좌굴길이(mm)
k : 유효 좌굴길이 계수
l : 부재길이(mm)
r : 압축재의 단면 2차반경(mm)
A : 단면적(mm^2)

(4) 세장비

$$세장비 = \frac{유효\ 좌굴길이}{단면\ 2차반경} = \frac{kl}{r}$$

SECTION 04 압축재의 설계

1. 기본방정식

$$\phi_c P_n \geq P_u$$

여기서, $\phi_c = 0.9$(압축저항계수)
P_n : 공칭압축강도
P_u : 소요압축강도

2. 휨좌굴에 대한 압축강도

① 휨좌굴은 콤팩트 및 비콤팩트 단면인 압축재에 적용된다.
② 공칭압축강도 P_n 은 휨좌굴에 대한 한계상태에 기초하여 다음과 같이 산정한다.

$$P_n = F_{cr} A_g$$

여기서, F_{cr} : 휨좌굴강도(N/mm^2)
A_g : 부재의 총단면적(mm^2)

3. 휨좌굴강도 F_{cr}의 산정

① $\dfrac{KL}{r} \leq 4.71\sqrt{\dfrac{E}{F_y}}$ 또는 $\dfrac{F_y}{F_e} \leq 2.25$: 비탄성 좌굴(단주)

$$F_{cr} = \left[0.658^{\frac{F_y}{F_e}}\right] F_y$$

② $\dfrac{KL}{r} > 4.71\sqrt{\dfrac{E}{F_y}}$ 또는 $\dfrac{F_y}{F_e} > 2.25$인 경우 : 탄성 좌굴(장주)

$$F_{cr} = 0.877\,F_e$$

여기서, K : 유효좌굴길이계수
　　　　L : 부재의 휨좌굴에 대한 비지지길이(mm)
　　　　r : 좌굴축에 대한 단면 2차반경(mm)
　　　　E : 강재의 탄성계수(N/mm²)
　　　　F_y : 강재의 항복강도(N/mm²)
　　　　$F_e = \dfrac{\pi^2 E}{(KL/r)^2}$ (탄성 좌굴강도)

CHAPTER 05 출제예상문제

01 철골기둥에서 세장한 기둥의 단면계산에 있어 세장비에 따라 그 내력이 달라지는 것은 다음 현상 중 어느 것에 기인하는가?

① 처짐현상　　② 전단현상
③ 진동현상　　④ 좌굴현상

> **해설**
> 단면이 작고 길이가 긴 세장한 압축재가 작용하는 압축력이 증가함에 따라 길이가 짧아지면서 갑자기 휘어지는 현상을 좌굴(Buckling)이라 하고, 이러한 변화를 일으키는 하중을 좌굴하중(Buckling Load)이라 한다.

02 철골조의 기술 중 옳지 않은 것은?

① 철골구조의 판폭 두께비는 인장력과 관계가 있다.
② 춤이 커고 폭이 작을수록 횡좌굴이 일어나기 쉽다.
③ 횡좌굴은 휨모멘트로 인한 압축응력과 관계가 있다.
④ 같은 단면이라도 사용방법에 따라 횡좌굴이 일어나기도 하고 일어나지 않기도 한다.

> **해설**
> 단일형강이나 조립재에 관계없이 거의 모든 압축재는 판요소로 이루어져 있으며, 이러한 판요소는 두께에 비하여 폭이 넓을 경우 부재 전체가 좌굴하기 전에 국부적으로 좌굴할 가능성을 내포하고 있다.

03 길이가 같은 기둥에서 양단의 지지상태에 따라 좌굴하중이 다르다. 다음 중 좌굴하중에 대하여 가장 불리한 경우는?

① 양단 고정 상태이다.
② 일단 고정, 타단 힌지 상태이다.
③ 양단 힌지 상태이다.
④ 일단 고정, 타단 자유 상태이다.

> **해설**
> 유효 좌굴길이가 가장 긴 1단 고정, 타단 자유의 경우가 좌굴하중이 가장 작으므로 좌굴에 가장 불리하다.

04 양단이 고정이고 높이가 3m인 H형강 기둥의 이론적인 좌굴길이는?

① 1.5m　　② 2.1m
③ 3.0m　　④ 6.0m

> **해설**
> 양단 고정인 경우 $kl = 0.5l$ 이므로, 1.5m

05 그림과 같은 기둥에서 오일러(Euler) 좌굴하중(P_{cr})은 다음 중 어느 것인가?(단, P_{cr}의 단위는 kN, E는 탄성계수로 단위는 kN/cm²이다.)

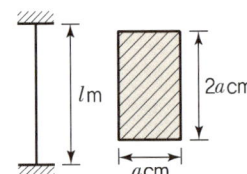

① $\dfrac{\pi^2 E a^4}{3l^2}$　　② $\dfrac{\pi^2 E a^4}{2l^2}$

③ $\dfrac{2\pi^2 E a^4}{3l^2}$　　④ $\dfrac{\pi^2 E a^4}{l^2}$

> **해설**
> 좌굴하중 $P_{cr} = \dfrac{\pi^2 EI}{(0.5l)^2}$ 에서,
>
> • $I_y = \dfrac{hb^3}{12} = \dfrac{2a \times (a)^3}{12} = \dfrac{a^4}{6}$
>
> • $(0.5l)^2 = 0.25l^2 = \dfrac{l^2}{4}$
>
> • $P_{cr} = \dfrac{\pi^2 E a^4 / 6}{l^2/4} = \dfrac{4\pi^2 E a^4}{6l^2} = \dfrac{2\pi^2 E a^4}{3l^2}$

정답 01 ④　02 ①　03 ④　04 ①　05 ③

06 그림과 같은 구조용 강재의 단면 2차반경이 10mm일 때 세장비는?

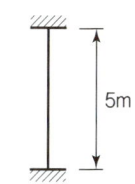

① 100
② 250
③ 350
④ 500

해설

세장비 $= \dfrac{kl}{r} = \dfrac{(0.5 \times 5,000)}{10} = 250$

07 강재의 단면 2차반경 및 세장비에 대한 설명으로 가장 부적당한 것은?

① 단면 2차반경이 클수록 세장비가 크다.
② 단면 2차모멘트가 같을 경우 단면적이 클수록 세장비가 크다.
③ 약축의 세장비가 더 크다.
④ 세장비가 작을수록 좌굴하중이 커진다.

해설

세장비 $= \dfrac{kl}{r}$ 이므로 단면 2차반경이 클수록 세장비는 작아진다.

08 국부좌굴의 발생가능성이 가장 작은 철골부재는 어느 것인가?

① 기둥 부재
② 보 부재
③ 조립 압축재
④ 인장재

해설

좌굴은 인장재와는 무관하다.

09 철골구조의 좌굴에 관한 설명 중 틀린 것은?

① 철골부재의 좌굴에는 세장비에 따라 탄성좌굴과 비탄성좌굴로 나누어진다.
② 임계세장비는 오일러의 좌굴응력도 곡선에서 F_y에 대응하는 세장비를 말한다.
③ 압축재의 판폭 두께비가 클수록 국부좌굴에 대하여 안전하다.
④ 압축재의 임계강도는 세장비가 큰 경우에 대하여 산정한다.

해설

압축재의 판폭 두께비가 클수록 국부좌굴이 발생하기 쉽다.

10 철골 압축재에 관한 기술로 틀린 것은?

① 단면 2차반경이 작을수록 유리하다.
② 단면 2차모멘트 값이 클수록 유리하다.
③ 세장비 값이 작을수록 유리하다.
④ 단순지지 보다 고정지지가 유리하다.

해설

세장비 $= kl/r$ 이므로 단면 2차반경이 작을수록 세장비는 커지며, 좌굴에 대하여 불리하다.

11 철골 트러스보의 설계에 대한 설명으로 부적절한 것은?

① 트러스에서 현재의 구면 내 좌굴길이는 절점 간 거리로 한다.
② 트러스에서 현재의 구면 외 좌굴길이는 횡방향으로 보강된 지점 간 거리로 한다.
③ 트러스에서 웨브재의 구면 내 좌굴길이는 재단이 강접일 때는 절점 간 거리로 한다.
④ 트러스에서 웨브재의 구면 외 좌굴길이는 절점 간 거리로 한다.

> **해설**

트러스의 현재의 좌굴은 보통 구면 내 좌굴과 구면 외 좌굴로 생각할 수 있다.
- 구면 내 좌굴은 현재의 좌굴이 트러스를 이루는 평면 내에서 발생하는 것이다.
- 구면 외 좌굴은 트러스 지점의 보강재와 같이 트러스를 이루는 평면을 벗어나게 좌굴이 발생하는 것이다.
- 웨브재의 구면 내 좌굴길이는 절점 간 거리를 좌굴길이로 한다. 다만, 재단 지지상태가 특히 강하게 되었을 때는 양단접합 리벳군 또는 용접부의 중심 간 거리를 좌굴길이로 한다.

12 철골 트러스에 관한 다음 설명 중 가장 부적당한 것은?

① 부재에 편심하중이 작용하지 않도록 하는 것이 좋다.
② 압축력을 받는 부재는 짧은 것이 좋다.
③ 절점은 핀으로 가정하고 2차 응력은 무시하는 것이 일반적이다.
④ 부재의 좌굴만 고려하면 트러스 지점 사이의 면 외 좌굴은 고려하지 않아도 좋다.

13 철골 구조물에서 기둥의 이음은 존재응력이 작은 곳에 설치하는 것이 일반적이다. 그러나 공사장에서 이음되는 경우에는 부재의 제작, 운반 및 시공의 경제성을 고려하여 결정되는데, 다음 중 어느 위치가 가장 일반적인가?

① 바닥판 직상부
② 바닥판 1m 상부
③ 기둥높이의 중간
④ 바닥판 1m 하부

정답 12 ④ 13 ②

Engineer Architecture

CHAPTER

06

보의 설계

01 보의 종류와 구조
02 보의 응력
03 보의 설계

CHAPTER 06 보의 설계

SECTION 01 보의 종류와 구조

1. 형강보
① H형강, ㄱ형강(Angle), ㄷ형강(Channel), I형강(I-Beam) 등이 단일재 혹은 2개를 합쳐서 쓰는 보를 형강보라 한다.
② 기둥의 H형강을 사용한 구조체는 보통 H형강 단일재를 사용한 보를 사용한 경우가 일반 사무소 건축에 많이 쓰이고 있다.

2. 플레이트 거더(Plate Girder)

(1) 개요
① 플레이트 거더는 강판으로 조립한 H형강으로서 휨모멘트와 전단력이 커서 압연형강으로 내력 및 처짐을 만족시키기 힘들 때 사용한다.
② 플레이트 거더는 웨브 스티프너가 존재하거나 2축 또는 1축대칭 H형 단면의 보로서 웨브의 판폭 두께비(h/t_w)가 $5.70\sqrt{E/F_{yf}}$ 보다 큰 경우에 적용한다.
③ 플랜지와 웨브의 접합은 볼트 접합 또는 용접 접합이 쓰인다.

(2) 플랜지 플레이트(Flange Plate)
① 플랜지 플레이트는 주로 휨모멘트에 저항하며 덧판(Cover Plate)으로 보강한다.
② 덧판의 겹침수는 최고 4장까지로 하고 Cover Plate의 전단면적은 Flange 단면적의 70% 이하로 한다.
③ 부분적으로 덧판을 사용할 때는 계산상 필요한 위치에서 여장을 둔다.

(3) 웨브 플레이트(Web Plate)
① 웨브 플레이트는 주로 전단력에 저항하고, 스티프너로 보강한다.
② 웨브 플레이트가 좌굴하는 것을 방지하고, 때에 따라서 집중하중을 전달시키기도 하고, 전단 보강을 돕기 위하여 스티프너(Stiffener)를 사용한다.
③ 스티프너는 보의 춤이 웨브판 두께의 60배 이상일 때 설치하며 그 간격은 보 춤의 1.5배 이하로 하고, 보통 앵글을 쓰며 웨브판의 양면에 대칭적으로 설치한다.

핵심문제 ●○○

플레이트 거더(Plate Girder)를 구성하는 기본원칙에 대한 설명 중 부적당한 것은?
① 플레이트 거더는 휨모멘트나 전단력이 매우 커서 압연형강 보를 사용할 수 없는 경우에 많이 이용된다.
② 플랜지(Flange)는 휨에 의한 인장 및 압축력을 부담한다.
③ 웨브 플레이트는 전단력을 부담하며, 전단면에 대해 전단응력이 균등히 분포되는 것으로 생각한다.
❹ 중간 스티프너는 플랜지 플레이트 및 웨브 플레이트의 좌굴을 방지하기 위해 설치한다.

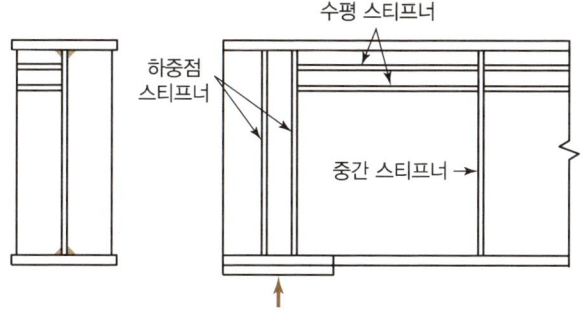

〈그림 6-1〉 플레이트 거더

(4) 스티프너(Stiffener)의 종류

1) 수직 스티프너

① **중간 스티프너(Intermediate Stiffener)** : 주로 웨브의 전단 좌굴내력을 높이기 위해 직각방향으로 보강한 스티프너로, 웨브의 지압파괴 방지에도 유효하다.

② **하중점 스티프너(Bearing Stiffener)** : 지점이나 보의 중간에 집중하중이 작용하는 점에 사용하는 스티프너를 하중점 스티프너라 하며, 위·아래 플랜지와 웨브에 밀착시킨다.

2) 수평 스티프너(Longitudinal Stiffener)

휨모멘트에 의한 재축방향의 압축력으로 인한 웨브 플랜지의 좌굴을 방지하기 위하여 재축방향으로 웨브 플레이트를 보강한 스티프너를 말한다.

3. 허니컴보(Honey Comb Beam)

① H형강의 웨브(Web)를 잘라서 웨브에 6각형 구멍이 여러 개 생기도록 다시 웨브를 용접하여 만든 보이다.

② 보의 춤이 높아지므로 단면 2차모멘트가 커져서 힘을 더 받을 수 있을 뿐 아니라, 설비덕트 등을 6각으로 새로 뚫린 구멍을 통하여 뽑을 수 있기 때문에 천장높이를 줄일 수 있는 장점이 있다.

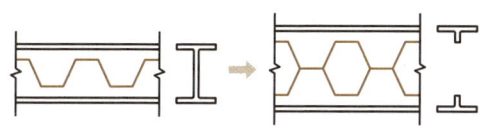

〈그림 6-2〉 허니컴보

핵심문제 ●●●

H형강보의 스티프너에 대한 설명 중 가장 적당하지 않은 것은?

❶ 스티프너는 플랜지의 국부좌굴 방지를 위해 설치한다.
② 스티프너의 종류는 하중점 스티프너, 중간 스티프너, 그리고 수평 스티프너가 있다.
③ 중간 스티프너는 플랜지에 밀착시킬 필요가 없다.
④ 수평 스티프너는 보 춤의 1/5 지점에 보강하는 것이 효과적이다.

> **핵심문제** ●●●
> 전단연결재(Shear Connector)는 어느 곳에 사용하는가?
> ① 스페이스 프레임
> ② 기둥과 보의 접합
> ③ 기둥과 기초의 접합
> ❹ 합성보

4. 합성보(Composite Beam)

(1) 개요
① 철골보와 콘크리트 바닥판을 일체화시켜 휨모멘트에 견딜 수 있게 한 바닥구조를 합성보라 한다.
② 이때 보와 콘크리트 바닥을 일체화시키는 방법으로는 각종 전단 연결재(Shear Connector)가 사용된다.

(2) 특징
① 철골부재의 장점과 콘크리트 구조의 장점을 합성시킴으로써 강재를 15~30%까지 절약할 수 있다.
② 부재의 휨강성이 커진다.
③ 바닥 강판(Deck Plate)을 사용하였을 때 재료의 이용도와 시공성을 높일 수 있다.
④ 단점으로는 전단연결재의 가격 및 이를 철골보에 용접하는 시공을 고려해야 하는 점과 바닥 강판을 구조재로 할 경우 내화피복을 해야 하는 점 등이다.

(3) 데크 플레이트(Deck Plate)를 사용한 바닥판
① 골함석 모양의 큰 홈을 가진 철판 바닥판을 데크 플레이트라 한다.
② 철골구조체 고층건물에서 철골보 위에 데크 플레이트를 깔고 콘크리트를 하면 바닥 콘크리트 공사용 형틀(거푸집)이 필요없을 뿐 아니라 공사를 신속, 용이하게 할 수 있고 바닥 수평면 강성을 높일 수 있는 장점이 있다.

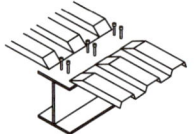 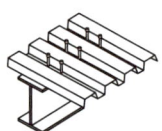 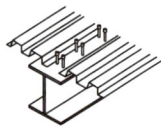

(a) 데크 플레이트가 절단 (b) 강재보와 리브가 직각 (c) 강재보와 리브가 평행
〈그림 6-3〉 데크 플레이트를 사용한 바닥판

5. 커버 플레이트 보(Cover Plate Beam)
① 표준규격의 H형강과 같은 압연형강의 플랜지에 강판을 용접하거나 볼트로 접합하여 만들며 시공성과 가공성이 비교적 우수하고, 보의 유효춤이 제한되는 설계조건에서도 유용하게 사용할 수 있다.
② 휨강도에 비해 보의 춤이 낮아 처짐 등을 충분히 검토하고 사용해야 한다.

6. 하이브리드 보(Hybrid Beam)

용접 H형강의 경우 경제성을 증가시킬 목적으로 플랜지에는 고강도의 강재를 사용하고 웨브에는 저강도의 강재를 용접하여 만든 보이다.

7. 기타 조립식 보

(1) 트러스(Truss) 보

① 지붕 트러스 모양으로 앵글 또는 채널을 사용하여 조립한 보로서 용접을 하든가 또는 거셋 플레이트를 사용하여 고력볼트 등으로 조립한 보이다.
② 스팬(Span)이 15m를 넘거나 보의 춤이 1m 이상 되는 보와 같이 휨모멘트가 크게 일어나는 큰 스팬의 구조물에 쓰인다.

(2) 래티스 보(Lattice Girder)

① 트러스 모양으로 만든 보로서 지붕트러스 사이에 건너서 대는 보조보(Sub Truss) 등 힘을 많이 받지 않는 간단한 곳에 쓰인다.
② 트러스와 엄밀히 구별하기 곤란하나 거셋 플레이트를 쓰는 대신 웨브판으로 평강을 사용하여 상·하 플랜지와 조립한 보이다.
③ 전단력이 약하므로 경미한 철골조나 철골 철근콘크리트조에 피복하여 쓰인다.
④ 단 래티스의 각도는 30°, 복 래티스의 각도는 45° 정도로 한다.

(3) 띠판보(격자보 : Open Web Girder)

① 래티스 보의 일종이며 사다리 모양으로 생긴 보로서 웨브재를 상·하 플랜지에 90°로 조립한 보이다.
② 순수한 철골보로는 전단력이 약하므로 철골 철근콘크리트조에 피복하여 쓰인다.
③ 띠판의 간격은 그 사이를 보의 춤보다 작게 배치한다.

SECTION 02 보의 응력

1. 휨응력

(1) 항복 모멘트(M_y)

보 단면의 최외측 섬유(Extreme Fiber)가 강재의 항복강도에 도달할 때 단면에서 발현되는 휨강도를 항복모멘트(Yield Moment) M_y라 한다.

$$M_y = F_y S$$

여기서, F_y : 강재의 항복강도(N/mm²)
S : 보 단면의 탄성단면계수(mm³)

(2) 소성 모멘트(M_p)

보 단면의 모든 섬유가 항복상태에 도달할 때 단면에서 발현되는 휨강도를 소성 모멘트(Plastic Moment) M_p라 한다.

$$M_p = F_y Z$$

여기서, Z : 보 단면의 소성단면계수(mm³)

(3) 형상비(Shape Factor)

$$형상비 = \frac{소성단면계수}{탄성단면계수} = \frac{Z}{S}$$

① 직사각형 단면 : 1.5
② H형 단면 : 1.10~1.18이며, 평균 1.12

2. 전단응력

(1) 전단응력의 일반식

보가 전단력 V를 받는 경우, 보의 임의 단면에 생기는 전단응력도는 보이론으로부터 다음과 같이 계산되며, 최대 전단응력도는 웨브의 중앙에서 발생한다.

$$f_v = \frac{V \cdot S}{I \cdot b}$$

여기서, S : 전단응력을 측정하는 위치에서 바깥부분 단면의 중립축에 대한 단면 1차모멘트
I : 중립축에 대한 전단면의 단면 2차모멘트
b : 전단응력을 측정하는 지점의 웨브의 두께 또는 단면 폭

(2) 최대 전단응력

$$f_{v\max} = k \frac{V}{A}$$

여기서, k : 형상비(직사각형=1.5, 원형=1.33, H형강=1.10~1.18)

(3) 실용식

H형강이나 I형강과 같은 보의 최대 전단응력도는 실용적으로는 다음 식과 같이 약산할 수 있다.

핵심문제

H형강 400×200×8×13 단면에 웨브(Web) 방향으로 80kN의 전단력이 작용할 때 단면 내에 생기는 최대 전단응력의 값에 가장 가까운 것은?

❶ 25N/mm²
② 35N/mm²
③ 45N/mm²
④ 55N/mm²

$$f_v = \frac{V}{d \cdot t_w}$$

여기서, V : 전단력(N)
d : 보의 전체 춤
t_w : 웨브의 두께

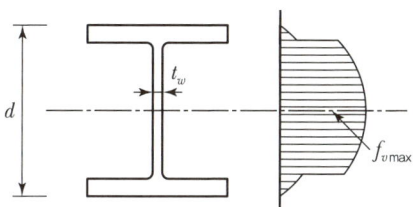

〈그림 6-4〉 H형 단면의 전단응력 분포

SECTION 03 보의 설계

1. 휨에 대한 설계

(1) 기본 설계식

$$\phi_b M_n \geq M_u$$

여기서, ϕ_b : 휨 저항계수(=0.9)
M_n : 공칭 휨강도

(2) 공칭 휨강도

1) 소성해석에 의한 경우

① 보의 공칭 휨강도는 소성모멘트로 한다.
② 단면의 플랜지와 웨브의 판폭 두께비 λ 는 콤팩트 단면의 조건을 만족하도록 소성한계 판폭 두께비 λ_p 이하이어야 한다.
③ 보의 약축에 대한 비지지길이 L_b는 소성설계 한계 비지지길이 L_{pd} 이하이어야 한다.

$$M_n = M_p$$

2) 탄성해석에 의한 경우

① 구조물을 탄성해석하는 경우 보의 공칭휨강도는 횡좌굴과 국부좌굴을 구분하여 각각 산정한 후 가장 작은 휨강도를 공칭 휨강도로 한다.

② 횡좌굴강도는 소성강도, 비탄성 횡좌굴강도 그리고 탄성 횡좌굴강도로 구분하여 산정한다.
③ 국부좌굴강도는 콤팩트 단면, 비콤팩트 단면 그리고 세장판요소 단면으로 구분하여 산정한다.

2. 전단에 대한 설계

(1) 기본 설계식

$$\phi_v V_n \geq V_u$$

여기서, ϕ_v : 전단 저항계수
V_n : 공칭 전단강도

(2) 공칭 전단강도

웨브의 판폭 두께비 h/t_w에 따라 각각 산정한다.

출제예상문제

01 철골 H형보의 휨내력이 부족할 경우 가장 적절한 보강방법은 다음 중 어느 것인가?

① 보 웨브에 스티프너를 보강한다.
② 보 플랜지에 커버 플레이트를 보강한다.
③ 보 웨브에 거셋 플레이트를 보강한다.
④ 보 플랜지에 시어 커넥터를 설치한다.

해설

H형보에서 플랜지는 휨모멘트에, 웨브는 전단력에 저항한다. 따라서, 휨모멘트에 대한 보강으로 플랜지에 커버 플레이트를 설치한다.

02 플레이트 거더(Plate Girder)에 관한 기술 중 옳지 않은 것은?

① 커버 플레이트 수는 4장 이하로 하고 커버 플레이트의 전단면적은 플랜지 전단면적의 70% 이하로 한다.
② 커버 플레이트는 계산상 길이보다 여장(餘長)을 갖도록 설계한다.
③ 커버 플레이트의 길이는 보의 휨모멘트에 의해 결정된다.
④ 플랜지와 웨브와의 접합리벳은 휨모멘트에 의해 결정된다.

해설

플랜지와 웨브 또는 플랜지를 구성하는 재 상호 간의 접합부는 보에 작용하는 전단력에 견디도록 산정한다.

03 플레이트 거더(Plate Girder)를 구성하는 기본원칙에 대한 설명 중 부적당한 것은?

① 플레이트 거더는 휨모멘트나 전단력이 매우 커서 압연 형강보를 사용할 수 없는 경우에 많이 이용된다.
② 플랜지(Flange)는 휨에 의한 인장 및 압축력을 부담한다.
③ 웨브 플레이트는 전단력을 부담하며, 전단면에 대해 전단응력이 균등히 분포되는 것으로 생각한다.
④ 중간 스티프너는 플랜지 플레이트 및 웨브 플레이트의 좌굴을 방지하기 위해 설치한다.

해설

웨브 플레이트가 좌굴하는 것을 방지하고, 때에 따라서 집중하중을 전달시키기도 하고, 전단보강을 돕기 위하여 스티프너(Stiffener)를 사용한다.

04 철골구조에 관한 기술 중 틀린 것은?

① 판보(Plate Girder)에서 웨브 플레이트의 좌굴을 방지하기 위하여 스티프너(Stiffener)를 댄다.
② 판보의 커버 플레이트(Cover Plate)는 플랜지 단면을 크게 하여 주며 전단력에 대한 저항을 높여준다.
③ 트러스(Truss)의 설계에 있어서 중도리는 절점 위에 두는 것이 가장 좋다.
④ 트러스 접합에 쓰이는 거셋 플레이트(Gusset Plate)의 두께는 보통 9mm 정도이다.

해설

플랜지 앵글은 주로 휨모멘트에 저항하며 덧판(Cover Plate)으로 보강한다.

05 플레이트 거더에 작용하는 휨모멘트와 축력에 대한 압축 좌굴내성을 증가시키기 위하여 웨브에 설치하는 것은?

① 수평 스티프너   ② 중간 스티프너
③ 하중점 스티프너 ④ 보강 리브

해설

㉠ 수직 스티프너(Transverse Stiffener) : 보 전체를 통하여 재축에 직각방향으로 보강한 스티프너를 수직 스티프너라 하며, 주로 웨브의 전단 좌굴내력을 높이는 효과가 있으며, 웨브의 지압파괴 방지에도 유효하다.

정답 01 ② 02 ④ 03 ④ 04 ② 05 ①

- 중간 스티프너(Intermediate Stiffener) : 보의 중간에 사용하는 스티프너를 중간 스티프너라 한다.
- 하중점 스티프너(Bearing Stiffener) : 지점이나 보의 중간에 집중하중이 작용하는 점에 사용하는 스티프너를 특별히 하중점 스티프너라 하며, 위·아래 플랜지와 웨브에 밀착시킨다.

ⓒ 수평 스티프너(Longitudinal Stiffener) : 좌굴의 관점에서 힘을 받는 웨브판의 좌굴에 가장 유효한 보강방법으로 재축방향으로 웨브 플레이트를 보강한 스티프너를 수평 스티프너라 하며, 주로 재축방향의 압축력에 의한 좌굴내력을 높이는 효과가 있다.

06 H형강보의 스티프너에 대한 설명 중 가장 적당하지 않은 것은?

① 스티프너는 플랜지의 국부좌굴 방지를 위해 설치한다.
② 스티프너의 종류는 하중점 스티프너, 중간 스티프너, 그리고 수평 스티프너가 있다.
③ 중간 스티프너는 플랜지에 밀착시킬 필요가 없다.
④ 수평 스티프너는 보 춤의 1/5 지점에 보강하는 것이 효과적이다.

07 H형 단면을 가진 철골보에 관한 설명으로 부적합한 것은?

① 커버 플레이트를 사용하면 플랜지의 휨응력을 저감시킬 뿐 아니라 처짐을 줄이는 효과도 있다.
② 웨브의 국부좌굴은 부재축에 직각방향의 스티프너를 사용하여 방지할 수 있다.
③ 보의 횡좌굴을 방지하기 위하여 플랜지에 스티프너를 사용하면 효과적이다.
④ 폭 두께비를 줄이는 것은 국부좌굴 방지에 매우 효과적이다.

> **해설**
> 횡좌굴을 방지하기 위해서는 압축플랜지가 가로방향으로 나오지 못하도록 보의 약축방향으로 횡보강 가새를 써서 보강한다.

08 H형강 철골보에 관한 설명으로 부적합한 것은 다음 중 어느 것인가?

① 처짐은 플랜지에 커버 플레이트로 보강한다.
② 횡좌굴이 문제가 되면 플랜지 폭을 크게 한다.
③ 처짐이나 휨모멘트가 크면 플랜지의 두께보다는 웨브두께를 보강한다.
④ 휨모멘트가 큰 보는 커버 플레이트로 보강한다.

09 철골보의 처짐을 적게 하는 데 다음 기술 중 가장 적절한 것은?

① 고강도강(鋼)을 쓴다.
② 웨브(Web) 단면적을 크게 한다.
③ 하부 플랜지(Flange)를 상부 플랜지보다 크게 한다.
④ 단면 2차모멘트 값을 크게 한다.

> **해설**
> $\delta = \alpha \dfrac{wl^4}{EI}$ 에서, 단면 2차모멘트 I와 영계수 E가 클수록 처짐은 감소한다.

10 철골보의 처짐에 관한 설명 중 맞는 것은 어느 것인가?

① 철골보는 처짐이 작게 생기는 것이 장점이다.
② 단면 2차모멘트 값이 크면 처짐이 줄어든다.
③ 단면적이 큰 보는 반드시 처짐이 줄어든다.
④ 보의 단부지지 상태는 처짐과 무관하다.

11 H-300×150×6.5×9의 보에 75kN·m의 휨모멘트가 작용할 때 보에 생기는 최대 휨응력도는 다음 중 어느 것인가?(보의 단면적은 4,678mm², 강축에 대한 단면 2차모멘트는 72,100,000mm⁴이다.)

① 146N/mm² ② 156N/mm²
③ 166N/mm² ④ 186N/mm²

정답 06 ③ 07 ③ 08 ③ 09 ④ 10 ② 11 ②

해설

$$\sigma_{max} = \frac{M}{Z}$$
$$= \frac{75 \times 10^6}{480,667} = 156 \text{N/mm}^2$$

여기서, 단면계수 Z는 다음과 같다.

$$Z = \frac{I}{h/2}$$
$$= \frac{72,100,000}{150} = 480,667 \text{mm}^3$$

12 H형강 400×200×8×13 단면에 웨브(Web) 방향으로 80kN의 전단력이 작용할 때 단면 내에 생기는 최대 전단응력의 값에 가장 가까운 것은?

① 25N/mm² ② 35N/mm²
③ 45N/mm² ④ 55N/mm²

해설

보의 전단응력은 실용식으로 다음과 같이 구한다.
$$f_v = \frac{V}{d \cdot t_w} = \frac{80 \times 10^3}{400 \times 8} = 25 \text{N/mm}^2$$

13 하중의 합력이 단면의 어느 특정한 지점을 지날 때는 부재에 비틀림이 발생하지 않는다. 이 점을 무엇이라고 하는가?

① 질량중심 ② 강성중심
③ 도심   ④ 전단중심

14 휨과 비틀림을 동시에 받는 부재 단면으로서 가장 효율적인 것은?

① H형강
② ㄷ형강
③ ㄱ형강
④ 원형(파이프)강관

15 철골조 단순보의 횡좌굴을 방지하기 위한 조치로서 가장 비효율적인 것은?

① 상부 플랜지를 슬래브에 긴결한다.
② Box형 단면을 사용한다.
③ 스팬 중앙부에 교차보를 설치한다.
④ 하부 플랜지를 덮개판으로 보강한다.

해설

하부 플랜지는 인장력을 받으므로 좌굴과는 무관하다.

16 철골구조에 대한 기술로서 가장 부적당한 것은 다음 중 어느 것인가?

① 용접조립 형강에 대해서는 폭 두께비 제한의 검토를 생략할 수 있다.
② 하중점의 스티프너 또는 지점의 스티프너는 상하 플랜지에 밀착시켜야 한다.
③ 커버 플레이트는 플랜지의 단면을 크게 하여 휨모멘트 저항능력을 높여준다.
④ 철골 부재에서는 기둥의 좌굴과 보의 횡좌굴 발생을 방지하여 내력을 향상시킬 수 있다.

17 철골보의 횡좌굴에 대한 설명 중 부적당한 것은?

① H형강이나 ㄷ형강이 약축에 대하여 휨모멘트를 받는 경우에 횡좌굴이 발생한다.
② 상자형 단면은 비틀림 강성이 매우 크므로 횡좌굴의 염려가 적다.
③ 횡좌굴 모멘트는 순수비틀림모멘트와 뒤틀림모멘트의 합으로 표현된다.
④ 횡좌굴을 방지하기 위해서는 보의 비지지 길이를 짧게 하는 것이 좋다.

해설

횡좌굴은 강축에 대하여 휨모멘트를 받는 경우에 발생한다.

18 다음 그림은 단부에 집중하중이 작용하고 있는 캔틸레버보 부재의 단면을 나타내고 있다. 횡좌굴이 가장 크게 우려되는 부재는?

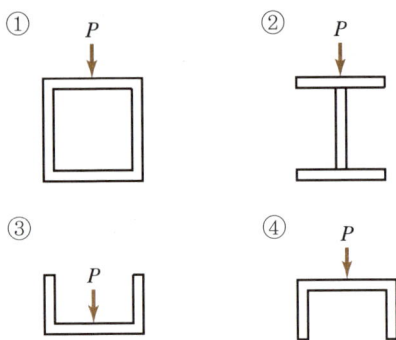

19 합성구조에 관한 설명으로 가장 부적당한 것은 다음 중 어느 것인가?

① H형강 합성보는 H형강과 콘크리트 슬래브를 일체화시킨다.
② 데크 플레이트(Deck Plate)는 구조재의 역할을 하기도 한다.
③ H형강 합성보는 순수 철골보에 비해 강재가 절약된다.
④ 데크 플레이트(Deck Plate)를 사용하면 시공성이 낮아진다.

20 전단 연결재(Shear Connector)는 어느 곳에 사용하는가?

① 스페이스 프레임
② 기둥과 보의 접합
③ 기둥과 기초의 접합
④ 합성보

Engineer Architecture

CHAPTER 07

기타 구조

01 접합부
02 용어해설 및 기타

CHAPTER 07 기타 구조

SECTION 01 접합부

1. 보-기둥 접합

(1) 단순접합(전단접합)
① 접합부가 보의 회전에 대한 저항력을 전혀 가지지 않는다.
② 기둥에는 전단력만 전달하고 휨모멘트를 전달하지 못한다.
③ 접합이 간단하므로 시공비와 재료비가 절약된다.
④ 수직하중에 의한 보가 부담하는 휨모멘트가 커서 보의 경제성이 줄어든다.
⑤ 수평하중에 의한 휨모멘트를 보가 분담하지 아니하여 골조의 강성을 줄이는 단점이 있다.

(2) 강접합(모멘트 접합)
① 완전한 휨모멘트 저항능력을 갖추고 있어 보의 모멘트를 기둥 또는 기둥의 모멘트를 보에 분배시킨다.
② 시공이 복잡하고 재료비용이 많이 든다.
③ 수평하중에 의한 휨모멘트를 보가 같이 부담하므로 고층골조에서 유리하다.
④ 수직하중 작용 시 보의 휨모멘트의 균형을 잡게 하므로 보의 단면을 줄일 수 있는 것이 장점이다.

(3) 반강접합
① 모멘트 저항능력이 20~90% 정도인 접합부를 말한다.
② 모멘트 저항능력이 전혀 없는 단순전단접합부와 완전모멘트 저항능력을 갖는 강접합부의 중간적인 거동특성을 나타낸다.

2. 보의 이음
이음 위치는 변곡점(모멘트가 0이 되는 위치) 근처에서 하는 것이 유리하다.

3. 기둥의 이음
① 제작, 운반, 시공 및 경제성을 고려하여 이음위치는 2~3층을 1단위로 하여 바닥판 위 1m 전후의 높이에 일정하게 설치하는 것이 일반적이다.

핵심문제 ●●○

철골구조에서 접합부에 관한 설명 중 부적당한 것은?
① 가공 및 조립이 용이하고 응력전달이 명쾌하게 파악될 수 있어야 한다.
② 급격한 응력변화가 예상되는 부위이므로 국부변형, 국부좌굴이 생기지 않아야 한다.
❸ 접합조건은 강접합, 반강접합, 핀접합으로 분류되며 휨모멘트 저항을 받지 않는 접합부는 강접합으로 구조설계한다.
④ 구조적인 면을 고려하여 보의 중앙부에서는 이음접합을 두지 않는 것이 좋다.

② 압축력을 받는 기둥의 접합부 단부 면을 절삭 가공하여 밀착이 되는 경우에는 밀착면으로 소요강도의 1/2이 전달된다고 가정하여 소요강도의 1/2을 소요강도로 가정하여 설계할 수 있다.(메탈 터치)

4. 주각

① 기둥의 축방향력, 전단력 휨모멘트를 기초에 안전하게 전달할 수 있도록 설계한다.
② 주각은 베이스 플레이트(Base Plate), 윙 플레이트(Wing Plate), 접합 앵글(Clip Angle), 사이드 앵글(Side Angle), 리브(Rib) 등으로 구성된다.
③ 기둥의 휨모멘트에 의한 인장력은 앵커볼트를 사용하여 기초 콘크리트에 전달시킨다. 앵커볼트는 지름 16~32mm의 것을 사용한다.
④ 경미한 철골구조에서는 주각을 핀으로 가정하고 설계할 수 있다.

핵심문제

다음의 철골조 주각 부분의 그림에서 A의 명칭은?

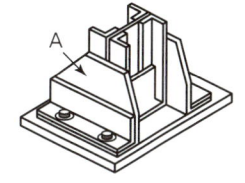

① Base Plate ② Side Angle
③ Anchor Plate ❹ Wing Plate

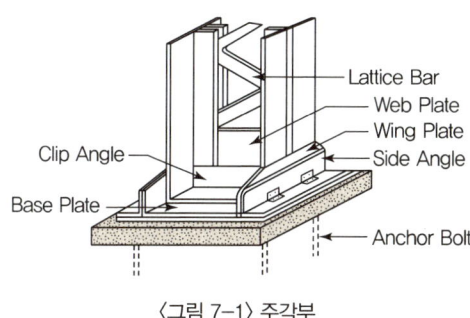

〈그림 7-1〉 주각부

SECTION 02 용어해설 및 기타

1. 전단중심
단면 내에 비틀림을 일으키지 않는 하중의 작용점

2. 엔드 탭(End Tap)
용접부의 개시, 종료점에 생기는 크레이터를 방지할 목적으로 용접단부에 대는 덧판

3. 타이로드(Tie-Rod)
중도리를 서로 연결시켜 처짐을 방지
※ Sag-Rod : 중도리 연결봉으로 처짐 방지

4. 거셋 플레이트(Gusset Plate)
트러스의 절점을 보강하는 6~12mm 보강 강판

5. 하이브리드 거더(Hybrid Girder)

보통 강도의 웨브에 고강도의 플랜지를 용접한 조립보

6. 비렌딜 거더(Vierendeel Girder)

상·하현재와 수직재만으로 강접하여 만든 보(사각형 형상)
① 경사재가 없음
② 일명 Vierendeel Truss

7. 데크 플레이트(Deck Plate)

합성보의 콘크리트 슬래브 아래에 거푸집으로 사용되는 골형의 가공을 한 강판

8. 시어 커넥터(Shear Connector)

철골플레이트 위에 철근콘크리트 바닥판을 일체화할 때 발생하는 전단력에 저항시키기 위하여 설치하는 접합구

9. 스터드 볼트(Stud Bolt)

합성보의 플랜지 상면에 수직으로 부착하여 콘크리트와 철골보의 합성 효과를 기대하는 볼트

10. 메탈 터치(Metal Touch)

기둥 접합면에 인장력 발생 우려가 없고 접합부 단면을 절삭, 다듬질 등에 의하여 밀착하는 경우 압축력 및 휨모멘트는 각각의 50%가 접촉면에서 직접 전달되도록 한 구조

11. 패널 존(Panel Zone)

① 강접합의 기둥 – 보 접합부에 기둥과 보로 둘러싸인 부분으로 패널존에 수평하중이 작용하는 경우는 상하 기둥의 단부와 좌우 보의 단부로부터 커다란 전단력과 휨모멘트가 작용하므로 패널존에 복잡한 응력분포가 나타난다.
② 패널존의 전단항복에 기인한 과대한 전단변형으로 골조 전체의 내력 및 변형에 나쁜 영향을 미칠 수 있으므로 패널존의 판두께에 대한 충분한 검토를 통하여 전단강도와 강성을 높일 필요가 있다.

12. 웨브 클립플링(Crippling)

플랜지에 작용하는 집중하중에 의해서 웨브가 면외로 좌굴하는 현상

CHAPTER 07 출제예상문제

01 철골구조에서 접합부에 관한 설명 중 부적당한 것은?

① 가공 및 조립이 용이하고 응력전달이 명쾌하게 파악될 수 있어야 한다.
② 급격한 응력변화가 예상되는 부위이므로 국부변형, 국부좌굴이 생기지 않아야 한다.
③ 접합조건은 강접합, 반강접합, 핀접합으로 분류되며 휨모멘트저항을 받지 않는 접합부는 강접합으로 구조설계 한다.
④ 구조적인 면을 고려하여 보의 중앙부에서는 이음 접합을 두지 않는 것이 좋다.

[해설]
강접합은 기둥과 보의 접합부에서 회전이 생기지 않도록 한 접합으로 완전한 휨모멘트 저항능력을 갖추고 있어 보의 모멘트를 기둥 또는 기둥의 모멘트를 보에 분배시키므로, 모멘트 접합이라고도 한다.

02 강구조 보-기둥 접합에서 휨모멘트는 전달되지 않고 전단력만 전달하는 접합형식으로 가장 적당한 것은?

① 완전 용접접합 ② 강접합
③ 모멘트 접합   ④ 전단접합

03 철골구조에 사용하는 명칭 중 주각과 기초의 접합부와 관계가 없는 것은?

① 윙 플레이트(Wing Plate)
② 사이드 앵글(Side Angle)
③ 클립 앵글(Clip Angle)
④ 톱 앵글(Top Angle)

[해설]
톱 앵글(Top Angle)은 보-기둥 접합부에 사용된다.

04 다음의 철골조 주각 부분의 그림에서 A의 명칭은?

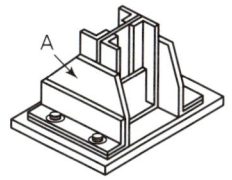

① Base Plate   ② Side Angle
③ Anchor Plate   ④ Wing Plate

05 고층건물의 구조계획에서 고려해야 할 사항으로 가장 관계가 적은 것은?

① 가로 처짐(Lateral Deflection)
② 전도(Overturning) 모멘트
③ 횡좌굴(Lateral Buckling) 모멘트
④ 기둥부재의 단면형상과 배치

06 강구조 초고층건물의 구조계획에서 가장 부적당한 것은 다음 중 어느 것인가?

① 가새 골조 형식은 구조적인 측면에서 일반적으로 효율적이다.
② 장기하중보다 지진, 바람과 같은 단기 하중에 의해서 구조설계가 좌우된다.
③ 건물 전체의 수평변위가 일정범위로 제한되어야 한다.
④ 가새 골조 형식은 평면계획적인 면에서 바람직하다.

[해설]
가새는 일반적으로 기둥-보의 절점을 대각선방향으로 연결하기 때문에 공간의 효율성을 떨어뜨리는 단점이 있다.

정답 01 ③ 02 ④ 03 ④ 04 ④ 05 ③ 06 ④

07 고층건물의 구조방식이 모멘트골조인 경우 횡하중에 의한 횡변위를 줄이기 위한 방법으로 가장 적당한 것은?

① 기둥의 단면적을 증가시킨다.
② 보의 단면적을 증가시킨다.
③ 기둥의 단면 2차모멘트를 증가시킨다.
④ 보의 단면 2차모멘트를 증가시킨다.

[해설]
모멘트 골조의 횡변위를 줄이기 위해서는 기둥의 단면 2차 모멘트를 증가시킨다.

08 고층건물의 구조형식 중에서 평면골조의 대각선 방향으로 부재를 설치하여 보에 전달되는 수평력을 부재의 축강성으로 지지하는 구조형식은 어느 것인가?

① 전단벽 구조형식
② 강접골조 구조형식
③ 가새골조 구조형식
④ 튜브 구조형식

09 철골구조의 가새에 관한 기술 중 옳지 않은 것은?

① 트러스의 절점 또는 기둥의 절점을 각각 대각선 방향으로 연결하여 구조체의 변형을 방지하는 부재이다.
② 풍하중, 지진력 등의 수평하중에 저항하고 인장응력만 발생한다.
③ 보통 단일형강재 또는 조립재를 쓰지만 응력이 작은 지붕가새는 봉강을 사용한다.
④ 수평가새는 지붕 트러스의 하현재면(평보면) 및 지붕면(경사면)에 설치한다.

[해설]
가새는 인장 또는 압축응력이 발생한다.

10 경량철골구조에 관한 다음 기술 중 부적당한 것은?

① 용접이 보통 철골조에 비해 어렵다.
② 공사비가 보통 철골조에 비하여 적게 든다.
③ 단일보로 경량형강을 사용할 경우에는 변형에 주의하여야 한다.
④ 집중응력에 대하여 강력한 힘을 발휘한다.

[해설]
경량철골 부재에 집중하중이 작용하는 경우, 단면이 얇아서 국부좌굴을 일으키기 쉽다.

11 경량 철골재에 관한 다음 설명 중 옳은 것은?

① 경량 철골재는 자중이 작으므로 적재하중이 큰 구조물에 적합하다.
② 경량 철골재는 열간성형으로 제작하므로 경제적이다.
③ 경량 철골재는 고강도 재료로 제작하므로 내구성이 좋다.
④ 경량철골조는 용접이 어렵고 도장 등 유지보수에 특별한 관심을 기울여야 한다.

[해설]
경량철골재는 두께 1.6~4.5mm 정도의 얇은 강판을 냉간 압연하여 제작한 부재로서, 판두께에 비하여 춤이 커 단면 2차모멘트가 크므로 휨내력은 유리하지만, 판두께가 얇으므로 국부좌굴이나 용접, 녹막이 등에 주의하여야 한다.

12 다음 설명 중 옳은 것은?

① 시어 커넥터는 슬래브 콘크리트 공사 중의 안전을 위한 가설용이다.
② 지상 30층 건물에서 30층 기둥 단면의 크기가 29층 기둥보다 작은 것은 당연하다.
③ 베이스 플레이트에서 앵커볼트의 개수는 기둥 축력이 클수록 많아진다.
④ 표준단면의 형강을 사용하는 경우 축압 축력만 작용하는 장주에서는 원형강관이 H형강보다 유리하다.

> **해설**
> - 시어 커넥터는 철골보와 콘크리트 슬래브를 연결하는 전단보강 연결재이다.
> - 시공상 동일한 크기가 될 수도 있다.
> - 베이스 플레이트에서 앵커볼트의 개수는 휨모멘트에 의해 결정된다.

13 스팬 100m 이상의 대공간을 만들기 위한 구조시스템 중 가장 적당하지 않은 것은 어느 것인가?

① 막 구조
② 셸 구조
③ 강접골조 구조
④ 스페이스 프레임구조

정답 13 ③

제4편
일반구조

Engineer Architecture

CHAPTER
01

총론

01 건축구조의 분류

CHAPTER 01 총론

SECTION 01 건축구조의 분류

1. 재료에 의한 분류

① 나무 구조
② 벽돌 구조
③ 돌 구조
④ 시멘트블록 구조
⑤ 철골 구조
⑥ 철근콘크리트 구조
⑦ 철골철근콘크리트 구조

2. 구성양식에 의한 분류

(1) 가구식

비교적 가늘고 긴 부재를 이음과 맞춤에 의해서 짜맞춘 구조를 말한다.
① **특징** : 부재 배치와 절점의 강성에 따라 강도가 좌우
② **종류** : 목구조, 철골구조

(2) 조적식

단일 개체를 접착제로 쌓아 올린 구조
① **특징** : 단일 개체 강도와 접착재 강도에 의해 전체강도가 좌우
② **종류** : 벽돌, 블록, 돌 구조

(3) 일체식

속칭 라멘(Rahmen) 구조로 불리며, 기둥과 보가 강절점으로 접합된 구조물을 말한다.
① **종류** : 철근콘크리트조, 철골철근콘크리트조

(4) 입체 트러스 구조

트러스를 3각형, 4각형, 6각형, 구형 등의 형태로 수평, 수직방향으로 절점을 접합하여 구조체를 일체화시켜 지지하며, 주로 지붕구조에 사용된다.

(5) 현수 구조
모든 하중을 인장력으로 전달하게 하여 휨과 좌굴로 인한 불안전성과 허용응력을 감소시켜 지붕 및 바닥 등을 인장력을 가한 케이블로 지지하는 구조

(6) 막 구조
텐트와 같은 구조 원리를 이용, 내면에 균일한 인장력을 분포시켜 얇은 막을 지지하여 지붕을 구성하는 넓은 실내 공간을 필요로 하는 체육관 건물 지붕에 주로 사용

(7) 곡면 구조
철근콘크리트 등의 얇은 판이 곡면을 이루어서 외력을 받게 되는 구조로서 셸(Shell)과 돔(Dome) 구조가 있다.

(8) 절판 구조
평면판을 접어서 휨모멘트에 저항하는 강성을 높여 능선에 직각인 길이 방향과 능성방향인 길이방향 보의 작용이 조합된 결합체를 구성시켜 외력에 저항할 수 있도록 일체화시킨 구조로 지붕구조에 이용된다.

3. 시공과정(공법)에 의한 분류

(1) 건식구조
현장에서 대부분 물을 사용하지 않는 구조
① 특징
  ㉠ 공사가 간단
  ㉡ 공기 단축
  ㉢ 대량생산 가능
  ㉣ 공사비 절감
② **종류** : 목구조, 철골구조

(2) 습식 구조
철근콘크리트와 같이 현장에서 많은 물을 사용하는 구조
① 특징
  ㉠ 자유로운 형태와 긴밀한 구조체를 얻을 수 있다.
  ㉡ 겨울 공사가 곤란하다.
  ㉢ 거푸집 비용이 많이 든다.

CHAPTER 02

설계하중

01 고정하중(Dead Loads)
02 활하중(Live Loads)
03 풍하중(Wind Loads)
04 지진하중(Earthquake Loads)

CHAPTER 02 설계하중

SECTION 01 고정하중(Dead Loads)

1. 기본 개념
건축물 및 공작물의 구조체 자체의 무게나 구조물의 존재 기간 중 지속적으로 작용하는 수직하중을 말한다.

2. 건축 재료의 단위체적당 중량

▼ 〈표 2-1〉 건축재료의 단위체적당 중량

건축재료	단위체적당 중량	건축재료	단위체적당 중량
Steel	78.5kN/m³	화강석	26~29kN/m³
철골·철근콘크리트	25.0kN/m³	화강석 물갈기	26.0kN/m³
철근콘크리트	24.0kN/m³	테라초	23.0kN/m³
무근콘크리트	23.0kN/m³	판유리	25.0kN/m³
모르타르	20.0kN/m³	석고보드	8.0kN/m²/cm
경량콘크리트	19.0kN/m³	소나무목재판	5.0~6.0kN/m³
경량기포콘크리트	6.5kN/m³	단열재	2.0kN/m³

SECTION 02 활하중(Live Loads)

1. 기본 등분포 활하중
건축구조물에 적용하는 기본 등분포 활하중의 용도별 최솟값은 〈표 2-2〉와 같다.

▼ 〈표 2-2〉 기본 등분포 활하중(단위 : kN/m²)

	용도		등분포 활하중
1	주택	주거용 건축물의 거실	2.0
		공동주택의 공용실	5.0
2	병원	병실	2.0
		수술실, 공용실, 실험실	3.0
		1층 외의 모든 층 복도	4.0

	용도		등분포 활하중
3	숙박시설	객실	2.0
		공용실	5.0
4	사무실	일반 사무실	2.5
		특수용도사무실	5.0
		문서보관실	5.0
		1층 외의 모든 층 복도	4.0
5	학교	교실	3.0
		일반 실험실	3.0
		중량물 실험실	5.0
		1층 외의 모든 층 복도	4.0
6	판매장	상점, 백화점(1층)	5.0
		상점, 백화점(2층 이상)	4.0
		창고형 매장	6.0
7	집회 및 유흥장	모든 층 복도	5.0
		무대	7.0
		식당	5.0
		주방	7.0
		극장 및 집회장(고정 좌석)	4.0
		집회장(이동 좌석)	5.0
		연회장, 무도장	5.0
8	체육시설	체육관 바닥, 옥외경기장	5.0
		스탠드(고정 좌석)	4.0
		스탠드(이동 좌석)	5.0
9	도서관	열람실	3.0
		서고	7.5
		1층 외의 모든 층 복도	4.0
10	주차장 및 옥외 차도[1]	총중량 30kN 이하의 차량(옥내)	3.0
		총중량 30kN 이하의 차량(옥외)	5.0
		총중량 30kN 초과 90kN 이하의 차량	6.0
		총중량 90kN 초과 180kN 이하의 차량	12.0
		옥외 차도와 차도 양측의 보도	12.0
11	창고	경량품 저장창고	6.0
		중량품 저장창고	12.0
12	공장	경공업 공장	6.0
		중공업 공장	12.0

	용도		등분포 활하중
13	지붕	점유·사용하지 않는 지붕(지붕활하중)	1.0
		산책로 용도	3.0
		정원 또는 집회 용도	5.0
		출입이 제한된 조경 구역	1.0
		헬리콥터 이착륙장	5.0
14	기계실	공조실, 전기실, 기계실 등	5.0
15	광장	옥외광장	12.0
16	발코니	출입 바닥 활하중의 1.5배 (최대 5.0kN/m²)	
17	로비 및 복도	로비, 1층 복도	5.0
		1층 외의 모든 층 복도(병원, 사무실, 학교, 집회 및 유흥장, 도서관은 별도 규정)	출입 바닥 활하중
18	계단	단독주택 또는 2세대 거주 주택	2.0
		기타의 계단	5.0

주 1) 총중량 90kN 초과 180kN 이하인 차량은 기준에서 규정하는 별도의 규정에 따를 수 있다. 총중량 180kN을 초과하는 중량차량의 활하중은 기준에서 규정하는 별도의 규정에 따라야 한다.

SECTION 03 풍하중(Wind Loads)

1. 설계용 풍하중

① 풍하중은 주골조설계용 풍하중, 지붕풍하중, 외장재설계용 풍하중으로 구분한다. 풍하중은 각각의 설계풍압에 유효수압면적을 곱하여 산정한다.
② 주골조설계용 수평풍하중은 풍방향풍하중, 풍직각방향풍하중, 비틀림풍하중으로 구분하여 산정한다.

2. 주골조설계용 수평풍하중

(1) 풍방향풍하중

주골조설계용 풍방향풍하중 W_D는 다음 식으로 산정한다.

$$W_D = p_F A$$

여기서, p_F : 주골조설계용 설계풍압(N/m²). 단, 500N/m²보다 작아서는 안 된다.
A : 지상높이 z에서 풍향에 수직한 면에 투영된 건축물의 유효수압면적(m²)

(2) 밀폐형 건축물

밀폐형 건축물의 주골조설계용 설계풍압 p_F는 다음 식으로 산정한다.

$$p_F = G_D q_H (C_{pe1} - C_{pe2})$$

단, 원형 평면을 가진 건축물의 경우에는 $C_{pe1} - C_{pe2}$ 대신에 C_D를 적용한다.

여기서, q_H : 기준높이 H에 대한 설계속도압(N/m²)
G_D : 풍방향 가스트영향계수
C_{pe1} : 풍상벽의 외압계수
C_{pe2} : 풍하벽의 외압계수
C_D : 풍력계수

3. 설계속도압

(1) 설계속도압

기준높이 H에서의 설계속도압 q_H는 다음 식으로 산정한다.

$$q_H = \frac{1}{2} \rho V_H^2$$

여기서, ρ : 공기밀도로서 균일하게 1.22kg/m³로 한다.
V_H : 설계풍속(m/s)

(2) 설계풍속

설계풍속 V_H는 다음 식으로 산정한다.

$$V_H = V_0 K_{zr} K_{zt} I_w$$

여기서, V_0 : 기본풍속(m/s)
K_{zr} : 풍속고도분포계수로 기준높이 H에서의 값
K_{zt} : 지형계수
I_w : 건축물의 중요도계수

(3) 기본풍속

기본풍속 V_0는 지표면 상태가 지표면조도 구분 C인 경우, 지상 10m 높이에서 10분간 평균풍속의 재현기간 100년에 대한 값이고, 건설지점이 위치한 지역에 따라 다르게 정한다.

▼ ⟨표 2-3⟩ 지역별 기본풍속 V_0(m/s)

지역		V_0 (m/sec)
서울특별시 인천광역시 경기도	옹진	30
	인천, 강화, 안산, 시흥, 평택	28
	서울, 김포, 구리, 수원, 군포, 오산, 화성, 의왕, 부천, 고양, 안양, 과천, 광명, 의정부, 동두천, 양주, 파주, 포천, 남양주, 가평, 하남, 성남, 광주, 양평, 용인	26
	안성, 연천, 여주, 이천	24
강원도	속초, 양양, 강릉, 고성	34
	동해, 삼척, 홍천, 정선, 인제	30
	양구	26
	철원, 화천, 춘천, 횡성, 원주, 평창, 영월, 태백	24
대전광역시 충청남북도	서산, 태안	34
	당진	32
	서천, 보령, 홍성, 청주, 청원	30
	예산, 세종, 대전, 공주, 부여	28
	아산, 계룡, 진천	26
	천안, 증평, 청양, 논산, 금산, 음성, 충주, 제천, 단양, 괴산, 보은, 영동, 옥천	24
부산광역시 대구광역시 울산광역시 경상남북도	울릉(독도)	40
	부산	38
	포항, 경주, 기장, 통영, 거제	36
	양산, 김해, 남해, 울산, 울주	34
	영덕, 고성	32
	울진, 창원, 사천, 영천	30
	청송, 대구, 경산, 청도, 밀양, 하동	28
	영양, 군위, 칠곡, 성주, 달성, 함안, 고령, 창녕, 진주	26
	봉화, 영주, 예천, 문경, 상주, 추풍령, 안동, 의성, 구미, 김천, 의령, 거창, 산청, 합천, 함양	24
광주광역시 전라남북도	완도, 해남	36
	진도, 여수, 고흥, 신안, 무안, 장흥	34
	목포, 부안, 영암, 강진	32
	영광, 함평, 나주	30
	익산, 김제, 순천, 고창, 광양	28
	광주, 보성, 완주, 전주, 장성	26
	무주, 진안, 장수, 임실, 정읍, 순창, 남원, 담양, 곡성, 구례	24
제주도	서귀포, 제주	44

(4) 지표면 조도 구분

지표면조도 구분은 지표면의 조도에 해당하는 장해물이 바람에 노출되는 정도를 표현하는 것으로 주변 지역의 지표면 상태에 따라 다음과 같이 정한다.

▼ 〈표 2-4〉 지표면 조도 구분

지표면 조도 구분	주변 지역의 지표면 상태
A	대도시 중심부에서 고층건축물(10층 이상)이 밀집해 있는 지역
B	• 수목·높이 3.5m 정도의 주택과 같은 건축물이 밀집해 있는 지역 • 중층건물(4~9층)이 산재해 있는 지역
C	• 높이 1.5~10m 정도의 장애물이 산재해 있는 지역 • 수목·저층건축물이 산재해 있는 지역
D	• 장애물이 거의 없고, 주변 장애물의 평균높이가 1.5m 이하인 지역 • 해안, 초원, 비행장

(5) 풍속고도분포계수

지표면의 고도에 따라 대기 경계층 시작높이 및 기준 경도풍 높이까지의 풍속의 증가분포를 지수 법칙에 따라 표현한 수직방향 분포계수로서 평탄한 지역에 대한 풍속고도분포계수 K_{zr}는 다음과 같이 정한다.

▼ 〈표 2-5〉 평탄한 지역에 대한 풍속고도분포계수(K_{zr})

지표면으로부터의 높이 Z(m)	지표면조도 구분			
	A	B	C	D
$Z \leq Z_b$	0.58	0.81	1.0	1.13
$Z_b < Z \leq Z_g$	$0.22Z^\alpha$	$0.45Z^\alpha$	$0.71Z^\alpha$	$0.98Z^\alpha$

주) Z_b : 대기경계층의 시작높이(m)
  Z_g : 기준경도풍높이(m)
  α : 풍속의 고도분포지수

▼ 〈표 2-6〉 대기경계층의 시작높이(Z_b), 기준경도풍높이(Z_g) 및 풍속의 고도분포지수(α)

지표면조도 구분	A	B	C	D
Z_b(m)	20m	15m	10m	5.0m
Z_g(m)	500m	400m	300m	250m
α	0.33	0.22	0.15	0.10

주) Z_b : 대기경계층의 시작높이(m)
  Z_g : 기준경도풍높이(m)
  α : 풍속의 고도분포지수

(6) 지형계수

산, 언덕 및 경사지의 정점에서 풍속이 증가하므로 이것을 고려하기 위한 계수이며 산, 언덕 및 경사지의 영향을 받지 않는 평탄한 지역에 대한 지형계수 K_{zt}는 1.0이다.

(7) 중요도계수

1) 건축물의 중요도

건축물의 중요도는 용도 및 규모에 따라 다음과 같이 분류된다.

▼ 〈표 2-7〉 중요도계수(I_w)

중요도	건축물의 용도 및 규모
특	• 연면적이 1,000m² 이상인 위험물저장 및 처리시설 • 연면적이 1,000m² 이상인 국가 또는 지방자치단체의 청사, 외국공관, 소방서, 발전소, 방송국, 전신전화국 • 종합병원, 수술시설이나 응급시설이 있는 병원 • 지진과 태풍 또는 다른 비상시의 긴급대피수용시설로 지정한 건축물
1	• 연면적이 1,000m² 미만인 위험물저장 및 처리시설 • 연면적이 1,000m² 미만인 국가 또는 지방자치단체의 청사, 외국공관, 소방서, 발전소, 방송국, 전신전화국 • 연면적이 5,000m² 이상인 공연장, 집회장, 관람장, 전시장, 운동시설, 판매시설, 운수시설(화물터미널과 집배송시설은 제외함) • 아동 관련 시설, 노인복지시설, 사회복지시설, 근로복지시설 • 5층 이상인 숙박시설, 오피스텔, 기숙사 및 아파트 • 학교 • 수술시설과 응급시설 모두 없는 병원, 기타 연면적 1,000m² 이상인 의료시설로서 중요도(특)에 해당되지 않는 건축물
2	• 중요도 (특), (1), (3)에 해당하지 않는 건축물
3	• 농업시설물, 소규모 창고 • 가설 구조물

2) 중요도계수

중요도계수 I_w는 건축물의 중요도 분류에 따라 다음과 같이 정한다.

▼ 〈표 2-8〉 중요도계수(I_w)

중요도 분류	초고층 건축물	특	1	2	3
중요도계수(I_w)	1.05	1.00	1.00	0.95	0.90

주) 초고층 건축물은 50층 이상인 건축물 또는 200m 이상인 건축물

(8) 풍방향 가스트영향계수

① 가스트영향계수란 바람의 난류로 인해 발생되는 구조물의 동적 거동 성분을 나타내는 것으로 평균변위에 대한 최대변위의 비를 통계적인 값으로 나타낸 계수이다.

② 강체구조물과 유연구조물로 구분하여 산정한다.
③ 강체구조물이란 건축물의 풍방향고유진동수가 1Hz를 초과하는 경우 또는 바람에 의한 동적 효과를 무시할 수 있는 구조물을 말한다.
④ 유연구조물이란 건축물의 풍방향고유진동수가 1Hz 이하인 경우 또는 바람에 의한 동적 효과를 무시할 수 없는 세장한 구조물을 말한다.

4. 특별풍하중

다음의 각 조건에 해당하는 경우에는 바람으로 인하여 건축구조물에 발생하는 특수한 영향들을 고려하기 위해 풍동실험에 따라 특별풍하중을 산정하여야 한다.

(1) 풍진동의 영향을 고려해야 할 건축물

형상비가 크고 유연한 건축물 가운데 다음의 ①, ② 조건에 해당하는 경우에는 풍동실험에 따라 풍방향진동 외에 풍직각방향진동 및 비틀림진동에 따른 동적 영향을 고려한 풍하중을 산정하여야 한다. 단, 일정조건을 만족하는 구조물의 경우에는 풍동실험에 따르지 않고 기준에서 정하는 산정식에 따라 풍직각방향풍하중과 비틀림풍하중을 산정할 수 있다.

① 원형 평면인 건축물

$$\frac{H}{d} \geq 7$$

여기서, d : 높이 $2H/3$에서의 건축물의 외경(m)

② 원형 평면이 아닌 건축물

$$\frac{H}{\sqrt{BD}} \geq 3 \text{ 또는 } \frac{H}{\sqrt{A_f}} \geq 3$$

여기서, H : 건축물의 기준높이(m)
B : 건축물의 대표폭(m)
D : 건축물의 깊이(m)
A_f : 건축물의 기준층 바닥면적(m^2)

(2) 특수한 지붕골조

장경간의 현수, 사장, 공기막 지붕 등 경량이며 강성이 낮아 공기력불안정진동 거동을 하는 지붕골조의 경우에는 풍동실험에 따라 풍하중을 산정하여야 한다.

(3) 골바람효과가 발생하는 건설지점

국지적인 지형 및 지물의 영향 또는 풍상 측의 장애물로 인하여 골바람 효과가 발생하는 곳에 건축물이 위치하는 경우에는 그 효과를 확인하여야 한다.

(4) 인접효과가 우려되는 건축물

신축건축물이 집단으로 건설될 경우 풍상 측 장애물의 와류방출영역에 건축물이 위치할 때에는 진동으로 인해 증가하는 풍하중의 효과를 검토하여야 한다.

(5) 비정형적 형상의 건축물

기준의 적용이 적합하지 않은 비정형적 형상을 가진 건축물의 경우에는 풍동실험에 따라 풍하중을 평가하여야 한다.

SECTION 04 지진하중(Earthquake Loads)

1. 내진설계의 기본 철학 및 개념

(1) 기본 철학
① 자주 발생하는 약한 지진에 대해서는 아무런 피해가 없도록 해야 한다.
② 가끔 발생하는 중간 정도의 지진에 대해서는 비구조 부재의 피해는 발생하더라도 구조 부재의 피해는 발생하지 않도록 한다.
③ 아주 드물게 발생하는 강한 지진에 대해서는 구조적인 피해가 발행하여 재사용이 불가능하게 되더라도 건물이 붕괴되지 않도록 한다.

(2) 구조계획 시 고려사항
① 형태가 단순한 건물
② 평면과 입면이 대칭인 건물
③ 인접한 층의 강성과 질량이 비슷한 건물
④ 지상 1층의 강성이 상부층보다 큰 건물

(3) 파괴 메커니즘(Mechanism)
① 기둥보다는 보가 먼저 파괴
② 접합부보다는 부재가 먼저 파괴
③ 취성파괴보다는 연성 파괴
④ 전단파괴보다는 휨 파괴

(4) 내진설계 시 고려사항
① 지진위험도
② 지반 특성
③ 구조물의 고유주기

④ 구조물의 중요성
⑤ 구조물의 연성
⑥ 정형, 비정형

2. 지진 위험도 결정

(1) 지진구역 및 지진구역계수

① 지진구역은 〈표 2-9〉와 같다.

▼ 〈표 2-9〉 지진구역

지진구역		행정구역
I	시	서울, 인천, 대전, 부산, 대구, 울산, 광주, 세종
I	도	경기, 충북, 충남, 경북, 경남, 전북, 전남, 강원 남부[1)
II	도	강원 북부[2), 제주

주 1) 강원 남부(군, 시) : 영월, 정선, 삼척, 강릉, 동해, 원주, 태백
주 2) 강원 북부(군, 시) : 홍천, 철원, 화천, 횡성, 평창, 양구, 인제, 고성, 양양, 춘천, 속초

② 지진구역계수 Z는 〈표 2-10〉과 같다.

▼ 〈표 2-10〉 지진구역계수(평균재현주기 500년에 해당)

지진구역	I	II
지진구역계수, Z	0.11	0.07

③ 평균재현주기별 위험도계수 I는 〈표 2-11〉과 같다.

▼ 〈표 2-11〉 위험도계수

평균재현주기(년)	50	100	200	500	1,000	2,400	4,800
위험도계수, I	0.40	0.57	0.73	1	1.4	2.0	2.6

④ 특정 부지에 대해 지진위험도(지진재해도)를 정밀하게 평가하고자 할 경우에는 행정안전부장관이 정한 국가지진위험지도를 내진설계에 활용할 수 있다.

3. 지반의 분류

① 국지적인 토질조건, 지질조건과 지표 및 지하 지형이 지반운동에 미치는 영향을 고려하기 위하여 지반을 〈표 2-12〉에서와 같이 S_1, S_2, S_3, S_4, S_5, S_6의 6종으로 분류한다. 다만, 기반암은 전단파속도가 760m/s 이상인 지층으로 정의한다.

▼ 〈표 2-12〉 지반의 분류

지반 종류	지반종류의 호칭	분류기준	
		기반암 깊이, H(m)	토층평균전단파속도, $V_{s,soil}$(m/s)
S_1	암반 지반	1 미만	-
S_2	얕고 단단한 지반	1~20 이하	260 이상
S_3	얕고 연약한 지반		260 미만
S_4	깊고 단단한 지반	20 초과	180 이상
S_5	깊고 연약한 지반		180 미만
S_6	부지 고유의 특성평가 및 지반응답해석이 필요한 지반		

② 토층의 평균전단파속도($V_{s,soil}$)는 탄성파시험 결과가 있을 경우 이를 우선적으로 적용한다. 이때, 탄성파시험은 시추조사를 바탕으로 가장 불리한 시추공에서 수행하는 것을 원칙으로 한다.

③ 기반암 깊이와 무관하게 토층평균전단파속도가 120m/s 이하인 지반은 S_5 지반으로 분류한다.

4. 설계스펙트럼 가속도

(1) 단주기와 1초 주기 설계스펙트럼가속도

① 단주기와 주기 1초의 설계스펙트럼가속도 S_{DS}, S_{D1}은 다음과 같이 산정한다.

$$S_{DS} = S \times 2.5 \times F_a \times \frac{2}{3}$$

$$S_{D1} = S \times F_v \times \frac{2}{3}$$

② 설계스펙트럼가속도 산정을 위한 유효지반가속도(S)는 지진구역계수(Z)에 〈표 2-11〉에 제시된 2400년 재현주기에 해당하는 위험도계수(I) 2.0을 곱한 값으로 하거나 국가지진위험지도로부터 구할 수 있다. 단, 국가지진위험지도를 이용하여 결정한 S는 지진구역계수에 위험도계수를 곱하여 구한 S값의 80%보다 작지 않아야 한다.

(2) 지반증폭계수

① 단주기 지반증폭계수 F_a와 1초 주기 지반증폭계수 F_v는 각각 〈표 2-13〉과 〈표 2-14〉에 따른다.

▼ 〈표 2-13〉 단주기 지반증폭계수(F_a)

지반종류	지진지역				
	$S \leq 0.1$	$S = 0.14$	$S = 0.2$	$S = 0.22$	$S = 0.3$
S_1	1.12	1.12	1.12	1.12	1.12
S_2	1.4	1.4	1.4	1.38	1.3
S_3	1.7	1.62	1.5	1.46	1.3
S_4	1.6	1.52	1.4	1.36	1.2
S_5	1.8	1.6	1.3	1.3	1.3

주) S는 유효지반가속도 값이다. 위 표에서 S의 중간 값에 대하여는 직선보간한다.

▼ 〈표 2-14〉 1초 주기 지반증폭계수(F_v)

지반종류	지진지역				
	$S \leq 0.1$	$S = 0.14$	$S = 0.2$	$S = 0.22$	$S = 0.3$
S_1	0.84	0.84	0.84	0.84	0.84
S_2	1.5	1.46	1.4	1.38	1.3
S_3	1.7	1.66	1.6	1.58	1.5
S_4	2.2	2.12	2.0	1.96	1.8
S_5	3.0	2.88	2.7	2.64	2.4

주) S는 유효지반가속도 값이다. 위 표에서 S의 중간 값에 대하여는 직선보간한다.

② 기반암의 깊이가 20m를 초과하고 지반의 평균 전단파속도가 360m/s 이상인 경우, 〈표 2-14〉에 규정된 F_v의 80%를 적용한다.

③ 지반분류가 S_5이고 기반암의 깊이가 불분명한 경우, 〈표 2-13〉과 〈표 2-14〉에 규정된 F_a와 F_v의 110%를 적용한다.

5. 기본진동주기의 약산법

근사 기본 진동주기(초)는 다음과 같이 구한다.

$$T_a = C_T h_n^{3/4}$$

여기서, $C_T = 0.085$: 철골 모멘트골조
  $= 0.073$: 철근콘크리트 모멘트골조, 철골 편심가새골조
  $= 0.049$: 그 외 다른 모든 건물
  $h_n =$ 건물의 밑면으로부터 최상층까지의 전체 높이(m)

다만, 철근콘크리트와 철골 모멘트저항 골조에서 12층을 넘지 않고 층의 최소높이가 3m 이상일 경우 근사 기본진동주기 T_a는 아래 식에 의하여 구할 수 있다.

$$T_a = 0.1N$$

여기서, N : 층수

6. 건물의 내진 등급과 중요도 계수

▼ 〈표 2-15〉 지진하중의 중요도계수(I_E)

건축물의 중요도	내진 등급	중요도계수(I_E)
특	특	1.5
1	1	1.2
2, 3	2	1.0

7. 반응수정계수(R)

(1) 반응수정계수

구조물의 연성능력, 초과강도, 감쇠능력, 잉여도 등을 고려하기 위한 계수로서 탄성지진하중을 저감시키는 계수이다.

(2) 초과강도계수

초과강도계수 = 설계초과강도, 재료초과강도, 시스템초과강도

(3) C_d 변위증폭계수

▼ 〈표 2-16〉 지진력 저항시스템에 대한 설계계수

기본 지진력 저항시스템[1]	설계계수		
	반응수정계수 (R)	시스템초과강도계수 (Ω_0)	변위증폭계수 (C_d)
1. 내력벽 시스템			
1-a. 철근콘크리트 특수전단벽	5	2.5	5
1-b. 철근콘크리트 보통전단벽	4	2.5	4
1-c. 철근보강 조적 전단벽	2.5	2.5	1.5
1-d. 무보강 조적 전단벽	1.5	2.5	1.5
2. 건물 골조 시스템			
2-a. 철골 편심가새골조 (링크 타단 모멘트 저항 접합)	8	2	4
2-b. 철골 편심가새골조 (링크 타단 비모멘트 저항 접합)	7	2	4
2-c. 철골 특수중심가새골조	6	2	5
2-d. 철골 보통중심가새골조	3.25	2	3.25
2-e. 합성 편심가새골조	8	2	4

기본 지진력 저항시스템[1]	설계계수		
	반응수정계수 (R)	시스템초과강도계수 (Ω_0)	변위증폭계수 (C_d)
2-f. 합성 특수중심가새골조	5	2	4.5
2-g. 합성 보통중심가새골조	3	2	3
2-h. 합성 강판전단벽	6.5	2.5	5.5
2-i. 합성 특수전단벽	6	2.5	5
2-j. 합성 보통전단벽	5	2.5	4.5
2-k. 철골 특수강판전단벽	7	2	6
2-l. 철골 좌굴방지가새골조 (모멘트 저항 접합)	8	2.5	5
2-m. 철골 좌굴방지가새골조 (비모멘트 저항 접합)	7	2	5.5
2-n. 철근콘크리트 특수전단벽	6	2.5	5
2-o. 철근콘크리트 보통전단벽	5	2.5	4.5
2-p. 철근보강 조적 전단벽	3	2.5	2
2-q. 무보강 조적 전단벽	1.2	2.5	1.5
3. 모멘트-저항 골조 시스템			
3-a. 철골 특수모멘트골조	8	3	5.5
3-b. 철골 중간모멘트골조	4.5	3	4
3-c. 철골 보통모멘트골조	3.5	3	3
3-d. 합성 특수모멘트골조	8	3	5.5
3-e. 합성 중간모멘트골조	5	3	4.5
3-f. 합성 보통모멘트골조	3	3	2.5
3-g. 합성 반강접모멘트골조	6	3	5.5
3-h. 철근콘크리트 특수모멘트골조	8	3	5.5
3-i. 철근콘크리트 중간모멘트골조	5	3	4.5
3-j. 철근콘크리트 보통모멘트골조	3	3	2.5
4. 특수모멘트골조를 가진 이중골조시스템			
4-a. 철골 편심가새골조	8	2.5	4
4-b. 철골 특수중심가새골조	7	2.5	5.5
4-c. 합성 편심가새골조	8	2.5	4
4-d. 합성 특수중심가새골조	6	2.5	5
4-e. 합성 강판전단벽	7.5	2.5	6
4-f. 합성 특수전단벽	7	2.5	6
4-g. 합성 보통전단벽	6	2.5	5
4-h. 철골 좌굴방지가새골조	8	2.5	5
4-i. 철골 특수강판전단벽	8	2.5	6.5

기본 지진력 저항시스템[1]	설계계수		
	반응수정계수 (R)	시스템초과강도계수 (Ω_0)	변위증폭계수 (C_d)
4-j. 철근콘크리트 특수전단벽	7	2.5	5.5
4-k. 철근콘크리트 보통전단벽	6	2.5	5
5. 중간 모멘트 골조를 가진 이중골조 시스템			
5-a. 철골 특수중심가새골조	6	2.5	5
5-b. 철근콘크리트 특수전단벽	6.5	2.5	5
5-c. 철근콘크리트 보통전단벽	5.5	2.5	4.5
5-d. 합성 특수중심가새골조	5.5	2.5	4.5
5-e. 합성 보통중심가새골조	3.5	2.5	3
5-f. 합성 보통전단벽	5	3	4.5
5-g. 철근보강 조적 전단벽	3	3	2.5
6. 역추형 시스템			
6-a. 캔틸레버 기둥 시스템	2.5	2	2.5
6-b. 철골 특수모멘트골조	2.5	2	2.5
6-c. 철골 보통모멘트골조	1.25	2	2.5
6-d. 철근콘크리트 특수모멘트골조	2.5	2	1.25
7. 철근콘크리트 보통 전단벽-골조 상호작용 시스템	4.5	2.25	4
8. 강구조설계기준의 일반규정만을 만족하는 철골구조	3	3	3
9. 콘크리트기준의 일반규정만을 만족하는 철근콘크리트구조 시스템[2]	3	3	3

주 1) 시스템별 상세는 각 재료별 설계기준 및 또는 신뢰성 있는 연구기관에서 실시한 실험, 해석 등의 입증자료를 따른다.
주 2) 철근콘크리트설계기준의 일반규정이란 내진설계 시 특별 고려사항을 제외한 나머지 규정을 의미한다.

8. 동적 해석법

　　① 응답 스펙트럼 해석법
　　② 선형 시간이력 해석법
　　③ 비선형 시간이력 해석법

9. 등가정적 해석법에 의한 밑면 전단력의 산정

$$V = C_s W$$

　　여기서, C_s : 지진응답계수
　　　　　 W : 고정하중과 아래에 기술한 하중을 포함한 유효 건물중량

(1) 건물의 유효중량

① 창고로 쓰이는 공간에서는 적재하중의 최소 25%(공용 차고와 개방된 주차장 건물의 경우 적재하중은 포함시킬 필요가 없음)
② 바닥하중 산정 시 칸막이 하중이 포함될 경우, 칸막이의 실제중량과 $0.5kN/m^2$ 중 큰 값
③ 영구설비의 총 하중
④ 적설하중이 $1.5kN/m^2$가 넘는 평지붕의 경우, 평지붕 적설하중의 20%

(2) 지진응답계수

지진응답계수는 다음 식에 따라 구한다.

$$C_S = \frac{S_{D1} \cdot I_E}{R \cdot T}$$

위 식에서 산정한 지진응답계수는 다음 값을 초과하지 않아도 된다.

$$C_S = \frac{S_{DS} \cdot I_E}{R}$$

그러나 지진응답계수는 다음 값 이상이어야 한다.

$$C_S \geq 0.01$$

여기서, I_E : 건물의 중요도계수
　　　　R : 반응수정계수
　　　　S_{DS} : 단주기 설계스펙트럼 가속도
　　　　S_{D1} : 주기 1초에서의 설계스펙트럼 가속도
　　　　T : 건물의 고유주기(초)

10. 밑면전단력의 수직분포 – 등가 정적 해석법

① 구조물의 지진응답은 1차 진동모드에 의하여 주로 좌우되므로 편의상 구조물이 1차 진동모드에 의해서만 진동한다고 가정한다.

$$F_x = C_{vx} V$$

② 밑면 전단력을 수직 분포시킨 층별 횡하중 F_x는 다음 식에 따라 결정된다.

$$C_{vx} = \frac{w_x h_x^k}{\sum_{i=1}^{n} w_i h_i^k}$$

여기서, C_{vx} : 수직분포계수
　　　　k : 건물 주기에 따른 분포계수

$k = 1$: 0.5초 이하의 주기를 가진 건물
$k = 2$: 2.5초 이상의 주기를 가진 건물
단, 0.5초와 2.5초 사이의 주기를 가진 건물에서 k는 1과 2 사이의 값을 직선보간
h_i, h_x : 밑면으로부터 i 또는 x층까지의 높이
V : 밑면전단력
w_i, w_x : i 또는 x층 바닥에서의 중량
n : 층수

11. 전도모멘트

$$M_x = \tau \sum_{i=x}^{n} F_i (h_i - h_x)$$

여기서, F_i : i층 바닥에 작용하는 지진력
h_i 및 h_x : 밑면으로부터 층바닥 i 또는 x까지의 높이(m)
τ : 다음에 의해서 결정되는 전도모멘트 감소계수

① 최상층으로부터 10번째 층까지는 ·················· 1.0
② 최상층으로부터 20번째 층과 그 이하는 ·················· 0.8
③ 최상층으로부터 10번째 층과 20번째 층 사이는 1.0과 0.8 사이를 직선보간한 값

12. 내진설계범주

▼ 〈표 2-17〉 설계스펙트럼 가속도에 따른 내진설계범주

단주기 설계스펙트럼 가속도에 따른 내진설계범주				주기 1초에서 설계스펙트럼 가속도에 따른 내진설계범주			
S_{DS}의 값	내진등급			S_{D1}의 값	내진등급		
	특	I	II		특	I	II
$0.50g \leq S_{DS}$	D	D	D	$0.20g \leq S_{D1}$	D	D	D
$0.33g \leq S_{DS} < 0.50g$	D	C	C	$0.14g \leq S_{D1} < 0.20g$	D	C	C
$0.17g \leq S_{DS} < 0.33g$	C	B	B	$0.07g \leq S_{D1} < 0.14g$	C	B	B
$S_{DS} < 0.17g$	A	A	A	$S_{D1} < 0.07g$	A	A	A

13. 건물형상 검토 – 비정형성 검토

모든 건축구조물은 이 절의 기준에 따라 평면 또는 수직구조의 정형 혹은 비정형으로 구분한다.

▼ 〈표 2-18〉 비정형성의 유형과 정의

구분	번호	유형	정의	내진설계 범주
수직 비정형성의 유형과 정의	V-1	강성 비정형 – 연층	어떤 층의 횡강성이 인접한 상부층 횡강성의 70% 미만이거나 상부 3개 층 평균 강성의 80% 미만인 연층이 존재하는 경우 강성 분포의 비정형이 있는 것으로 간주한다.	D
	V-2	중량 비정형	어떤 층의 유효중량이 인접층 유효중량의 150%를 초과할 때 중량 분포의 비정형인 것으로 간주한다. 단, 지붕층이 하부층보다 가벼운 경우는 이를 적용하지 않는다.	D
	V-3	기하학적 비정형	횡력 저항시스템의 수평치수가 인접층 치수의 130%를 초과할 경우 기하학적 비정형이 존재하는 것으로 간주한다.	D
	V-4	횡력저항 수직 저항요소의 비정형	횡력저항요소의 면 내 어긋남이 그 요소의 길이보다 크거나, 인접한 하부층 저항요소에 강성감소가 일어나는 경우 수직 저항요소의 면 내 불연속에 의한 비정형이 있는 것으로 간주한다.	B, C, D
	V-5	강도의 불연속 – 약층	임의 층의 횡강도가 직상층 횡강도의 80% 미만인 약층이 존재하는 경우 강도의 불연속에 의한 비정형이 존재하는 것으로 간주한다. 각 층의 횡강도는 층 전단력을 부담하는 내진요소들의 저항 방향 강도의 합을 말한다.	B, C, D
평면 비정형성의 유형과 정의	H-1	비틀림 비정형	• 격막이 유연하지 않을 때 고려함 • 어떤 축에 직교하는 구조물의 한 단부에서 우발 편심을 고려한 최대 층변위가 그 구조물 양단부 층변위 평균값의 1.2배보다 클 때 비틀림 비정형인 것으로 간주한다.	C, D / D / C, D
	H-2	요철형 평면	돌출한 부분의 치수가 해당하는 방향의 평면치수의 15%를 초과하면 요철형 평면을 갖는 것으로 간주한다.	–
	H-3	격막의 불연속	격막에서 잘려나간 부분이나 뚫린 부분이 전체 격막 면적의 50%를 초과하거나 인접한 층간 격막 강성의 변화가 50%를 초과하는 급격한 불연속이나 강성의 변화가 있는 격막	–
	H-4	면외 어긋남	수직부재의 면 외 어긋남 등과 같이 횡력전달경로에 있어서의 불연속성	B, C, D
	H-5	비평행 시스템	횡력저항 수직요소가 전체 횡력저항 시스템에 직교하는 주축에 평행하지 않거나 대칭이 아닌 경우	C / D

14. 내진설계 해석법

구조해석은 내진설계범주에 따라 다음과 같은 방법으로 수행한다.

(1) 내진설계범주 'A', 'B'에 대한 해석법

구조물의 해석은 등가정적해석법에 의하여 설계할 수 있다.

(2) 내진설계범주 'C'에 대한 해석법

등가정적해석법에 의하여 설계할 수 있다. 단, 다음 중의 하나에 해당하는 경우에는 동적해석법을 사용하여야 한다.
① 높이 70m 이상 또는 21층 이상의 정형구조물
② 높이 20m 이상 또는 6층 이상의 비정형구조물

(3) 내진설계범주 'D'에 대한 해석법

구조물의 해석은 아래 표에 따른다. 수직 비정형성 1, 4 혹은 5에 해당하는 것이 없거나, 평면 비정형 1, 4에 해당하는 비정형성이 없을 경우 정형으로 볼 수 있다.

▼ 〈표 2-19〉 내진설계범주 'D'에 대한 해석법

구조물 형태	내진설계를 위한 해석방법
1. 3층 이하인 경량골조 구조와 각 층에서 유연한 격막을 갖는 2층 이하인 기타 구조로서 내진등급 Ⅱ의 구조물	등가정적 해석법 또는 동적 해석법
2. 상기 1항 이외의 높이 70m 미만의 정형 구조물	등가정적 해석법 또는 동적 해석법
3. 유형 1, 2 혹은 3의 수직 비정형성을 가지거나 유형 1의 수평 비정형성을 가지면서 높이가 5층 또는 20m 초과하는 구조물 또는 높이가 70m를 초과하는 정형 구조물	동적 해석법
4. 평면 및 수직 비정형성을 가지는 기타 구조물	동적 해석법

15. 허용 층간변위

(1) 층간변위의 결정

① 내진설계범주 A, B
  ㉠ 층간변위 Δ는 주어진 층의 상·하단 질량중심의 횡변위 간 차로서 산정한다.
  ㉡ 허용응력도설계의 경우에도 Δ는 지진하중을 1.4로 나누지 않고 계산한다.
② 내진설계범주 C, D – 평면 비정형 유형 H-1 : 층간변위 Δ는 주어진 층의 상·하단 모서리 변위 간 차이 중 최댓값으로 한다.

$$x\text{층 층간변위 } \delta_x = \frac{C_d \delta_{xe}}{I_E}$$

여기서, C_d : 변위증폭계수
δ_{xe} : 지진력저항시스템의 탄성해석에 의한 변위
I_E : 건물의 중요도계수

(2) 허용 층간변위

▼ 〈표 2-20〉 허용 층간변위 Δ_a

구분	내진등급		
	특 등급	I 등급	II 등급
허용층간변위 Δ_a	$0.010h_{sx}$	$0.015h_{sx}$	$0.020h_{sx}$

주) h_{sx} : x층 층고

16. 철근콘크리트 중간모멘트 골조의 내진 상세

(1) 기둥

① 띠철근의 최대간격은 접합면으로부터 길이 l_0 구간에 걸쳐서 s_0를 초과하지 않아야 한다.
② 길이 l_0는 다음의 값 중에서 가장 큰 값 이상으로 하여야 한다.
　㉠ 부재 순높이의 1/6
　㉡ 부재단면의 최대치수
　㉢ 450mm
③ 간격 s_0는 다음의 값 중에서 가장 작은 값 이하로 하여야 한다.
　㉠ 감싸고 있는 종방향 철근 최소 직경의 8배
　㉡ 띠철근 직경의 24배
　㉢ 골조부재 단면의 최소치수의 1/2
　㉣ 300mm
④ 첫 번째 띠철근은 접합면으로부터 거리 $s_0/2$ 이내에 있어야 한다.
⑤ 띠철근의 간격은 전 구간에서 s_0의 2배를 초과하지 않아야 한다.

(2) 보

① 접합면에서의 정모멘트 강도는 부모멘트 강도의 1/3 이상이 되어야 한다. 부재의 축방향길이에 따른 모든 단면에서의 정 또는 부모멘트 강도는 양측 접합부의 면에서의 최대 모멘트강도의 1/5 이상이 되어야 한다.
② 부재 양단의 경우 받침부면에서 부재 중앙으로 부재 높이의 2배에 해당 하는 구간에 스터럽을 배치하여야 한다.
③ 스터럽의 최대간격은 다음 값 중 최솟값 이하로 하여야 한다.

㉠ $d/4$
㉡ 감싸고 있는 종방향 철근 최소직경의 8배
㉢ 스터럽 직경의 24배
㉣ 300mm
④ 첫 번째 스터럽은 받침부면으로부터 50mm 이내의 구간에 배근하여야 한다.
⑤ 스터럽의 간격은 부재 전 길이에 걸쳐서 $d/2$ 이하로 배근하여야 한다.

17. 진도와 규모

(1) 진도(Intensity)

① 지진의 크기를 나타내는 가장 오래된 척도이다.
② 어떤 장소에서 지반진동의 크기를 사람이 느끼는 감각, 주위의 물체, 구조물 및 자연계에 대한 영향을 계급별로 분류시킨 상대적 개념의 지진 크기를 말한다.
③ 역사적인 크기를 나타낼 때도 사용된다.
④ 진도는 정수단위의 로마숫자(Ⅱ, Ⅲ, Ⅳ 등)로 표기하는 것이 관례이다.
⑤ 진도의 종류
  ㉠ 미국 : 12등급의 수정머켈리(Modified Mercalli ; MM)진도
  ㉡ 일본 : 8등급의 기상청(Japan Meteorological Agency ; JMA)진도

(2) 규모(Magnitude)

① 발생한 지진에너지의 크기를 나타내는 척도이다.
② 지진계에 기록된 진폭(지진의 크기)을 진원(Hypocenter)의 깊이와 진앙(Epicenter)까지의 거리 등을 고려하여 지수로 나타낸 것이다.
③ 장소에 관계없는 절대적 개념의 크기를 나타낸다.
④ 아라비아 숫자로 소수점 첫째 자리까지 표시한다.(예 : 규모 5.7)
⑤ 리히터 지역 규모(Richter Local Magnitude) 산정식

$$Log\ E = 11.8 + 1.5\ M_S$$

여기서, E : erg(1dyne의 힘이 그 방향으로 물체를 1cm 움직이는 데 필요한 일, $1erg = 1dyn \cdot cm = 10^{-7}N \cdot m = 10^{-7}J$)
M_s : 표면파 규모(Surface Wave Magnitude)

18. 기타 제진 기술

(1) 제진 구조

① 지진하중 또는 풍하중에 의해 구조물에 발생되는 응답을 제어하는 기술을 말하며 진동을 제어하기 위하여 특별한 장치나 기구를 구조물에 설치하는 구조를 말한다.

② 일반적으로 면진, 방진, 제진의 개념을 모두 포함하고 있으며, 수동(Passive) 제진과 능동(Active) 제진으로 크게 나눌 수 있다.
③ 수동제진은 일반적으로 구조물의 진동에너지를 흡수하기 위한 어떠한 감쇠(Damper) 장치를 구조물의 어딘가에 설치하는 형식으로, 동조질량 감쇠기(Tuned Mass Damper), 동조액체 감쇠기(Tuned Liquid Damper), 점탄성 감쇠기(Vicious Elastic Damper) 등을 이용한다.
④ 능동제진은 외부에서 공급하는 에너지를 이용하여 진동을 저감하는 기술로서 전기 혹은 유압식 등의 가력장치(Actuator)를 사용하여 구조물에 힘을 더하는 것이다.

(2) 면진 구조(Base isolation)

① 구조물의 하부, 즉 기초에 진동을 차단할 수 있는 감쇠장치를 설치하여 지진으로 인한 진동이 구조물에 전달되지 않도록 만든 구조이다.
② 감쇠장치로는 일반적으로 적층식 고무받침, 또는 납면진받침(Lead Rubber Bearing) 등의 장치를 기초에 설치한다.

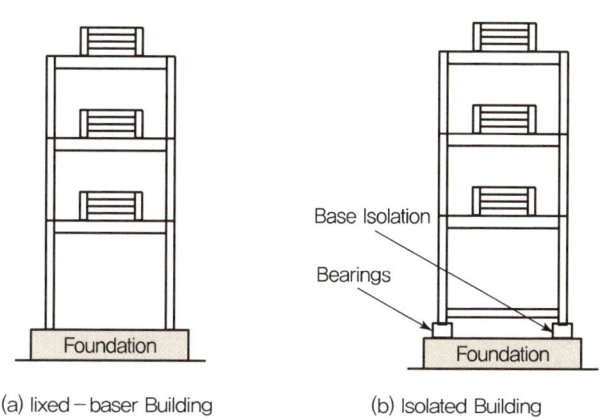

〈그림 2-1〉 면진 구조의 기본 원리

특허 : U.S.A Patent Nos. 4,117,637, 4,499,694 and 4,593,502

(a) 원형 단면

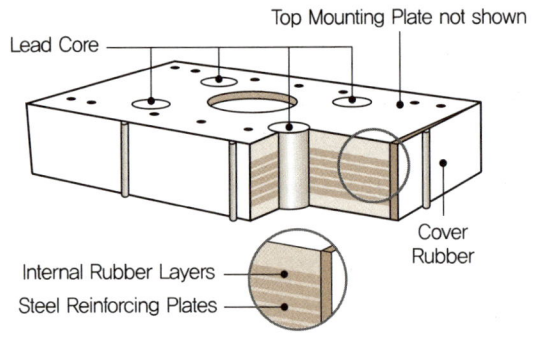

(b) 사각형 단면

〈그림 2-2〉 납면진받침(L.R.B) 형상

(3) 방진 구조

기계 등과 같은 진동원의 받침부에 방진고무 또는 방진받침을 사용하여 기계에서 발생되는 진동을 구조물에 전달되지 않도록 고안된 구조를 말한다.

CHAPTER

03

기초구조

01 기초의 정의 및 종류
02 지반조사
03 기초구조의 선정

CHAPTER 03 기초구조

SECTION 01 기초의 정의 및 종류

1. 기초의 정의

건축물의 상부하중, 즉 고정하중, 적재하중 이외에 기상하중인 풍하중과 지진력 등의 외력을 전달받아 안전하게 지반에 전달하는 목적으로 지중에 설치된 구조부분으로 주각 밑에 있는 기초판과 지정을 포함한다.

2. 기초의 분류

(1) 기초판 형식에 의한 분류

1) 독립기초

   ① 기둥 1개의 하중을 1개의 기초판으로 부담시킨 기초형식이다.
   ② 라멘조 등에서는 기초보(Foundation Beam)를 두어 기둥의 부동침하 또는 이동을 방지하며, 주각부의 휨모멘트를 흡수하여 주각이 고정상태에 가깝게 하는 것이 좋다.

2) 복합기초

   ① 기둥 2개 이상의 하중을 1개의 기초판으로 지지하는 기초형식이다.
   ② 2개의 독립기초로 하면 지나치게 접근할 경우 또는 대지경계선에 접근해서 완전한 독립기초를 만들 수 없는 경우에 사용한다.

3) 연속(줄)기초

   하부구조인 기초가 연속해서 형성해 기초가 일체가 되게 하여 상부구조인 기둥하중을 부담시킨 기초형식으로 줄기초라고도 하며, 또 연속된 벽체의 기초를 벽용 푸팅이라고 한다.

4) 온통기초

   건물하부의 지하실 바닥 전체를 1개의 일체식 기초로 축조하여 상부구조인 기둥의 하중을 지지하도록 하는 기초형식이다.

(2) 지정 형식에 의한 분류

기초를 안전하게 지지하기 위하여 기초 자체를 보강하거나 연약한 지반의 내력을 보강하기 위하여 지반다지기, 잡석다짐, 말뚝 또는 피어기초를 설치하는 것을 지정이라 하며, 이러한 지정형식에 따라 기초를 분류하면 다음과 같다.

① 직접기초
② 말뚝기초
③ 피어기초

SECTION 02 지반조사

1. 조사순서

사전조사 → 예비조사 → 본조사 → 추가조사

2. 조사사항

① 대지 내의 토층, 토질, 지하수위, 지반의 내력, 장애물 등
② 제일 중요한 사항 : 동결심도

3. 조사방법

(1) 시험파기

굳은 층이 얕거나 지층이 단단할 때 지름 1m, 깊이 3m 정도에 많이 사용되며, 토질시험에 필요한 흐트러지지 않은 시료(불교란 시료) 채취가 용이하다.

(2) 짚어보기

상부지층이 무르고 굳은 층이 비교적 얕게 있을 때, 소규모 건물에서 이용된다.(ϕ 2.5~4cm 쇠막대 사용)

(3) 보링

지표면에서 땅속으로 구멍을 뚫고 물로 흙을 씻어 지상으로 끌어올려 시료를 채취하여 흙의 종류, 지반의 구성, 지하수위를 측정하고, 토질시험용 시료채취를 목적으로 이용한다.

1) 수세식

지중에 내외관을 설치하여 내관 끝에서 물을 뿜게 하여 외관 밑의 토사를 씻어내어 천공하는 방법으로 외관지름 7.5~8cm, 내관지름 2.5~6cm 정도 쓰이며 30m 정도까지의 연질층에 적당하다.

2) 충격식

지중에 지름 10cm 정도의 철관을 설치하여 착공구를 단 보링대를 관 속에서 상하로 회전시켜 충격과 회전에 의해 토석을 분쇄하여 뚫은 다음 토사 채취 용구를 달아 넣어 관 속의 토사를 끌어올린다.

3) 회전식

속이 빈 강철재의 절단기를 회전하여 구멍을 뚫고 지층을 그대로 원통 모양으로 채취하며, 토사를 분쇄하지 않고 연속적으로 채취할 수 있으므로 가장 정확한 방법이다.

(4) 사운딩(Sounding)

보링구멍을 이용하든지 직접 지표면에 정적 또는 동적으로 시험기를 떨어뜨려서 흙의 저항을 측정하고 그 위치의 물리적 성질을 측정하는 방법을 사운딩이라 하는데 대표적인 방법으로 표준관입시험방법이 있다.

1) 표준관입시험(Penetration Test)

① 보링 구멍을 이용하여 로드(Rod) 끝에 샘플러를 달고 상단에서 추를 떨구어 지반으로 30cm 관입시키는 데 필요한 타격 횟수 N을 구하여 지반의 밀도를 측정
  ㉠ 추 무게 : 63.5kg
  ㉡ 낙하고 : 76cm

② N치로 추정할 수 있는 사항
  ㉠ 모래의 상대밀도와 내부마찰각
  ㉡ 점토 지반의 반죽질기(Consistency)와 1축 압축강도
  ㉢ 선단 지지층이 모래 지반일 때 말뚝 지지력

(5) 지내력시험

지반에 가장 적당한 기초를 결정하기 위해서 지반의 허용 지내력을 알아야 하며 이를 위해서 지내력시험을 한다.

1) 용어

① 지지력 : 지반이 하중을 지지하는 능력
② 내력 : 지지력과 침하에 대한 능력
③ 지내력 : 직접기초에 대한 지반의 내력
④ 허용 지지력(허용 지내력) : 지지력 또는 지내력에 안전율을 적용한 것

2) 지내력시험(평판재하시험)

① 매회의 재하는 1t 이하 또는 1/5 W 이하(W : 예상파괴하중)
② 재하판의 크기는 최소 30 × 30cm, 보통 45 × 45cm(2,000cm²)

핵심문제

지내력시험에 관한 기술 중 옳지 않은 것은?
① 내압판이 크면 클수록 실제에 가까운 결과를 얻는다.
② 매회 적재하중은 예상파괴하중의 1/5 이하 또는 1t 이하
❸ 총 침하량은 2cm에 상당한 전하중으로 구한 응력도를 장기 허용 지내력으로 한다.
④ 보통 내압판의 크기는 30~45cm의 각형이다.

③ 총 침하량이 2cm일 때의 압축응력도를 단기하중에 의한 허용지내력도로 하고 그 1/2를 장기 허용지내력도로 한다.
④ 24시간 경과 후의 침하의 증가가 0.1mm 이하로 될 때까지의 침하량을 총침하량이라 한다.
⑤ 침하의 증가가 2시간에 0.1mm 이하일 때는 침하가 정지한 것으로 보고 다음 단계 재하를 한다.

3) 각종 지반의 허용 지내력도

지반의 허용 지내력도는 지반조사 및 하중시험에 의하여 정하는 경우 이외에는 다음 수치에 의하여야 한다.

▼ 〈표 2-1〉 각종 지반에 대한 장기 허용 지내력도(kN/m^2)

지반		장기 허용 지내력	단기 허용 지내력
경암반	화강암, 섬록암, 편마암, 안산암	4,000	장기응력에 대한 허용 응력도의 각각의 수치의 2배로 한다.
연암반	판암, 편암 등의 수성암	2,000	
	혈암, 표반암 등의 암반	1,000	
자갈		300	
자갈, 모래의 혼합물		200	
모래 섞인 점토 또는 로움토		150	
모래 또는 점토		100	

SECTION 03 기초구조의 선정

1. 기초의 선정 및 설치 시 유의사항

① 기초는 상부구조의 하중을 충분히 지중에 전달할 수 있는 구조이어야 한다.
② 지하실은 가급적 건물 전체에 균등히 설치하여 침하를 줄이는 데 유의한다.
③ 지중보를 충분히 크게 하여 강성을 높여 부동침하를 방지하도록 한다.
④ 기초판(Footing)은 그 지방의 동결선 이하에 설치한다.
⑤ 네거티브 프릭션이 염려되는 지반에 건축된 건물은 지반에 직접 설치한 콘크리트바닥판 등이 지반침하로 인하여 가라앉을 염려가 있으므로 유의한다.
⑥ 말뚝공사로 인하여 인근건물이 밀려나지 않도록 유의한다.
⑦ 땅속의 경사가 심한 굳은 지반에 올려놓은 기초나 말뚝은 슬라이딩의 위험성이 있다.

핵심문제 ●●○

건축물 기초의 부동침하 원인 중 부적당한 것은?
① 지하수위를 변경하였을 때
② 이질지정을 하였을 때
❸ 기초의 배근량이 부족하였을 때
④ 일부 증축하였을 때

2. 부동침하

한 건물에서 부분적으로 서로 상이하게 침하되는 현상으로 건물에 치명적이므로 주의하여야 한다.

(1) 부동침하의 원인

① 지반이 연약한 경우
② 연약층의 두께가 상이한 경우
③ 경사지반인 경우
④ 건물이 이질 지층에 걸려 있는 경우
⑤ 건물이 낭떠러지에 접근되어 있는 경우
⑥ 부주의한 일부 증축을 하였을 경우
⑦ 지하수위가 변경되었을 경우
⑧ 지하에 매설물이나 구멍이 있을 경우
⑨ 지반이 메운 땅일 경우
⑩ 이질지정을 하였을 경우
⑪ 일부지정을 하였을 경우
⑫ 각 독립 기초판의 지내력의 여유의 차가 큰 경우

(2) 부동침하의 대책

1) 상부구조에 대한 대책

① 건물을 경량화할 것
② 건물의 길이를 작게 할 것
③ 건물의 강성을 높일 것
④ 인접 건물과의 거리를 멀게 할 것
⑤ 건물의 중량 분배를 고려할 것

2) 하부구조에 대한 대책

① 경질지반에 기초판을 지지시킬 것
② 경질지반이 깊을 때는 마찰말뚝을 사용할 것
③ 지하실을 설치할 것
④ 기초 상호 간을 연결할 것
⑤ 동일 건물의 기초에 이질지정을 두지 않을 것

핵심문제 ● ● ○

부동침하의 원인이 될 수 있는 경우로 가장 부적당한 것은?

① 매립지반인 경우
❷ 온통기초방식을 사용한 경우
③ 건물이 절벽 가까이 있는 경우
④ 지하수위가 변경된 경우

핵심문제 ● ● ○

연약지반에서 부동침하를 방지하는 대책으로 부적당한 것은?

① 건물을 경량화한다.
② 지하실을 강성체로 설치한다.
❸ 줄기초와 마찰말뚝기초를 병용한다.
④ 건물의 구조강성을 높인다.

출제예상문제

01 기초의 부동침하를 방지하기 위한 방법이다. 가장 효과적인 순서로 나열된 것은?

(a) 구조물 전체의 하중을 고르게 기초에 분포시킨다.
(b) 복합기초로 한다.
(c) 건물 중량을 줄인다.
(d) 기초 상호를 연결한다.

① (c)-(a)-(d)-(b) ② (a)-(d)-(b)-(c)
③ (b)-(c)-(a)-(d) ④ (d)-(b)-(c)-(a)

02 건축물 기초의 부동침하 원인 중 부적당한 것은?

① 지하수위를 변경하였을 때
② 이질지정을 하였을 때
③ 기초의 배근량이 부족하였을 때
④ 일부 증축하였을 때

해설

부동침하의 원인
- 지반이 연약한 경우
- 연약층의 두께가 상이한 경우
- 경사지반인 경우
- 건물이 이질 지층에 걸려 있는 경우
- 건물이 낭떠러지에 접근되어 있는 경우
- 부주의한 일부 증축을 하였을 경우
- 지하수위가 변경되었을 경우
- 지하에 매설물이나 구멍이 있을 경우
- 지반이 메운 땅일 경우
- 이질지정을 하였을 경우
- 일부지정을 하였을 경우
- 각 독립 기초판의 지내력의 여유의 차가 큰 경우

03 부동침하의 원인이 될 수 있는 경우로 가장 부적당한 것은?

① 매립 지반인 경우
② 온통기초방식을 사용한 경우
③ 건물이 절벽 가까이 있는 경우
④ 지하수위가 변경된 경우

04 연약지반에서 부동침하를 방지하는 대책으로 부적당한 것은?

① 건물을 경량화한다.
② 지하실을 강성체로 설치한다.
③ 줄기초와 마찰말뚝기초를 병용한다.
④ 건물의 구조강성을 높인다.

해설

부동침하의 대책
㉠ 상부구조에 대한 대책
  - 건물을 경량화할 것
  - 건물의 길이를 작게 할 것
  - 건물의 강성을 높일 것
  - 인접 건물과의 거리를 멀게 할 것
  - 건물의 중량 분배를 고려할 것
㉡ 하부구조에 대한 대책
  - 경질지반에 기초판을 지지시킬 것
  - 경질지반이 깊을 때는 마찰말뚝을 사용할 것
  - 지하실을 설치할 것
  - 기초 상호 간을 연결할 것
  - 동일 건물의 기초에 이질지정을 두지 않을 것

05 기초의 부동침하를 방지하는 데 효과적이 아닌 것은?

① 구조물 전체의 하중을 기초에 균등히 분포시킨다.
② 가급적 건물의 중량을 가볍게 한다.
③ 기초 상호간을 강(Rigid)접합으로 연결을 한다.
④ 한 건물에서의 기초 공법은 가급적 동일 종류의 기초로 한다.

정답 01 ② 02 ③ 03 ② 04 ③ 05 ③

06 신축건물의 기초파기 중 토질에 생기는 현상과 관계가 가장 적은 것은?

① 보일링(Boiling)
② 파이핑(Piping)
③ 융기현상(Heaving)
④ 언더피닝(Under-pinning)

07 흙막이 벽에 대한 설명으로 가장 부적당한 것은?

① 흙막이 벽은 지하수압에 안전해야 한다.
② 흙막이 벽은 지표면 하중의 영향을 받지 않는다.
③ 배수를 고려한다.
④ 흙막이 벽의 길이에 따라 신축이음을 둔다.

08 토질조사에 직접 관련되지 않는 용어는 다음 중 어느 것인가?

① 핸드 오거(Hand Auger)
② 시료 채취기
③ 시추(Boring)
④ 어스 앵커(Earth Anchor)

09 다음 지내력시험에 관한 기술 중 옳지 않은 것은?

① 재하시험에서 내압판이 클수록 정확성이 크다.
② 재하하중으로 보통 모래, 벽돌, 고철, 물 등을 사용한다.
③ 재하시험은 함수량이 많은 연약질 지반에 효과적이다.
④ 허용지내력도는 총 침하량이 20mm에 상당한 전 하중으로 구한 응력도를 단기응력도로 판정한다.

> **해설**
> 함수량이 많은 연약지반의 경우는 작은 재하판으로 전체 지반의 지내력시험이 곤란하다.

10 지내력시험에 관한 기술 중 옳지 않은 것은?

① 내압판이 크면 클수록 실제에 가까운 결과를 얻는다.
② 매회 적재하중은 예상파괴하중의 1/5 이하 또는 1t 이하
③ 총 침하량은 2cm에 상당한 전 하중으로 구한 응력도를 장기 허용지내력으로 한다.
④ 보통 내압판의 크기는 30~45cm의 각형이다.

> **해설**
> 총 침하량은 2cm에 상당한 전 하중으로 구한 응력도를 단기하중에 대한 허용지내력으로 한다.

Engineer Architecture

CHAPTER
04

조적구조

01 벽돌구조
02 블록구조
03 돌구조

CHAPTER 04 조적구조

SECTION 01 벽돌구조

1. 벽돌구조의 분류

(1) 구조체 역할·체제상 분류

① 내력벽(Bearing Wall System) : 건물의 모든 하중을 벽체가 받는 것
② 장막벽(Curtain Wall System) : 비내력벽(벽체 자중만 지지)
③ 중공벽(Cavity Wall System) : 벽돌에 공간을 두고 이중으로 만든 벽

(2) 벽돌종류에 의한 분류

흙벽돌조, 붉은벽돌조, 회색벽돌조, 시멘트벽돌조, 기타 특수용 벽돌

2. 일반자료

(1) 벽돌의 형태 및 크기

1) 벽돌의 형태

벽돌의 형태는 크게 표준형 벽돌과 이형벽돌로 나눌 수 있다.

2) 벽돌의 크기

▼ 〈표 3-1〉 벽돌의 크기(단위 : mm)

종별	길이	너비	두께
일반형(표준형, 신형)	190	90	57
재래형(구형)	210	100	60
내화벽돌	230	114	65

(2) 벽돌의 강도 및 흡수율

1) 조적조 벽체의 강도에 영향을 주는 요소

① 벽돌 개체의 강도
② 쌓기작업의 정도
③ 접합 모르타르의 강도
④ 벽돌쌓기방법

핵심문제 ●○○

조적벽체의 강도에 영향을 미치는 요인 중 가장 영향이 적은 것은 다음 중 어느 것인가?
① 시공의 정밀도
❷ 벽돌 자체의 결함여부
③ 벽돌의 함수율
④ 벽돌 개체의 압축강도

2) 벽돌의 강도 및 흡수율

▼ 〈표 3-2〉 벽돌의 강도 및 흡수율

종별	압축강도	흡수율	허용압축강도	무게
1급 벽돌	15N/mm² 이상	20% 이하	2.2N/mm² 이상	2.2kg
2급 벽돌	10N/mm² 이상	23% 이하	1.5N/mm² 이상	2.0kg
특수고강도벽돌	15~25N/mm² 이상	15% 이하	5~25N/mm² 이상	1.7kg

3) 쌓기용 모르타르

▼ 〈표 3-3〉 모르타르의 특기

종류	사용성	배합비
일반 쌓기용 모르타르	내력벽, 장막벽	1 : 3(시멘트 : 모래)
특수 쌓기용 모르타르	아치 쌓기, 특수부분 쌓기	1 : 1~1 : 2(시멘트 : 모래)

4) 줄눈(Masonry Joint)

벽돌 상호 간을 접촉시키는 모르타르 부분을 줄눈이라 하며 가로줄눈과 세로줄눈이 있으며, 보통 10mm를 표준으로 하고, 내화벽돌일 때는 특기 시방서에 따르거나 6mm로 한다.

① 막힌줄눈 : 상부의 하중을 전벽면에 골고루 균등하게 분포시켜 비교적 집중하중에 의해 안전한 조적법으로 형성되는 줄눈을 말한다.

② 통줄눈 : 세로줄눈의 위아래가 서로 통한 형태로서 하중의 집중현상이 일어나 균열이 발생하나, 외관상으로는 보기 좋기 때문에 큰 강도를 필요로 하지 않는 조적체나 불식쌓기에 주로 사용되지만, 내력벽일 경우에는 피하는 것이 좋다.

③ 치장줄눈 : 벽돌벽면의 의장적 효과를 위한 줄눈을 말하여, 이것은 벽돌벽면을 제물치장으로 할 때 모르타르로 줄눈을 바르는 것으로 벽돌쌓기 후 벽면에서 8~10mm로 줄눈파기를 하고 1 : 1로 시공한다.

5) 벽돌 마름질(Cutting)

특수한 부분이나 모서리 부분 등에서 여러 형태와 크기를 가진 벽돌이 필요하므로 기존형태의 벽돌을 필요에 따라 깨뜨려 사용한 것을 말한다.

① 마름질의 종류

② 용도

  ㉠ 온장 : 길이쌓기 및 마구리쌓기에 그대로 사용한다.
  ㉡ 칠오토막 : 화란식 쌓기의 모서리 부분에 사용한다.
  ㉢ 이오토막 : 영식 쌓기 및 프랑스식 쌓기의 모서리 부분에 사용한다.
  ㉣ 반토막 : 1.5~2.0B의 영식 쌓기에 사용한다.
  ㉤ 반반절 : 1.5~2.0B의 프랑스식 쌓기에 사용한다.

3. 벽체쌓기

(1) 일반쌓기법

① 벽돌벽의 각 단에 마구리가 내보이게 쌓는 것을 마구리쌓기, 벽돌을 길게 길이 부분만 내보이게 쌓는 것을 길이쌓기라 한다.
② 벽의 두께는 벽돌길이를 단위로 하여 한 장 두께, 반 장 두께 등 벽돌의 한 장 길이를 B로 하여, 0.5B, 1.0B, 1.5B, 2.0B로 표시한다.

▼ 〈표 3-4〉 벽체의 일반쌓기법

양식	쌓는 방법	사용 양식	특징	역할
영식쌓기	마구리쌓기켜와 길이쌓기켜를 교대로 하여 쌓으며, 모서리에 반절, 이오토막을 사용한다.	반절, 이오토막 사용	통줄눈이 생기지 않는다.	내력벽이며 가장 튼튼
화란식 쌓기	한 켜는 길이쌓기로 하고 다음은 마구리쌓기로 하는 것은 영식 쌓기로 하는 것은 동일하며, 모서리 부분에서 칠오토막을 사용하여 마무리한다.	모서리에 칠오토막 사용	모서리가 다소 견고하다.	내력벽이며 많이 사용
미식쌓기	앞면은 치장벽돌을 써서 5~6켜 정도는 길이쌓기로 하고 다음 1켜는 마구리쌓기로 하여 뒷벽돌에 물려서 쌓으며, 뒷면은 영식으로 쌓는다.	치장벽돌 사용	통줄눈이 생기지 않는다.	내력벽
불식쌓기	한 켜에서 벽돌 마구리와 길이가 교대로 나타나도록 쌓는다.	많은 토막벽돌 소요	통줄눈이 많이 생긴다.	장막벽이며 의장적 효과

핵심문제 ●○○

벽돌쌓기의 특징 중 설명이 잘못된 것은?
① 영식 쌓기는 통줄눈이 생기지 않는다.
② 미식 쌓기는 통줄눈이 생기지 않는다.
❸ 프랑스식 쌓기는 통줄눈이 생기지 않는다.
④ 화란식 쌓기는 모서리부분이 견고하다.

(2) 공간쌓기

내부공간의 방습, 방열, 방한, 방서 등의 효과를 거두기 위하여 벽과 벽 사이에 공기층을 두거나 절연재를 두어 쌓는 방식이다.
① 공간 너비 : 0.5B(5~10cm)
② 연결철물 : 벽면적 $0.4m^2$마다 1개씩 연결한다.
  • 수직거리는 45cm 이내로 하며, 수평거리는 90cm 이내로 한다.

(3) 아치(Arch)

① 상부에서 오는 수직압력이 아치 축선을 따라 좌우로 나뉘어 밑으로 직압력만으로 전달하게 한 것이고, 부재의 하부에 인장력이 생기지 않게 한 구조이다.
② 창문 너비가 1m 정도일 때에는 평아치로 할 수 있다.

③ 문꼴 너비가 1.8m 이상으로 집중하중이 올 때에는 인방보를 써서 보강한다.
④ 환기구멍 등의 작은 문꼴이라도 아치를 트는 것이 원칙이다.

(4) 내쌓기(Corbel)

① 벽체에 마루를 설치하거나 혹은 장선받이, 보받이, 띠돌림을 만들기 위하여 벽면에서 부분적으로 내쌓는 방식이다.
② 1/8B 한 켜씩 또는 1/4B 두 켜씩 내쌓고, 내미는 정도는 최대 2.0B 이내로 한다.

(5) 인방보(Lintel)

① 개구부의 상부구조를 지지, 상부에서 오는 하중을 좌우벽으로 전달시키기 위하여 대는 보로서 철재, 철근콘크리트, 석재, 벽돌 등이 사용된다.
② 인방보를 지지고 있는 좌, 우측 기둥이나 벽체에 최소 20cm 이상 물리도록 설치한다.

(6) 테두리보(Wall Girder)

① 지붕틀, 처마, 각 층의 층도리를 설치하기 위해서 만든 보를 테두리보라 하며, 벽면에 작용하는 수평력을 그의 힘이 작용하는 평행한 방향에 전달함으로써 수평력에 대한 벽면의 직각방향의 이동으로 생긴 전단력에 저항하고, 분산된 벽체를 일체로 연결하여 하중을 하부 벽체에 균등히 분산시키는 역할을 한다.
② 테두리보를 설치함으로써 다음과 같은 이점이 있다.
  ㉠ 하중을 균등하게 분포시켜 벽면에 대한 수직균열을 방지한다.
  ㉡ 벽체를 일체화시킨다.
  ㉢ 직접하중은 테두리보가 받고, 간접하중는 내력벽이 받도록 하여 전체하중을 분산시켜 부담시킬 수 있다.

4. 벽돌구조의 구조제한

(1) 벽의 길이

① 벽의 길이는 교차하는 벽 또는 붙임 기둥, 부축벽의 중심 간 거리를 말한다.
② 대린벽이란 교차하는 내력벽 또는 붙임 기둥, 부축벽을 말한다.
③ 내력벽의 높이 및 길이
  ㉠ 2, 3층 건물에서 최상층의 내력벽 높이는 4m 이하로 한다.
  ㉡ 내력벽이 길이는 10m 이하로 한다.

핵심문제

벽돌벽체 내쌓기로 옳은 것은?
❶ 1/8B 한 켜씩 내쌓고 내미는 정도는 2B 한도로 했다.
② 1/4B 두 켜씩 내쌓고 내미는 정도는 1B 한도로 했다.
③ 1/8B 한 켜씩 내쌓고 내미는 정도는 1B 한도로 했다.
④ 1/4B 한 켜씩 내쌓고 내미는 정도는 2B 한도로 했다.

핵심문제

콘크리트블록조에 철근콘크리트 테두리보를 설치하는 이유로서 옳지 않은 것은?
① 수평력에 견디기 위하여
② 지붕, 바닥 및 벽체의 자중을 내벽력에 전달시키기 위하여
③ 분산된 내력벽을 일체로 연결하여 하중을 균등히 분포시키기 위하여
❹ 벽에 창호 설치 시 개구부를 크게 하기 위하여

> **핵심문제**
> 조적조 내력벽에 관한 설명이다. 옳은 것은?
> ① 벽길이는 10m 이하로 하고 내력벽으로 둘러싸인 부분의 바닥 면적은 60m²를 넘을 수 없다.
> ② 벽길이는 8m 이하로 하고 내력벽으로 둘러싸인 부분의 바닥 면적은 80m²를 넘을 수 없다.
> ❸ 벽길이는 10m 이하로 하고 내력벽으로 둘러싸인 부분의 바닥 면적은 80m²를 넘을 수 없다.
> ④ 벽길이는 8m 이하로 하고 내력벽으로 둘러싸인 부분의 바닥면적은 60m²를 넘을 수 없다.

ⓒ 내력벽으로 둘러싸인 부분의 바닥면적은 80m²를 초과할 수 없다.

(2) 내력벽의 두께

① 벽의 두께(T)는 높이(H)의 1/20 이상이어야 한다.
② 마감재의 두께는 포함하지 않는다.
③ 직상층 내력벽의 두께보다 작아서는 안 된다.
④ 내력벽이 토압을 받는 경우
  ㉠ 토압을 받는 부분의 높이 : 2.5m 이하 → 조적 가능
  ㉡ 토압을 받는 부분의 높이 : 1.2~2.5m → 바로 위층 벽두께+10cm 이상
⑤ 조적조 담
  ㉠ 높이는 3m 이하일 것
  ㉡ 담 두께는 19cm 이상일 것(담 높이 2m 이하는 9cm)
  ㉢ 버팀벽은 길이 2m 이내마다 벽두께 1.0배 이상 돌출, 길이 4m 이내마다 벽두께의 1.5배 이상 돌출시키되 벽두께가 기준의 1.5배 이상인 경우는 예외로 할 수 있다.

> **핵심문제**
> 조적조에서 하나의 개구부와 그 직상에 있는 개구부와의 수직거리는 얼마 이상으로 하여야 하는가?
> ① 30cm   ② 40cm
> ③ 50cm   ❹ 60cm

(3) 개구부

① 개구부 상호 간의 수직거리는 60cm 이상으로 한다.
② 개구부 상호 간의 수평거리 또는 개구부와 대린벽 중심과의 수평거리는 그 벽 두께의 2배 이상으로 한다.
③ 대린벽으로 구획된 각벽에서 개구부 폭의 합계는 그 벽의 길이의 1/2 이하로 한다.
④ 개구부 폭이 1.8m 이상일 때는 철근콘크리트조의 웃인방을 설치한다.

(4) 벽의 홈

① 조적식 구조인 벽에 그 층 높이의 3/4 이상 연속한 세로홈을 설치하는 경우에는 그 홈의 깊이는 벽두께의 1/3 이하로 한다.
② 가로홈을 설치하는 경우에는 그 홈의 깊이는 벽두께의 1/3 이하로 하되, 길이는 3m 이하로 한다.

5. 벽돌벽의 중요결함

(1) 벽돌벽의 균열

1) 계획 설계상의 미비

① 기초의 부동침하
② 건물의 평면 입면의 불균형 및 벽의 불합리 배치
③ 불균형 집중하중 및 횡력 또는 충격

④ 벽돌벽의 길이, 높이, 두께와 벽돌 벽체의 강도 부족
⑤ 개구부 크기의 불합리, 불균형 배치

2) 시공상의 결함

① 벽돌 및 모르타르의 강도 부족과 신축성
② 벽돌벽의 부분적 시공 결함
③ 이질재와의 접합부에 대한 불안전한 시공
④ 장막벽의 상부와 콘크리트보 사이의 공극 충진 부족
⑤ 모르타르 바름의 들뜨기

SECTION 02 블록구조

1. 보강 조적식 블록조의 구조제한

(1) 내력벽

1) 벽체의 길이

① 벽 길이는 10m 이하, 높이는 4m 이하, 벽 길이가 10m 이상일 때는 부축벽, 붙임벽, 붙임기둥 등을 쌓으며 부축벽, 붙임벽 등의 길이는 벽 높이의 1/3으로 한다.
② 평면상 벽 길이는 55cm 이상이어야 하며, 벽 양쪽에 있는 개구부 높이 평균값의 30% 이상이어야 한다.
③ 부분적 벽 길이의 합계는 그 벽 길이의 1/2 이상이어야 한다.

2) 벽량

① 내력벽 길이의 총합계를 그 층의 바닥면적으로 나눈 값을 말한다.

$$벽량(cm/m^2) = \frac{내력벽\ 길이의\ 합계(cm)}{그\ 층의\ 바닥면적(m^2)} \geq 15cm/m^2$$

② 큰 건물일수록 벽량을 증가시켜 횡력에 저항하는 힘이 크게 한다.
③ 바닥면적 1m²에 대하여 내력벽의 길이는 가로, 세로 각각 15cm 이상 되게 한다.
④ 내력벽으로 둘러싸인 바닥면적은 80m²를 넘지 않게 한다.

3) 벽두께

내력벽의 최소 두께는 15cm 이상 또는 주요 지점 간 거리의 1/50 이상이어야 한다.

> **핵심문제**
>
> 보강 블록조에 관한 설명으로 가장 부적당한 것은 다음 중 어느 것인가?
> ❶ 내력벽의 최소두께는 9cm 이상으로 한다.
> ② 보강블록조의 담의 높이는 3m 이하로 한다.
> ③ 벽량은 그 층의 바닥면적에 대하여 0.15m/m² 이상으로 한다.
> ④ 내력벽 각 층의 벽 위에는 춤이 벽두께의 1.5배 이상인 철근콘크리트조의 테두리보를 설치한다.

(2) 테두리보

1) 설치 목적

① 분산된 벽체를 일체로 하여 하중을 균등히 분포시킨다.
② 수직 균열을 방지한다.
③ 세로 철근을 정착시킬 수 있다.
④ 집중하중을 받는 부분을 보강한다.
⑤ 최상층을 철근콘크리트 바닥판으로 할 때를 제외하고는 테두리보를 두는 것을 원칙으로 한다.

2) 테두리보의 춤

테두리보의 춤은 벽두께(T)의 1.5배 이상으로 한다.

SECTION 03 돌구조

1. 석재의 가공 및 마감

(1) 표면의 조밀에 의한 분류

1) 혹따기(메다듬)

돌의 거친 면을 쇠메로 다듬어 면의 요철을 없게 하는 것이다.

2) 정다듬

정으로 쪼고 평평하게 다듬는 것으로 그 정도에 따라 거친다듬, 중다듬, 고운다듬으로 구분된다.

3) 도드락다듬

도드락다듬은 거친 도드락망치로부터 잔 도드락망치의 순으로 다듬는 방법인데, 그 횟수는 1~3회 두들김으로 한다.

4) 잔다듬

날망치로 정다듬 또는 도드락 다듬면 위를 일정한 방향, 평행선으로 나란히 찍고 다듬어 평탄하게 마무리 하는 것이다.

5) 물갈기 및 광내기

잔다듬 또는 톱켜기 면을 철사, 금강사, 카보런덤, 모래 등으로 물을 주면서 갈아 광택이 나게 하는 것이다.

2. 석축쌓기

(1) 건성쌓기

돌과 돌 사이에 맞댄면은 모르타르 또는 콘크리트 등을 사춤쳐 넣지 않고, 맞댄면은 서로 맞대어 축조하고 뒤고임 돌만 다져 넣은 것

(2) 모르타르 사춤쌓기

돌의 맞댄면은 모르타르 또는 콘크리트를 깔아 접착시키고, 뒤에는 잡석다짐을 하는 것

(3) 찰쌓기

돌과 돌 사이 맞댄면에 모르타르를 다져 넣어 상호 접착시키고, 뒤고임에도 콘크리트를 채워 넣는다.

출제예상문제

01 벽돌구조에서 쌓기법 중 구조상 가장 견고한 것은?

① 영식 쌓기
② 불식 쌓기
③ 미식 쌓기
④ 화란식 쌓기

해설

벽체의 일반 쌓기법

양식	쌓는 방법	사용 양식	특징	역할
영식 쌓기	마구리쌓기켜와 길이쌓기켜를 교대로 하여 쌓으며, 모서리에 반절, 이오토막을 사용	반절, 이오토막 사용	통줄눈이 생기지 않는다.	내력벽, 가장 튼튼
화란식 쌓기	한 켜는 길이쌓기로 하고 다음은 마구리쌓기로 하는 것은 영식 쌓기로 하는 것은 동일하며, 모서리 부분에서 칠오토막을 사용하여 마무리	모서리에 칠오토막 사용	모서리가 다소 견고하다.	내력벽, 많이 사용
미식 쌓기	앞면은 치장벽돌을 써서 5~6켜 정도는 길이쌓기로 하고 다음 1켜는 마구리쌓기로 하여 뒷벽돌에 물려서 쌓으며, 뒷면은 영식으로 쌓는다.	치장벽돌 사용	통줄눈이 생기지 않는다.	내력벽
불식 쌓기	한 켜에서 벽돌 마구리와 길이가 교대로 나타나도록 쌓는다.	많은 토막벽돌 소요	통줄눈이 많이 생긴다.	장막벽, 의장적 효과

02 벽돌쌓기의 특징 중 설명이 잘못된 것은?

① 영식 쌓기는 통줄눈이 생기지 않는다.
② 미식 쌓기는 통줄눈이 생기지 않는다.
③ 프랑스식 쌓기는 통줄눈이 생기지 않는다.
④ 화신식 쌓기는 모서리부분이 견고하다.

03 조적식 구조에 대한 기술 중 틀린 것은?

① 각 층의 대린벽으로 구획된 각 벽의 개구부 폭의 합계는 그 벽길이의 1/3 이하로 한다.
② 하나의 층에 있어서 개구부와 그 직상 개구부와의 수직거리는 60cm 이상으로 한다.
③ 폭이 1.8m를 넘는 개구부 상부에는 철근콘크리트 웃인방을 설치한다.
④ 조적식 내력벽 위에 설치하는 테두리보의 춤은 벽두께의 1.5배 이상으로 한다.

해설

대린벽으로 구획된 각벽에서 개구부 폭의 합계는 그 벽의 길이의 1/2 이하로 한다.

04 조적조 내력벽에 관한 설명이다. 옳은 것은?

① 벽길이는 10m 이하로 하고 내력벽으로 둘러싸인 부분의 바닥면적은 60m² 를 넘을 수 없다.
② 벽길이는 8m 이하로 하고 내력벽으로 둘러싸인 부분의 바닥면적은 80m² 를 넘을 수 없다.
③ 벽길이는 10m 이하로 하고 내력벽으로 둘러싸인 부분의 바닥면적은 80m² 를 넘을 수 없다.
④ 벽길이는 8m 이하로 하고 내력벽으로 둘러싸인 부분의 바닥면적은 60m² 를 넘을 수 없다.

05 조적조 구조에 관한 다음 사항 중 틀린 것은?

① 조적조 구조인 내력벽의 길이는 15m를 넘을 수 없다.
② 조적조 구조인 내력벽으로 둘러싸인 부분의 바닥면적은 80m² 를 넘을 수 없다.
③ 조적조 구조인 내력벽의 두께는 바로 위층의 내력벽의 두께 이상이어야 한다.
④ 조적조의 기초는 연속기초로 한다.

해설

조적조 구조의 내력벽의 길이는 10m를 넘을 수 없다.

정답 01 ① 02 ③ 03 ① 04 ③ 05 ①

06 다음 벽체에 대한 기술 중 옳지 않은 것은?

① 조적조의 벽량 단위는 cm/m²이다.
② 가구식 벽체에 설치한 가새는 수직하중에 대한 보강재이다.
③ 조적조의 벽길이는 10m 이하로 한다.
④ 내력벽으로 둘러싸인 부분의 바닥면적은 80m²이하로 한다.

07 벽돌조 벽체의 두께 제한과 관련이 적은 것은 다음 중 어느 것인가?

① 모르타르의 강도
② 건축물의 높이
③ 벽체의 길이
④ 내력벽으로 둘러싸인 바닥면적

> 해설
> 벽체의 두께는 건물의 높이, 벽의 길이 등에 의해서 정해진다.

08 조적조에서 테두리보의 춤은 벽체두께의 얼마 이상으로 해야 하는가?

① 1.5배
② 2.5배
③ 3배
④ 3.5배

09 벽돌구조에 관한 다음 사항 중 옳지 않은 것은?

① 벽돌벽에 배관, 배선을 위함 홈을 팔때는 홈의 깊이는 벽두께의 1/3 이하로 한다.
② 창문 기타 문골너비의 합계는 벽길이의 1/2 이하로 한다.
③ 벽돌 벽체의 강도는 벽의 길이와는 관계가 없다.
④ 벽돌벽의 두께와 문골의 크기와는 관계가 없다.

10 벽돌벽체 내쌓기로 옳은 것은?

① 1/8B 한 켜씩 내쌓고 내미는 정도는 2B 한도로 했다.
② 1/4B 두 켜씩 내쌓고 내미는 정도는 1B 한도로 했다.
③ 1/8B 한 켜씩 내쌓고 내미는 정도는 1B 한도로 했다.
④ 1/4B 한 켜씩 내쌓고 내미는 정도는 2B 한도로 했다.

> 해설
> 1/8B 한 켜씩 또는 1/4B 두 켜씩 내쌓고, 내미는 정도는 최대 2.0B 이내로 한다.

11 벽돌조의 규정에 관한 기술 중 옳지 않은 것은?

① 간막이 벽의 두께는 9cm 이상으로 해야 한다.
② 벽의 두께는 높이의 1/15 이상으로 해야 한다.
③ 벽돌 내쌓기의 정도는 2B를 한도로 한다.
④ 폭이 1.8m를 넘는 개구부의 상부에는 철근콘크리트조의 웃인방을 설치하여야 한다.

> 해설
> 벽의 두께는 높이의 1/20 이상으로 해야 한다.

12 조적조에서 아치를 설치하는 가장 큰 이유는?

① 건물의 미관을 높이기 위해서
② 개구부를 크게 하기 위하여
③ 개구부에 가해지는 하중 경감을 위하여
④ 창문틀을 정확히 설치 및 유지하기 위하여

13 조적조에 관한 기술 중 옳지 않은 것은?

① 내력벽의 두께는 마감재료의 두께를 포함하며 그 직상층의 내력벽 두께보다 작아서는 안 된다.
② 내력벽의 길이는 10m를 넘을 수 없다.
③ 토압을 받는 부분의 내력벽의 높이가 2.5m 이하인 경우에는 벽돌구조로 할 수 있다.
④ 간벽의 두께는 최소 9cm 이상으로 한다.

정답 06 ② 07 ① 08 ① 09 ③ 10 ① 11 ② 12 ③ 13 ①

14 조적조에서 하나의 개구부와 그 직상에 있는 개구부와의 수직거리는 얼마 이상으로 하여야 하는가?

① 30cm
② 40cm
③ 50cm
④ 60cm

15 콘크리트블록조에 철근콘크리트 테두리보를 설치하는 이유로서 옳지 않은 것은?

① 수평력에 견디기 위하여
② 지붕, 바닥 및 벽체의 자중을 내력벽에 전달시키기 위하여
③ 분산된 내력벽을 일체로 연결하여 하중을 균등히 분포시키기 위하여
④ 벽에 창호 설치 시 개구부를 크게 하기 위하여

16 벽돌의 크기가 190mm×90mm×57mm로 2.5B 쌓기를 하였을 때 벽두께는?

① 390mm
② 490mm
③ 510mm
④ 590mm

17 조적조 벽체의 강도에 영향을 미치는 사항 중 관계가 없는 것은 어느 것인가?

① 벽두께
② 모르타르의 압축강도
③ 모르타르의 접착강도
④ 벽돌의 휨강도

18 조적벽체의 강도에 영향을 미치는 요인 중 가장 영향이 적은 것은 다음 중 어느 것인가?

① 시공의 정밀도
② 벽돌 자체의 결함 여부
③ 벽돌의 함수율
④ 벽돌 개체의 압축강도

19 벽돌벽의 균열에 영향을 미치는 요인으로 가장 부적절한 것은?

① 기초의 부동침하
② 모르타르의 불량
③ 복잡한 평면, 입면 구성
④ 중성화

20 보강블록조에 관한 설명으로 가장 부적당한 것은 다음 중 어느 것인가?

① 내력벽의 최소두께는 9cm 이상으로 한다.
② 보강블록조의 담의 높이는 3m 이하로 한다.
③ 벽량은 그 층의 바닥면적에 대하여 0.15m/m² 이상으로 한다.
④ 내력벽 각 층의 벽 위에는 춤이 벽두께의 1.5배 이상인 철근콘크리트조의 테두리보를 설치한다.

> **해설**
>
> 내력벽의 최소 두께는 15cm 이상 또는 주요 지점 간 거리의 1/50 이상이어야 한다.

정답 14 ④ 15 ④ 16 ② 17 ④ 18 ② 19 ④ 20 ①

Engineer Architecture

CHAPTER 05

나무구조

01 목재
02 목재의 접합
03 뼈대구조
04 마루
05 지붕틀

CHAPTER 05 나무구조

SECTION 01 목재

1. 목재의 종류

(1) 구조재

변형이 생기지 않도록 건조된 목재로서, 옹이, 썩음, 기타 강도를 저해하는 흠이 없는 것을 사용한다.

(2) 수장재

치장을 위해 사용하는 목재로서, 나뭇결이 좋고 무늬가 고우면서 뒤틀림이 없는 나무이다.

(3) 창호재, 가구재

창호와 정밀한 가공을 요하는 가구에 사용되는 목재로서, 수장재보다 더 흠이 없고, 곧은결의 재료로 흠이 없는 나무이다.

2. 목재의 취급단위

① $1m^3 = 1m \times 1m \times 1m = 299.475$재
② 1재(才) = 1치 × 1치 × 12자 = $0.00324m^3$
③ 1섬(石) = 1자 × 1자 × 12자 = 83.3재
④ 1 보드 피트 = $1'' \times 1'' \times 12'' = 0.703$재
⑤ 1자 = 30cm = 10치
  ※ 1치 = 3cm = 10푼
    1푼 = 0.3cm = 10리

3. 목재의 재료적 특성

(1) 목재의 비중 및 함수율

목재의 비중은 일반적으로 0.4~0.8 정도이며, 함수율은 구조재 25% 이하, 수장재 20% 이하, 창호재 및 가구재 18% 이하로 건조시켜야 한다.

(2) 허용 응력도

최대 강도의 1/7~1/8 정도이다.

(3) 강도

① 인장강도 > 휨강도 > 압축강도 > 전단강도
② 섬유 평행방향 강도 > 직각방향 강도

SECTION 02 목재의 접합

1. 이음, 맞춤의 원칙

(1) 이음

2개 이상의 목재를 길이방향으로 이어서 1개의 부재로 만드는 것

(2) 맞춤

방향이 다르게(직각 또는 경사지게) 두 재료를 맞추는 방법

(3) 쪽매

널판재의 면적을 넓히기 위하여 판재 옆면의 상호 간을 붙여 대는 것으로 진동에도 못이 솟아올라 오는 일이 없는 제혀쪽매가 가장 많이 사용된다.

2. 이음과 맞춤 시의 주의사항

① 재는 될 수 있는 한 적게 깎아 낼 것
② 응력이 작은 곳에서 만들 것
③ 공작이 간단하게 하고 모양에 치중하지 말 것
④ 응력이 균등히 전달되도록 할 것
⑤ 이음, 맞춤 단면은 응력의 방향에 직각으로 할 것
⑥ 정확하게 가공하여 빈틈이 없게 할 것

3. 보강 철물

① 못
② 나사못
③ 꺾쇠(Clamp) : 평꺾쇠, 각꺾쇠, 원꺾쇠, 엇꺾쇠, 주걱꺾쇠 등이 있다.
④ 볼트 : 보통 6각 머리 원형 볼트와 6각 너트가 사용되며, 지름 9mm 이상 사용한다.
⑤ 듀벨
  ㉠ 볼트와 병행하여 듀벨은 전단력에 볼트는 인장력에 저항하게 한다.
  ㉡ 듀벨의 배치는 동일 섬유방향에 엇갈리게 배치한다.

핵심문제 ●○○

목구조 접합에 관한 다음 설명 중 가장 부적당한 것은?

① 응력이 작은 곳에서 이음과 맞춤을 한다.
② 이음과 맞춤은 공작이 간단한 것이 좋다.
③ 이음과 맞춤을 정확히 가공하여 서로 밀착되도록 한다.
❹ 이음과 맞춤의 단면은 응력의 방향과 일치되도록 하여 응력을 균등히 전달시킨다.

SECTION 03 뼈대구조

1. 토대(Ground Sill)

① 토대는 기초 위에 가로 놓아 상부에서 오는 하중을 기초에 전달하는 역할을 하며, 기둥 밑을 고정하는 부재이다.
② 토대는 기초에 2~4m마다 앵커 볼트로 긴결한다.
③ 토대가 기초나 모르타르에 접촉하는 부분은 방부제를 칠하고 1~3cm 정도 간격을 두는 것이 좋다.
④ 토대의 크기는 보통 기둥과 같거나 다소 크게 한다.

2. 기둥(Post, Stud)

(1) 본 기둥

1) 통재기둥

① 통재기둥은 밑층에서 위층까지 1개의 재로 연결되는 기둥이다.
② 건물의 모서리에 배치하며, 길이 5~7m 정도이다.
③ 2층 이상인 목조건물에 있어서 모서리기둥은 통재기둥으로 해야 한다.

2) 평기둥

각 층별로 배치되는 기둥을 말한다.

(2) 샛기둥

상부의 하중을 받지 않고 본 기둥 사이에 벽체를 이루는 것으로 가새의 옆 휨을 막는 데 유효하다.

3. 가새(Diagonal Bracing)

① 수평력에 견디게 하고 안정한 구조로 하기 위하여 사용한다.
② 가새의 경사는 45°에 가까울수록 유리하다.
③ 가새의 설치 원칙
  ㉠ 기둥이나 보의 중간에 가새의 끝단을 대지 말 것
  ㉡ 기둥이나 보에 대칭이 되도록 할 것
  ㉢ X자형으로 배치
  ㉣ 상부보다 하부에 많이 배치

핵심문제

목구조에서 가새의 설치원칙에 대한 설명 중 틀린 것은?
① X자형으로 배치할 것
② 기둥이나 보의 중간에 가새의 끝단을 대지 말 것
③ 기둥이나 보에 대칭이 되도록 할 것
❹ 하부보다 상부에 많이 배치할 것

SECTION 04 마루

1. 1층 마루

(1) 종류

1층 마루에는 동바리마루와 납작마루가 있다.

1) 동바리마루

마루 밑에는 동바리돌을 놓고 그 위에 동바리(Floor Post)를 세우며 여기에 멍에(Sleeper)를 건 다음 그 위에 직각방향으로 장선(Floor Joist)을 걸치고 마루널을 깐다.

2) 납작마루

간단한 창고, 공장, 공작실, 기타 임시건축물 등 용도상 마루를 낮게 설치할 때에는 땅바닥 또는 호박돌 위에 직접 장선을 걸쳐 대거나 호박돌 위에 멍에를 깔고 장선을 걸쳐대어 마루널을 깔기도 한다.

(2) 마루 밑의 방습과 방부

① 지면에서 45cm 이상 높인다.
② 외벽의 마룻바닥 밑부분에는 벽의 길이 5m 이하마다 면적 300cm² 이상의 환기구멍을 만든다.
③ 목구조에서는 지반면에서 1m 높이까지는 방부 처리한다.

2. 2층 마루

(1) 홑마루틀

장선마루라고도 하며 간사이가 작은 복도 등에 많이 쓰이며, 간사이가 작은 마루에는 보를 쓰지 않고 직접 층도리에 장선을 45cm 간격으로 걸쳐 대고 그 위에 널을 깐다.

(2) 보마루틀

일반적인 마루구조로 보를 걸고 장선을 받친 위에 마루널을 깐 것이며, 보통 간사이가 2.7m 이상일 때에 쓰이며, 보의 간격은 1.8m로 한다.

(3) 짠마루틀

큰 보 위에 작은 보를 걸고, 그 위에 장선을 대고 마루널을 깐 마루를 짠마루틀이라 하며, 간사이가 6.4m 이상일 때 쓰이고, 큰 보 간격은 보통 2.7~3.6m이다.

SECTION 05 지붕틀

1. 지붕의 종류와 물매

(1) 지붕의 종류

건축물의 종류, 규모, 지역의 기후, 풍토와 거주자에 따라 다르며, 보통 쓰이는 모양은 외쪽지붕, 박공지붕, 모임지붕, 합각지붕, 꺾임지붕, 평지붕 등이 쓰인다.

(2) 물매

① 물매는 수평거리 10cm에 대한 수직높이를 말하며 지붕 이음재료, 지붕의 간사이, 건물의 용도, 적설량에 따라 결정된다.
② 10cm 물매, 즉 45° 경사를 되물매라 하고 그 이상을 된물매라 한다.

▼ 〈표 4-1〉 지붕재료에 대한 물매의 표준

지붕재료	물매	지붕재료	물매
함석, 기왓가락	2.5~3.5	골함석	3.0
슬레이트	5.0	루핑	2.0~3.5
골슬레이트	3.0	기와	4.0~5.0

2. 양식 지붕틀

(1) 왕대공 지붕틀

① 양식 지붕틀 중 가장 많이 쓰이는 지붕틀로 여러 부재를 삼각형으로 짜서 역학적으로 외력에 튼튼한 구조이다.
② 간사이가 큰 구조물에서 20m 정도의 큰 간사이에도 사용할 수 있으나 일반적으로 10m 내외의 간사이에 많이 사용된다.
③ 지붕틀 간격은 2~3m 정도로 한다.
④ 각 부재의 응력 : 경사재가 압축재이고 수직재 및 하현재가 인장재이다.
   ㉠ 왕대공 : 인장재
   ㉡ 평보 : 휨과 인장력을 동시에 받고 이음은 왕대공 근처에서 맞댄이음에 덧판 볼트 조임을 한다.
   ㉢ ㅅ자보 : 휨과 압축력을 받고, 가장 큰 응력을 받는다.
   ㉣ 빗대공 : 압축재
   ㉤ 달대공 : 인장재

핵심문제

목조 왕대공 지붕틀에서 각 부재의 응력 성질 중 옳지 않은 것은?
① ㅅ자보는 휨과 압축력을 받는다.
② 빗대공은 압축력을 받는다.
❸ 왕대공은 압축력을 받는다.
④ 평보는 휨과 인장력을 받는다.

(2) 쌍대공 지붕틀

　① 지붕 속을 다락방으로 이용할 때 또는 꺾임지붕으로 외관을 꾸밀 때 쓰인다.
　② 지붕틀의 간사이는 10~15m가 적당하다.
　③ 지붕틀 간격은 1.8~3.0m 정도로 한다.

출제예상문제

01 목재 이음의 종류이다. 이들 중 중요부 가로재의 내이음으로 구부림에 가장 유리한 것은?

① 주먹장 이음 ② 엇걸이 이음
③ 메뚜기장 이음 ④ 빗걸이 이음

[해설]
엇걸이 이음(Scaf Joint)은 비녀(산지) 등을 박아 더욱 튼튼한 이음으로 하고 중요한 가로재의 내이음에 많이 사용되며, 구부림에 가장 효과가 있다.

02 목조 왕대공지붕틀에서 각 부재의 응력 성질 중 옳지 않은 것은?

① ㅅ자보는 휨과 압축력을 받는다.
② 빗대공은 압축력을 받는다.
③ 왕대공은 압축력을 받는다.
④ 평보는 휨과 인장력을 받는다.

[해설]
왕대공 지붕틀에서 수직재(왕대공, 달대공) 및 수평재(평보)는 인장재이고, ㅅ자보 및 빗대공은 압축재이다.

03 목조 왕대공지붕틀에서 압축력과 휨을 동시에 받는 부재는?

① 빗대공 ② 평보
③ 왕대공 ④ ㅅ자보

04 가구식 구조물의 횡력에 대한 안전한 구법으로 가장 올바른 것은?

① 샛기둥을 많이 설치한다.
② 가새를 유효하게 설치한다.
③ 기둥과 보의 단면계수 값을 증가시킨다.
④ 기둥 부재의 단면을 크게 한다.

05 목구조에서 가새의 설치원칙에 대한 설명 중 틀린 것은?

① X자형으로 배치할 것
② 기둥이나 보의 중간에 가새의 끝단을 대지 말 것
③ 기둥이나 보에 대칭이 되도록 할 것
④ 하부보다 상부에 많이 배치할 것

06 목구조 접합에 관한 다음 설명 중 가장 부적당한 것은?

① 응력이 작은 곳에서 이음과 맞춤을 한다.
② 이음과 맞춤은 공작이 간단한 것이 좋다.
③ 이음과 맞춤을 정확히 가공하여 서로 밀착되도록 한다.
④ 이음과 맞춤의 단면은 응력의 방향과 일치되도록 하여 응력을 균등히 전달시킨다.

[해설]
이음, 맞춤 단면은 응력의 방향에 직각으로 한다.

정답 01 ② 02 ③ 03 ④ 04 ② 05 ④ 06 ④

CHAPTER 06

기타 구조

출제예상문제

01 다음 지붕물매에 관한 사항 중 틀린 것은?

① 물매는 수평거리 10cm에 대한 직각 삼각형의 수직 높이다.
② 수평거리와 높이가 같은 물매를 된물매라 한다.
③ 수평거리보다 높이가 작은 물매를 평물매라 한다.
④ 귀물매는 주로 추녀 마름질에 사용된다.

> 해설
> 45° 물매, 즉 수평거리와 높이가 같은 물매를 되물매라 한다.

02 지붕재료에 대한 물매로 적당하지 못한 것은?

① 천연슬레이트 5cm
② 금속판 평이음 3cm
③ 금속판 기와가락 2.5cm
④ 골슬레이트 1.5cm

> 해설
> 골슬레이트 2.5cm

03 지붕재료에 대한 물매가 크기(작은 것 → 큰 것) 순으로 옳은 것은?

① 금속판→아스팔트루핑→평기와→소형슬레이트
② 아스팔트루핑→금속판→소형슬레이트→평기와
③ 금속판→아스팔트루핑→소형슬레이트→평기와
④ 아스팔트루핑→금속판→평기와→소형슬레이트

> 해설
> • 지붕이 클수록 물매는 급하게
> • 지붕재료의 크기가 작을수록 물매는 급하게
> • 금속판(2.5) → 아스팔트루핑(3) → 평기와(4) → 소형슬레이트(5)

04 옥상방수에 관한 설명 중 틀린 것은?

① 옥상방수의 바탕 물흘림 경사는 약 1/200 이내이다.
② 옥상방수에는 아스팔트의 침입도가 적고 연화점이 낮은 것을 사용한다.
③ 난간벽의 방수층 치켜올림 높이는 30cm 이상이 좋다.
④ 아스팔트는 200℃ 이상 가열하지 않아야 하고 180℃ 이하는 적당하지 않다.

> 해설
> 옥상방수 재료의 아스팔트는 침입도가 크고 연화점이 높은 것을 사용한다.

05 지하실 안방수와 바깥방수의 장점을 열거한 것 중 바깥방수에 해당되는 것은?

① 공사시기를 자유로이 선택할 수 있다.
② 보수공사가 자유롭다.
③ 실내 유효면적이 감소된다.
④ 수압이 큰 경우에 사용된다.

> 해설
> 바깥방수는 수압이 큰 곳에 사용한다.

06 징두리판벽에 대한 설명 중 틀린 것은?

① 징두리는 굽도리라고도 한다.
② 실내 벽의 밑부분을 보호하고 장식을 겸한 높이 1~1.5m 정도의 판벽이다.
③ 판붙이기는 띠장을 기둥, 샛기둥에 약 45cm 간격으로 대고 이 띠장에 널을 못박아 댄다.
④ 널의 쪽매는 벽이므로 맞댄쪽매가 가장 이상적이다.

> 해설
> 반턱쪽매나 제혀쪽매로 접합한다.

정답 01 ② 02 ④ 03 ① 04 ② 05 ④ 06 ④

07 다음 중에서 철물이 사용되는 장소로 잘못 연결된 것은?

① 논슬립 – 계단
② 메탈라스 – 바닥
③ 피봇 – 창호
④ 코너비드 – 기둥

[해설]
- 메탈라스(Metal Lath) : 천장, 벽 등의 모르타르바름 바탕용 철물
- 코너비드(Conner Bead) : 기둥, 벽의 모서리를 보호하기 위하여 붙이는 철물

08 풍소란의 설명 중 옳은 것은?

① 문틀의 상·하부분을 말한다.
② 미서기의 마중대에 방풍용으로 턱솔 또는 딴혀를 서로 대어 내는 것을 말한다.
③ 방충용으로 망사문을 설치하는 것을 말한다.
④ 방풍, 방한에 좋은 문받이 홈을 말한다.

[해설]
풍소란은 미서기의 마중대에 방풍적으로 물려지게 한 것이다.

09 그림은 반자틀의 단면을 표시한 것이다. 명칭이 틀린 것은?

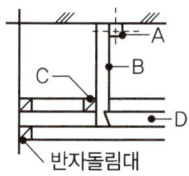

① A – 달대받이
② B – 달대
③ C – 반자돌림대
④ D – 반자틀

[해설]
C – 반자틀받이

10 반자구조에서 반자널을 못박아 대는 부위는?

① 달대받이
② 달대
③ 반자돌림대
④ 반자틀

11 반자 주위 또는 구석 일부의 반자를 한 단 낮게 하여 장식, 음향효과를 고려하는 것은?

① 우물반자
② 구성반자
③ 널반자
④ 살대반자

12 열려진 문을 제자리에 머물게 하는 창호철물은?

① 나이트래치(Night Latch)
② 도어볼트(Door Bolt)
③ 도어스톱(Door Stop)
④ 도어행거(Door Hanger)

[해설]
도어스톱은 열려진 문을 받아 벽을 보호하고 문을 고정하는 것이다.

13 여닫이문에 사용할 수 없는 창호철물은?

① 도어체크(Door Check)
② 플로어힌지(Floor Hinge)
③ 실린더록(Cylinder Lock)
④ 도어행거(Door Hanger)

[해설]
도어행거는 미서기문 또는 접문 등 상부에 다는 바퀴가 달린 창호철물이다.

14 다음 창호에 대한 기술 중 틀린 것은?

① 알루미늄제 창호는 알칼리성에 강하므로 철근콘크리트 건물에 사용한다.
② 금속제 창문은 여닫음이 경쾌하다.
③ 금속제 창호는 전기, 화학작용으로 이질금속제와 접촉하면 부식된다.
④ 플로어힌지는 사무실 건물의 현관 출입문에 사용한다.

정답 07 ② 08 ② 09 ③ 10 ④ 11 ② 12 ③ 13 ④ 14 ①

> **해설**
> 알루미늄제 창호는 알칼리성에 매우 약하다.

15 회전창문의 돌쩌귀 중심에 대한 설명 중 옳은 것은?

① 창문의 수평중심선보다 약 2.5cm 정도 올려서 단다.
② 창문의 수평중심선보다 약 2.5cm 정도 내려서 단다.
③ 창문의 수평중심선과 일치시킨다.
④ 한쪽은 약 1cm 정도 올리고, 다른 한쪽은 약 1cm 정도 내려 달아야 한다.

> **해설**
> 창문의 수평중심선보다 약 2.5cm 정도 올려서 달아 스스로 닫히게 할 수 있다.

16 울거미를 짜고 그 정간(井間)에 넓은 판을 끼운 문은?

① 비늘살문
② 도듬문
③ 플러쉬문
④ 양판문

17 목재로 울거미를 짜고 중간살 간격 25cm 이내로 배치하여 양면에 합판을 붙인 문은?

① 비늘살문
② 도듬문
③ 플러쉬문
④ 양판문

18 다음 창호철물에 관한 설명 중 틀린 것은?

① 오르내리창에는 크레센트를 사용한다.
② 자재문에는 도어체크를 단다.
③ 플로어힌지는 중량의 자재문에 사용한다.
④ 나이트래치는 외부는 열쇠로 내부는 손잡이로 열 수 있는 장치이다.

> **해설**
> 자재문에는 자유정첩을 사용한다.

19 창문틀의 면적이 클 경우 중공(中空)형의 강판을 접어서 만든 것으로 창틀을 보강하거나 유리의 파손을 방지하기 위하여 설치하는 보강재는?

① 멀리온
② 갤러리
③ 피봇
④ 도어행거

20 여닫이문에 사용할 수 없는 창호철물은?

① 실린더록
② 플로어힌지
③ 도어행거
④ 도어체크

> **해설**
> **도어행거**
> 접문, 달문의 이동을 위해 상부에 설치하는 미닫이용 바퀴 철물

21 프리스트레스 콘크리트(Prestressed Concrete) 구조가 보통 철근콘크리트보다 우수한 점을 아래에 기술하였는데 옳지 않은 것은?

① 강재량이 절약된다.
② 내화성이 높다.
③ 콘크리트의 균열이 적다.
④ 현장작업의 능률이 높다.

> **해설**
> ㉠ PS구조의 장점
> • 긴스팬 구조가 가능하므로 넓은 공간설계가 가능하다.
> • 균열을 억제하는 설계법으로 내구성이 풍부하다.
> • 하중을 상쇄시키는 작용을 하므로 부재 단면이 감소된다.
> ㉡ PS구조의 단점
> • 부재의 강성이 적으므로 진동하기 쉽다.
> • 화재 시에 위험도가 높다.
> • 공사가 복잡하므로 고도의 기술이 요구된다.

정답 15 ① 16 ④ 17 ③ 18 ② 19 ① 20 ③ 21 ②

22 프리스트레스트 콘크리트 구조가 일반 철근 콘크리트 구조에 비해 우수한 점이라고 볼 수 없는 것으로 가장 적당한 것은?

① 균열발생을 줄일 수 있다.
② 철근량이 절약될 수 있다.
③ 부재단면의 성능이 향상된다.
④ 내화성능이 향상된다.

23 프리스트레스트 콘크리트에 관한 기술 중 틀린 것은?

① 프리스트레스트를 주면 콘크리트의 인장응력도에 의한 균열을 방지할 수 있다.
② 기둥과 같은 압축력을 받는 부재는 프리스트레스트를 주면 불리하게 될 경우도 있다.
③ 프리스트레스트를 주어서 부재의 처짐량을 조정할 수 있다.
④ 프리스트레스트를 주어 사용하면 저강도 콘크리트도 압축강도가 크게 된다.

24 프리캐스트 콘크리트 구조의 특성과 관계가 없는 것은?

① 공장생산이 가능하며 대량생산을 할 수 있다.
② 조립식 구조로서 단기완성이 가능하다.
③ 현장 거푸집 공사가 절약되며 공사 정밀도가 높다.
④ 각 부재의 접합부가 일체화되어 절점을 강접합으로 만들기가 용이하다.

25 커튼월에 대한 설명으로 옳지 않은 것은?

① 공장생산이 가능하다.
② 내력벽에 사용한다.
③ 고층건축에 많이 사용한다.
④ 용접이나 볼트조임으로 고정시킨다.

26 대공간의 지붕을 만들기 위해 사용하는 구조 시스템 중 가장 가벼운 구조는?

① 스페이스 프레임
② 콘크리트 셸 구조
③ 공기막 구조
④ 케이블 돔 구조

정답 22 ④ 23 ④ 24 ④ 25 ② 26 ③

부록

Engineer Architecture

APPENDIX

과년도 출제문제 및 해설

2017년 건축기사/건축산업기사
2018년 건축기사/건축산업기사
2019년 건축기사/건축산업기사
2020년 건축기사/건축산업기사
2021년 건축기사

건축기사 (2017년 3월 시행)

01 그림에서 파단선 a-1-2-3-d의 인장재의 순단면적은?(단, 판 두께는 10mm, 볼트 구멍지름은 22mm)

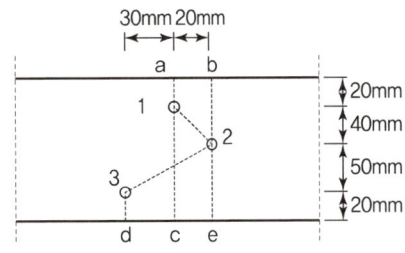

① 690mm² ② 790mm²
③ 890mm² ④ 990mm²

【해설】
인장재의 순단면적
$$A_n = A_g - ndt + \Sigma \frac{s^2}{4g}t$$
$$= (130 \times 10) - 3 \times 22 \times 10 + \frac{20^2 \times 10}{4 \times 40} + \frac{50^2 \times 10}{4 \times 50}$$
$$= 790 \text{mm}^2$$

02 강도설계법에서 깊은 보는 순경간 l_n이 부재 깊이의 몇 배 이하인 부재인가?

① 2배   ② 3배
③ 4배   ④ 5배

【해설】
깊은 보
깊은 보는 순경간 l_n이 부재 깊이의 4배 이하인 부재를 말한다.

03 다음과 같은 조건에서 철근콘크리트 보의 인장철근의 최대 허용 배근 간격은 얼마인가?(단, 철근은 보의 인장부에만 배근하고 피복두께는 40mm이다.)

- 일반환경 조건($K_{cr} = 210$)
- $f_{ck} = 28$MPa
- $f_y = 400$MPa
- $f_s = (2/3)f_y$
- $A_s = 1,548.5$mm²(4-D22)

① 106.7mm ② 163.5mm
③ 195.3mm ④ 239.1mm

【해설】
인장철근의 배근간격
- $s = 375\left(\dfrac{k_{cr}}{f_s}\right) - 2.5c_c$
  $= 375 \times \left(\dfrac{210}{266.67}\right) - 2.5 \times 40 = 195.3$mm
- $s = 300\left(\dfrac{k_{cr}}{f_s}\right) = 300 \times \left(\dfrac{210}{266.67}\right) = 236.24$mm
- $f_s = (2/3)f_y = 266.67$N/mm²
∴ 작은 값 $s = 195.3$mm

04 다음 그림과 같은 구조물의 판별로 옳은 것은?

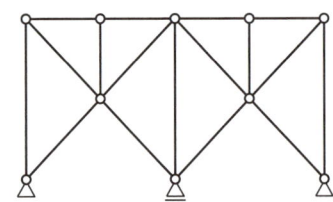

① 불안정   ② 정정
③ 1차 부정정 ④ 2차 부정정

【해설】
구조물의 판별
$n = r + m - 2 \cdot j$
(r : 반력수, m : 부재수, j : 절점수)
$n = 5 + 17 + 0 - 2 \times 10 = 2$차 부정정

정답 01 ② 02 ③ 03 ③ 04 ④

05 그림과 같은 구조물에서 AE 부재와 EB 부재의 전단력의 차이는?

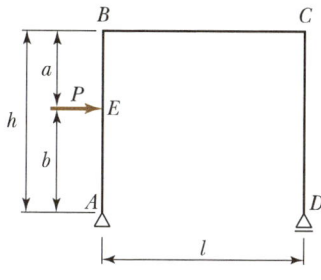

① $\dfrac{Pa}{l}$ ② $\dfrac{Pb}{l}$

③ P ④ 0

> **해설**
>
> **라멘 전단력**
> - $V_{A-E} = H_A = P$
> - $V_{E-B} = H_A - P = P - P = 0$
> - 전단력 차이는 P

06 철골구조의 기둥-보 접합부의 구성요소와 가장 거리가 먼 것은?

① 엔드플레이트(End Plate)
② 다이어프램(Diaphragm)
③ 스플릿티(Split Tee)
④ 메탈터치(Metal Touch)

> **해설**
>
> **메탈터치**
> 메탈터치는 기둥 접합면에 인장력 발생의 우려가 없고, 접합부 단면을 절삭, 다듬질 등에 의하여 밀착하는 경우, 압축력 및 휨모멘트는 각각의 50%가 접촉면에서 직접 전달되는 것으로 본다.

07 탄성계수가 10^5MPa이고 균일한 단면을 가진 부재에 인장력이 작용하여 10MPa의 인장응력이 발생하였다. 이때 부재의 길이가 0.5mm 늘어났다면 부재의 원래 길이는?

① 2m ② 5m
③ 8m ④ 10m

> **해설**
>
> **재료의 성질**
> - $\sigma = \varepsilon E = \dfrac{\Delta l}{l} E$
> - $l = \dfrac{\Delta l}{\sigma} E = \dfrac{0.5}{10} \times 10^5 = 5,000\text{mm} = 5\text{m}$

08 보통중량콘크리트를 사용한 그림과 같은 보의 단면에서 외력에 의해 휨 균열을 일으키는 균열모멘트(M_{cr}) 값으로 옳은 것은?(단, $f_{ck} = 27$MPa, $f_y = 400$MPa, 철근은 개략적으로 도시되었음)

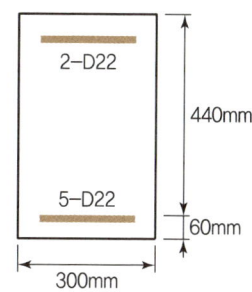

① 29.5kN·m ② 34.7kN·m
③ 40.9kN·m ④ 52.4kN·m

> **해설**
>
> **균열모멘트**
> - $f_r = 0.63\lambda\sqrt{f_{ck}} = 0.63 \times 1.0 \times \sqrt{27} = 3.27\text{N/mm}^2$
> - $S = \dfrac{bh^2}{6} = \dfrac{300 \times 500^2}{6} = 12,500,000\text{mm}^3$
> - $M_{cr} = f_r \times S = 3.27 \times 12,500,000 \times 10^{-6} = 40.9\text{kN}\cdot\text{m}$

09 $f_{ck} = 27$MPa, $f_y = 400$MPa, $d = 550$mm인 철근콘크리트 단근직사각형 보에서 균형철근비 ρ_b를 구하면?(단, $E_s = 2.0 \times 10^5$MPa)

① 0.0260 ② 0.0293
③ 0.0325 ④ 0.0352

> **해설**
>
> **균형철근비**
> $\rho_b = 0.85 \times 0.85 \times \dfrac{27}{400} \times \dfrac{600}{600+400} = 0.0293$

10 다음 중 내진 I 등급 구조물의 허용층간변위로 옳은 것은?(단, h_{sx}는 x층 층고)

① $0.005h_{sx}$ ② $0.010h_{sx}$
③ $0.015h_{sx}$ ④ $0.020h_{sx}$

해설

내진설계 허용층간변위
- 특등급 : $0.010h_{sx}$
- 1등급 : $0.015h_{sx}$
- 2등급 : $0.020h_{sx}$

11 그림과 같은 철골구조에서 $K_B/K_C = 0$일 때 기둥의 좌굴길이는?(단, 수평력에 의해 수평변형이 생길 때)

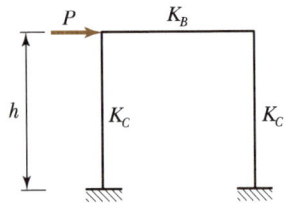

① $0.5h$ ② $0.7h$
③ $1.0h$ ④ $2.0h$

해설

기둥의 좌굴길이
- $K_B/K_C = 0$이므로 기둥의 강성 $K_C ≒ ∞$이며, 지점은 핀 절점으로 볼 수 있다.
- 수평력에 의해 수평변형이 발생하므로 비가새 골조이다.
- 따라서, 일단 고정 일단 핀의 지지조건에 비가새 골조이므로 유효좌굴길이는 $2.0h$이다.

12 그림과 같은 내민보에 집중하중이 작용할 때 A점의 처짐각 θ_A를 구하면?

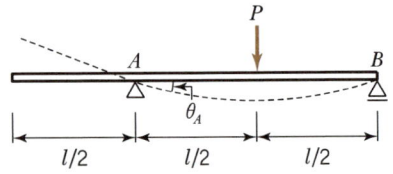

① $\dfrac{Pl^2}{4EI}$ ② $\dfrac{Pl^2}{16EI}$
③ $\dfrac{Pl^2}{128EI}$ ④ $\dfrac{Pl^2}{256EI}$

해설

처짐각

$\theta_A = \dfrac{Pl^2}{16EI}$

13 그림과 같은 사다리꼴 단면형의 도심(圖心)의 위치 y를 나타내는 식은?

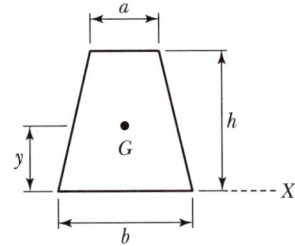

① $y = \dfrac{h}{3} \times \dfrac{2a+b}{a+b}$ ② $y = \dfrac{h}{3} \times \dfrac{a+2b}{a+b}$
③ $y = \dfrac{h}{3} \times \dfrac{a+b}{2a+b}$ ④ $y = \dfrac{h}{3} \times \dfrac{a+b}{a+2b}$

해설

도심

$G_x = Ay_o = A_1 y_{o1} + A_2 y_{o2}$

$y_o = \dfrac{A_1 y_{o_1} + A_2 y_{o_2}}{A_1 + A_2} = \dfrac{a \times h \times \dfrac{h}{2} + \dfrac{1}{2} \times (b-a) \times h \times \dfrac{h}{3}}{a \times h + \dfrac{1}{2} \times (b-a) \times h}$

$= \dfrac{\left(\dfrac{2a+b}{6}\right)h^2}{\left(\dfrac{a+b}{2}\right)h} = \dfrac{2h(a+b)}{6(a+b)} = \dfrac{h}{3} \times \dfrac{2a+b}{a+b}$

14 강구조 용접에서 용접 개시점과 종료점에 용착금속에 결함이 없도록 임시로 부착하는 것은?

① 엔드탭(End Tap)
② 오버랩(Overlap)
③ 뒷댐재(Backing Strip)
④ 언더컷(Under Cut)

정답 10 ③ 11 ④ 12 ② 13 ① 14 ①

> 해설

엔드탭

엔드탭(End Tab)은 용접선의 단부에 붙인 보조판으로 아크의 시작부나 종단부의 크레이터 등의 결함방지를 위하여 사용하고 그 판은 제거한다.

15 표준갈고리를 갖는 인장 이형철근(D13)의 기본정착길이는?(단, D13의 공칭지름 : 12.7mm, $f_{ck} = 27\text{MPa}$, $f_y = 400\text{MPa}$, $\beta = 1.0$, $m_c = 2,300 \text{ kg/m}^3$)

① 190mm
② 205mm
③ 220mm
④ 235mm

> 해설

표준갈고리를 갖는 인장이형철근의 기본정착길이

$$l_{db} = \frac{0.24 \, d_b f_y}{\lambda \sqrt{f_{ck}}} = \frac{0.24 \times 12.7 \times 400}{1.0 \times \sqrt{27}} = 235.0\text{mm}$$

16 다음 그림과 같은 인장재의 순단면적을 구하면?(단, F10T-M20 볼트 사용(표준구멍), 판의 두께는 6mm임)

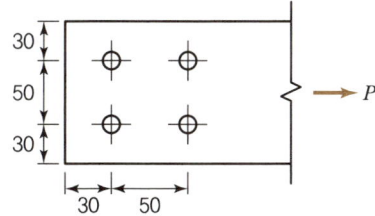

① 296mm²
② 396mm²
③ 426mm²
④ 536mm²

> 해설

인장재의 순단면적

$A_n = A_g - ndt$
$\quad = (110 \times 6) - 2 \times 22 \times 6 = 396 \text{mm}^2$

17 다음 중 철골구조의 소성설계와 관계없는 것은?

① 형상계수(Form Factor)
② 소성힌지(Plastic Hinge)
③ 붕괴기구(Collapse Mechanism)
④ 잔류응력(Residual Stress)

> 해설

잔류응력

잔류응력은 강재의 열간압연과정에서 부재 단면의 냉각속도 차이에 의해 발생한다.

18 압축이형철근(D19)의 기본정착길이를 구하면?(단, D19의 단면적 : 287mm², $f_{ck} = 21\text{MPa}$, $f_y = 400\text{MPa}$)

① 674mm
② 570mm
③ 482mm
④ 415mm

> 해설

압축이형철근의 기본정착길이

- $l_{db} = \dfrac{0.25 \, d_b f_y}{\lambda \sqrt{f_{ck}}} = \dfrac{0.25 \times 19 \times 400}{1.0 \times \sqrt{21}} = 415.0\text{mm}$
- $l_{db} = 0.043 \, d_b f_y = 0.043 \times 19 \times 400 = 327\text{mm}$
- ∴ 큰 값 $l_{db} = 415\text{mm}$

19 그림과 같은 하중을 받는 단순보에서 E점의 전단력 값은?

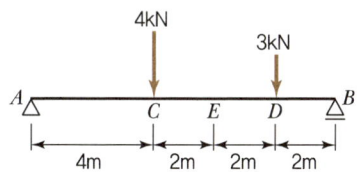

① -1kN
② -2kN
③ -3kN
④ -4kN

> 해설

단순보 전단력

- $\Sigma M_B = 0$
  $V_A \times 10 - 4 \times 6 - 3 \times 2 = 0$, $V_A = 3\text{kN}(\uparrow)$
- $V_E = V_A - 4\text{kN} = 3\text{kN} - 4\text{kN} = -1\text{kN}$

정답 15 ④ 16 ② 17 ④ 18 ④ 19 ①

20 KBC 2016에 따른 말뚝재료별 구조세칙에 관한 내용으로 옳지 않은 것은?

① 현장타설 콘크리트 말뚝을 배치할 때 그 중심간격은 말뚝머리 지름의 1.5배 이상 또한 말뚝머리 지름에 500mm를 더한 값 이상으로 한다.
② 나무 말뚝은 갈라짐 등의 흠이 없는 생통나무 껍질을 벗긴 것으로 말뚝머리에서 끝마구리까지 대체로 균일하게 지름이 변화하고 끝마구리의 지름이 120mm 이상인 것을 사용한다.
③ 기성 콘크리트 말뚝을 타설할 때 그 중심간격은 말뚝머리 지름의 2.5배 이상 또한 750mm 이상으로 한다.
④ 매입 말뚝을 배치할 때 그 중심간격은 말뚝머리 지름의 2배 이상으로 한다.

> **해설**
>
> **말뚝의 구조세칙**
> 현장타설말뚝을 배치할 때 그 중심간격은 말뚝머리 지름의 2.0배 이상 또한 말뚝머리 지름에 1,000mm를 더한 값 이상으로 한다.

정답 20 ①

건축산업기사 (2017년 3월 시행)

01 그림과 같은 등분포하중을 받는 단순보의 최대 처짐은?

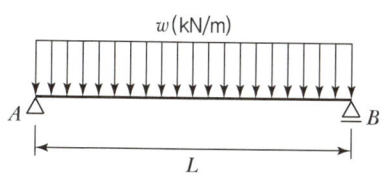

① $\dfrac{9wL^2}{128}$ ② $\dfrac{wL^4}{384EI}$

③ $\dfrac{5wL^4}{384EI}$ ④ $\dfrac{5wL^4}{128}$

[해설]

처짐

$$y_{\max} = \dfrac{5wl^4}{384EI}$$

02 압축을 받는 D22 이형철근의 기본정착길이를 구하면?(단, 경량콘크리트계수 = 1, $f_{ck} = 25\text{MPa}$, $f_h = 400\text{MPa}$)

① 378.4mm   ② 440mm
③ 500.3mm   ④ 520mm

[해설]

압축 이형철근의 기본정착길이

- $l_{db} = \dfrac{0.25 \times 22 \times 400}{1 \times \sqrt{25}} = 440\text{mm}$
- $l_{db} = 0.043 \times 22 \times 400 = 378.4\text{mm}$

∴ 큰 값 440mm

03 다음 그림과 같은 단순보에서 C점의 전단력을 구하면?

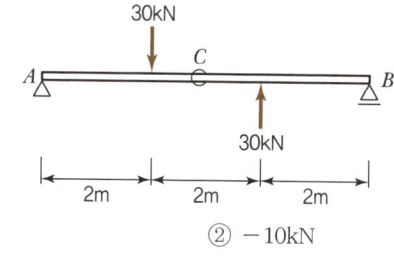

① 0   ② -10kN
③ -20kN ④ -30kN

[해설]

단순보 전단력

- $\Sigma M_B = 0$
  $V_A \times 6\text{m} - 30\text{kN} \times 4\text{m} + 30\text{kN} \times 2\text{m} = 0$
  $V_A = 10\text{kN}(\uparrow)$
- $V_C = V_A - 30\text{kN} = 10\text{kN} - 30\text{kN} = -20\text{kN}$

04 균형철근비에 대한 정의로 옳은 것은?

① 압축 측 콘크리트가 극한변형률 $\varepsilon_u = 0.003$에 도달할 때 인장 측 철근이 항복변형률에 도달하는 철근비
② 인장 측 콘크리트가 극한변형률 $\varepsilon_u = 0.003$에 도달할 때 압축 측 철근이 최대변형률에 도달하는 철근비
③ 압축 측 콘크리트가 극한변형률 $\varepsilon_u = 0.005$에 도달할 때 인장 측 철근이 항복변형률에 도달하는 철근비
④ 인장 측 콘크리트가 극한변형률 $\varepsilon_u = 0.005$에 도달할 때 압축 측 철근이 최대변형률에 도달하는 철근비

[해설]

균형철근비

균형철근비는 압축 측 콘크리트가 극한변형률 0.003에 도달하는 것과 동시에 인장 측 철근이 항복변형률에 도달할 때의 철근비를 말한다.

정답 01 ③ 02 ② 03 ③ 04 ①

05 단면 $b_w \times d = 400\text{mm} \times 550\text{mm}$인 직사각형 보에 인장철근이 5-D19 배근되어 있을 때 인장 철근비는?(단, D19 1개의 단면적은 287mm²이다.)

① 0.0065　② 0.0060
③ 0.0017　④ 0.0012

해설

인장철근비

$$\rho = \frac{A_s}{b \times d} = \frac{(5 \times 287)}{(400 \times 550)} = 0.0065$$

06 단면2차모멘트를 적용하여 구하는 것이 아닌 것은?

① 단면계수와 단면2차반경의 계산
② 단면의 도심계산
③ 휨응력도
④ 처짐량계산

해설

단면2차모멘트
도심은 1차모멘트를 이용하여 구한다.

07 철근의 간격에 대한 설명 중 옳지 않은 것은?

① 동일 평면에서 평행한 철근 사이의 수평 순간격은 25mm 이상이다.
② 상단과 하단으로 2단 이상 배근된 경우, 상하 철근의 순간격은 25mm 이상이다.
③ 동일 평면에 평행하게 배근된 철근의 순간격은 사용된 굵은 골재의 최대 공칭치수의 1.5배 이상이다.
④ 나선철근이 배근된 압축부재에서 축방향 철근의 순간격은 40mm 이상 또는 철근 공칭지름의 1.5배 이상이다.

해설

철근의 간격
보에서 동일 평면에 평행하게 배근된 철근의 순간격은 다음 중 큰 값 이상으로 한다.

- 철근의 공칭직경 이상
- 굵은 골재 최대치수의 4/3배 이상
- 25mm 이상

08 그림에서 AB 부재의 부재력은?

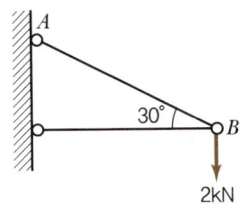

① -2kN　② +2kN
③ -4kN　④ +4kN

해설

트러스 부재력

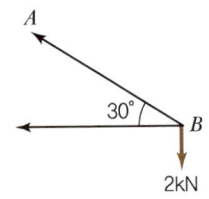

- $\Sigma V = 0$
  $-2\text{kN} + \overline{BA}\sin 30° = 0$
- $BA = 2\text{kN} \times 2 = 4\text{kN}$

09 철근콘크리트 단근보 설계에서 보의 균형철근비 $\rho_b = 0.02$일 때, 이 보의 최대철근비($\rho_{\max}$)는?(단, $f_y = 400\text{MPa}$)

① 0.0102　② 0.0143
③ 0.0205　④ 0.0252

해설

최대철근비
균형철근비(ρ_b)와 최대철근비($\rho_{\max}$)의 관계는 $f_y = 400\text{MPa}$일 때 $\rho_{\max} = 0.714\rho_b$이다.
∴ $\rho_{\max} = 0.714\rho_b = 0.714 \times 0.2 = 0.0143$

10 과도한 처짐에 의해 손상되기 쉬운 비구조 요소를 지지 또는 부착하지 않은 바닥구조의 활하중에 의한 순간 처짐의 한계는?

① $\dfrac{l}{180}$ ② $\dfrac{l}{240}$

③ $\dfrac{l}{360}$ ④ $\dfrac{l}{480}$

해설

철근콘크리트 구조의 최대 허용 처짐

부재의 형태	고려해야 할 처짐	처짐 한계
과도한 처짐에 의해 손상되기 쉬운 비구조 요소를 지지 또는 부착하지 않은 평지붕구조	활하중 L에 의한 순간처짐	$\dfrac{l}{180}$
과도한 처짐에 의해 손상되기 쉬운 비구조 요소를 지지 또는 부착하지 않은 바닥구조	활하중 L에 의한 순간처짐	$\dfrac{l}{360}$
과도한 처짐에 의해 손상되기 쉬운 비구조 요소를 지지 또는 부착한 지붕 또는 바닥구조	전체 처짐 중에서 비구조 요소가 부착된 후에 발생하는 처짐부분(모든 지속하중에 의한 장기처짐과 추가적인 활하중에 의한 순간처짐의 합)	$\dfrac{l}{480}$
과도한 처짐에 의해 손상될 염려가 없는 비구조 요소를 지지 또는 부착한 지붕 또는 바닥구조		$\dfrac{l}{240}$

11 직경이 40mm인 강봉을 200kN의 인장력으로 잡아당길 때 이 강봉의 가로 변형률(가력방향에 직각)을 구하면?(단, 이 강봉의 푸아송비는 1/4이고, 탄성계수는 20,000MPa이다.)

① 0.00197   ② 0.00398
③ 0.00592   ④ 0.00796

해설

가로변형률

- 푸아송비(ν) $= \dfrac{1}{m} = \dfrac{\beta}{\varepsilon} = \dfrac{\dfrac{\Delta d}{d}}{\dfrac{\Delta l}{l}}$

- $\sigma = \varepsilon E = \dfrac{P}{A}$

  $\varepsilon = \dfrac{P}{EA} = \dfrac{200,000}{20,000 \times \dfrac{\pi \times 40^2}{4}} ≒ 0.007957$

- $\beta = \dfrac{0.007957}{4} ≒ 0.00198$

12 그림과 같은 구조물의 부정정 차수는?

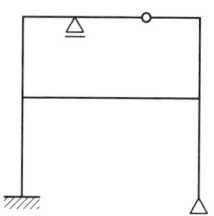

① 2차   ② 3차
③ 4차   ④ 5차

해설

부정정 차수

$n = r + m + \Sigma k - 2j$에서,
반력수 $r = 6$, 부재수 $m = 8$,
강절점수 $\Sigma k = 7$, 절점수 $j = 8$이므로,
$n = 6 + 8 + 7 - 2 \times 8 = 5$

13 다음 정정 구조물에서 A점의 처짐을 구하는 식으로 옳은 것은?

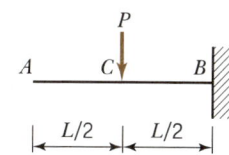

① $\delta_A = \dfrac{5Pl^3}{48EI}$ ② $\delta_A = \dfrac{7Pl^3}{48EI}$

③ $\delta_A = \dfrac{9Pl^3}{48EI}$ ④ $\delta_A = \dfrac{11Pl^3}{48EI}$

해설

처짐

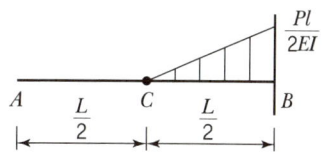

$\delta_A = \dfrac{1}{2} \times \dfrac{Pl}{2EI} \times \dfrac{L}{2} \times \left(\dfrac{L}{2} + \dfrac{L}{2} \times \dfrac{2}{3}\right) = \dfrac{5Pl^3}{48EI}$

14 연약지반에서 발생하는 부동침하의 원인으로 옳지 않은 것은?

① 부분적으로 증축했을 때
② 이질지반에 건물이 걸쳐 있을 때
③ 지하수가 부분적으로 변화할 때
④ 지내력을 같게 하기 위해 기초판 크기를 다르게 했을 때

> **해설**
> **부동침하의 원인**
> 지내력을 같게 하기 위하여 기초판의 크기를 다르게 산정한 것은 부동침하와 관계 없다.

15 다음 그림과 같은 철근콘크리트의 보 설계에서 콘크리트에 의한 전단강도 V_c를 구하면?(단, $f_{ck}=24\text{MPa}$, $f_y=400\text{MPa}$, 경량콘크리트 계수 $\lambda=1.0$)

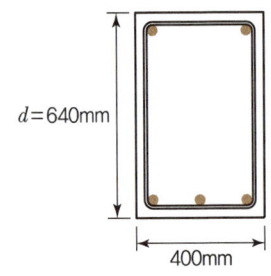

① 150kN ② 180kN
③ 209kN ④ 245kN

> **해설**
> **콘크리트의 전단강도**
> $V_c = \dfrac{1}{6} \lambda \sqrt{f_{ck}} \, b_w \, d$
> $= \dfrac{1}{6} \times 1.0 \times \sqrt{24} \times 400 \times 640 \times 10^{-3} = 209\text{kN}$

16 건축구조기준에 의한 지진하중 산정 시 지반 종류와 호칭이 옳은 것은?

① S_A : 보통암 지반   ② S_B : 연암 지반
③ S_C : 풍화암 지반   ④ S_D : 단단한 토사 지반

> **해설**
> **지반의 명칭**
> 건축구조기준(KBC 2016)에 의한 지반의 분류와 명칭은 다음과 같다.
> • S_A : 경암 지반
> • S_B : 보통암 지반
> • S_C : 매우 조밀한 토사 지반 또는 연암 지반
> • S_D : 단단한 토사 지반
> • S_E : 연약한 토사 지반

17 고력볼트 접합의 구조적 장점 중 옳지 않은 것은?

① 강한 조임력으로 너트의 풀림이 생기지 않는다.
② 응력방향이 바뀌어도 힘의 흐름상 혼란이 일어나지 않는다.
③ 응력집중이 적으므로 반복응력에 대해 강하다.
④ 유효단면적당 응력이 크며, 피로강도가 작다.

> **해설**
> **고력볼트의 구조적 이점**
> 유효단면적당 응력이 적게 전달되며, 피로강도가 높다.

18 건축구조기준에 의한 용도별 등분포 활하중 값으로 적절한 것은?

① 도서관의 서고 : 6.0kN/m^2
② 일반사무실 : 2.5kN/m^2
③ 학교의 교실 : 3.5kN/m^2
④ 백화점 1층 : 4.0kN/m^2

> **해설**
> **등분포 활하중**
> 건축구조기준(KBC 2016)에 의한 등분포 활하중은 다음과 같다.
> • 도서관의 서고 : 7.5kN/m^2
> • 학교의 교실 및 해당 복도 : 3.0kN/m^2
> • 상점, 백화점(1층 부분) : 5.0kN/m^2

정답 14 ④ 15 ③ 16 ④ 17 ④ 18 ②

19 조적식 구조의 개구부에 관한 구조 기준 중 옳지 않은 것은?

① 각 층의 대린벽으로 구획된 각 벽에 있어서 개구부 폭의 합계는 그 벽 길이의 3분의 2 이하로 하여야 한다.
② 하나의 층에 있어서의 개구부와 그 바로 위층에 있는 개구부와의 수직거리는 600mm 이상으로 하여야 한다.
③ 같은 층의 벽에 상하의 개구부가 분리되어 있는 경우 그 개구부 사이의 거리는 600mm 이상으로 하여야 한다.
④ 폭이 1.8m를 넘는 개구부의 상부에는 철근콘크리트구조의 윗 인방을 설치하여야 한다.

[해설]

조적구조의 구조 제한
각 층의 대린벽으로 구획된 각 벽에 있어서 개구부 폭의 합계는 그 벽 길이의 1/2 이하로 하여야 한다.

20 그림과 같은 구조물에서 고정단 휨모멘트(M_D)로 옳은 것은?

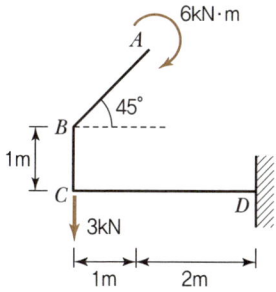

① $-15.0 kN \cdot m$
② $-9.0 kN \cdot m$
③ $-6.0 kN \cdot m$
④ $-3.0 kN \cdot m$

[해설]

휨모멘트
$M_D = 6kN \cdot m - 3kN \times 3m = -3kN \cdot m$

건축기사 (2017년 5월 시행)

01 다음 두 그림과 같은 단순보에 변등분포하중이 작용할 때 전단력이 '0'이 되는 점에 대하여 A점으로부터의 거리를 구하면?

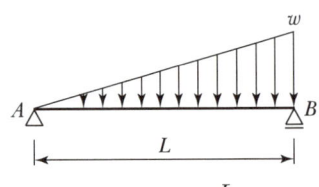

① $\dfrac{L}{\sqrt{2}}$ ② $\dfrac{L}{\sqrt{3}}$

③ $\dfrac{L}{\sqrt{4}}$ ④ $\dfrac{L}{\sqrt{5}}$

해설

단순보
- $\Sigma M_B = 0$

$V_A \times l - \left(\dfrac{wl}{2}\right) \times \dfrac{l}{3} = 0, \ V_A = \dfrac{wl}{6}(\uparrow)$

- $V_x = 0$

$V_x = V_A - \dfrac{w'x}{2} = \dfrac{wl}{6} - \dfrac{x}{2}\left(\dfrac{wx}{l}\right) = \dfrac{w}{6l}(l^2 - 3x^2) = 0$

$x = \dfrac{l}{\sqrt{3}}$

02 그림과 같은 보에서 A점에 $200\text{kN} \cdot \text{m}$의 모멘트가 작용하였을 때 B점이 지지하는 모멘트 및 수직반력은?

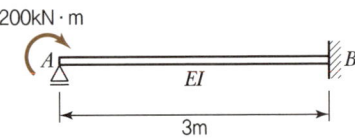

① $M_{BA} = 200\text{kN} \cdot \text{m}, \ V_B = 100\text{kN}$
② $M_{BA} = 200\text{kN} \cdot \text{m}, \ V_B = 500\text{kN}$
③ $M_{BA} = 100\text{kN} \cdot \text{m}, \ V_B = 100\text{kN}$
④ $M_{BA} = 100\text{kN} \cdot \text{m}, \ V_B = 50\text{kN}$

해설

부정정보
- $M_{BA} = \dfrac{1}{2}M_{AB} = \dfrac{1}{2} \times 200 = 100\text{kN} \cdot \text{m}$
- $\Sigma V = 0, \ V_A + V_B = 0$
- 변형일치법 이용

$y_A = y_{A1} + y_{A2} = -\dfrac{Ml^2}{2EI} - \dfrac{V_A l^3}{3EI} = 0$

$V_A = -\dfrac{3}{2} \cdot \dfrac{M}{l}, \ V_B = \dfrac{3}{2} \cdot \dfrac{M}{l}$

$V_B = \dfrac{3}{2} \cdot \dfrac{200}{3} = 100\text{kN}$

03 다음 구조물의 부정정 차수의 합은?

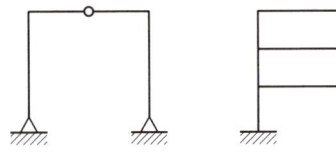

① 9   ② 10
③ 11   ④ 12

해설

부정정 차수
- $n_A = r + m + \Sigma K - 2j = 4 + 4 + 2 - 2 \times 5 = 0$(정정)
- $n_B = r + m + \Sigma K - 2j = 6 + 9 + 10 - 2 \times 8 = 9$차 부정정
- $n_A + n_B = 9$

04 부동침하의 원인과 거리가 먼 것은?

① 건물이 경사지반에 근접되어 있을 경우
② 건물이 이질지반에 걸쳐 있을 경우
③ 이질의 기초구조를 적용했을 경우
④ 건물의 강도가 불균등할 경우

해설

부동침하의 원인
부동침하는 건물의 강도가 불균등한 것과는 무관하다.

정답 01 ② 02 ③ 03 ① 04 ④

05 그림과 같은 보에서 C점의 처짐은?(단, EI는 전 경간에 걸쳐 일정하다.)

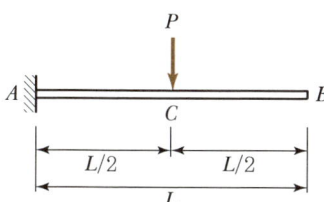

① $\dfrac{PL^3}{12EI}$ ② $\dfrac{PL^3}{24EI}$

③ $\dfrac{PL^3}{48EI}$ ④ $\dfrac{PL^3}{96EI}$

처짐

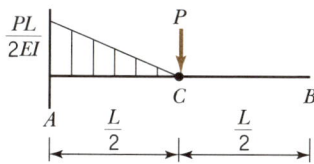

$y_C = \dfrac{1}{2} \times \dfrac{PL}{2EI} \times \dfrac{L}{2} \times \left(\dfrac{L}{2} \times \dfrac{2}{3}\right) = \dfrac{PL^3}{24EI}$

06 1방향 철근콘크리트 슬래브에서 철근의 설계기준항복강도가 500MPa인 경우 콘크리트 전체 단면적에 대한 수축·온도 철근비는 최소 얼마 이상이어야 하는가?(단, KCI 2012 기준, 이형철근 사용)

① 0.0015 ② 0.0016
③ 0.0018 ④ 0.0020

1방향 슬래브의 수축·온도 철근비

$0.002 \times \dfrac{400}{f_y} = 0.002 \times \dfrac{400}{500} = 0.0016$

07 그림과 같은 부정정 라멘에서 A점의 M_{AB}는?

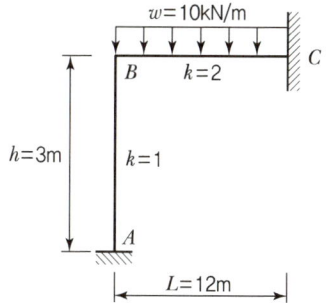

① 0 ② 20kN·m
③ 40kN·m ④ 60kN·m

부정정 구조

- B점의 재단모멘트

  $\dfrac{wl^2}{12} = \dfrac{10 \times 12^2}{12} = 120 \text{kN·m}$

- 모멘트 분배법 이용

  $M_{BA} = \mu_{BA} M = \dfrac{K}{\Sigma K} M = \dfrac{1}{3} \cdot 120 = 40 \text{kN·m}$

  $M_{AB} = \dfrac{1}{2} M_{AB} = \dfrac{1}{2} \times 40 = 20 \text{kN·m}$

08 고력볼트 F10T(M20) 1면전단일 때 볼트 한 개당 설계전단강도(ϕR_u)를 구하면?(단, 고력볼트의 $F_u = 1{,}000$MPa, $\phi = 0.75$, $F_{nv} = 0.5 F_u$임)

① 117.8kN ② 94.2kN
③ 58.8kN ④ 47.1kN

고력볼트의 설계전단강도

- $A_b = \dfrac{3.14 \times 20^2}{4} = 314 \text{mm}^2$

- $F_{nv} = 0.5 \times 1{,}000 = 500 \text{N/mm}^2$

- $\phi R_n = \phi \times A_b \times F_{nv}$
  $= 0.75 \times 314 \times 500 \times 10^{-3} = 117.8 \text{kN}$

정답 05 ② 06 ② 07 ② 08 ①

09 강구조에서 규정된 별도의 설계하중이 없는 경우 접합부의 최소 설계강도 기준은?(단, 연결재, 새그로드 또는 띠장은 제외)

① 30kN 이상   ② 35kN 이상
③ 40kN 이상   ④ 45kN 이상

해설
강구조 접합부의 최소설계강도
모든 접합부는 존재응력과 상관없이 반드시 45kN 이상을 지지하도록 설계되어야 한다.

10 그림과 같은 강재가 전단력을 받아 점선과 같이 변형되었을 때 이 강재의 전단변형률은?

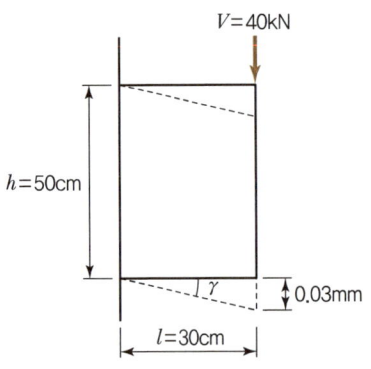

① 0.00006rad   ② 0.0001rad
③ 0.00125rad   ④ 0.00075rad

해설
전단변형률
$\gamma = \dfrac{\Delta}{l} = \dfrac{0.03}{300} = 0.0001\text{rad}$

11 강구조 필릿용접에 관한 설명으로 옳지 않은 것은?

① 필릿용접의 유효면적은 유효길이에 유효목두께를 곱한 것으로 한다.
② 필릿용접의 유효길이는 필릿용접의 총 길이에서 2배의 필릿사이즈를 공제한 값으로 하여야 한다.
③ 필릿용접의 유효목두께는 용접루트로부터 용접 표면까지의 최단거리로 한다. 단, 이음면이 직각인 경우에는 필릿사이즈의 $\sqrt{2}$ 배로 한다.
④ 구멍필릿과 슬롯필릿용접의 유효길이는 목두께의 중심을 잇는 용접중심선의 길이로 한다.

해설
강구조의 필릿 용접
이음면이 직각인 경우에 유효목두께는 필릿사이즈의 0.7배로 한다.

12 $f_y = 400\text{MPa}$ 이형철근을 사용한 경우 필요한 철근의 인장정착길이가 1,000mm였다. 철근의 강도를 $f_y = 500\text{MPa}$로 변경하고, 소요철근보다 1.25배 많게 철근을 배근하였을 경우 변경된 철근의 인장정착길이는 얼마인가?

① 750mm   ② 1,000mm
③ 1,200mm   ④ 1,500mm

해설
인장철근의 정착길이
철근의 강도가 400에서 500으로 1.25배 증가하여 정착길이가 1.25배 증가하였으나, 실제 배근된 철근이 필요한 소요철근보다 1.25배 많이 배근하였으므로 정착길이를 1.25배 감소시킬 수 있다. 따라서 필요한 정착길이는 1,000mm이다.

13 강도설계법에서 고정하중 40kN, 활하중 30kN이 작용할 때 계수하중은 얼마인가?

① 135kN   ② 124kN
③ 116kN   ④ 96kN

해설
계수하중
$w_u = 1.2 \times 40 + 1.6 \times 30 = 96\text{kN}$

14 철근콘크리트 단근보를 강도설계법으로 설계 시 콘크리트의 전 압축력으로 옳은 것은?(단, f_{ck} = 24MPa, 보의 폭 300mm, 응력블록의 깊이 110mm)

① 750.6kN   ② 724.4kN
③ 673.2kN   ④ 650.8kN

[해설]
콘크리트의 전압축력
$C = 0.85 \times f_{ck} \times a \times b$
$= 0.85 \times 24 \times 110 \times 300 \times 10^{-3} ≒ 673.2$kN

15 건축구조기준에 따른 우리나라 지진구역 및 이에 따른 지진구역계수 값이 옳게 연결된 것은?

① 지진구역 Ⅰ : 0.22g, 지진구역 Ⅱ : 0.14g
② 지진구역 Ⅰ : 0.17g, 지진구역 Ⅱ : 0.11g
③ 지진구역 Ⅰ : 0.11g, 지진구역 Ⅱ : 0.17g
④ 지진구역 Ⅰ : 0.14g, 지진구역 Ⅱ : 0.22g

[해설]
지진구역 및 지진구역계수
- 지진구역 Ⅰ : 0.22g
- 지진구역 Ⅱ : 0.14g

16 건축구조별 특징에 관한 설명 중 옳지 않은 것은?

① 가구식 구조는 삼각형보다 사각형으로 조립하면 더욱 안정한 구조체를 이룰 수 있다.
② 조적식 구조는 압축력에는 강하지만 횡력에 취약하다.
③ 조립식 구조는 부재를 공장에서 생산·가공하여 현장에서 조립하므로 공기가 짧다.
④ 일체식 구조는 비교적 균일한 강도를 가진다.

[해설]
가구식 구조
가구식 구조는 절점이 핀절점이므로 삼각형으로 부재를 조립해야 안정한 구조체를 이룰 수 있다.

17 단근보에서 하중이 재하됨과 동시에 순간처짐이 20mm가 발생되었다. 이 하중이 5년 이상 지속되는 경우 총 처짐량은 얼마인가?
(단, $\lambda = \dfrac{\xi}{1+50\rho'}$이고 지속하중에 의한 시간경과계수 ξ는 2이다.)

① 30mm   ② 40mm
③ 60mm   ④ 80mm

[해설]
보의 총 처짐량
- 탄성처짐 = 20mm
- $\lambda = \dfrac{2}{1+50\times 0} = 2.0$
- 장기처짐 = $\lambda \times$ 탄성처짐 = $2 \times 20 = 40$mm
- 총 처짐 = $20 + 40 = 60$mm

18 그림과 같은 하중을 지지하는 단주의 단면에서 인장력을 발생시키지 않는 거리 x의 한계는?

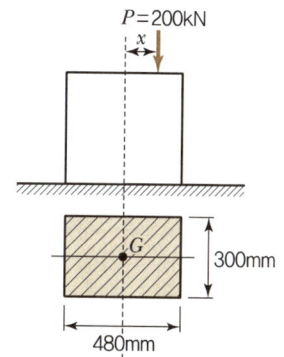

① 40mm   ② 60mm
③ 80mm   ④ 100mm

[해설]
단주 핵거리
- 직사각형 단면의 핵 반경 각 $\dfrac{b}{6}$, $\dfrac{h}{6}$
- $x = \dfrac{h}{6} = \dfrac{480}{6} = 80$mm

정답 14 ③   15 ①   16 ①   17 ③   18 ③

19 그림과 같은 구조에서 기둥에 압축력만 발생하려면 A점에서 내민 부재길이 x의 값은?

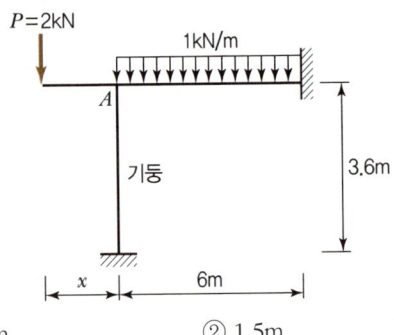

① 1m ② 1.5m
③ 2m ④ 3m

해설

부정정 구조
A점의 재단모멘트 $M_{A(좌)}$와 $M_{A(우)}$의 절댓값의 크기가 같으면 기둥 부재에는 휨모멘트가 발생하지 않는다.
- $M_{A(좌)} = 2 \times x$
- $M_{A(우)} = \dfrac{wl^2}{12} = \dfrac{1 \times 6^2}{12} = 3 \text{kN} \cdot \text{m}$
- $x = 1.5\text{m}$

20 다음 그림과 같은 보 단면에서 정착되는 철근의 수평 순간격을 구하면?

- D22(인장, 압축철근), 지름 : 22mm로 계산
- D13@150(스터럽), 지름 : 13mm로 계산
- 최소피복두께 : 40mm
- 구부림 최소내면반지름은 무시

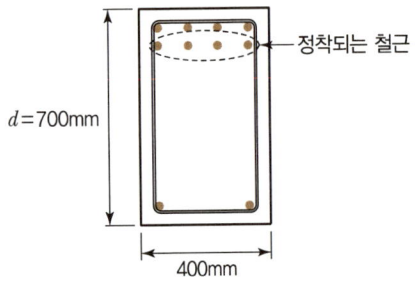

① 60.7mm ② 63.7mm
③ 66.7mm ④ 68.7mm

해설

철근의 수평 순간격
$$\dfrac{400 - 2 \times 40 - 2 \times 13 - 4 \times 22}{3} = 68.7\text{mm}$$

정답 19 ② 20 ④

건축산업기사 (2017년 5월 시행)

01 그림과 같은 단순보에서 지간 l이 $2l$로 늘어난다면 최대 처짐은 몇 배로 커지는가?(단, 중앙의 집중하중 P는 동일)

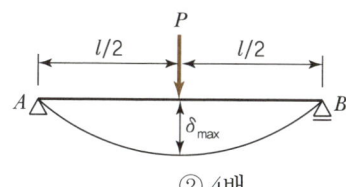

① 2배　　　　② 4배
③ 6배　　　　④ 8배

처짐
- 보의 처짐은 보 길이의 3제곱에 비례한다.
- 처짐량은 $2^3 = 8$배 증가

02 그림과 같은 직사각형 단근보를 설계할 때 콘크리트의 등가응력블록의 깊이 a는 약 얼마인가? (단, D22철근 1개의 단면적은 387mm^2, $f_{ck}=24\text{MPa}$, $f_y=400\text{MPa}$)

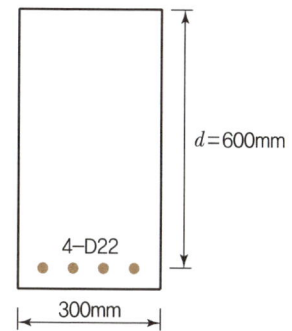

① 91mm　　　　② 101mm
③ 111mm　　　　④ 121mm

등가응력블록의 깊이

$$a = \frac{A_s \times f_y}{0.85 \times f_{ck} \times b} = \frac{4 \times 387 \times 400}{0.85 \times 24 \times 300} = 101\text{mm}$$

03 그림과 같은 장주의 유효좌굴길이를 옳게 표시한 것은?(단, 기둥의 재질과 단면크기는 동일)

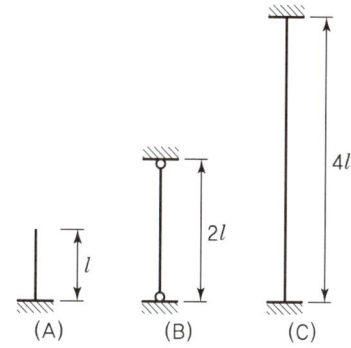

① (A)가 최대이고, (B)가 최소이다.
② (C)가 최대이고, (A)가 최소이다.
③ (B)가 최대이고, (A)와 (C)는 같다.
④ (A), (B), (C) 모두 같다.

좌굴길이
㉠ 좌굴길이(l_k) = kl
㉡ • A기둥(l_K) = $2 \cdot l = 2l$
　• B기둥(l_K) = $1 \times 2l = 2l$
　• C기둥(l_K) = $\frac{1}{2} \times 4l = 2l$
㉢ 모두 같다.

04 벽돌쌓기법 중 공사시방서에서 정한 바가 없고 구조적인 안정성을 고려하고자 할 때 우선적으로 채택할 수 있는 것은?

① 영식 쌓기　　　　② 불식 쌓기
③ 미식 쌓기　　　　④ 영롱 쌓기

영식 쌓기
영식 쌓기는 가장 튼튼한 쌓기 방법이다.

정답 01 ④　02 ②　03 ④　04 ①

05 그림과 같은 단순보에서 A 지점의 수직반력은?

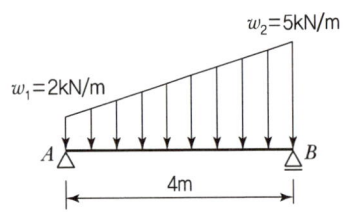

① 3kN(↑)   ② 4kN(↑)
③ 5kN(↑)   ④ 6kN(↑)

해설

단순보 반력
$\Sigma M_B = 0$
$V_A \times 4m - 2kN/m \times 4m \times 2m - \dfrac{3kN/m \times 4m}{2} \times \left(4m \times \dfrac{1}{3}\right)$
$= 0$
$V_A = 6kN$

06 콘크리트 압축강도 $f_{ck}=21$MPa, $b=300$mm, $d=500$mm인 직사각형보의 등가응력블록깊이 a가 95mm일 때, 압축 측 콘크리트의 압축력 C값은?

① 450kN   ② 408kN
③ 509kN   ④ 540kN

해설

콘크리트의 압축력
$C = 0.85 \times f_{ck} \times a \times b$
$= 0.85 \times 21 \times 95 \times 300 \times 10^{-3} ≒ 509$kN

07 그림과 같은 구조물의 O절점에 6kN·m의 모멘트가 작용한다면 M_{OB}의 크기는?

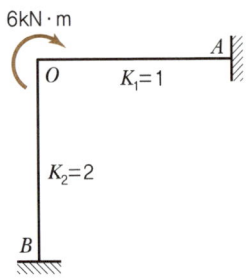

① 1kN·m   ② 2kN·m
③ 3kN·m   ④ 4kN·m

해설

부정정 구조
모멘트 분배법
$\oplus M_{OB} = \mu_{OB} \cdot M = \dfrac{2}{3} \times 6 = 4$kN·m

08 고정하중이 5kN/m²이고 활하중이 3kN/m²인 경우 슬래브를 설계할 때 사용하는 계수하중은 얼마인가?

① 8.4kN/m²   ② 9.5kN/m²
③ 10.8kN/m² ④ 12.9kN/m²

해설

계수하중
$\omega_u = 1.2 \times 5 + 1.6 \times 3 = 10.8$kN/m²

09 철근콘크리트 구조물의 내구성 허용기준과 관련하여 구조물의 노출범주와 기타 조건이 다음과 같을 때 동해에 저항하기 위한 전체공기량의 확보기준은?(단, KBC 2016 기준)

- 노출범주 : 지속적으로 수분과 접촉하고 동결융해의 반복작용에 노출되는 콘크리트
- 굵은 골재의 최대치수 : 20mm
- 콘크리트 설계기준압축강도 : 35MPa 이하

① 4.5%   ② 5.5%
③ 6.0%   ④ 7.0%

해설

동해저항 콘크리트에 대한 전체 공기량

굵은 골재의 최대치수 (mm)	공기량(%)	
	노출 등급 F1	노출 등급 F2, F3
10.0	6.0	7.5
15.0	5.5	7.0
20.0	5.0	6.0
25.0	4.5	6.0
40.0	4.5	5.5

정답 05 ④ 06 ③ 07 ④ 08 ③ 09 ③

- F1 : 간혹 수분과 접촉하고 동결융해의 반복작용에 노출되는 콘크리트
- F2 : 지속적으로 수분과 접촉하고 동결융해의 반복작용에 노출되는 콘크리트
- F3 : 제빙화학제에 노출되며 지속적으로 수분과 접촉하고 동결융해의 반복작용에 노출되는 콘크리트

다만, 콘크리트의 설계기준강도가 35MPa를 초과하는 콘크리트는 상기 표에서 공기량을 1% 감소시킬 수 있다.

10 지름 350mm인 기성 콘크리트 말뚝을 시공할 때 최소 중심간격으로 옳은 것은?

① 525mm ② 700mm
③ 875mm ④ 1,050mm

해설

말뚝의 중심간격
- 직경의 2.5배 이상 = 2.5×350 = 875mm 이상
- 750mm 이상
- ∴ 큰 값 875mm

11 그림과 같은 단순보 중앙점에 휨모멘트 20 kN·m가 작용할 때 A점의 반력은?

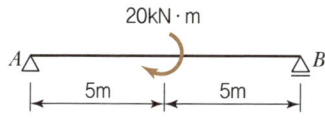

① 하향 2kN ② 상향 2kN
③ 하향 4kN ④ 상향 4kN

해설

단순보 반력
$\Sigma M_B = 0$
$V_A \times 10\text{m} + 20\text{kn} \cdot \text{m} = 0$
$V_A = -\dfrac{20}{10} = -2\text{kN}$ (하향)

12 강도설계법에서 다음과 같은 직사각형 복근보를 건물에 사용 시 콘크리트가 부담하는 전단강도 ϕV_c는? (단, $\lambda = 1$, $f_{ck} = 35\text{MPa}$, $f_y = 400\text{MPa}$)

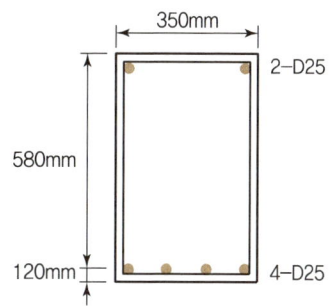

① 150kN ② 110kN
③ 90kN   ④ 70kN

해설

콘크리트의 전단강도
$\phi V_c = \phi \dfrac{1}{6} \lambda \sqrt{f_{ck}}\, b_w\, d$
$= 0.75 \times \dfrac{1}{6} \times 1.0 \times \sqrt{35} \times 350 \times 580 \times 10^{-3} = 150\text{kN}$

13 그림과 같은 라멘의 A점의 휨모멘트는?

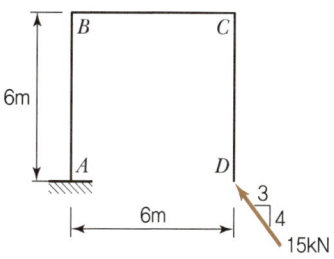

① 42kN·m ② 52kN·m
③ 62kN·m ④ 72kN·m

해설

라멘 휨모멘트
$M_A = 15\text{kN} \times \dfrac{4}{5} \times 6\text{m} = 72\text{kN} \cdot \text{m}$

정답 10 ③ 11 ① 12 ① 13 ④

14 그림에서 Y축에 대한 단면2차모멘트는?

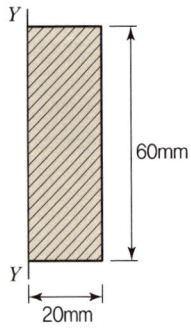

① 60,000mm⁴
② 90,000mm⁴
③ 160,000mm⁴
④ 200,000mm⁴

해설

단면2차모멘트

$$I_Y = I_o + Ax_0^2 = \frac{hb^3}{12} + h \cdot b \cdot \left(\frac{b}{2}\right)^2$$

$$= \frac{60 \times 20^3}{12} + 60 \times 20 \times 10^2 = 160,000\text{mm}^4$$

15 다음 겔버보에서 A점의 휨모멘트는?

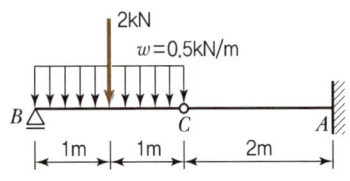

① 2.5kN·m
② 3.0kN·m
③ 3.5kN·m
④ 4.0kN·m

해설

겔버보 휨모멘트

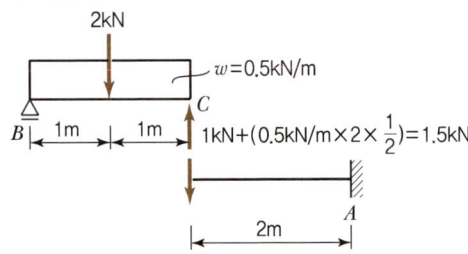

$M_A = -1.5\text{kN} \times 2\text{m} = -3\text{kN} \cdot \text{m}$

16 그림과 같은 구조체의 부정정 차수는?

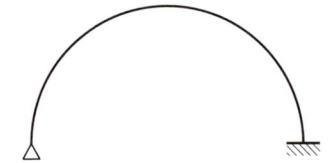

① 1차 부정정
② 2차 부정정
③ 3차 부정정
④ 4차 부정정

해설

부정정 차수
$n = r - 3 - h = 5 - 3 - 0 = 2$차

17 철근콘크리트 부재 설계 시 겹침이음을 하지 않아야 하는 철근은?

① D25를 초과하는 철근
② D29를 초과하는 철근
③ D22를 초과하는 철근
④ D35를 초과하는 철근

해설

철근의 겹침이음
D35를 초과하는 철근은 원칙적으로 겹침이음이 금지된다.

18 슬래브와 보를 일체로 친 T형보를 T형보와 반T형보로 구분할 때 반T형보의 유효 폭 b를 결정하는 요인에 해당되는 것은?

① 양쪽으로 각각 내민 플랜지 두께의 8배 + 플랜지 복부 폭(b_w)
② 인접보와의 내측거리의 1/2 + 플랜지 복부 폭(b_w)
③ 양쪽 슬래브의 중심 간 거리
④ 보의 경간의 1/4

해설

반T형보의 유효폭
- 슬래브(플랜지) 두께의 6배 + 복부 폭(b_w)
- 인접보와의 내측거리의 1/2 + 복부 폭(b_w)
- 보 경간의 1/12 + 복부 폭(b_w)

19 지름 60mm인 그림과 같은 강봉에 10kN의 인장력이 작용할 때 수직단면과 45°인 경사단면에 생기는 수직응력의 크기는?

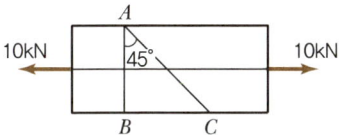

① 1.58MPa   ② 1.63MPa
③ 1.77MPa   ④ 1.88MPa

[해설]

수직응력

- $\sigma_x = \dfrac{P}{A} = \dfrac{10,000}{\dfrac{\pi 60^2}{4}} = 3.54 \text{N/mm}^2$

- $\sigma_n = \dfrac{1}{2}(\sigma_x + \sigma_y) + \dfrac{1}{2}(\sigma_x - \sigma_y)\cos 2\theta + \tau_{xy}\sin 2\theta$

  $= \dfrac{1}{2}(3.54) + \dfrac{1}{2}(3.54)\cos(2 \times 45°) + 0$

  $= 1.77 + 0 = 1.77 \text{MPa}(\text{N/mm}^2)$

20 인장이형철근의 기본정착 길이(l_{db}) 계산식은?(단, KBC 2016 기준)

① $\dfrac{0.6 d_b f_y}{\lambda \sqrt{f_{ck}}}$ ② $\dfrac{0.25 d_b f_y}{\lambda \sqrt{f_{ck}}}$

③ $\dfrac{100 d_b}{\lambda \sqrt{f_{ck}}}$ ④ $\dfrac{152 d_b}{\lambda \sqrt{f_{ck}}}$

[해설]

인장이형철근의 기본정착길이

$l_{db} = \dfrac{0.6 d_b f_y}{\lambda \sqrt{f_{ck}}}$

정답 19 ③   20 ①

건축기사 (2017년 9월 시행)

01 그림과 같은 단순보의 양단 수직반력을 구하면?

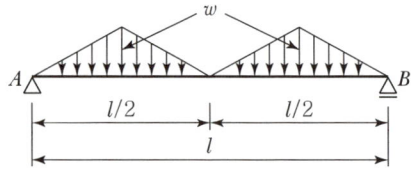

① $R_A = R_B = \dfrac{wl}{2}$ ② $R_A = R_B = \dfrac{wl}{4}$

③ $R_A = R_B = \dfrac{wl}{6}$ ④ $R_A = R_B = \dfrac{wl}{8}$

[해설]

단순보

- $\sum M_B = 0$

$R_A \times l - w \times \dfrac{l}{2} \times \dfrac{1}{2} \times \dfrac{3}{4} l - w \times \dfrac{l}{2} \times \dfrac{1}{2} \times \dfrac{l}{4} = 0$

$R_A = \dfrac{wl}{4}(\uparrow)$

- $\sum V = 0$

$\dfrac{wl}{2} = R_A + R_B,\ R_A = \dfrac{wl}{4},\ R_B = \dfrac{wl}{4}$

02 래티스 형식 조립압축재에 관한 설명으로 옳지 않은 것은?

① 단일 래티스 부재의 세장비 L/r은 140 이하로 한다.
② 단일 래티스 부재의 부재축에 대한 기울기는 60° 이상으로 한다.
③ 복래티스 부재의 세장비 L/r은 180 이하로 한다.
④ 복래티스 부재의 부재축에 대한 기울기는 45° 이상으로 한다.

[해설]

래티스형 조립압축재

복래티스 부재의 세장비 L/r은 200 이하로 한다.

03 강도설계법에서 단철근 직사각형 보의 단면이 $b=400\text{mm}$, $d=800\text{mm}$이고 등가응력블록 깊이 a가 100mm일 경우 철근비는?(단, $f_y=300\text{MPa}$, $f_{ck}=24\text{MPa}$)

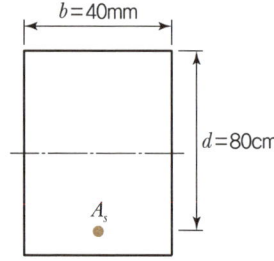

① 0.0035 ② 0.0057
③ 0.0085 ④ 0.0103

[해설]

철근비

- $A_s = \dfrac{0.85 f_{ck} ab}{f_y} = \dfrac{0.85 \times 24 \times 100 \times 400}{300} = 2{,}720\text{mm}^2$

- $\rho = \dfrac{A_s}{bd} = \dfrac{2{,}720}{400 \times 800} = 0.0085$

04 다음과 같은 조건에서 필릿용접의 최소 사이즈는 얼마인가?

접합부의 얇은 쪽 모재 두께(t)(단위 : mm)
$6 < t \le 13$

① 3mm ② 5mm
③ 6mm ④ 8mm

[해설]

필릿 용접의 최소 사이즈

접합부의 얇은 쪽 모재두께 t	필릿용접의 최소 사이즈
$t \le 6$	3
$6 < t \le 13$	5
$13 < t \le 19$	6
$19 < t$	8

정답 01 ② 02 ③ 03 ③ 04 ②

05 그림에서 B점에 도달되는 모멘트는 얼마인가?

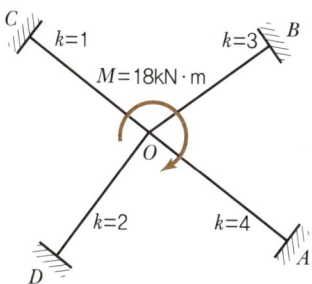

① 2.7kN·m ② 3.0kN·m
③ 5.4kN·m ④ 6.0kN·m

해설

모멘트 분배법

- $M_{OB} = \mu_{OB} M = \dfrac{3}{10} \times 18 = 5.4 \text{kN} \cdot \text{m}$
- $M_{BO} = \dfrac{1}{2} M_{OB} = \dfrac{1}{2} \times 5.4 = 2.7 \text{kN} \cdot \text{m}$

06 말뚝머리 지름이 400mm인 기성콘크리트 말뚝을 시공할 때 그 중심간격으로 가장 적당한 것은?

① 800mm ② 900mm
③ 1,000mm ④ 1,100mm

해설

기성콘크리트 말뚝의 중심간격

- 말뚝 지름의 2.5배 = 2.5×400 = 1,000mm 이상
- 750mm 이상
∴ 큰 값 1,000mm

07 인장이형철근 및 압축이형철근의 정착길이 (l_d)에 관한 기준으로 옳지 않은 것은?(단, KBC 2016 기준)

① 계산에 의하여 산정한 인장이형철근의 정착길이는 항상 250mm 이상이어야 한다.
② 계산에 의하여 산정한 압축이형철근의 정착길이는 항상 200mm 이상이어야 한다.
③ 인장 또는 압축을 받는 하나의 다발철근 내에 있는 개개 철근의 정착길이 l_d는 다발철근이 아닌 경우와 각 철근의 정착길이보다 3개의 철근으로 구성된 다발철근에 대해서 20%를 증가시켜야 한다.
④ 단부에 표준갈고리가 있는 인장이형철근의 정착길이는 항상 $8d_b$ 이상 또한 150mm 이상이어야 한다.

해설

정착길이
인장이형철근의 정착길이는 항상 300mm 이상이어야 한다.

08 강구조 기둥의 주각부에 관한 설명으로 옳지 않은 것은?

① 기둥의 응력이 크면 윙플레이트, 접합앵글, 리브 등으로 보강하여 응력의 분산을 도모한다.
② 앵커볼트는 기초콘크리트에 매입되어 주각부의 이동을 방지하는 역할을 한다.
③ 주각은 조건에 관계없이 고정으로만 가정하여 응력을 산정한다.
④ 축방향력이나 휨모멘트는 베이스플레이트 저면의 압축력이나 앵커볼트의 인장력에 의해 전달된다.

해설

강구조 주각부
주각은 핀 지점 또는 고정 지점으로 설계한다.

09 그림과 같은 구조물의 부정정 차수는?

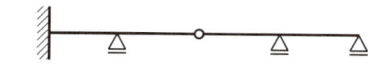

① 1차 ② 2차
③ 3차 ④ 4차

해설

부정정 차수
단층 구조물의 부정정 차수
$n = r - 3 - h = 6 - 3 - 1 = 2$차 부정정

10 기초설계 시 장기 150kN(자중 포함)의 하중을 받는 경우 장기허용지내력도 20kN/m²의 지반에서 필요한 기초판의 크기는?

① 1.6m × 1.6m ② 2.0m × 2.0m
③ 2.4m × 2.4m ④ 2.8m × 2.8m

해설

기초판 크기

$f_c \geq \sigma = \dfrac{P}{A}$

$\therefore A = \dfrac{150}{20} = 7.5\text{m}^2 \fallingdotseq 2.8\text{m} \times 2.8\text{m}$

11 그림과 같은 트러스에서 a부재의 부재력은 얼마인가?

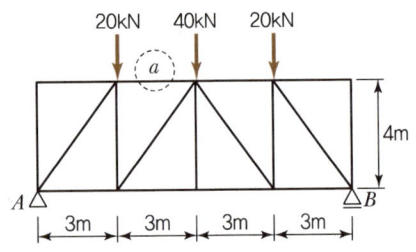

① 20kN(인장) ② 30kN(압축)
③ 40kN(인장) ④ 60kN(압축)

트러스 부재력

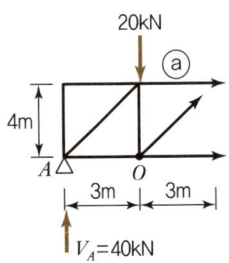

그림과 같이 트러스를 가상적으로 절단하며 좌측 구조물에 대하여 모멘트법을 적용하면

$\Sigma M_o = 0$에서

$40 \times 3 + a \times 4 = 0$

$a = -\dfrac{120}{4} = -30\text{kN}(압축)$

12 그림과 같은 단순보를 $I-200 \times 100 \times 7$로 설계하였다면 최대 처짐량은?(단, $I_x = 2.18 \times 10^7$ mm⁴, $E = 2.0 \times 10^5$MPa)

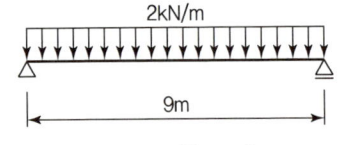

① 32.1mm ② 33.6mm
③ 34.5mm ④ 39.2mm

처짐

$\delta_{max} = \dfrac{5\omega l^4}{384EI} = \dfrac{5 \times 2 \times 9{,}000^4}{384 \times 2.0 \times 10^5 \times 2.18 \times 10^7} = 39.18\text{mm}$

13 다음 모살용접부의 유효 용접 면적은?

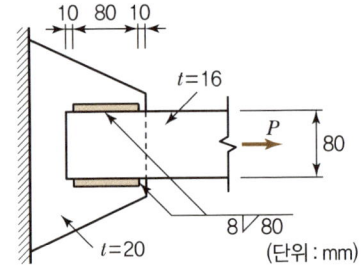

① 614.4mm² ② 691.2mm²
③ 716.8mm² ④ 806.4mm²

모살용접의 유효단면적
- $a = 0.7S = 0.7 \times 8 = 5.6\text{mm}$
- $l_e = l - 2S = 80 - 2 \times 8 = 64\text{mm}$
- $A_w = 5.6 \times 64 \times 2 = 716.8\text{mm}^2$

14 강도설계법에서 처짐을 계산하지 않는 경우, 철근콘크리트 보의 최소두께 규정으로 옳은 것은? (단, 보통콘크리트 $m_c = 2{,}300$kg/m³와 설계기준 항복강도 400MPa 철근을 사용한 부재)

① 1단 연속 : $l/18.5$ ② 단순지지 : $l/15$
③ 양단연속 : $l/24$ ④ 캔틸레버 : $l/10$

정답 10 ④ 11 ② 12 ④ 13 ③ 14 ①

해설

처짐을 계산하지 않는 경우, 보의 최소두께
- 캔틸레버 : $l/8$
- 단순지지 : $l/16$
- 1단 연속 : $l/18.5$
- 양단연속 : $l/21$

15 다음 그림에서 동일한 처짐이 되기 위한 P_1, P_2의 값의 비로 옳은 것은?(단, 부재의 EI는 일정하다.)

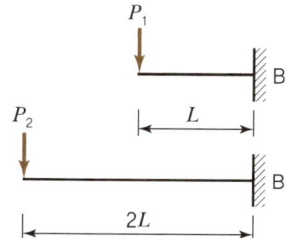

① $P_1 : P_2 = 2 : 1$ ② $P_1 : P_2 = 4 : 1$
③ $P_1 : P_2 = 6 : 1$ ④ $P_1 : P_2 = 8 : 1$

해설

처짐
- $\delta_A = \dfrac{P_1 L^3}{3EI}$
- $\delta_B = \dfrac{P_2(2L)^3}{3EI} = \dfrac{8P_2 L^3}{3EI}$
- $\delta_A = \delta_B$ 이므로 $P_1 L^3 = 8P_2 L^3$, $P_1 : P_2 = 8 : 1$

16 연약지반에 대한 대책으로 옳지 않은 것은?

① 지반개량공법을 실시한다.
② 말뚝기초를 적용한다.
③ 독립기초를 적용한다.
④ 건물을 경량화한다.

해설

연약지반에 대한 대책
연약지반에 독립기초는 적절하지 못하다.

17 길이가 1.5m이고, 한 변이 100mm인 정사각형 단면을 가지고 있는 캔틸레버보의 최대휨응력과 최대처짐을 구하면?(단, 부재의 탄성계수 : 1×10^4MPa)

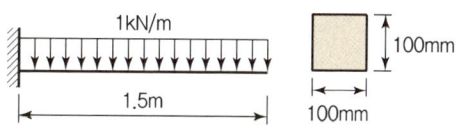

① 최대휨응력 : 3.37MPa, 최대처짐 : 3.8mm
② 최대휨응력 : 3.37MPa, 최대처짐 : 7.6mm
③ 최대휨응력 : 6.75MPa, 최대처짐 : 3.8mm
④ 최대휨응력 : 6.75MPa, 최대처짐 : 7.6mm

해설

최대휨응력, 최대처짐
- $\sigma_{\max} = \dfrac{M_{\max}}{S}$
- $M_{\max} = -\left(1 \times 1.5 \times \dfrac{1.5}{2}\right) = 1.125$kN · m
  $= 1,125,000$N · mm
- $S = \dfrac{bh^2}{6} = \dfrac{100 \times 100^2}{6} = 166,666.67$mm^3
- $\sigma_{\max} = \dfrac{1,125,000}{166,666.67} = 6.75$MPa
- $\delta_{\max} = \dfrac{wl^4}{8EI}$
- $I = \dfrac{bh^3}{12} = 8,333,333.33$mm^4
- $\delta_{\max} = \dfrac{1 \times 1,500^4}{8 \times 1 \times 10^4 \times 8,333,333.33} = 7.59$mm

18 폭 $b = 100$mm, 높이 $h = 200$mm인 단면에 전단력 4kN이 작용할 때 최대전단응력을 구하면?

① 0.3MPa   ② 0.4MPa
③ 0.5MPa   ④ 0.6MPa

해설

최대전단응력
$V_{\max} = K\dfrac{V_{\max}}{A} = \dfrac{3}{2} \times \dfrac{4,000}{100 \times 200} = 0.3$MPa

정답 15 ④ 16 ③ 17 ④ 18 ①

19 그림과 같은 철근콘크리트 보의 균열모멘트(M_{cr}) 값은?(단, 보통중량 콘크리트 사용)

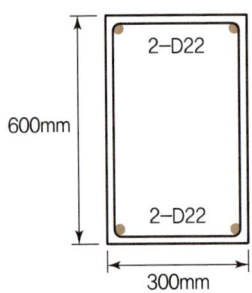

① 21.5kN·m ② 33.6kN·m
③ 42.8kN·m ④ 55.6kN·m

균열모멘트
- $f_r = 0.63\lambda\sqrt{f_{ck}} = 0.63 \times 1.0 \times \sqrt{24} = 3.09 \text{N/mm}^2$
- $S = \dfrac{bh^2}{6} = \dfrac{300 \times 600^2}{6} = 18 \times 10^6 \text{mm}^3$
- $M_{cr} = f_r \times S = 3.09 \times 18 \times 10^6 \times 10^{-6} = 55.6 \text{kN·m}$

20 콘크리트 압축강도가 30MPa일 때 보통골재를 사용한 콘크리트의 탄성계수는?

① 2.62×10^4MPa   ② 2.75×10^4MPa
③ 2.95×10^4MPa   ④ 3.12×10^4MPa

콘크리트의 탄성계수
- $f_{cu} = f_{ck} + 4 = 34 \text{N/mm}^2$
- $E_c = 8{,}500 \times \sqrt[3]{f_{cu}} = 8{,}500 \times \sqrt[3]{34}$
  $= 27{,}536 \text{N/mm}^2 = 2.75 \times 10^4 \text{MPa}$

건축산업기사 (2017년 8월 시행)

01 그림과 같은 단순보에서 C점에 대한 휨응력은?

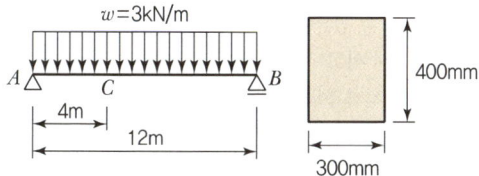

① 5MPa ② 6MPa
③ 7MPa ④ 8MPa

보의 응력도

- $\sigma_c = \dfrac{M_c}{S}$
- $M_c = V_A \times 4\text{m} - 3\text{kN/m} \times 4\text{m} \times 2\text{m}$
  $= \dfrac{3\text{kN/m} \times 12\text{m}}{2} \times 4\text{m} - 3\text{kN/m} \times 4\text{m} \times 2\text{m}$
  $= 72 - 24 = 48\,\text{kN}\cdot\text{m}$
- $S = \dfrac{bh^2}{6} = \dfrac{300 \times 400^2}{6} = 8{,}000{,}000\,\text{mm}^3$
- $\sigma_c = \dfrac{48{,}000{,}000}{8{,}000{,}000} = 6\,\text{MPa}$

02 그림과 같은 트러스에서 응력이 일어나지 않는 부재수는?

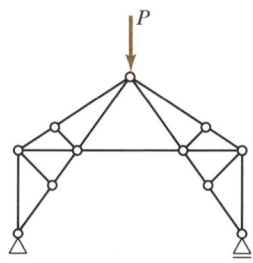

① 4개 ② 6개
③ 8개 ④ 10개

해설

트러스 0부재

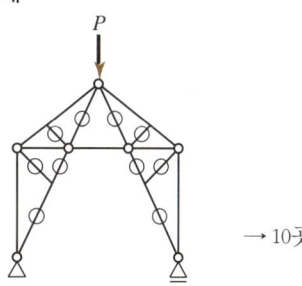

→ 10곳

03 그림과 같은 구조물의 부정정 차수는?

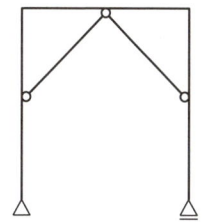

① 1차 부정정 ② 2차 부정정
③ 3차 부정정 ④ 4차 부정정

해설

부정정 차수

$n = r + m + \Sigma K - 2j = 3 + 8 + 5 - 2 \times 7 = 2$차
(r : 반력수, m : 부재수, ΣK : 강절점수, j : 절점수)

04 다음 그림과 같은 단순보의 B지점의 반력값은?

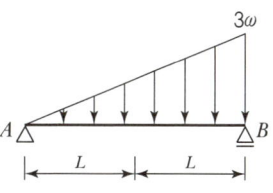

① $\dfrac{\omega L}{6}$ ② $\dfrac{\omega L}{3}$
③ ωL ④ $2\omega L$

정답 01 ② 02 ④ 03 ② 04 ④

해설
단순보 반력
$$V_B = \frac{(3w)(2L)}{3} = 2wL \text{ (일반식 } V_A = \frac{wL}{6}, V_B = \frac{wL}{3})$$

05 $f_y = 400\text{MPa}$, $f_{ck} = 24\text{MPa}$의 보통중량콘크리트를 사용한 표준갈고리를 갖는 인장이형철근(D22)의 기본정착길이(l_{hb})는?(단, D22의 공칭지름은 22.2mm임)

① 352mm   ② 385mm
③ 415mm   ④ 435mm

해설
인장이형철근의 기본정착길이
$$l_{db} = \frac{0.24\,d_b\,f_y}{\lambda\sqrt{f_{ck}}} = \frac{0.24 \times 22.2 \times 400}{1.0 \times \sqrt{24}} = 435.0\text{mm}$$

06 다음 중 전달률을 이용하며 부정정 구조물을 해석하는 방법은?

① 처짐각법   ② 모멘트 분배법
③ 변형일치법   ④ 3연 모멘트법

해설
모멘트 분배법
모멘트 분배법은 전달률을 이용하여 부정정 구조를 해석한다.

07 철근 이음에 관한 설명으로 옳은 것은?

① 철근의 겹침 이음은 모든 직경의 철근이 가능하다.
② 용접 이음은 철근의 설계기준항복강도 f_y의 100% 이상을 발휘할 수 있는 완전 용접이어야 한다.
③ 기계적 연결은 철근의 설계기준항복강도 f_y의 125% 이상을 발휘할 수 있는 완전 기계적 연결이어야 한다.
④ 휨부재에서 서로 직접 접촉되지 않게 겹침이음된 철근은 무시한다.

해설
철근의 이음
① D35를 초과하는 철근은 겹침 이음을 할 수 없다. 다만, 압축 이음 철근의 경우, D41 철근과 D51 철근은 D35 이하의 철근과의 겹침 이음을 할 수 있다.
② 용접 이음은 철근의 설계기준항복강도 f_y의 125% 이상을 발휘할 수 있는 완전 용접이어야 한다.
④ 휨부재에서 서로 직접 접촉되지 않게 겹침 이음된 철근은 횡방향으로 서로 겹침이음길이의 1/5 또는 150mm 중 작은 값 이상 떨어지지 않아야 한다.

08 철근콘크리트 구조에 관한 설명으로 옳지 않은 것은?

① 철근의 피복두께는 주근의 중심으로부터 콘크리트 표면까지의 최단거리를 말한다.
② 철근의 표면상태와 단면모양에 따라 부착력이 좌우된다.
③ 단순보에 연직하중이 작용하면 중립축을 경계선으로 위쪽에는 압축응력이 발생한다.
④ 콘크리트와 철근이 강력히 부착되면 철근의 좌굴이 방지된다.

해설
철근의 피복두께
철근의 피복두께는 철근의 표면으로부터 콘크리트 표면까지의 최단거리를 말한다.

09 다음 그림에서 A점의 수직반력이 0이 되기 위해서는 등분포하중의 크기를 얼마로 하면 되는가?

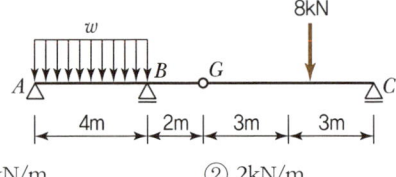

① 1kN/m   ② 2kN/m
③ 3kN/m   ④ 4kN/m

정답   05 ④   06 ②   07 ③   08 ①   09 ①

해설
겔버보

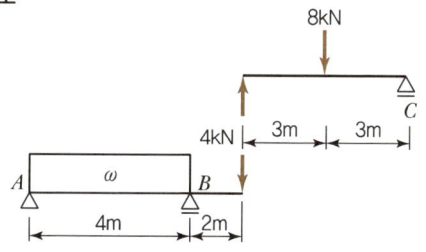

- A점의 반력이 0이 되려면
  $\sum M_B = 0$, $\omega \times 4\text{m} \times 2\text{m} = 4\text{kN} \times 2$
- $\omega = 1\text{kN}$

10 다음 그림은 철근콘크리트 보 단부의 단면이다. 복근비와 인장철근비는?(단, D22 1개의 단면적은 387mm²임)

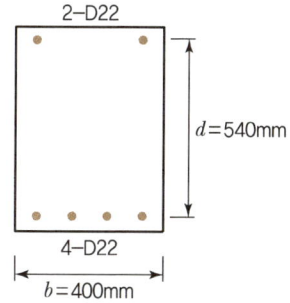

① 복근비 $\gamma = 2$, 인장철근비 $\rho_t = 0.00717$
② 복근비 $\gamma = 0.5$, 인장철근비 $\rho_t = 0.00717$
③ 복근비 $\gamma = 2$, 인장철근비 $\rho_t = 0.00369$
④ 복근비 $\gamma = 0.5$, 인장철근비 $\rho_t = 0.00369$

해설
복근비와 인장철근비
- 복근비 = 압축철근비/인장철근비 = 2/4 = 0.5
- 인장철근비 $\rho = \dfrac{A_s}{bd} = \dfrac{4 \times 387}{400 \times 540} = 0.00717$

11 재료의 탄성계수를 옳게 표시한 것은?

① $\dfrac{\text{응력}}{\text{비중}}$ ② $\dfrac{\text{비중}}{\text{응력}}$
③ $\dfrac{\text{변형률}}{\text{응력}}$ ④ $\dfrac{\text{응력}}{\text{변형률}}$

해설
탄성계수

$E = \dfrac{\sigma}{\varepsilon}$, 응력을 변형률로 나눈 값

12 조적식 구조인 건축물 중 2층 건축물에 있어서 2층 내력벽의 최대 높이는 얼마인가?

① 3m ② 3.5m
③ 4m ④ 4.5m

13 그림과 같이 연직하중을 받는 트러스에서 T부재의 부재력으로 옳은 것은?

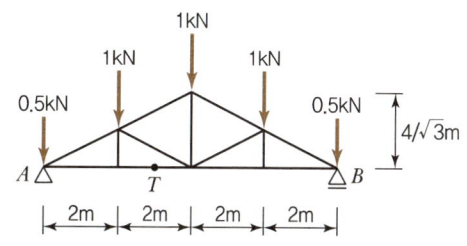

① $1.5\sqrt{3}$ kN ② $-1.5\sqrt{3}$ kN
③ 3kN ④ -3kN

해설
트러스 부재력

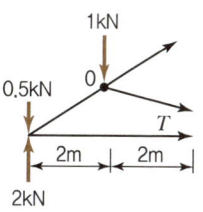

$\sum M_o = 0$
$2\text{kN} \times 2\text{m} - 0.5\text{kN} \times 2\text{m} - T \times 2\sqrt{3} = 0$
$T = 1.5\sqrt{3}$ kN

14 $f_y = 350\text{MPa}$, $f_{ck} = 24\text{MPa}$를 사용한 콘크리트 보의 균형철근비(ρ_b)를 구하면?

① 0.010 ② 0.012
③ 0.015 ④ 0.018

정답 10 ② 11 ④ 12 ③ 13 ① 14 정답 없음

> 해설

균형철근비

$\rho_b = 0.85 \times 0.85 \times \dfrac{24}{350} \times \dfrac{600}{600+350} = 0.0312$

15 그림과 같은 단순보에서 단면에 생기는 최대 전단응력도를 구하면?(단, 보의 단면크기는 150 × 200mm)

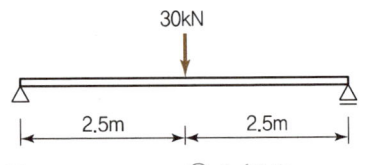

① 0.5MPa ② 0.65MPa
③ 0.75MPa ④ 0.85MPa

> 해설

전단응력도

$v_{max} = K \dfrac{V_{max}}{A} = \dfrac{3}{2} \cdot \dfrac{15,000}{150 \times 200} = 0.75\text{MPa}$

16 힘의 개념에 관한 설명으로 옳지 않은 것은?

① 힘은 변위, 속도와 같이 크기와 방향을 갖는 벡터의 하나이며, 3요소는 크기, 작용점, 방향이다.
② 힘은 물체에 작용해서 운동상태에 있는 물체에 변화를 일으키게 할 수 있다.
③ 물체에 힘의 작용 시 발생하는 가속도는 힘의 크기에 반비례하고 물체의 질량에 비례한다.
④ 강체에 힘이 작용하면 작용점은 작용선상의 임의의 위치에 옮겨 놓아도 힘의 효과는 변함없다.

> 해설

힘의 개념

$F = m \cdot a$ 에서 $a = \dfrac{F}{m}$ 이므로 가속도는 힘의 크기에 비례하고, 질량에 반비례한다.

17 휨모멘트 $M = 24\text{kN} \cdot \text{m}$를 받는 보의 허용휨응력이 12MPa일 경우 안전한 보의 개략적인 최소높이(h)를 구하면?(단, 보의 높이는 폭의 2배이다.)

① 200mm ② 300mm
③ 400mm ④ 500mm

> 해설

휨응력도

- $\sigma_{max} = \dfrac{M_{max}}{S} \leq f_b$
- $12 = \dfrac{M_{max}}{\dfrac{bh^2}{\sigma}} = \dfrac{\sigma \times M_{max}}{\left(\dfrac{h}{2}\right) \cdot h^2}$
- $h^3 = \dfrac{2 \times 6 \times 24,000,000}{12} = 24,000,000$
- $h = 288.44$보다 큰 값

18 보통중량콘크리트와 400MPa 철근을 사용한 양단 연속 1방향 슬래브의 스팬이 4.2m일 때 처짐을 계산하지 않는 경우 슬래브의 최소 두께로 옳은 것은?

① 120mm ② 130mm
③ 140mm ④ 150mm

> 해설

슬래브의 최소두께

$h = \dfrac{l}{28} = \dfrac{4,200}{28} = 150\text{mm}$

19 지름 300mm인 기성콘크리트말뚝을 시공하고자 한다. 말뚝의 최소 중심간격으로 가장 적당한 것은?

① 600mm ② 750mm
③ 900mm ④ 1,000mm

> 해설

기성 말뚝의 중심간격

- 직경의 2.5배 = 750mm 이상
- 750mm 이상

20 용접개시점과 종료점에 용착금속에 결함이 없도록 하기 위하여 설치하는 보조재는?

① 뒷댐재 ② 스캘럽
③ 엔드탭 ④ 오버랩

해설

엔드탭
엔드탭(End Tab)은 용접선의 단부에 붙인 보조판으로 아크의 시작부나 종단부의 크레이터 등의 결함방지를 위하여 사용하고 그 판은 제거한다.

정답 20 ③

건축기사 (2018년 3월 시행)

01 모살치수 8mm, 용접길이 500mm인 양면모 살용접의 유효 단면적은 약 얼마인가?

① 2,100mm² ② 3,221mm²
③ 4,300mm² ④ 5,421mm²

[해설]

모살용접의 유효 단면적
- $a = 0.7S = 0.7 \times 8 = 5.6$mm
- $l_e = L - 2S = 500 - 2 \times 8 = 484$mm
- $A_w = 5.6 \times 484 \times 2 = 5,420.8$mm²

02 주철근으로 사용된 D22 철근 180° 표준갈고리의 구부림 최소 내면 반지름(γ)으로 옳은 것은?

① $\gamma = 1d_b$ ② $\gamma = 2d_b$
③ $\gamma = 2.5d_b$ ④ $\gamma = 3d_b$

[해설]

표준갈고리

주철근의 180° 표준갈고리와 90° 표준갈고리의 구부림 최소 내면 반지름은 다음의 표에서 제시하는 값 이상으로 하여야 한다.

구부림의 최소 내면 반지름

철근 크기	최소 내면 반지름
D10~D25	$3d_b$
D29~D35	$4d_b$
D38 이상	$5d_b$

03 그림과 같은 단면을 가진 압축재에서 유효좌굴길이 $KL = 250$mm일 때 Euler의 좌굴 하중값은?(단, $E = 210,000$MPa이다.)

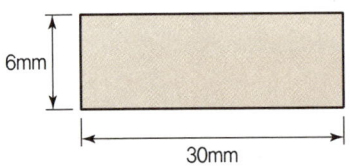

① 17.9kN ② 43.0kN
③ 52.9kN ④ 64.7kN

[해설]

좌굴하중
- $I_{\min} = \dfrac{hb^3}{12} = \dfrac{30 \times 6^3}{12} = 540$mm⁴
- $P_{cr} = \dfrac{\pi^2 EI}{L_k^2} = \dfrac{\pi^2 \times 210,000 \times 540}{250^2} = 17,907$N $= 17.9$kN

04 그림과 같은 교차보(Cross beam) A, B 부재의 최대 휨모멘트의 비로서 옳은 것은?(단, 각 부재의 EI는 일정함)

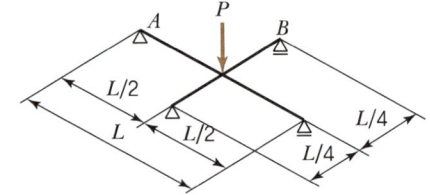

① 1 : 2 ② 1 : 3
③ 1 : 4 ④ 1 : 8

[해설]

교차보

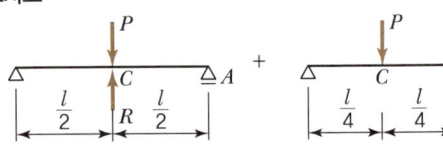

- $A\delta_C = \dfrac{Pl^3}{48EI} - \dfrac{Rl^3}{48EI}$

- $B\delta_C = \dfrac{R(\dfrac{l}{2})^3}{48EI}$

- $A\delta_C = B\delta_C$

  $\dfrac{Pl^3}{48EI} - \dfrac{Rl^3}{48EI} = \dfrac{Rl^3}{384EI}$

  $\dfrac{Pl^3}{48EI} = \dfrac{Rl^3}{384EI} + \dfrac{8Rl^3}{384EI}$

정답 01 ④ 02 ④ 03 ① 04 ③

$$\frac{Pl^3}{48EI} = \frac{9Rl^3}{384EI}$$

$$\therefore R = \frac{Pl^3}{48EI} \times \frac{384EI}{9l^3} = \frac{8}{9}P$$

- $AM_C = \dfrac{Pl}{4} - \dfrac{Rl}{4}$

  $= \dfrac{Pl}{4} - \dfrac{8P}{9} \times \dfrac{l}{4} = \dfrac{9Pl}{36} - \dfrac{8Pl}{36} = \dfrac{Pl}{36}$

- $BM_C = \dfrac{R\left(\dfrac{l}{2}\right)}{4} = \dfrac{8P}{9} \times \dfrac{l}{8} = \dfrac{Pl}{9} = \dfrac{4Pl}{36}$

- $AM_C : BM_C = \dfrac{Pl}{36} : \dfrac{4Pl}{36} = 1 : 4$

05 다음 그림과 같은 부정정보를 정정보로 만들기 위해 필요한 내부 힌지의 최소 개수는?

① 1개　　② 2개
③ 3개　　④ 4개

[해설]

구조물 개론
부정정 차수만큼 힌지를 넣어 정정보로 만든다.
$n = r - 3 - h$
여기서, r : 반력 수 $=5$
　　　　h : 힌지 수 $=0$
$n = 5 - 3 - 0 = 2$차 부정정

06 강도설계법에서 처짐을 계산하지 않는 경우 철근콘크리트보의 최소 두께 규정으로 옳지 않은 것은?(단, 보통콘크리트와 설계기준항복강도 400MPa인 철근을 사용한 부재임)

① 단순지지 : $\dfrac{l}{16}$　　② 1단연속 : $\dfrac{l}{18.5}$

③ 양단연속 : $\dfrac{l}{12}$　　④ 캔틸레버 : $\dfrac{l}{8}$

[해설]

처짐을 계산하지 않는 경우 철근콘크리트보의 최소 두께
양단연속인 경우 최소 두께는 $\dfrac{l}{21}$이다.

07 프리스트레스하지 않는 부재의 현장치기 콘크리트에서 흙에 접하여 콘크리트를 친 후 영구히 흙에 묻혀 있는 콘크리트 부재의 최소 피복두께로 옳은 것은?

① 40mm　　② 50mm
③ 60mm　　④ 80mm

[해설]

최소 피복두께
흙에 접하여 콘크리트를 친 후 영구히 흙에 묻혀 있는 철근콘크리트 부재의 최소 피복두께는 80mm이다.

08 그림과 같은 옹벽에 토압 10kN이 가해지는 경우 이 옹벽이 전도되지 않기 위해서는 어느 정도의 자중(自重)을 필요로 하는가?

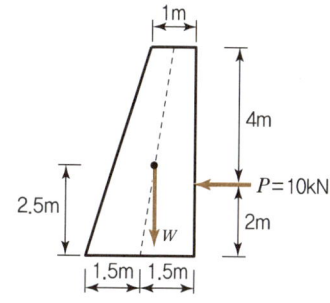

① 12.71kN　　② 11.71kN
③ 10.44kN　　④ 9.71kN

[해설]

옹벽의 저항모멘트
- 좌측 하부의 모서리로부터 무게중심 W까지의 거리 x_0

  $x_0 = \dfrac{A_1 x_1 + A_2 x_2}{A_1 + A_2}$

  $= \dfrac{(2 \times 6 \times 0.5 \times 4/3) + (1 \times 6 \times 2.5)}{(2 \times 6 \times 0.5) + (1 \times 6)} = 1.916\text{m}$

  여기서, A_1 : 옹벽의 좌측 삼각형의 면적
  　　　　A_2 : 옹벽의 우측 사각형의 면적

- 토압에 의한 전도모멘트(Overturning Moment)
  $M_0 = 10 \times 2 = 20\text{kN} \cdot \text{m}$

- 자중에 의한 저항모멘트(Resisting Moment)
  $M_R = W \times 1.916 = 1.916W$

• 저항모멘트 ≥ 전도모멘트 관계로부터
$W = \dfrac{20}{1.916} = 10.44\text{kN}$

09 지진력저항 시스템의 분류 중 이중골조 시스템에 관한 설명으로 옳지 않은 것은?

① 모멘트골조가 최소한 설계지진력의 75%를 부담한다.
② 모멘트골조와 전단벽 또는 가새골조로 이루어져 있다.
③ 전체 지진력은 각 골조의 횡강성비에 비례하여 분배한다.
④ 일정 이상의 변형능력을 갖도록 연성상세설계가 되어야 한다.

해설
이중골조시스템
모멘트골조는 최소한 설계지진력의 25% 이상을 부담해야 한다.

10 그림과 같은 부정정 라멘의 B.M.D에서 값을 구하면?

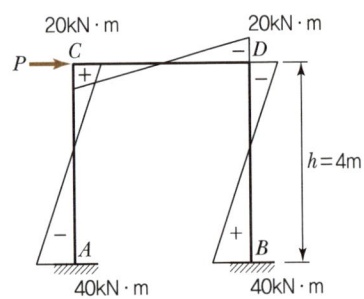

① 20kN
② 30kN
③ 50kN
④ 60kN

해설
부정정 구조
층방정식을 적용하면
층전단력 $P = \dfrac{\text{재단모멘트의 합}}{\text{층고}}$
$\therefore P = \dfrac{20+40+20+40}{4} = 30\text{kN}$

11 그림과 같은 부정정 라멘에서 CD기둥의 전단력 값은?

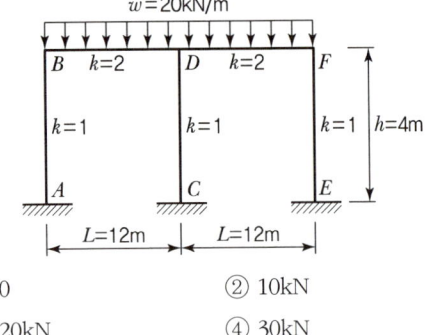

① 0
② 10kN
③ 20kN
④ 30kN

해설
부정정 라멘
D점의 재단모멘트 M_{DB}와 M_{DF}가 대칭 조건에 의하여 절댓값의 크기가 같아 휨모멘트가 발생하지 않으므로 전단력은 0이다.

12 강도설계법에 따른 철근콘크리트 부재의 휨에 관한 일반사항으로 옳지 않은 것은?

① 콘크리트의 인장강도는 철근콘크리트 부재 단면의 축강도와 휨강도 계산에서 무시할 수 있다.
② 휨모멘트 또는 휨모멘트와 축력을 동시에 받는 부재의 콘크리트 압축연단의 극한변형률을 0.003으로 가정한다.
③ 휨부재의 최소철근량은 $A_{s,\min} = \dfrac{0.25\sqrt{f_{ck}}}{f_y}b_w d$
또는 $A_{s,\min} = \dfrac{1.4}{f_y}b_w d$ 중 큰 값 이상이어야 한다.
④ 강도설계법에서는 연성파괴보다는 취성파괴를 유도하도록 설계의 초점을 맞추고 있다.

해설
철근콘크리트 부재의 휨 설계
강도설계법에서 설계식은 취성파괴보다는 연성파괴를 유도하도록 구성되어 있다.

13 직경 2.2cm, 길이 50cm인 강봉에 축방향 인장력을 작용시켰더니 길이는 0.04cm 늘어났고 직경은 0.0006cm 줄었다. 이 재료의 푸아송 수는?

① 0.015
② 0.34
③ 2.93
④ 66.67

해설

푸아송 수

- 푸아송비$(\nu) = \dfrac{\beta}{\varepsilon} = \dfrac{\frac{\Delta d}{d}}{\frac{\Delta l}{l}} = \dfrac{l\Delta d}{d\Delta l} = \dfrac{1}{m}$

$= \dfrac{50 \times 0.0006}{2.2 \times 0.04} = \dfrac{0.03}{0.088} = \dfrac{1}{2.93}$

- 푸아송 수$(m) = 2.93$

14 기초 설계 시 인접대지를 고려하여 편심기초를 만들고자 한다. 이때 편심기초의 지내력이 균등하도록 하기 위하여 어떤 방법을 이용함이 가장 타당한가?

① 지중보를 설치한다.
② 기초 면적을 넓힌다.
③ 기둥의 단면적을 크게 한다.
④ 기초 두께를 두껍게 한다.

해설

기초 설계
지중보를 설치하여 기초의 강성을 증가시키고 부동침하를 방지하는 것이 바람직하다.

15 강도설계법에 의해서 전단보강 철근을 사용하지 않고 계수하중에 의한 전단력 $V_v = 50$kN을 지지하기 위한 직사각형 단면보의 최소 유효깊이 d는?(단, 보통중량콘크리트 사용, $f_{ck} = 28$MPa, $b_w = 300$mm)

① 405mm
② 444mm
③ 504mm
④ 605mm

해설

철근콘크리트보의 전단설계
전단보강 철근을 사용하지 않기 위해서는 계수전단력 V_u가 $\frac{1}{2}\phi V_c$ 이하이어야 한다.

- $\dfrac{1}{2}\phi V_c = V_u$

- $\dfrac{1}{2} \times 0.75 \times \dfrac{1}{6} \times 1 \times \sqrt{28} \times 300 \times d = 50{,}000\text{N}$

- $d = 503.9$mm

16 H형강의 플랜지에 커버 플레이트를 붙이는 주목적으로 옳은 것은?

① 수평부재 간 접합 시 틈새를 메우기 위하여
② 슬래브와 전단접합을 위하여
③ 웨브플레이트의 전단내력 보강을 위하여
④ 휨내력의 보강을 위하여

해설

커버 플레이트
커버 플레이트는 상, 하 플랜지에 보강하여 휨내력을 보강하는 부재이다.

17 1변의 길이가 각각 50mm(A), 100mm(B)인 두 개의 정사각형 단면에 동일한 압축하중 P가 작용할 때 압축응력도의 비($A : B$)는?

① 2 : 1
② 4 : 1
③ 8 : 1
④ 16 : 1

해설

압축응력도

- $\sigma_A = \dfrac{P}{A_A} = \dfrac{P}{50 \times 50} = \dfrac{P}{2{,}500}$

- $\sigma_B = \dfrac{P}{A_B} = \dfrac{P}{100 \times 100} = \dfrac{P}{10{,}000}$

- $\sigma_A : \sigma_B = 4 : 1$

18 그림과 같은 내민보에서 A 지점의 반력값은?

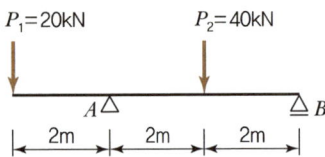

① 20kN ② 30kN
③ 40kN ④ 50kN

해설
내민보
$\Sigma M_B = 0$
$-20 \times 6 + V_A \times 4 - 40 \times 2 = 0$
$\therefore V_A = 50\text{kN}(\uparrow)$

19 다음 그림과 같은 캔틸레버보에서 B점의 처짐각(θ_B)은?(단, EI는 일정함)

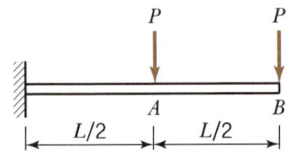

① $-\dfrac{PL^2}{2EI}$ ② $-\dfrac{PL^2}{8EI}$
③ $-\dfrac{5PL^2}{8EI}$ ④ $-\dfrac{2PL^2}{3EI}$

해설
처짐각
$\theta_B = -\dfrac{1}{EI}\left[\dfrac{1}{2} \times \dfrac{PL}{2} \times \dfrac{L}{2} + \dfrac{1}{2} \times PL \times L\right]$
$= -\dfrac{5PL^2}{8EI}$

20 강구조에서 용접선 단부에 붙인 보조판으로 아크의 시작이나 종단부의 크레이터 등의 결함을 방지하기 위해 붙이는 판은?

① 스티프너 ② 엔드탭
③ 윙플레이트 ④ 커버플레이트

해설
엔드탭
엔드탭(End Tab)은 용접선의 단부에 붙인 보조판으로, 아크의 시작이나 종단부의 크레이터 등의 결함방지를 위하여 사용하고 그 판은 제거한다.

정답 18 ④ 19 ③ 20 ②

건축산업기사 (2018년 3월 시행)

01 그림과 같은 구조물의 판별로 옳은 것은?

① 안정, 정정
② 안정, 1차 부정정
③ 안정, 2차 부정정
④ 불안정

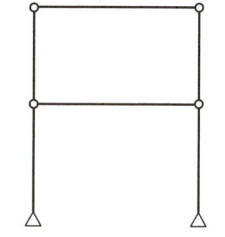

해설

구조물의 판별
형태가 찌그러지므로 내적으로 불안정하여 이 구조물은 불안정이다.

02 처짐을 계산하지 않는 경우 철근콘크리트보의 최소 두께 규정으로 옳은 것은?(단, l = 보의 경간, $w_c = 2,300\text{Mkg/m}^3$, $f_y = 400\text{MPa}$ 사용)

① 단순지지 : $l/15$
② 양단연속 : $l/24$
③ 1단연속 : $l/18.5$
④ 캔틸레버 : $l/10$

해설

철근콘크리트보의 최소 두께
- 캔틸레버 : $l/8$
- 단순지지 : $l/16$
- 1단연속 : $l/18.5$
- 양단연속 : $l/21$

03 다음 구조물에서 A점의 휨모멘트 M_A의 크기는?

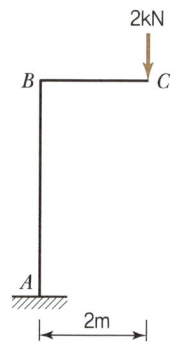

① $2\text{kN} \cdot \text{m}$
② $4\text{kN} \cdot \text{m}$
③ $6\text{kN} \cdot \text{m}$
④ $8\text{kN} \cdot \text{m}$

해설

휨모멘트
$M_A = 2\text{kN} \times 2\text{m} = 4\text{kN} \cdot \text{m}$

04 기초의 부동침하를 방지하는 데 적절하지 않은 조치는?

① 구조물 전체의 하중을 기초에 균등히 분포시킨다.
② 말뚝 또는 피어기초를 고려한다.
③ 기초 상호 간을 강(Rigid)접합으로 연결을 한다.
④ 한 건물에서의 기초 설치 시 가급적 다른 종류의 기초로 한다.

해설

부동침하 방지
한 건물에서 다른 기초의 혼용은 기동침하에 불리하다.

05 철근콘크리트구조에서 철근 가공 시 표준갈고리에 관한 설명으로 옳지 않은 것은?

① 주철근의 표준갈고리는 90°표준갈고리와 180°표준갈고리가 있다.
② 주철근의 90°표준갈고리는 구부린 끝에서 $12d_b$ 이상 더 연장하여야 한다.
③ 띠철근과 스터럽의 표준갈고리는 60°표준갈고리와 90°표준갈고리가 있다.
④ D25 이하의 철근으로 135°표준갈고리를 만드는 경우, 구부린 끝에서 $6d_b$ 이상 더 연장하여야 한다.

해설

표준갈고리
띠철근과 스터럽의 표준갈고리에는 90° 표준갈고리와 135° 표준갈고리가 있다.

정답 01 ④ 02 ③ 03 ② 04 ④ 05 ③

06 고정하중(D) 2kN/m²과 활하중(L) 3kN/m² 이 구조물에 작용할 경우 계수하중(U)을 구하면? (단, 건축구조기준, 일반건축물의 경우임)

① 6.0kN/m² ② 6.4kN/m²
③ 6.8kN/m² ④ 7.2kN/m²

[해설]

하중조합
$U = 1.2 \times 2 + 1.6 \times 3 = 7.2 \text{kN/m}^2$

07 그림과 같은 구조물의 부재 C에 작용하는 압축력은?

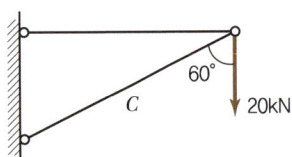

① 10kN ② 20kN
③ 30kN ④ 40kN

[해설]

부재력

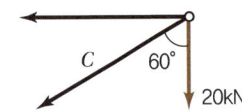

$\sum V = 0, \ -20 - C\cos 60° = 0$
$C = -40\text{kN}(압축)$

08 그림에서 E점의 휨모멘트를 구하면?

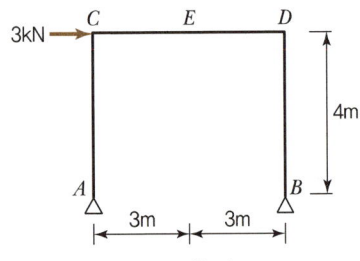

① 12kN·m ② 6kN·m
③ 4kN·m   ④ 3kN·m

[해설]

라멘 휨모멘트
- $\sum M_B = 0, \ V_A \times 6 + 3 \times 4 = 0, \ V_A = -2\text{kN}(\downarrow)$
- $\sum H = 0, \ 3\text{kN} - H_A = 0, \ H_A = 3\text{kN}(\leftarrow)$
- $M_E = V_A \times 3 + H_A \times 4 = -2 \times 3 + 3 \times 4 = 6\text{kN·m}$

09 그림의 트러스에서 a부재의 부재력은?(단, 트러스를 구성하는 삼각형은 정삼각형임)

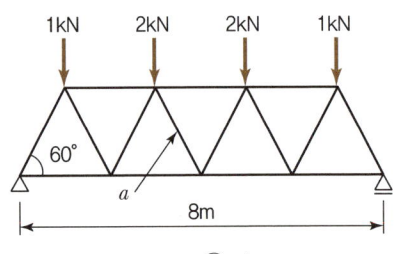

① 0   ② 2kN
③ $2\sqrt{2}$ kN ④ $\sqrt{3}$ kN

[해설]

트러스 부재력

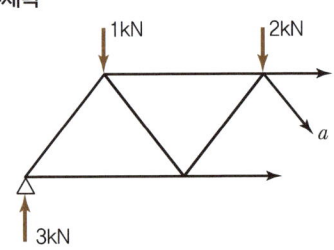

$\sum V = 0, \ 3 - 1 - 2 - a\sin 60° = 0$
$a = 0$

10 강구조 접합부는 최소 얼마 이상을 지지하도록 설계되어야 하는가?(단, 연결재, 새그로드 또는 띠장은 제외)

① 15kN ② 25kN
③ 35kN ④ 45kN

[해설]

접합부 최소 설계하중
모든 접합부는 존재응력과 상관없이 반드시 45kN 이상을 지지하여야 한다.

정답 06 ④ 07 ④ 08 ② 09 ① 10 ④

11 그림과 같은 단면에서 허용휨응력도가 8MPa일 때 중심축($x-x$)에 대한 휨모멘트값은?

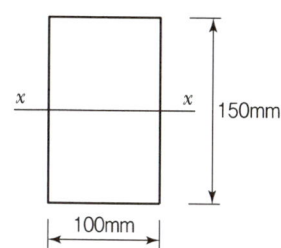

① 3kN·m ② 4kN·m
③ 8kN·m ④ 10kN·m

해설

허용휨응력도

- $\sigma_{\max} = \dfrac{M_{\max}}{S} \leq f_b$

- $M_{\max} \leq 8 \times \dfrac{100 \times 150^2}{6} = 3,000,000 = 3\text{kN}\cdot\text{m}$

12 그림과 같은 지름 32mm의 원형막대에 40kN의 인장력이 작용할 때 부재단면에 발생하는 인장응력도는?

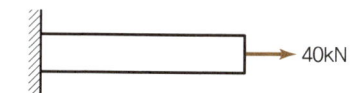

① 39.8MPa ② 49.8MPa
③ 59.8MPa ④ 69.8MPa

해설

인장응력도

$\sigma_t = \dfrac{P}{A} = \dfrac{40,000}{\dfrac{\pi \cdot 32^2}{4}} = 49.8\text{MPa}$

13 건축구조별 특징에 관한 설명으로 옳지 않은 것은?

① 돌구조는 주요구조부를 석재를 써서 구성한 것으로 내구적이나 횡력에 약하다.
② 벽돌구조는 지진과 바람 같은 횡력에 약하고 균열이 생기기 쉽다.
③ 철골철근콘크리트구조는 철골구조에 비해 내화성이 부족하다.
④ 보강블록조는 블록의 빈 속에 철근을 배근하고 콘크리트를 채워 넣은 것이다.

해설

건축구조의 특징
철골철근콘크리트구조는 철골구조와 비교하여 내화성이 우수하다.

14 철근콘크리트보에서 철근과 콘크리트 간의 부착력이 부족할 때 부착력을 증가시키는 방법으로서 가장 적절한 것은?

① 고강도철근을 사용한다.
② 콘크리트의 물시멘트비를 증가시킨다.
③ 인장철근의 주장을 증가시킨다.
④ 압축철근의 단면적을 증가시킨다.

해설

철근과 콘크리트의 부착력
인장철근의 주장을 증가시켜 부착면적을 크게 하는 것이 유리하다.

15 특수고력볼트인 T.S볼트를 구성하고 있는 요소와 거리가 먼 것은?

① 너트 ② 핀테일
③ 평와셔 ④ 필러플레이트

해설

T.S볼트
필러플레이트(filler plate)는 끼움 판으로, 기둥 부재의 이음부 등에 사용된다.

16 크리트의 공칭전단강도(V_c)가 36kN이고, 전단보강근에 의한 공칭전단강도(V_s)가 24kN일 때 설계전단력(ϕV_n)으로 옳은 것은?

① 45kN ② 51kN
③ 56kN ④ 60kN

정답 11 ① 12 ② 13 ③ 14 ③ 15 ④ 16 ①

해설

설계전단력
$\phi V_n = 0.75(36+24) = 45\text{kN}$

17 등분포하중을 받는 단순보의 최대 처짐공식으로 옳은 것은?

① $\dfrac{3wl^4}{192EI}$ ② $\dfrac{5wl^4}{384EI}$

③ $\dfrac{wl^4}{120EI}$ ④ $\dfrac{7wl^4}{384EI}$

해설

처짐
$\delta_{\max} = \dfrac{5wl^4}{384EI}$

18 다음 단면의 공칭 휨강도 M_n을 구하면?(단, $f_{ck}=30\text{MPa}$, $f_y=300\text{MPa}$이다.)

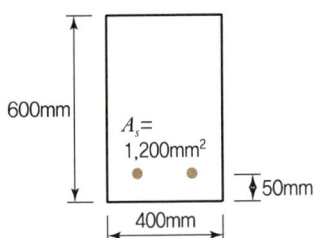

① $132.2\text{kN}\cdot\text{m}$ ② $160.5\text{kN}\cdot\text{m}$
③ $191.6\text{kN}\cdot\text{m}$ ④ $222.2\text{kN}\cdot\text{m}$

해설

공칭 휨강도
- $a = \dfrac{1,200\times300}{0.85\times30\times400} = 35.29\text{mm}$
- $M_n = 1,200\times300\times(550-35.29/2)\times10^{-6}$
  $= 191.6\text{kN}\cdot\text{m}$

19 구조물의 지점은 이동지점, 회전지점, 고정지점으로 구분된다. 각각의 지점에 대한 반력의 수로 알맞은 것은?

① 이동지점 – 1개, 회전지점 – 2개, 고정지점 – 3개
② 이동지점 – 2개, 회전지점 – 1개, 고정지점 – 3개
③ 이동지점 – 1개, 회전지점 – 3개, 고정지점 – 2개
④ 이동지점 – 3개, 회전지점 – 1개, 고정지점 – 2개

해설

구조물 개론
- 이동지점 → 수직반력
- 회전지점 → 수직, 수평반력
- 고정지점 → 수직, 수평, 모멘트반력

20 기초 크기 3.0m×3.0m의 독립기초가 축방향력 $N=60\text{kN}$(기초자중 포함), 휨모멘트 $M=10\text{kN}\cdot\text{m}$을 받을 때 기초 저면의 편심거리는 약 얼마인가?

① 0.10m   ② 0.17m
③ 0.21m   ④ 0.34m

해설

편심거리
$M = P\cdot e$, $e = \dfrac{M}{P} = \dfrac{10}{60} = 0.17\text{m}$

정답 17 ② 18 ③ 19 ① 20 ②

건축기사 (2018년 4월 시행)

01 강구조 용접에서 용접결함에 속하지 않는 것은?

① 오버 랩(Overlap) ② 크랙(Crack)
③ 가우징(Gouging) ④ 언더컷(Under Cut)

[해설]

강구조 용접결함
가우징은 강재(鋼材) 등의 금속판이나 철근에 홈을 내는 것을 말한다.

02 그림과 같은 구조물의 부정정 차수는?

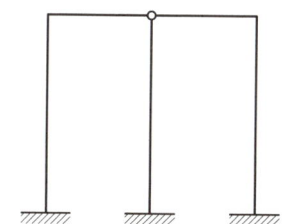

① 1차 부정정 ② 2차 부정정
③ 3차 부정정 ④ 4차 부정정

[해설]

부정정 차수
$n = r + m + \Sigma k - 2j$
여기서, r : 반력 수 = 9 m : 부재 수 = 5
         Σk : 강절점 수 = 2 j : 절점 수 = 6
$n = 9 + 5 + 2 - 2 \times 6 = 4$차 부정정

03 동일단면, 동일재료를 사용한 캔틸레버보 끝단에 집중하중이 작용하였다. P_1이 작용한 최대 처짐량이, P_2가 작용한 부재의 최대 처짐량의 2배일 경우 $P_1 : P_2$는?

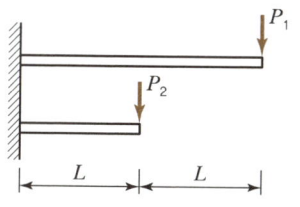

① 1 : 4   ② 1 : 8
③ 4 : 1   ④ 8 : 1

[해설]

처짐
- $\delta_1 = \dfrac{P_1(2L)^3}{3EI} = \dfrac{8P_1 L^3}{3EI},\ \delta_2 = \dfrac{P_2 L^3}{3EI}$
- $\delta_1 = 2\delta_2,\ 8L^3 P_1 = 2L^3 P_2$
- $P_1 : P_2 = 1 : 4$

04 그림과 같은 단순보의 일부 구간으로부터 떼어낸 자유물체도에서 각 좌우 측면(가, 나면)에 작용하는 전단력의 방향과 그 값으로 옳은 것은?

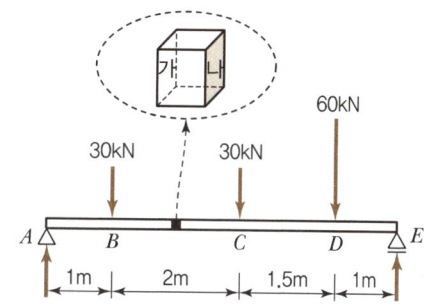

① 가 : 19.1kN(↑), 나 : 19.1kN(↓)
② 가 : 19.1kN(↓), 나 : 19.1kN(↑)
③ 가 : 16.1kN(↑), 나 : 16.1kN(↓)
④ 가 : 16.1kN(↓), 나 : 16.1kN(↑)

[해설]

단순보
- $\Sigma M_E = 0,\ V_A \times 5.5 - 30 \times 4.5 - 30 \times 2.5 - 60 \times 1 = 0$
  $V_A = 49.1\text{kN}(↑)$
- $V_{가} = 49.1 - 30 = 19.1\text{kN}(↑)$
- $V_{가} + V_{나} = 0,\ V_{나} = 19.1\text{kN}(↓)$

정답 01 ③ 02 ④ 03 ① 04 ①

05 그림과 같이 수평하중을 받는 라멘에서 휨모멘트의 값이 가장 큰 위치는?

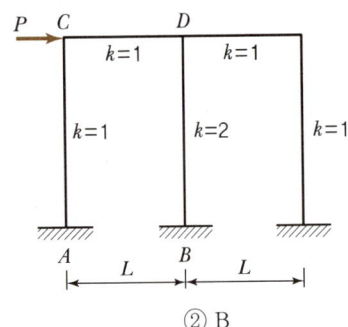

① A
② B
③ C
④ D

해설

부정정 구조
내측기둥은 두 개의 교문기둥의 효과를 나타내게 되므로 두 개의 외각기둥이 지지하는 전단력 V의 2배를 지지한다고 볼 수 있다.(라멘은 일련의 구문들이 겹쳐 있다고 생각한다.)

06 그림과 같은 단순보에서 A점 및 B점에서의 반력을 각각 R_A, R_B라 할 때 반력의 크기로 옳은 것은?

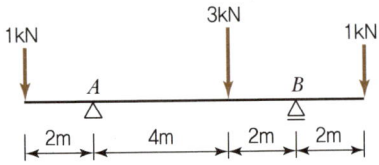

① $R_A = 3kN$, $R_B = 2kN$
② $R_A = 2kN$, $R_B = 3kN$
③ $R_A = 2.5kN$, $R_B = 2.5kN$
④ $R_A = 4kN$, $R_B = 1kN$

해설

단순보
- $\sum M_B = 0$
  $-1 \times 8 + R_A \times 6 - 3 \times 2 + 1 \times 2 = 0$, $R_A = 2kN(\uparrow)$
- $\sum V = 0$, $R_A + R_B = 5$, $R_B = 5 - 2 = 3kN(\uparrow)$

07 필릿용접의 최소 사이즈에 관한 설명으로 옳지 않은 것은?(단, KBC 2016 기준)

① 접합부 얇은 쪽 모재두께가 6mm 이하일 경우 3mm이다.
② 접합부 얇은 쪽 모재두께가 6mm를 초과하고 13mm 이하일 경우 4mm이다.
③ 접합부 얇은 쪽 모재두께가 13mm를 초과하고 19mm 이하일 경우 6mm이다.
④ 접합부 얇은 쪽 모재두께가 19mm를 초과할 경우 8mm이다.

해설

필릿용접의 최소 사이즈
필릿용접의 최소 사이즈는 다음 표와 같다.

필릿용접의 최소 사이즈(mm)

접합부의 두꺼운 쪽 소재 두께 t	필릿용접의 최소 치수
$t < 6$	3
$6 \leq t < 13$	5
$13 \leq t < 20$	6
$20 \leq t$	8

08 다음 각 구조시스템에 관한 정의로 옳지 않은 것은?

① 모멘트골조방식 : 수직하중과 횡력을 보와 기둥으로 구성된 라멘골조가 저항하는 구조방식
② 연성모멘트골조방식 : 횡력에 대한 저항능력을 증가시키기 위하여 부재와 접합부의 연성을 증가시킨 모멘트골조방식
③ 이중골조방식 : 횡력의 25% 이상을 부담하는 전단벽이 연성 모멘트골조와 조합되어 있는 구조방식
④ 건물골조방식 : 수직하중은 입체골조가 저항하고 지진하중은 전단벽이나 가새골조가 저항하는 구조방식

해설

구조시스템
이중골조방식은 횡력의 25% 이상을 부담하는 연성모멘트골조가 전단벽이나 가새골조와 조합되어 있는 구조방식을 말한다.

정답 05 ② 06 ② 07 ② 08 ③

09 그림에서 같은 H형강 H−300×150×6.5×9의 $x-x$축에 대한 단면계수 값으로 옳은 것은?(단, $I_x=5,080,000\text{mm}^4$이다.)

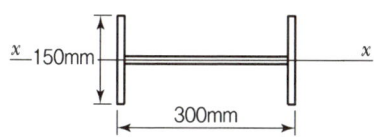

① 58,539mm³ ② 60,568mm³
③ 67,733mm³ ④ 71,384mm³

> **해설**

단면계수
$$S=\frac{I_x}{y}=\frac{5,080,000}{75}=67,733\text{mm}^3$$

10 다음 부정정 구조물에서 B점의 반력을 구하면?

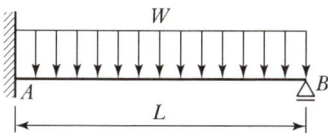

① $\frac{1}{8}\omega L$ ② $\frac{3}{8}\omega L$
③ $\frac{5}{8}\omega L$ ④ $\frac{7}{8}\omega L$

> **해설**

부정정보
$R_B=\frac{3}{8}wL$

11 인장을 받는 이형철근의 직경이 D16(직경 15.9mm)이고, 콘크리트 강도가 30MPa인 표준갈고리의 기본정착길이는?(단, $f_y=400\text{MPa}$, $\beta=1.0$, $m_c=2,300\text{kg/m}^3$이다.)

① 238mm ② 258mm
③ 279mm ④ 312mm

> **해설**

표준갈고리의 기본정착길이
$$l_{hb}=\frac{0.24\beta d_b f_y}{\lambda\sqrt{f_{ck}}}=\frac{0.24\times15.9\times400}{1.0\times\sqrt{30}}=278.7\text{mm}$$

12 양단 힌지인 길이 6m의 H−300×300×10×15의 기둥이 부재중앙에서 약축방향으로 가새를 통해 지지되어 있을 때 설계용 세장비는?(단, $r_x=131\text{mm}$, $r_y=75.1\text{mm}$)

① 39.9 ② 45.8
③ 58.2 ④ 66.3

> **해설**

설계용 세장비
- 강축 : $\frac{6,000}{131}=45.8$
- 약축 : $\frac{3,000}{75.1}=39.9$

∴ 설계용 세장비는 45.8(큰 값)이다.

13 그림과 같은 이동하중이 스팬 10m의 단순보 위를 지날 때 절대 최대 휨모멘트를 구하면?

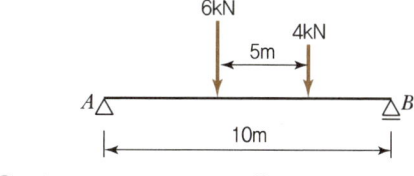

① 16kN·m ② 18kN·m
③ 25kN·m ④ 30kN·m

> **해설**

절대 최대 휨모멘트
- 집중하중의 합력과 그 부근의 큰 하중 또는 그와 가장 가까운 하중 사이의 중앙이 보의 중앙에 일치할 때 그 하중의 바로 밑의 단면에서 발생한다.

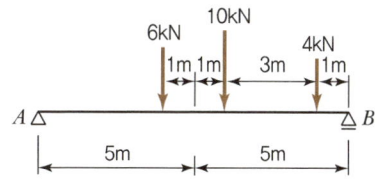

- $\sum M_B=0$, $V_A\times10-6\times6-4\times1=0$,
  $V_A=4\text{kN}(\uparrow)$
- $M_{\max}=V_A\times4\text{m}=4\times4=16\text{kN}\cdot\text{m}$

정답 09 ③ 10 ② 11 ③ 12 ② 13 ①

14 그림과 같은 구조물에서 B단에 발생하는 휨모멘트 값으로 옳은 것은?

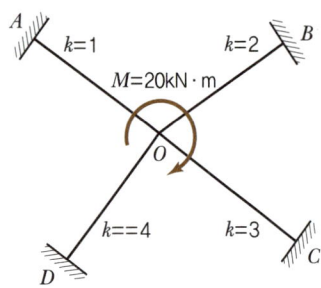

① 2kN·m
② 3kN·m
③ 4kN·m
④ 6kN·m

모멘트 분배법

- 분배율 $\mu_{OB} = \dfrac{K_{OB}}{\sum k} = \dfrac{2}{1+2+3+4} = 0.2$
- 분배모멘트 $M_{OB} = \mu_{OB}M = 0.2 \times 20 = 4\text{kN}\cdot\text{m}$
- 도달모멘트 $M_{BO} = \dfrac{1}{2}M_{OB} = \dfrac{1}{2} \times 4 = 2\text{kN}\cdot\text{m}$

15 등분포하중을 받는 두 스팬 연속보인 B_1 RC 보 부재에서 Ⓐ, Ⓑ, Ⓒ지점의 보 배근에 관한 설명으로 옳지 않은 것은?

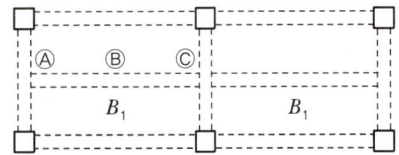

① Ⓐ단면에서는 하부근이 주근이다.
② Ⓑ단면에서는 하부근이 주근이다.
③ Ⓐ단면에서의 스터럽 배치간격은 Ⓑ단면에서의 경우보다 촘촘하다.
④ Ⓒ단면에서는 하부근이 주근이다.

철근콘크리트 연속보의 배근
Ⓒ단면에서는 부(−)모멘트가 발생하므로 상부근이 주근이다.

16 그림과 같은 독립기초에 $N=480\text{kN}$, $M=96\text{kN}\cdot\text{m}$가 작용할 때 기초저면에 발생하는 최대 지반반력은?

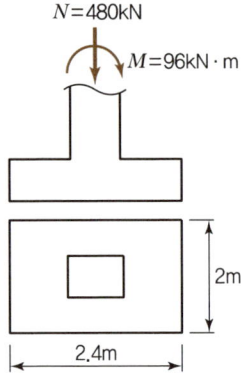

① 15kN/m²
② 150kN/m²
③ 20kN/m²
④ 200kN/m²

기초

$$\sigma_{\max} = \dfrac{P}{A} + \dfrac{M}{S}$$
$$= \dfrac{480}{2\times 2.4} + \dfrac{6\times 96}{2\times 2.4^2} = 150\text{kN/m}^2$$

17 철골보의 처짐을 적게 하는 방법으로 가장 적절한 것은?

① 보의 길이를 길게 한다.
② 웨브의 단면적을 작게 한다.
③ 상부플랜지의 두께를 줄인다.
④ 단면2차 모멘트값을 크게 한다.

보의 처짐
- 보의 처짐을 적게 하기 위해서는 탄성계수(E)와 단면2차 모멘트(I)를 크게 한다.
- 하중과 보의 길이를 짧게 한다.

18 강도설계법에서 직접설계법을 이용한 콘크리트 슬래브 설계 시 적용조건으로 옳지 않은 것은?

① 각 방향으로 3경간 이상이 연속되어야 한다.
② 슬래브 판들은 단변경간에 대한 장변경간의 비가 2 이하인 직사각형이어야 한다.
③ 각 방향으로 연속한 받침부 중심간 경간 차이는 긴 경간의 1/3 이하이어야 한다.
④ 모든 하중은 슬래브판의 특정지점에 작용하는 집중하중이어야 하며 활하중은 고정하중의 3배 이하이어야 한다.

[해설]

슬래브의 직접설계법
모든 하중은 등분포된 연직하중으로 활하중은 고정하중의 2배 이하이어야 한다.

19 연약지반에 기초구조를 적용할 때 부동침하를 감소시키기 위한 상부구조의 대책으로 옳지 않은 것은?

① 폭이 일정할 경우 건물의 길이를 길게 할 것
② 건물을 경량화할 것
③ 강성을 크게 할 것
④ 부분 증축을 가급적 피할 것

[해설]

부동침하
부동침하를 방지하기 위해서는 건물의 길이를 짧게 하는 것이 좋다.

20 등가정적해석법에 따른 지진응답계수의 산정식과 가장 거리가 먼 것은?

① 가스트영향계수
② 반응수정계수
③ 주기 1초에서의 설계스펙트럼 가속도
④ 건축물의 고유주기

[해설]

가스트영향계수
가스트영향계수는 풍하중을 산정할 때 돌풍효과를 고려하기 위한 계수이다.

정답 18 ④ 19 ① 20 ①

건축산업기사 (2018년 4월 시행)

01 다음 구조물의 개략적인 휨모멘트도로 옳은 것은?

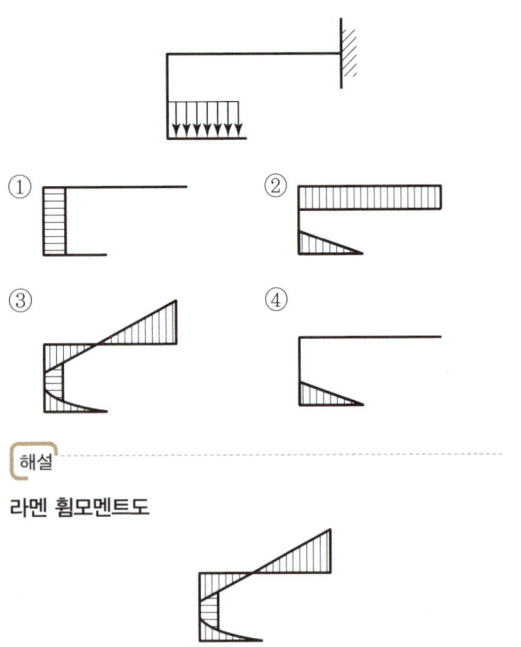

[해설]

라멘 휨모멘트도

02 다음 그림과 같이 보의 휨모멘트도가 나타날 수 있는 지점상태는?

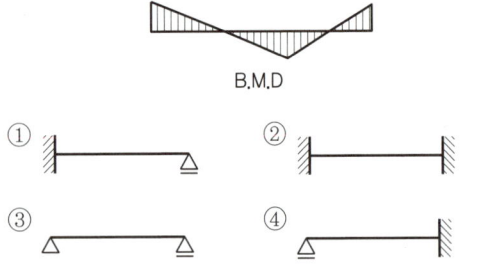

[해설]

부정정보 휨모멘트도

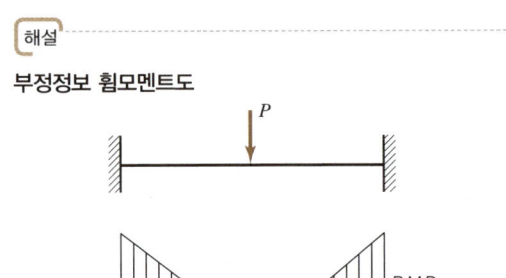

03 내진설계 시 휨모멘트와 축력을 받는 특수모멘트 골조 부재의 축방향 철근의 최대 철근비는?

① 0.02　　② 0.04
③ 0.06　　④ 0.08

[해설]

내진설계

휨모멘트와 축력을 받는 특수모멘트 골조의 축방향 철근비는 0.01 이상, 0.06 이하이어야 한다.

04 기초 설계에 있어 장기 50kN(자중포함)의 하중을 받을 경우 장기 허용지내력도 10kN/m²의 지반에서 적당한 기초판의 크기는?

① 1.5m × 1.5m　　② 1.8m × 1.8m
③ 2.0m × 2.0m　　④ 2.3m × 2.3m

[해설]

기초판의 크기

- $A = \dfrac{50}{10} = 5\text{m}^2$
- $\sqrt{5} = 2.24\text{m}$
- ∴ 2.3 × 2.3 이 적당하다.

정답 01 ③　02 ②　03 ③　04 ④

05 단면 복부의 폭이 400mm, 양쪽 슬래브의 중심간 거리가 2,000mm인 대칭 T형보의 유효 폭은?(단, 보의 경간은 4,800mm, 슬래브 두께는 120mm임)

① 1,000mm ② 1,200mm
③ 2,000mm ④ 2,320mm

해설

T형보의 유효폭
- $b_e = 16 \times 120 + 400 = 2,320 mm$
- $b_e = 2,000 mm$
- $b_e = \dfrac{4,800}{4} = 1,200 mm$

∴ 작은 값 1,200mm

06 그림과 같은 구조형상과 단면을 가진 캔틸레버보 A점의 처짐(δ_A)은?(단, $E = 10^4 MPa$)

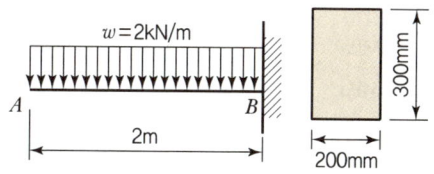

① 0.29mm ② 0.49mm
③ 0.69mm ④ 0.89mm

해설

처짐
$$\delta_A = \dfrac{wl^4}{8EI} = \dfrac{2 \times 2,000^4}{8 \times 10^4 \times \dfrac{200 \times 300^3}{12}} = 0.89 mm$$

07 강도설계법에 따른 하중조합으로 옳은 것은? (단, 건축구조기준 설계하중 적용)

① $1.2D$
② $1.2D + 1.0E + 1.6L$
③ $0.9D + 1.3W$
④ $1.2D + 1.3L + 0.9W$

해설

하중조합
고정하중(D), 활하중(L), 풍하중(W), 지진하중(E)에 대한 하중조합은 다음과 같다.

- $U = 1.4D$
- $U = 1.2D + 1.6L$
- $U = 1.2D + 1.0L + 1.3W$
- $U = 0.9D + 1.3W$
- $U = 1.2D + 1.0L + 1.0E$
- $U = 0.9D + 1.0E$

08 콘크리트충전강관(CFT)구조의 특징에 관한 설명으로 옳지 않은 것은?

① 철근콘크리트구조에 비해 내력과 변형능력이 뛰어나다.
② 콘크리트의 충전성 확인이 용이하다.
③ 구조에 비해 국부좌굴의 위험이 낮다.
④ 콘크리트 타설 시 별도의 거푸집이 필요 없다.

해설

콘크리트충전강관
콘크리트충전강관은 내부의 콘크리트 충전성에 대한 확인이 어렵다.

09 그림과 같은 연속보의 판별은?

① 정정 ② 1차 부정정
③ 2차 부정정 ④ 3차 부정정

해설

부정정 차수
$n = r + 3 - h$
여기서, r : 반력 수 = 4, h : 힌지 수 = 1
$n = 4 - 3 - 1 = 0$, 정정 구조물

10 기성콘크리트 말뚝의 파일 이음법에 해당하지 않는 것은?

① 충전식 이음 ② 파이프 이음
③ 용접식 이음 ④ 볼트식 이음

해설

기성콘크리트 말뚝
기성콘크리트 말뚝의 이음공법에는 장부식, 충전식, 볼트식, 용접식 등이 있다.

11 철근콘크리트 단순보를 설계할 때 최대 철근비로 옳은 것은?(단, $f_y = 400\text{MPa}$, $\rho_b = 0.038$)

① 0.0271　　② 0.0304
③ 0.0342　　④ 0.0361

해설

최대 철근비
$f_y = 400\text{MPa}$이므로
$\rho_{\max} = 0.714\rho_b = 0.714 \times 0.038 = 0.0271$

12 단면이 300mm × 300mm인 단주에서 핵반경값은?

① 30mm　　② 40mm
③ 50mm　　④ 60mm

해설

핵반경
- 사각형 단면의 핵반경 $\dfrac{h}{6}$, $\dfrac{b}{6}$
- $e = \dfrac{300}{6} = 50\text{mm}$

13 휨응력 산정 시 필요한 가정에 관한 설명 중 옳지 않은 것은?

① 보는 변형한 후에도 평면을 유지한다.
② 보의 휨응력은 중립축에서 최대이다.
③ 탄성 범위 내에서 응력과 변형이 작용한다.
④ 휨부재를 구성하는 재료의 인장과 압축에 대한 탄성계수는 같다.

해설

휨응력
중립축에서 보의 휨응력은 0이다.

14 철근의 이음에 관한 기준으로 옳지 않은 것은?

① D32를 초과하는 철근은 겹침이음을 할 수 없다.
② 휨부재에서 서로 직접 접촉되지 않게 겹침이음된 철근은 횡방향으로 소요 겹침이음길이의 1/5 또는 150mm 중 작은 값 이상 떨어지지 않아야 한다.
③ 용접이음은 용접용 철근을 사용해야 하며 철근의 설계기준항복강도 f_y의 125% 이상을 발휘할 수 있는 완전용접이어야 한다.
④ 다발 철근의 겹침이음은 다발 내의 개개 철근에 대한 겹침이음길이를 기본으로 하여 결정하여야 한다.

해설

철근의 이음
D35를 초과하는 철근은 겹침이음을 할 수 없다.

15 부재길이가 3.5m이고, 지름이 16m인 원형 단면 강봉에 3kN의 축하중을 가하여 강봉이 재축방향으로 2.2mm 늘어났을 때 이 재료의 탄성계수 E는?

① 17,763MPa　　② 18,965MPa
③ 21,762MPa　　④ 23,738MPa

해설

탄성계수
- 탄성계수$(E) = \dfrac{\sigma}{\varepsilon} = \dfrac{Pl}{A\Delta l}$
- $E = \dfrac{3{,}000 \times 3{,}500}{\dfrac{\pi \cdot 16^2}{4} \times 2.2} = 23{,}737.6\text{MPa}$

16 그림과 같은 도형의 도심의 위치 X_0의 값으로 옳은 것은?

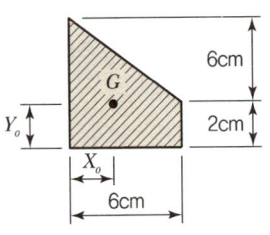

① 2.4cm　　② 2.5cm
③ 2.6cm　　④ 2.7cm

해설

도심

$$x_0 = \frac{G_x}{A} = \frac{A_1 x_{01} + A_2 x_{02}}{A_1 + A_2} = \frac{\frac{6 \times 6}{2} \times 2 + 2 \times 6 \times 3}{\frac{6 \times 6}{2} + 2 \times 6} = 2.4 \text{cm}$$

17 스팬이 4.5m이고 과도한 처짐에 의해 손상되기 쉬운 비구조요소를 지지하지 않은 평지붕구조에서 활하중에 의한 순간처짐의 한계는?

① 17mm ② 20mm
③ 25mm ④ 34mm

해설

처짐 한계

 $= \dfrac{L}{180} = \dfrac{4,500}{180} = 25\text{mm}$

18 강도설계법에서 처짐을 계산하지 않는 경우 스팬 $l = 8$m인 단순지지 콘크리트보의 최소 두께는?(단, 보통중량콘크리트 사용, $f_y = 400$MPa)

① 400mm ② 450mm
③ 500mm ④ 550mm

해설

콘크리트보의 최소 두께

$h = \dfrac{L}{16} = \dfrac{8,000}{16} = 500\text{mm}$

19 그림과 같은 트러스의 D부재의 응력은?

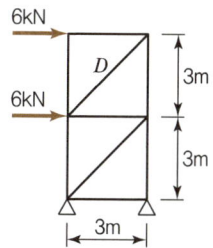

① 3kN ② $3\sqrt{2}$ kN
③ 6kN ④ $6\sqrt{2}$ kN

해설

트러스 부재력

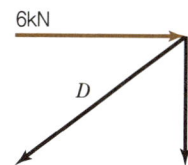

$\Sigma H = 0,\ 6\text{kN} - D\cos 45° = 0$
$D = 6\sqrt{2}\ \text{kN}$

20 그림과 같은 단순보의 C점에 생기는 휨 모멘트의 크기는?

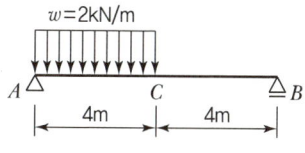

① 2kN·m ② 4kN·m
③ 6kN·m ④ 8kN·m

해설

단순보

- $\Sigma M_A = 0$
  $-V_B \times 8 + 2 \times 4 \times 2 = 0,\ V_B = 2\text{kN}(\uparrow)$
- $M_C = -(-2\text{kN} \times 4\text{m}) = 8\text{kN·m}$

정답 17 ③ 18 ③ 19 ④ 20 ④

건축기사 (2018년 9월 시행)

01 그림과 같은 구조물에 있어 AB 부재의 재단 모멘트 M_{AB}는?

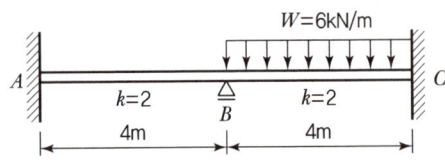

① 0.5kN·m   ② 1kN·m
③ 1.5kN·m   ④ 2kN·m

해설

모멘트 분배법

- B점의 고정모멘트 $= \dfrac{wl^2}{12} = \dfrac{6 \times 4^2}{12} = 8\text{kN} \cdot \text{m}$

- 분배율 $BA = \dfrac{K}{\sum K} = \dfrac{2}{4} = \dfrac{1}{2}$

- 분배모멘트 $(M_{BA}) = \mu_{BA} \cdot M_B = \dfrac{1}{2} \times 8\text{kN} \cdot \text{m}$
  $= 4\text{kN} \cdot \text{m}$

- 도달모멘트 $(M_{AB}) = \dfrac{1}{2} \times M_{BA} = \dfrac{1}{2} \times 4\text{kN} \cdot \text{m} = 2\text{kN} \cdot \text{m}$

02 고력볼트 1개의 인장파단 한계상태에 대한 설계인장강도는?(단, 볼트의 등급 및 호칭은 F10T, M24, $\phi = 0.75$)

① 254kN   ② 284kN
③ 304kN   ④ 324kN

해설

고력볼트의 설계인장강도

- $F_{nt} = 0.75 \times 1{,}000 = 750\text{N/mm}^2$
- $A_b = \dfrac{3.14 \times 24^2}{4} = 452\text{mm}^2$
- $\phi R_n = 0.75 \times 750 \times 452 \times 10^{-3} = 254.25\text{kN}$

03 철골조 주각부분에 사용하는 보강재에 해당되지 않는 것은?

① 윙플레이트   ② 데크플레이트
③ 사이드앵글   ④ 클립앵글

해설

철골 주각부

데크플레이트는 철골바닥구조 시스템이다.

04 다음 그림과 같은 단순 인장접합부의 강도한계상태에 따른 고력볼트의 설계전단강도를 구하면?(단, 강재의 재질은 SS400이며 고력볼트는 M22(F10T), 공칭전단강도 $F_{nv} = 500\text{MPa}$, $\phi = 0.75$)

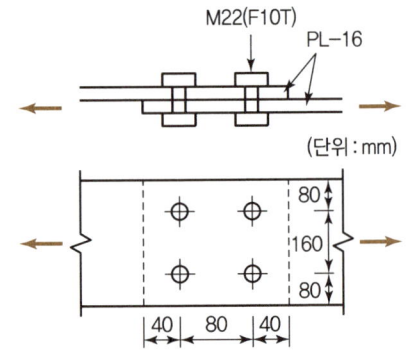

① 500kN   ② 530kN
③ 550kN   ④ 570kN

해설

고력볼트의 설계전단강도

- $F_{nv} = 500\text{N/mm}^2$
- $A_b = \dfrac{3.14 \times 22^2}{4} = 380\text{mm}^2$
- $\phi R_n = 0.75 \times 500 \times 380 \times 10^{-3} = 142.5\text{kN}$
- 고력볼트가 4개이므로 $142.5 \times 4 = 570\text{kN}$

정답 01 ④   02 ①   03 ②   04 ④

05 철근의 부착성능에 영향을 주는 요인에 관한 설명으로 옳지 않은 것은?

① 이형철근이 원형철근보다 부착강도가 크다.
② 블리딩의 영향으로 수직철근이 수평철근보다 부착강도가 작다.
③ 보통의 단위중량을 갖는 콘크리트의 부착강도는 콘크리트의 인장강도, 즉 $\sqrt{f_{ck}}$ 에 비례한다.
④ 피복두께가 크면 부착강도가 크다.

[해설]

철근의 부착성능
블리딩의 영향으로 수평철근이 수직철근보다 부착강도가 작다.

06 다음 트러스 구조물에서 부재력이 '0'이 되는 부재의 개수는?

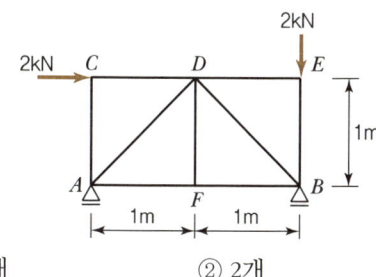

① 1개 ② 2개
③ 3개 ④ 4개

[해설]

트러스 0부재

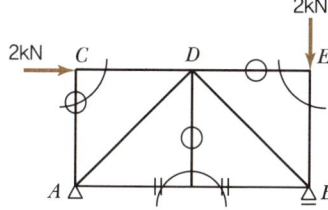

07 강도설계법에서 그림과 같이 보의 이음이 없는 경우 요구되는 보의 최소폭 b는 약 얼마인가? (단, 전단철근의 구부림 내면반지름은 고려하지 않

으며, 굵은 골재의 최대치수는 25mm, 피복두께 40mm, 주철근 D22, 스터럽 D10)

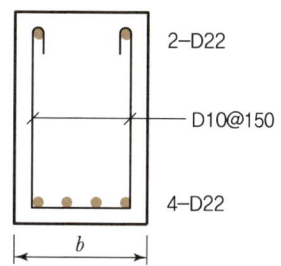

① 290mm ② 330mm
③ 375mm ④ 400mm

[해설]

보의 최소폭 산정
㉠ a = 피복두께 + 늑근직경 = 40 + 10 = 50mm
㉡ 주근직경 = 22mm
㉢ 철근의 순간격 P는 다음 값 중 큰 값
 • 25mm
 • 주근직경 22mm
 • 굵은 골재 최대치수의 4/3배 = (25×4)/3 = 33.33mm
㉣ $b = 2 \times 50 + 4 \times 22 + 3 \times 33.33 = 288$mm

08 그림과 같은 직각삼각형인 구조물에서 AC부재가 받는 힘은?

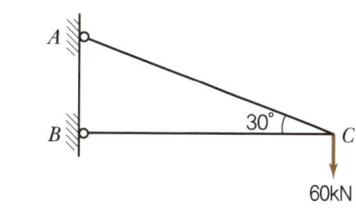

① 30kN ② $30\sqrt{3}$ kN
③ $60\sqrt{3}$ kN ④ 120kN

[해설]

부재력
• $\Sigma V = 0$
 $-60\text{kN} + \overline{CA}\sin 30° = 0$
• $\overline{CA} = 60\text{kN} \times 2 = 120$kN

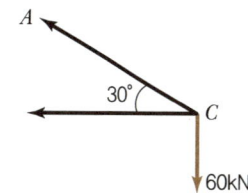

09 그림과 같은 캔틸레버보 자유단(B점)에서의 처짐각은?

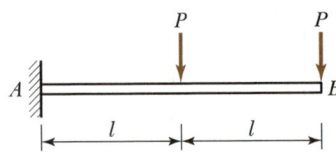

① $\dfrac{Pl^2}{2EI}$ ② Pl^2

③ $2Pl^2$ ④ $\dfrac{5Pl^2}{2EI}$

해설

처짐각

$$\theta_A = -\dfrac{1}{EI}\left(\dfrac{1}{2}\times Pl \times l + \dfrac{1}{2}\times 2Pl \times 2l\right) = -\dfrac{5Pl^2}{2EI}$$

---

10 직경 24mm인 봉강에 65kN의 인장력이 작용할 때 인장응력은 약 얼마인가?

① 128MPa   ② 136MPa
③ 144MPa   ④ 150MPa

해설

인장응력

$$\sigma_t = \dfrac{P}{A} = \dfrac{65{,}000}{\dfrac{\pi \cdot 24^2}{4}} = 143.68 = 144\text{MPa}$$

---

11 과도한 처짐에 의해 손상되기 쉬운 비구조 요소를 지지 또는 부착하지 않은 바닥구조의 활하중 L에 의한 순간처짐의 한계는?

① $\dfrac{l}{180}$ ② $\dfrac{l}{240}$

③ $\dfrac{l}{360}$ ④ $\dfrac{l}{480}$

해설

최대 허용 처짐

과도한 처짐에 의해 손상되기 쉬운 비구조 요소를 지지 또는 부착하지 않은 바닥구조의 활하중 L에 대한 처짐 한계는 $L/360$ 이하이다.

---

12 다음 그림과 같은 두 개의 단순보에 크기가 같은 ($P=wL$) 하중이 작용할 때, A점에서 발생하는 처짐각의 비율(가 : 나)은?(단, 부재의 EI는 일정하다.)

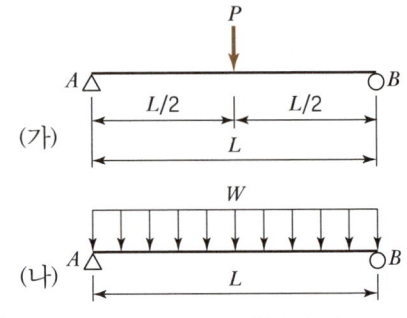

① 1 : 1.5   ② 1.5 : 1
③ 1 : 0.67   ④ 0.67 : 1

해설

처짐각

- $\theta_{가} = \dfrac{Pl^2}{16EI}$, $\theta_{나} = \dfrac{wl^3}{24EI}$

- $P=wl$, $\theta_{가} : \theta_{나} = \dfrac{wl^3}{16EI} : \dfrac{wl^3}{24EI} = 3:2 = 1.5:1$

---

13 그림과 같은 3회전단의 포물선아치가 등분포하중을 받을 때 아치부재의 단면력에 관한 설명으로 옳은 것은?

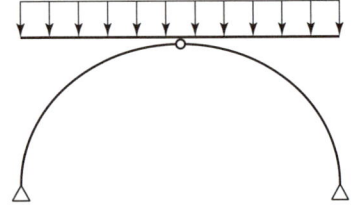

① 축방향력만 존재한다.
② 전단력과 휨모멘트가 존재한다.
③ 전단력과 축방향력이 존재한다.
④ 축방향력, 전단력, 휨모멘트가 모두 존재한다.

해설

3힌지 아치

3힌지 포물선아치가 등분포하중을 받을 때 축방향력만 존재한다.

14 말뚝기초에 관한 설명으로 옳지 않은 것은?

① 사질토(砂質土)에는 마찰말뚝의 적용이 불가하다.
② 말뚝내력(耐力)의 결정방법은 재하시험이 정확하다.
③ 철근콘크리트 말뚝은 현장에서 제작 양생하여 시공할 수도 있다.
④ 마찰말뚝은 한 곳에 집중하여 시공하지 않는 것이 좋다.

해설

말뚝기초
사질토에도 마찰말뚝의 적용이 가능하다.

15 폭 250mm, f_{ck}=30MPa인 철근콘크리트보 부재의 압축 변형률이 $\varepsilon_c=0.003$일 경우 인장철근의 변형률은?(단, $d=440$mm, $A_s=1,520.1$mm^2, $f_y=400$MPa)

① 0.00197
② 0.00368
③ 0.00523
④ 0.00857

해설

인장철근의 변형률
- $a = \dfrac{1,520.1 \times 400}{0.85 \times 30 \times 250} = 95.38$mm
- $\beta_1 = 0.85 - 0.007 \times (30-28) = 0.836$
- $c = \dfrac{95.38}{0.836} = 114.1$mm
- $\varepsilon_t = \dfrac{440-114.1}{114.1} \times 0.003 = 0.00857$

16 강도설계법에 의한 띠철근을 가진 철근 콘크리트의 기둥설계에서 단주의 최대 설계축하중은 약 얼마인가?(단, 기둥의 크기는 400×400mm, $f_{ck}=24$MPa, $f_y=400$MPa, 12-D22($A_s=4,644$mm^2), $\phi=0.65$)

① 2,452kN
② 2,525kN
③ 2,614kN
④ 3,234kN

해설

단주의 최대 설계축하중
$$\phi P_{n(\max)} = 0.8 \times 0.65 \times [0.85 \times 24 \times (400^2 - 4,644) + 400 \times 4,644] \times 10^{-3}$$
$$= 2,614\text{kN}$$

17 다음 부정정 구조물에서 A단에 도달하는 모멘트의 크기는 얼마인가?

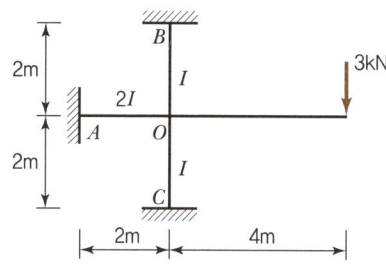

① 1.5kN·m
② 2.0kN·m
③ 2.5kN·m
④ 3.0kN·m

해설

모멘트 분배법
- 분배율 $\mu_{OA} = \dfrac{k_{OA}}{\sum k} = \dfrac{2}{2+1+1} = 0.5$
- 분배모멘트 $M_{OA} = \mu_{OA} \cdot M = 0.5 \times 3 \times 4 = 6$kN·m
- 도달모멘트 $M_{AO} = \dfrac{1}{2} M_{OA} = \dfrac{1}{2} \times 6 = 3$kN·m

18 그림과 같은 단순보에서의 최대 처짐은?(단, 보의 단면 $b \times h = 200$mm×300mm, $E=200,000$MPa)

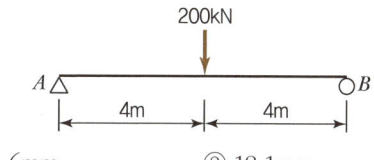

① 13.6mm
② 18.1mm
③ 23.7mm
④ 27.1mm

해설

처짐
$$\delta_{\max} = \dfrac{Pl^3}{48EI} = \dfrac{200,000 \times 8,000^3 \times 12}{48 \times 200,000 \times 200 \times 300^3} = 23.7\text{mm}$$

정답 14 ① 15 ④ 16 ③ 17 ④ 18 ③

19 고층건물의 구조형식 중에서 건물의 중간층에 대형 수평부재를 설치하여 횡력을 외곽기둥이 분담할 수 있도록 한 형식은?

① 트러스 구조
② 튜브 구조
③ 골조 아웃리거 구조
④ 스페이스 프레임 구조

해설

아웃리거 구조시스템
아웃리거 구조는 고층 건물의 일부 층을 강성이 큰 벽체나 트러스 형태의 구조물을 띠같이 설치하여 횡방향 변위를 제어하는 구조시스템이다.

20 강구조에 관한 설명으로 옳지 않은 것은?

① 장스팬의 구조물이나 고층 구조물에 적합하다.
② 재료가 불에 타지 않기 때문에 내화성이 크다.
③ 강재는 다른 구조재료에 비하여 균질도가 높다.
④ 단면에 비하여 부재길이가 비교적 길고 두께가 얇아 좌굴하기 쉽다.

해설

강구조의 특징
강재는 화재에 취약하므로 내화피복이 필요하다.

정답 19 ③   20 ②

건축산업기사 (2018년 8월 시행)

01 H-500×200×10×16으로 표기된 H형강에서 웨브의 두께는?

① 10mm　　② 16mm
③ 200mm　　④ 500mm

[해설]

H형강 표기법
H형강의 표기는 높이×폭×웨브 두께×플랜지 두께이다.
∴ 웨브 두께는 10mm이다.

02 철근의 이음에 관한 기준으로 옳은 것은?

① 용접이음은 철근의 설계기준항복강도 f_y의 125% 이상을 발휘할 수 있는 완전용접이어야 한다.
② 인장이형철근의 이음은 A급, B급으로 분류하며 어떤 경우라도 200mm 이상이어야 한다.
③ 압축이형철근의 이음을 제외하고 D35를 초과하는 철근은 겹침이음할 수 있다.
④ 휨부재에서 서로 직접 접촉되지 않게 겹침이음된 철근은 횡방향으로 소요 겹침이음길이의 1/3 또는 200mm 중 작은 값 이상 떨어지지 않아야 한다.

[해설]

철근의 이음
- 인장철근의 이음은 어떤 경우라도 300mm 이상이어야 한다.
- D35를 초과하는 철근은 겹침이음 할 수 없다.
- 소요겹침이음 길이의 1/5 또는 150mm 중 작은 값 이상 떨어지지 않아야 한다.

03 다음 그림과 같은 독립기초에서 지반 반력의 분포형태로 옳은 것은?

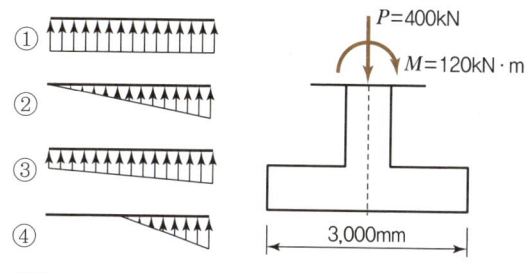

[해설]

기초
- 핵반경 $e = \dfrac{l}{6} = \dfrac{3,000}{6} = 500 = 0.5\text{m}$
- 실제 편심거리 $e = \dfrac{M}{P} = \dfrac{120}{400} = 0.3\text{m}$
- $e < \dfrac{l}{6}$ 인 경우의 응력분포를 나타낸다.

04 다음 조건을 가진 단근보의 강도설계법에 따른 설계모멘트(ϕM_0)를 구하면?

- $b = 350\text{mm}, d = 600\text{mm}$
- $4-D22(1,548\text{mm}^2)$
- $f_{ck} = 21\text{MPa}, f_y = 400\text{MPa}$
- $\phi = 0.85$

① 270kN·m　　② 280kN·m
③ 290kN·m　　④ 300kN·m

[해설]

설계모멘트 강도
- $a = \dfrac{1,548 \times 400}{0.85 \times 21 \times 350} = 99.1\text{mm}$
- $\phi M_n = 0.85 \times 1,548 \times 400 \times \left(600 - \dfrac{99.1}{2}\right) \times 10^{-6}$
  $= 289.7\text{kN·m}$

05 그림과 같은 구조물의 판별 결과는?

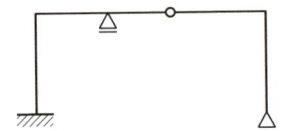

① 정정 ② 1차 부정정
③ 2차 부정정 ④ 3차 부정정

해설

구조물 판별
$n = r + m + \Sigma k - 2 \cdot j$
여기서, r : 반력 수=6
m : 부재 수=5
Σk : 강절점 수=3
j : 절점 수=6
$n = 6 + 5 + 3 - 2 \times 6 = 2$차 부정정

06 그림과 같은 정정 라멘에서 F점의 휨모멘트는?

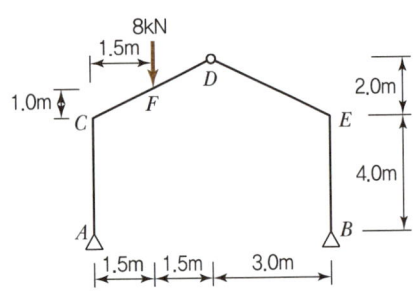

① 4kN·m ② 3kN·m
③ 2kN·m ④ 1kN·m

해설

라멘 휨모멘트
- $\Sigma M_B = 0$, $V_A \times 6 - 8 \times 4.5 = 0$, $V_A = 6\text{kN}(\uparrow)$
- $\Sigma M_D = 0$(좌측)
  $6 \times 3 - H_A \times 6 - 8 \times 1.5 = 0$, $H_A = 1\text{kN}(\rightarrow)$
- $M_F = 6 \times 1.5 - 1 \times 5 = 4\text{kN} \cdot \text{m}$

07 그림과 같은 중공형 단면에서 도심축에 대한 단면2차반지름은?

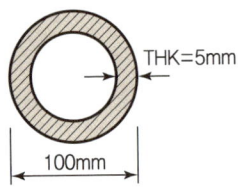

① 27.4mm ② 33.6mm
③ 45.2mm ④ 52.6mm

해설

단면2차반경

$$r_{x_0} = \sqrt{\frac{I_{x_0}}{A}} = \sqrt{\frac{\frac{\pi 100^4}{64} - \frac{\pi 90^4}{64}}{\frac{\pi 100^2}{4} - \frac{\pi 90^2}{4}}} = 33.63\text{mm}$$

08 강도설계법에서 처짐을 계산하지 않는 경우에 있어 보의 최소 두께(Depth) 규정으로 옳지 않은 것은?(단, 보의 길이는 l, 보통중량콘크리트와 400 MPa 철근 사용)

① 단순지지 : $l/12$ ② 1단연속 : $l/18.5$
③ 양단연속 : $l/21$ ④ 캔틸레버 : $l/8$

해설

철근콘크리트보의 최소 두께
단순지지 : $l/16$

09 강구조 고력볼트 접합의 특징으로 옳지 않은 것은?

① 접합부 강성이 높아 접합부 변형이 거의 없다.
② 피로강도가 낮은 편이다.
③ 강한 조임력으로 너트의 풀림이 없다.
④ 접합의 종류로는 마찰접합, 인장접합, 지압접합이 있다.

해설

고력볼트 접합
피로강도가 높다.

10 그림과 같은 트러스의 S부재 응력의 크기는?

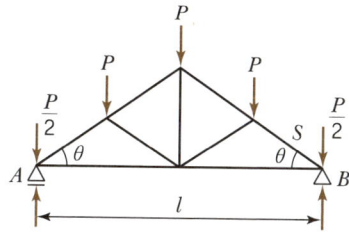

① $\dfrac{1}{2}P \cdot \sin\theta$ ② $\dfrac{3}{2}P \cdot \cos\theta$

③ $\dfrac{3}{2}P \cdot \sin\theta$ ④ $\dfrac{3}{2}P \cdot \text{cosec}\theta$

해설

트러스 부재력

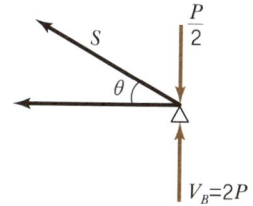

$\sum V = 0,\ V_B - \dfrac{P}{2} + S\sin\theta = 0,\ \dfrac{3P}{2} + S\sin\theta = 0$

$S = -\dfrac{\dfrac{3P}{2}}{\sin\theta} = -\dfrac{3P}{2}\text{cosec}\theta$

11 강구조에서 사용하는 용어가 서로 관계없는 것끼리 연결된 것은?

① 기둥접합 – 메탈터치(Metal Touch)
② 주각부 – 베이스 플레이트(Base Plate)
③ 판보 – 커버플레이트(Cover Plate)
④ 고력볼트 접합 – 엔드탭(End Tap)

해설

엔드탭(End Tab)
용접선의 단부에 붙인 보조판으로, 아크의 시작부나 종단부의 크레이터 등의 결함방지를 위하여 사용하고 그 판은 제거한다.

12 철근의 부착과 정착에 관한 설명으로 옳지 않은 것은?

① 철근이 콘크리트 속에서 빠져나오지 못하게 하는 것을 정착이라 한다.
② 철근의 정착길이는 철근의 직경에 비례하며 철근의 강도에 반비례한다.
③ 휨응력의 전달 시 철근과 콘크리트 간의 경계면에 발생하는 전단응력을 부착응력이라 한다.
④ 철근과 콘크리트 간의 부착력은 콘크리트의 강도가 높아질수록 증가한다.

해설

철근과 콘크리트의 부착
철근의 정착길이는 철근의 직경과 강도에 비례한다.

13 다음은 철근콘크리트 벽체 설계에 대한 기준이다. ( ) 안에 들어갈 내용을 순서대로 바르게 나타낸 것은?

> 수직 및 수평철근의 간격은 벽두께의 ( ) 이하, 또한 ( ) 이하로 하여야 한다.

① 2배, 300mm   ② 2배, 450mm
③ 3배, 300mm   ④ 3배, 450mm

해설

벽체 설계
수직 및 수평철근의 간격은 벽두께의 3배 이하, 450mm 이하로 하여야 한다.

14 그림과 같은 트러스에서 T부재의 부재력은?

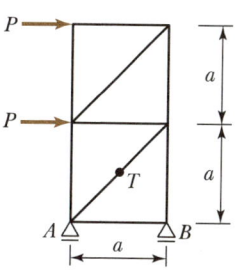

① P ② $1.5P$
③ $\sqrt{2}\,P$ ④ $2\sqrt{2}\,P$

> [해설]

트러스 부재력

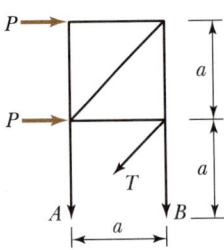

$\sum H = 0$
$2P - T\cos 45° = 0,\ T = 2\sqrt{2}\,P$

15 철근콘크리트구조의 장단점에 관한 설명으로 옳지 않은 것은?

① 철근콘크리트구조는 내구성, 내진성, 내화성이 우수하다.
② 철근콘크리트구조는 콘크리트의 강도상 단점을 철근이 보완하고 있다.
③ 철근콘크리트구조는 건조수축에 의하여 변형이나 균열이 발생될 수 있다.
④ 철근콘크리트구조는 강구조보다 소요되는 재료의 중량이 작으므로 자중이 가볍다.

> [해설]

철근콘크리트구조
철근콘크리트구조는 강구조보다 자중이 무겁다.

16 지름 10mm, 길이 15m인 강봉에 무게 8kN의 인장력이 작용할 경우 늘어난 길이는?(단, $E_s = 2.0 \times 10^5 \text{MPa}$)

① 4.32mm   ② 5.34mm
③ 7.64mm   ④ 9.32mm

> [해설]

탄성계수
- $E = \dfrac{\sigma}{\varepsilon} = \dfrac{Pl}{A\Delta l}$
- $\Delta l = \dfrac{Pl}{EA} = \dfrac{8{,}000 \times 15{,}000}{2.0 \times 10^5 \times \dfrac{\pi \cdot 10^2}{4}} = 7.64\text{mm}$

17 그림은 구조용 강봉의 응력–변형률 곡선이다. A점은 무엇인가?

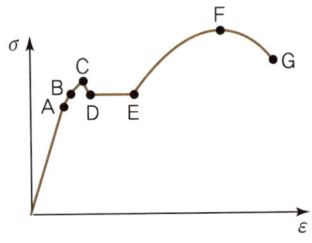

① 탄성한계점   ② 비례한계점
③ 상위항복점   ④ 하위항복점

> [해설]

강재의 응력 – 변형률 곡선
- A : 비례한계점
- B : 탄성한계점
- C : 상위항복점
- D : 하위항복점
- E : 항복종지점
- F : 인장강도점
- G : 파괴점

18 그림과 같은 단순보의 중앙에서 보단면 내의 O점의 휨응력도는?

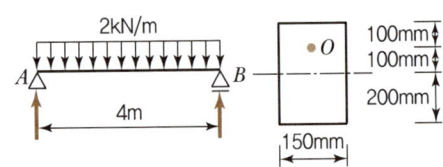

① +0.50MPa   ② −0.50MPa
③ +0.75MPa   ④ −0.75MPa

> [해설]

휨응력도

$\sigma_0 = \dfrac{-M_{\max}}{I} y = \dfrac{-\dfrac{2 \times 4{,}000^2}{8}}{\dfrac{150 \times 400^3}{12}} \times 100 = -0.5\text{MPa}$

정답 15 ④ 16 ③ 17 ② 18 ②

19 그림과 같은 부정정보에서 전단력이 '0'이 되는 위치 x는?

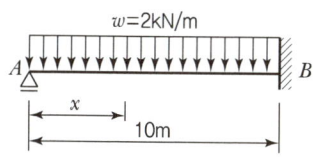

① 2.75m　　② 3.75m
③ 4.75m　　④ 5.75m

해설

부정정보

- $V_A = \dfrac{3}{8}wl = 7.5\text{kN}$

- $V_x = 0$, $V_A - wx = 0$, $7.5 - 2 \times x = 0$, $x = 3.75\text{m}$

20 다음 보(Beam) 중에서 정정 구조물이 아닌 것은?

해설

정정 구조물
- 외적 정정 : 지점반력을 힘의 평형조건식으로 구할 수 있다.
- 내적 정정 : 부재력을 힘의 평형조건식으로 구할 수 있다.

정답　19 ②　20 ③

건축기사 (2019년 3월 시행)

01 철골구조에 관한 설명으로 옳지 않은 것은?

① 수평하중에 의한 접합부의 연성능력이 낮다.
② 철근콘크리트조에 비하여 넓은 전용면적을 얻을 수 있다.
③ 정밀한 시공을 요한다.
④ 장스팬 구조물에 적합하다.

해설

철골구조의 특징
철골 모멘트 접합부는 일반적으로 접합부의 연성능력이 우수하다.

02 강도설계법에서 D22 압축이형철근의 기본정착길이 l_{db}는?(단, 경량콘크리트 계수 $\lambda = 1.0$, $f_{ck} = 27$MPa, $f_y = 400$MPa)

① 200.5mm ② 378.4mm
③ 423.4mm ④ 604.6mm

해설

압축철근의 기본정착길이
$l_{db} = \dfrac{0.25\, d_b\, f_y}{\lambda \sqrt{f_{ck}}} = \dfrac{0.25 \times 22 \times 400}{1.0 \times \sqrt{27}} = 423.4$mm

03 등분포하중을 받는 그림과 같은 3회전단아치에서 C점의 전단력을 구하면?

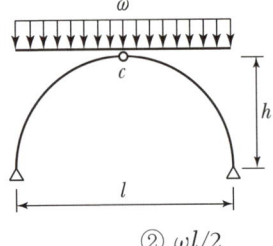

① 0 ② $\omega l/2$
③ $\omega h/4$ ④ $\omega l/8$

해설

3힌지형 아치
3힌지 포물선 아치가 등분포하중을 받을 때 축방향력만 존재한다.

04 다음 그림과 같이 수평하중 30kN이 작용하는 라멘구조에서 E점에서의 휨모멘트 값(절댓값)은?

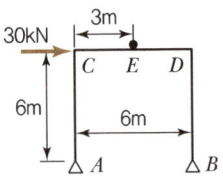

① 40kN·m ② 45kN·m
③ 60kN·m ④ 90kN·m

해설

정정라멘
- $\sum H = 0, 30 - H_A = 0$, $H_A = -30$kN(←)
- $\sum M_B = 0$
  $V_A \times 6\text{m} + 30\text{kN} \times 6\text{m} = 0$, $V_A = -30$kN(↓)
- $M_E = -30$kN$\times 3$m$= -90$kN·m

05 다음 그림과 같은 H형강(H-440×300×10×20) 단면의 전소성모멘트(M_p)는 얼마인가? (단, $F_y = 400$MPa)

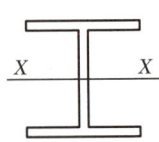

① 963kN·m ② 1,168kN·m
③ 1,368kN·m ④ 1,568kN·m

해설

전소성모멘트

- 소성단면계수

$$Z = \frac{BH^2 - bh^2}{4} = \frac{300 \times 440^2 - 290 \times 400^2}{4}$$
$$= 2,920,000 \text{mm}^3$$

- 전소성모멘트

$$M_p = Z \times F_y = 2,920,000 \times 400 \times 10^{-6} = 1,168 \text{kN} \cdot \text{m}$$

06 다음 그림과 같은 중공형 단면에 대한 단면2차반경 r_x는?

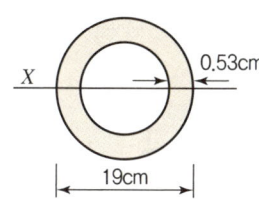

① 3.21cm ② 4.62cm
③ 6.53cm ④ 7.34cm

해설

단면2차반경

$$r_{x0} = \sqrt{\frac{I_{x0}}{A}} = \sqrt{\frac{\frac{\pi 19^4}{64} - \frac{\pi 17.94^4}{64}}{\frac{\pi 19^2}{4} - \frac{\pi 17.94^2}{4}}} = 6.53 \text{cm}$$

07 부하면적 36m²인 콘크리트 기둥의 영향면적에 따른 활하중저감계수(C)로 옳은 것은?(단, $C = 0.3 + \frac{4.2}{\sqrt{A}}$, A는 영향면적)

① 0.25 ② 0.45
③ 0.65 ④ 1

해설

활하중 저감계수

- 기둥의 영향면적 A = 부하면적 × 4 = 36 × 4 = 144m²
- $C = 0.3 + \frac{4.2}{\sqrt{144}} = 0.65$

08 그림과 같은 구조물의 부정정 차수는?

① 불안정
② 1차 부정정
③ 3차 부정정
④ 정정

해설

부정정 차수

$n = r + m + \sum k - 2j$
여기서, r : 반력 수 = 3 m : 부재 수 = 5,
 $\sum k$: 강절점 수 = 4 j : 절점 수 = 6
$n = 3 + 5 + 4 - 2 \times 6 = 0$, 정정 구조물

09 양단 힌지인 길이 6m의 H-300×300×10×15의 기둥이 약축방향으로 부재중앙이 가새로 지지되어 있을 때 이 부재의 세장비는?(단, 단면2차반경 $\gamma_x = 13.1$cm, $\gamma_y = 7.51$cm)

① 40.0 ② 45.8
③ 58.2 ④ 66.3

해설

세장비

- x축 세장비 = $\frac{6,000 \text{mm}}{131 \text{mm}} = 45.8$
- y축 세장비 = $\frac{3,000 \text{mm}}{75.1 \text{mm}} = 40.0$

∴ 세장비는 둘 중 큰 값 45.8이다.

10 각 지반의 허용지내력의 크기가 큰 것부터 순서대로 올바르게 나열된 것은?

A. 자갈 B. 모래
C. 연암반 D. 경암반

① B > A > C > D ② A > B > C > D
③ D > C > A > B ④ D > C > B > A

해설

허용지내력

지반의 장기허용지내력도는 다음과 같다.
- 경암반 : 4,000kN/m²

정답 06 ③ 07 ③ 08 ④ 09 ② 10 ③

- 연암반 : 1,000 ~ 2,000kN/m²
- 자갈 : 300kN/m²
- 모래 : 100kN/m²

11 연약지반에서 부동침하를 줄이기 위한 가장 효과적인 기초의 종류는?

① 독립기초　② 복합기초
③ 연속기초　④ 온통기초

해설

부동침하 방지
온통기초를 사용하는 것이 가장 효과적이다.

12 다음 그림과 같이 단면의 크기가 500mm × 500mm인 띠철근 기둥이 저항할 수 있는 최대설계축하중 ϕP_n은?(단, f_y=400MPa, f_{ck}=27MPa)

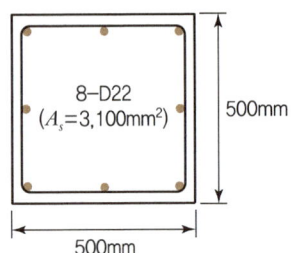

① 3,591kN　② 3,972kN
③ 4,170kN　④ 4,275kN

해설

단주의 최대설계축하중
$\phi P_n = 0.8 \times 0.65 \times [0.85 \times 27 \times (500^2 - 3,100)$
$\quad + 400 \times 3,100] \times 10^{-3} = 3,591\text{kN}$

13 아래 그림과 같은 단순보의 중앙점에서 보의 최대처짐은?(단, 부재의 EI는 일정하다.)

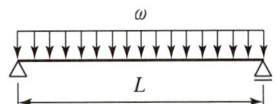

① $\dfrac{\omega L^3}{24EI}$　② $\dfrac{\omega L^3}{48EI}$

③ $\dfrac{\omega L^4}{384EI}$　④ $\dfrac{5\omega L^4}{384EI}$

해설

최대처짐
등분포하중을 받는 단순보의 최대처짐
$\delta_{\max} = \dfrac{5\omega l^2}{384EI}$

14 그림과 같은 하중을 받는 단순보에서 단면에 생기는 최대 휨응력도는?(단, 목재는 결함이 없는 균질한 단면이다.)

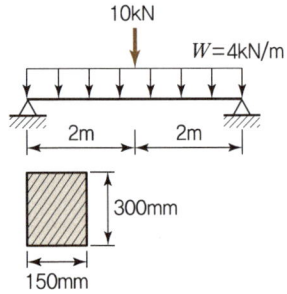

① 8MPa　② 10MPa
③ 12MPa　④ 15MPa

해설

휨응력도
- $M_{\max} = \dfrac{\omega l^2}{8} + \dfrac{Pl}{4} = \dfrac{4 \times 4^2}{8} + \dfrac{10 \times 4}{4}$
  $= 18\text{kN} \cdot \text{m} = 18,000,000\text{N} \cdot \text{mm}$
- $S = \dfrac{bh^2}{6} = \dfrac{150 \times 300^2}{6} = 2,250,000\text{mm}^3$
- $\sigma_{\max} = \dfrac{M_{\max}}{S} = \dfrac{18,000,000}{2,250,000} = 8\text{MPa}$

15 독립기초(자중 포함)가 축방향력 650kN, 휨모멘트 130kN · m를 받을 때 기초 저면의 편심거리는?

① 0.2m　② 0.3m
③ 0.4m　④ 0.6m

정답 11 ④　12 ①　13 ④　14 ①　15 ①

> [해설]

기초

$M = p \cdot e$, $e = \dfrac{M}{P} = \dfrac{130}{650} = 0.2\text{m}$

16 보의 유효깊이 $d = 550\text{mm}$, 보의 폭 $b_w = 300\text{mm}$인 보에서 스터럽이 부담할 전단력 $V_s = 200\text{kN}$일 경우, 수직 스터럽의 간격으로 가장 타당한 것은?(단, $A_v = 142\text{mm}^2$, $f_{yt} = 400\text{MPa}$, $f_{ck} = 24\text{MPa}$)

① 120mm ② 150mm
③ 180mm ④ 200mm

> [해설]

스터럽의 간격

$s = \dfrac{A_v f_{yt} d}{V_s} = \dfrac{142 \times 4{,}000 \times 550}{200 \times 1{,}000} = 156.2\text{mm}$

17 다음 그림의 모살용접부의 유효목두께는?

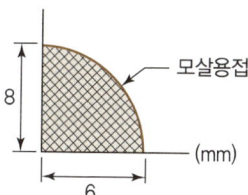

① 4.0mm ② 4.2mm
③ 4.8mm ④ 5.6mm

> [해설]

필릿용접의 유효목두께
- 필릿(모살) 치수 $S = 6\text{mm}$
- 유효목두께 $a = 0.7 \times 6 = 4.2\text{mm}$

18 지진하중 설계 시 밑면 전단력과 관계없는 것은?

① 유효 건물 중량 ② 중요도계수
③ 지반증폭계수   ④ 가스트계수

> [해설]

가스트계수
가스트계수는 풍하중 산정에서 필요하다.

19 그림과 같은 연속보에 있어 절점 B의 회전을 저지시키기 위해 필요한 모멘트의 절댓값은?

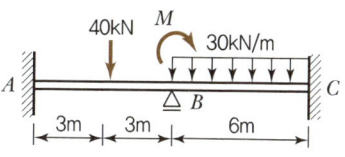

① 30kN·m   ② 60kN·m
③ 90kN·m   ④ 120kN·m

> [해설]

모멘트
- $\Sigma M_B = 0$ $M_{BA} + M = M_{BC}$
- $\dfrac{Pl}{8} + M = M_{BC}$, $\dfrac{40 \times 6}{8} + M = \dfrac{30 \times 6^2}{12}$
- $M = \dfrac{30 \times 6^2}{12} - \dfrac{40 \times 6}{8} = 60\text{kN} \cdot \text{m}$

20 철근콘크리트구조물의 내구성 설계에 관한 설명으로 옳지 않은 것은?

① 설계기준강도가 35MPa을 초과하는 콘크리트는 동해저항 콘크리트에 대한 전체 공기량 기준에서 1% 감소시킬 수 있다.
② 동해저항 콘크리트에 대한 전체 공기량 기준에서 굵은 골재의 최대치수가 25mm인 경우 심한 노출에서의 공기량 기준은 6.0%이다.
③ 바닷물에 노출된 콘크리트의 철근부식방지를 위한 보통골재콘크리트의 최대 물결합재비는 40%이다.
④ 철근의 부식방지를 위하여 굳지 않은 콘크리트의 전체 염소이온양은 원칙적으로 0.9kg/m³ 이하로 하여야 한다.

> [해설]

내구성 설계
철근의 부식방지를 위해서 굳지 않은 콘크리트의 전체 염소이온양은 원칙적으로 0.3kg/m³ 이하로 하여야 한다. 다만, 책임 구조기술자의 승인을 받는 경우 0.6kg/m³까지 허용될 수 있다.

정답 16 ② 17 ② 18 ④ 19 ② 20 ④

건축산업기사 (2019년 3월 시행)

01 다음 그림과 같은 단순보에서 중앙부 최대처짐은 얼마인가?(단, $I=1.0\times10^8\text{mm}^4$, $E=1.0\times10^4\text{MPa}$임)

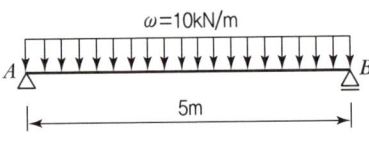

① 10.18mm ② 20.35mm
③ 40.69mm ④ 81.38mm

해설

최대 처짐

$$\delta_{\max}=\frac{5\omega l^4}{384EI}=\frac{5\times10\times5{,}000^4}{384\times1.0\times10^8\times1.0\times10^4}=81.38\text{mm}$$

02 다음 그림과 같은 트러스 구조물의 판별로 옳은 것은?

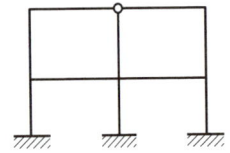

① 12차 부정정 ② 11차 부정정
③ 10차 부정정 ④ 9차 부정정

해설

부정정 차수
- $n=r+m+\sum k-2j$, 반력수$(r)=9$, 부재수$(m)=10$, 강절점수$(\sum k=9)$, 절점수$(j)=9$
- $n=9+10+9-2\times9=10$차 부정정

03 그림과 같은 철근콘크리트 띠철근 기둥의 최대설계축하중(ϕP_n)을 구하면?(단, 주근은 8-D22 (3,096mm²), $f_{ck}=24\text{MPa}$, $f_y=400\text{MPa}$, $\phi=0.65$임)

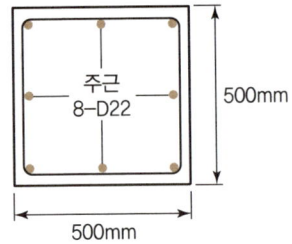

① 2,913kN ② 3,113kN
③ 3,263kN ④ 5,333kN

해설

기둥의 설계축하중
$\phi P_n=0.8\times0.65\times[0.85\times24\times(500\times500-3{,}096)$
$+400\times3{,}096]\times10^{-3}=3{,}263\text{kN}$

04 강구조에서 외력이 부재에 작용할 때 부재의 단면에 비틀림이 생기지 않고 휨변형만 발생하는 위치를 무엇이라 하는가?

① 무게 중심 ② 하중 중심
③ 전단 중심 ④ 강성 중심

해설

전단 중심
부재 단면에 비틀림을 유발하지 않고 휨 변형만 발생시키는 하중의 작용점을 전단 중심(Shear Center)이라 한다.

05 장기하중 1,800kN(자중 포함)을 받는 독립기초판의 크기는?(단, 지반의 장기허용지내력은 300kN/m²)

① 1.8m × 1.8m ② 2.0m × 2.0m
③ 2.3m × 2.3m ④ 2.5m × 2.5m

정답 01 ④ 02 ③ 03 ③ 04 ③ 05 ④

해설

기초판의 크기
- $A = \dfrac{1,800}{300} = 6.0\text{m}^2$
- $\sqrt{6} = 2.45$

※ 2.5×2.5가 적당하다.

06 철근콘크리트 휨재의 구조해석을 위한 가정으로 옳지 않은 것은?

① 콘크리트는 인장응력을 지지할 수 없다.
② 콘크리트는 압축변형도가 0.003에 도달되었을 때 파괴된다.
③ 철근에 생기는 변형은 같은 위치의 콘크리트에 생기는 변형보다 탄성계수비만큼 크다.
④ 철근과 콘크리트의 응력은 철근과 콘크리트의 응력 – 변형도로부터 계산할 수 있다.

해설

휨해석의 기본 가정
철근에 생기는 변형은 같은 위치의 콘크리트에 생기는 변형과 같은 것으로 가정한다.

07 그림과 같은 단순보를 H형강을 사용하여 설계하였다. 부재의 최대휨응력은?(단, $E = 2.08 \times 10^5$MPa, $Z_x = 771 \times 10^3 \text{mm}^3$)

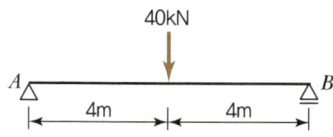

① 51.88MPa ② 103.76MPa
③ 207.52MPa ④ 311.28MPa

해설

최대휨응력
- 보의 중앙부의 최대휨모멘트
$$M_{\max} = \dfrac{Pl}{4} = \dfrac{40 \times 8}{4} = 80\text{kN} \cdot \text{m} = 80,000,000\text{N} \cdot \text{mm}$$

- 최대휨응력
$$\sigma_{\max} = \dfrac{M_{\max}}{S} = \dfrac{80,000,000}{771 \times 10^3} = 103.76\text{MPa}$$

08 400kN의 고정하중, 300kN의 활하중, 200kN의 풍하중이 강구조 기둥에 축력으로 작용하고 있다. 기둥의 소요강도는 얼마인가?

① 1,000kN ② 1,040kN
③ 1,080kN ④ 1,120kN

해설

하중조합
- $1.4D = 1.4 \times 400 = 560\text{kN}$
- $1.2D + 1.6L = 1.2 \times 400 + 1.6 \times 300 = 960\text{kN}$
- $1.2D + 1.3W + 1.0L = 1.2 \times 400 + 1.3 \times 200 + 1.0 \times 300 = 1,040\text{kN}$
- $0.9D + 1.3W = 0.9 \times 400 + 1.3 \times 200 = 620\text{kN}$

∴ 가장 큰 값 : 1,040kN

09 그림과 같은 단근 장방형보에 대하여 균형철근비 상태일 때의 압축단에서 중립축까지의 길이 C_b는?(단, $f_{ck} = 24$MPa, $f_y = 400$MPa, $E_s = 2.0 \times 10^5$MPa이다.)

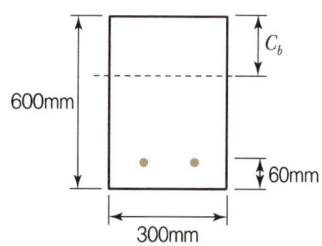

① 306mm ② 324mm
③ 360mm ④ 520mm

해설

균형상태의 중립축까지의 길이
$$c_b = \dfrac{600}{600 + 400} \times 540 = 324\text{mm}$$

10 다음 그림과 같은 구조물에서 점 A에 18 kN·m가 작용할 때 B단의 재단 모멘트 값을 구하면?(단, 부재의 길이와 단면은 동일)

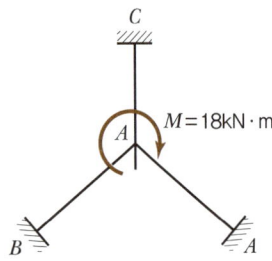

① 2.5kN·m ② 3kN·m
③ 4kN·m   ④ 12kN·m

【해설】

모멘트 분배법

$M_{OB} = \mu_{OB} M = \dfrac{1}{3} \times 18 = 6\text{kN·m}$

$M_{BO} = \dfrac{1}{2} M_{OB} = \dfrac{1}{2} \times 6 = 3\text{kN·m}$

11 철근콘크리트의 구조설계에서 철근의 부착력에 영향을 주지 않는 것은?

① 콘크리트 피복두께
② 콘크리트 압축강도
③ 철근의 외부표면 돌기
④ 철근의 항복강도

【해설】

철근과 콘크리트의 부착력
철근의 항복강도는 콘크리트와의 부착력과는 직접적으로 관계가 없으나, 항복강도가 증가할수록 요구되는 정착 길이는 길어진다.

12 단면적이 1,000mm²이고, 길이는 2m인 균질한 재료로 된 철근에 재축방향으로 100kN의 인장력을 작용시켰을 때 늘어난 길이는?(단, 탄성계수는 2.0×10^5MPa임)

① 1mm   ② 0.1mm
③ 0.01mm   ④ 0.001mm

【해설】

재료의 성질

- $E = \dfrac{\sigma}{\epsilon} = \dfrac{\frac{P}{A}}{\frac{\Delta l}{l}} = \dfrac{Pl}{A\Delta l}$

- $\Delta l = \dfrac{Pl}{AE} = \dfrac{100,000 \times 2,000}{1,000 \times 2.0 \times 10^5} = 1\text{mm}$

13 그림과 같은 단순보에 생기는 최대휨응력도의 값은?

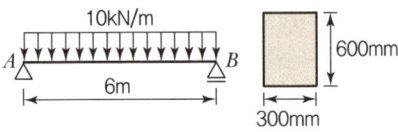

① 2.5MPa   ② 3.0MPa
③ 3.5MPa   ④ 4.0MPa

【해설】

최대휨응력도

- $M_{max} = \dfrac{\omega l^2}{8} = \dfrac{10 \times 6^2}{8} = 45\text{kN·m}$
  $= 45,000,000\text{N·mm}$

- $S = \dfrac{bh^2}{6} = \dfrac{300 \times 600^2}{6} = 18,000,000\text{mm}^3$

- $\sigma_{max} = \dfrac{M_{max}}{S} = \dfrac{45,000,000}{18,000,000} = 2.5\text{MPa}$

14 다음과 같은 구조물에서 최대전단응력도는?(단, 부재의 단면은 $b \times h = 200\text{mm} \times 300\text{mm}$)

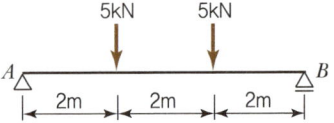

① 0.105MPa   ② 0.115MPa
③ 0.125MPa   ④ 0.135MPa

【해설】

최대전단응력도

- $V_{max} = V_A = 5\text{kN} = 5,000\text{N}$

- $v_{max} = k \cdot \dfrac{V_{max}}{A} = \dfrac{3}{2} \cdot \dfrac{5,000}{200 \times 300} = 0.125\text{MPa}$
  (형상계수(k) 사각형 $\dfrac{3}{2}$)

15 그림과 같은 단순보가 집중하중과 등분포하중을 받고 있을 때 C점의 휨모멘트를 구하면?

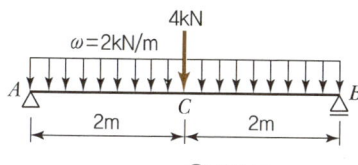

① 8kN·m ② 10kN·m
③ 12kN·m ④ 14kN·m

정정보
$$M_c = \frac{pl}{4} + \frac{\omega l^2}{8}$$
$$= \frac{4 \times 4}{4} + \frac{2 \times 4^2}{8} = 8 \text{kN·m}$$

16 그림과 같은 트러스에서 AC의 부재력은?

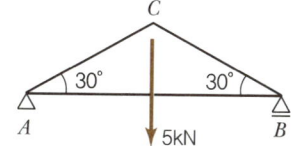

① 5kN(인장) ② 5kN(압축)
③ 10kN(인장) ④ 10kN(압축)

트러스

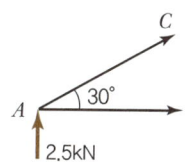

$\Sigma V = 0$, $2.5 + \overline{AC}\sin 30° = 0$, $25 + \overline{AC} \cdot \frac{1}{2} = 0$
$\overline{AC} = -5$ (압축)

17 말뚝기초에 관한 설명으로 옳지 않은 것은?

① 말뚝은 압밀 등에 대한 침하를 고려하여야 한다.
② 말뚝기초의 허용지지력 산정은 말뚝만이 힘을 받는 것으로 계산하여야 한다.
③ 말뚝기초의 기초판 설계에서 말뚝의 반력은 중심에 집중된다고 가정하여 휨모멘트를 계산할 수 있다.
④ 대규모 기초구조는 기성말뚝과 제자리 콘크리트 말뚝을 혼용하여야 한다.

말뚝기초
동일 건물에서 서로 다른 이질 말뚝을 혼용하지 않는 것이 좋다.

18 그림과 같은 정방형 단주(短柱)의 E점에 압축력 100kN이 작용할 때 B점에 발생되는 응력의 크기는?

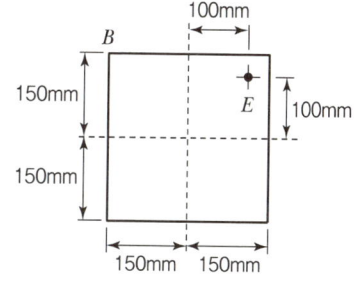

① -1.11MPa ② 1.11MPa
③ -2.22MPa ④ 2.22MPa

단주
$$\sigma = -\frac{P}{A} \pm \frac{M_x}{I_x} \cdot y \pm \frac{M_y}{I_y} \cdot x$$
$$\sigma_A = -\frac{P}{A} - \frac{M_x}{I_x} \cdot y + \frac{M_y}{I_y} \cdot x$$
$$= -\frac{100,000}{300 \times 300} - \frac{100,000 \times 100}{\frac{300^4}{12}} \cdot 150 + \frac{100,000 \times 100}{\frac{300^4}{12}} \cdot 150$$
$$= -1.11 \text{MPa}$$

정답 15 ① 16 ② 17 ④ 18 ①

19 다음 그림과 같은 필릿용접부의 설계강도를 구할 때 요구되는 용접유효길이를 구하면?

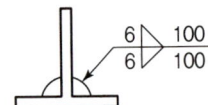

① 200mm ② 176mm
③ 152mm ④ 134mm

해설

유효 용접길이
$l_e = L - 2s = (100 - 2 \times 6) \times 2 = 176\text{mm}$

20 강도설계법으로 설계한 콘크리트 구조물에서 처짐의 검토는 어느 하중을 사용하는가?

① 사용하중(Service Load)
② 설계하중(Design Load)
③ 계수하중(Factored Load)
④ 상재하중(Surchage Load)

해설

사용성 검토
처짐, 진동, 균열 등과 같은 사용성 검토는 사용하중을 적용한다.

정답 19 ② 20 ①

건축기사 (2019년 4월 시행)

01 철근콘크리트 T형보의 유효폭 산정식에 관련된 사항과 거리가 먼 것은?

① 보의 폭 ② 슬래브 중심 간 거리
③ 슬래브의 두께 ④ 보의 춤

해설

T형보의 유효폭
- 16 × 슬래브 두께 + 보의 복부 폭
- 양쪽 슬래브의 중심 간 거리
- 보 경간의 1/4

※ 따라서, 보의 춤과는 관계없다.

02 인장이형철근의 정착길이를 산정할 때 적용되는 보정계수에 해당되지 않는 것은?

① 철근 배근 위치계수 ② 철근 도막계수
③ 크리프 계수 ④ 경량콘크리트 계수

해설

인장이형철근의 정착길이에 대한 보정계수
크리프는 정착길이 산정과는 무관하다.

03 강도설계법에서 처짐을 계산하지 않는 경우 스팬이 8.0m인 단순지지된 보의 최소 두께로 옳은 것은?(단, 보통중량콘크리트와 $f_y = 400\text{MPa}$ 철근을 사용한 경우)

① 380mm ② 430mm
③ 500mm ④ 600mm

해설

보의 최소 두께
처짐을 계산하지 않는 경우 단순지지된 보의 최소 두께
$$h = \frac{l}{16} = \frac{8,000}{16} = 500\text{mm}$$

04 구조물의 내진보강 대책으로 적합하지 않은 것은?

① 구조물의 강도를 증가시킨다.
② 구조물의 연성을 증가시킨다.
③ 구조물의 중량을 증가시킨다.
④ 구조물의 감쇠를 증가시킨다.

해설

내진보강 대책
$V = C_s \times W$에서 구조물의 중량(W) 증가는 지진하중의 증가를 가져온다.

05 각종 단면의 주축(主軸)을 표시한 것으로 옳지 않은 것은?

① 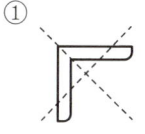 ②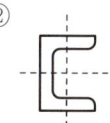
③ 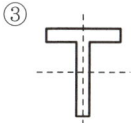 ④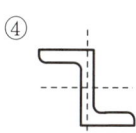

해설

주축

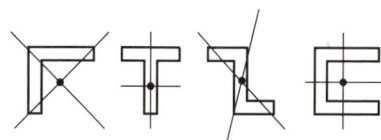

정답 01 ④ 02 ③ 03 ③ 04 ③ 05 ④

06 그림과 같은 ㄷ형강(Channel)에서 전단중심(剪斷中心)의 대략적인 위치는?

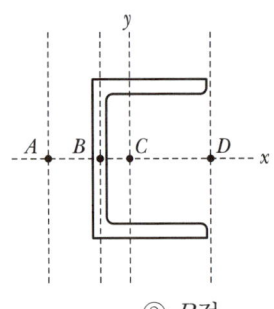

① A점   ② B점
③ C점   ④ D점

해설

전단중심
비틀림을 일으키지 않는 하중의 작용점을 전단중심이라 하며, ㄷ형강의 전단중심은 문제의 그림에서 대략 A 위치에 존재한다.

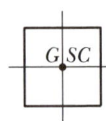  

07 철근콘크리트 단근보에서 균형철근비를 계산한 결과 $\rho_b = 0.039$이었다. 최대철근비는?(단, $E = 20,000$MPa, $f_y = 400$MPa, $f_{ck} = 24$MPa임)

① 0.01863   ② 0.02256
③ 0.02607   ④ 0.02785

해설

최대철근비
$f_y = 400$MPa인 철근의 최대철근비
$\rho_{\max} = 0.714\rho_b = 0.714 \times 0.039 = 0.02785$

08 그림과 같은 단순보에서 A점과 B점에 발생하는 반력으로 옳은 것은?

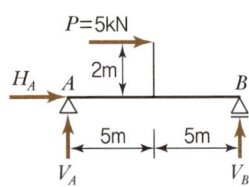

① $H_A = +5$kN, $V_A = +1$kN, $V_B = +1$kN
② $H_A = -5$kN, $V_A = -1$kN, $V_B = +1$kN
③ $H_A = +5$kN, $V_A = +1$kN, $V_B = -1$kN
④ $H_A = -5$kN, $V_A = +1$kN, $V_B = +1$kN

해설

정정보 반력
- $\sum H = 0$, $H_A + 5 = 0$, $H_A = -15$kN
- $\sum M_B = 0$, $V_A \times 10 + 5 \times 2 = 0$, $V_A = -1$kN
- $\sum V = 0$, $-V_A + V_B = 0$, $V_B = 1$kN

09 보 또는 보의 역할을 하는 리브나 지판이 없어 기둥으로 하중을 전달하는 2방향으로 철근이 배치된 콘크리트 슬래브는?

① 워플 슬래브(Waffle Slab)
② 플랫 플레이트(Flat Plate)
③ 플랫 슬래브(Flat Slab)
④ 데크플레이트 슬래브(Deck Plate Slab)

해설

플랫 플레이트 슬래브
리브나 지판을 설치하지 않고 기둥으로 하중을 전달하는 2방향 슬래브는 플랫 플레이트 슬래브이며, 리브나 지판을 설치한 슬래브는 플랫 슬래브이다.

10 그림과 같은 도형의 $X-X$축에 대한 단면2차모멘트는?

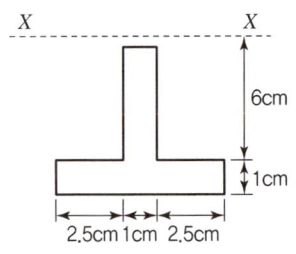

① 326cm⁴   ② 278cm⁴
③ 215cm⁴   ④ 188cm⁴

정답 06 ① 07 ④ 08 ② 09 ② 10 ①

[해설]

단면2차모멘트

$I_x = I_{xo} + Ay_0^2$
$= \left(\dfrac{1 \times 6^3}{12} + 1 \times 6 \times 3^2\right) + \left(\dfrac{6 \times 1^3}{12} + 6 \times 1 \times 6.5^2\right) = 326 \text{cm}^4$

11 다음과 같은 단순보의 최대처짐량($\delta_{\max}$)이 30cm 이하가 되기 위하여 보의 단면2차모멘트는 최소 얼마 이상이 되어야 하는가? (단, 보의 탄성계수는 $E = 1.25 \times 10^4 \text{N/mm}^2$)

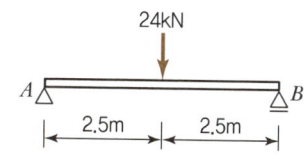

① 15,000cm⁴ ② 16,700cm⁴
③ 20,000cm⁴ ④ 25,000cm⁴

[해설]

단면2차모멘트
문제 오류로 실제 시험에서는 모두 정답 처리

12 다음 중 압축재의 좌굴하중 산정 시 직접적인 관계가 없는 것은?

① 부재의 푸아송비
② 부재의 단면2차모멘트
③ 부재의 탄성계수
④ 부재의 지지조건

[해설]

좌굴하중

- $P_{cr} = \dfrac{\pi^2 EI}{l_k^2}$

  여기서, E : 탄성계수, I : 2차모멘트, l_k : 좌굴길이

- $l_k = kl$

  여기서, k : 좌굴계수, l : 기둥의 길이

13 횡력의 25% 이상을 부담하는 연성모멘트 골조가 전단벽이나 가새골조와 조합되어 있는 구조방식을 무엇이라 하는가?

① 재진시스템방식
② 면진시스템방식
③ 이중골조방식
④ 메가칼럼 - 전단벽 구조방식

[해설]

이중골조방식
이중골조방식은 횡력의 25% 이상을 부담하는 연성모멘트 골조가 전단벽이나 가새골조와 조합되어 있는 구조방식을 말한다.

14 저층 강구조 장스팬 건물의 구조계획에서 고려해야 할 사항과 가장 관계가 적은 것은?

① 층고, 지붕형태 등 건물의 형상 산정
② 적절한 골조 간격의 선정
③ 강절점, 활절점에 대한 부재의 접합방법 선정
④ 풍하중에 의한 횡변위 제어방법

[해설]

강구조 구조계획
풍하중에 의한 횡변위 제어는 고층 구조물에서 필요한 계획사항이다.

15 하중저항계수설계법에 따른 강구조 연결 설계기준을 근거로 할 때 고장력볼트의 직경이 M24라면 표준구멍의 직경으로 옳은 것은?

① 26mm ② 27mm
③ 28mm ④ 30mm

[해설]

고장력볼트의 표준구멍
표준구멍의 직경 $d = 24 + 3 = 27 \text{mm}$

16 다음 강종 표시기호에 관한 설명으로 옳지 않은 것은?(단, KS 강종기호 개정사항 반영)

```
   SMA    355    B    W
    |      |     |    |
   (가)   (나)  (다) (라)
```

 (가) : 용도에 따른 강재의 명칭 구분
② (나) : 강재의 인장강도 구분
③ (다) : 충격흡수에너지 등급 구분
④ (라) : 내후성 등급 구분

> **해설**
> **강재의 표기법**
> 숫자 355는 강재의 항복강도를 의미한다.

17 폭 $b=250\text{mm}$, 높이 $h=500\text{mm}$인 직사각형 콘크리트 보 부재의 균열모멘트 M_{cr}은?(단, 경량콘크리트계수 $\lambda=1$, $f_{ck}=24\text{MPa}$)

① $8.3\text{kN}\cdot\text{m}$ ② $16.4\text{kN}\cdot\text{m}$
③ $24.5\text{kN}\cdot\text{m}$ ④ $32.2\text{kN}\cdot\text{m}$

> **해설**
> **균열모멘트**
> - $S = \dfrac{(250 \times 500^2)}{6} = 10,416,666\text{mm}^3$
> - $f_r = 0.63 \times \sqrt{24} = 3.086\text{N/mm}^2$
> - $M_{cr} = 10,416,666 \times 3.086 \times 10^{-6} = 32.15\text{kN}\cdot\text{m}$

18 H-$300\times150\times6.5\times9$인 형강보가 10kN의 전단력을 받을 때 웨브에 생기는 전단응력도의 크기는 약 얼마인가?(단, 웨브 전단면적 산정 시 플랜지 두께는 제외함)

① 3.46MPa ② 4.46MPa
 5.46MPa ④ 6.46MPa

> **해설**
> **H형강의 전단응력**
> $v = \dfrac{10,000}{(282 \times 6.5)} = 5.46\text{N/mm}^2$

19 그림과 같은 라멘의 AB재에 휨모멘트가 발생하지 않게 하려면 P는 얼마가 되어야 하는가?

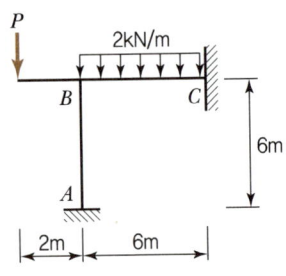

① 3kN ② 4kN
③ 5kN ④ 6kN

> **해설**
> **부정정 구조물**
> B점의 재단모멘트 M_{BD}와 M_{BC}의 절댓값의 크기가 같으면 기둥부재에는 휨모멘트가 발생하지 않는다.
> $M_{BD} = P \times 2$
> $M_{BC} = \dfrac{\omega l^2}{12} = \dfrac{2\times 6^2}{12} = 6\text{kN}\cdot\text{m}$, $P=3\text{kN}$

20 그림과 같은 트러스(Truss)에서 T부재에 발생하는 부재력으로 옳은 것은?

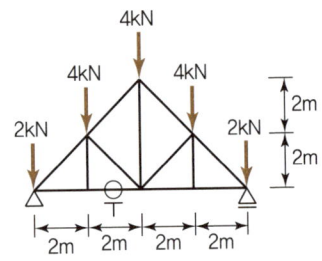

① 4kN ② 6kN
③ 8kN ④ 16kN

> **해설**
> **정정트러스**
>
>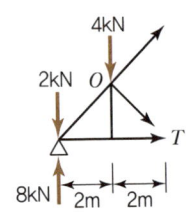
>
> $M_o = 8\text{kN}\times 2\text{m} - 2\text{kN}\times 2\text{m} - T\times 2\text{kN} = 0$
> $T = 6\text{kN}$

정답 16 ② 17 ④ 18 ③ 19 ① 20 ②

건축산업기사 (2019년 4월 시행)

01 다음 구조물의 판별로 옳은 것은?

① 불안정 구조물 ② 정정 구조물
③ 1차 부정정 구조물 ④ 2차 부정정 구조물

[해설]

구조물 판별
- 안정 : 구조물의 위치가 변하지 않는 것(외적), 형상이 변하지 않는 것(내적)
- 불안정 : 구조물의 위치가 변하는 것(외적), 형상이 변하는 것(내적)
- 위치가 변화하게 되므로 불안정이다.

02 그림과 같은 구조물에서 지점 A 의 수평반력은?

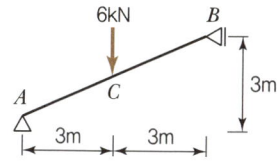

① 3kN ② 4kN
③ 5kN ④ 6kN

[해설]

정정보
- $V_A = 6\text{kN}(\uparrow)$
- $\Sigma M_B = 0$, $6 \times 6 - 6 \times 3 + H_A \times 3 = 0$, $H_A = 6\text{kN}(\rightarrow)$

03 그림과 같은 캔틸레버 보에서 B와 C점의 처짐의 비 $\delta_B : \delta_C$는?

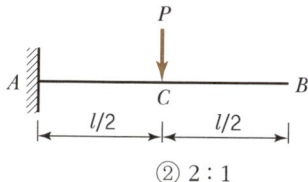

① 1 : 2 ② 2 : 1
③ 2 : 5 ④ 5 : 2

[해설]

처짐

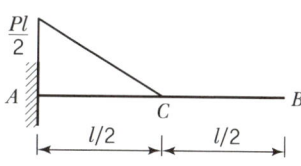

$S_C = \dfrac{1}{2} \times \dfrac{Pl}{2EI} \times \dfrac{l}{2} \times \left(\dfrac{l}{2} \times \dfrac{2}{3}\right) = \dfrac{Pl^3}{24EI}$

$S_B = \dfrac{1}{2} \times \dfrac{Pl}{2EI} \times \dfrac{l}{2} \times \left(\dfrac{l}{2} \times \dfrac{2}{3} + \dfrac{l}{2}\right) = \dfrac{5Pl^3}{48EI}$

$S_B : S_C = 5 : 2$

04 다음 각 슬래브에 관한 설명으로 옳지 않은 것은?

① 장선 슬래브는 2방향으로 하중이 전달되는 슬래브이다.
② 슬래브의 두께가 구조제한 조건에 따르지 않을 경우 슬래브 처짐과 진동의 문제가 발생할 수 있다.
③ 플랫 슬래브는 보가 없으므로 천장고를 낮추기 위한 방법으로도 사용된다.
④ 워플 슬래브는 일종의 격자시스템 슬래브 구조이다.

[해설]

장선 슬래브
장선 슬래브는 1방향으로 하중이 전달되는 1방향 슬래브이다.

05 그림과 같은 보의 허용하중은?(단, 허용 휨응력도 $\sigma_b = 10\text{MPa}$임)

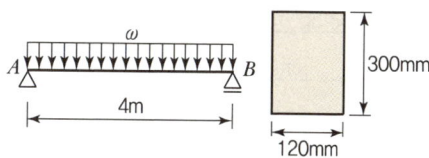

① 9kN/m ② 8kN/m
③ 7kN/m ④ 6kN/m

정답 01 ① 02 ④ 03 ④ 04 ① 05 ①

해설

휨응력도

- $\sigma_b = \dfrac{M_{\max}}{S} = \dfrac{\dfrac{\omega l^2}{8}}{\dfrac{bh^2}{6}} = \dfrac{6\omega l^2}{8bh^2} = 10\text{MPa}$

- $\omega = \dfrac{10 \times 8 \times 120 \times 300^2}{6 \times 4{,}000^2} = 9\text{N/mm} = 9\text{kN/m}$

06 그림과 같은 인장재의 순단면적을 구하면? (단, 고장력볼트는 M22(F10T), 판의 두께는 8mm 이다.)

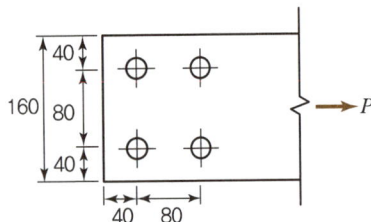

① 512mm² ② 704mm²
③ 896mm² ④ 1,088mm²

해설

순단면적

$A_n = A_g - n \cdot d_0 \cdot t = 160 \times 8 - 2 \times 24 \times 8 = 896\text{mm}^2$

여기서, $d_0 = 22 + 2 = 24\text{mm}$

07 아래 그림과 같은 트러스에서 AB부재의 부재력의 크기는?(단, +는 인장, −는 압축임)

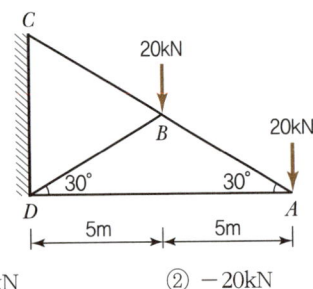

① +20kN ② −20kN
③ +40kN ④ −40kN

해설

트러스

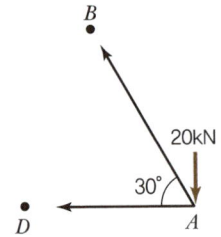

- $\Sigma V = 0,\ -20\text{kN} + \overline{AB}\sin 30° = 0$
- $\overline{AB} = \dfrac{20}{\sin 30°} = 40\text{kN}(\text{인장})$

08 폭 b, 높이 h인 삼각형에서 밑변 축($X_1 - X_1$)에 대한 단면계수는 꼭짓점 축($X_2 - X_2$)에 대한 단면계수의 몇 배인가?

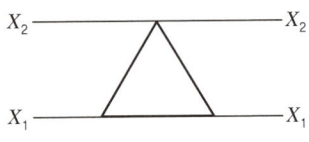

① 8배 ② 6배
③ 4배 ④ 2배

해설

단면계수

- $S_{x_2} = \dfrac{bh^2}{24}$ • $S_{x_1} = \dfrac{bh^2}{12}$
- $S_{x_1} : S_{x_2} = 2 : 1$

09 강구조 설계에서 볼트의 중심 사이 거리를 나타내는 용어는?

① 게이지 라인(Gauge Line)
② 게이지(Gauge)
③ 피치(Pitch)
④ 비드(Bead)

해설

피치

볼트와 볼트의 중심 사이 거리를 피치라 하며, 최소는 $2.5d$, 표준은 $3.0d \sim 4.0d$ 정도로 한다.

정답 06 ③ 07 ③ 08 ④ 09 ③

10 프리스트레스하지 않는 현장치기 콘크리트에서 흙에 접하여 콘크리트를 친 후 영구히 흙에 묻혀 있는 콘크리트의 경우 철근에 대한 콘크리트의 최소 피복두께는?

① 40mm ② 60mm
③ 80mm ④ 100mm

> [해설]
>
> **콘크리트의 피복두께**
> 프리스트레스하지 않는 현장치기 콘크리트에서 흙에 접하여 콘크리트를 친 후 영구히 흙에 묻혀 있는 콘크리트의 경우 철근에 대한 콘크리트의 최소 피복두께는 80mm이다.

11 그림과 같은 충전형 원형강관 합성기둥의 강재비는?

원형강관 : $\phi-500\times14$ $A_g = 21,380\text{mm}^2$

① 0.027
② 0.109
③ 0.145
④ 0.186

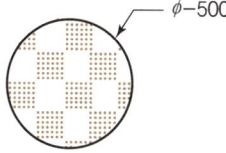

> [해설]
>
> **강재비**
> - $A_g = \dfrac{(3.14 \times 500^2)}{4} = 196,250\text{mm}^2$
> - $\rho = \dfrac{21,380}{196,250} = 0.109$

12 그림과 같은 단순보에 집중하중 10kN이 특정 각도로 작용할 때 B지점의 반력으로 옳은 것은?

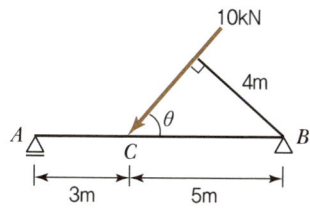

① $H_B = 6\text{kN},\ V_B = 5\text{kN}$
② $H_B = 5\text{kN},\ V_B = 6\text{kN}$
③ $H_B = 3\text{kN},\ V_B = 6\text{kN}$
④ $H_B = 6\text{kN},\ V_B = 3\text{kN}$

> [해설]
>
> **단순보**
> - $\sum H = 0,\ -10\text{kN} \times \dfrac{3}{5} + H_B = 0,\ H_B = 6\text{kN}(\to)$
> - $\sum M_A = 0,\ -V_B \times 8\text{m} + 10\text{kN} \times \dfrac{4}{5} \times 3\text{m} = 0$
> $V_A = 3\text{kN}(\uparrow)$

13 강구조 인장재에 관한 설명으로 옳지 않은 것은?

① 부재의 축방향으로 인장력을 받는 구조부재이다.
② 대표적인 단면형태로는 강봉, ㄱ형강, T형강이 주로 사용된다.
③ 인장재 설계에서 단면 결손 부분의 파단은 검토하지 않는다.
④ 현수구조에 쓰이는 케이블이 대표적인 인장재이다.

> [해설]
>
> **강구조 인장재의 설계**
> 인장재의 설계에서는 단면 결손을 고려한 유효 순단면의 파단을 검토해야 한다.

14 다음 그림과 같은 단면의 X축과 Y축에 대한 단면2차모멘트의 값은?(단, 그림의 점선은 단면의 중심축임)

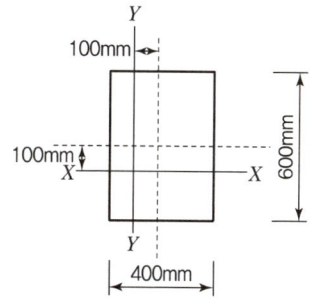

① X축 : $72 \times 10^8 \text{mm}^4$, Y축 : $32 \times 10^8 \text{mm}^4$
② X축 : $96 \times 10^8 \text{mm}^4$, Y축 : $56 \times 10^8 \text{mm}^4$
③ X축 : $144 \times 10^8 \text{mm}^4$, Y축 : $64 \times 10^8 \text{mm}^4$
④ X축 : $288 \times 10^8 \text{mm}^4$, Y축 : $128 \times 10^8 \text{mm}^4$

> 해설

단면2차모멘트

$$I_x = I_{Xo} + Ay_0^2 = \frac{400 \times 600^3}{12} + 400 \times 600 \times 100^2$$
$$= 96 \times 10^8 \text{mm}^4$$
$$I_y = I_{Yo} + Ax_0^2 = \frac{600 \times 400^3}{12} + 600 \times 400 \times 100^2$$
$$= 56 \times 10^8 \text{mm}^4$$

15 한 변의 길이가 4m인 그림과 같은 정삼각형트러스에서 AB부재의 부재력은?

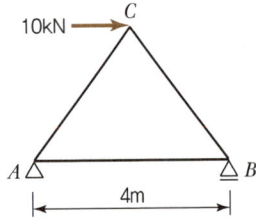

① 압축 10kN　　② 압축 5kN
③ 인장 10kN　　④ 인장 5kN

> 해설

트러스

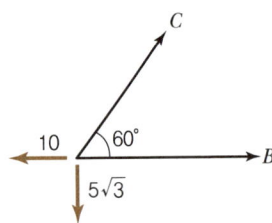

$\sum M_B = 0$, $V_A \times 4\text{m} + 10\text{kN} \times 2\sqrt{3} = 0$,
$\quad V_A = -5\sqrt{3} \text{kN}(\downarrow)$

$\sum V = 0$, $-5\sqrt{3} + \overline{AC} \cdot \frac{\sqrt{3}}{2} = 0$, $\overline{AC} = 10\text{kN}$(인장)

$\sum H = 0$, $-10\text{kN} + \overline{AC} \cdot \frac{1}{2} + \overline{AB} = 0$, $\overline{AB} = 5\text{kN}$(인장)

16 구조물의 한계상태에는 강도한계상태와 사용성 한계상태가 있다. 강도한계상태에 영향을 미치는 요소와 가장 거리가 먼 것은?

① 부재의 과다한 탄성변형
② 기둥의 좌굴
③ 골조의 불안정성
④ 접합부 파괴

> 해설

사용성 한계상태
부재의 과다한 탄성변형은 사용성 한계상태에 해당한다.

17 강도설계법에 의한 철근콘크리트 직사각형보에서 콘크리트가 부담할 수 있는 공칭전단강도는? (단, $f_{ck} = 24\text{MPa}$, $b = 300\text{mm}$, $d = 500\text{mm}$, 경량콘크리트계수는 1)

① 69.3kN　　② 82.8kN
③ 91.9kN　　④ 122.5kN

> 해설

콘크리트의 공칭전단강도

$V_c = \frac{1}{6} \times \sqrt{24} \times 300 \times 500 \times 10^{-3} = 122.5\text{kN}$

18 다음 그림과 같은 고장력볼트 접합부의 설계미끄럼강도는?

- 미끄럼계수 : 0.5
- 표준구멍
- M16의 설계볼트장력 $T_o = 106\text{kN}$
- M20의 설계볼트장력 $T_o = 165\text{kN}$
- 설계미끄럼강도식 $\phi R_n = \phi\mu h_f T_o T_s$

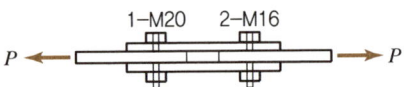

① 212kN　　② 184kN
③ 165kN　　④ 148kN

> 해설

설계미끄럼강도
- 1-M20이 파단할 때
  $\phi R_n = 1.0 \times 0.5 \times 1.0 \times 165 \times 2 = 165\text{kN}$
- 2-M16이 파단할 때
  $\phi R_n = 1.0 \times 0.5 \times 1.0 \times (2 \times 106) \times 2 = 212\text{kN}$

※ 작은 값 : 165kN

19 그림과 같은 하중을 받는 기초에서 기초지반면에 일어나는 최대압축응력도는?

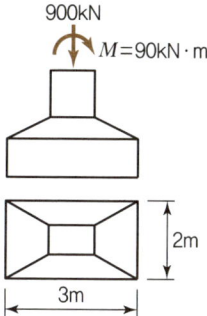

① 0.15MPa ② 0.18MPa
③ 0.21MPa ④ 0.25MPa

해설

기초

$\sigma_{max} = \dfrac{P}{A} + \dfrac{M}{S}$

$A = 2 \times 3 = 6\text{m}^2$

$S = \dfrac{bh^2}{6} = \dfrac{2 \times 3^2}{6} = 3\text{m}^3$

$\sigma_{max} = \dfrac{900}{6} + \dfrac{90}{3} = 180\text{kN/m}^2 = 0.18\text{MPa}$

20 강도설계법에서 압축 이형철근 D22의 기본 정착길이는?(단, $f_{ck} = 24$MPa, $f_y = 400$MPa, $\lambda = 1.0$)

① 400mm ② 450mm
③ 500mm ④ 550mm

해설

기본정착길이

$l_{db} = \dfrac{0.25 \, d_b f_y}{\lambda \sqrt{f_{ck}}} = \dfrac{0.25 \times 22 \times 400}{1.0 \times \sqrt{24}} = 450\text{mm}$

정답 19 ② 20 ②

건축기사 (2019년 9월 시행)

01 다음 그림과 같은 라멘의 부정정 차수는?

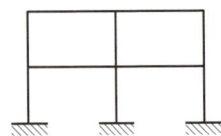

① 6차 부정정   ② 8차 부정정
③ 10차 부정정 ④ 12차 부정정

부정정 차수
$n = r + m + \sum k - 2j$ 에서
반력수(r)=9, 부재수(m)=10,
강절점수($\sum k$)=11, 절점수(j)=9
$n = 9 + 10 + 11 - 2 \times 9 = 12$차 부정정
별해 $n = $ ☐ 수 $\times 3 - h = 4 \times 3 - 0 = 12$차 부정정

02 1단은 고정, 1단은 자유인 길이 10m의 철골기둥에서 오일러의 좌굴하중은?(단, $A = 6,000\text{mm}^2$, $I_x = 4,000\text{cm}^4$, $I_y = 2,000\text{cm}^4$, $E = 205,000\text{MPa}$)

① 101.2kN   ② 168.4kN
③ 195.7kN   ④ 202.4kN

해설

오일러 좌굴하중
$$P_{cr} = \frac{\pi^2 EI}{(KL)^2} = \frac{3.14^2 \times 205,000 \times 2,000 \times 10^4}{(2.0 \times 10,000)^2}$$
$= 101,061\text{N} = 101.2\text{kN}$

03 다음 그림과 같은 보에서 중앙점(C점)의 휨모멘트(M_c)를 구하면?

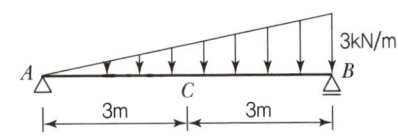

① 4.50kN·m   ② 6.75kN·m
③ 8.00kN·m   ④ 10.50kN·m

해설

정정보
- $V_A = \dfrac{\omega l}{6} = \dfrac{3 \times 6}{6} = 3\text{kN}$
- $M_C = 3\text{kN} \times 3\text{m} - \dfrac{3 \times 1.5}{2} \times 1\text{m} = 6.75\text{kN} \cdot \text{m}$

04 그림과 같은 단면에서 $x-x$ 축에 대한 단면2차반경으로 옳은 것은?

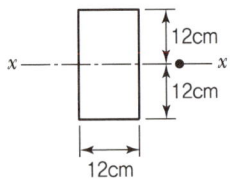

① 5.5cm   ② 6.9cm
③ 7.7cm   ④ 8.1cm

단면2차반경
- $r_x = \sqrt{\dfrac{I_x}{A}} = \sqrt{\dfrac{\frac{bh^3}{12}}{bh}} = \dfrac{h}{\sqrt{12}} = \dfrac{h}{2\sqrt{3}}$
- $r_x = \dfrac{24}{2\sqrt{3}} = 6.9\text{cm}$

05 스팬이 l이고 양단이 고정인 보의 전체에 등분포하중 ω가 작용할 때 중앙부의 최대처짐은?

① $\dfrac{\omega l^4}{48EI}$ ② $\dfrac{5\omega l^4}{48EI}$

③ $\dfrac{\omega l^4}{384EI}$ ④ $\dfrac{5\omega l^4}{384EI}$

해설

처짐
양단 고정보에 등분포하중이 작용할 때 최대처짐
$\delta_{max} = \dfrac{\omega l^3}{384EI}$

정답 01 ④ 02 ① 03 ② 04 ② 05 ③

06 철근콘크리트의 보강철근에 관한 설명으로 옳지 않은 것은?

① 보강철근으로 보강하지 않은 콘크리트는 연성거동을 한다.
② 보강철근은 콘크리트의 크리프를 감소시키고 균열의 폭을 최소화시킨다.
③ 이형철근은 원형강봉의 표면에 돌기를 만들어 철근과 콘크리트의 부착력을 최대가 되도록 한 것이다.
④ 보강철근을 콘크리트 속에 매립함으로써 콘크리트의 휨강도를 증대시킨다.

[해설]

철근콘크리트의 기본 원리
콘크리트는 취성재료이므로 보강하지 않은 콘크리트는 취성 거동을 한다.

07 강도설계법 적용 시 그림과 같은 단철근 직사각형보 단면의 공칭휨강도 M_n은?(단, $f_{ck}=21\text{MPa}$, $f_y=400\text{MPa}$, $A_s=1,200\text{mm}^2$)

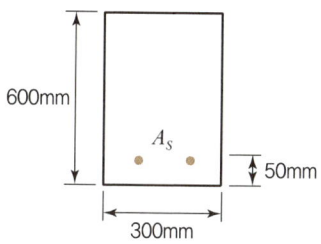

① 162kN·m ② 182kN·m
③ 202kN·m ④ 242kN·m

[해설]

공칭모멘트 강도
- $a = \dfrac{1,200 \times 400}{0.85 \times 21 \times 300} = 89.64\text{mm}$
- $M_n = 1,200 \times 400 \times (550 - \dfrac{89.64}{2}) \times 10^{-6}$
  $= 242.5\text{kN} \cdot \text{m}$

08 철근의 정착길이에 관한 사항으로 옳지 않은 것은?

① 인장이형철근 및 이형철선의 정착길이 l_d는 항상 300mm 이상이어야 한다.
② 압축이형철근의 정착길이 l_d는 항상 150mm 이상이어야 한다.
③ 인장 또는 압축을 받는 하나의 다발철근 내에 있는 개개 철근의 정착길이 l_d는 다발철근이 아닌 경우의 각 철근의 정착길이보다 3개의 철근으로 구성된 다발철근에 대해서 20% 증가시켜야 한다.
④ 단부에 표준갈고리를 갖는 인장이형철근의 정착길이 l_{dh}는 항상 $8d_b$ 이상 또한 150mm 이상이어야 한다.

[해설]

철근의 정착길이
압축철근의 최소 정착길이는 200mm이다.

09 강도설계법에 의한 철근콘크리트보 설계에서 양단연속인 경우 처짐을 계산하지 않아도 되는 보의 최소 두께로 옳은 것은?(단, 보통콘크리트 $w_c = 2,300\text{kg/m}^3$와 설계기준항복강도 400MPa 철근을 사용)

① $l/16$ ② $l/21$
③ $l/24$ ④ $l/28$

[해설]

보의 최소 두께
처짐을 계산하지 않는 경우 양단연속 보의 최소 두께
$h = \dfrac{l}{21}$

10 내진설계에 있어서 밑면전단력 산정인자가 아닌 것은?

① 건물의 중요도계수 ② 반응수정계수
③ 진도계수 ④ 유효건물중량

정답 06 ① 07 ④ 08 ② 09 ② 10 ③

해설

내진설계

- 밑면전단력 $V = C_s \times W$
- 지진응답계수 $C_s = \dfrac{S_{D1} \times I_E}{R \times T}$

  여기서, W : 건물의 유효중량
  S_{D1} : 1초 주기 설계스펙트럼 가속도
  I_E : 중요도계수
  R : 반응수정계수
  T : 고유주기

  따라서, 진도계수는 밑면전단력의 산정과는 무관하다.

11 그림과 같은 구조에서 B단에 발생하는 모멘트는?

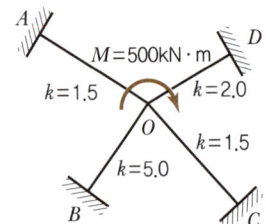

① 125kN · m ② 188kN · m
③ 250kN · m ④ 300kN · m

모멘트 분배법

- 분배율 $\mu_{OB} = \dfrac{K_{OB}}{\Sigma K} = \dfrac{5.0}{1.5 + 5.0 + 1.5 + 2.0} = \dfrac{5}{10} = 0.5$
- 분배모멘트 $M_{OB} = \mu_{OB} M = 0.5 \times 500 = 250 \text{kN} \cdot \text{m}$
- 도달모멘트 $M_{BO} = \dfrac{1}{2} M_{OB} = \dfrac{1}{2} \times 250 = 125 \text{kN} \cdot \text{m}$

12 다음 그림과 같은 구멍 2열에 대하여 파단선 $A - B - C$를 지나는 순단면적과 동일한 순단면적을 갖는 파단선 $D - E - F - G$의 피치(s)는?(단, 구멍은 여유폭을 포함하여 23mm임)

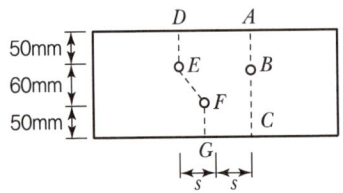

① 3.7cm ② 7.4cm
③ 11.1cm ④ 14.8cm

순단면적의 산정

- 파단선 $A - B - C$(두께 $t = 1\text{mm}$로 가정)
  $A_n = 160 - 23 = 137 \text{mm}^2$
- 파단선 $D - E - F - G$(두께 $t = 1\text{mm}$로 가정)
  $A_n = 160 - 2 \times 23 + \dfrac{s^2}{4 \times 60} = 137 \text{mm}^2$에서 피치($s$)를 구하면 74.3mm가 산정된다.

13 원형단면에 전단력 $S = 30\text{kN}$이 작용할 때 단면의 최대전단응력도는?(단, 단면의 반경은 180mm이다.)

① 0.19MPa ② 0.24MPa
③ 0.39MPa ④ 0.44MPa

해설

전단응력도

최대전단응력 $v_{\max} = k \cdot \dfrac{V}{A}$ (원형 단면 $k : \dfrac{4}{3}$)

$v_{\max} = \dfrac{4}{3} \times \dfrac{30,000}{\dfrac{\pi \times 360^2}{4}} = 0.39 \text{MPa}$

14 다음 그림과 같은 부정정보에서 고정단 모멘트 $M_{AB}(C_{AB})$의 절댓값은?

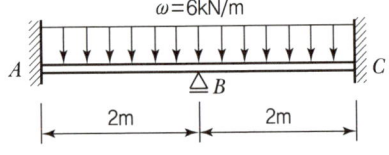

① 2kN · m ② 3kN · m
③ 4kN · m ④ 5kN · m

해설

부정정 구조물

㉠ 기본식
$M_{AB} = 2EK(2\theta_A + \theta_B - 3R) - C_{AB}$
$M_{BA} = 2EK(2\theta_B + \theta_A - 3R) - C_{BA}$

ⓒ 실용식

$\phi_A = 2EK\theta_A$, $\phi_B = 2EK\theta_B$, $\phi = 2EK(-3R)$

- $C_{AB} = C_{BA} = \dfrac{wl^2}{12} = \dfrac{6 \times 2^2}{12} = 2$, $C_{BC} = C_{CB} = 2$

  $M_{AB} = \phi_B - 2$, $M_{BA} = 2\phi_B + 2$,
  $M_{BC} = 2\phi_B - 2$, $M_{CB} = \phi_B + 2$

- B점에서 절점방정식 이용

  $M_{BA} + M_{BA} = 0$, $2\phi_B + 2 + 2\phi_B + 2 + 2\phi_B - 2 = 0$,
  $\phi_B = 0$

- $M_{AB} = \phi_B - 2 = -2 \text{kN} \cdot \text{m}$

15 그림과 같은 보의 C점에서의 최대처짐은?

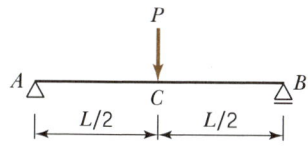

① $\dfrac{PL^3}{2EI}$ ② $\dfrac{PL^3}{48EI}$

③ $\dfrac{PL^3}{384EI}$ ④ $\dfrac{5PL^3}{384EI}$

해설

처짐
단순보 중앙에 집중하중이 작용할 시 최대처짐
$\delta_{\max} = \dfrac{Pl^3}{48EI}$

16 바닥슬래브와 철골보 사이에 발생하는 전단력에 저항하기 위해 설치하는 것은?

① 커버 플레이트(Cover Plate)
② 스티프너(Stiffener)
③ 턴버클(Turn Buckle)
④ 시어 커넥터(Shear Connector)

해설

시어 커넥터
바닥 슬래브와 철골보 사이에 발생하는 수평 전단력에 저항하기 위하여 스터드 볼트 등과 같은 전단연결재(Shear Connector)를 설치한다.

17 말뚝기초에 관한 설명으로 옳지 않은 것은?

① 말뚝기초는 지반이 연약하고 기초 상부의 하중을 직접 지반에 전달하며 주위 흙과의 마찰력은 고려하지 않는다.
② 지지말뚝은 굳은 지반까지 말뚝을 박아 하중을 직접 지반에 전달하며 주위 흙과의 마찰력은 고려하지 않는다.
③ 마찰말뚝은 주위 흙과의 마찰력으로 지지되며 n개를 박았을 때 그 지지력은 n배가 된다.
④ 동일 건물에서는 서로 다른 종류의 말뚝을 혼용하지 않는다.

해설

말뚝기초
말뚝기초의 지지력은 반드시 말뚝의 개수에 비례하지는 않는다.

18 철골트러스의 특성에 관한 설명으로 옳지 않은 것은?

① 직선 부재들이 삼각형의 형태로 구성되어 안정적인 거동을 한다.
② 트러스의 개방된 웨브공간으로 전기배선이나 덕트 등과 같은 설비배관의 통과가 가능하다.
③ 부정정 차수가 낮은 트러스의 경우에는 일부 부재나 접합부의 파괴가 트러스의 붕괴를 야기할 수 있다.
④ 직선 부재로만 구성되기 때문에 비정형 건축물의 구조체에는 적용되지 않는다.

해설

철골 트러스
트러스는 대공간, 비정형 구조물 등에 다양하게 적용할 수 있다.

19 아래 단면을 가진 철근콘크리트 기둥의 최대 설계축하중(ϕP_n)은?(단, f_{ck}=30MPa, f_y=400 MPa)

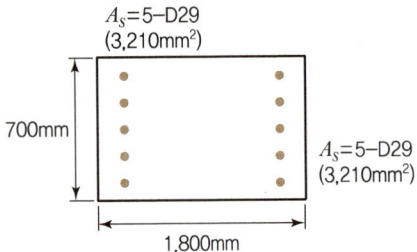

① 12,958kN   ② 15,425kN
③ 17,958kN   ④ 21,425kN

해설

기둥의 설계축하중
$\phi P_n = 0.8 \times 0.65 \times [0.85 \times 30 \times (1,800 \times 700 - 6,420)$
$\qquad + 400 \times 6,420] \times 10^{-3}$
$\qquad = 17,958\text{kN}$

20 철골구조 주각부의 구성요소가 아닌 것은?

① 커버 플레이트   ② 앵커볼트
③ 베이스 모르타르   ④ 베이스 플레이트

해설

철골 주각부
커버 플레이트는 판 보 등에서 플랜트 플레이트를 보강하는 부재이다.

정답   19 ③   20 ①

건축산업기사 (2019년 8월 시행)

01 지지상태는 양단고정이며, 길이 3m인 압축력을 받는 원형강관 $\phi-89.1\times3.2$의 탄성좌굴하중을 구하면?(단, $I=79.8\times10^4 mm^4$, $E=210,000MPa$ 이다.)

① 184kN ② 735kN
③ 1,018kN ④ 1,532kN

[해설]

기둥

$$탄성좌굴하중(P_{cr}) = \frac{\pi^2 EI}{l_k^2} = \frac{\pi^2 \times 210,000 \times 79.8 \times 10^4}{(0.5\times3,000)^2}$$
$$= 735,088N = 735kN$$

02 강구조에 관한 설명으로 옳지 않은 것은?

① 재료가 균질하며 세장한 부재가 가능하다.
② 처짐 및 진동을 고려해야 한다.
③ 인성이 커서 변형에 유리하고 소성변형 능력이 우수하다.
④ 좌굴의 영향이 작다.

[해설]

압축철근의 기본정착길이
강구조는 부재가 세장하므로 좌굴의 영향을 많이 받는다.

03 다음 조건을 가진 반T형보의 유효폭 B의 값은?

- 슬래브 두께 : 200mm
- 보의 폭(b_w) : 400mm
- 인접보와의 내측거리 : 2,600mm
- 보의 경간 : 9,000mm

① 1,150mm ② 1,270mm
③ 1,600mm ④ 1,700mm

[해설]

반T형보의 유효폭
- $6\times200+400=1,600mm$
- $\dfrac{2,600}{2}+400=1,700mm$
- $\dfrac{9,000}{12}+400=1,150mm$

04 그림과 같은 1차 부정정 라멘에서 A점 및 B점의 수평반력의 크기로 옳은 것은?

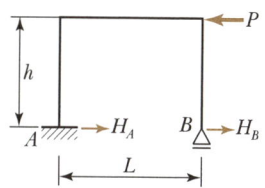

① $H_A=\dfrac{P}{2}$, $H_B=\dfrac{P}{2}$
② $H_A=P$, $H_B=P$
③ $H_A=P$, $H_B=0$
④ $H_A=0$, $H_B=P$

[해설]

라멘
- 이동지점 B에서는 수평반력이 없고 고정지점 A에서 수평외력에 저항한다.
- $H_A=P$, $H_B=0$

05 기초구조에 관한 설명으로 옳지 않은 것은?

① 기초구조란 기초 슬래브와 지정을 총칭한 것이다.
② 경미한 구조라도 기초의 저면은 지하동결선 이하에 두어야 한다.
③ 온통기초는 연약지반에 적용되기 어렵다.
④ 말뚝기초는 지지하는 상태에 따라 마찰말뚝과 지지말뚝으로 구분된다.

정답 01 ② 02 ④ 03 ① 04 ③ 05 ③

> [해설]

기초구조
연약지반이라 하더라도 저층의 경량 구조물은 온통기초를 사용할 수 있다.

06 강도설계법에서 인장 측에 3,042mm², 압축 측에 1,014mm²의 철근이 배근되었을 때 압축응력 등가블록의 깊이로 옳은 것은?(단, $f_{ck}=21$MPa, $f_y=400$MPa, 보의 폭 $b=300$mm이다.)

① 125.7mm ② 151.5mm
③ 227.7mm ④ 303.1mm

> [해설]

등가응력블록의 깊이
$$a=\frac{(3{,}042-1{,}014)\times 400}{0.85\times 21\times 300}=151.5\text{mm}$$

07 그림과 같은 보의 최대전단응력으로 옳은 것은?

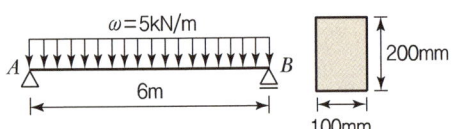

① 1.125MPa ② 2.564MPa
③ 3.496MPa ④ 4.253MPa

> [해설]

최대전단응력
$$v_{\max}=k\frac{V_{\max}}{A}$$
$$V_{\max}=V_A=\frac{\omega l}{2}=\frac{5\times 6}{2}=15\text{kN}\ \left(\text{형상계수 }k=\frac{3}{2}\right)$$
$$v_{\max}=\frac{3}{2}\times\frac{15{,}000}{100\times 200}=1.125\text{MPa}$$

08 그림과 같은 겔버보에서 B점의 반력은?

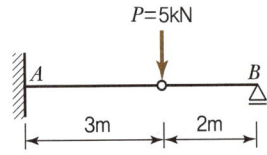

① 2.5kN ② 5kN
③ 10kN ④ 0

> [해설]

겔버보

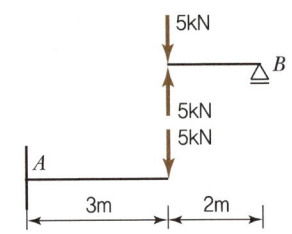

B점의 반력은 0이다.

09 철근콘크리트 부재의 인장이형철근 및 이형 철선의 기본정착길이 l_{db}를 구하는 식은?

① $\dfrac{0.6 d_b f_y}{\lambda\sqrt{f_{ck}}}$ ② $\dfrac{0.3 d_b f_y}{\lambda\sqrt{f_{ck}}}$
③ $\dfrac{0.8 d_b f_y}{\lambda\sqrt{f_{ck}}}$ ④ $\dfrac{0.12 d_b f_y}{\lambda\sqrt{f_{ck}}}$

> [해설]

인장이형철근의 기본정착길이
$$l_{db}=\frac{0.6\,d_b f_y}{\lambda\sqrt{f_{ck}}}$$

10 그림에서 필릿용접 이음부의 용접유효면적(A_w)으로 옳은 것은?

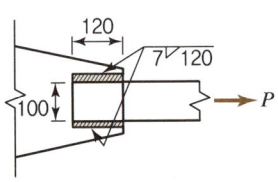

① 907mm² ② 1,039mm²
③ 1,484mm² ④ 1,680mm²

> [해설]

용접부의 유효단면적
- $l_e=(120-2\times 7)=106$mm
- $a=0.7\times 7=4.9$mm
- $A_w=106\times 4.9\times 2=1{,}039$mm²

정답 06 ② 07 ① 08 ④ 09 ① 10 ②

11 그림과 같은 구조물의 강절점 수를 구하면?

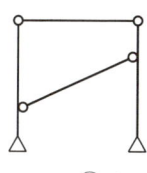

① 0   ② 1
③ 2   ④ 3

해설

구조물의 개론

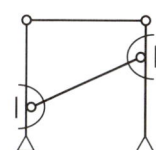

강절점 수는 2개이다.

12 다음 그림과 같은 단순보에서 C점에 대한 휨응력은?

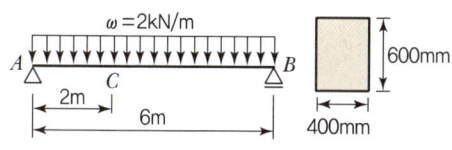

① 1.33MPa   ② 1.00MPa
③ 0.67MPa   ④ 0.33MPa

해설

휨응력

- $M_C = V_A \times 2 - \omega x \dfrac{x}{2} = 6 \times 2 - 2 \times 2 \times 1 = 8 \text{kN} \cdot \text{m}$

- $\sigma_c = \dfrac{M_C}{S} = \dfrac{8,000,000}{\dfrac{400 \times 600^2}{6}} = 0.33 \text{MPa}$

13 철근콘크리트 구조물의 구조설계 시 적용되는 강도감소계수(ϕ)로 옳지 않은 것은?

① 콘크리트의 지압력(포스트텐션 정착부나 스트럿 – 타이 모델은 제외) : 0.75
② 압축지배단면 중 나선철근 규정에 따라 나선철근으로 보강된 철근콘크리트 부재 : 0.70
③ 전단력과 비틀림모멘트 : 0.75
④ 인장지배단면 : 0.85

해설

강도감소계수
콘크리트의 지압력(포스트텐션 정착부나 스트럿 – 타이 모델은 제외) : 0.65

14 그림과 같은 구조물의 C점에 20kN의 수평력이 작용할 때 S부재에 발생하는 응력의 값은?

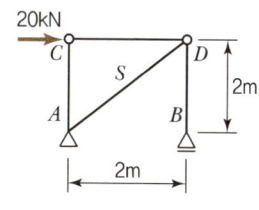

① 10kN   ② $10\sqrt{2}$ kN
③ 20kN   ④ $20\sqrt{2}$ kN

해설

라멘

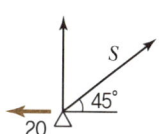

$\Sigma H = 0$
$-20 + S\cos 45° = 0$, $S = 20\sqrt{2}$ kN(인장)

15 그림과 같이 빗금친 도형의 밑변을 지나는 X – X축에 대한 단면1차모멘트의 값은?

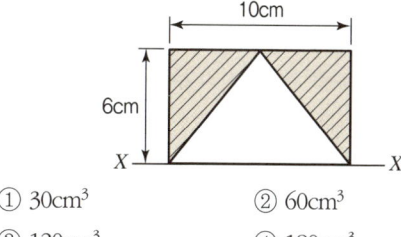

① 30cm³   ② 60cm³
③ 120cm³   ④ 180cm³

해설

1차모멘트

$Q_X = Q_{X_1} - Q_{X_2} = A_1 y_{01} - A_2 y_{02}$

$= 10 \times 6 \times \dfrac{6}{2} - \dfrac{10 \times 6}{2} \times \dfrac{6}{3} = 120\text{cm}^3$

16 그림과 같은 단순보에서 C점의 처짐 δ는? (단, 보의 단면은 200mm×300mm, 탄성계수 $E = 10^4$MPa이다.)

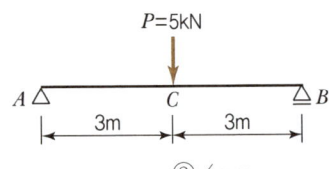

① 3mm
② 4mm
③ 5mm
④ 6mm

해설

처짐

$\delta_c = \dfrac{Pl^2}{48EI} = \dfrac{5{,}000 \times 6{,}000^3}{48 \times 10^4 \times \dfrac{200 \times 300^3}{12}} = 5\text{mm}$

17 강구조 주각에 관한 설명으로 옳지 않은 것은?

① 주각의 형태에는 핀주각, 고정주각, 매입형 주각이 있다.
② 주각은 기둥의 하중과 모멘트를 기초를 통하여 지반에 전달한다.
③ 베이스플레이트는 기초 콘크리트면에 무수축 모르타르의 충전 없이 직접 밀착시켜야 한다.
④ 베이스플레이트는 기초 콘크리트면에 지압응력이 잘 분포되도록 충분한 면적과 두께를 가져야 한다.

해설

강구조의 주각
베이스플레이트는 일반적으로 기초 콘크리트면에 무수축 모르타르의 충전을 통하여 밀착시킨다.

18 $f_{ck} = 24$MPa이고, 단면이 200×300mm인 보의 균열모멘트를 구하면? (단, 보통중량콘크리트 사용)

① 7.58kN·m
② 9.26kN·m
③ 11.48kN·m
④ 13.26kN·m

해설

균열모멘트

- $S = \dfrac{(200 \times 300^2)}{6} = 3{,}000{,}000\text{mm}^3$
- $f_r = 0.63 \times \sqrt{24} = 3.086\text{N/mm}^2$
- $M_{cr} = 3{,}000{,}000 \times 3.086 \times 10^{-6} = 9.26\text{kN·m}$

19 철근콘크리트 슬래브에 관한 설명으로 옳지 않은 것은?

① 1방향 슬래브의 두께는 최소 100mm 이상으로 하여야 한다.
② 1방향 슬래브에서는 정모멘트철근 및 부모멘트 철근에 직각방향으로 수축·온도철근을 배치하여야 한다.
③ 슬래브 끝의 단순받침부에서도 내민 슬래브에 의하여 부모멘트가 일어나는 경우에는 이에 상응하는 철근을 배치하여야 한다.
④ 주열대는 기둥 중심선을 기준으로 양쪽으로 장변 또는 단변길이의 0.25를 곱한 값 중 큰 값을 한쪽의 폭으로 하는 슬래브의 영역을 가리킨다.

해설

철근콘크리트 슬래브
주열대는 기둥 중심선을 기준으로 양쪽으로 단변길이의 0.25를 곱한 값을 한쪽의 폭으로 하는 슬래브의 영역을 가리킨다.

정답 16 ③ 17 ③ 18 ② 19 ④

20 C점의 전단력이 0이 되려면 P의 값은 얼마가 되어야 하는가?

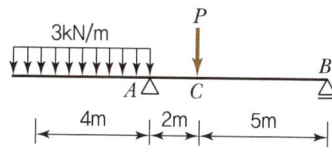

① 9kN
② 12kN
③ 13.5kN
④ 15kN

해설

내민보

C점의 전단력이 0이 되려면 B점의 반력이 0이 되어야 한다.
$\sum M_A = 0$
$-3 \times 4 \times 2 + P \times 2 - V_B \times 7 = 0$
여기서, $V_B = 0$이면 $P = 12$kN

정답 20 ②

건축기사 (2020년 6월 시행)

01 그림과 같은 정정구조의 CD 부재에서 C, D점의 휨모멘트 값 중 옳은 것은?

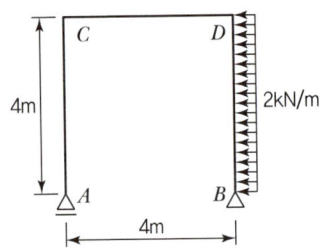

① C점 : 0, D점 : $16kN \cdot m$
② C점 : $16kN \cdot m$, D점 : $16kN \cdot m$
③ C점 : 0, D점 : $32kN \cdot m$
④ C점 : $32kN \cdot m$, D점 : $32kN \cdot m$

해설

정정라멘
- $\sum M_B = 0$
  $V_A \times 4 - 2 \times 4 \times 2 = 0$, $V_A = 4kN(\uparrow)$
- $H_A = 0$
- $M_C = 0$
- $M_D = 4 \times 4 = 16kN \cdot m$

02 그림과 같은 단면에 전단력 50kN이 가해진 경우 중립축에서 상방향으로 100mm 떨어진 지점의 전단응력은?(단, 전체 단면의 크기는 200×300mm임)

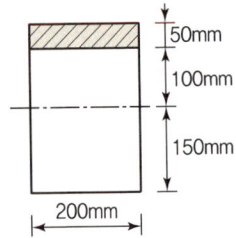

① 0.85MPa   ② 0.79MPa
③ 0.73MPa   ④ 0.69MPa

해설

전단응력
- $V = \dfrac{VQ}{Ib}$
- $Q_x = A \cdot y_0 = 200 \times 50 \times 125 = 1,250,000mm^3$
- $I_0 = \dfrac{200 \times 300^3}{12} = 450,000,000mm^4$
- $V = \dfrac{50,000 \times 1,250,000}{450,000,000 \times 200} = 0.69MPa$

03 등가정적해석법에 의한 건축물의 내진설계 시 고려해야 할 사항이 아닌 것은?

① 지역계수   ② 노풍도계수
③ 지반종류   ④ 반응수정계수

해설

노풍도계수
노풍도계수는 풍하중을 산정하기 위한 계수이다.

04 다음 두 보의 최대 처짐량이 같기 위한 등분포 하중의 비로 옳은 것은?(단, 부재의 재질과 단면은 동일하며 A부재의 길이는 B부재 길이의 2배임)

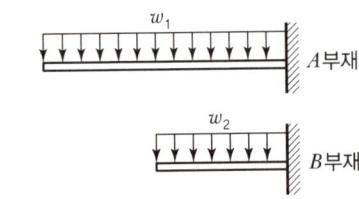

① $w_2 = 2w_1$ ② $w_2 = 4w_1$
③ $w_2 = 8w_1$ ④ $w_2 = 16w_1$

해설

처짐량
- $\delta_A = \dfrac{w_1(2l)^4}{8EI}$, $\delta_B = \dfrac{w^2 l^4}{8EI}$
- $\delta_A = S_B$, $16w_1 = w_2$

05 그림과 같은 트러스에서 '가' 및 '나' 부재의 부재력을 옳게 구한 것은?(단, -는 압축력, +는 인장력을 의미한다.)

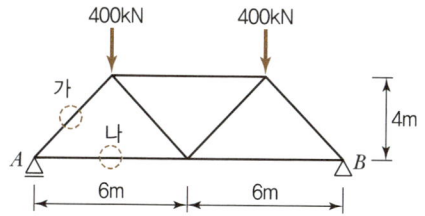

① 가 = -500kN, 나 = 300kN
② 가 = -500kN, 나 = 400kN
③ 가 = -400kN, 나 = 300kN
④ 가 = -400kN, 나 = 400kN

해설

트러스 부재력

- $\sum V = 0$, $400 + 가 \cdot \dfrac{4}{5} = 0$

  가 = -500kN

- $\sum H = 0$

  나 + 가 $\cdot \dfrac{3}{5} = 0$, 나 = 300kN

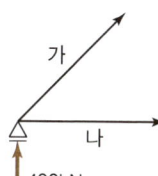

06 철근콘크리트 구조설계 시 고려하는 강도설계법에 관한 설명으로 옳지 않은 것은?

① 보의 압축 측의 응력분포는 사다리꼴, 포물선 등의 형태로 본다.
② 규정된 허용하중이 초과될지도 모를 가능성을 예측하여 하중계수를 사용한다.
③ 재료의 변화, 시공오차 등의 기술적인 면을 고려하여 강도감소계수를 사용한다.
④ 이 설계방법은 탄성이론하에서 이루어진 설계법이다.

해설

강도설계법
강도설계법은 콘크리트의 탄성상태를 지나 극한응력까지 고려한 설계법이다.

07 일반 또는 경량콘크리트 휨부재의 크리프와 건조수축에 의한 추가 장기처짐 산정과 관련하여 5년 이상일 때 지속하중에 대한 시간경과계수 ξ는 얼마인가?

① 2.4
② 2.2
③ 2.0
④ 1.4

해설

장기처짐
재령 5년 이상인 경우의 시간경과계수는 2.0이다.

08 그림과 같은 앵글(Angle)의 유효단면적으로 옳은 것은?(단, $L_s - 50 \times 50 \times 6$ 사용, $a = 5.644\text{cm}^2$, $d = 1.7\text{cm}$)

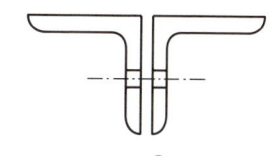

① 8.0cm²
② 8.5cm²
③ 9.0cm²
④ 9.25cm²

해설

앵글의 유효단면적
$A_n = A_g - ndt$
$= (5.644 \times 2) - (1 \times 1.7 \times 0.6 \times 2) = 9.248\text{cm}^2$

09 3회전단 포물선 아치에 그림과 같이 등분포하중이 가해졌을 경우 단면상에 나타나는 부재력의 종류는?

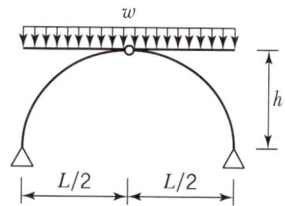

① 전단력, 휨모멘트
② 축방향력, 전단력, 휨모멘트
③ 축방향력, 전단력
④ 축방향력

> **해설**
>
> **3힌지형 아치**
> 3힌지 포물선아치가 등분포하중을 받을 때 축방향력만 존재한다.

10 강재의 응력-변형도 시험에서 인장력을 가해 소성상태에 들어선 강재를 다시 반대 방향으로 압축력을 작용하였을 때의 압축항복점이 소성상태에 들어서지 않은 강재의 압축항복점에 비해 낮은 것을 볼 수 있는데 이러한 현상을 무엇이라 하는가?

① 루더선(Luder's Line)
② 소성흐름(Plastic Flow)
③ 바우쉥거 효과(Baushinger's Effect)
④ 응력집중(Stress Concentration)

> **해설**
>
> **바우쉥거 효과**
> 소성변형을 경험한 강재를 다시 반대방향의 하중을 가하면 항복강도와 비례한도의 저하가 발행하며, 이러한 현상을 바우쉥거 효과라고 한다.

11 그림과 같은 압축재의 $V-V$ 축의 세장비 값으로 옳은 것은?(단, $A = 10\text{cm}^2$, $I_v = 36\text{cm}^4$)

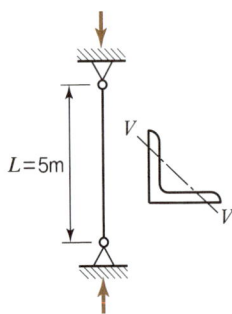

① 270.3
② 263.1
③ 254.8
④ 236.4

> **해설**
>
> **세장비**
> - 단면2차반경 $r = \sqrt{\dfrac{I}{A}} = \sqrt{\dfrac{36}{10}} = 1.897\text{cm}$
> - 세장비 $= \dfrac{KL}{r} = \dfrac{500}{1.897} = 263.5$

12 강도설계법에 의한 철근콘크리트 보에서 콘크리트만의 설계전단강도는 얼마인가?(단, $f_{ck} = 24\text{MPa}$, $\lambda = 1$)

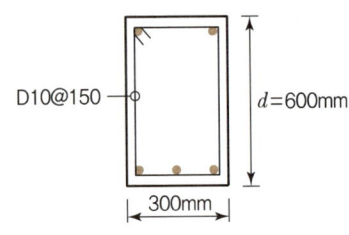

① 31.5kN
② 75.8kN
③ 110.2kN
④ 145.6kN

> **해설**
>
> **콘크리트의 설계전단강도**
> $\phi V_c = 0.75 \times \dfrac{1}{6} \times 1.0 \times \sqrt{24} \times 300 \times 600 \times 10^{-3} = 110.2\text{kN}$

13 스터럽으로 보강된 휨부재의 최외단 인장철근의 순인장 변형률 ε_t가 0.004일 경우 강도감소계수 ϕ로 옳은 것은?(단, $f_y = 400\text{MPa}$)

① 0.65
② 0.717
③ 0.783
④ 0.817

> **해설**
>
> **강도감소계수**
> $\phi = 0.65 + (\varepsilon_t - 0.002) \times \dfrac{200}{3}$
> $= 0.65 + (0.004 - 0.002) \times \dfrac{200}{3} = 0.783$

14 다음 용어 중 서로 관련이 가장 적은 것은?

① 기둥 – 메탈터치(Metal Touch)
② 인장가새 – 턴버클(Turn Buckle)
③ 주각부 – 거셋 플레이트(Gusset Plate)
④ 중도리 – 새그로드(Sag Rod)

> **해설**
>
> **거셋 플레이트**
> 거셋 플레이트(Gusset Plate)는 트러스 구조물에서 부재와 부재를 접합할 때 사용하는 보조 판이다.

15 건축물의 기초구조 설계 시 말뚝재료별 구조 세척으로 옳지 않은 것은?

① 나무말뚝을 타설할 때 그 중심간격은 말뚝머리지름의 2.5배 이상 또한 600mm 이상으로 한다.
② 기성콘크리트말뚝을 타설할 때 그 중심간격은 말뚝머리지름의 2.5배 이상 또한 1,100mm 이상으로 한다.
③ 강재말뚝을 타설할 때 그 중심간격은 말뚝머리의 지름 또는 폭의 2.0배 이상(다만, 폐단강관 말뚝에 있어서 2.5배) 또한 750mm 이상으로 한다.
④ 현장타설콘크리트말뚝을 배치할 때 그 중심간격은 말뚝머리지름의 2.0배 이상 또한 말뚝머리 지름에 1,000mm를 더한 값 이상으로 한다.

해설
말뚝의 간격
기성콘크리트말뚝을 타설할 때 그 중심간격은 말뚝머리지름의 2.5배 이상 또한 750mm 이상으로 한다.

16 다음 중 한계상태설계법에서 강도한계상태를 구성하는 요소가 아닌 것은?

① 바닥재의 진동   ② 기둥의 좌굴
③ 골조의 불안정성   ④ 취성파괴

해설
강도한계상태
과다한 탄성변형, 잔류변형, 바닥재의 진동, 장기 변형 등은 사용성 한계상태에 해당된다.

17 볼트의 기계적 등급을 나타내기 위해 표시하는 F8T, F10T, F11T에서 가운데 숫자는 무엇을 의미하는가?

① 휨강도   ② 인장강도
③ 압축강도   ④ 전단강도

해설
고력볼트의 호칭
고력볼트의 기계적 등급에서 가운데 숫자는 인장강도를 의미한다.

18 그림에서 절점 D는 이동을 하지 않으며, A, B, C는 고정단일 때 C단의 모멘트는?(단, k는 부재의 강비임)

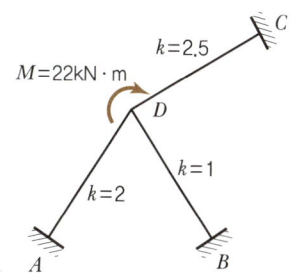

① 4.0kN·m   ② 4.5kN·m
③ 5.0kN·m   ④ 5.5kN·m

해설
모멘트 분배법
- 분배율(u_{DC}) = $\dfrac{k_{DC}}{\sum k} = \dfrac{2.5}{5.5}$
- $M_{DC} = u_{DC}M = \dfrac{2.5}{5.5} \times 22 = 10\text{kN}$
- $M_{CD} = \dfrac{1}{2}M_{DC} = \dfrac{1}{2} \times 10 = 5\text{kN}$

19 콘크리트 구조설계 시 철근간격 제한에 관한 내용으로 옳지 않은 것은?

① 벽체 또는 슬래브에서 휨 주철근의 간격은 벽체나 슬래브 두께의 3배 이하로 하여야 하고, 또한 450mm 이하로 하여야 한다.
② 상단과 하단에 2단 이상으로 배치된 경우 상하 철근은 동일 연직면 내에 배치하여야 하고, 이때 상하 철근의 순간격은 25mm 이상으로 하여야 한다.
③ 나선철근 또는 띠철근이 배근된 압축부재에서 축방향 철근의 순간격은 25mm 이상, 또한 철근 공칭지름의 2.5배 이상으로 하여야 한다.
④ 2개 이상의 철근을 묶어서 사용하는 다발철근은 이형철근으로, 그 개수는 4개 이하이어야 하며, 이들은 스터럽이나 띠철근으로 둘러싸여야 한다.

해설

압축부재의 철근 간격
나선철근 또는 띠철근이 배근된 압축부재에서 축방향 철근의 순간격은 40mm 이상, 또한 철근 공칭 지름의 1.5배 이상으로 한다.

20 단면의 지름이 150mm, 재축방향 길이가 300mm인 원형 강봉의 윗면에 300kN의 힘이 작용하여 재축방향 길이가 0.16mm 줄어들었고, 단면의 지름이 0.02mm 늘어났다면 이 강봉의 탄성계수 E와 푸아송비는?

① 31,830MPa, 0.25
② 31,830MPa, 0.125
③ 39,630MPa, 0.25
④ 39,630MPa, 0.125

해설

재료의 성질

- $E = \dfrac{\sigma}{\varepsilon} = \dfrac{\dfrac{P}{A}}{\dfrac{\Delta l}{l}} = \dfrac{Pl}{A\Delta l} = \dfrac{300{,}000 \times 300}{\dfrac{\pi 150^2}{4} \times 0.16} = 31{,}830\text{MPa}$

- $v = \dfrac{\beta}{\varepsilon} = -\dfrac{\dfrac{\Delta d}{d}}{\dfrac{\Delta l}{l}} = -\dfrac{l\Delta d}{d\Delta l} = 0.25$

정답 20 ①

건축산업기사 (2020년 6월 시행)

01 장주인 기둥에 중심축하중이 작용할 때 오일러의 좌굴하중 산정에 관한 설명으로 옳지 않은 것은?

① 기둥의 단면적이 큰 부재가 작은 부재보다 좌굴하중이 크다.
② 기둥의 단면2차모멘트가 큰 부재가 작은 부재보다 좌굴하중이 크다.
③ 기둥의 탄성계수가 큰 부재가 작은 부재보다 좌굴하중이 크다.
④ 기둥의 세장비가 큰 부재가 작은 부재보다 좌굴하중이 크다.

[해설]

오일러 좌굴하중

좌굴하중 $(P_{cr}) = \dfrac{\pi^2 EI}{l_k^2}$, 세장비 $(\lambda) = \dfrac{l_k}{r_{\min}}$

세장비가 작을수록 압축재의 경우 큰 힘에 저항할 수 있다. 세장비가 큰 부재가 작은 부재보다 좌굴하중이 작다.

02 그림과 같은 구조물에서 A 지점의 반력 모멘트는?

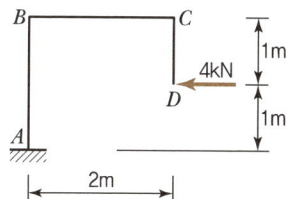

① $-8\text{kN}\cdot\text{m}$ ② $8\text{kN}\cdot\text{m}$
③ $-4\text{kN}\cdot\text{m}$ ④ $4\text{kN}\cdot\text{m}$

[해설]

라멘

$\Sigma M_A = 0 - 4 \times 1 + M_C = 0$, $M_C = 4\text{kN}\cdot\text{m}$

03 강구조 접합부에 관한 설명으로 옳지 않은 것은?

① 기둥-보 접합부는 접합부의 성능과 회전에 대한 구속 정도에 따라 전단접합, 부분강접합, 완전강접합으로 구분된다.
② 주요한 건물의 접합부에는 미끄럼 발생을 방지하기 위해 일반볼트를 사용한다.
③ 접합부는 45kN 이상 지지하도록 설계한다. 단, 연결재, 새그로드, 띠장은 제외한다.
④ 고장력볼트의 접합방법에는 마찰접합, 지압접합, 인장접합이 있다.

[해설]

강구조 접합부

주요한 건물의 접합부에는 고력볼트를 사용한다.

04 철선의 길이 $l = 1.5\text{m}$에 인장하중을 가하여 길이가 1.5009m로 늘어났을 때 변형률(ε)은?

① 0.0003 ② 0.0005
③ 0.0006 ④ 0.0008

[해설]

변형률

$\varepsilon = \dfrac{\Delta l}{l} = 0.0006$

05 그림과 같은 단면에 전단력 18kN이 작용할 경우 최대 전단응력도는?

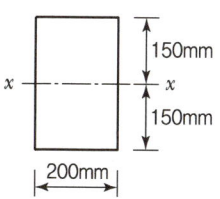

① 0.45MPa ② 0.52MPa
③ 0.58MPa ④ 0.64MPa

> **해설**

전단응력

- $V_{max} = k \cdot \dfrac{V_{max}}{A}$ (구형 $(k) = \dfrac{3}{2}$)
- $V_{max} = \dfrac{3}{2} \cdot \dfrac{18,000}{200 \times 300} = 0.45 \text{MPa}$

06 강도설계법에 의한 철근콘크리트의 보 설계 시 최대 철근비 개념을 두는 가장 큰 이유는?

① 경제적인 설계가 되도록 하기 위해
② 취성파괴를 유도하기 위해
③ 구조적인 효율을 높이기 위해
④ 연성파괴를 유도하기 위해

> **해설**

최대 철근비 규정 목적
최대 철근비를 규정하는 목적은 취성파괴를 방지하고 연성파괴로 유도하기 위함이다.

07 강구조 조립압축재에 관한 설명으로 옳지 않은 것은?

① 깔판, 띠판, 래티스형식(단일래티스, 복래티스) 등이 있다.
② 래티스형식에서 세장비는 단일래티스는 120 이하, 복래티스는 280 이하이다.
③ 부재의 축에 대한 래티스부재의 경사각은 단일래티스의 경우 60° 이상으로 한다.
④ 평강, ㄱ형강, ㄷ형강이 래티스로 사용된다.

> **해설**

강구조의 조립압축재
래티스 형식에서 세장비는 단일래티스는 140 이하, 복래티스는 200 이하이다.

08 그림과 같은 정사각형 기초에서 바닥에 인장응력이 발생하지 않는 최대 편심거리 e의 값은?

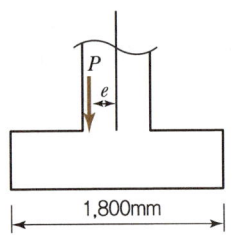

① 100mm
② 200mm
③ 300mm
④ 400mm

> **해설**

기초
$e = \dfrac{l}{6} = \dfrac{1,800}{6} = 300 \text{mm}$

09 압축 이형철근의 정착길이에 관한 설명으로 옳지 않은 것은?

① 압축 이형철근의 정착길이는 항상 200mm 이상이어야 한다.
② 압축 이형철근의 정착에는 표준갈고리가 요구된다.
③ 압축 이형철근의 기본정착길이는 철근직경이 커지면 증가한다.
④ 압축 이형철근의 기본정착길이는 $0.043 d_b f_y$ 이상이어야 한다.

> **해설**

압축 이형철근의 정착길이
갈고리는 철근이 인장을 받는 경우에 유효하다.

10 강도설계법에 의하여 다음 그림과 같은 철근콘크리트 보를 설계할 때 등가응력블록깊이 a는? (단, $f_{ck} = 24 \text{MPa}$, $f_y = 400 \text{MPa}$, D22 철근 1개의 단면적은 387mm²임)

① 101.2mm
② 111.2mm
③ 121.2mm
④ 131.2mm

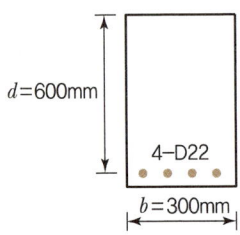

정답 06 ④ 07 ② 08 ③ 09 ② 10 ①

> [해설]

등가응력블록의 깊이
$$a = \frac{(4 \times 387) \times 400}{0.85 \times 24 \times 300} = 101.2 \text{mm}$$

11 그림과 같은 직사각형 판의 AB면을 고정시키고 점 C를 수평으로 0.3mm 이동시켰을 때 측면 AC의 전단변형도는?

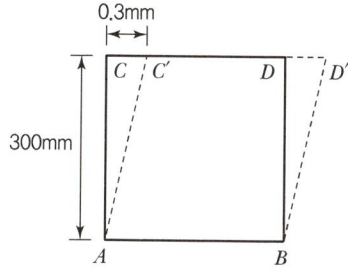

① 0.001rad ② 0.002rad
③ 0.003rad ④ 0.004rad

> [해설]

전단변형
$$\gamma = \frac{\Delta}{l} = \frac{0.3}{300} = 0.001 \text{rad}$$

12 연약지반에서 발생하는 부동침하의 원인으로 옳지 않은 것은?

① 부분적으로 증축했을 때
② 이질지반에 건물이 걸쳐 있을 때
③ 지하수가 부분적으로 변화할 때
④ 지내력을 같게 하기 위해 기초판 크기를 다르게 했을 때

> [해설]

부동침하의 원인
기초판의 크기는 작용하중과 허용지내력에 의해 결정되며, 기초판에 발생하는 지내력의 크기를 같게 하기 위하여 기초판의 크기를 다르게 한 것은 부동침하와는 무관하다.

13 양단연속 보 부재에서 처짐을 계산하지 않는 경우 보의 최소 두께는?(단, L은 부재의 길이, 보통 중량콘크리트와 설계기준항복강도 400MPa 철근 사용)

① $L/8$ ② $L/16$
③ $L/18.5$ ④ $L/21$

> [해설]

처짐을 계산하지 않는 보의 최소 두께
처짐을 계산하지 않는 경우의 양단연속 보의 최소 두께는 $L/21$이다.

14 그림과 같은 3힌지 라멘의 수평반력을 구하면?

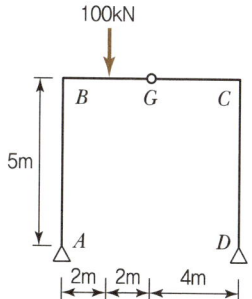

① $H_A = 20\text{kN}(\rightarrow)$, $H_D = 20\text{kN}(\leftarrow)$
② $H_A = 20\text{kN}(\leftarrow)$, $H_D = 20\text{kN}(\rightarrow)$
③ $H_A = 20\text{kN}(\rightarrow)$, $H_D = 20\text{kN}(\rightarrow)$
④ $H_A = 20\text{kN}(\leftarrow)$, $H_D = 20\text{kN}(\leftarrow)$

> [해설]

3힌지형 라멘
- $\Sigma H = 0$에서 $H_A - H_D = 0$, ∴ $H_A = H_D$
- $\Sigma M_D = 0$, $V_A \times 8 - 100 \times 6 = 0$, $V_A = 75\text{kN}(\uparrow)$
- G점을 중심으로 좌측 구조물에 대하여
  $\Sigma M_G = 0$
  $-H_A \times 5 + 75 \times 4 - 100 \times 2 = 0$,
  $H_A = 20\text{kN}(\rightarrow)$, $H_D = 20\text{kN}(\leftarrow)$

15 강도설계법에 의한 철근콘크리트 구조물 설계에서 고정하중 $w_D = 4\text{kN/m}^2$이고, 활하중 $w_L = 5\text{kN/m}^2$인 경우 소요강도 산정을 위한 계수하중 w_u는 얼마인가?

① 9kN/m^2 ② 10.6kN/m^2
③ 12.8kN/m^2 ④ 15.3kN/m^2

해설

계수하중
$w_u = 1.2 \times 4 + 1.6 \times 5 = 12.8 \text{kN/m}^2$

16 그림과 같은 양단고정인 보에서 A점의 휨모멘트는?(단, EI는 일정)

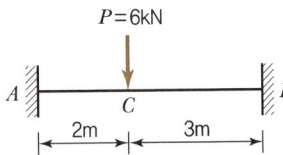

① $-4.32\text{kN} \cdot \text{m}$ ② $4.32\text{kN} \cdot \text{m}$
③ $-6.23\text{kN} \cdot \text{m}$ ④ $6.23\text{kN} \cdot \text{m}$

해설

부정정 구조
- $M_A = -\dfrac{Pab^2}{l^2}$, $M_B = -\dfrac{Pa^2b}{l^2}$
- $M_A = -\dfrac{6 \times 2 \times 3^2}{5^2} = -4.32\text{kN} \cdot \text{m}$

17 그림과 같은 파단면($A-1-3-4-B$)에서 인장재의 순단면적은?(단, 구멍의 직경은 22mm이며 판의 두께는 6mm)

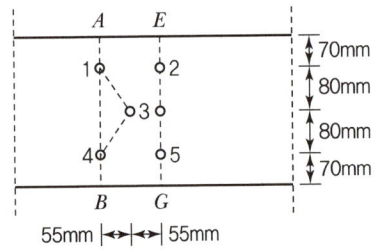

① $1,134\text{mm}^2$ ② $1,327\text{mm}^2$
③ $1,517\text{mm}^2$ ④ $1,542\text{mm}^2$

해설

인장재의 순단면적
$$A_n = A_g - n \cdot d \cdot t + \Sigma \dfrac{s^2}{4g} t$$
$$= (300 \times 6) - (3 \times 22 \times 6) + \dfrac{55^2}{4 \times 80} \times 6 \times 2$$
$$= 1,517.4 \text{mm}^2$$

18 그림과 같은 트러스의 U, V, L부재의 부재력은 각각 몇 kN인가?(단, -는 압축력, +는 인장력)

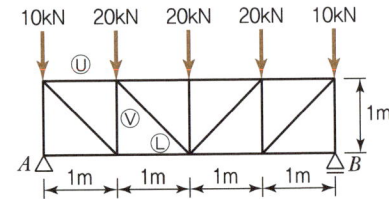

① $U = -30\text{kN}$, $V = -30\text{kN}$, $L = 30\text{kN}$
② $U = -30\text{kN}$, $V = 30\text{kN}$, $L = -30\text{kN}$
③ $U = 30\text{kN}$, $V = -30\text{kN}$, $L = 30\text{kN}$
④ $U = 30\text{kN}$, $V = 30\text{kN}$, $L = -30\text{kN}$

해설

트러스 부재력

㉠ 반력
$V_A = V_B = \dfrac{10 + 20 + 20 + 20 + 10}{2} = 40\text{kN}(\uparrow)$

㉡ 부재력
- U부재력

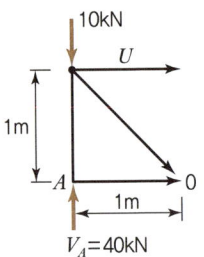

$\Sigma M_0 = 0 = V_A \times 1\text{m} - 10\text{kN} \times 1\text{m} + U \times 1\text{m}$
$= 40\text{kN} \times 1\text{m} - 10\text{kN} \times 1\text{m} + U \times 1\text{m}$
$U = -30\text{kN}$ (압축)

정답 15 ③ 16 ① 17 ③ 18 ①

- V부재력

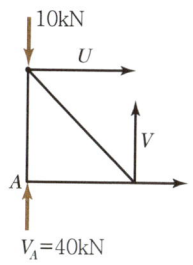

$\sum V = 0$
$= V_A - 10\text{kN} + V$
$= 40\text{kN} - 10\text{kN} + V$
$V = -30\text{kN}$ (압축)

- L부재력

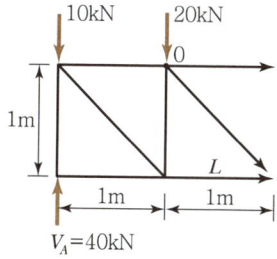

$\sum M_0 = 0$
$= V_A \times 1\text{m} - 10\text{kN} \times 1\text{m} - L \times 1\text{m}$
$= 40\text{kN} \times 1\text{m} - 10\text{kN} \times 1\text{m} - L \times 1\text{m}$
$L = 30\text{kN}$ (인장)

19 강구조의 구성부재 중 보에 관한 설명으로 옳지 않은 것은?

① 보는 휨과 전단에 의한 응력과 변형이 주로 발생한다.
② 보는 횡좌굴 방지를 고려할 필요가 없다.
③ 보는 부재의 단면형상으로는 H형 단면이 주로 사용하며, 박스형, I형, ㄷ형 단면이 사용되기도 한다.
④ 처짐에 대한 사용성이 확보되어야 한다.

해설

보의 횡좌굴
보는 휨모멘트에 의하여 인장과 압축을 받게 되므로, 압축에 대한 횡좌굴 방지를 고려해야 한다.

20 강도설계법에서 균형철근비 $\rho_b = 0.03$이고, $b = 300\text{mm}$, $d = 500\text{mm}$일 때 최대 철근량은? (단, $E_s = 200{,}000\text{MPa}$, $f_y = 400\text{MPa}$, $f_{ck} = 24\text{MPa}$이다.)

① $1{,}825\text{mm}^2$ ② $2{,}825\text{mm}^2$
③ $3{,}214\text{mm}^2$ ④ $4{,}525\text{mm}^2$

해설

최대 철근량
$f_y = 400\text{MPa}$일 때 최대 철근비는 균형철근비의 0.714배이다.
- $\rho_{\max} = 0.714 \times 0.03 = 0.02142$
- $A_{s,\max} = 0.02142 \times 300 \times 500 = 3{,}213\text{mm}^2$

건축기사 (2020년 8월 시행)

01 다음 중 지진에 의하여 발생되는 현상이 아닌 것은?

① 동상현상
② 해일
③ 지반의 액상화
④ 단층의 이동

[해설]

지진의 영향
동상현상은 지진과는 무관하다.

02 철근콘크리트 보의 사인장 균열에 관한 설명으로 옳지 않은 것은?

① 전단력 및 비틀림에 의하여 발생한다.
② 보의 축과 약 45°의 각도를 이룬다.
③ 주인장응력도의 방향과 사인장 균열의 방향은 일치한다.
④ 보의 단부에 주로 발생한다.

[해설]

사인장 균열
사인장 균열은 주인장응력도의 방향과 수직으로 발생한다.

03 다음 그림과 같은 띠철근 기둥의 설계축하중 (ϕP_n)값으로 옳은 것은?(단, f_{ck} = 24MPa, f_y = 400Mpa, 주근 단면적(A_{st}) : 3,000mm²)

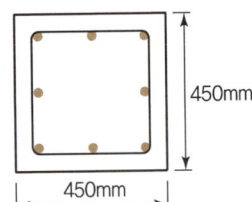

① 2,740kN
② 2,952kN
③ 3,335kN
④ 3,359kN

[해설]

기둥의 설계축하중
$\phi P_n = 0.8 \times 0.65 \times [0.85 \times 24 \times (450^2 - 3,000)$
$\qquad + 400 \times 3,000] \times 10^{-3}$
$\quad = 2,740 \text{kN}$

04 연약한 지반에 대한 대책 중 상부구조의 조치사항으로 옳지 않은 것은?

① 건물의 수평길이를 길게 한다.
② 건물을 경량화한다.
③ 건물의 강성을 높여 준다.
④ 건물의 인동간격을 멀리한다.

[해설]

연약지반에 대한 대책
건물의 수평길이를 짧게 하여 부동침하를 방지해야 한다.

05 그림과 같은 단면에서 x축에 대한 단면2차모멘트는?

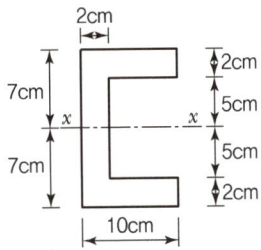

① 1,420cm⁴
② 1,520cm⁴
③ 1,620cm⁴
④ 1,720cm⁴

[해설]

단면2차모멘트
$I_x = \dfrac{BH^3}{12} - \dfrac{bh^3}{12} = \dfrac{10 \times 14^3}{12} - \dfrac{8 \times 10^3}{12} = 1,620 \text{cm}^4$

정답 01 ① 02 ③ 03 ① 04 ① 05 ③

06 철골조의 가새에 관한 설명으로 옳지 않은 것은?

① 트러스의 절점 또는 기둥의 절점을 각각 대각선 방향으로 연결하여 구조체의 변형을 방지하는 부재이다.
② 풍하중, 지진력 등의 수평하중에 저항하는 것으로 부재에는 인장응력만 발생한다.
③ 보통 단일형강재 또는 조립재를 쓰지만 응력이 작은 지붕가새에는 봉강을 사용한다.
④ 수평가새는 지붕트러스의 지붕면(경사면)에 설치한다.

가새
가새는 수평하중에 저항하는 부재로서 인장력 또는 압축력이 발생한다.

07 절점 B에 외력 $M = 200kN \cdot m$가 작용하고 각 부재의 강비가 그림과 같을 경우 M_{AB}는?

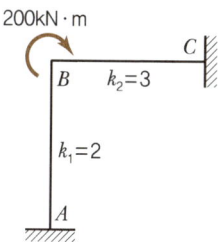

① $20kN \cdot m$ ② $40kN \cdot m$
③ $60kN \cdot m$ ④ $80kN \cdot m$

모멘트 분배법
- 분배율 $\mu_{BA} = \dfrac{K}{\Sigma K} = \dfrac{2}{5}$
- 분배모멘트
  $M_{BA} = \mu_{BA} \cdot M = \dfrac{2}{5} \times 200 = 80kN \cdot m$
- 전달모멘트
  $M_{AB} = \dfrac{1}{2} M_{BA} = \dfrac{1}{2} \times 80 = 40kN \cdot m$

08 그림과 같은 모살용접의 유효용접길이는?
(단, 유효용접길이는 1면에 대해서만 산정)

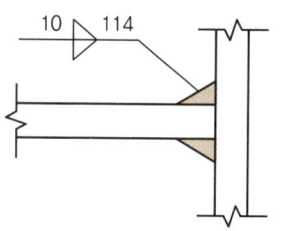

① 10mm   ② 94mm
③ 107mm ④ 114mm

모살용접의 유효용접길이
$l_e = L - 2S = 114 - 2 \times 10 = 94mm$

09 강구조에서 하중점과 볼트, 접합된 부재의 반력 사이에서 지렛대와 같은 거동에 의해 볼트에 작용하는 인장력이 증폭되는 현상을 무엇이라 하는가?

① Slip-Critical Action   ② Bearing Action
③ Prying Action   ④ Buckling Action

지레 작용
강구조의 엔드 플레이트 접합형식에서와 같이 하중점과 접합 부재의 반력 사이에서 지렛대와 같은 거동에 의해 볼트에 작용하는 인장력이 증폭되는 현상을 지레작용(Prying Action)이라 한다.

10 다음 그림과 같은 보에서 고정단에 생기는 휨모멘트는?

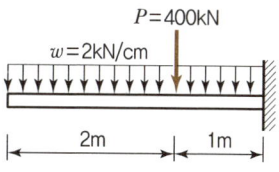

① $500kN \cdot m$ ② $900kN \cdot m$
③ $1,300kN \cdot m$ ④ $1,500kN \cdot m$

[해설]

캔틸레버보

$$M = -\left(wl \times \frac{l}{2} + P \times l\right)$$
$$= -\left(200 \times 3 \times \frac{3}{2} + 400 \times 1\right) = -1,300 \text{kN} \cdot \text{m}$$

11 다음 그림과 같은 구조물의 부정정차수로 옳은 것은?

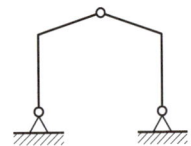

① 정정
② 1차 부정정
③ 2차 부정정
④ 3차 부정정

[해설]

부정정차수
$n = r + m + \Sigma k - 2j$에서,
반력수 $r = 4$, 부재수 $m = 4$,
강절점수 $\Sigma k = 2$, 절점수 $j = 5$이므로,
$n = 4 + 4 + 2 - 2 \times 5 = 0$

12 다음과 같은 볼트군의 x_0부터의 도심위치 x를 구하면?(단, 그림의 단위는 mm)

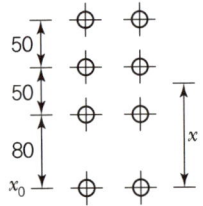

① 80mm
② 89.5mm
③ 90mm
④ 97.5mm

[해설]

도심의 위치

$$x = \frac{A_1 x_1 + A_2 x_2 + A_3 x_3 + A_4 x_4}{A_1 + A_2 + A_3 + A_4}$$
$$= \frac{2 \times 0 + 2 \times 80 + 2 \times 130 + 2 \times 180}{2 + 2 + 2 + 2} = 97.5 \text{mm}$$

13 압축이형철근의 정착길이에 관한 기준으로 옳지 않은 것은?

① 계산된 정착길이는 항상 200mm 이상이어야 한다.
② 기본정착길이는 최소 $0.043 d_b f_y$ 이상이어야 한다.
③ 해석결과 요구되는 철근량을 초과하여 배치한 경우 ($\frac{\text{소요철근량}}{\text{배근철근량}}$)을 곱하여 보정한다.
④ 전경량콘크리트를 사용한 경우 기본정착길이에 0.85배하여 정착길이를 산정한다.

[해설]

정착길이
전경량콘크리트에 대한 경량콘크리트계수 $\lambda = 0.75$이므로, 기본정착길이에 0.75배하여 정착길이를 산정한다.

14 다음 그림과 같은 압축재 $H-200 \times 200 \times 8 \times 12$가 부재의 중앙지점에서 약축에 대해 휨변형이 구속되어 있다. 이 부재의 탄성좌굴응력도를 구하면?(단, 단면적 $A = 63.53 \times 10^2 \text{mm}^2$, $I_x = 4.72 \times 10^7 \text{mm}^4$, $I_y = 1.60 \times 10^7 \text{mm}^4$, $E = 205,000 \text{MPa}$)

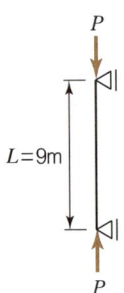

① 252N/mm²
② 186N/mm²
③ 132N/mm²
④ 108N/mm²

[해설]

탄성좌굴응력도
㉠ 단면2차반경 산정
 • x축 단면2차반경
$$r_x = \sqrt{\frac{I_x}{A}} = \sqrt{\frac{4.72 \times 10^7}{63.53 \times 10^2}} = 86.19 \text{mm}$$

- y축 단면2차반경

$$r_y = \sqrt{\frac{I_y}{A}} = \sqrt{\frac{1.60 \times 10^7}{63.53 \times 10^2}} = 50.18\text{mm}$$

ⓒ 세장비 산정

- x축 세장비 = $\frac{9,000\text{mm}}{86.19\text{mm}} = 104.4$
- y축 세장비 = $\frac{4,500\text{mm}}{50.18\text{mm}} = 89.67$

∴ 세장비는 둘 중 큰 값인 104.4이므로, 좌굴응력은 x축에 대하여 산정한다.

ⓒ 탄성좌굴응력 산정

$$F_e = \frac{\pi^2 E}{(KL/r)^2} = \frac{3.14^2 \times 205,000}{104.4^2} = 185.44\text{N/mm}^2$$

15 철근콘크리트 보에서 콘크리트를 이어붓기 할 때 그 이음의 위치로 가장 적당한 것은?

① 전단력이 최소인 부분
② 휨모멘트가 최소인 부분
③ 큰 보와 작은 보가 접합되는 단면이 변화되는 부분
④ 보의 단부

[해설]

이어붓기 위치
이어붓기의 위치는 전단력이 최소인 곳으로 한다.

16 그림과 같이 양단이 고정된 강재 부재에 온도가 $\Delta T = 30℃$ 증가될 때 이 부재에 발생되는 압축응력은 얼마인가?(단, 강재의 탄성계수 $E_s = 2.0 \times 10^5\text{MPa}$, 부재단면적은 $5,000\text{mm}^2$, 선팽창계수 $\alpha = 1.2 \times 10^{-5}/℃$이다.)

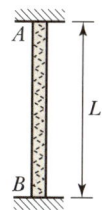

① 25MPa
② 48MPa
③ 64MPa
④ 72MPa

[해설]

온도응력

$$\sigma_t = E \cdot \varepsilon_t = E \cdot \alpha \cdot \Delta t$$
$$= 2.0 \times 10^5 \times 1.2 \times 10^{-5} \times 30 = 72\text{MPa}$$

17 철근콘크리트 보의 장기처짐을 구할 때 적용되는 5년 이상 지속하중에 대한 시간경과계수 ξ의 값은?

① 2.4
② 2.0
③ 1.2
④ 1.0

[해설]

장기처짐
재령 5년 이상인 경우의 지속하중에 대한 시간경과계수는 2.0이다.

18 강도설계법에서 휨 또는 휨과 축력을 동시에 받는 부재의 콘크리트 압축연단에서 극한변형률은 얼마로 가정하는가?

① 0.002
② 0.003
③ 0.005
④ 0.007

[해설]

콘크리트의 극한변형률
콘크리트의 극한변형률은 0.003이다.

19 그림과 같은 캔틸레버보에서 B점의 처짐을 구하면?

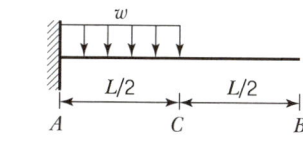

① $\frac{wL^4}{128EI}$
② $\frac{3wL^4}{128EI}$
③ $\frac{3wL^4}{384EI}$
④ $\frac{7wL^4}{384EI}$

> 해설

처짐

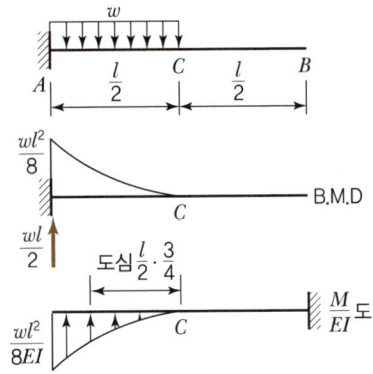

$$\delta_B = M_B' = \left(\frac{1}{3} \cdot \frac{wl^2}{8EI} \cdot \frac{l}{2}\left(\frac{l}{2} + \frac{l}{2} \cdot \frac{3}{4}\right)\right)$$

$$= \frac{7wl^4}{384EI}$$

20 그림과 같은 구조물에서 기둥에 발생하는 휨모멘트가 0이 되려면 등분포하중 w는?

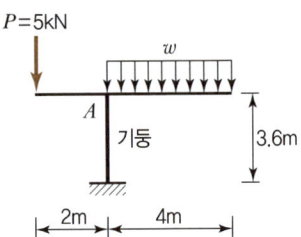

① 2.5kN/m ② 0.8kN/m
③ 1.25kN/m ④ 1.75kN/m

> 해설

부정정 구조
A점의 재단모멘트 $M_{A(좌)}$와 $M_{A(우)}$의 절댓값의 크기가 같으면 기둥 부재에는 휨모멘트가 발생하지 않는다.
- $M_{A(좌)} = 5 \times 2 = 10 \text{kN} \cdot \text{m}$
- $M_{A(우)} = w \times 4 \times 2 = 8w \text{kN} \cdot \text{m}$
- $w = 1.25 \text{kN} \cdot \text{m}$

정답 20 ③

건축산업기사 (2020년 8월 시행)

01 등분포하중을 받는 두 스팬 연속보인 B_1 RC 보 부재에서 A, B, C지점의 보 배근에 관한 설명으로 옳지 않은 것은?

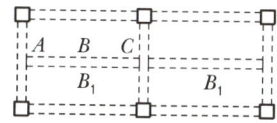

① A단면에서는 스터럽 간격이 B단면에서의 스터럽 간격보다 촘촘하다.
② B단면에서는 하부근이 주근이다.
③ C단면에서의 스터럽 간격이 B단면에서의 스터럽 간격보다 촘촘하다.
④ C단면에서는 하부근이 주근이다.

해설

철근콘크리트 보의 배근
C단면에서는 부(−)모멘트가 발생하므로, 상부가 인장이고 하부가 압축이다. 따라서, 상부근이 주근이다.

02 인장력 $P = 30$kN을 받을 수 있는 원형강봉의 단면적은?(단, 강재의 허용인장응력은 160MPa이다.)

① 1.875mm²
② 18.75mm²
③ 187.5mm²
④ 1,875mm²

해설

재료의 성질
- $\sigma = \dfrac{P}{A}$
- $A = \dfrac{P}{\sigma} = \dfrac{30,000}{160} = 187.5 \text{mm}^2$

03 등분포하중을 받는 단순보에서 보 중앙점의 탄성처짐에 관한 설명으로 옳은 것은?

① 처짐은 스팬의 제곱에 반비례한다.
② 처짐은 단면2차모멘트에 비례한다.
③ 처짐은 단면의 형상과는 상관이 없고, 재질에만 관계된다.
④ 처짐은 탄성계수에 반비례한다.

해설

처짐
$$\delta_{\max} = \frac{5wl^4}{384EI}$$

04 그림과 같이 스팬이 9.6m이며 간격이 2m인 합성보 A의 슬래브 유효폭 b_e는?

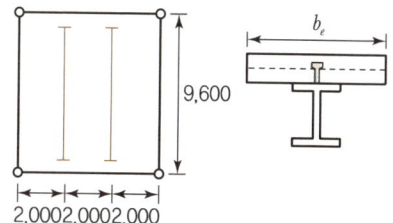

① 1,800mm
② 2,000mm
③ 2,200mm
④ 2,400mm

해설

합성보의 유효폭
- 양측 슬래브의 중심 간 거리 = 2,000mm
- 보 스팬의 1/4 = 9,600/4 = 2,400mm
∴ 작은 값 2,000mm

05 압연 H형강 H−300×300×10×15의 플랜지 폭두께 비는?(단, 균일 압축을 받는 상태이다.)

① 8
② 10
③ 15
④ 18

해설

폭두께 비
플랜지의 폭두께 비 $\lambda = \dfrac{b_f/2}{t_f} = \dfrac{150}{15} = 10$

정답 01 ④ 02 ③ 03 ④ 04 ② 05 ②

06 강구조 기둥의 주각부분에 사용되는 것이 아닌 것은?

① 앵커 볼트(Anchor Bolt)
② 리브 플레이트(Rib Plate)
③ 플레이트 거더(Plate Girder)
④ 베이스 플레이트(Base Plate)

해설
플레이트 거더
판보(Plate Girder)는 강판으로 조립한 H형 단면으로서 휨 모멘트와 전단력이 커서 압연형강으로 내력 및 처짐을 만족시키기 어려울 때 사용한다.

07 강도설계법에 의한 전단설계 시 부재축에 직각인 전단철근을 사용할 때 전단철근에 의한 전단강도 V_s는?(단, s는 전단철근의 간격)

① $V_s = \dfrac{A_v \cdot f_{yt} \cdot s}{d}$ ② $V_s = \dfrac{A_v \cdot s \cdot d}{f_{yt}}$

③ $V_s = \dfrac{s \cdot f_{yt} \cdot d}{A_v}$ ④ $V_s = \dfrac{A_v \cdot f_{yt} \cdot d}{s}$

해설
전단철근의 전단강도
전단철근의 전단강도는 다음 식으로 산정한다.
$V_s = \dfrac{A_v f_{yt} d}{s}$

여기서, A_v : 전단철근의 단면적
f_{yt} : 전단철근의 항복강도
d : 보의 유효춤

08 철근콘크리트구조의 콘크리트피복에 관한 설명으로 옳지 않은 것은?

① 기둥과 보에서의 피복두께는 주근의 중심과 콘크리트 표면과의 최단 거리를 말한다.
② 화재 시 철근의 빠른 가열에 의한 강도저하를 방지한다.
③ 철근과의 부착력을 확보한다.
④ 철근의 부식을 방지한다.

해설
콘크리트 피복두께
기둥과 보에서의 피복두께는 띠근과 늑근의 표면과 콘크리트 표면과의 최단 거리를 말한다.

09 다음 그림과 같은 구조물에서 C점에서의 반력은?

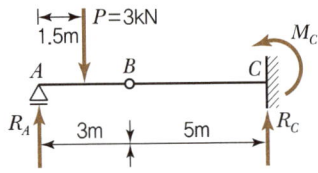

① $R_C = 1.5\text{kN}$, $M_C = -6.0\text{kN} \cdot \text{m}$
② $R_C = 1.5\text{kN}$, $M_C = -7.5\text{kN} \cdot \text{m}$
③ $R_C = 3.0\text{kN}$, $M_C = -6.0\text{kN} \cdot \text{m}$
④ $R_C = 3.0\text{kN}$, $M_C = -7.5\text{kN} \cdot \text{m}$

해설
겔버보

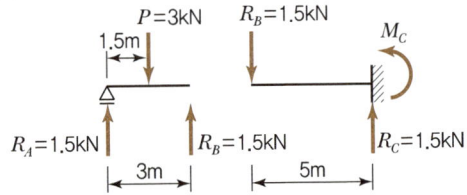

- 단순보 구간
$\Sigma M_A = 0, -R_B \times 3 + 3 \times 1.5 = 0$
$\therefore R_B = 1.5\text{kN}(\uparrow)$

- 캔틸레버 구간
$\Sigma V = 0, R_C = R_B = 1.5\text{kN}(\uparrow)$
$M_C = -1.5 \times 5 = -7.5\text{kN} \cdot \text{m}$

10 그림과 같은 보에서 중앙점 C의 휨모멘트는?

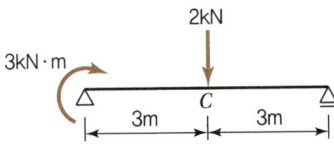

① $1.5\text{kN} \cdot \text{m}$ ② $3\text{kN} \cdot \text{m}$
③ $4.5\text{kN} \cdot \text{m}$ ④ $6\text{kN} \cdot \text{m}$

[해설]
정정보
$M_C = \dfrac{Pl}{4} + \dfrac{M}{2} = \dfrac{2\times 6}{4} + \dfrac{3}{2} = 4.5\text{kN}\cdot\text{m}$

11 강재의 기계적 성질과 관련된 응력-변형도 곡선에서 가장 먼저 나타나는 점은?

① 비례한계점 ② 탄성한계점
③ 상위항복점 ④ 하위항복점

[해설]
강재의 응력-변형도 곡선
응력-변형도 곡선에서 비례한계점, 탄성한계점, 상위항복점, 하위항복점의 순서로 나타난다.

12 반지름 r인 원형단면의 도심축에 대한 단면계수의 값으로 옳은 것은?

① $\dfrac{\pi r^3}{12}$ ② $\dfrac{\pi r^3}{4}$
③ $\dfrac{\pi r^3}{2}$ ④ πr^3

[해설]
단면계수
$S = \dfrac{I_x}{y} = \dfrac{\frac{\pi D^4}{64}}{\frac{D}{2}} = \dfrac{\pi D^3}{32} = \dfrac{\pi r^3}{4}$

여기서, D : 직경

13 다음 그림과 같은 연속보에서 B점의 휨모멘트는?

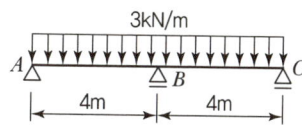

① $-2\text{kN}\cdot\text{m}$ ② $-3\text{kN}\cdot\text{m}$
③ $-4\text{kN}\cdot\text{m}$ ④ $-6\text{kN}\cdot\text{m}$

[해설]
부정정 구조물

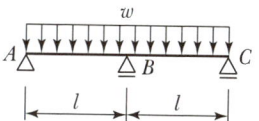

• $V_B = \dfrac{5wl}{4}$

• $M_B = -\dfrac{wl^2}{8} = -\dfrac{3\times 4^2}{8} = -6\text{kN}\cdot\text{m}$

14 그림과 같은 구조물의 부정정차수는?

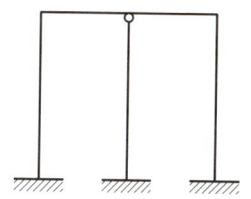

① 3차 부정정   ② 5차 부정정
③ 7차 부정정   ④ 9차 부정정

[해설]
부정정차수
$n = r + m + \Sigma k - 2j$
여기서, r : 반력수=9, m : 부재수=5
Σk : 강절점수=3, j : 절점수=6
$n = 9 + 5 + 3 - 2\times 6 = 5$차 부정정

15 강도설계법으로 철근콘크리트보를 설계 시공 시 모멘트강도 $M_n = 150\text{kN}\cdot\text{m}$, 강도감소계수 $\phi = 0.85$일 때 설계모멘트 값은?

① $95.6\text{kN}\cdot\text{m}$ ② $114.8\text{kN}\cdot\text{m}$
③ $127.5\text{kN}\cdot\text{m}$ ④ $176.5\text{kN}\cdot\text{m}$

[해설]
설계모멘트강도
$\phi M_n = 0.85 \times 150 = 127.5\text{kN}\cdot\text{m}$

정답 11 ① 12 ② 13 ④ 14 ② 15 ③

16 직경이 50mm이고, 길이가 2m인 강봉에 100kN의 축방향 인장력이 작용할 때 변형량은? (단, 강봉의 탄성계수 $E = 2.0 \times 10^5$ MPa)

① 0.51mm ② 1.02mm
③ 1.53mm ④ 2.04mm

[해설]

재료의 성질

- $E = \dfrac{6}{\varepsilon} = \dfrac{\dfrac{P}{A}}{\dfrac{\Delta l}{l}} = \dfrac{Pl}{A\Delta l}$

- $\Delta l = \dfrac{Pl}{AE} = \dfrac{100,000 \times 2,000}{\dfrac{\pi 50^2}{4} \times 2.0 \times 10^5} = 0.51$mm

17 철근 직경(d_b)에 따른 표준갈고리의 구부림 최소 내면 반지름 기준으로 옳지 않은 것은?

① D25 주철근 : $3d_b$ 이상
② D13 주철근 : $2d_b$ 이상
③ D16 띠철근 : $2d_b$ 이상
④ D13 띠철근 : $2d_b$ 이상

[해설]

표준갈고리 구부림의 최소 내면 반지름

주근 직경	최소 내면 반지름	스터럽과 띠철근 직경	최소 내면 반지름
D10~D25	$3d_b$	D16 이하	$2d_b$
D29~D35	$4d_b$	D19 이상	$3d_b$
D38 이상	$5d_b$		

∴ D13 주철근은 $3d_b$ 이상으로 해야 한다.

18 그림과 같은 철근콘크리트 기둥에서 띠철근의 수직간격으로 옳은 것은?

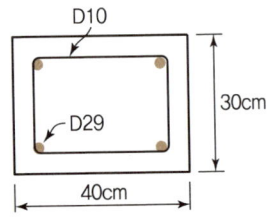

① 300mm 이하 ② 350mm 이하
③ 400mm 이하 ④ 450mm 이하

[해설]

띠철근의 수직간격

- 주근 지름의 16배 = 16 × 29 = 464mm
- 띠철근 지름의 48배 = 48 × 10 = 480mm
- 기둥의 최소 폭 = 300mm

∴ 작은 값 300mm

19 기성콘크리트말뚝을 타설할 때 그 중심간격은 말뚝머리지름의 최소 몇 배 이상으로 하여야 하는가?

① 1.5배 ② 2.5배
③ 3.5배 ④ 4.5배

[해설]

기성콘크리트말뚝

기성콘크리트말뚝을 타설할 때 그 중심 간격은 말뚝머리지름의 2.5배 이상 또한 750mm 이상으로 한다.

20 다음 그림과 같은 단순보의 B지점의 반력 값은?

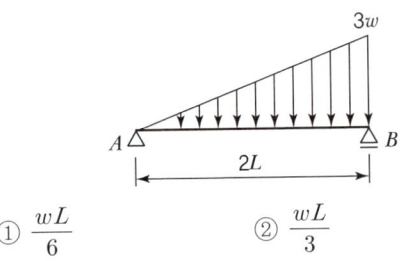

① $\dfrac{wL}{6}$ ② $\dfrac{wL}{3}$
③ wL ④ $2wL$

[해설]

단순보

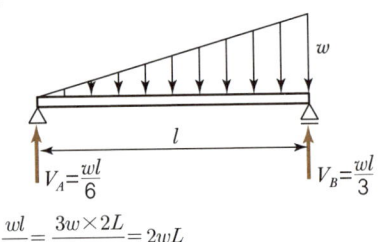

$V_B = \dfrac{wl}{3} = \dfrac{3w \times 2L}{3} = 2wL$

건축기사 (2020년 9월 시행)

01 강도설계법에 따른 철근콘크리트 단근보에서 $f_{ck}=27\text{MPa}$, $f_y=400\text{MPa}$, 균형철근비(ρ_b) = 0.0293일 때 최대 철근비는?

① 0.0258　　② 0.0220
③ 0.0209　　④ 0.0188

[해설]

최대 철근비
$f_y=400\text{MPa}$일 때 최대 철근비는 균형철근비의 0.714배이다.
$\rho_{\max}=0.714\times0.0293=0.0208$

02 그림과 같은 구조물에서 C점에 발생되는 모멘트는?

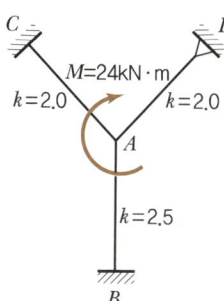

① 4.0kN·m　　② 3.5kN·m
③ 3.0kN·m　　④ 2.5kN·m

[해설]

모멘트 분배법
- 분배율(u_{Ac}) = $\dfrac{k_{AC}}{\sum k}=\dfrac{2}{2+2\times\dfrac{3}{4}+2.5}=\dfrac{2}{6}$
- $M_{AC}=u_{AC}M=\dfrac{2}{6}\times 24=8\text{kN}\cdot\text{m}$
- $M_{CA}=\dfrac{1}{2}M_{AB}=4\text{kN}\cdot\text{m}$

03 온통기초에 관한 설명으로 옳지 않은 것은?

① 연약지반에 주로 사용된다.
② 독립기초에 비하여 구조해석 및 설계가 매우 단순하다.
③ 부동침하에 대하여 유리하다.
④ 지하수가 높은 지반에서도 유효한 기초방식이다.

[해설]

온통기초
온통기초는 독립기초와 비교하여 구조해석 및 설계가 복잡하다.

04 1방향 철근콘크리트 슬래브에서 철근의 설계 기준항복강도가 500MPa인 경우 콘크리트 전체 단면적에 대한 수축·온도 철근비는 최소 얼마 이상이어야 하는가?(단, KDS기준, 이형철근 사용)

① 0.0015　　② 0.0016
③ 0.0018　　④ 0.0020

[해설]

1방향 슬래브의 수축·온도 철근비
$\rho=0.002\times\dfrac{400}{f_y}=0.002\times\dfrac{400}{500}=0.0016$

05 길이 8m의 단순보가 100kN/m의 등분포 활하중을 받을 때 위험단면에서 전단철근이 부담해야 하는 공칭전단력(V_s)은 얼마인가?(단, 구조물자중에 의한 $w_D=6.72\text{kN/m}$, $f_{ck}=24\text{MPa}$, $f_y=300\text{MPa}$, $\lambda=1$, $b_w=400\text{mm}$, $d=600\text{mm}$, $h=700\text{mm}$)

① 424.43kN　　② 530.53kN
③ 565.91kN　　④ 571.40kN

정답 01 ③　02 ①　03 ②　04 ②　05 ③

해설

철근의 공칭전단력

- 극한하중
  $$w_u = 1.2 \times 6.72 + 1.6 \times 100 = 168.06 \text{kN/m}$$
- 지점에서의 전단력
  $$V_u = \frac{168.06 \times 8}{2} = 672.24 \text{kN}$$
- 위험단면에서의 전단력
  $$V_{u,d} = 672.24 - w_u \times d$$
  $$= 672.24 - 168.06 \times 0.6 = 571.4 \text{kN}$$
- 콘크리트의 설계전단강도
  $$\phi V_c = 0.75 \times \frac{1}{6} \times 1.0 \times \sqrt{24} \times 400 \times 600 \times 10^{-3}$$
  $$= 146.97 \text{kN}$$
- 전단철근의 설계전단강도
  $$\phi V_s = V_{u,d} - \phi V_c = 571.4 - 146.97 = 424.43 \text{kN}$$
- 전단철근의 공칭전단강도
  $$V_s = \frac{424.43}{0.75} = 565.9 \text{kN}$$

---

06 다음 그림과 같은 보에서 A점의 수직반력을 구하면?

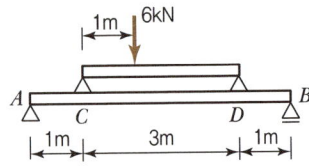

① 2.4kN ② 3.6kN
③ 4.8kN ④ 6.0kN

해설

반력

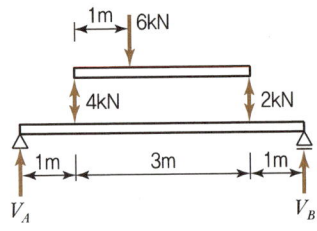

- $V_C = \dfrac{Pb}{l} = \dfrac{6 \times 2}{3} = 4\text{kN}, \ V_D = 2\text{kN}$
- $\sum M_B = 0$
  $V_A \times 5 - 4 \times 4 - 2 \times 1 = 0, \ V_A = 3.6\text{kN}$

---

07 단일 압축재에서 세장비를 구할 때 필요하지 않은 것은?

① 유효좌굴길이 ② 단면적
③ 탄성계수 ④ 단면2차모멘트

해설

세장비

$$\lambda = \frac{l_k}{r_{min}} = \frac{KL}{\sqrt{\dfrac{I_{min}}{A}}}$$

여기서, l_k : 유효좌굴길이, r_{min} : 최소 회전 반경
k : 좌굴계수, I_{min} : 최소 단면2차모멘트
A : 면적

별해

세장비 = $\dfrac{KL}{r}$ 에서 $r = \sqrt{\dfrac{I}{A}}$ 이다.

따라서, 유효좌굴길이, 단면2차모멘트, 단면적 등이 필요하며 탄성계수는 세장비 산정과는 무관하다.

---

08 모살치수 8mm, 용접길이 500mm인 양면모살용접 전체의 유효단면적은 약 얼마인가?

① 2,100mm² ② 3,221mm²
③ 4,300mm² ④ 5,421mm²

해설

모살용접의 유효단면적

- 유효용접길이
  $l_e = L - 2S = 500 - 2 \times 8 = 484 \text{mm}$
- 유효목두께
  $a = 0.7 \times 8 = 5.6 \text{mm}$
- 유효단면적
  $A_e = 5.6 \times 484 \times 2 = 5,420.8 \text{mm}^2$

---

09 압축이형철근(D19)의 기본정착길이를 구하면?(단, 보통 콘크리트 사용, D19의 단면적 : 287mm², $f_{ck} = 21$MPa, $f_y = 400$MPa)

① 674mm ② 570mm
③ 482mm ④ 415mm

정답 06 ② 07 ③ 08 ④ 09 ④

[해설]

압축이형철근의 기본정착길이

$l_{db} = \dfrac{0.25\, d_b\, f_y}{\lambda \sqrt{f_{ck}}} = \dfrac{0.25 \times 19 \times 400}{1.0 \times \sqrt{21}} = 414.6\,\text{mm}$

10 기초설계 시 인접대지를 고려하여 편심기초를 만들고자 한다. 이때 편심기초의 지내력이 균등해지도록 하기 위한 가장 타당한 방법은?

① 지중보를 설치한다.
② 기초 면적을 넓힌다.
③ 기둥의 단면적을 크게 한다.
④ 기초 두께를 두껍게 한다.

[해설]

편심기초 설계
지내력을 균등하게 하고 부동침하를 방지하기 위해서는 지중보를 설치하는 것이 가장 효과적이다.

11 바람의 난류로 인해 발생되는 구조물의 동적 거동 성분을 나타내는 것으로 평균변위에 대한 최대 변위의 비를 통계적인 값으로 나타낸 계수는?

① 활하중저감계수 ② 중요도계수
③ 가스트영향계수 ④ 지역계수

[해설]

가스트영향계수
가스트영향계수는 바람의 난류로 인한 구조물의 동적 거동 성분을 나타내는 것으로 평균변위에 대한 최대 변위의 비를 통계적인 값으로 나타낸 것이다.

12 독립기초에 $N=20\text{kN}$, $M=10\text{kN}\cdot\text{m}$가 작용할 때 접지압이 압축력만 발생하도록 하기 위한 기초저면의 최소 길이는?

① 2m   ② 3m
③ 4m   ④ 5m

[해설]

기초
압축력만 작용하려면 작용점이 핵반경 안에 놓일 때
$e = \dfrac{l}{6}$ 에서 $l = 6 \times e$ 이며
$M = N \cdot e$ 이므로 $e = \dfrac{M}{N} = \dfrac{10}{20} = 0.5\,\text{m}$
$l = 6 \times e = 6 \times 0.5 = 3\,\text{m}$

13 다음 그림과 같은 내민보에서 휨모멘트가 0이 되는 두 개의 반곡점 위치를 구하면?(단, 반곡점 위치는 A점으로부터의 거리임)

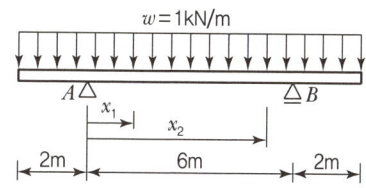

① $x_1 = 0.765\text{m}$, $x_2 = 5.235\text{m}$
② $x_1 = 0.785\text{m}$, $x_2 = 5.215\text{m}$
③ $x_1 = 0.805\text{m}$, $x_2 = 5.195\text{m}$
④ $x_1 = 0.825\text{m}$, $x_2 = 5.175\text{m}$

[해설]

내민보
- AB 구간의 휨모멘트(M_x)
$M_x = V_A \cdot x - \dfrac{w(a+x)^2}{2}$

- $V_A = W_a + \dfrac{Wl}{2} = 1 \times 2 + \dfrac{1 \times 6}{2} = 5\,\text{kN}(\uparrow)$

- $M_x = 5 \cdot x - \dfrac{1(2+x)^2}{2} = 0$
$= 5x - \dfrac{4 + 4x + x^2}{2} = -0.5x^2 + 3x - 2$

- $x_1 \fallingdotseq 0.765\text{m}$, $x_2 \fallingdotseq 5.235\text{m}$

※ $ax^2 + bx + c = 0$, $x = \dfrac{-6 \pm \sqrt{b^2 - 4ac}}{2a}$

정답 10 ① 11 ③ 12 ② 13 ①

14 그림과 같은 철근콘크리트 보의 균열모멘트(M_{cr}) 값은?(단, 보통중량 콘크리트 사용, $f_{ck} =$ 24MPa, $f_y = 400$MPa)

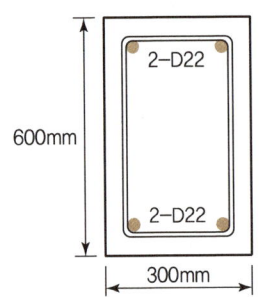

① 21.5kN·m ② 33.6kN·m
③ 42.8kN·m ④ 55.6kN·m

해설

균열모멘트

- $S = \dfrac{(300 \times 600^2)}{6} = 18,000,000 \text{mm}^3$
- $f_r = 0.63 \times \sqrt{24} = 3.086 \text{N/mm}^2$
- $M_{cr} = 18,000,000 \times 3.086 \times 10^{-6} = 55.55$kN·m

15 강구조에서 용접선 단부에 붙인 보조판으로 아크의 시작이나 종단부의 크레이터 등의 결함을 방지하기 위해 붙이는 판은?

① 엔드탭 ② 스티프너
③ 윙플레이트 ④ 커버플레이트

해설

엔드탭
엔드탭(End Tab)은 용접의 시작부와 종단부의 크레이터 등의 용접결함을 방지하기 위하여 설치하는 보조판이다.

16 강구조의 소성설계와 관계없는 항목은?

① 소성힌지 ② 안전율
③ 붕괴기구 ④ 하중계수

해설

소성설계
안전율은 허용응력설계법에서 사용되는 계수이다.

17 다음 캔틸레버보의 자유단의 처짐각은?(단, 탄성계수 : E, 단면2차모멘트 : I)

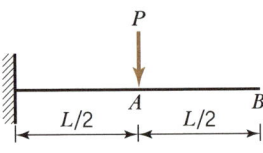

① $\dfrac{PL^2}{2EI}$ ② $\dfrac{PL^2}{3EI}$

③ $\dfrac{PL^2}{6EI}$ ④ $\dfrac{PL^2}{8EI}$

해설

처짐각

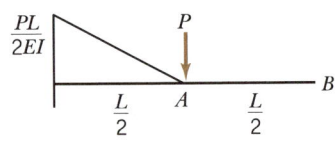

$\delta_B = \dfrac{1}{2} \cdot \dfrac{PL}{2EI} \cdot \dfrac{L}{2} = \dfrac{PL^2}{8EI}$

18 그림과 같은 구조물의 부정정차수는?

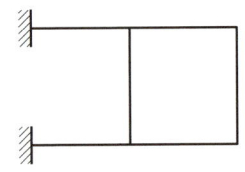

① 3차 부정정 ② 4차 부정정
③ 5차 부정정 ④ 6차 부정정

해설

부정정차수
$n = r + m + \Sigma k - 2j$에서,
반력수 $r = 6$, 부재수 $m = 6$,
강절점수 $\Sigma k = 6$, 절점수 $j = 6$이므로,
$n = 6 + 6 + 6 - 2 \times 6 = 6$

정답 14 ④ 15 ① 16 ② 17 ④ 18 ④

19 다음 그림은 각 구간에서 직선적으로 변화하는 단순보의 모멘트도이다. C점과 D점에 동일한 힘 P_1이 작용하고 보의 중앙점 E에 P_2가 작용할 때 P_1과 P_2의 절댓값은?

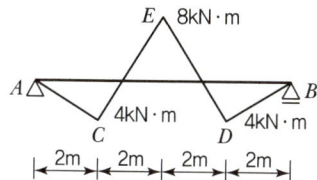

① $P_1 = 4\text{kN}$, $P_2 = 6\text{kN}$
② $P_1 = 4\text{kN}$, $P_2 = 8\text{kN}$
③ $P_1 = 8\text{kN}$, $P_2 = 10\text{kN}$
④ $P_1 = 8\text{kN}$, $P_2 = 12\text{kN}$

해설

정정보
- $M_C = V_A \times 2\text{m} = 4\text{kN} \cdot \text{m}$,
  $V_A = 2\text{kN}$, $V_B = 2\text{kN}$
- $M_C = V_A \times 4 - P_1 \times 2 = 8\text{kN} \cdot \text{m}$,
  $2 \times 4 - P_1 \times 2 = 8$, $P_1 = 8$
- $\Sigma V = 0$, $V_A + V_B = P_1 + P_1 - P_2$,
  $4 = 16 - P_2$, $P_2 = 12$

20 한계상태설계법에 따라 강구조물을 설계할 때 고려되는 강도한계상태가 아닌 것은?

① 기둥의 좌굴
② 접합부 파괴
③ 바닥재의 진동
④ 피로 파괴

해설

강도한계상태
과다한 탄성변형, 잔류변형, 바닥재의 진동, 장기 변형 등은 사용성 한계상태에 해당된다.

정답 19 ④ 20 ③

건축기사 (2021년 3월 시행)

01 다음 그림과 같이 D16철근이 90° 표준갈고리로 정착되었다면 이 갈고리의 소요정착길이(l_{dh})는 약 얼마인가?

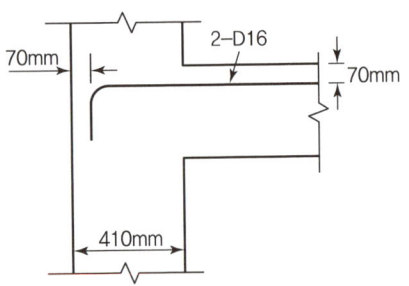

- $l_{hb} = \dfrac{0.24\beta d_b f_y}{\lambda \sqrt{f_{ck}}}$
- 철근 도막계수=1
- 경량콘크리트 계수=1
- D16의 공칭지름=15.9mm
- f_{ck} = 21MPa
- f_y = 400MPa

① 233mm ② 243mm
③ 253mm ④ 263mm

[해설]

표준갈고리의 정착길이
- 기본정착길이
$l_{hb} = \dfrac{0.24\beta d_b f_y}{\lambda \sqrt{f_{ck}}} = \dfrac{0.24 \times 1.0 \times 15.9 \times 400}{1.0 \times \sqrt{21}} = 333.08\text{mm}$
- D35 이하의 철근에서 갈고리 평면에 수직 방향인 측면 피복두께가 70mm 이상이며, 갈고리에 대해서는 갈고리를 넘어선 부분의 철근 피복두께가 50mm 이상이므로 보정계수 0.7 적용이 가능하다.
- l_{dh} = 333.08 × 0.7 = 233mm

02 연약한 지반에서 기초의 부동침하를 감소시키기 위한 상부구조에 대한 대책으로 옳지 않은 것은?

① 건물을 경량화할 것
② 강성을 크게 할 것
③ 이웃 건물과의 거리를 멀게 할 것
④ 폭이 일정한 경우 건물의 길이를 길게 할 것

[해설]

부동침하 대책
건물의 길이를 짧게 해야 한다.

03 그림과 같은 라멘 구조물의 판별은?

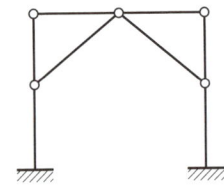

① 불안정 구조물
② 안정이며, 정정 구조물
③ 안정이며, 1차 부정정 구조물
④ 안정이며, 2차 부정정 구조물

[해설]

구조물의 판별
$n = r + m + \Sigma k - 2j$에서
반력수 $r = 6$, 부재수 $m = 8$,
강절점수 $\Sigma k = 0$, 절점수 $j = 7$이므로
$n = 6 + 8 + 0 - 2 \times 7 = 0$
정정 구조물이다.

정답 01 ① 02 ④ 03 ②

04 그림과 같이 양단이 회전단인 부재의 좌굴축에 대한 세장비는?

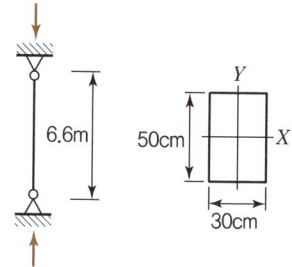

① 76.21 ② 84.28
③ 94.64 ④ 103.77

해설

세장비
- 좌굴축에 대한 단면 2차반경
$$r_y = \sqrt{\frac{I_y}{A}} = \frac{30}{2\sqrt{3}} = 8.66\,cm$$
- 세장비$(\lambda) = \frac{L_k}{r} = \frac{1 \times 660}{8.66} = 76.21$

05 강구조 용접에서 용접 개시점과 종료점에 용착금속에 결함이 없도록 임시로 부착하는 것은?

① 엔드탭(End Tap)
② 오버랩(Overlap)
③ 뒷댐재(Backing Strip)
④ 언더컷(Under Cut)

해설

엔드탭
엔드탭(End Tab)은 용접의 시작점과 종료점에 용착금속에 결함이 없도록 임시로 부착하는 용접 보조재이다.

06 다음 각 구조시스템에 관한 정의로 옳지 않은 것은?

① 모멘트골조방식 : 수직하중과 횡력을 보와 기둥으로 구성된 라멘골조가 저항하는 구조방식
② 연성모멘트골조방식 : 횡력에 대한 저항능력을 증가시키기 위하여 부재와 접합부의 연성을 증가시킨 모멘트골조방식
③ 이중골조방식 : 횡력의 25% 이상을 부담하는 전단벽이 연성모멘트골조와 조합되어 있는 구조방식
④ 건물골조방식 : 수직하중은 입체골조가 저항하고 지진하중은 전단벽이나 가새골조가 저항하는 구조방식

해설

이중골조방식
횡력의 25% 이상을 부담하는 연성모멘트골조가 전단벽이나 가새골조와 조합되어 있는 구조방식

07 그림과 같은 콘크리트 슬래브에서 합성보 A의 슬래브 유효폭 b_e를 구하면?(단, 그림의 단위는 mm임)

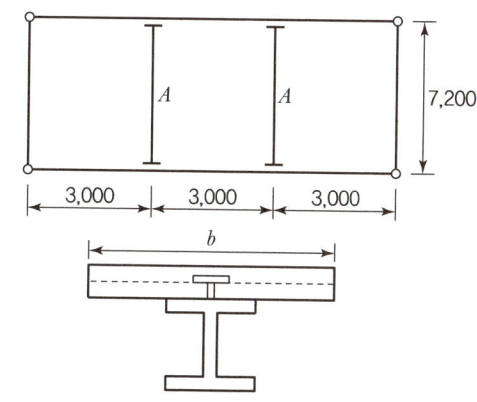

① 1,500mm ② 1,800mm
③ 2,000mm ④ 2,250mm

해설

합성보의 유효폭
- $b_e = \frac{3,000}{2} + \frac{3,000}{2} = 3,000\,mm$
- $b_e = \frac{7,200}{4} = 1,800\,mm$

∴ 작은 값 1,800mm

08 그림과 같은 등변분포하중이 작용하는 단순보의 최대휨모멘트 $M_{\max}$는?

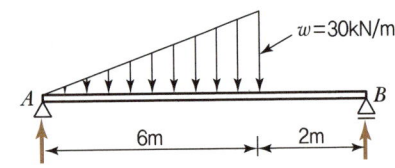

① $25\sqrt{3}$ kN·m
② $25\sqrt{2}$ kN·m
③ $90\sqrt{3}$ kN·m
④ $90\sqrt{2}$ kN·m

> **해설**

단순보

- $\Sigma M_B = 0$

$$V_A \times 8 - \left(\frac{30 \times 6}{2}\right) \times 4 = 0, \ V_A = 45\text{kN}(\uparrow)$$

- $V_x = 0$

$$V_x = V_A - \frac{w'x}{2} = 45 - \frac{wx}{6} \cdot \frac{x}{2} = 45 - \frac{30 \cdot x^2}{12}$$

$$= 45 - \frac{5}{2}x^2 = 0$$

$$x = \sqrt{\frac{45 \times 2}{5}} = \sqrt{18} = 3\sqrt{2}, \ \frac{w'x}{2} = \frac{30 \times (3\sqrt{2})^2}{6 \times 2} = 45$$

- $M_{\max(x=3\sqrt{2})} = 45 \times 3\sqrt{2} - 45 \times \frac{3\sqrt{2}}{3}$

$$= 135\sqrt{2} - 45\sqrt{2} = 90\sqrt{2} \text{ kN·m}$$

09 보의 재질과 단면의 크기가 같을 때 (A)보의 최대처짐은 (B)보의 몇 배인가?

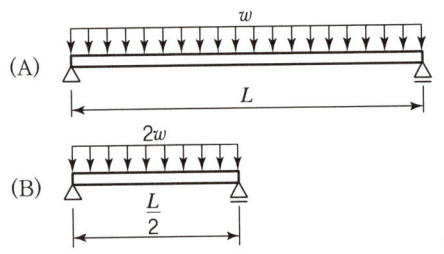

① 2배
② 4배
③ 8배
④ 16배

> **해설**

- 최대처짐 $(\delta_{\max}) = \frac{5Wl^4}{384EI}$

- $\delta_A : \delta_B = wl^4 : 2w\left(\frac{l}{2}\right)^4 = wl^4 : \frac{wl^4}{8} = 8 : 1$

10 그림과 같은 원통 단면의 핵반경은?

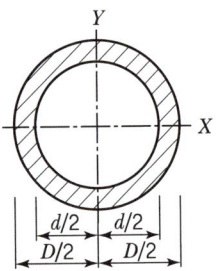

① $\dfrac{(D+d)}{6}$
② $\dfrac{D}{8}$
③ $\dfrac{(D+d)}{8}$
④ $\dfrac{(D^2+d^2)}{8D}$

> **해설**

핵반경

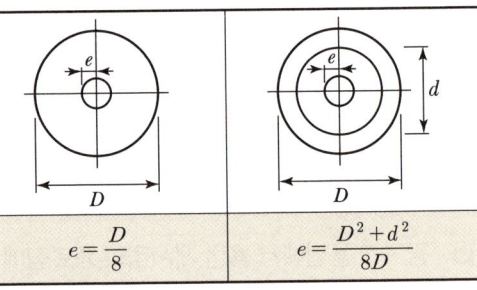

| $e = \dfrac{D}{8}$ | $e = \dfrac{D^2+d^2}{8D}$ |

11 다음 그림에서 파단선 $A-B-F-C-D$의 인장재 순단면적은?(단, 볼트구멍지름 d : 22mm, 인장재 두께는 6mm)

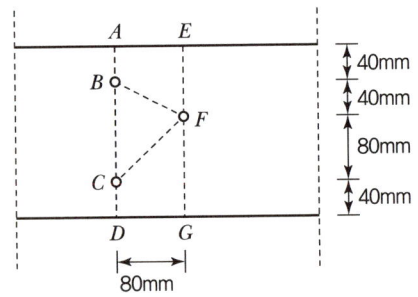

① 1,164mm²
② 1,364mm²
③ 1,564mm²
④ 1,764mm²

> [해설]

인장재의 순단면적

$A_n = A_g - ndt + \Sigma \dfrac{s^2 t}{4g}$

$= (200 \times 6) - (3 \times 22 \times 6) + \dfrac{80^2 \times 6}{4 \times 40} + \dfrac{80^2 \times 6}{4 \times 80}$

$= 1{,}164 \text{mm}^2$

12 그림과 같은 독립기초에 $N = 480\text{kN}$, $M = 96\text{kN} \cdot \text{m}$가 작용할 때 기초저면에 발생하는 최대 지반반력은?

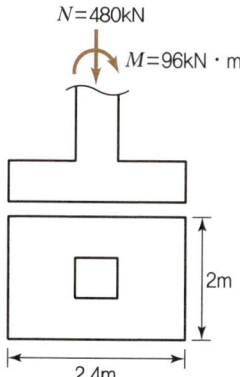

① 15kN/m^2
② 150kN/m^2
③ 20kN/m^2
④ 200kN/m^2

> [해설]

$\sigma_{\max} = \dfrac{P}{A} + \dfrac{M}{S}$

$= \dfrac{480}{2 \times 2.4} + \dfrac{6 \times 96}{2 \times 2.4^2} = 150\text{kN/m}^2$

13 그림과 같은 트러스에서 a 부재의 부재력은 얼마인가?

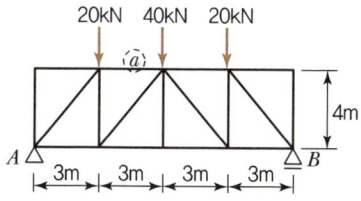

① 20kN(인장)
② 30kN(압축)
③ 40kN(인장)
④ 60kN(압축)

> [해설]

트러스 부재력

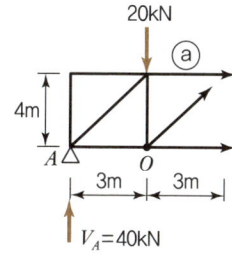

그림과 같이 트러스를 가상적으로 절단하며 좌측 구조물에 대하여 모멘트법을 적용하면
$\Sigma M_o = 0$ 에서
$40 \times 3 + a \times 4 = 0$
$a = -\dfrac{120}{4} = -30\text{kN}(압축)$

14 그림과 같은 단면에 전단력 40kN이 작용할 때 A점에서 전단응력은?

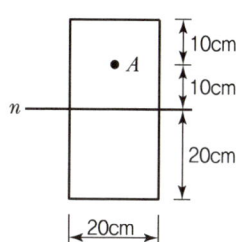

① 0.28MPa
② 0.56MPa
③ 0.84MPa
④ 1.12MPa

> [해설]

전단응력

- $v = \dfrac{VQ}{Ib}$
- $Q_x = A y_0 = 200 \times 100 \times 150 = 3{,}000{,}000 \text{mm}^3$
- $I_0 = \dfrac{200 \times 400^3}{12} = 1{,}066{,}666{,}667$
- $v = \dfrac{40{,}000 \times 3{,}000{,}000}{1{,}066{,}666{,}667} = 0.56\text{MPa}$

15 그림과 같이 O점에 모멘트가 작용할 때 OB 부재와 OC부재에 분배되는 모멘트가 같게 하려면 OC부재의 길이를 얼마로 해야 하는가?

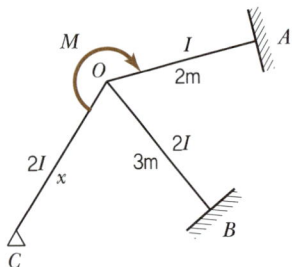

① $\dfrac{2}{3}$ m ② $\dfrac{3}{2}$ m
③ $\dfrac{9}{4}$ m ④ 3m

해설

부정정 구조물

- $K_{OB} = K_{OC}\left(K = \dfrac{I}{l}\right)$
- $\dfrac{2I}{3} = \dfrac{2I}{x} \cdot \dfrac{3}{4}$ (힌지의 유효강비는 $\dfrac{3}{4}k$)
- $x = \dfrac{3}{2I} \times \dfrac{6I}{4} = \dfrac{9}{4}$ m

16 다음 그림과 같은 필릿용접부의 유효면적은?

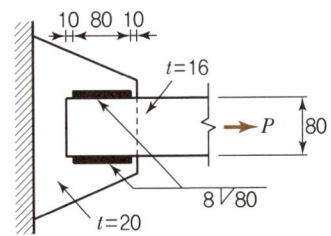

① 614.4mm² ② 691.2mm²
③ 716.8mm² ④ 806.4mm²

해설

필릿용접부의 유효단면적

- 유효목두께
 $a = 0.7 \times 8 = 5.6$ mm
- 유효용접길이
 $l_e = L - 2S = 80 - 2 \times 8 = 64$ mm

- 유효단면적
 $A_e = 5.6 \times 64 \times 2 = 716.8$ mm²

17 강도설계법에서 철근콘크리트 부재 중 콘크리트의 공칭전단강도(V_c)가 40kN, 전단철근에 의한 공칭전단강도(V_s)가 20kN일 때, 이 부재의 설계전단강도(ϕV_n)는?(단, 강도감소계수는 0.75를 적용)

① 60kN ② 48kN
③ 52kN ④ 45kN

해설

설계전단강도
$\phi V_n = \phi(V_c + V_s) = 0.75(40 + 20) = 45$ kN

18 지진계에 기록된 진폭을 진원의 깊이와 진앙까지의 거리 등을 고려하여 지수로 나타낸 것으로 장소에 관계없는 절대적 개념의 지진 크기를 말하는 것은?

① 규모 ② 진도
③ 진원시 ④ 지진동

해설

규모와 진도

- 규모(Magnitude) : 지진계에 기록된 진폭을 진원의 깊이와 진앙까지의 거리 등을 고려하여 지수로 나타낸 것으로 장소에 관계없는 절대적 개념의 지진 크기
- 진도(Intensity) : 어떤 장소에서 지반운동의 크기를 사람이 느끼는 감각, 주위의 물체, 구조물 및 자연계에 대한 영향을 계급별로 분류시킨 상대적 개념의 지진 크기

19 철근콘크리트 단순보에서 순간탄성처짐이 0.9mm이었다면 1년 뒤 이 부재의 총처짐량을 구하면?(단, 시간경과계수 $\xi = 1.4$, 압축철근비 $\rho' = 0.01071$)

① 1.52mm ② 1.72mm
③ 1.92mm ④ 2.12mm

> [해설]

철근콘크리트 부재의 총처짐
- 탄성처짐 $\Delta_i = 0.9\text{mm}$
- 장기처짐 $\Delta_t = \lambda_\Delta \Delta_i = 0.9117 \times 0.9 = 0.82\text{mm}$

  여기서, $\lambda_\Delta = \dfrac{\zeta}{1+50\rho'} = \dfrac{1.4}{1+50\times 0.01071} = 0.9117$
- 총처짐 $\Delta = 0.9 + 0.82 = 1.72\text{mm}$

20 철근콘크리트 압축부재의 철근량 제한 조건에 따라 사각형이나 원형 띠철근으로 둘러싸인 경우 압축부재의 축방향 주철근의 최소 개수는 얼마인가?

① 2개 　　② 3개
③ 4개 　　④ 6개

> [해설]

압축재의 구조 제한
사각형이나 원형 띠철근으로 둘러싸인 경우 압축부재의 축방향 주철근의 최소 개수는 4개이다.

건축기사 (2021년 5월 시행)

01 합성보에서 강재보와 철근콘크리트 또는 합성슬래브 사이의 미끄러짐을 방지하기 위하여 설치하는 것은?

① 스터드 볼트 ② 퍼린
③ 윈드칼럼   ④ 턴버클

해설
전단연결재(Shear Connector)
합성구조에서 강재와 콘크리트 사이의 미끄러짐을 방지하기 위하여 설치하는 것을 전단연결재(Shear Connector)라 하며 주로 스터드 볼트가 사용된다.

02 다음 중 내진 I등급 구조물의 허용 층간변위로 옳은 것은?(단, KDS 기준, h_{sx}는 x층 층고)

① $0.005h_{sx}$ ② $0.010h_{sx}$
③ $0.015h_{sx}$ ④ $0.020h_{sx}$

해설
허용 층간변위
- 특등급 : $0.010h_{sx}$
- 1등급 : $0.015h_{sx}$
- 2등급 : $0.020h_{sx}$

03 그림과 같은 단순보에서 반력 R_A의 값은?

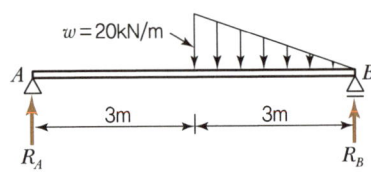

① 5kN   ② 10kN
③ 20kN ④ 25kN

해설
$\Sigma M_B = 0$
$R_A \times 6 - \dfrac{20 \times 3}{2} \times 2 = 0$, $R_A = 10\text{kN}(\uparrow)$

04 등분포하중을 받는 4변 고정 2방향 슬래브에서 모멘트양이 일반적으로 가장 크게 나타나는 곳은?

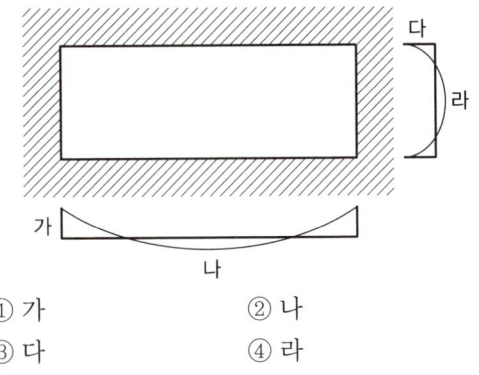

① 가 ② 나
③ 다 ④ 라

해설
2방향 슬래브
4변 고정 2방향 슬래브에서 모멘트가 가장 큰 부분은 단변 방향 단부 부(−)모멘트이다.

05 강도설계법에서 양단 연속 1방향 슬래브의 스팬이 3,000m일 때 처짐을 계산하지 않는 경우 슬래브의 최소 두께를 계산한 값으로 옳은 것은?(단, 단위중량 $w_c = 2,300\text{kg/m}^3$의 보통콘크리트 및 $f_y = 400\text{MPa}$ 철근 사용)

① 107.1mm ② 124.3mm
③ 132.1mm ④ 145.5mm

해설
1방향 슬래브의 최소 두께
양단 연속 1방향 슬래브의 최소 두께
$h = \dfrac{L}{28} = \dfrac{3,000}{28} = 107.14\text{mm}$

정답 01 ① 02 ③ 03 ② 04 ③ 05 ①

06 다음 구조용 강재의 명칭에 관한 내용으로 옳지 않은 것은?

① SM - 용접구조용 압연강재(KS D 3515)
② SS - 일반구조용 압연강재(KS D 3503)
③ SN - 건축구조용 각형 탄소강관(KS D 3864)
④ SGT - 일반구조용 탄소강관(KS D 3566)

SN 강재

SN(Steel for New Structures)는 건축구조용 압연강재이다.

07 다음 그림과 같은 단순 인장접합부의 강도한계상태에 따른 고력볼트의 설계전단강도를 구하면?(단, 강재의 재질은 SS275이며 고력볼트는 M22(F10T), 공칭전단강도 $F_{nv}=500MPa$, $\phi=0.75$)

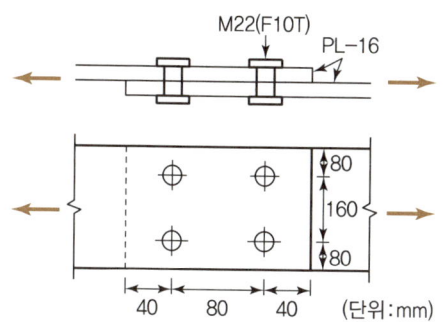

① 500kN ② 530kN
③ 550kN ④ 570kN

고력볼트의 설계전단강도

- 볼트의 단면적 $A_b = \dfrac{3.14 \times 22^2}{4} = 380mm^2$
- $\phi R_n = \phi F_{nv} A_b = 0.75 \times 500 \times 380 \times 10^{-3} \times 4 = 570kN$

08 그림과 같이 스팬이 8,000mm이며, 보 중심 간격이 3,000mm인 합성보 H-588×300×12×20의 강재에 콘크리트 두께 150mm로 합성보를 설계하고자 한다. 합성보 B의 슬래브 유효폭을 구하면?(단, 스터드 전단연결재가 설치됨)

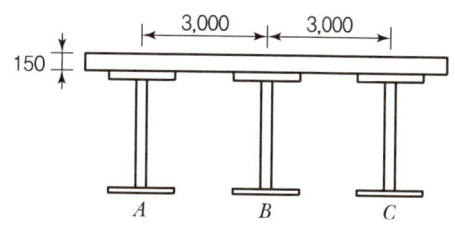

① 1,500mm ② 2,000mm
③ 3,000mm ④ 4,000mm

합성보의 유효폭

- $b_e = \dfrac{3,000}{2} + \dfrac{3,000}{2} = 3,000mm$
- $b_e = \dfrac{8,000}{4} = 2,000mm$

∴ 작은 값 2,000mm

09 철근콘크리트 보 설계 시 적용되는 경량콘크리트계수 중 모래경량콘크리트의 경우에 적용되는 계수값은 얼마인가?

① 0.65 ② 0.75
③ 0.85 ④ 1.0

경량콘크리트계수
- 전경량콘크리트 0.75 ・ 모래경량콘크리트 0.85
- 보통중량콘크리트 1.0

10 도심축에 대한 빗줄(사선)친 부분의 단면계수 값은?

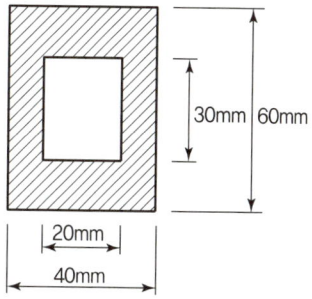

① 19,000mm³ ② 20,500mm³
③ 21,000mm³ ④ 22,500mm³

정답 06 ③ 07 ④ 08 ② 09 ③ 10 ④

해설

단면계수

- $I_x = \dfrac{BH^3}{12} - \dfrac{bh^3}{12} = \dfrac{40 \times 60^3}{12} - \dfrac{20 \times 30^3}{12}$

  $= 675{,}000 \text{mm}^3$

- $S = \dfrac{I_x}{y} = \dfrac{675{,}000}{30} = 22{,}500 \text{mm}^3$

11 다음 그림과 같은 단순보에서 부재 길이가 2배로 증가할 때 보의 중앙점 최대처짐은 몇 배로 증가되는가?

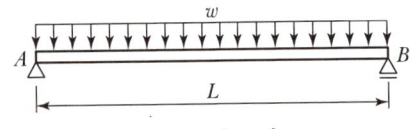

① 2배　　　　　② 4배
③ 8배　　　　　④ 16배

최대처짐

- 최대처짐 $(S_{\max}) = \dfrac{5Wl^4}{384EI}$
- 부재의 길이를 2배로 하면 16배 커진다.

12 다음과 같은 구조물의 판별로 옳은 것은?(단, 그림의 하부지점은 고정단임)

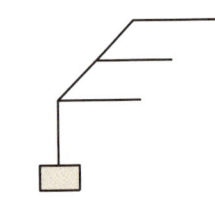

① 불안정　　　　② 정정
③ 1차 부정정　　④ 2차 부정정

해설

구조물의 판별

$n = r + m + \Sigma R - 2j$ 에서
반력수 $r = 3$, 부재수 $m = 6$,
강절점수 $\Sigma R = 5$, 절점수 $j = 7$ 이므로
$n = 3 + 6 + 5 - 2 \times 7 = 0$, 정정 구조물

13 활하중의 영향면적 산정기준으로 옳은 것은?(단, KDS 기준)

① 부하면적 중 캔틸레버 부분은 영향면적에 단순 합산
② 기둥 및 기초에서는 부하면적의 6배
③ 보에서는 부하면적의 5배
④ 슬래브에서는 부하면적의 2배

활하중의 영향면적

- 기둥 및 기초의 영향면적은 부하면적의 4배
- 보의 영향면적은 부하면적의 2배
- 슬래브의 영향면적은 부하면적
- 캔틸레버는 영향면적에 단순 합산

14 인장력을 받는 원형단면 강봉의 지름을 4배로 하면 수직응력도(Normal Stress)는 기존 응력도의 얼마로 줄어드는가?

① $\dfrac{1}{2}$　　　　　② $\dfrac{1}{4}$
③ $\dfrac{1}{8}$　　　　　④ $\dfrac{1}{16}$

수직응력

인장응력도 $(\sigma_t) = \dfrac{P}{A}$, $A = \dfrac{\pi d^2}{4}$ 이므로 직경이 4배로 커지면 $\dfrac{1}{16}$ 로 줄어든다.

정답 　11 ④　12 ②　13 ①　14 ④

15 보통중량콘크리트를 사용한 그림과 같은 보의 단면에서 외력에 의해 휨 균열을 일으키는 균열모멘트(M_{cr}) 값으로 옳은 것은?(단, $f_{ck}=27\text{MPa}$, $f_y=400\text{MPa}$, 철근은 개략적으로 도시되었음)

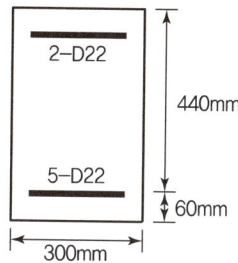

① 29.5kN·m ② 34.7kN·m
③ 40.9kN·m ④ 52.4kN·m

해설

균열모멘트
- $S = \dfrac{(300 \times 500^2)}{6} = 12,500,000 \text{mm}^3$
- $f_r = 0.63 \times \sqrt{27} = 3.273 \text{N/mm}^2$
- $M_{cr} = 12,500,000 \times 3.273 \times 10^{-6} = 40.9 \text{kN} \cdot \text{m}$

16 그림과 같은 부정정 라멘에서 A점의 M_{AB}는?

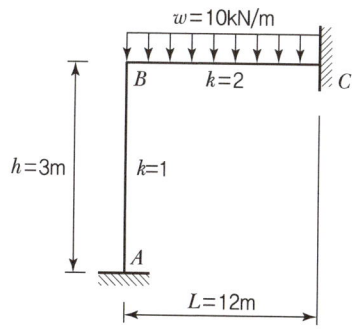

① 0 ② 20kN·m
③ 40kN·m ④ 60kN·m

해설

부정정 구조
- B점의 재단모멘트
$\dfrac{wl^2}{12} = \dfrac{10 \times 12^2}{12} = 120 \text{kN} \cdot \text{m}$

- 모멘트 분배법 이용
$M_{BA} = \mu_{BA} M = \dfrac{K}{\Sigma K} M = \dfrac{1}{3} \cdot 120 = 40 \text{kN} \cdot \text{m}$

$M_{AB} = \dfrac{1}{2} M_{AB} = \dfrac{1}{2} \times 40 = 20 \text{kN} \cdot \text{m}$

17 그림과 같은 부정정 라멘의 B.M.D에서 P값을 구하면?

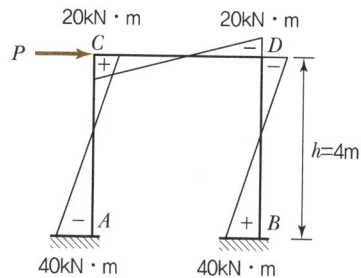

① 20kN ② 30kN
③ 50kN ④ 60kN

해설

부정정 구조
층방정식을 적용하면

층전단력(P) = $\dfrac{\text{재단 모멘트의 합}}{\text{층고}}$ 이므로,

∴ $P = \dfrac{20 + 40 + 20 + 40}{4} = 30 \text{kN}$

18 KDS에서 철근콘크리트 구조의 최소 피복두께를 규정하는 이유로 보기 어려운 것은?

① 철근이 부식되지 않도록 보호
② 철근의 화해(火害) 방지
③ 철근의 부착력 확보
④ 콘크리트의 동결융해 방지

해설

철근의 최소 피복두께
철근의 피복두께와 동결융해 방지는 무관하다.

정답 15 ③ 16 ② 17 ② 18 ④

19 인장이형철근 및 압축이형철근의 정착길이(l_d)에 관한 기준으로 옳지 않은 것은?(단, KDS 기준)

① 계산에 의하여 산정한 인장이형철근의 정착길이는 항상 200mm 이상이어야 한다.
② 계산에 의하여 산정한 압축이형철근의 정착길이는 항상 200mm 이상이어야 한다.
③ 인장 또는 압축을 받는 하나의 다발철근 내에 있는 개개 철근의 정착길이 l_d는 다발철근이 아닌 경우의 각 철근의 정착길이보다 3개의 철근으로 구성된 다발철근에 대해서는 20%를 증가시켜야 한다.
④ 단부에 표준갈고리가 있는 인장이형철근의 정착길이는 항상 $8d_b$ 이상, 또한 150mm 이상이어야 한다.

해설

철근의 정착길이
계산에 의하여 산정한 인장이형철근의 정착길이는 항상 300mm 이상이어야 한다.

20 그림과 같은 구조물에 힘 P가 작용할 때 휨모멘트가 0이 되는 곳은 모두 몇 개인가?

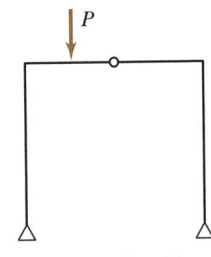

① 2개 ② 3개
③ 4개 ④ 5개

해설

휨모멘트도

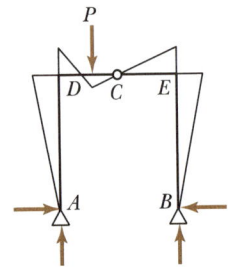

정답 19 ① 20 ③

건축기사 (2021년 9월 시행)

01 강도설계법에서 처짐을 계산하지 않는 경우 스팬이 8.0m인 단순지지된 보의 최소 두께로 옳은 것은?(단, 보통중량콘크리트와 $f_y=400\text{MPa}$ 철근을 사용한 경우)

① 380mm ② 430mm
③ 500mm ④ 600mm

해설

보의 최소 높이

단순지지 보의 높이 $h = \dfrac{L}{16} = \dfrac{8,000}{16} = 500\text{mm}$

02 그림과 같이 캔틸레버보가 상수 k를 가지는 스프링에 의해 지지되어 있으며 집중하중 P가 작용하고 있다. 스프링에 걸리는 힘은?

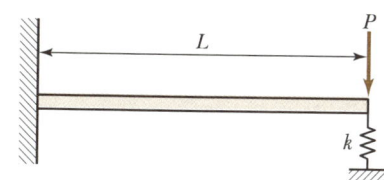

① $\dfrac{PL^3 k}{2EI + kL^3}$ ② $\dfrac{PL^3 k}{3EI + kL^3}$

③ $\dfrac{PL^3 k}{6EI + kL^3}$ ④ $\dfrac{PL^3 k}{8EI + kL^3}$

해설

스프링 지지보의 변형

스프링이 받는 힘을 P_s, 스프링의 변위를 δ_s, 보의 변위를 δ_b라 하면

- 보의 변위 $\delta_b = \dfrac{PL^3}{3EI} - \dfrac{P_s L^3}{3EI}$
- 스프링의 변위 $\delta_s = \dfrac{P_s}{k}$
- $\delta_b = \delta_s$ 이므로 $\dfrac{PL^3}{3EI} - \dfrac{P_s L^3}{3EI} = \dfrac{P_s}{k}$

$P_s = \dfrac{PL^3 k}{3EI + kL^3}$

03 전단과 휨만을 받는 철근콘크리트 보에서 콘크리트만으로 지지할 수 있는 전단강도 V_c는?(단, 보통중량콘크리트 사용, $f_{ck}=28\text{MPa}$, $b_w=100\text{mm}$, $d=300\text{mm}$)

① 26.5kN ② 53.0kN
③ 79.3kN ④ 158.7kN

해설

콘크리트의 전단강도

$V_c = \dfrac{1}{6} \times 1.0 \times \sqrt{28} \times 100 \times 300 \times 10^{-3} = 26.45\text{kN}$

04 보의 유효깊이 $d=550\text{mm}$, 보의 폭 $b_w=300\text{mm}$인 보에서 스터럽이 부담할 전단력 $V_s=200\text{kN}$일 경우, 적용 가능한 수직 스터럽의 간격으로 옳은 것은?(단, $A_v=142\text{mm}^2$, $f_{ck}=400\text{MPa}$, $f_{ck}=24\text{MPa}$)

① 150mm ② 180mm
③ 200mm ④ 250mm

해설

전단철근의 간격

$s = \dfrac{A_v f_{yt} d}{V_s} = \dfrac{142 \times 400 \times 550}{200 \times 10^3} = 156.2\text{mm}$ ∴ @150mm

05 고력볼트 F10T-M24의 현장시공을 위한 본조임의 조임력(T)은 얼마인가?(단, 토크계수는 0.13, F10T-M24 볼트의 설계볼트장력은 200kN이며 표준볼트장력은 설계볼트장력에 10%를 할증한다.)

① 568,573N·mm ② 686,400N·mm
③ 799,656N·mm ④ 892,638N·mm

정답 01 ③ 02 ② 03 ① 04 ① 05 ②

> **해설**

고력볼트의 조임력 T
- 표준볼트장력 $N = 1.1T_0 = 1.1 \times 200 = 220kN$
- 조임력 $T = k_1 dN = 0.13 \times 24 \times 220,000 = 686,400N$

06 강구조 고장력볼트 마찰접합의 특징에 관한 설명으로 옳지 않은 것은?

① 시공이 용이하며 공기가 절약된다.
② 접합부의 강성과 강도가 크다.
③ 품질관리가 용이하다.
④ 국부적인 응력집중이 발생한다.

> **해설**

고력볼트 마찰접합
고력볼트 마찰접합은 국부적인 응력집중이 적고, 반복응력에 강하며, 피로강도가 높다.

07 그림과 같은 단면의 단순보에서 보의 중앙점 C 단면에 생기는 휨응력 σ_b와 전단응력 v의 값은?

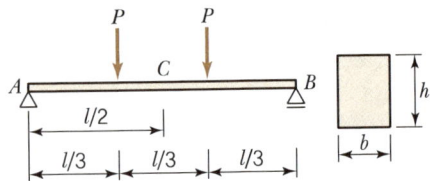

① $\sigma_b = \dfrac{Pl}{bh^2}$, $v = \dfrac{3Pl}{2bh}$

② $\sigma_b = \dfrac{2Pl}{bh^2}$, $v = 0$

③ $\sigma_b = \dfrac{2Pl}{bh^2}$, $v = \dfrac{3Pl}{2bh}$

④ $\sigma_b = \dfrac{Pl}{bh^2}$, $v = 0$

> **해설**

보의 응력도
- $\sigma_{max} = \dfrac{M}{S}$, $v_{max} = K\dfrac{V}{A}$

- $\sigma_{max} = \dfrac{\frac{Pl}{3}}{\frac{bh^2}{6}} = \dfrac{2Pl}{bh^2}$

- 중앙점(C)의 전단력은 0이므로 $v_{max} = 0$이다.

08 다음과 같은 조건에서의 필릿용접의 최소 치수 (mm)는 얼마인가?(단, 하중저항계수설계법 기준)

접합부의 얇은 쪽 소재 두께(t, mm)
$6 \leq t < 13$

① 5mm   ② 6mm
③ 7mm   ④ 8mm

> **해설**

필릿용접의 최소 치수
접합부의 얇은 쪽 판두께 $6 \leq t < 13$, $S_{min} = 5.0mm$

09 그림과 같은 보에서 C점의 처짐은?(단, EI는 전 경간에 걸쳐 일정하다.)

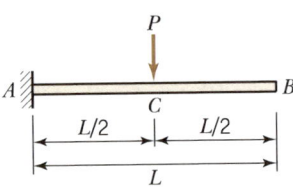

① $\dfrac{PL^3}{12EI}$ ② $\dfrac{PL^3}{24EI}$

③ $\dfrac{PL^3}{48EI}$ ④ $\dfrac{PL^3}{96EI}$

> **해설**

처짐

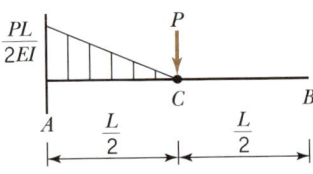

$y_C = \dfrac{1}{2} \times \dfrac{PL}{2EI} \times \dfrac{L}{2} \times \left(\dfrac{L}{2} \times \dfrac{2}{3}\right) = \dfrac{PL^3}{24EI}$

정답 06 ④ 07 ② 08 ① 09 ②

10 다음 그림과 같이 단면적이 같은 4개의 단면을 보부재로 각각 사용할 경우 X축에 대한 처짐에 가장 유리한 단면은?

① 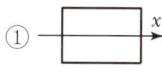 ②
③ 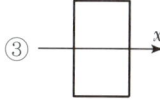 ④

해설

처짐
- 처짐은 I에 반비례 한다.
- I모멘트가 클수록 처짐에 유리하다. 그러므로 ③이 가장 유리하다.

11 그림과 같은 단면을 가진 압축재에서 유효좌굴길이 $KL=250$mm일 때 Euler의 좌굴하중 값은?(단, $E=210,000$MPa이다.)

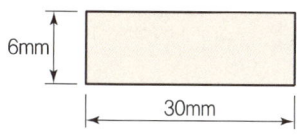

① 17.9kN ② 43.0kN
③ 52.9kN ④ 64.7kN

해설

좌굴하중

$$P_{cr} = \frac{\pi^2 EI}{l_k^2} = \frac{\pi^2 \times 210,000 \times \frac{30 \times 6^3}{12}}{250^2}$$
$$= 17,889\text{N} = 17.9\text{kN}$$

12 철골구조와 비교한 철근콘크리트 구조의 특징으로 옳지 않은 것은?

① 진동이 적고 소음이 덜 난다.
② 시공 시 동절기 기후의 영향을 받을 수 있다.
③ 내화성이 크다.
④ 구조의 개조나 보강이 쉽다.

해설

철근콘크리트 구조
철근콘크리트 구조는 철골구조에 비해 개조 및 보강이 어렵다.

13 주철근으로 사용된 D22 철근 180° 표준갈고리의 구부림 최소 내면 반지름으로 옳은 것은?

① d_b ② $2d_b$
③ $2.5d_b$ ④ $3d_b$

해설

표준갈고리
D10~D25 철근의 최소 내면 반지름은 $3d_b$이다.

14 그림과 같은 구조물의 부정정 차수는?

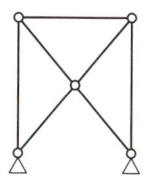

① 1차 ② 2차
③ 3차 ④ 4차

해설

구조물의 판별
$n = r + m + \Sigma k - 2j$에서
반력수 $r=4$, 부재수 $m=7$,
강절점수 $\Sigma k = 0$, 절점수 $j=5$
$n = 4 + 7 + 0 - 2 \times 5 = 1$차 부정정

15 각 지반의 허용지내력의 크기가 큰 것부터 순서대로 올바르게 나열된 것은?

A. 자갈 B. 모래
C. 연암반 D. 경암반

① B>A>C>D ② A>B>C>D
③ D>C>A>B ④ D>C>B>A

정답 10 ③ 11 ① 12 ④ 13 ④ 14 ① 15 ③

> **해설**

지반의 허용지내력
경암반＞연암반＞자갈＞모래

16 그림과 같은 정정라멘에서 BD 부재의 축방향력으로 옳은 것은?(단, ＋ : 인장력, － : 압축력)

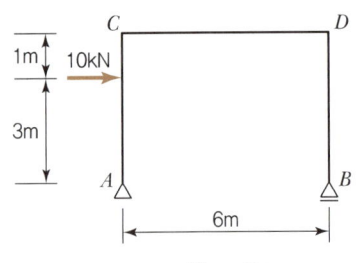

① 5kN
② －5kN
③ 10kN
④ －10kN

> **해설**

정정라멘
- $\Sigma V = 0,\ 0 = V_A + V_B$
- $\Sigma M_B = 0,\ 10 \times 3 - V_A \times 6 = 0,$
  $V_A = 5\text{kN}(\downarrow),\ V_B = 5\text{kN}(\uparrow)$
- $N_{D-B} = -V_B = -5\text{kN}(압축)$

17 강구조의 볼트접합 구성에 관한 일반적인 설명으로 옳지 않은 것은?

① 볼트의 중심 사이의 간격을 게이지 라인이라고 한다.
② 볼트는 가공정밀도에 따라 상볼트, 중볼트, 흑볼트로 나뉜다.
③ 게이지 라인과 게이지 라인과의 거리를 게이지라고 한다.
④ 배치방식은 정렬배치와 엇모배치가 있다.

> **해설**

볼트 접합 용어
볼트의 중심선을 연결하는 선을 게이지 라인(Gauge Line)이라고 하며, 볼트 중심 사이의 간격을 피치(Pitch)라고 한다.

18 압축철근 $A_s{'} = 2,400\text{mm}^2$로 배근한 복철근 보의 탄성처짐이 15mm라 할 때 지속하중에 의해 발생되는 5년 후 장기처짐은?(단, $b = 300\text{mm}$, $d = 400\text{mm}$, 5년 후 지속하중 재하에 따른 계수 $= 2.0$)

① 9mm
② 12mm
③ 15mm
④ 30mm

> **해설**

장기 처짐
- 탄성처짐 $\Delta_i = 15\text{mm}$
- 압축철근비 $\rho' = \dfrac{2,400}{300 \times 400} = 0.02$
- $\lambda_\Delta = \dfrac{\zeta}{1 + 50\rho'} = \dfrac{2.0}{1 + 50 \times 0.02} = 1.0$
- 장기처짐 $\Delta_t = \lambda_\Delta \Delta_i = 1.0 \times 15 = 15\text{mm}$

19 연약지반에 대한 안전확보 대책으로 옳지 않은 것은?

① 지반개량공법을 실시한다.
② 말뚝기초를 적용한다.
③ 독립기초를 적용한다.
④ 건물을 경량화한다.

> **해설**

연약지반 대책
연약지반에서는 지반개량, 말뚝기초 등을 적용하고 독립기초의 사용은 피하는 것이 바람직하다.

20 다음 그림과 같이 수평하중 30kN이 작용하는 라멘구조에서 E 점에서의 휨모멘트 값(절댓값)은?

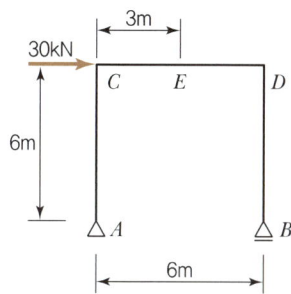

① 40kN·m ② 45kN·m
③ 60kN·m ④ 90kN·m

정정라멘

- $\Sigma M_B = 0$

  $V_A \times 6 + 30 \times 6 = 0$, $V_A = -30\text{kN}(\downarrow)$

- $M_E = -30\text{kN} \times 3\text{m} = -90\text{kN} \cdot \text{m}$

건축기사 (2022년 3월 시행)

01 그림과 같은 단순보의 양단 수직반력을 구하면?

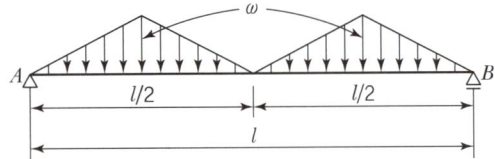

① $R_A = R_B = \dfrac{\omega l}{2}$ ② $R_A = R_B = \dfrac{\omega l}{4}$

③ $R_A = R_B = \dfrac{\omega l}{6}$ ④ $R_A = R_B = \dfrac{\omega l}{8}$

해설

단순보

- $\Sigma M_B = 0$

$R_A \times l - \omega \times \dfrac{l}{2} \times \dfrac{1}{2} \times \dfrac{3}{4}l - \omega \times \dfrac{l}{2} \times \dfrac{1}{2} \times \dfrac{l}{4} = 0$

$R_A = \dfrac{\omega l}{4}(\uparrow)$

- $\Sigma V = 0$

$\dfrac{\omega l}{2} = R_A + R_B, \ R_A = \dfrac{\omega l}{4}, \ R_B = \dfrac{\omega l}{4}$

02 강도설계법으로 설계된 보에서 스터럽이 부담하는 전단력이 $V_s = 265\text{kN}$일 경우 수직 스터럽의 적절한 간격은?(단, $A_v = 2 \times 127\text{mm}^2$(U형 2-D13), $f_{yt} = 350\text{MPa}$, $b_w \times d = 300 \times 450\text{mm}$)

① 120mm ② 150mm
③ 180mm ④ 210mm

해설

전단철근의 간격

$S = \dfrac{A_v f_{yt} d}{V_s} = \dfrac{2 \times 127 \times 350 \times 450}{265 \times 1,000} = 150.96\text{mm}$

∴ $S = 150\text{mm}$

03 부동침하의 원인과 가장 거리가 먼 것은?

① 건물이 경사지반에 근접되어 있을 경우
② 건물이 이질지반에 걸쳐 있을 경우
③ 이질의 기초구조를 적용했을 경우
④ 건물의 강도가 불균등할 경우

해설

부동침하

건물의 강도가 불균등한 경우는 부동침하와 무관하다.

04 바람의 난류로 인해서 발생되는 구조물의 동적 거동성분을 나타내는 것으로 평균변위에 대한 최대변위의 비를 통계적인 값으로 나타낸 계수는?

① 지형계수 ② 가스트 영향계수
③ 풍속고도분포계수 ④ 풍력계수

해설

가스트 영향계수

가스트 영향계수는 바람의 난류로 인해서 발생되는 구조물의 동적 거동성분을 나타내는 것으로, 평균변위에 대한 최대변위의 비를 통계적인 값으로 나타낸 계수이다.

05 다음 용접기호에 대한 옳은 설명은?

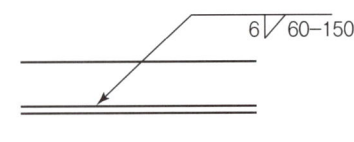

① 맞댐용접이다.
② 용접되는 부위는 화살의 반대쪽이다.
③ 유효목두께는 6mm이다.
④ 용접길이는 60mm이다.

정답 01 ② 02 ② 03 ④ 04 ② 05 ④

> [해설]

용접기호
- 모살용접(Fillet Welding)이다.
- 용접 부위는 화살표가 가리키는 쪽이다.
- 모살치수는 6mm이다.
- 용접길이 60mm, 피치 150mm, 단속용접이다.

06 그림과 같은 강접골조에 수평력 $P = 10\text{kN}$이 작용하고 기둥의 강비 $k = \infty$인 경우, 기둥의 모멘트가 최대가 되는 위치 h_0는?(단, 괄호 안의 기호는 강비이다.)

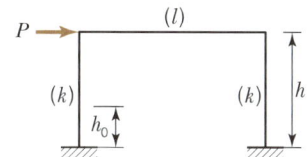

① 0 ② $0.5h$
③ $(4/7)h$ ④ h

> [해설]

기둥의 강성이 무한대이므로 접합부는 핀접합(가새골조) 또는 이동단(비가새골조)으로 볼 수 있다. 따라서 왼쪽 기둥의 휨모멘트는 지점에서 $10 \times h$이고, 기둥 상부에서 0이다.

07 강구조에서 기초콘크리트에 매입되어 주각부의 이동을 방지하는 역할을 하는 것은?

① 앵커 볼트 ② 턴 버클
③ 클립 앵글 ④ 사이드 앵글

> [해설]

앵커 볼트(Anchor Bolt)
앵커 볼트는 기초콘크리트에 매입되어 주각부의 이동을 방지하는 역할을 한다.

08 그림에서 파단선 $a-1-2-3-d$의 인장재의 순단면적은?(단, 판두께는 10mm, 볼트 구멍 지름은 22mm)

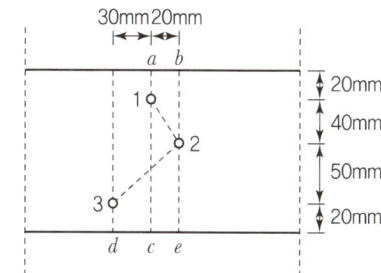

① 690mm^2 ② 790mm^2
③ 890mm^2 ④ 990mm^2

> [해설]

인장재의 순단면적

$$A_n = A_g - ndt + \sum \frac{s^2 t}{4g}$$

$$= (130 \times 10) - (3 \times 22 \times 10) + \frac{20^2 \times 10}{4 \times 40} + \frac{50^2 \times 10}{4 \times 50}$$

$$= 790\text{mm}^2$$

09 다음과 같은 조건의 단면을 가진 부재의 균열모멘트 M_{cr}을 구하면?

- 단면의 중립축에서 인장연단까지의 거리 $y_t = 420\text{mm}$
- 총 단면 2차 모멘트 $I_g = 1.0 \times 10^{10} \text{mm}^4$
- 보통중량 콘크리트의 설계기준압축강도 $f_{ck} = 21\text{MPa}$

① $50.6\text{kN} \cdot \text{m}$ ② $53.3\text{kN} \cdot \text{m}$
③ $62.5\text{kN} \cdot \text{m}$ ④ $68.8\text{kN} \cdot \text{m}$

> [해설]

균열모멘트
- $S = \dfrac{I_g}{y_t} = \dfrac{1.0 \times 10^{10}}{420} = 23,809,523\text{mm}^3$
- $f_r = 0.63 \times \sqrt{21} = 2.887\text{N/mm}^2$
- $M_{cr} = 23,809,523 \times 2.887 \times 10^{-6} = 68.8\text{kN} \cdot \text{m}$

정답 06 ① 07 ① 08 ② 09 ④

10 강도설계법에서 직접설계법을 이용한 콘크리트 슬래브 설계 시 적용조건으로 옳지 않은 것은?

① 각 방향으로 3경간 이상 연속되어야 한다.
② 슬래브 판들은 단변 경간에 대한 장변 경간의 비가 2 이하인 직사각형이어야 한다.
③ 각 방향으로 연속한 받침부 중심 간 경간 차이는 긴 경간의 1/3 이하이어야 한다.
④ 모든 하중은 슬래브판의 특정 지점에 작용하는 집중하중이어야 하며 활하중은 고정하중의 3배 이하 이어야 한다.

[해설]
직접설계법
모든 하중은 등분포된 연직하중으로 활하중은 고정하중의 2배 이하이어야 한다.

11 인장을 받는 이형철근의 정착길이(l_d)는 기본 정착길이(l_{ab})에 보정계수를 곱하여 산정한다. 다음 중 이러한 보정계수에 영향을 미치는 사항이 아닌 것은?

① 하중계수   ② 경량콘크리트 계수
③ 에폭시 도막계수   ④ 철근배치 위치계수

[해설]
정착길이 보정계수
하중계수는 하중의 과하중 상태를 고려하기 위한 계수이다.

12 직경(D) 30mm, 길이(L) 4m인 강봉에 90kN의 인장력이 작용할 때 인장응력(σ_t)과 늘어난 길이(ΔL)는 약 얼마인가?(단, 강봉의 탄성계수 E = 200,000MPa)

① σ_t = 127.3MPa, ΔL = 1.43mm
② σ_t = 127.3MPa, ΔL = 2.55mm
③ σ_t = 132.5MPa, ΔL = 1.43mm
④ σ_t = 132.5MPa, ΔL = 2.55mm

[해설]

- $\sigma_t = \dfrac{P}{A} = \dfrac{P}{\dfrac{\pi D^2}{4}} = \dfrac{90,000}{\dfrac{\pi \cdot 30^2}{4}} = 127.3\text{MPa}$

- $E = \dfrac{\sigma_t}{\varepsilon} = \dfrac{\dfrac{P}{A}}{\dfrac{\Delta l}{l}} = \dfrac{P \cdot l}{A \cdot \Delta l}$,

  $\Delta l = \dfrac{P \cdot l}{A \cdot E} = \dfrac{90,000 \times 40,000}{\dfrac{\pi \times 30^2}{4} \times 200,000} = 2.55\text{mm}$

13 동일 재료를 사용한 캔틸레버 보에서 작용하는 집중하중의 크기가 $P_1 = P_2$일 때, 보의 단면이 그림과 같다면 최대처짐 $y_1 : y_2$의 비는?

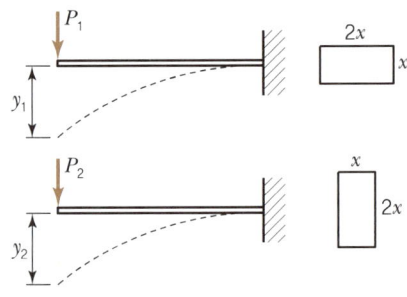

① 2 : 1   ② 4 : 1
③ 8 : 1   ④ 16 : 1

[해설]
처짐

- $\delta = \dfrac{Pl^3}{3EI}$, $I = \dfrac{bh^3}{12}$

- $\dfrac{P_1}{2x^4} : \dfrac{P_2}{8x^3}$ 이므로 처짐비 $y_1 : y_2 = 4 : 1$

14 인장시험을 통하여 얻어진 탄소강의 응력-변형도 곡선에서 변형도 경화영역의 최대응력을 의미하는 것은?

① 인장강도   ② 항복강도
③ 탄성강도   ④ 비례한도

해설

인장강도

인장강도란 인장시험에서 얻어지는 최대강도를 의미하며, F_u로 표기한다.

---

15 고층건물의 구조형식 중에서 건물의 중간층에 대형 수평부재를 설치하여 횡력을 외곽기둥이 분담할 수 있도록 한 형식은?

① 트러스 구조
② 골조 아웃리거 구조
③ 튜브 구조
④ 스페이스 프레임 구조

해설

골조 + 아웃리거 구조

골조 + 아웃리거 구조시스템은 건물의 중간층 또는 상부층에 대형 수평부재인 아웃리거를 설치하여 횡력을 외곽기둥이 분담할 수 있도록 한 구조형식이다.

---

16 그림과 같은 기둥 단면이 $300\text{mm} \times 300\text{mm}$인 사각형 단주에서 기둥에 발생하는 최대압축응력은?(단, 부재의 재질은 균등한 것으로 본다.)

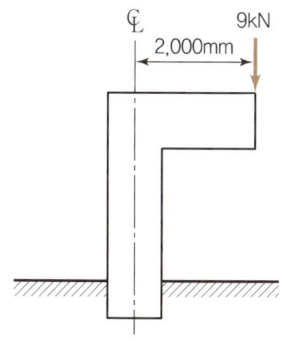

① -2.0MPa
② -2.6MPa
③ -3.1MPa
④ -4.1MPa

해설

기둥

$\sigma_{\max} = -\dfrac{P}{A} - \dfrac{M}{S}$에서

$A = 300 \times 300 = 90,000 \text{mm}^2$

$S = \dfrac{bh^2}{6} = \dfrac{300 \times 300^2}{6} = 4,500,000 \text{mm}^3$

$M = P \cdot l = 9,000 \times 2,000 = 18,000,000 \text{N} \cdot \text{mm}$

$\sigma_{\max} = -\dfrac{9,000}{90,000} - \dfrac{18,000,000}{4,500,000} = -4.1 \text{MPa}$

---

17 다음 그림과 같은 트러스의 반력 R_A와 R_B는?

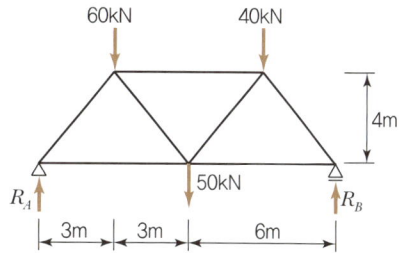

① $R_A = 60\text{kN}$, $R_B = 90\text{kN}$
② $R_A = 70\text{kN}$, $R_B = 80\text{kN}$
③ $R_A = 80\text{kN}$, $R_B = 70\text{kN}$
④ $R_A = 100\text{kN}$, $R_B = 50\text{kN}$

해설

트러스

- $\sum M_B = 0$

  $R_A \times 12\text{m} - 60\text{kN} \times 9\text{m} - 50\text{kN} \times 6\text{m} - 40\text{kN} \times 3\text{m} = 0$

  $R_A = 80\text{kN}(\uparrow)$

- $\sum V = 0$

  $R_A + R_B - 60\text{kN} - 40\text{kN} - 50\text{kN} = 0$

  $R_B = 70\text{kN}(\uparrow)$

---

18 점 A에 작용하는 두 개의 힘 P_1과 P_2의 합력을 구하면?

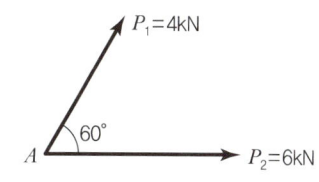

① $\sqrt{72}$ kN
② $\sqrt{74}$ kN
③ $\sqrt{76}$ kN
④ $\sqrt{78}$ kN

정답 15 ② 16 ④ 17 ③ 18 ③

> [해설]

힘과 모멘트

합력$(R) = \sqrt{P_1^2 + P_2^2 + 2P_1P_2\cos\theta}$
$= \sqrt{4^2 + 6^2 + 2 \cdot 4 \cdot 6 \cdot \cos 60°} = \sqrt{76}\,\text{kN}$

19 표준갈고리를 갖는 인장 이형철근(D13)의 기본정착길이는?(단, D13의 공칭지름 : 12.7mm, $f_{ck} = 27\text{MPa}$, $f_y = 400\text{MPa}$, $\beta = 1.0$, $m_c = 2,300\text{kg/m}^3$)

① 190mm ② 205mm
③ 220mm ④ 235mm

> [해설]

표준갈고리 철근의 기본정착길이

$l_{hb} = \dfrac{0.24\beta d_b f_y}{\lambda\sqrt{f_{ck}}} = \dfrac{0.24 \times 1.0 \times 12.7 \times 400}{1.0 \times \sqrt{27}} = 234.6\,\text{mm}$

20 H형강이 사용된 압축재의 양단이 핀으로 지지되고 부재 중간에서 x축 방향으로만 이동할 수 없도록 지지되어 있다. 부재의 전 길이가 4m일 때 세장비는?(단, $r_x = 8.62\text{cm}$, $r_y = 5.02\text{cm}$임)

① 26.4 ② 36.4
③ 46.4 ④ 56.4

> [해설]

압축재의 세장비

- x축 세장비 $= \dfrac{400}{8.62} = 46.4$
- y축 세장비 $= \dfrac{200}{5.02} = 39.8$

∴ 큰 값 46.4

정답 19 ④ 20 ③

건축기사 (2022년 4월 시행)

01 고장력 볼트 접합에 관한 설명으로 옳지 않은 것은?

① 유효단면적당 응력이 크며, 피로강도가 작다.
② 강한 조임력으로 너트의 풀림이 생기지 않는다.
③ 응력방향이 바뀌더라도 혼란이 일어나지 않는다.
④ 접합방식에는 마찰접합, 지압접합, 인장접합이 있다.

해설

고장력 볼트
유효단면적당 응력이 적게 전달되며, 피로강도가 높다.

02 지진에 대응하는 기술 중 하나인 제진(製震)에 관한 설명으로 옳지 않은 것은?

① 기존 건물의 구조형식에 좌우되지 않는다.
② 지반 종류에 의한 제약을 받지 않는다.
③ 소형 건물에 일반적으로 많이 적용된다.
④ 댐퍼 등을 사용하여 흔들림을 효과적으로 제어한다.

해설

제진구조
대규모 건물에 일반적으로 많이 적용된다.

03 콘크리트구조의 내구성 설계기준에 따른 보수·보강 설계에 관한 설명으로 옳지 않은 것은?

① 손상된 콘크리트 구조물에서 안전성, 사용성, 내구성, 미관 등의 기능을 회복시키기 위한 보수는 타당한 보수설계에 근거하여야 한다.
② 보수·보강 설계를 할 때는 구조체를 조사하여 손상 원인, 손상 정도, 저항내력 정도를 파악한다.
③ 책임구조기술자는 보수·보강 공사에서 품질을 확보하기 위하여 공정별로 품질관리검사를 시행하여야 한다.
④ 보강설계를 할 때에는 사용성과 내구성 등의 성능은 고려하지 않고, 보강 후의 구조내하력 증가만을 반영한다.

해설

내구성 설계기준
보강설계를 할 때에는 사용성과 내구성 등의 성능도 고려해야 한다.

04 그림과 같은 직사각형 단면을 가지는 보에 최대 휨모멘트 $M = 20\text{kN}\cdot\text{m}$가 작용할 때 최대 휨응력은?

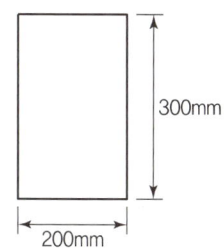

① 3.33MPa ② 4.44MPa
③ 5.56MPa ④ 6.67MPa

해설

최대 휨응력

- $\sigma_{\max} = \dfrac{M_{\max}}{S}$, $S = \dfrac{bh^2}{6}$

- $\sigma_{\max} = \dfrac{20,000,000}{\dfrac{200 \times 300^2}{6}} = 6.67\text{MPa}$

정답 01 ① 02 ③ 03 ④ 04 ④

05 그림과 같은 복근보에서 전단보강철근이 부담하는 전단력 V_s를 구하면?(단, f_{ck}=24MPa, f_y=400MPa, f_{yt}=300MPa, A_v=71mm²)

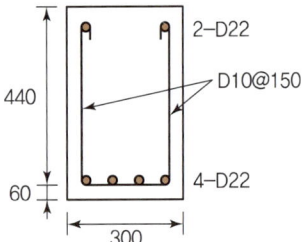

① 약 110kN ② 약 115kN
③ 약 120kN ④ 약 125kN

해설

전단보강근의 전단력

$V_s = \dfrac{A_v f_{yt} d}{s} = \dfrac{71 \times 2 \times 300 \times 440}{150} = 124{,}960\text{N} = 125\text{kN}$

06 강도설계법에서 단근직사각형 보의 c(압축연단에서 중립축까지 거리) 값으로 옳은 것은?(단, f_{ck}=24MPa, f_y=400MPa, b=300mm, A_s=1,161mm², 포물선-직선 형상의 응력-변형률 관계 이용)

① 92.65mm ② 94.85mm
③ 96.65mm ④ 98.85mm

해설

중립축 거리

- $a = \dfrac{1{,}161 \times 400}{0.85 \times 24 \times 300} = 75.88\text{mm}$
- $c = \dfrac{75.88}{0.8} = 94.85\text{mm}$

07 그림의 용접기호와 관련된 내용으로 옳은 것은?

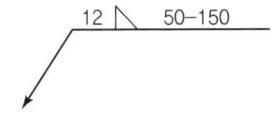

① 양면용접에 용접 길이 50mm
② 용접 간격 100mm
③ 용접 치수 12mm
④ 맞댐(개선) 용접

해설

용접기호
화살표 반대쪽의 모살치수(용접 치수) 12mm, 용접 길이 50mm, 피치 150mm, 단속 필렛(모살) 용접이다.

08 그림과 같은 3회전단 구조물의 반력은?

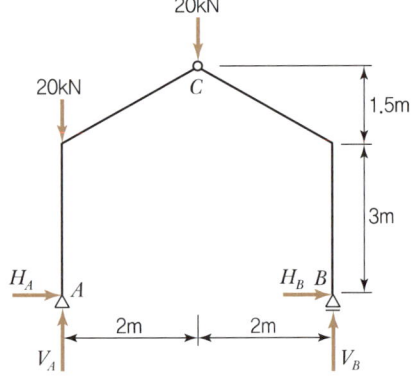

① H_A=4.44kN, V_A=30kN
   H_B=−4.44kN, V_B=10kN
② H_A=0, V_A=30kN
   H_B=0, V_B=10kN
③ H_A=−4.44kN, V_A=30kN
   H_B=4.44kN, V_B=10kN
④ H_A=4.44kN, V_A=50kN
   H_B=−4.44kN, V_B=−10kN

해설

3힌지형 라멘
- $\sum M_B = 0$
  $V_A \times 4 - 20 \times 4 - 20 \times 2 = 0$, $V_A = 30\text{kN}(\uparrow)$
- $\sum V = 0$
  $V_A + V_B = 20 + 20$, $V_B = 10\text{kN}(\uparrow)$
- $\sum M_c = 0$(좌측)
  $V_A \times 2 - H_A \times 4.5 - 20 \times 2 = 0$, $H_A = 4.4\text{kN}(\rightarrow)$

정답 05 ④ 06 ④ 07 ③ 08 ①

- $\sum H = 0$
  $H_A + H_B = 0$, $H_B = -4.4\text{kN}(\leftarrow)$

09 그림과 같은 양단 고정보에서 B단의 휨모멘트 값은?

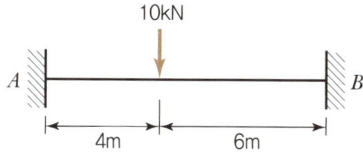

① 2.4kN·m ② 9.6kN·m
③ 14.4kN·m ④ 24.8kN·m

부정정 구조물

$$M_B = -\frac{Pa^2b}{l^2} = \frac{10 \times 4^2 \times 6}{10^2} = 9.6\text{kN}\cdot\text{m}$$

10 1방향 철근콘크리트 슬래브에 배치하는 수축·온도철근에 관한 기준으로 옳지 않은 것은?

① 수축·온도철근으로 배치되는 이형철근 및 용접철망의 철근비는 어떤 경우에도 0.0014 이상이어야 한다.
② 수축·온도철근으로 배치되는 설계기준항복강도가 400MPa을 초과하는 이형철근 또는 용접철망을 사용한 슬래브의 철근비는 $0.0020 \times \dfrac{400}{F_y}$으로 산정한다.
③ 수축·온도철근의 간격은 슬래브 두께의 6배 이하, 또한 600mm 이하로 하여야 한다.
④ 수축·온도철근은 설계기준항복강도 f_y를 발휘할 수 있도록 정착되어야 한다.

1방향 슬래브의 구조제한
수축·온도철근의 간격은 슬래브 두께의 5배 이하, 또한 450mm 이하로 하여야 한다.

11 다음 그림과 같은 인장재의 순단면적을 구하면?(단, F10T-M20볼트 사용(표준구멍), 판의 두께는 6mm임)

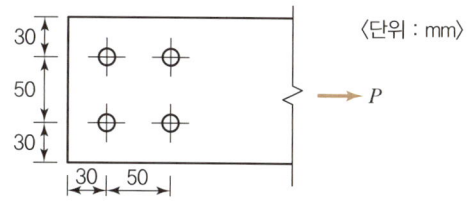

① 296mm² ② 396mm²
③ 426mm² ④ 536mm²

인장재의 순단면적
$A_n = A_g - nd_0 t = 6 \times 110 - 2 \times 22 \times 6 = 396\text{mm}^2$

12 그림과 같은 내민보에 집중하중이 작용할 때 A점의 처짐각 θ_A를 구하면?

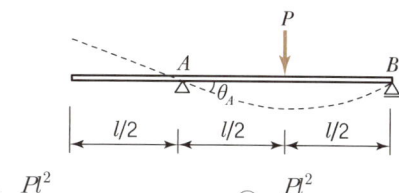

① $\dfrac{Pl^2}{4EI}$ ② $\dfrac{Pl^2}{16EI}$
③ $\dfrac{Pl^2}{128EI}$ ④ $\dfrac{Pl^2}{256EI}$

처짐각
$\theta_A = \dfrac{Pl^2}{16EI}$

13 양단 힌지인 길이 6m의 H−300×300×10×15의 기둥이 부재 중앙에서 약축방향으로 가새를 통해 지지되어 있을 때 설계용 세장비는?(단, r_x =131mm, r_y=75.1mm)

① 39.9　　　② 45.8
③ 58.2　　　④ 66.3

해설

압축재의 세장비

- x축 세장비 = $\frac{6,000}{131}$ = 45.8
- y축 세장비 = $\frac{3,000}{75.1}$ = 39.9

∴ 큰 값 45.8

14 과도한 처짐에 의해 손상되기 쉬운 비구조 요소를 지지 또는 부착하지 않은 바닥구조의 활하중 L에 의한 순간처짐의 한계는?

① $\frac{l}{180}$　　　② $\frac{l}{240}$
③ $\frac{l}{360}$　　　④ $\frac{l}{480}$

해설

최대 허용 처짐

부재의 형태	고려해야 할 처짐	처짐 한계
과도한 처짐에 의해 손상되기 쉬운 비구조 요소를 지지 또는 부착하지 않은 평지붕구조	활하중 L에 의한 순간처짐	$\frac{l}{180}$
과도한 처짐에 의해 손상되기 쉬운 비구조 요소를 지지 또는 부착하지 않은 바닥구조	활하중 L에 의한 순간처짐	$\frac{l}{360}$
과도한 처짐에 의해 손상되기 쉬운 비구조 요소를 지지 또는 부착한 지붕 또는 바닥구조	전체 처짐 중에서 비구조 요소가 부착된 후에 발생하는 처짐부분(모든 지속하중에 의한 장기처짐과 추가적인 활하중에 의한 순간처짐의 합)	$\frac{l}{480}$
과도한 처짐에 의해 손상될 염려가 없는 비구조 요소를 지지 또는 부착한 지붕 또는 바닥구조		$\frac{l}{240}$

15 다음과 같은 사다리꼴 단면의 도심 y_o 값은?

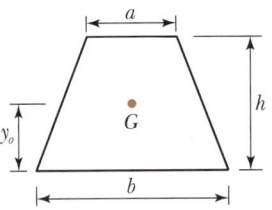

① $\frac{h(2a+b)}{3(a+b)}$　　② $\frac{h(2a+b)}{3(2a+b)}$
③ $\frac{3h(2a+b)}{(a+b)}$　　④ $\frac{h(a+2b)}{3(a+b)}$

해설

도심

$G_x = Ay_o = A_1 y_{o1} + A_2 y_{o2}$

$y_o = \frac{A_1 y_{o_1} + A_2 y_{o_2}}{A_1 + A_2} = \frac{a \times h \times \frac{h}{2} + \frac{1}{2} \times (b-a) \times h \times \frac{h}{3}}{a \times h + \frac{1}{2} \times (b-a) \times h}$

$= \frac{\left(\frac{2a+b}{6}\right)h^2}{\left(\frac{a+b}{2}\right)h} = \frac{2h(a+b)}{6(a+b)} = \frac{h}{3} \times \frac{2a+b}{a+b}$

16 그림과 같은 라멘에 있어서 A점의 모멘트는 얼마인가?(단, k는 강비이다.)

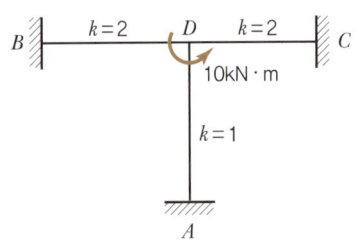

① 1kN·m　　② 2kN·m
③ 3kN·m　　④ 4kN·m

해설

모멘트 분배법

- DA 분배율

$\mu_{DA} = \frac{k_{DB}}{\Sigma k} = \frac{1}{2+2+1} = \frac{1}{5} = 0.2$

- 분배모멘트

$M_{DA} = \mu_{DA} \cdot M = 0.2 \times 10 = 2\text{kN·m}$

• 전달모멘트

$M_{AD} = \frac{1}{2} M_{DA} = \frac{1}{2} \times 2 = 1 \text{kN} \cdot \text{m}$

17 연약한 지반에 대한 대책 중 하부 구조의 조치 사항으로 옳지 않은 것은?

① 동일 건물의 기초에 이질 지정을 둔다.
② 경질지반에 기초판을 지지한다.
③ 지하실을 설치한다.
④ 경질지반이 깊을 때는 마찰말뚝을 사용한다.

[해설]

연약지반 대책
동일 건물의 기초에 이질 지정을 설치하면 부동침하의 원인이 될 수 있다.

18 프리스트레스하지 않는 부재의 현장치기 콘크리트 중 흙에 접하여 콘크리트를 친 후 영구히 흙에 묻혀 있는 콘크리트의 최소 피복두께 기준으로 옳은 것은?

① 100mm ② 75mm
③ 50mm   ④ 40mm

[해설]

콘크리트의 최소피복두께
현장치기 콘크리트 중 흙에 접하여 콘크리트를 친 후 영구히 흙에 묻혀 있는 콘크리트의 최소 피복두께는 75mm이다.

19 그림과 같은 구조물의 부정정 차수는?

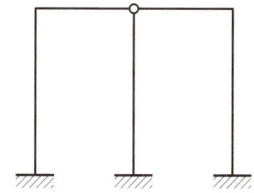

① 1차 부정정 ② 2차 부정정
③ 3차 부정정 ④ 4차 부정정

[해설]

부정정 차수
$n = r + m + \sum k - 2j$
여기서, r : 반력 수 = 9 m : 부재 수 = 5
$\sum k$: 강절점 수 = 2 j : 절점 수 = 6
∴ $n = 9 + 5 + 2 - 2 \times 6 = 4$차 부정정

20 철골구조 주각부의 구성요소가 아닌 것은?

① 커버 플레이트 ② 앵커볼트
③ 리브 플레이트 ④ 베이스 플레이트

[해설]

커버 플레이트(Cover Plate)
커버 플레이트, 즉 덧판은 판보(Plate Girder)에 사용되는 부재이다.

정답 17 ① 18 ② 19 ④ 20 ①

건축구조 건축기사·산업기사 필기

발행일	2010. 1. 5	초판 발행
	2011. 1. 15	개정 1판1쇄
	2012. 2. 15	개정 2판1쇄
	2013. 1. 15	개정 3판1쇄
	2014. 1. 15	개정 4판1쇄
	2015. 1. 15	개정 5판1쇄
	2016. 1. 15	개정 6판1쇄
	2017. 1. 20	개정 7판1쇄
	2017. 7. 15	개정 7판2쇄
	2018. 1. 10	개정 8판1쇄
	2019. 1. 10	개정 9판1쇄
	2020. 1. 10	개정 10판1쇄
	2021. 1. 10	개정 11판1쇄
	2022. 2. 10	개정 12판1쇄
	2023. 2. 10	개정 13판1쇄

저 자 | 유 강·진성덕
발행인 | 정용수
발행처 | 예문사

주 소 | 경기도 파주시 직지길 460(출판도시) 도서출판 예문사
T E L | 031) 955-0550
F A X | 031) 955-0660
등록번호 | 11-76호

• 이 책의 어느 부분도 저작권자나 발행인의 승인 없이 무단
 복제하여 이용할 수 없습니다.
• 파본 및 낙장은 구입하신 서점에서 교환하여 드립니다.
• 예문사 홈페이지 http : //www.yeamoonsa.com

정가 : 20,000원
ISBN 978-89-274-4959-1   13540